北京市高等教育精品教材立项项目

北京大学数学教学系列丛书

多复分析与复流形引论

谭小江　编著

图书在版编目(CIP)数据

多复分析与复流形引论/谭小江编著. —北京：北京大学出版社，2010.9
（北京大学数学教学系列丛书）
ISBN 978-7-301-15877-7

Ⅰ．多… Ⅱ．谭… Ⅲ．①复分析-高等学校-教材 ②复流形-高等学校-教材 Ⅳ.O174.5

中国版本图书馆 CIP 数据核字（2009）第 171113 号

书　　　名：	多复分析与复流形引论
著名责任者：	谭小江　编著
责　任　编　辑：	潘丽娜
标 准 书 号：	ISBN 978-7-301-15877-7/O·0799
出 版 发 行：	北京大学出版社
地　　　　址：	北京市海淀区成府路 205 号　100871
网　　　　址：	http://www.pup.cn　电子邮箱：zpup@pup.pku.edu.cn
电　　　　话：	邮购部 62752015　发行部 62750672　编辑部 62752021
	出版部 62754962
印　刷　者：	北京虎彩文化传播有限公司
经　销　者：	新华书店
	890 毫米×1240 毫米　A5　13.875 印张　400 千字
	2010 年 9 月第 1 版　2025 年 9 月第 3 次印刷
定　　　价：	56.00 元

未经许可，不得以任何方式复制或抄袭本书之部分或全部内容。
版权所有，侵权必究
举报电话：010-62752024　电子邮箱：fd@pup.pku.edu.cn

《北京大学数学教学系列丛书》编委会

名誉主编：姜伯驹

主　　编：张继平

副 主 编：李　忠

编　　委：（按姓氏笔画为序）

　　　　　　王长平　刘张炬　陈大岳　何书元

　　　　　　张平文　郑志明　柳　彬

编委会秘书：方新贵

责任编辑：刘　勇

内 容 简 介

本书是为大学基础数学专业高年级本科生和一、二年级研究生"多复分析与复流形"课程编写的教材，也可供有兴趣的读者自学使用．全书共分 7 章，内容包括：多元解析函数，全纯域，复流形，复几何，Dolbeault 同调与 Hodge 定理，层与层同调理论(Čech 同调)，紧复流形．紧 Riemann 曲面的基本理论将分布在各相关的章节内作为特例．本书的先修课程是"复变函数"和"微分流形"．

本书在编写过程中特别考虑了不同背景读者的需要，将各章的内容尽可能独立，使得在实际学习和教学中可以根据不同要求和时间安排选择不同章节．注重与其他学科的联系，强调通过对本书的学习帮助读者总结，并巩固在别的学科中学习过相关的基本理论以及这些理论的实际应用是本书的特点之一．对于需要用到的其他学科的相关知识，书中都做了尽可能详细的交代和总结．为方便教学，书中每一章都配备了习题，并提供了部分习题的提示和解答．

本书可作为综合大学和高等师范院校数学专业高年级本科生和研究生多复变函数论的教材或相关课程的教学参考书，也可供从事数学或理论物理研究的科技人员参考．

作 者 简 介

谭小江 北京大学数学科学学院教授、博士生导师．主要从事多复分析和复几何研究．与他人合作，已编写出版了"数学分析"和"复变函数"等相关课程的教材．

序　言

　　自 1995 年以来，在姜伯驹院士的主持下，北京大学数学科学学院根据国际数学发展的要求和北京大学数学教育的实际，创造性地贯彻教育部"加强基础，淡化专业，因材施教，分流培养"的办学方针，全面发挥我院学科门类齐全和师资力量雄厚的综合优势，在培养模式的转变、教学计划的修订、教学内容与方法的革新，以及教材建设等方面进行了全方位、大力度的改革，取得了显著的成效. 2001 年，北京大学数学科学学院的这项改革成果荣获全国教学成果特等奖，在国内外产生很大反响.

　　在本科教育改革方面，我们按照加强基础、淡化专业的要求，对教学各主要环节进行了调整，使数学科学学院的全体学生在数学分析、高等代数、几何学、计算机等主干基础课程上，接受学时充分、强度足够的严格训练；在对学生分流培养阶段，我们在课程内容上坚决贯彻"少而精"的原则，大力压缩后续课程中多年逐步形成的过窄、过深和过繁的教学内容，为新的培养方向、实践性教学环节，以及为培养学生的创新能力所进行的基础科研训练争取到了必要的学时和空间. 这样既使学生打下宽广、坚实的基础，又充分照顾到每个人的不同特长、爱好和发展取向. 与上述改革相适应，积极而慎重地进行教学计划的修订，适当压缩常微、复变、偏微、实变、微分几何、抽象代数、泛函分析等后续课程的周学时，并增加了数学模型和计算机的相关课程，使学生有更大的选课余地.

　　在研究生教育中，在注重专题课程的同时，我们制定了 30 多门研究生普选基础课程（其中数学系 18 门），重点拓宽学生的专业基础和加强学生对数学整体发展及最新进展的了解.

教材建设是教学成果的一个重要体现. 与修订的教学计划相配合,我们进行了有组织的教材建设. 计划自 1999 年起用 8 年的时间修订、编写和出版 40 余种教材. 这就是将陆续呈现在大家面前的《北京大学数学教学系列丛书》. 这套丛书凝聚了我们近十年在人才培养方面的思考,记录了我们教学实践的足迹,体现了我们教学改革的成果,反映了我们对新世纪人才培养的理念,代表了我们新时期的数学教学水平.

经过 20 世纪的空前发展,数学的基本理论更加深入和完善,而计算机技术的发展使得数学的应用更加直接和广泛,而且活跃于生产第一线,促进着技术和经济的发展,所有这些都正在改变着人们对数学的传统认识. 同时也促使数学研究的方式发生巨大变化. 作为整个科学技术基础的数学,正突破传统的范围而向人类一切知识领域渗透. 作为一种文化,数学科学已成为推动人类文明进化、知识创新的重要因素,将更深刻地改变着客观现实的面貌和人们对世界的认识. 数学素质已成为今天培养高层次创新人才的重要基础. 数学的理论和应用的巨大发展必然引起数学教育的深刻变革. 我们现在的改革还是初步的. 教学改革无禁区,但要十分稳重和积极;人才培养无止境,既要遵循基本规律,更要不断创新. 我们现在推出这套丛书,目的是向大家学习. 让我们大家携起手来,为提高中国数学教育水平和建设世界一流数学强国而共同努力.

张继平

2002 年 5 月 18 日

于北京大学蓝旗营

前　言

多复分析和复流形理论是现代数学的重要分支之一，也越来越多地应用于数学和物理的其他多个分支之中，例如，数学中的解析数论、微分几何、几何分析、代数几何以及物理中的量子场论、共形场和超弦理论等等. 这些专业不论是在学习过程中，还是在实际研究里都需要用到大量多复分析和复流形的知识. 而多复分析中的许多成果也是泛函分析、偏微分方程、抽象代数等理论实际应用的很好的例子. 然而在国内，将多复分析和复流形理论作为一门基础课来开设的学校目前还比较少. 这其中除了多复分析专业的学生不多，研究领域相对比较窄以外，缺少一本起点低一些，适用面比较宽，对更多专业都有学习和参考价值的教材恐怕也是重要原因之一.

针对这一点，我们编写了这部《多复分析与复流形引论》教材，目的是希望为这方面的课程建设做一点工作，同时希望对这方面理论有兴趣的国内读者提供一本引论性质的、背景交代多一些的、推导比较仔细的、适用面相对较宽的、同时也适合于自学的参考书. 当然要做好这几点显然是困难的. 多复分析理论由于自身的特点，除了其本身就比较复杂外，还借鉴了大量其他学科的方法和结论. 例如，解析函数的芽环，紧复流形上的亚纯函数域等需要交换代数的一些基本知识；复几何中复联络的概念和 Kähler 流形则是微分几何相关理论的发展；Dolbeault 同调群和 Kodaire-Serre 对偶定理推广了 de Rham 同调群和 Poincaré 对偶定理；而层同调理论则是微分拓扑中同调理论的一种特殊形式；等等. 怎样将这些内容较好的融合在一起，使得阅读和教学相对容易一些呢？为此，我们在本书的编写过程中主要考虑了下面几个方面的问题：

(1) 教材针对的对象不仅仅是多复分析专业的同学，对于那些只是对多复分析有兴趣，或者需要用到其中某一部分理论的读者也能够适用. 为此, 我们对于涉及的定义、概念、相关的定理或者结论、以及历史和背景材料等都尽可能详细地讲清楚, 并放在各章节的前面; 而对于涉及的较为复杂的证明则放在后面, 并且使这些证明之间尽可能相互独立. 这样, 在实际教学和阅读中可以根据需要重点选择某些章节, 其余部分即便不是很仔细地阅读定理的证明也不会受太多影响.

(2) 对于怎样解决多复分析和复流形在学习过程中需要较广泛的预备知识这一难点, 我们的做法是: 直接从原始问题和方法开始讨论, 交代清楚同样的问题在其他学科是怎样研究的, 而在多复分析中有什么新的、不同的特点. 这样, 即使读者没有学过其他学科相关的理论, 也能够直接进入多复分析的学习. 例如, 读者在没有系统地学习过 Riemann 几何的情况下, 也能够理解本书中关于复联络和 Kähler 流形的讨论.

(3) 我们特别强调将多复分析和复流形理论的学习过程作为在其他课程中对已经学过的一些相关知识的进一步应用、巩固、总结和提高. 为了达到这一目的, 我们尽可能地将背景材料交代清楚, 并将涉及其他学科的概念和定理都事先回顾、严格表述. 注重讲解原有的方法以及由于变元增加和复结构等原因在多复分析中产生的新的问题、方法和结论.

当然, 这几个方面是不是能做好, 还需要通过不断的教学实践来检验和改进. 同时由于强调了较低的起点, 以及各章节之间的相对独立, 因而难免会使得一些术语在书中出现多次重复, 甚至有一些啰嗦的现象, 例如, 微分形式和外微分的引入和定义等. 这一点希望能够得到读者的理解.

对于本书的编写过程, 有一点需要特别说明. 美国哈佛大学教授萧荫堂先生分别于 1979 年和 1984 年两次回国, 每次都花费了较长的时间为国内学者和研究生开设"多复分析和复流形"课程. 这对于推动国内多复分析的发展, 培养国内多复分析方向的人才起了很大的作用. 作者有幸两次都聆听了大师精彩的讲授, 特别是第二次, 还因为教学需要, 为萧先生的讲授整理了部分课堂笔记. 无疑作者在本书中的一些观点和材料受益于萧先生开设的课程. 例如, 本书第 7 章中 Thimm 定理及其证明就来源于作者当时的笔记. 当然, 由于作者本身水平有限, 一定会有一些理解不当甚至理解错误的地方.

书中的许多内容作者已多次在北京大学数学科学学院开设的相关课程中讲授过, 有些材料, 例如, 层和紧 Riemann 曲面的理论等, 多次用于作者主持的本科生和研究生讨论班. 尽管如此, 书中一定有许许多多这样或者那样的错误, 欢迎读者批评指正, 提出改进意见和看法.

作者特别要感谢北京大学出版社的刘勇副编审, 多年来, 他一直关心作者在多复分析方面的课程开设情况和教材建设问题, 并提出了许多有益的意见. 感谢本书的责任编辑潘丽娜, 她的认真负责态度, 以及在多复分析方面的专业知识为本书增色不少. 同时, 感谢作者班上的许多同学, 他们帮助作者改正了不少在讲授和讨论过程中出现的错误.

另外, 作者要特别感谢自己的导师陆启铿先生, 感谢他将作者领入多复分析这一精彩的领域. 他勤奋严谨的治学态度, 刻苦耐劳的奋斗精神是作者永远的学习榜样.

谭小江

2009 年 5 月于北京大学

目 录

第 1 章 多元解析函数 ...1
- §1.1 多元解析函数 ...1
- §1.2 Weierstrass 预备定理和 Weierstrass 除法定理 ...19
- §1.3 解析函数的芽环 ...27
- §1.4 (p,q)- 形式与 Bochner-Martinelli 公式 ...40
- 习题一 ...50

第 2 章 全纯域 ...54
- §2.1 Hartogs 现象与全纯域 ...54
- §2.2 拟凸域 ...62
- §2.3* Levi 猜想 ...84
- *附录 引理 2.2.2 的证明 ...106
- 习题二 ...110

第 3 章 复流形 ...113
- §3.1 复流形 ...113
- §3.2* Stein 流形 ...131
- 习题三 ...155

第 4 章 复几何 ...158
- §4.1 复流形上的 (p,q)- 形式 ...158
- §4.2 全纯向量丛 ...173
- §4.3 复联络 ...189
- §4.4 Kähler 流形 ...210
- 习题四 ...222

第 5 章 Dolbeault 同调与 Hodge 定理 ...225
- §5.1 Dolbeault 同调群 ...225
- §5.2 Hodge 定理 ...234

§5.3　Kähler 流形上的 Hodge 分解 ································ 251
§5.4　陈示性类 (Chern classes) ····································· 263
习题五 ·· 275

第 6 章　层与层同调论 (Čech 同调) ································· 280
§6.1　层 ·· 280
§6.2　层的同调理论——Čech 同调群 ································· 294
§6.3　正合序列定理 ·· 307
§6.4　de Rham 定理 ··· 315
§6.5　Leray 定理 ·· 323
§6.6　层同调论的应用 ·· 326
　　6.6.1　几种不同同调群之间的关系 ································· 326
　　6.6.2　Riemann-Roch 定理 ·· 335
　　6.6.3　Cousin 问题 I 和 Cousin 问题 II 的解 ······················ 341
§6.7*　紧 Riemann 曲面上的 Abel 定理以及全纯线丛的
　　　　分类 ·· 344
习题六 ·· 362

第 7 章　紧复流形 ·· 366
§7.1　紧 Riemann 曲面上的亚纯函数域 ································ 366
§7.2　紧复流形上的亚纯函数域 ··· 376
§7.3　复投影空间上的正线丛 ··· 384
§7.4　紧 Riemann 曲面到复投影空间的嵌入映射 ···················· 387
§7.5　Kodaira 消没定理 ·· 391
§7.6　Kodaira 嵌入定理 ··· 400
习题七 ·· 415

附录 A　部分习题的参考解答或提示 ··································· 418
符号集 ·· 423
参考文献 ·· 426
索引 ·· 427

第1章 多元解析函数

在这一章里我们将介绍 n 维复向量空间并给出多元解析函数的定义. 我们将把关于一个变元的解析函数的一些基本性质推广到多个变元的解析函数上, 并说明多个变元解析函数研究的一些基本方法和特点. 这一章的内容是进一步学习以后各章的基础.

§1.1 多元解析函数

在单复变函数论中, 我们已经熟悉了复平面 $\mathbb{C}$ 中某一区域上的一个复变元解析函数的理论. 本书我们要讨论的多个复变元的函数可以表示为 $w = f(z^1, \cdots, z^n)$ 的形式, 其中 $z^1, \cdots, z^n$ 都是复变量, 而 $(z^1, \cdots, z^n)$ 取值在 n 维复向量空间中. 下面我们先对 n 维复向量空间做一点介绍.

以 $\mathbb{C}$ 表示**复数域**, 令

$$\mathbb{C}^n = \overbrace{\mathbb{C} \times \cdots \times \mathbb{C}}^{n \text{ 次}} = \{(z^1, \cdots, z^n) \mid z^i \in \mathbb{C}, i = 1, 2, \cdots, n\}.$$

一般地, 我们用大写的 Z 或者 W 表示 $\mathbb{C}^n$ 中的点, Z 和 W 通常也称为 n **维复向量**; 对于 $i = 1, \cdots, n$, 用小写的 z^i 和 w^i 分别表示复向量 Z 和 W 的第 i 个分量, 即 $Z = (z^1, \cdots, z^n)$, $W = (w^1, \cdots, w^n)$. 我们在 $\mathbb{C}^n$ 中定义向量的加法和数乘分别为:

$$Z + W = (z^1 + w^1, \cdots, z^n + w^n),$$

$$cZ = (cz^1, \cdots, cz^n),$$

其中 $c \in \mathbb{C}$. 由这些运算, $\mathbb{C}^n$ 成为复数域 $\mathbb{C}$ 上的 n **维复向量空间**.

对于 $i = 1, \cdots, n$, 设 $z^i = x^i + \mathrm{i} y^i$, 其中 $x^i, y^i \in \mathbb{R}$ 分别是 z^i 的实部和虚部. 利用映射 $z^i \mapsto (x^i, y^i)$, 我们得到

$$\mathbb{C}^n = \overbrace{\mathbb{C} \times \cdots \times \mathbb{C}}^{n \text{ 次}} = \overbrace{\mathbb{R}^2 \times \cdots \times \mathbb{R}^2}^{n \text{ 次}} = \mathbb{R}^{2n},$$

这里 $\mathbb{R}^{2n}$ 表示实数域 $\mathbb{R}$ 上的 $2n$ **维欧氏空间**. 在这一关系中, 点 $Z = (z^1, \cdots, z^n) \in \mathbb{C}^n$ 对应到点 $(x^1, \cdots, x^n; y^1, \cdots, y^n) \in \mathbb{R}^{2n}$. 利用这一关系我们可以将在多元微积分学中建立起来的 $\mathbb{R}^{2n}$ 上的欧氏距离、极限理论以及微分学和积分学推广到 $\mathbb{C}^n$ 上, 得到 $\mathbb{C}^n$ 上相应的欧氏距离、极限理论以及 $\mathbb{C}^n$ 中某一区域上函数关于实变量的可微性、偏导数和函数对实变量的微分和积分等等. 例如, 如果 $Z = (z^1, \cdots, z^n), W = (w^1, \cdots, w^n)$ 是 $\mathbb{C}^n$ 中任意的两点, 则定义 Z 与 W 之间的**距离**为

$$|Z - W| = \sqrt{\sum_{i=1}^{n} |z^i - w^i|^2}.$$

利用这一距离, $\mathbb{R}^{2n}$ 中相关的极限理论和函数的连续性等可以直接应用到 $\mathbb{C}^n$ 上. 另外对于 $\mathbb{C}^n$, 设 $Z_0 = (z_0^1, \cdots, z_0^n) \in \mathbb{C}^n$ 是给定的点, $r > 0$ 是给定的常数, 令

$$B(Z_0, r) = \{Z \in \mathbb{C}^n \mid |Z - Z_0| < r\}.$$

$B(Z_0, r)$ 称为 $\mathbb{C}^n$ 中以 Z_0 为球心, r 为半径的**球**. $B(Z_0, r)$ 与 $\mathbb{R}^{2n}$ 中用实变量定义的球是一样的. 这时对于 $\mathbb{C}^n$ 中的任意区域 Ω (即 $\mathbb{C}^n$ 中的连通开集), 设 $Z_0 \in \Omega$, 则可取 $r > 0$ 充分小, 使得 $B(Z_0, r) \subset \Omega$. $B(Z_0, r)$ 称为 Z_0 的 r-**球形邻域**.

另一方面, 相对于 $\mathbb{R}^n$ 中在讨论极限理论和多元函数时经常用到的矩形区域 $D = (a_1, b_1) \times \cdots \times (a_n, b_n)$, 其中 $(a_i, b_i) \subset \mathbb{R}$ 是开区间. 对于多个复变元, 我们通常要用到下面的**多圆盘区域**: 设 $R = (r_1, \cdots, r_n)$ 是给定的 n 维实向量, 满足对于 $i = 1, \cdots, n, r_i > 0$, 设 $Z_0 = (z_0^1, \cdots, z_0^n) \in \mathbb{C}^n$ 是给定的点. 令

$$D_n(Z_0, R) = \{Z = (z^1, \cdots, z^n) \in \mathbb{C}^n \mid |z^i - z_0^i| < r_i, i = 1, \cdots, n\}$$
$$= D_1(z_0^1, r_1) \times \cdots \times D_1(z_0^n, r_n),$$

其中 $D_1(z_0^i, r_i)$ 是复平面 $\mathbb{C}$ 中以 z_0^i 为圆心, r_i 为半径的圆盘. $D_n(Z_0, R)$ 称为 $\mathbb{C}^n$ 中以 Z_0 为心, $R = (r_1, \cdots, r_n)$ 为半径的**多圆盘**. 多圆盘是矩形区域在复向量空间中的推广, 这时与球形邻域相同, 对于 $\mathbb{C}^n$ 中的任意区域 Ω 以及任意 $Z_0 \in \Omega$, 存在 $R = (r_1, \cdots, r_n)$, 满足对于 $i = 1, \cdots, n, r_i > 0$ 充分小, 使得多圆盘 $D_n(Z_0, R) \subset \Omega$. $D_n(Z_0, R)$ 称为 Z_0 的 R-**多圆盘邻域**.

显然, 球形邻域与多圆盘邻域是相互等价的, 即 Z_0 的任意球形邻域内包含一个多圆盘邻域; 反之, Z_0 的任意多圆盘邻域内包含一个球形邻域.

现设 Ω 是 $\mathbb{C}^n$ 中的区域, Ω 上的复值函数可以表示为

$$w = f(Z) = u(Z) + iv(Z)$$
$$= u(x^1, \cdots, x^n; y^1, \cdots, y^n) + iv(x^1, \cdots, x^n; y^1, \cdots, y^n),$$

其中 $z^i = x^i + iy^i$, x^i 和 y^i 是实变量, 而 $u(Z)$ 和 $v(Z)$ 分别是函数 $f(Z)$ 的实部和虚部. 这时 $f(Z)$ 是 Ω 上的连续函数当且仅当 $u(Z)$ 和 $v(Z)$ 都是 Ω 上的连续函数. 同样地, 如果 $f(Z)$ 的实部 $u(Z)$ 和虚部 $v(Z)$ 都是区域 Ω 上关于实变量 $(x^1, \cdots, x^n; y^1, \cdots, y^n)$ r 阶连续可导的函数, 则称 $f(Z)$ 为 Ω 上的 C^r 函数. 对于 $i = 1, \cdots, n$, 我们定义复值函数 $f(Z)$ 关于实变量的偏导数为

$$\frac{\partial f}{\partial x^i} = \frac{\partial u}{\partial x^i} + i \frac{\partial v}{\partial x^i}, \quad \frac{\partial f}{\partial y^i} = \frac{\partial u}{\partial y^i} + i \frac{\partial v}{\partial y^i},$$

定义 $f(Z)$ 关于实变量的微分为

$$df = \sum_{i=1}^{n} \frac{\partial f}{\partial x^i} dx^i + \sum_{i=1}^{n} \frac{\partial f}{\partial y^i} dy^i.$$

同理可定义 $f(Z)$ 关于实变量的高阶偏导数.

另一方面, 我们知道对于 $i = 1, \cdots, n$, $\bar{z}^i = x^i - iy^i$ 是 z^i 的共轭复数. 这时

$$x^i = \frac{z^i + \bar{z}^i}{2}, \quad y^i = \frac{z^i - \bar{z}^i}{2i}.$$

由此如果同时利用复变量 z^i 和 $\bar{z}^i$, 我们就能够实现实变量与复变量之间的相互表示, 这样在微积分中用实变量 $x^i, y^i (i=1,\cdots,n)$ 表示的函数、求导和微分等各种关系式都可以用复变量 z^i 和 $\bar{z}^i$ 来表示. 由于我们主要考虑复变量的函数, 下面我们希望将关于实变量的偏导 $\dfrac{\partial}{\partial x^i}$ 和 $\dfrac{\partial}{\partial y^i}$, 以及微分 d 和 $\mathrm{d}x^i$、$\mathrm{d}y^i$ 等都用复变量来表示.

首先, 利用分析中微分 d 的线性性质, 将 $z^i = x^i + \mathrm{i}y^i$ 和 $\bar{z}^i = x^i - \mathrm{i}y^i$ 看做 x^i, y^i 的函数, 我们得到

$$\mathrm{d}z^i = \mathrm{d}x^i + \mathrm{i}\mathrm{d}y^i, \quad \mathrm{d}\bar{z}^i = \mathrm{d}x^i - \mathrm{i}\mathrm{d}y^i.$$

因而 $\mathrm{d}x^i, \mathrm{d}y^i$ 与 $\mathrm{d}z^i, \mathrm{d}\bar{z}^i$ 之间有相互表示的关系式:

$$\mathrm{d}x^i = \frac{\mathrm{d}z^i + \mathrm{d}\bar{z}^i}{2}, \quad \mathrm{d}y^i = \frac{\mathrm{d}z^i - \mathrm{d}\bar{z}^i}{2\mathrm{i}}.$$

而微分 d 对于实变量表示为

$$\mathrm{d} = \sum_{i=1}^{n}\left(\frac{\partial}{\partial x^i}\mathrm{d}x^i + \frac{\partial}{\partial y^i}\mathrm{d}y^i\right).$$

利用上面关系以 $\mathrm{d}z^i, \mathrm{d}\bar{z}^i$ 代替 $\mathrm{d}x^i, \mathrm{d}y^i$, 整理后得

$$\mathrm{d} = \sum_{i=1}^{n}\left[\frac{1}{2}\left(\frac{\partial}{\partial x^i} - \mathrm{i}\frac{\partial}{\partial y^i}\right)\mathrm{d}z^i + \frac{1}{2}\left(\frac{\partial}{\partial x^i} + \mathrm{i}\frac{\partial}{\partial y^i}\right)\mathrm{d}\bar{z}^i\right]. \tag{1.1.1}$$

对于研究以复变量 z^i 和 $\bar{z}^i$ 代替实变量 x^i 和 y^i 表示的函数, 我们当然希望与实变量类似, 可以将微分 d 表示为下面的形式:

$$\mathrm{d} = \sum_{i=1}^{n}\left(\frac{\partial}{\partial z^i}\mathrm{d}z^i + \frac{\partial}{\partial \bar{z}^i}\mathrm{d}\bar{z}^i\right).$$

因此在等式 (1.1.1) 中, 对于 $i=1,\cdots,n$, 令

$$\frac{\partial}{\partial z^i} = \frac{1}{2}\left(\frac{\partial}{\partial x^i} - \mathrm{i}\frac{\partial}{\partial y^i}\right), \quad \frac{\partial}{\partial \bar{z}^i} = \frac{1}{2}\left(\frac{\partial}{\partial x^i} + \mathrm{i}\frac{\partial}{\partial y^i}\right).$$

由此我们得到了微分 d 以及偏导关于复变量的表示关系. 以此为基础, 不难得到函数关于复变量 z^i 和 $\bar{z}^i$ 的各种高阶偏导. 这时 $\mathbb{C}^n$ 中区域 Ω

上的函数 $f(Z)$, 如果对于 $i=1,\cdots,n$, $f(Z)$ 关于复变量 z^i 和 $\bar{z}^i$ 的所有小于等于 r 阶的偏导都存在且连续, 则称 $f(z)$ 为 Ω 上的 C^r 函数.

在上面微分 d 对于复变量的表示中, 我们通常令
$$\partial = \sum_{i=1}^{n} \frac{\partial}{\partial z^i} \mathrm{d}z^i, \quad \bar{\partial} = \sum_{i=1}^{n} \frac{\partial}{\partial \bar{z}^i} \mathrm{d}\bar{z}^i,$$
∂ 和 $\bar{\partial}$ 分别称为关于复变量在 **(1,0) 方向**和 **(0,1) 方向的微分**, 这时 $\mathrm{d}=\partial+\bar{\partial}$. 另外对于复变量的偏导数, 利用直接计算不难证明
$$\frac{\partial z^i}{\partial z^j} = \delta^i_j, \quad \frac{\partial \bar{z}^i}{\partial \bar{z}^j} = \delta^i_j, \quad \frac{\partial \bar{z}^i}{\partial z^j} = 0, \quad \frac{\partial z^i}{\partial \bar{z}^j} = 0.$$
这一关系可以看做实变量关于偏导数的关系式
$$\frac{\partial x^i}{\partial x^j} = \delta^i_j, \quad \frac{\partial y^i}{\partial y^j} = \delta^i_j, \quad \frac{\partial x^i}{\partial y^j} = 0, \quad \frac{\partial y^i}{\partial x^j} = 0$$
对于复变量的推广. 但是, 这其中的含义是不同的, 例如, x^i 与 y^j 是相互独立的变量, 各自取值并不互相依赖. 而 z^i 与 $\bar{z}^i$ 作为变量并不是相互独立的, 一个确定了, 另一个也随之确定. 然而, 从计算的角度来看, 复变量和实变量关于偏导数的各种计算法则都是一样的.

下面在进一步讨论之前, 我们先以多重级数的收敛与求和问题, 以及变量 $Z=(z^1,\cdots,z^n)$ 的多元幂级数理论为例, 帮助读者熟悉我们要用到的一些基本符号和相关事实.

以 $\mathbb{N}$ 表示自然数集, 令
$$\mathbb{N}^n = \overbrace{\mathbb{N}\times\cdots\times\mathbb{N}}^{n \text{ 次}},$$
$\mathbb{N}^n$ 中的元素 $I=(i_1,\cdots,i_n)$ 称为 n **重自然数指标**. $\mathbb{N}^n$ 上的复值函数 $\{x_I = x_{i_1\cdots i_n} \in \mathbb{C} \mid I \in \mathbb{N}^n\}$ 称为 n **重复数列**. 对于 n 重复数列 $\{x_I = x_{i_1\cdots i_n}\}$, 级数
$$\sum_{I=(i_1,\cdots,i_n)=0}^{+\infty} x_{i_1\cdots i_n} := \sum_{I=0}^{+\infty} x_I$$
称为 n **重级数**, 也称**多重级数**. 怎样讨论多重级数的收敛与求和问题呢? 我们的想法是将这个级数化为普通级数, 即 $n=1$ 的级数.

首先，设给定了一个由 $\mathbb{N}$ 到 $\mathbb{N}^n$ 的一一对应的映射 $I: \mathbb{N} \to \mathbb{N}^n$, $s \mapsto I(s)$, 则称其为 $\mathbb{N}^n$ 的一个**排序**. 如果将 n 重级数 $\sum\limits_{I=0}^{+\infty} x_I$ 视为是对于集合 $\{x_I \in \mathbb{C} | I \in \mathbb{N}^n\}$ 中的所有元素求和, 则利用排序 $I(s)$, 我们可以用一个普通数项级数 $\sum\limits_{s=0}^{+\infty} x_{I(s)}$ 的求和来代替 n 重级数. 但另一方面, 要使得代替有意义, 我们必须要求所得到的结论与排序 $I(s)$ 的选取无关. 现设 $\widetilde{I}(s)$ 是 $\mathbb{N}^n$ 的另一排序, 则级数 $\sum\limits_{s=0}^{+\infty} x_{\widetilde{I}(s)}$ 与级数 $\sum\limits_{s=0}^{+\infty} x_{I(s)}$ 之间的差别仅仅是对于集合 $\{x_I \in \mathbb{C} | I \in \mathbb{N}^n\}$ 中元素的求和顺序不同. 因此, 如果将 $\mathbb{N}^n$ 不同排序的选取解释为交换级数 $\sum\limits_{s=0}^{+\infty} x_{I(s)}$ 中元素的求和顺序, 则我们的问题变为: 在什么条件下, 级数 $\sum\limits_{s=0}^{+\infty} x_{I(s)}$ 的收敛性以及级数和与级数中元素的求和顺序无关. 对此, 由"数学分析"中级数理论的 Riemann 定理, 我们知道数项级数 $\sum\limits_{s=0}^{+\infty} x_{I(s)}$ 的收敛性, 以及级数和与级数中元素求和顺序无关的充分必要条件是这一级数绝对收敛, 即级数 $\sum\limits_{s=0}^{+\infty} |x_{I(s)}|$ 收敛 (参阅文献 [2], 也可参阅本章的习题 3). 利用此我们给出下面定义.

定义 1.1.1 设 $\sum\limits_{I=0}^{+\infty} x_I$ 是一给定的 n 重级数, 如果存在 $\mathbb{N}^n$ 的一个排序 $I(s)$, 使得级数 $\sum\limits_{s=0}^{+\infty} |x_{I(s)}|$ 收敛, 则称 n 重级数 $\sum\limits_{I=0}^{+\infty} x_I$ 是收敛级数, 称 $\lim\limits_{k \to +\infty} \sum\limits_{s=0}^{k} x_{I(s)}$ 为级数 $\sum\limits_{I=0}^{+\infty} x_I$ 的和.

另一方面, 由上面 n 重级数收敛的定义也不难验证 n 重级数 $\sum\limits_{I=0}^{+\infty} x_I$ 收敛等价于累次级数

$$\sum_{i_1=0}^{+\infty} \cdots \sum_{i_n=0}^{+\infty} |x_{i_1 \cdots i_n}| = \lim_{j_1 \to +\infty} \cdots \lim_{j_n \to +\infty} \sum_{i_1=0}^{j_1} \cdots \sum_{i_n=0}^{j_n} |x_{i_1 \cdots i_n}|$$

收敛. 而当 n 重级数 $\sum\limits_{I=0}^{+\infty} x_I$ 收敛时, 其和与累次极限

$$\sum_{i_1=0}^{+\infty}\cdots\sum_{i_n=0}^{+\infty} x_{i_1\cdots i_n} = \lim_{j_1\to+\infty}\cdots\lim_{j_n\to+\infty}\sum_{i_1=0}^{j_1}\cdots\sum_{i_n=0}^{j_n} x_{i_1\cdots i_n}$$

相等.

与 n 重数项级数相同, 设 $\{u_I(Z)|\ I\in\mathbb{N}^n\}$ 是定义在集合 $S\subset\mathbb{C}^n$ 上的一族函数, 则称 $\sum_{I=0}^{+\infty} u_I(Z)$ 为 n **重函数级数**. 对于任意给定的 $Z\in S$, 如果 n 重数项级数 $\sum_{I=0}^{+\infty} u_I(Z)$ 都收敛, 则称这一函数级数在 S 上收敛; 如果 n 重函数级数 $\sum_{I=0}^{+\infty} u_I(z)$ 在 S 上收敛, 且存在 $\mathbb{N}^n$ 的一个排序 $I(s)$, 使得普通函数级数 $\sum_{s=0}^{+\infty} u_{I(s)}(Z)$ 在 S 上一致收敛, 则称这一级数在 S 上**一致收敛**.

对于 n 重函数级数的一致收敛性, 我们有下面的 Weierstrass 控制收敛判别法.

引理 1.1.1 (Weierstrass 控制收敛判别法) 对于定义在集合 S 上的 n 重函数级数 $\sum_{I=0}^{+\infty} u_I(Z)$, 如果存在收敛的 n 重数项级数 $\sum_{I=0}^{+\infty} c_I$, 使得对于任意 $I\in\mathbb{N}^n, Z\in S$, 恒有 $|u_I(Z)|\leqslant |c_I|$, 则 $\sum_{I=0}^{+\infty} u_I(Z)$ 在 S 上一致收敛.

引理的证明留给读者作为练习. 另外利用普通的函数级数理论 (参阅文献 [2]), 我们不难看出, 如果函数 $u_I(Z)$ 都在 S 上连续, 而 n 重函数级数 $\sum_{I=0}^{+\infty} u_I(Z)$ 在 S 上一致收敛, 则和函数 $\sum_{I=0}^{+\infty} u_I(Z)$ 在 S 上连续; 如果 $u_I(Z)$ 都在 S 上连续且有偏导 $\dfrac{\partial u_I(Z)}{\partial x^i}$, 而 n 重函数级数 $\sum_{I=0}^{+\infty} u_I(Z)$ 和 $\sum_{I=0}^{+\infty}\dfrac{\partial u_I(Z)}{\partial x^i}$ 都在 S 上一致收敛, 则和函数 $\sum_{I=0}^{+\infty} u_I(Z)$ 在 S 上有偏导, 且求导与级数求和可交换顺序, 即

$$\frac{\partial}{\partial x^i}\left(\sum_{I=0}^{+\infty} u_I(Z)\right) = \sum_{I=0}^{+\infty}\frac{\partial u_I(Z)}{\partial x^i}.$$

下面作为多重函数级数的特例, 我们重点讨论多元幂级数.

首先, 对于 n 重自然数指标 $I = (i_1, \cdots, i_n) \in \mathbb{N}^n$ 和 n 个复变元 $Z = (z^1, \cdots, z^n)$, 我们令

$$I! = i_1! \cdots i_n!, \quad |I| = i_1 + \cdots + i_n,$$

$$Z^I = (z^1)^{i_1} \cdots (z^n)^{i_n}, \quad \partial^I Z = (\partial z^1)^{i_1} \cdots (\partial z^n)^{i_n}.$$

现设 $Z_0 = (z_0^1, \cdots, z_0^n) \in \mathbb{C}^n$ 是一给定的点, 则形式和

$$\sum_{I=(i_1,\cdots,i_n)=0}^{+\infty} a_{i_1 \cdots i_n}(z^1 - z_0^1)^{i_1} \cdots (z^n - z_0^n)^{i_n} := \sum_{I=0}^{+\infty} a_I (Z - Z_0)^I$$

称为在 $Z_0 = (z_0^1, \cdots, z_0^n)$ 处展开的关于 $Z - Z_0$ 的**多元幂级数**, 简称**幂级数**, 其中 $a_{i_1 \cdots i_n} \in \mathbb{C}$ 都是常数. 对于给定的 $Z = (Z^1, \cdots, Z^n) \in \mathbb{C}^n$, 如果 n 重级数 $\sum_{I=0}^{+\infty} a_I (Z - Z_0)^I$ 收敛, 我们称这一幂级数在点 Z 处收敛.

例 1 考虑多元幂级数

$$\sum_{I=(i_1,\cdots,i_n)=0}^{+\infty} (z^1 - z_0^1)^{i_1} \cdots (z^n - z_0^n)^{i_n} = \sum_{I=0}^{+\infty} (Z - Z_0)^I.$$

对于这一级数的收敛性判别, 按照定义, 我们需要考虑 n 重级数

$$\sum_{I=(i_1,\cdots,i_n)=0}^{+\infty} (|z^1 - z_0^1|)^{i_1} \cdots (|z^n - z_0^n|)^{i_n}.$$

而对于任意给定的 $J = (j_1, \cdots, j_n)$, 成立下面的部分和公式

$$\sum_{I=(i_1,\cdots,i_n)=0}^{J} (|z^1 - z_0^1|)^{i_1} \cdots (|z^n - z_0^n|)^{i_n}$$

$$= \sum_{i_1=0}^{j_1} \cdots \sum_{i_n=0}^{j_n} (|z^1 - z_0^1|)^{i_1} \cdots (|z^n - z_0^n|)^{i_n}$$

$$= \frac{1 - (|z^1 - z_0^1|)^{j_1+1}}{1 - (|z^1 - z_0^1|)} \cdots \frac{1 - (|z^n - z_0^n|)^{j_n+1}}{1 - (|z^n - z_0^n|)}.$$

如果 $Z = (z^1, \cdots, z^n)$ 给定, 并满足对于 $i = 1, \cdots, n$, $|z^i - z_0^i| < 1$, 则当 $j_1 \to +\infty, \cdots, j_n \to +\infty$ 时, 累次级数

$$\sum_{i_1=0}^{+\infty} \cdots \sum_{i_n=0}^{+\infty} (|z^1 - z_0^1|)^{i_1} \cdots (|z^n - z_0^n|)^{i_n}$$

收敛. 我们得到级数

$$\sum_{I=(i_1,\cdots,i_n)=0}^{+\infty} (z^1 - z_0^1)^{i_1} \cdots (z^n - z_0^n)^{i_n}$$

在 $|z^i - z_0^i| < 1 (i = 1, \cdots, n)$ 时收敛.

而同样由部分和公式

$$\sum_{I=(i_1,\cdots,i_n)=0}^{J} (z^1 - z_0^1)^{i_1} \cdots (z^n - z_0^n)^{i_n}$$
$$= \frac{1 - (z^1 - z_0^1)^{j_1+1}}{1 - (z^1 - z_0^1)} \cdots \frac{1 - (z^n - z_0^n)^{j_n+1}}{1 - (z^n - z_0^n)},$$

利用累次级数

$$\sum_{i_1=0}^{+\infty} \cdots \sum_{i_n=0}^{+\infty} (z^1 - z_0^1)^{i_1} \cdots (z^n - z_0^n)^{i_n},$$

得到上面的幂级数收敛于

$$\frac{1}{1 - (z^1 - z_0^1)} \cdots \frac{1}{1 - (z^n - z_0^n)}.$$

另一方面, 对于 $i = 1, \cdots, n$, 取 r_i, 使得 $0 < r_i < 1$, 已知多重级数

$$\sum_{I=(i_1,\cdots,i_n)=0}^{+\infty} r_1^{i_1} \cdots r_n^{i_n}$$

收敛, 如果令 $\tilde{1} = (1, \cdots, 1)$, 利用控制收敛判别法, 我们得到幂级数

$$\sum_{I=(i_1,\cdots,i_n)=0}^{+\infty} (z^1 - z_0^1)^{i_1} \cdots (z^n - z_0^n)^{i_n}$$

在多圆盘 $D_n(Z_0, \tilde{1})$ 中的任意紧集上都是一致收敛的. 对此, 我们也称

幂级数 $\sum_{I=0}^{+\infty}(z^1-z_0^1)^{i_1}\cdots(z^n-z_0^n)^{i_n}$ 在多圆盘 $D_n(Z_0,\widetilde{1})$ 上**内闭一致收敛**.

设 $I=(i_1,\cdots,i_n)$ 和 $J=(j_1,\cdots,j_n)$ 是两个 n 重自然数指标, 如果 $j_l \geqslant i_l$ 对于 $l=1,2,\cdots,n$ 都成立, 则称 $J\geqslant I$.

例 2 对于任意给定的 n 重自然数指标 $I_0=(i_1^0,\cdots,i_n^0)$, 将偏导 $\dfrac{\partial^{|I_0|}}{(\partial z^1)^{i_1^0}\cdots(\partial z^n)^{i_n^0}}=\dfrac{\partial^{|I_0|}}{\partial Z^{I_0}}$ 逐项作用到例 1 中给出的幂级数上, 我们得到下面的幂级数

$$\sum_{I=0}^{+\infty}\frac{\partial^{|I_0|}(Z-Z_0)^I}{\partial Z^{I_0}}$$

$$=\sum_{I\geqslant I_0}^{+\infty}\frac{i_1!\cdots i_n!}{(i_1-i_1^0)!\cdots(i_n-i_n^0)!}(z^1-z_0^1)^{i_1-i_1^0}\cdots(z^n-z_0^n)^{i_n-i_n^0}.$$

已知幂级数

$$\sum_{I\geqslant I_0}^{+\infty}\frac{i_1!\cdots i_n!}{(i_1-i_1^0)!\cdots(i_n-i_n^0)!}r_1^{i_1-i_1^0}\cdots r_n^{i_n-i_n^0}$$

$$=\left(\sum_{i_1=0}^{+\infty}\frac{\mathrm{d}^{i_1^0}r_1^{i_1}}{(\mathrm{d}r_1)^{i_1^0}}\right)\cdots\left(\sum_{i_n=0}^{+\infty}\frac{\mathrm{d}^{i_n^0}r_n^{i_n}}{(\mathrm{d}r_n)^{i_n^0}}\right)$$

在 $0\leqslant r_i<1(i=1,\cdots,n)$ 时收敛, 利用控制收敛判别法得上面的幂级数在半径为 $\widetilde{1}=(1,\cdots,1)$ 的多圆盘 $D_n(Z_0,\widetilde{1})$ 上内闭一致收敛.

例 3 设对于幂级数 $\sum_{I=0}^{+\infty}a_I Z^I$, 存在一个点 $Z_0=(z_0^1,\cdots,z_0^n)$, 使得集合 $\{|a_I Z_0^I|\}$ 有上界 L, 进一步假定对于 $i=1,\cdots,n$, $z_0^i\neq 0$. 令 $R=(|z_0^1|,\cdots,|z_0^n|)$, 则对于任意 $Z\in D_n(0,R)$,

$$|a_I Z^I|=|a_I Z_0^I|\frac{|Z^I|}{|Z_0^I|}\leqslant L\frac{|Z^I|}{|Z_0^I|}.$$

但由例 1 知级数 $\sum_{I=0}^{+\infty}L\dfrac{|Z^I|}{|Z_0^I|}$ 收敛, 因而幂级数 $\sum_{I=0}^{+\infty}a_I Z^I$ 在多圆盘 $D_n(0,R)$ 内的任意紧集上一致收敛.

以上面几个例子为基础, 我们可以将关于一个复变元幂级数的 Abel 定理推广到多个复变元的幂级数上.

定理 1.1.1 (Abel 定理) 设幂级数 $\sum_{I=0}^{+\infty} a_I(Z-Z_0)^I$ 在点 $Z' = (z'^1, \cdots, z'^n)$ 收敛, 且 $Z' = (z'^1, \cdots, z'^n)$ 满足对于 $i=1,\cdots,n$, $z'^i - z_0^i \neq 0$. 如果令 $r_i = |z'^i - z_0^i|$, $R = (r_1, \cdots, r_n)$, 则幂级数 $\sum_{I=0}^{+\infty} a_I(Z-Z_0)^I$ 在闭多圆盘 $\overline{D_n(Z_0, R)}$ 上一致收敛.

证明 级数 $\sum_{I=0}^{+\infty} a_I(Z'-Z_0)^I$ 收敛, 因而由定义, 级数绝对收敛, 即级数 $\sum_{I=0}^{+\infty} |a_I(Z'-Z_0)^I|$ 收敛.

对于任意 $Z = (z^1, \cdots, z^n) \in \overline{D_n(Z_0, R)}$, 由

$$|a_I(Z-Z_0)|^I \leqslant |a_I(Z'-Z_0)|^I,$$

利用关于函数级数一致收敛的 Weierstrass 控制收敛判别法得幂级数 $\sum_{I=0}^{+\infty} a_I(Z-Z_0)^I$ 在 $\overline{D_n(Z_0, R)}$ 上一致收敛. 证毕.

上面的结论与一个复变元的幂级数是不同的, 其中的差异留给读者作为思考题.

定理 1.1.2 设幂级数 $\sum_{I=0}^{+\infty} a_I(Z-Z_0)^I$ 在点 $Z' = (z'^1, \cdots, z'^n)$ 收敛, 且 $Z' = (z'^1, \cdots, z'^n)$ 满足对于 $i = 1, \cdots, n$, $z_i' - z_0^i \neq 0$. 取 r_i 使得 $0 < r_i < |z'^i - z_0^i|$, 令 $R = (r_1, \cdots, r_n)$. 则对于任意多重自然数指标 $I_0 = (i_1^0, \cdots, i_n^0)$, 幂级数

$$\sum_{I=0}^{+\infty} \frac{\partial^{|I_0|}(a_I(Z-Z_0)^I)}{\partial (z^1)^{i_1^0} \cdots \partial (z^n)^{i_n^0}} = \sum_{I \geqslant I_0}^{+\infty} \frac{I!}{(I-I_0)!} a_I(Z-Z_0)^{I-I_0}$$

在闭多圆盘 $\overline{D_n(Z_0, R)}$ 上一致收敛.

证明 幂级数 $\sum_{I=0}^{+\infty} a_I(Z'-Z_0)^I$ 收敛, 因而级数 $\sum_{I=0}^{+\infty} |a_I(Z'-Z_0)^I|$ 也收敛, 集合 $\{|a_I(Z'-Z_0)^I|\}$ 有界. 我们得到集合 $\{|a_I(Z'-Z_0)^{I-I_0}| \mid I \geqslant I_0\}$ 也有界. 设 $|a_I(Z'-Z_0)^{I-I_0}| \leqslant L$, 则当 $Z = (z^1, \cdots, z^n) \in$

$\overline{D_n(Z_0, R)}$ 时,

$$\frac{I!}{(I-I_0)!}|a_I(Z-Z_0)^{I-I_0}|$$

$$= \frac{I!}{(I-I_0)!}|a_I(Z'-Z_0)^{I-I_0}|\left(\left|\frac{Z-Z_0}{Z'-Z_0}\right|\right)^{I-I_0}$$

$$\leqslant L\frac{I!}{(I-I_0)!}\left(\left|\frac{Z-Z_0}{Z'-Z_0}\right|\right)^{I-I_0}$$

$$\leqslant L\frac{I!}{(I-I_0)!}\left(\frac{R}{|Z'-Z_0|}\right)^{I-I_0}.$$

但由例 2 知级数

$$\sum_{I\geqslant I_0}^{+\infty} L\frac{I!}{(I-I_0)!}\left(\frac{R}{|Z'-Z_0|}\right)^{I-I_0}$$

收敛, 因而上面的幂级数在 $\overline{D_n(Z_0, R)}$ 上一致收敛. 证毕.

利用上面两个定理中的结论, 我们得到幂级数 $\sum\limits_{I=0}^{+\infty} a_I(Z-Z_0)^I$ 在其收敛区域内关于复变量的各阶偏导数都存在, 并且可以逐项求导. 特别地, 由 $\dfrac{\partial(Z-Z_0)^I}{\partial \bar{z}^i} = 0 (i=1,\cdots,n)$, 我们得到幂级数 $\sum\limits_{I=0}^{+\infty} a_I(Z-Z_0)^I$ 关于复变量 $\bar{z}^i(i=1,\cdots,n)$ 的偏导数都为零.

利用幂级数, 以一个复变元解析函数为例, 我们可以定义关于多个复变元 $Z = (z^1,\cdots,z^n)$ 的解析函数.

定义 1.1.2 设 Ω 是 $\mathbb{C}^n$ 中的区域, $f(Z) = f(z^1,\cdots,z^n)$ 是 Ω 上的函数, 如果满足对于任意点 $Z_0 = (z_0^1,\cdots,z_0^n) \in \Omega$, 存在 Z_0 的邻域 U, 使得 $f(Z)$ 在 U 上可以展开为 $Z - Z_0 = (z^1 - z_0^1,\cdots,z^n - z_0^n)$ 的幂级数, 则称 $f(Z) = f(z^1,\cdots,z^n)$ 为 Ω 上的**多元解析函数**.

我们知道在单复变函数中除了幂级数以外, 也可以用 Cauchy-Riemann 方程来描述函数的解析性, 即实可微的单复变元函数 $f(z) = u(x,y) + \mathrm{i}v(x,y)$ 为解析函数的充分必要条件是 $f(z)$ 满足 Cauchy-Riemann 方程

$$\frac{\partial u}{\partial x} = \frac{\partial v}{\partial y}, \quad \frac{\partial u}{\partial y} = -\frac{\partial v}{\partial x}.$$

如果用我们在上面关于复变量 z 和 $\bar{z}$ 定义的偏导数,则 Cauchy-Riemann 方程等价于

$$\bar{\partial}f = \frac{\partial f}{\partial \bar{z}}\mathrm{d}\bar{z} = \frac{1}{2}\left(\frac{\partial}{\partial x} + \mathrm{i}\frac{\partial}{\partial y}\right)[u(x,y) + \mathrm{i}v(x,y)]\mathrm{d}\bar{z} = 0.$$

利用此,我们可以用形式为 $\bar{\partial}f = 0$ 的 Cauchy-Riemann 方程来考查多个复变元函数的解析性. 首先如果函数 $f(Z) = f(z^1, \cdots, z^n)$ 是区域 Ω 上的解析函数,由定义,对于任意 $Z_0 = (z_0^1, \cdots, z_0^n) \in \Omega$, $f(Z)$ 在 Z_0 的邻域上可以展开为 $Z - Z_0 = (z^1 - z_0^1, \cdots, z^n - z_0^n)$ 的幂级数. 而上面的讨论表明 $Z - Z_0 = (z^1 - z_0^1, \cdots, z^n - z_0^n)$ 的幂级数关于 $\bar{z}^i (i = 1, \cdots, n)$ 的偏导数都为零,即 $f(Z) = f(z^1, \cdots, z^n)$ 对每一个变量 $z^i (i = 1, \cdots, n)$ 都满足 Cauchy-Riemann 方程. 我们得到下面定理.

定理 1.1.3 $\mathbb{C}^n$ 中区域 Ω 上的函数 $f(Z)$ 如果是解析函数,则 $f(Z)$ 满足 Cauchy-Riemann 方程

$$\bar{\partial}f = \sum_{i=1}^{n}\frac{\partial f}{\partial \bar{z}^i}\mathrm{d}\bar{z}^i = 0,$$

即对于 $i = 1, \cdots, n$,恒有 $\frac{\partial f}{\partial \bar{z}^i} = 0$.

现在反过来,假设 $f(Z) = f(z^1, \cdots, z^n)$ 是区域 Ω 上对实变量连续可微的多复变元函数,在 Ω 上满足 Cauchy-Riemann 方程 $\bar{\partial}f = 0$. 则对于 $i = 1, \cdots, n$,当变量 $z^1, \cdots, z^{i-1}, z^{i+1}, \cdots, z^n$ 固定时, $f(Z) = f(z^1, \cdots, z^{i-1}, z^i, z^{i+1}, \cdots, z^n)$ 作为其中一个变元 z^i 的函数,在 z^i 有定义的区域上是关于 z^i 的解析函数. 利用此,任取 $Z_0 = (z_0^1, \cdots, z_0^n) \in \Omega$,存在 $R = (r_1, \cdots, r_n)$ 满足 $r_i > 0 (i = 1, \cdots, n)$,使得以 Z_0 为心, R 为半径的闭多圆盘 $\overline{D_n(Z_0, R)} \subset \Omega$,令 $D_1(z_0^i, r_i) = \{z^i | \ |z^i - z_0^i| < r_i\}$ 为复平面 $\mathbb{C}$ 中以 z_0^i 为圆心, r_i 为半径的圆盘. 则利用单变元解析函数的 Cauchy 公式,对 $z^1, z^2, \cdots, z^n$ 依次分别积分,我们得到对于任意 $Z = (z^1, \cdots, z^n) \in D_n(Z_0, R)$, $f(Z)$ 成立下面累次积分形式的 Cauchy 积分公式.

$$f(z^1, \cdots, z^n) = \frac{1}{2\pi\mathrm{i}} \int_{|w^1 - z_0^1| = r_1} \frac{f(w^1, z^2, \cdots, z^n)\mathrm{d}w^1}{w^1 - z^1}$$

$$= \frac{1}{(2\pi i)^2} \int_{|w^1-z_0^1|=r_1} \frac{dw^1}{w^1-z^1} \int_{|w^2-z_0^2|=r_2|} \frac{f(w^1,w^2,z^3,\cdots,z^n)}{w^2-z^2} dw^2 = \cdots$$

$$= \frac{1}{(2\pi i)^n} \int_{|w^1-z_0^1|=r_1} \frac{dw^1}{w^1-z^1} \cdots \int_{|w^n-z_0^n|=r_n} \frac{f(w^1,\cdots,w^n)}{w^n-z^n} dw^n$$

$$= \frac{1}{(2\pi i)^n} \int_{|w^1-z_0^1|=r_1} \cdots \int_{|w^n-z_0^n|=r_n} \frac{f(w^1,w^2,\cdots,w^n)}{(w^1-z^1)\cdots(w^n-z^n)} dw^1 \cdots dw^n.$$

由于假设了函数 $f(z^1,\cdots,z^n)$ 连续可微,因此利用数学分析中由重极限与累次极限的关系建立起来的重积分与累次积分的关系 (参阅文献 [2]), 不难将上面累次积分化为函数在集合

$$\widetilde{\partial} D_n(Z_0,R) = \{(w^1,\cdots,w^n)\big| \,|w^i-z_0^i|=r_i, i=1,2,\cdots,n\}$$

上的重积分,我们得到如果 $f(z^1,\cdots,z^n)$ 连续可微且满足 Cauchy-Riemann 方程,则对任意 $Z=(z^1,\cdots,z^n) \in D_n(Z_0,R)$, 成立

$$f(z^1,\cdots,z^n)$$
$$= \frac{1}{(2\pi i)^n} \iint_{\widetilde{\partial} D_n(Z_0,R)} \frac{f(w^1,\cdots,w^n)}{(w^1-z^1)\cdots(w^n-z^n)} dw^1 \cdots dw^n.$$

由于多元解析函数都满足 Cauchy-Riemann 方程,因而上面公式对于多元解析函数成立. 这一公式也称为多元解析函数在多圆盘区域上的重积分形式的**积分表示公式**, 或称为**多圆盘上的 Cauchy 公式**.

利用这一公式, 将函数

$$\frac{1}{(w^1-z^1)\cdots(w^n-z^n)}$$
$$= \frac{1}{(w^1-z_0^1-(z^1-z_0^1))\cdots(w^n-z_0^n-(z^n-z_0^n))}$$
$$= \frac{1}{(w^1-z_0^1)\left[1-\left(\dfrac{z^1-z_0^1}{w^1-z_0^1}\right)\right]\cdots(w^n-z_0^n)\left[1-\left(\dfrac{z^n-z_0^n}{w^n-z_0^n}\right)\right]}$$

展开为幂级数

$$\sum_{I=(i_1,\cdots,i_n)=0}^{+\infty} \frac{(z^1-z_0^1)^{i_1}}{(w^1-z_0^1)^{i_1+1}}\cdots\frac{(z^n-z_0^n)^{i_n}}{(w^n-z_0^n)^{i_n+1}}.$$

由于当 $Z=(z^1,\cdots,z^n)\in D_n(Z_0,R)$ 固定时，上面的幂级数对于 $W=(w^1,\cdots,w^n)\in\widetilde{\partial}D_n(Z_0,R)$ 一致收敛，因而可以逐项积分. 我们得到，如果 $f(z^1,\cdots,z^n)$ 连续可微且满足 Cauchy-Riemann 方程，则对于任意 $Z=(z^1,\cdots,z^n)\in D_n(Z_0,R)$，恒有

$$\begin{aligned}&f(z^1,\cdots,z^n)\\&=\sum_{I=(i_1,\cdots,i_n)=0}^{+\infty}\frac{1}{(2\pi\mathrm{i})^n}\bigg[\iint_{\widetilde{\partial}D_n(Z_0,R)}\frac{f(w^1,\cdots,w^n)}{(w^1-z_0^1)^{i_1+1}\cdots(w^n-z_0^n)^{i_n+1}}\mathrm{d}w^1\cdots\\&\quad\cdot\mathrm{d}w^n\times(z^1-z_0^1)^{i_1}\cdots(z^n-z_0^n)^{i_n}\bigg],\end{aligned}$$

$f(Z)$ 局部可以展开为多元幂级数，因而是解析函数.

定理 1.1.4 区域 $\Omega\subset\mathbb{C}^n$ 上连续可微的函数 $f(Z)$ 是解析函数的充分必要条件是 $f(Z)$ 在 Ω 上满足 Cauchy-Riemann 方程.

另一方面，从上面的推导中我们不难看出，如果以 Cauchy 积分公式作为一个函数是否是解析函数的判别条件，则我们有下面定理.

定理 1.1.5 区域 $\Omega\subset\mathbb{C}^n$ 上的连续函数 $f(Z)$ 为解析函数的充分必要条件是对于 Ω 中任意多圆盘 $D_n(Z_0,R)$，$f(Z)$ 在 $D_n(Z_0,R)$ 上成立 Cauchy 积分公式.

这里有一点需要特别说明，在多圆盘上的 Cauchy 积分公式中，我们之所以用 $\widetilde{\partial}D_n(Z_0,R)$ 表示集合

$$\{Z=(z^1,\cdots,z^n)\mid |z^i-z_0^i|=r_i, i=1,2,\cdots,n\},$$

是因为在这里 $\widetilde{\partial}D_n(Z_0,R)$ 并不是多圆盘 $D_n(Z_0,R)$ 的全部边界，而只是 $D_n(Z_0,R)$ 的边界 $\partial D_n(Z_0,R)$ 的一部分. Cauchy 积分公式表明：闭多圆盘 $\overline{D_n(Z_0,R)}$ 邻域 (即包含闭包 $\overline{D_n(Z_0,R)}$ 的某一开集) 上的解析函数由其在边界的一部分 $\widetilde{\partial}D_n(Z_0,R)$ 上的函数值唯一确定，并可通过其在 $\widetilde{\partial}D_n(Z_0,R)$ 上的 Cauchy 积分表示出来. 因此，$\widetilde{\partial}D_n(Z_0,R)$ 通常也称为多圆盘 $D_n(Z_0,R)$ 的**特征边界**.

现在反过来，设 $u(z^1, \cdots, z^n)$ 是集合

$$\widetilde{\partial} D_n(Z_0, R) = \left\{ Z = (z^1, \cdots, z^n) \, \middle| \, |z^i - z_0^i| = r_i, i = 1, \cdots, n \right\}$$

上任意给定的连续函数，对于 $Z = (z^1, \cdots, z^n) \in D_n(Z_0, R)$，令

$$f(z^1, \cdots, z^n) = \frac{1}{(2\pi i)^n} \iint_{\widetilde{\partial} D_n(Z_0, R)} \frac{u(w^1, \cdots, w^n)}{(w^1 - z^1) \cdots (w^n - z^n)} \mathrm{d}w^1 \cdots \mathrm{d}w^n,$$

则利用积分号下求导不难得到 $f(z^1, \cdots, z^n)$ 满足 Cauchy-Riemann 方程，因而是 $D_n(Z_0, R)$ 上的解析函数.

下面我们希望将关于单变元解析函数的一些经典定理推广到多元解析函数上.

首先利用多元解析函数在多圆盘上的积分表示，以及积分号下的模不等式 $\left| \int_D f \right| \leqslant \int_D |f|$，容易得到下面定理.

定理 1.1.6 (Cauchy 不等式) 设 $R = (r_1, \cdots, r_n)$ 满足 $r_i > 0$，$i = 1, \cdots, n$，$f(Z)$ 是闭多圆盘 $\overline{D_n(Z_0, R)}$ 邻域上的解析函数，则对于任意多重自然数指标 $\alpha = (\alpha_1, \cdots, \alpha_n)$，恒有

$$\left| \frac{\partial^{|\alpha|} f}{\partial Z^{\alpha}}(Z_0) \right| = \left| \frac{\partial^{|\alpha|} f}{\partial (z^1)^{\alpha_1} \cdots \partial (z^n)^{\alpha_n}}(Z_0) \right|$$

$$\leqslant \frac{\alpha!}{r_1^{\alpha_1} \cdots r_n^{\alpha_n}} \sup_{Z \in \widetilde{\partial} D_n(Z_0, R)} |f(Z)|.$$

证明 只需利用 $f(Z)$ 在多圆盘上的积分表示，在积分号下求导，然后对被积函数的模取上确界即可. 证毕.

同样利用解析函数在多圆盘上的积分表示以及在一致收敛的条件下，积分与极限可以交换顺序，我们容易得到下面定理.

定理 1.1.7 如果 $\{f_n(Z)\}$ 是区域 Ω 上的一列解析函数，在 Ω 中的任意紧集上一致收敛于函数 $f(Z)$（即函数序列 $\{f_n(Z)\}$ 在 Ω 上内闭一致收敛于 $f(Z)$），则 $f(Z)$ 也是区域 Ω 上的解析函数.

如果仔细阅读上面定理 1.1.4 的证明，将其中函数连续可微的条件换为仅要求函数连续，则不难得到下面一个在多复分析讨论中经常用到的重要定理．

定理 1.1.8 区域 $\Omega \subset \mathbb{C}^n$ 上的连续函数 $f(z^1,\cdots,z^n)$ 如果满足对于 $i=1,\cdots,n$，当变量 $z^1,\cdots,z^{i-1},z^{i+1},\cdots,z^n$ 固定时，$g(z^i):=f(z^1,\cdots,z^{i-1},z^i,z^{i+1},\cdots,z^n)$ 总是关于一个变元 z^i 的解析函数，则 $f(z^1,\cdots,z^n)$ 是变元 $Z=(z^1,\cdots,z^n)$ 的多元解析函数．

定理的详细证明留给读者．这里我们要特别说明的是：事实上，在上面的定理中，关于函数连续性的假设也是不需要的．对于多元解析函数，Hartogs 证明了一个更强、也更为深刻的定理．

定理 1.1.9 (Hartogs 定理) 设 $f(z^1,\cdots,z^n)$ 是区域 Ω 上的函数，如果对于 $i=1,\cdots,n$，当变量 $z^1,\cdots,z^{i-1},z^{i+1},\cdots,z^n$ 固定时，$f(z^1,\cdots,z^{i-1},z^i,z^{i+1},\cdots,z^n)$ 总是关于一个变元 z^i 的解析函数，则 $f(z^1,\cdots,z^n)$ 是变元 $Z=(z^1,\cdots,z^n)$ 的多元解析函数．

Hartogs 定理也可表示为：如果函数 $f(z^1,\cdots,z^n)$ 关于变量 $Z=(z^1,\cdots,z^n)$ 的每一个分量都分别解析，则 $f(z^1,\cdots,z^n)$ 是变量 $Z=(z^1,\cdots,z^n)$ 的多元解析函数．需要说明的是对于函数的实可微性而言，Hartogs 定理并不成立，即关于每一个分量分别可微的函数不一定是多元可微函数．例如，令

$$f(x,y) = \begin{cases} \dfrac{xy}{x^2+y^2}, & (x,y) \neq (0,0), \\ 0, & (x,y) = (0,0), \end{cases}$$

则当 x 或者 y 固定时，$f(x,y)$ 关于另一变量是连续可微的，但 $f(x,y)$ 在 $(x,y)=(0,0)$ 处并不连续，因而 $f(x,y)$ 作为多元函数，关于变元 (x,y)，在 $(x,y)=(0,0)$ 处并不可微．

Hartogs 定理的证明比较复杂，由于在以后的讨论中我们一般只会用到上面的定理 1.1.8，而不会用到这一定理，因此本书中我们将不讨论 Hartogs 定理的证明．有兴趣的读者可参阅文献 [12]．

定理 1.1.10 (唯一性定理) 设 $f(Z)$ 是区域 Ω 上的解析函数，如果存在 $Z_0 \in \Omega$，使得 $f(Z)$ 在 Z_0 的某个邻域上恒为零，则 $f(z)$ 在 Ω

上恒为零.

证明 令
$$O = \{Z_0 \in \Omega \mid f(Z) \text{ 在 } Z_0 \text{ 的某个邻域上恒为零}\},$$
则 O 是 Ω 中的开集. 但另一方面, 利用解析函数局部幂级数展开的存在性, 以及幂级数可逐项求导, 不难看出
$$O = \left\{Z_0 \in \Omega \left| \frac{\partial^{|I|} f(Z_0)}{\partial Z^I} = 0 \text{ 对于所有 } n \text{ 重自然数指标 } I \text{ 成立} \right.\right\}.$$
而 $\dfrac{\partial^{|I|} f(Z)}{\partial Z^I}$ 都是连续函数, 因而 O 是 Ω 中闭集. 但由假设, $O \neq \varnothing$, Ω 是连通开集, 所以必须 $O = \Omega$. 证毕.

定理 1.1.11 (最大模原理) 设 $f(Z)$ 是区域 Ω 上的解析函数, 如果 $|f(Z)|$ 在 Ω 内某一点取到极大值, 则 $f(Z)$ 在 Ω 上是常数.

证明 设 $|f(Z)|$ 在 $Z_0 \in \Omega$ 取到极大值, 在 Ω 内取 Z_0 的多圆盘邻域 $D_n(Z_0, \delta)$. 由于 $f(Z)$ 对每一个分量都是解析的, 利用单变量解析函数的最大模原理, 得 $f(Z)$ 在 $D_n(Z_0, \delta)$ 上为常数. 再利用唯一性定理得, $f(Z)$ 在 Ω 上是常数. 证毕.

下面定理是单复变函数中的 Schwarz 引理在多复变函数中的一种推广, 也是我们前面定义的球形邻域的一个应用.

定理 1.1.12 (Schwarz 引理) 设 $f(Z)$ 在球 $B(0, R) = \{Z \in \mathbb{C}^n \mid |Z| < R\}$ 上解析, 且满足 $f(0) = 0, |f(Z)| \leqslant M$, 则对任意 $Z = (z^1, \cdots, z^n) \in B(0, R)$, 恒有
$$|f(Z)| \leqslant \frac{M}{R}|Z|.$$

证明 对于任意给定的 $Z = (z^1, \cdots, z^n) \in B(0, R), Z \neq 0$, 以及 $t \in D_1(0, 1)$, 令
$$g(t) = \frac{1}{M} f\left(t\frac{R}{|Z|}z^1, \cdots, t\frac{R}{|Z|}z^n\right) = \frac{1}{M} f\left(t\frac{R}{|Z|}Z\right),$$
其中 $|Z| = \sqrt{|z^1|^2 + \cdots + |z^n|^2}$, 则 $g(t)$ 在单位圆盘 $D_1(0, 1)$ 上解析, 且满足 $g(0) = 0, |g(z)| \leqslant 1$. 由一元解析函数的 Schwarz 引理得, 对于

任意 $t \in D_1(0,1)$,
$$|g(t)| \leqslant |t|.$$
令 $t = \dfrac{|Z|}{R}$, 我们得到
$$|f(Z)| \leqslant \dfrac{M}{R}|Z|.$$
证毕.

§1.2 Weierstrass 预备定理和 Weierstrass 除法定理

对于一元解析函数, 我们知道当其不恒为零时, 其零点都是孤立的和有限阶的. 即对于一个复变量的解析函数 $f(z)$, 如果 $f(z)$ 不恒为零, 而 $z = z_0$ 是 $f(z)$ 的零点, 则利用 $f(z)$ 的局部幂级数展开式容易得到, 在 z_0 充分小的邻域上, $f(z)$ 可表示为 $f(z) = (z-z_0)^k g(z)$, 其中 $k \in \mathbb{N}$ 是 $f(z)$ 在其零点 z_0 的阶, 而 $g(z)$ 解析且 $g(z_0) \neq 0$. 然而对于多元解析函数, 其零点构成的集合就比较复杂了. 这一节我们将借助一元多项式 $(z-z_0)^k$ 的一种形式推广——Weierstrass 多项式, 将分解式 $f(z) = (z-z_0)^k g(z)$ 推广到多元解析函数, 用其给出多元解析函数零点的局部描述.

定义 1.2.1 设
$$h(Z) = (z^n)^k + a_1(z^1, \cdots, z^{n-1})(z^n)^{k-1} + \cdots + a_k(z^1, \cdots, z^{n-1})$$
是定义在 $0 \in \mathbb{C}^n$ 的某一邻域上的函数, 假定其中 z^n 的系数函数
$$a_1(z^1, \cdots, z^{n-1}), \cdots, a_k(z^1, \cdots, z^{n-1})$$
都是变元 $(z^1, \cdots, z^{n-1})$ 在 $0 \in \mathbb{C}^{n-1}$ 邻域上的解析函数, 如果这些函数满足
$$a_1(0, \cdots, 0) = 0, \cdots, a_k(0, \cdots, 0) = 0,$$
则称函数 $h(Z)$ 为变元 z^n 的 k 阶 **Weierstrass 多项式**.

显然, 如果 $h(Z)$ 是一给定的 z^n 的 k 阶 Weierstrass 多项式, 则对于其定义域内任意给定的 $Z' = (z^1, \cdots, z^{n-1})$, $h(Z', z^n)$ 对于 z^n 有且仅有 k 个零点 (按重数计). 因而如果令

$$Z(h) = \{Z \mid h(Z) = 0\},$$

则当我们对函数的零点按重数计数时, 上面的结论可以表示为投影映射 $(z^1, \cdots, z^{n-1}, z^n) \mapsto (z^1, \cdots, z^{n-1})$, 它是 $Z(h)$ 到 $0 \in \mathbb{C}^{n-1}$ 邻域的一个 k 重映射 (也称为 k **重分歧覆盖**, 见图 1.2.1). 我们希望利用这样一种形式来局部描述多元解析函数的零点.

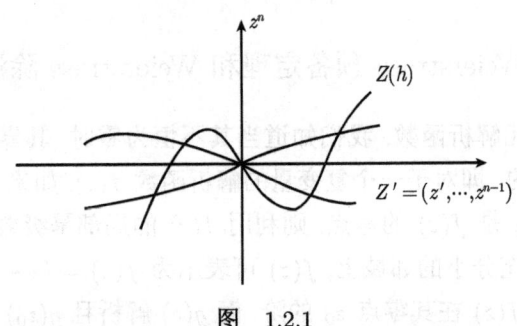

图   1.2.1

在图 1.2.1 中, 横轴表示变量 $Z' = (z^1, \cdots, z^{n-1})$ 所在的 $n-1$ 维复向量空间 $\mathbb{C}^{n-1}$, 纵轴表示变量 z^n 所在的复平面.

定义 1.2.2 设 $f(Z)$ 是原点 $Z = 0 \in \mathbb{C}^n$ 邻域上的解析函数, 如果 $z^n = 0$ 是单变元解析函数 $f(0, \cdots, 0, z^n)$ 的 k 阶零点, 则称 $f(Z)$ 在 $Z = 0$ 处对 z^n 方向 k **阶正则**.

首先, 定义 1.2.1 中的 k 阶 Weierstrass 多项式 $h(Z)$ 显然是在 z^n 方向 k 阶正则的函数. 而如果 $f(Z)$ 是一在 $0 \in \mathbb{C}^n$ 邻域上满足 $f(0) = 0$, 但 $f(Z)$ 不恒为零的解析函数, 则存在 $Z_0 = (z_0^1, \cdots, z_0^n)$, 使得 $f(Z_0) \neq 0$. 这时作一线性变换, 可将 Z_0 变到新坐标的第 n 个分量 z^n 的平面上, 则对于新坐标, 我们总可以假设存在 k, 使得 $f(Z)$ 在 z^n 方向 k 阶正则.

下面我们将给出 k 阶 Weierstrass 多项式与在 z^n 方向 k 阶正则的解析函数的关系, 并利用这些关系描述多元解析函数零点的局部性质. 首先我们来证明一个局部描述多元解析函数零点的基本定理.

定理 1.2.1 设函数 $f(Z)$ 在原点 $Z = 0 \in \mathbb{C}^n$ 的邻域上解析, 如果 $f(Z)$ 在 $Z = 0$ 处对 z^n 方向 k 阶正则, 则存在 $\delta' = (\delta_1, \cdots, \delta_{n-1})$

和 δ_n 满足对于 $i = 1,\cdots,n$, $\delta_i > 0$, 使得对于任意给定的 $Z' = (z^1\cdots,z^{n-1}) \in D_{n-1}(0,\delta') \subset \mathbb{C}^{n-1}$, $f(Z) = f(Z',z^n)$ 作为 z^n 的解析函数在圆盘 $D_1(0,\delta_n) = \{z^n \in \mathbb{C} \mid |z^n| < \delta_n\} \subset \mathbb{C}$ 内有且仅有 k 个零点.

证明 由单变元解析函数的零点孤立性定理, 可取 $\delta_n > 0$ 充分小, 使得函数 $f(0,\cdots,0,z^n)$ 在闭圆盘 $\overline{D_1(0,\delta_n)}$ 上仅有 $z^n = 0$ 这一个 k 阶零点. 令

$$m = \min_{|z^n|=\delta_n}\{|f(0,\cdots,0,z^n)|\},$$

则 $m > 0$. 而由函数 $f(Z) = f(z^1,\cdots,z^{n-1},z^n)$ 的连续性和集合 $\partial D_1(0,\delta_n) = \{z^n \mid |z^n| = \delta_n\}$ 的紧性, 存在 $\delta' = (\delta_1,\cdots,\delta_{n-1})$, 满足对于 $i = 1,\cdots,n-1, \delta_i > 0$, 且对于任意 $Z' \in D_{n-1}(0,\delta')$ 和任意 $z^n \in \partial D_1(0,\delta_n)$, 恒有

$$|f(Z',z^n) - f(0,\cdots,0,z^n)| < m \leqslant |f(0,\cdots,0,z^n)|.$$

因此当 $Z' \in D_{n-1}(0,\delta')$ 固定时, 由单复变函数理论中的 Rouch 定理我们知道: 单变元 z^n 的解析函数 $f(Z',z^n)$ 和 $f(0,\cdots,0,z^n)$ 在圆盘 $D_1(0,\delta_n)$ 内的零点个数相同, 即都有且仅有 k 个零点. 证毕.

说明 在上面定理的证明中, 由于函数 $f(0,\cdots,0,z^n)$ 在圆周 $\partial D_1(0,\delta_n)$ 上处处不为零, 而 $\partial D_1(0,\delta_n)$ 是紧集, 因而可取 $\delta' = (\delta_1,\cdots,\delta_{n-1})$ 充分小, 使得 $f(Z',z^n)$ 在 $D_{n-1}(0,\delta') \times \partial D_1(0,\delta_n)$ 上处处不为零. 我们在下面的讨论中将反复用到这一点.

作为定理 1.2.1 的直接应用, 我们这里首先给出下面著名的 Riemann 延拓定理. 我们知道在单复变函数的孤立奇点分类中, 一个变元的解析函数如果在其孤立奇点的邻域上有界, 则这些孤立奇点都是可去奇点, 即函数可以解析延拓到这些奇点处. 如果将孤立奇点看做是另外一个单变元解析函数的零点, 则对这一单复变函数中关于解析延拓的结论, 我们在多元解析函数里有下面形式的推广.

定理 1.2.2 (Riemann 延拓定理) 设 $f(Z)$ 是区域 $\Omega \subset \mathbb{C}^n$ 上一给定的解析函数, $f(Z)$ 不恒为零, 令

$$Z(f) = \{Z \in \Omega \mid f(Z) = 0\}.$$

设 $g(Z)$ 是定义在开集 $\Omega \setminus Z(f)$ 上的解析函数, 且在 $\Omega \setminus Z(f)$ 上有界, 则 $g(Z)$ 可解析延拓到区域 Ω 上. 即存在定义在 Ω 上的解析函数 $\tilde{g}(Z)$, 使得在 $\Omega \setminus Z(f)$ 上, $g(Z) \equiv \tilde{g}(Z)$.

证明 任取 $Z_0 \in Z(f)$, 我们仅需证明 $g(Z)$ 可解析延拓到 Z_0 的邻域. 经过适当坐标变换后我们可以假定 $Z_0 = 0$, 而 $f(Z)$ 在 $Z_0 = 0$ 处对 z^n 方向 k 阶正则. 由定理 1.2.1 知, 对于 $f(Z)$ 以及 $i = 1, \cdots, n$, 存在 δ_i, 满足 $\delta_i > 0$, 且令 $\delta' = (\delta_1, \cdots, \delta_{n-1})$ 时, 对于任意给定的 $Z' \in D_{n-1}(0, \delta')$, z^n 的函数 $f(Z) = f(Z', z^n)$ 对于 z^n 在 $\mathbb{C}$ 中圆盘 $D_1(0, \delta_n) = \{z^n \mid |z^n| < \delta_n\}$ 内有且仅有 k 个零点, 而 $f(Z) = f(Z', z^n)$ 在 $D_{n-1}(0, \delta') \times \partial D_1(0, \delta_n)$ 上没有零点. 由条件, $g(Z', z^n)$ 在 $D_{n-1}(0, \delta') \times \partial D_1(0, \delta_n)$ 上处处有定义. 现将 $Z' = (z^1, \cdots, z^{n-1})$ 固定, 利用 z^n 的函数 $g(Z', z^n)$ 在 $\partial D_1(0, \delta_n)$ 上的值, 考虑下面的 Cauchy 积分

$$\frac{1}{2\pi i} \int_{|w|=\delta_n} \frac{g(z^1, \cdots, z^{n-1}, w)}{w - z^n} dw := \tilde{g}(z^1, \cdots, z^n).$$

由定义容易看出, $\tilde{g}(z^1, \cdots, z^n)$ 是 $(z^1, \cdots, z^n)$ 的连续函数, 且对变量 $Z' = (z^1, \cdots, z^{n-1})$ 和 z^n 分别解析, 因而由上一节的定理 1.1.8, 我们知道 $\tilde{g}(z^1, \cdots, z^n)$ 是 $D_{n-1}(0, \delta') \times D_1(0, \delta_n)$ 上关于 $Z = (z^1, \cdots, z^n)$ 的多元解析函数.

另一方面, 当 $Z' = (z^1, \cdots, z^{n-1})$ 固定时, $g(Z', z^n)$ 作为 z^n 的函数, 除了 $f(Z', z^n)$ 在圆盘 $D_1(0, \delta_n)$ 内的 k 个零点外, 处处解析. 而由定理条件我们知道 $g(Z)$ 有界, 因而 $g(Z', z^n)$ 作为 z^n 的解析函数, 所有孤立奇点都是可去奇点. 我们得到 $g(Z', z^n)$ 可解析延拓为圆盘 $D_1(0, \delta_n)$ 上的解析函数. 而对延拓后的 $g(Z)$ 应用关于 z^n 的 Cauchy 积分公式, 得上面的积分就是解析延拓后的 $g(Z', z^n)$, 即 $g(Z', z^n) = \tilde{g}(z^1, \cdots, z^n)$. 证毕.

推论 1.2.1 设 $f(Z)$ 是区域 Ω 上不恒为零的解析函数, 令 $Z(f) = \{Z \in \Omega \mid f(Z) = 0\}$ 为 $f(Z)$ 的零点集, 则 $\Omega \setminus Z(f)$ 是连通开集.

§1.2 Weierstrass 预备定理和 Weierstrass 除法定理

证明 用反证法. 显然 $\Omega \setminus Z(f)$ 是开集, 如果 $\Omega \setminus Z(f)$ 不连通, 则可分解为互不相交的连通分支的并, 每一个连通分支也是开集. 设 U 是 $\Omega \setminus Z(f)$ 的一个连通分支. 令 $g(Z)$ 为在 U 上取 1, 在 $\Omega \setminus \{Z(f) \cup U\}$ 上取零的函数, 则 $g(Z)$ 是 $\Omega \setminus Z(f)$ 上的有界解析函数. 由 Riemann 延拓定理, $g(Z)$ 可延拓为 Ω 上的解析函数, 但这与解析函数的唯一性定理矛盾. 证毕.

在前面的讨论中, 我们提到, 如果 z_0 是单变元解析函数 $f(z)$ 的 k 阶零点, 则在 z_0 的充分小邻域内, $f(z)$ 可分解为 $f(z) = (z-z_0)^k g(z)$, 其中 $g(z)$ 解析, 且 $g(z_0) \neq 0$. 下面我们希望以 Weierstrass 多项式代替上面因式分解中的因子 $(z-z_0)^k$, 将关于单变元解析函数零点的局部描述推广到多元解析函数上.

定理 1.2.3 (Weierstrass 预备定理) 设函数 $f(Z)$ 在原点 $Z = 0 \in \mathbb{C}^n$ 的邻域上解析, 在 $Z = 0$ 处对 z^n 方向 k 阶正则. 则存在 $Z = 0$ 的充分小邻域 U 和 U 上唯一确定的一个 z^n 的 k 阶 Weierstrass 多项式 $h(Z)$, 以及 U 上唯一的一个处处不为零的解析函数 $u(Z)$, 使得在 U 上 $f(Z)$ 有因式分解

$$f(Z) = h(Z)u(Z).$$

证明 由定理 1.2.1 知, 对于函数 $f(Z)$ 以及 $i = 1, \cdots, n$, 存在 δ_i, 满足 $\delta_i > 0$, 且令 $\delta' = (\delta_1, \cdots, \delta_{n-1})$ 时, 对于任意给定的 $Z' \in D_{n-1}(0, \delta')$, $f(Z) = f(Z', z^n)$ 对于变元 z^n, 在 $\mathbb{C}$ 中圆盘 $D_1(0, \delta_n)$ 内有且仅有 k 个零点, 而 $f(Z) = f(Z', z^n)$ 在 $D_{n-1}(0, \delta') \times \partial D_1(0, \delta_n)$ 上处处不为零. 任意给定 $Z' \in D_{n-1}(0, \delta')$, 以 $b_1(Z'), \cdots, b_k(Z')$ 表示 z^n 的函数 $f(Z', z^n)$ 在圆盘 $D_1(0, \delta_n)$ 内的 k 个零点. 首先, 由于 $z^n = 0$ 是 $f(0, \cdots, 0, z^n)$ 的 k 阶零点, 因而 $b_1(0) = \cdots = b_k(0) = 0$. 另一方面, 由于零点的排序有一定的任意性, 因而 Z' 的函数 $b_1(Z'), \cdots, b_k(Z')$ 不一定连续. 但是由留数定理的推广 (参阅文献 [3]): 如果 $h(z)$ 和 $g(z)$ 都是在具有分段光滑边界的有界闭区域 $\overline{\Omega} \subset \mathbb{C}$ 邻域 (即包含 $\overline{\Omega}$ 的开集) 上的解析函数, 且 $h(z)$ 在 $\partial \Omega$ 上处处不为零, 设 $z^1, \cdots, z^k$ 是 $h(z)$ 在 Ω 内的 $t_1, \cdots, t_k$ 阶零点, 则成立下面公式:

$$\sum_{i=1}^{k} t_i g(z^i) = \frac{1}{2\pi i} \int_{\partial \Omega} g(w) \frac{h'(w)}{h(w)} dw.$$

在上式中, 令 $h(z^n) = f(Z', z^n), g(z^n) = (z^n)^m$, 我们得到, 对于任意自然数 m, 成立等式

$$\sum_{i=1}^{k} b_i^m(Z') = \frac{1}{2\pi i} \int_{|w|=\delta_n} w^m \frac{\dfrac{\partial f(Z', w)}{\partial w}}{f(Z', w)} dw.$$

因而利用积分号下求导得, 对于任意 $m \in \mathbb{N}$, 函数 $\sum_{i=1}^{k} b_i^m(Z')$ 都是 Z' 的解析函数. 而利用代数学中关于对称多项式的 Newton 定理 (参阅文献 [5]), 我们知道, 函数 $b_1(Z'), \cdots, b_k(Z')$ 的任意对称多项式都可以表示为函数族 $\left\{\sum_{i=1}^{k} b_i^m(Z')\right\}_{m=1,\cdots,k}$ 的多项式, 因而都是 Z' 的解析函数. 所以, 如果我们令

$$h(Z) = h(Z', z^n) = \prod_{i=1}^{k}(z^n - b_i(Z'))$$
$$:= (z^n)^k + a_1(Z')(z^n)^{k-1} + \cdots + a_k(Z'),$$

则 $a_1(Z'), \cdots, a_k(Z')$ 作为 $b_1(Z'), \cdots, b_k(Z')$ 的对称多项式, 都是变元 $Z' = (z^1, \cdots, z^{n-1})$ 在 $0 \in \mathbb{C}^{n-1}$ 邻域上的解析函数, 满足 $a_1(0, \cdots, 0) = \cdots = a_k(0, \cdots, 0) = 0$, 因而 $h(Z)$ 是 z^n 的 k 阶 Weierstrass 多项式. 另一方面, 当 $Z' \in D_{n-1}(0, \delta')$ 固定时, z^n 的函数 $h(Z) = h(Z', z^n)$ 与 $f(Z', z^n)$ 在 $D_1(0, \delta_n)$ 内有完全相同的零点. 现在我们希望利用此来证明函数 $f(Z)/h(Z)$ 在 $D_{n-1}(0, \delta') \times D_1(0, \delta_n)$ 上解析且处处不为零, 由此就得到了定理的证明.

首先函数 $f(0, \cdots, 0, z^n)$ 和 $h(0, \cdots, 0, z^n)$ 在 $\partial D_1(0, \delta_n)$ 上处处不为零, 且 $f(z^1, \cdots, z^{n-1}, z^n)$ 和 $h(z^1, \cdots, z^{n-1}, z^n)$ 都连续. 因此如果适当选取 $\delta_i > 0, i = 1, \cdots, n$, 我们可以假设 $f(Z)$ 和 $h(Z)$ 在 $\overline{D_{n-1}(0, \delta')} \times \partial D_1(0, \delta_n)$ 上处处不为零. 由此如果令

$$M = \max\left\{|f(Z)| \;\middle|\; Z \in \overline{D_{n-1}(0, \delta')} \times \partial D_1(0, \delta_n)\right\},$$

$$m = \min\left\{|h(Z)| \mid Z \in \overline{D_{n-1}(0,\delta')} \times \partial D_1(0,\delta_n)\right\},$$

得 $m > 0$. 现令 $u(Z) = f(Z)/h(Z)$, 则 $u(Z)$ 在函数 $h(Z)$ 的零点集 $Z(h)$ 以外解析. 特别地, 当 $Z' \in D_{n-1}(0,\delta')$ 固定时, 由于 z^n 的解析函数 $f(Z', z^n)$ 与 $h(Z', z^n)$ 在圆盘 $D_1(0,\delta_n)$ 内的零点完全相同, 因而 $u(Z', z^n)$ 是 z^n 在 $D_1(0,\delta_n)$ 内处处不为零的解析函数. 对 $u(Z', z^n)$ 在圆盘 $D_1(0,\delta_n)$ 上关于变量 z^n 应用最大模原理得 $|u(Z', z^n)| \leqslant M/m$. 由于其中 Z' 是任意的, 因而不等式在 $D_{n-1}(0,\delta') \times D_1(0,\delta_n) \setminus Z(h)$ 上处处成立, 即 $u(Z)$ 在 $h(Z)$ 的零点以外解析且有界. 利用上面的 Riemann 延拓定理得, $u(Z)$ 可解析延拓为 $D_{n-1}(0,\delta') \times D_1(0,\delta_n)$ 上的解析函数.

由于 $h(Z)$ 是由 $f(Z)$ 的零点唯一确定的 Weierstrass 多项式, 所以唯一性显然. 证毕.

注记 在上面 Weierstrass 预备定理的证明中, 我们看到 Weierstrass 多项式 $h(Z)$ 是由函数 $f(Z)$ 的零点唯一确定的, 或者说在 $0 \in \mathbb{C}^n$ 的邻域 U 上, Weierstrass 多项式 $h(Z)$ 的零点与 $f(Z)$ 的零点完全一样 (按重数计). 因此, 如果 $Z_0 = (z_0^1, \cdots, z_0^n)$ 是 U 内的任意一点, 设 $f(Z) = \tilde{h}(Z - Z_0)v(Z)$ 是 $f(Z)$ 在 Z_0 的邻域 V 上由 Weierstrass 预备定理给出的分解, 其中 $v(Z)$ 在 V 上处处不为零, 而 $\tilde{h}(Z - Z_0)$ 是 $(z^1 - z_0^1, \cdots, z^n - z_0^n)$ 中某一分量的 Weierstrass 多项式. 则在 $U \cap V$ 上,

$$\frac{h(Z)}{\tilde{h}(Z-Z_0)} = \frac{h(Z)}{f(Z)} \cdot \frac{f(Z)}{\tilde{h}(Z-Z_0)} = u(Z)v(Z).$$

而 $\dfrac{h(Z)}{f(Z)} = u(Z)$ 和 $\dfrac{f(Z)}{\tilde{h}(Z-Z_0)} = v(Z)$ 都是处处不为零的解析函数. 我们得到在 $U \cap V$ 上, $\dfrac{h(Z)}{\tilde{h}(Z-Z_0)}$ 是处处不为零的解析函数. 即局部用 Weierstrass 多项式表示解析函数的零点后, 不同点、不同邻域的不同表达式中, 所得到的 Weierstrass 多项式在公共部分上只差一个处处不为零的解析函数. 我们在后面的讨论中将反复用到这一点.

在数域上的多项式理论中, 我们知道多项式相互之间有带余除法: 如果 $p(z)$ 是一给定的 z 的 k 阶多项式, 则对于 z 的任意多项式 $q(z)$,

存在唯一的多项式 $u(z)$ 和 $r(z)$, 使得 $r(z)$ 的阶小于 k, 且

$$q(z) = u(z)p(z) + r(z).$$

这时 $u(z)$ 称为 $q(z)$ 对于 $p(z)$ 的**商**, $r(z)$ 称为**余式**.

下面定理是多项式的带余除法对于多元解析函数的推广.

定理 1.2.4 (Weierstrass 除法定理) 设 $h(Z)$ 是原点 $Z = 0 \in \mathbb{C}^n$ 的邻域上一给定的、z^n 的 k 阶 Weierstrass 多项式, 则对于 $Z = 0$ 邻域上的任意解析函数 $f(Z)$, 存在 $0 \in \mathbb{C}^n$ 的充分小邻域 U 和 U 上唯一确定的解析函数 $u(Z)$ 和 $r(Z) = c_1(Z')(z^n)^{k-1} + \cdots + c_{k-1}(Z')$, 使得在 U 上成立

$$f(Z) = u(Z)h(Z) + r(Z),$$

其中 $Z' = (z^1, \cdots, z^{n-1})$.

证明 由于 $h(Z)$ 在 $Z = 0$ 处对 z^n 方向 k 阶正则, 由定理 1.2.1 的证明知, 对 $i = 1, \cdots, n$, 存在 δ_i, 满足 $\delta_i > 0$, 且令 $\delta' = (\delta_1, \cdots, \delta_{n-1})$ 时, 对于任意给定的 $Z' \in D_{n-1}(0, \delta')$, 函数 $h(Z) = h(Z', z^n)$ 在圆盘 $D_1(0, \delta_n) = \{|z^n| < \delta_n\}$ 中有且仅有 k 个零点, 而在 $D_{n-1}(0, \delta') \times \partial D_1(0, \delta_n)$ 上处处不为零. 由此如果令

$$u(Z) = \frac{1}{2\pi i} \int_{|w|=\delta_n} \frac{f(z^1, \cdots, z^{n-1}, w)}{h(z^1, \cdots, z^{n-1}, w)} \frac{\mathrm{d}w}{w - z^n},$$

由于 $u(Z)$ 对 Z 连续, 而对 $(z^1, \cdots, z^{n-1})$ 和 z^n 都分别解析, 因此由定理 1.1.8 得, $u(Z)$ 是 $Z = (z^1, \cdots, z^n)$ 的解析函数. 另一方面, 由 Cauchy 积分公式得

$$\begin{aligned}f(Z) - u(Z)h(Z) &= \frac{1}{2\pi i} \int_{|w|=\delta_n} \left[\frac{f(z^1, \cdots, z^{n-1}, w)}{w - z^n} \right. \\ &\quad \left. - \frac{f(z^1, \cdots, z^{n-1}, w)}{h(z^1, \cdots, z^{n-1}, w)} \frac{h(z^1, \cdots, z^{n-1}, z^n)}{w - z^n} \right] \mathrm{d}w \\ &= \frac{1}{2\pi i} \int_{|w|=\delta_n} \frac{f(z^1, \cdots, z^{n-1}, w)}{h(z^1, \cdots, z^{n-1}, w)}\end{aligned}$$

$$\times \left[\frac{h(z^1,\cdots,z^{n-1},w) - h(z^1,\cdots,z^{n-1},z^n)}{w - z^n}\right] \mathrm{d}w := r(Z).$$

由于 $h(Z)$ 是 z^n 的 k 阶多项式, 因而

$$\frac{h(z^1,\cdots,z^{n-1},w) - h(z^1,\cdots,z^{n-1},z^n)}{w - z^n}$$

是 $w - z^n$ 的 $k-1$ 阶多项式, 所以 $r(Z)$ 是 z^n 的 $k-1$ 阶多项式, 我们得到定理 1.2.4 中分解的存在性.

现证唯一性. 设 $f(Z) = u_1(Z)h(Z) + r_1(Z)$ 是 $f(Z)$ 的另一分解, 则

$$[u(Z) - u_1(Z)]h(Z) = r(Z) - r_1(Z).$$

如果 $r(Z) - r_1(Z)$ 不恒为零, 则对于任意给定的 $Z' \in D_{n-1}(0, \delta')$, 等式左边对于 z^n, 在圆盘 $D_1(0, \delta_n) = \{|z^n| < \delta_n\}$ 内至少有 k 个零点, 但等式右边是 z^n 的 $k-1$ 阶多项式, 不为零时至多有 $k-1$ 个零点, 因而必须恒为零, 矛盾. 证毕.

§1.3 解析函数的芽环

上一节我们给出了 Weierstrass 预备定理和除法定理, 这一节我们希望利用这些定理将代数学中关于**多元多项式环** $\mathbb{C}[z^1,\cdots,z^n]$ 的一些代数概念和性质, 推广到 $\mathbb{C}^n$ 中由一给定点的邻域上所有多元解析函数组成的环上, 然后利用这些结论来讨论怎样描述一个或者多个多元解析函数公共零点的局部性质.

首先, 设 $Z = 0 \in \mathbb{C}^n$ 是给定的点, 如果以 a_n 表示在 $Z = 0$ 的邻域上关于变量 $Z = (z^1,\cdots,z^n)$ 的收敛幂级数全体, 则利用解析函数的加法和乘法, a_n 构成一个环. 这个环显然包含了由变元 $(z^1,\cdots,z^n)$ 的多项式全体组成的环 $\mathbb{C}[z^1,\cdots,z^n]$. 当然由于不同的幂级数收敛区域可能不同, 幂级数之间的运算只能在其公共的收敛区域上才有意义.

另一方面, 我们将以 Weierstrass 预备定理和除法定理作为基本工具, 研究由收敛幂级数组成的环的代数性质. 然而对于 Weierstrass 预

备定理和除法定理, 我们每一次应用时总是需要特别强调: 定理仅在原点的某一个充分小的邻域 U 上才成立. 因此, 如果要对多个函数多次应用这些定理, 则对于不同的函数, 每一次用到的邻域 U 都可能不一样, 这显然会给讨论带来许多表述上的不便.

为了克服这些困难, 下面我们将引进解析函数的芽的概念. 芽是多复分析和代数几何中的一个基本语言, 也是我们后面在第 6 章中讨论层和层同调理论的基础. 这里我们希望借助多元解析函数局部性质的讨论, 帮助读者尽早了解和熟悉这一概念. 在讨论过程中, 读者也可将解析函数换为可微函数、连续函数或者其他的映射, 以便更好地理解芽的一些基本性质. 关于芽的更一般地讨论将在本书第 6 章中给出.

定义 1.3.1 设 $f(Z)$ 和 $g(Z)$ 都是原点 $Z = 0 \in \mathbb{C}^n$ 邻域上的解析函数, 如果存在 $Z = 0$ 的一个充分小的邻域 U, 使得在 U 上 $f(Z) \equiv g(Z)$, 则称 $f(Z)$ 和 $g(Z)$ 在点 $Z = 0$ **等价**, 记为 $f \sim g$.

如果以 $A(0)$ 表示原点邻域上所有的解析函数构成的集合 ($A(0)$ 中不同的元素可以有不同的定义域), 显然, $\sim$ 是集合 $A(0)$ 上的一个等价关系, $A(0)$ 关于 $\sim$ 的每一个等价类称为**解析函数在原点的一个芽**. 我们以 θ_n 记解析函数在原点的芽的全体, 即 $\theta_n = A(0)/\sim$.

由定义 1.3.1 容易看出, 等价关系 $\sim$ 与解析函数的加法和乘法运算可交换, 即如果 f 和 g 分别是 θ_n 中的等价类 $\tilde{f}$ 和 $\tilde{g}$ 的代表元素, 则 $f+g$ 和 $f \cdot g$ 所在的等价类与 f 和 g 的选取无关, 仅与等价类 $\tilde{f}$ 和 $\tilde{g}$ 有关. 因而可以将 $f+g$ 和 $f \cdot g$ 所在的等价类分别定义为 $\tilde{f}+\tilde{g}$ 和 $\tilde{f} \cdot \tilde{g}$. 利用这两个运算, θ_n 成为一个有单位元的交换环, 称为 n **元解析函数在原点的芽环**. 如果利用解析函数的幂级数展开, 则不难得到环 θ_n 就是变元 $Z = (z^1, \cdots, z^n)$ 在原点邻域内收敛的幂级数全体利用幂级数的加法和乘法构成的环. 特别地, 多元多项式环 $\mathbb{C}[z^1, \cdots, z^n]$ 是 θ_n 的子环. 下面我们希望将代数学中关于多项式环 $\mathbb{C}[z^1, \cdots, z^n]$ 的一些概念和性质推广到解析函数的芽环 θ_n 上, 并利用这些性质来研究一个或者多个多元解析函数公共零点的局部性质. 在本节中, 如果不特别说明, 我们假定所有涉及的环都是有单位元的交换环.

首先，如果 $u,v \in \theta_n$ 都是解析函数的芽，满足 $uv=0$，则利用解析函数的唯一性定理，不难证明或者 $u=0$，或者 $v=0$，即 θ_n 是一个没有零因子的整环. 另外，对于任意芽 $u \in \theta_n$，我们可以定义 u 在原点的值 $u(0)$ 为 u 的任意代表元素在原点的值，利用此我们得到一个环同态 $\theta_n \to \mathbb{C}$. 我们称芽 $u \in \theta_n$ 为**可逆元**，如果存在 $v \in \theta_n$，使得 $u \cdot v = 1$. 显然 u 可逆当且仅当 $u(0) \neq 0$. 而称芽 $u \in \theta_n$ 为**不可分解元**，如果对 u 有因式分解 $u = f \cdot g$，则或者 f 可逆，或者 g 可逆. 另外，$u \in \theta_n$ 称为变元 z^n 的 k 阶 **Weierstrass 多项式**，如果存在 u 的一个代表元素是 z^n 的 k 阶 Weierstrass 多项式. 同样地，称芽 $u \in \theta_n$ 在 z^n 方向 k 阶正则，如果存在 u 的一个代表元素是在 z^n 方向 k 阶正则的函数.

利用上面这些关于原点邻域解析函数的芽的语言，我们可以将 Weierstrass 预备定理和除法定理表述为下面形式.

Weierstrass 预备定理 如果 $f \in \theta_n$ 在 z^n 方向 k 阶正则，则 f 在 θ_n 中可唯一分解为一个可逆元素与一个 k 阶 Weierstrass 多项式的乘积.

Weierstrass 除法定理 设 $h \in \theta_n$ 是一给定的 z^n 的 k 阶 Weierstrass 多项式，则对于任意的 $f \in \theta_n$，f 可唯一地表示为 $f = q \cdot h + r$，其中 $q \in \theta_n$，而 $r \in \theta_{n-1}[z^n]$ 满足 $\deg(r) < k$. 这里 θ_{n-1} 表示 $n-1$ 个变元 $(z^1, \cdots, z^{n-1})$ 的解析函数在原点 $0 \in \mathbb{C}^{n-1}$ 的芽环. 而 $\theta_{n-1}[z^n]$ 表示系数在 θ_{n-1} 中的 z^n 的多项式，$\deg(r)$ 表示 z^n 的多项式 r 关于 z^n 的次数.

作为芽的形式，上面两个定理自动假定了对于芽的任意代表元素，定理中的分解是在原点的某个适当小的邻域上成立. 而利用芽的语言，我们并不需要具体指出是在什么样的邻域上成立. 特别地，在多次或者对多个解析函数同时应用这些定理时，我们不需要考虑在什么样的邻域上成立的问题. 这是引入芽这一语言的好处之一.

当然这里也需要特别指出在 Weierstrass 预备定理和除法定理中，定理成立的区域是由我们在定理证明中得到的 $(\delta_1, \cdots, \delta_n)$ 确定的. 例如, 在 Weierstrass 除法定理中, 如果对于给定的 Weierstrass 多项式 h, 我们选取 $(\delta_1, \cdots, \delta_n)$ 使之满足当 $\delta' = (\delta_1, \cdots, \delta_{n-1})$ 时, 对于任意给定的 $Z' \in D_{n-1}(0, \delta')$, $h(Z', z^n)$ 在圆盘 $D_1(0, \delta_n)$ 内有且仅有 k 个零点, 而在 $D_{n-1}(0, \delta') \times \partial D_1(0, \delta_n)$ 上处处不为零. 则对于闭区域 $\overline{U} = \overline{D_n(0, (\delta_1, \cdots, \delta_n))}$ 邻域上的任意解析函数, 除法定理在 U 上都是成立的.

下面我们希望以多项式环 $\mathbb{C}[z^1, \cdots, z^n]$ 的一些概念和性质为基础来讨论环 θ_n. 在代数学中我们知道, 一个环如果环中的每一个非零元素都可唯一地分解为有限个不可分解元素的乘积, 则称这个环为**唯一分解环**. 例如, 整数环、数域上的多项式环等都是唯一分解环. 而代数学中的 Gauss 定理告诉我们: 如果环 R 是唯一分解环, 则以 R 中元素为系数, x 为不定元的多项式环

$$R[x] = \{a_0 x^n + a_1 x^{n-1} + \cdots + a_{n-1} x + a_n \mid a_i \in R, i = 0, 1, \cdots, n, n \in \mathbb{N}\}$$

也是一个唯一分解环 (参阅文献 [11]). 根据 Gauss 定理, 利用归纳法容易得到多项式环 $\mathbb{C}[z^1, \cdots, z^n]$ 是唯一分解环. 对于解析函数的芽环 θ_n, 我们有下面定理.

定理 1.3.1 环 θ_n 是唯一分解环.

证明 对 n 用归纳法. $n = 1$ 时, θ_1 中不可逆元素 f 可唯一表示为 $f = u \cdot z^k$, 其中 $u(0) \neq 0$, 而 k 是 f 在原点 $Z = 0$ 处零点的阶数. 由于 z 不可分解, 因而唯一分解性成立.

现设 θ_{n-1} 是唯一分解环, 由 Gauss 定理, 环 $\theta_{n-1}[z^n]$ 也是唯一分解环. 任取 $f \in \theta_n$, $f \neq 0$, 利用坐标变换不妨设 f 在 z^n 方向 k 阶正则, 由 Weierstrass 预备定理, f 可唯一分解为 $f = u \cdot h$, 其中 $u(0) \neq 0$, 因而可逆, 而 $h \in \theta_{n-1}[z^n]$ 是一 k 阶 Weierstrass 多项式. 但由假设, $\theta_{n-1}[z^n]$ 是唯一分解环, 因此 h 在 $\theta_{n-1}[z^n]$ 中可唯一分解为不可分解元素的乘积. 并且由定义容易看出分解中的每一个不可逆因子都在 z^n 方向正则, 因而可以假定这些因子都是 z^n 的 Weierstrass 多项式. 我们只需证明在包含关系 $\theta_{n-1}[z^n] \subset \theta_n$ 中, 对于 Weierstrass 多项式 $h \in \theta_{n-1}[z^n]$, h 在 $\theta_{n-1}[z^n]$ 中的可分解或者不可分解性与 h 在 θ_n

中的可分解或者不可分解性相同.

事实上, 如果在 θ_n 中 $h = g_1 \cdot g_2$ 可分解, 则 g_1, g_2 都在 z^n 方向正则. 利用 Weierstrass 预备定理, 我们有分解 $g_1 = u_1 \cdot h_1, g_2 = u_2 \cdot h_2$, 其中 u_1, u_2 可逆, 而 h_1, h_2 都是 Weierstrass 多项式. 而由 Weierstrass 多项式的定义不难看出, Weierstrass 多项式的乘积仍然是 Weierstrass 多项式, 因此 $h_1 \cdot h_2$ 也是 Weierstrass 多项式. 但另一方面, 由 Weierstrass 预备定理中分解的唯一性, 得 $u_1 \cdot u_2 = 1, h = h_1 \cdot h_2$, 即 h 在环 $\theta_{n-1}[z^n]$ 中也是可分解的.

反之, 如果 h 在 $\theta_{n-1}[z^n]$ 中可分解. 设 $h = h_1 \cdot h_2$, 其中 h_1, h_2 都是系数在 θ_{n-1} 中的 z^n 的不可逆多项式. 如果 h 在 θ_n 中不可分解, 则可设 h_1 在 θ_n 中可逆, 得 $h_2 = h \cdot h_1^{-1}$. 但另一方面, h_2 和 h 都是 z^n 的多项式, 并且在 h 中 z^n 的首项系数为 1. 利用一般的多项式除法和 Weierstass 除法定理中的唯一性, h_2 可唯一表示为 $h_2 = r_1 h + r_2$, 其中 $r_1, r_2 \in \theta_{n-1}[z^n]$. 比较 h_2 的两个等式, 可得 $h_1^{-1} = r_1, r_2 = 0$, 即 h_1^{-1} 是 z^n 的多项式, 这与 h_1 在 $\theta_{n-1}[z^n]$ 中不可逆矛盾. 证毕.

由于 θ_n 是唯一分解环, 因而对于 θ_n 中的元素, 我们可以定义公因子和互素关系. 例如, $f, g \in \theta_n$ 称为互素的, 如果 f 和 g 无公因子.

命题 1.3.1 $f, g \in \theta_n$ 互素的充分必要条件是经过适当坐标变换后, 存在 $u, v \in \theta_n$, 以及 $r \in \theta_{n-1}$, 使得 $r \neq 0$, 而

$$uf + vg = r.$$

证明 经坐标变换后不妨假设 f 和 g 都在 z^n 方向正则, 因而可假设其都是 Weierstrass 多项式. 将 f 和 g 看做 θ_{n-1} 的商域 $Q = \left\{ \dfrac{h_1}{h_2} \,\middle|\, h_1, h_2 \in \theta_{n-1}, h_2 \neq 0 \right\}$ 上的多项式, 而由域上的多项式理论, 利用转展相除法, 我们知道 f 和 g 互素的充分必要条件是存在 $\tilde{u}, \tilde{v} \in Q[z^n]$, 使得 $\tilde{u} f + \tilde{v} g = 1$. 只需在等式两边同乘 θ_{n-1} 中的一个元素 r 消去 $\tilde{u}$ 和 $\tilde{v}$ 的公分母就得了我们需要的等式. 证毕.

结合定理 1.3.1 和命题 1.3.1, 我们有下面一个在今后讨论中经常要用到的推论.

推论 1.3.1 设 f 和 g 在 θ_n 中互素，$\tilde{f}$ 和 $\tilde{g}$ 分别是芽 f 和 g 取定的代表元，则存在原点的邻域 U，使得对于任意点 $P \in U$，$\tilde{f}_P, \tilde{g}_P$ 在 $\theta_n(P)$ 中也互素，其中 $\theta_n(P)$ 表示 P 点邻域上解析函数的芽环，$\tilde{f}_P \in \theta_n(P)$ 和 $\tilde{g}_P \in \theta_n(P)$ 分别表示函数 $\tilde{f}$ 和 $\tilde{g}$ 在 P 点确定的解析函数的芽.

证明 由命题 1.3.1，可设 $\tilde{f}$ 和 $\tilde{g}$ 都是 z^n 的 Weierstrass 多项式，u 和 v 是原点邻域上的解析函数，r 是 $z^1, \cdots, z^{n-1}$ 在 $0 \in \mathbb{C}^{n-1}$ 邻域上的不恒为零的解析函数，使得在原点 $0 \in \mathbb{C}^n$ 的邻域 U 上，$u\tilde{f} + v\tilde{g} = r$. 如果在点 $P = (z_0^1, \cdots, z_0^n) \in U$，$\tilde{f}_P$ 和 $\tilde{g}_P$ 有公因子 h，由于 $\tilde{f}_P$ 和 $\tilde{g}_P$ 都可表示为首项系数为 1 的 $z^n - z_0^n$ 的多项式，因此，$\tilde{f}_P$ 和 $\tilde{g}_P$ 的公因子 h 也必须是 $z^n - z_0^n$ 的多项式，即必须 $h \in \theta_{n-1}[z^n - z_0^n]$，且 h 关于 $z^n - z_0^n$ 的阶大于等于 1. 这时对于 $(z_0^1, \cdots, z_0^{n-1})$ 邻域内的任意点 $(z^1, \cdots, z^{n-1})$，存在 z^n，使得 $h(z^1, \cdots, z^{n-1}, z^n) = 0$，但 r 与 z^n 无关，得 $r \equiv 0$，矛盾. 证毕.

在代数学中，我们知道数域上单变元的多项式环是**主理想环**，即其中任何一个理想都是由一个元素生成的. 环 θ_n 在 $n > 1$ 时显然不是主理想环，例如，由 z^1, z^2 生成的理想就不是主理想. 虽然如此，作为主理想环的推广，我们仍有下面定义和定理 (参阅文献 [11]).

定义 1.3.2 设 R 是一交换环，如果 R 中的每一个理想都是由有限个元素生成的，则称 R 为 **Noether 环**.

在代数学中，对于 Noether 环有下面著名的 Hilbert 基定理.

定理 1.3.2 (Hilbert 基定理) 如果 R 是 Noether 环，则以 R 中的元素为系数，x 为不定元的多项式环 $R[x]$ 也是 Noether 环.

由于下面在解析子簇的局部描述中，我们除了需要引用 Hilbert 基定理外，还必须用到定理的证明方法，所以我们这里给出这一定理的详细证明.

证明 设 $J \subset R[x]$ 是 $R[x]$ 中的任一理想. 令

$$I = \left\{ a \in R \mid \text{存在 } p(x) \in J, \text{使得 } a \text{ 是多项式 } p(x) \text{ 的首项系数} \right\}.$$

不难看出，由于 J 是 $R[x]$ 中的理想，所以 I 是 R 中的理想. 而由假设, R 是 Noether 环, 因而 I 是有限生成的. 即存在多项式 $\{p_1(x), \cdots, p_k(x)\} \subset J$, 使得 $p_1(x), \cdots, p_k(x)$ 的首项系数生成 I. 对这些多项式, 乘以 x 的适当幂次后, 不妨假设其都是次数为 m 的多项式. 利用 $\{p_1(x), \cdots, p_k(x)\}$, 对于 J 中任意次数大于等于 m 的多项式 $p(x)$, 由 I 的定义知, 存在 R 中元素 $r_1, \cdots, r_k$ 和 $l \in \mathbb{N}$, 使得 $\sum_{i=1}^{k} r_i x^l p_i(x)$ 的次数和首项系数都分别与 $p(x)$ 的次数和首项系数相同. 因而多项式 $p(x) - \sum_{i=1}^{k} r_i x^l p_i(x)$ 的次数小于 $p(x)$ 的次数. 不断重复这一过程, 我们得到 $p(x)$ 总可以表示为 $p_1(x), \cdots, p_k(x)$ 的组合加上一个次数小于 m 的多项式. 而对于 J 中次数小于 m 的多项式, 这些多项式的所有首项系数构成的集合也是 R 的理想, 因而可重复上面的推导, 从而可再次降低多项式的次数. 由此经过有限步后我们得到理想 J 的有限个生成元, J 是有限生成的. 证毕.

利用归纳法, 由 Hilbert 基定理我们不难得到, 复数域上的多项式环 $\mathbb{C}[z^1, \cdots, z^n]$ 是 Noether 环. 而作为这一结论的推广, 我们希望证明解析函数的芽环 θ_n 也是 Noether 环.

定理 1.3.3 θ_n 是 Noether 环.

证明 对 n 用归纳法. 当 $n = 1$ 时定理显然. 设 θ_{n-1} 是 Noether 环, 由 Hilbert 基定理得, $\theta_{n-1}[z^n]$ 也是 Noether 环. 现设 $I \subset \theta_n$ 是一非平凡的理想, 任取 $f \in I, f \neq 0$, 不妨设 f 在 z^n 方向 k 阶正则, 因而由 Weierstrass 预备定理, 可设 f 是 z^n 的 k 阶 Weierstrass 多项式. 而利用 Weierstass 除法定理, I 中任意元素 $g \in I$ 可表示为 $g = u \cdot f + r$, 其中 $r \in \theta_{n-1}[z^n] \cap I$. 但 $\theta_{n-1}[z^n] \cap I$ 是 $\theta_{n-1}[z^n]$ 中的理想, 因而由归纳假设, $\theta_{n-1}[z^n] \cap I$ 是有限生成的, 得 I 是有限生成的. θ_n 是 Noether 环. 证毕.

定理 1.3.3 经常被用来讨论多元解析函数族的公共零点, 下面命题是这方面的一个典型应用.

命题 1.3.2 设 Ω 是 $\mathbb{C}^n$ 中的区域, J 是 Ω 上的一族解析函数. 令 $Z(J) \subset \Omega$ 为 J 中所有函数的公共零点, 则对于任意 $Z_0 \in \Omega$, 存在 Z_0

的一个邻域 U 和 U 上有限个解析函数 $f_1, \cdots, f_k$, 使得集合 $Z(J) \cap U$ 可表示为这有限个函数的公共零点.

证明 以 $\theta_n(Z_0)$ 表示 Z_0 邻域上 n 元解析函数的芽环. 令
$$I = \left\{ \tilde{f} \in \theta_n(Z_0) \mid \text{存在 } Z_0 \text{ 的一个邻域 } U' \text{ 和 } \tilde{f} \text{ 在 } U' \text{ 上的} \right.$$
$$\left. \text{一个代表元 } f, \text{使得 } f \text{ 在 } Z(J) \cap U' \text{ 上为零} \right\}.$$

不难验证 I 是 $\theta_n(Z_0)$ 中的理想, 因而由定理 1.3.3, 可设 I 由 $\tilde{f}_1, \cdots, \tilde{f}_k$ 生成. 设 $f_1, \cdots, f_k$ 分别是 $\tilde{f}_1, \cdots, \tilde{f}_k$ 的代表元, 利用我们上面关于 Weierstrass 除法定理的说明, 适当选取 $\mathbb{C}^n$ 的坐标使 $Z_0 = 0$, 可设 $f_1, \cdots, f_k$ 都是 z^n 的 Weierstrass 多项式. 选取 $(\delta_1, \cdots, \delta_n)$ 满足 $\delta_i > 0 (i = 1, \cdots, n)$, 且令 $\delta' = (\delta_1, \cdots, \delta_{n-1})$ 时, 对任意给定的 $Z' \in D_{n-1}(0, \delta')$, $f_1(Z', z^n), \cdots, f_k(Z', z^n)$ 在圆盘 $D_1(0, \delta_n)$ 内都有且仅有给定个数的零点, 而在 $D_{n-1}(0, \delta') \times \partial D_1(0, \delta_n)$ 上都处处不为零. 这时令 $U = D_n(0, \delta_1, \cdots, \delta_n)$, 则关于 $f_1, \cdots, f_k$ 的 Weierstrass 除法定理对于 $\overline{U}$ 邻域上解析的函数在 U 上都成立. 一方面, 由理想 I 的定义, 可设 $f_1, \cdots, f_k$ 在 $Z(J) \cap U$ 上为零. 而另一方面, 由于 J 中函数在 $\theta_n(Z_0)$ 中确定的芽都包含在理想 I 中, 因而可在 Z_0 充分小邻域上表示为 $f_1, \cdots, f_k$ 与解析函数乘积的和. 而由 Hilbert 基定理的证明不难看出, 这个表示是由多项式的代余除法, 即 Weierstrass 除法定理得到的. 由于 J 中的函数都是 $\overline{U}$ 邻域上的解析函数, Weierstrass 除法定理对于 $f_1, \cdots, f_k$ 在 U 上成立, 所以 J 中的函数在 U 上都可以表示为 $f_1, \cdots, f_k$ 与解析函数乘积的和. 我们得到 J 中的函数在 $f_1, \cdots, f_k$ 的公共零点上为零. 因此 $Z(J) \cap U$ 就是 $f_1, \cdots, f_k$ 的公共零点. 证毕.

命题 1.3.2 表明, 利用 θ_n 是 Noether 环这一性质, 从局部来看, 任意多个解析函数的公共零点都可以转换为有限个解析函数的公共零点. 而 Noether 环是抽象代数研究中的重要对象之一, 关于 Noether 环有许多讨论, 如素理想, 准素理想等概念, 以及 Noether 环中任意理想都可分解为有限个准素理想的交等结论. 相关的内容有兴趣的读者可以参阅有关抽象代数的书, 例如文献 [11]. 这里我们希望进一步利用解析函数的芽环 θ_n 是 Noether 环这一结论, 将关于 Noether 环的一些代数性质转化为局部对于解析函数族公共零点的讨论. 首先作为上面命题 1.3.2 的进一步推广, 我们有下面关于解析子簇的定义.

定义 1.3.3 设 Ω 是 $\mathbb{C}^n$ 中的区域, $S \subset \Omega$ 是 Ω 中的子集, 如果对于任意点 $Z_0 \in \Omega$, 存在 Z_0 的一个邻域 U, 以及 U 上有限个解析函数 $f_1, \cdots, f_k$, 使得 $S \cap U$ 可表示为 $f_1, \cdots, f_k$ 在 U 上的公共零点, 则称 S 为 Ω 中的**解析子簇**.

解析子簇是多复分析, 复几何和代数几何研究的重要对象. 这里我们将利用上面得到的关于解析函数芽环 θ_n 的一些代数性质来讨论解析子簇的局部性质. 首先要说明的是, 这里所说的所谓局部性质, 就是对于给定的点, 存在这点充分小的邻域, 使得性质成立. 由于在讨论中, 对于不同的对象和不同的方法, 每一次得到的充分小邻域都可能不同, 因此我们需要利用芽的语言来消除在讨论局部性质时对于充分小邻域的依赖. 所以, 类似于解析函数的芽, 我们先给出关于 $\mathbb{C}^n$ 中的子集和 $\mathbb{C}^n$ 中的解析子簇对于给定点 $Z_0 \in \mathbb{C}^n$ 的芽的定义. 下面设 $Z_0 = 0$.

定义 1.3.4 设 S_1, S_2 都是 $\mathbb{C}^n$ 中的子集, 如果存在原点 $0 \in \mathbb{C}^n$ 的一个邻域 U, 使得 $S_1 \cap U = S_2 \cap U$, 则称 S_1, S_2 在原点**等价**, 记为 $S_1 \sim S_2$.

如果令 H 为由 $\mathbb{C}^n$ 中的子集作为元素构成的集合, 则显然 $\sim$ 是 H 上的一个等价关系, H 关于 $\sim$ 的每一个等价类称为 $\mathbb{C}^n$ **中子集在原点的一个芽**.

$\mathbb{C}^n$ 中子集之间的交和并运算, 以及子集之间的包含关系等都可以推广到子集的芽上. 设 S_1 和 S_2 是 $\mathbb{C}^n$ 中子集在原点的两个芽, $\tilde{S}_1$ 和 $\tilde{S}_2$ 分别是 S_1, S_2 的任意代表元素, 则由芽的定义不难看出, $\tilde{S}_1 \cup \tilde{S}_2$ 和 $\tilde{S}_1 \cap \tilde{S}_2$ 所在的等价类仅与 S_1 和 S_2 有关, 而与 $\tilde{S}_1, \tilde{S}_2$ 的选取无关. 因此我们定义 $S_1 \cup S_2$ 和 $S_1 \cap S_2$ 分别为由 $\tilde{S}_1 \cup \tilde{S}_2$ 和 $\tilde{S}_1 \cap \tilde{S}_2$ 确定的芽. 同理, 我们定义 $\mathbb{C}^n$ 中子集在原点的芽相互之间的包含关系为: 如果存在 S_1 和 S_2 的代表元素 $\tilde{S}_1$ 和 $\tilde{S}_2$, 满足 $\tilde{S}_1 \subset \tilde{S}_2$, 则称芽 $S_1 \subset S_2$.

定义 1.3.5 设 S 是 $\mathbb{C}^n$ 中子集在原点的芽, 如果存在原点的邻域 U 和 U 中的解析子簇 $\tilde{S}$, 使得 $\tilde{S}$ 是 S 的一个代表元素, 则称 S 为

解析子簇的芽.

这里我们将空集 $\varnothing$ 也理解为解析子簇的芽.

在下面讨论中我们主要关心解析子簇的芽. 设 $f \in \theta_n$, 任取 f 的一个代表元 $\tilde{f}$, 则 $\tilde{f}$ 是原点的一个邻域 U 上的解析函数. 令 $Z(\tilde{f})$ 为由 $\tilde{f}$ 的零点定义的解析子簇, 则 $Z(\tilde{f})$ 在原点确定的解析子簇的芽仅与 f 有关, 而与代表元 $\tilde{f}$ 的选取无关, 我们将这个芽表示为 $Z(f)$. 同理, 设 $I \subset \theta_n$ 是一理想, 由 $f_1, \cdots, f_k$ 生成, 令 $Z(I) = Z(f_1) \cap \cdots \cap Z(f_k)$, 则 $Z(I)$ 是一解析子簇的芽, 其与 I 的生成元的选取无关. 反过来, 设 S 是一解析子簇的芽, 令

$$I(S) = \{f \in \theta_n | Z(f) \supset S\},$$

则 $I(S)$ 是 θ_n 中一个理想. 利用此, 我们得到了 θ_n 中的理想与解析子簇的芽之间的一个对应关系 $I \mapsto Z(I), S \mapsto I(S)$. 这为解析子簇局部性质的研究提供了代数工具, 我们可以利用这样的对应关系将关于 Noether 环的许多代数性质转换为解析子簇的局部性质, 例如, 我们有下面的引理.

引理 1.3.1 区域 $\Omega \subset \mathbb{C}^n$ 中任意有限多个解析子簇的并仍然是解析子簇; 而区域 Ω 中任意多个解析子簇的交仍然是解析子簇.

证明 只需对解析子簇的芽证明引理的结论. 以有限多个解析子簇的并仍然是解析子簇为例. 设 $S_1, \cdots, S_k$ 是原点邻域上解析子簇的芽, 而 $I(S_1), \cdots, I(S_k)$ 分别是 $S_1, \cdots, S_k$ 在 θ_n 中对应的理想, 则 $I(S_1) \cap \cdots \cap I(S_k)$ 也是 θ_n 中的理想, 但 $Z(I(S_1) \cap \cdots \cap I(S_k)) = S_1 \cup \cdots \cup S_k$, 因而 $S_1 \cup \cdots \cup S_k$ 是解析子簇的芽. 证毕.

对于任意区域 $\Omega \subset \mathbb{C}^n$, 由引理 1.3.1, 如果将 Ω 看做一个集合, 将 Ω 中的解析子簇定义为集合 Ω 中的闭集, 解析子簇的余集定义为集合 Ω 中的开集, 则我们就在 Ω 上建立了一个新的拓扑结构, 使得 Ω 成为一个新的拓扑空间. 这一拓扑结构称为集合 Ω 的 **Zariski 拓扑**. Zariski 拓扑是一个在代数几何中常用的拓扑关系. 例如, 如果某个命题不是对 Ω 中的每一点都成立, 而是存在 Ω 中一个非空的 Zariski 开集 O, 使得命题对于 O 中的每一点成立, 则称这一命题对于 Ω 的一般

元素 (generic) 成立.

现在我们希望通过 θ_n 更多的代数性质来讨论解析子簇的局部性质. 首先我们知道对于环 R 中的一个理想 I, 如果 $ab \in I$, 则或者 $a \in I$, 或者 $b \in I$, 那么称 I 为**素理想**. 而如果 $ab \in I$, 则存在 $k \in \mathbb{N}$, 使得或者 $a^k \in I$, 或者 $b^k \in I$, 那么理想 $I \subset R$ 称为**准素理想**. 例如, 在整数环 $\mathbb{Z}$ 中, 当 $q \in \mathbb{N}$ 是素数时, 由 q 生成的理想是素理想; 而对自然数 $k > 1$, 由 q^k 生成的理想就不是素理想, 而仅是一个准素理想. 另一方面, 在整数环中我们知道任意自然数都可唯一分解为有限个互不相同的素数乘方的乘积, 如果用理想的形式, 这一结论也可表示为: 整数环中任意理想都可唯一地表示为有限个准素理想的交. 同样的结论对于 Noether 环也是成立的, 即对于 Noether 环我们有下面的定理.

定理 1.3.4 如果 R 是一 Noether 环, 则 R 中的任意理想可唯一地表示为有限个准素理想的交.

定理的证明这里就不讨论了 (可参阅文献 [11]).

我们知道 θ_n 是 Noether 环, 因而 θ_n 中任意理想可表示为有限个准素理想的交. 下面我们希望将这一代数结论转换为关于解析子簇的芽的性质, 我们首先给出下面定义.

定义 1.3.6 如果解析子簇的芽 S 满足: 当 $S = S_1 \cup S_2$, 且 S_1, S_2 都是解析子簇的芽, 则必须或者 $S = S_1$, 或者 $S = S_2$, 那么 S 称为**不可约的**.

引理 1.3.2 解析子簇的芽 S 不可约的充分必要条件是理想 $I(S)$ 是素理想.

证明 **充分性** 用反证法. 如果 S 可约, 即 $S = S_1 \cup S_2$, 但 $S \neq S_1, S \neq S_2$. 则存在 $f \in I(S_1)$, 但 $f \notin I(S)$, 即 f 在 S_1 上为零, 但 f 在 S 上不恒为零. 同理, 存在 $g \in I(S_2)$, 而 $g \notin I(S)$. 然而由于 fg 在 $S_1 \cup S_2$ 上为零, 我们得到 $fg \in I(S)$, 因而 $I(S)$ 不是素理想. 矛盾.

必要性 用反证法. 如果 $I(S)$ 不是素理想, 则存在 $f \notin I(S)$, $g \notin I(S)$, 而 $fg \in I(S)$. 令 $S_1 = Z(f) \cap S, S_2 = Z(g) \cap S$, 则 $S = S_1 \cup S_2$, 但 $S \neq S_1, S \neq S_2$. 因而 S 不是不可约的. 矛盾. 证毕.

素理想与准素理想的关系通常通过根理想得到. 对于环 R 中的一个理想 I, 令

$$\mathrm{Rad}(I) = \{a \in R \mid 存在 \ k \in \mathbb{N}, 使得 \ a^k \in I\}.$$

不难验证 $\mathrm{Rad}(I) \supset I$ 也是理想, 称为 I 的**根理想**. 容易看出, 理想 I 是准素理想的充分必要条件是 $\mathrm{Rad}(I)$ 是素理想.

相对于环 θ_n 中的任意理想可以唯一地分解为有限个准素理想的交, 而准素理想的根理想是素理想这一代数结论, 利用引理 1.3.2, 我们可以将代数结论转换为关于解析子簇的芽的性质, 对于 $0 \in \mathbb{C}^n$ 邻域上的解析子簇的芽, 我们有下面定理.

定理 1.3.5 $0 \in \mathbb{C}^n$ 邻域上的任意解析子簇的芽都可唯一地分解为有限个不可约解析子簇的芽的并. 这里关于分解的唯一性的定义见下面证明.

证明 设 S 是解析子簇的芽, $I(S) = I_1 \cap \cdots \cap I_k$ 是理想 $I(S) \subset \theta_n$ 对于准素理想的分解, 则 $S = Z(I_1) \cup \cdots \cup Z(I_k)$. 我们假设其中任何一个 $Z(I_i)(i=1,\cdots,k)$ 都不包含在其余的 $Z(I_j)$ 的并 $\bigcup_{j=1,j\neq i}^{k} Z(I_j)$ 之中. 现在我们希望证明每一个 $Z(I_i)$ 都是不可约的. 首先, 对于 $i=2,\cdots,k$, 由于 $Z(I_i) \neq Z(I_1)$, 因而存在 $f_i \in \theta_n$, 使得 f_i 在 $Z(I_i)$ 上为零, 但 f_i 不在 $Z(I_1)$ 上恒为零. 这时对于任意 $f \in I(Z(I_1))$, $ff_2 \cdots f_k \in I(S) \subset I_1$. 由于 I_1 是准素理想, f_i 不在 $Z(I_1)$ 上恒为零, 所以对于任意 $k \in \mathbb{N}$, f_i^k 也不在 $Z(I_1)$ 上恒为零, 即 $f_i^k \notin I_1$. 我们得到, 存在 $k \in \mathbb{N}$, 使得 $f^k \in I_1$, 即 $f \in \mathrm{Rad}(I_1)$, $I(Z(I_1)) \subset \mathrm{Rad}(I_1)$. 反之, 如果 $f \in \mathrm{Rad}(I_1)$, 则存在 $k \in \mathbb{N}$, 使得 f^k 在 $Z(I_1)$ 上为零. 但 f 与 f^k 有相同的零点. 所以必须 $Z(f) \supset Z(I_1)$, 因而 $f \in I(Z(I_1))$, 即 $I(Z(I_1)) = \mathrm{Rad}(I_1)$. 但 I_1 是准素理想, 所以 $\mathrm{Rad}(I_1)$ 是素理想, 由引理 1.3.2 知 $Z(I_1)$ 是不可约的. 同理, 对于 $i=2,\cdots,k$, $Z(I_i)$ 都是不可约的. 我们得到 S 的不可约分解的存在性.

现设 $S = S_1 \cup \cdots \cup S_m$ 是 S 的另一个对于不可约子簇的分解, 其中每一个 S_i 都不包含在其余的 S_j 的并 $\bigcup_{j=1,j\neq i}^{m} S_j$ 之中, 则

$$S_i = (S_i \cap Z(I_1)) \cup \cdots \cup (S_i \cap Z(I_k)).$$

但 $S_i \cap Z(I_j)\,(j=1,\cdots,k)$ 都是解析子簇. 而 S_i 不可约, 因而必存在 j, 使得 $S_i = S_i \cap Z(I_j)$. 同理, $Z(I_j)$ 不可约, 而

$$Z(I_j) = (Z(I_j) \cap S_1) \cup \cdots \cup (Z(I_j) \cap S_m),$$

所以必须存在 l, 使得 $Z(I_j) = Z(I_j) \cap S_l$, 但 S_i 相互之间没有包含关系, 因此必须 $i = l$, $S_i = Z(I_j)$. 我们得到分解的唯一性. 证毕.

在上面定理的证明中, 我们看到对于准素理想 I_i, $I(Z(I_i)) = \operatorname{Rad}(I_i)$. 因此当 I_i 不是素理想时, $I(Z(I_i)) \neq I_i$. 现在我们关心的问题是对于 θ_n 中的理想 I 与解析子簇的芽 S 的对应关系

$$I \to Z(I) \to I(Z(I)), \quad S \to I(S) \to Z(I(S)),$$

理想 I 与 $I(Z(I))$ 之间, 解析子簇的芽 S 与 $Z(I(S))$ 之间有什么联系. 首先, 容易看出对于解析子簇的芽 S, $Z(I(S)) = S$, 而对于理想 $I \subset \theta_n$, 一般的 $I(Z(I)) \neq I$. 但另一方面, 我们在上面定理中关于准素理想 I 证明了等式 $I(Z(I)) = \operatorname{Rad}(I)$, 因此自然的问题是同样的关系式对于一般的理想是否也成立. 对此我们有下面著名的 Hilbert 零点定理.

定理 1.3.6 (Hilbert 零点定理) 对于 θ_n 中任意理想 I, 恒有

$$I(Z(I)) = \operatorname{Rad}(I).$$

证明 这里我们仅证明后面要用到的主理想 $I = (f)$ 的情况, 其中 $f \in \theta_n$. 对于一般的证明有兴趣的读者可以参阅文献 [10].

设 $g \in I(Z(f))$, 即 g 在 f 的零点上为零, 不妨设 f 和 g 都在 z^n 方向正则, 因而都是 z^n 的 Weierstrass 多项式. 设 $f = w_1^{k_1} \cdots w_s^{k_s}$, 其中 w_i 是 z^n 的不可分解的 Weierstrass 多项式. 要证 $g \in \operatorname{Rad}((f))$, 只需证明 $w_i\,(i=1,\cdots,s)$ 都是 g 的因子. 若此结论不成立, 则 g 与 w_i 互素, 将其看做 $\theta_{n-1}[z^n]$ 中的元素, 则存在 $u, v \in \theta_{n-1}[z^n]$, 以及 $r \in \theta_{n-1}, r \neq 0$, 使得 $ug + vw_i = r$. 但对于充分靠近原点的任意点 $(z^1, \cdots, z^{n-1})$, 存在 z^n, 使得 $w_i(z^1, \cdots, z^{n-1}, z^n) = 0$. 由于 g 在 f 的零点上为零, 因而 $g(z^1, \cdots, z^{n-1}, z^n) = 0$. 我们得到 $r \equiv 0$. 矛盾. 证毕.

如果不用芽的语言, 而是直接用解析函数, 则 Hilbert 零点定理也可以表述为: 区域 Ω 上的解析函数 f 如果在 Ω 上解析函数族 J 的公共零点上为零, 则对于任意点 $Z_0 \in \Omega$, 存在 Z_0 点邻域 U 和自然数 k, 使得 f^k 在 U 上可以表示为 J 中有限个解析函数与 U 上解析函数乘积的和.

注 利用关系式 $\theta_n \supset \mathbb{C}[z^1,\cdots,z^n]$, 我们在这一节中给出的关于 θ_n 中理想与解析子簇的芽的相关讨论, 也可以推广为多元多项式环 $\mathbb{C}[z^1,\cdots,z^n]$ 中的理想与多元多项式公共零点 (称为多项式子簇) 的相互关系. 例如, 我们不难得到, $\mathbb{C}[z^1,\cdots,z^n]$ 中任何一族多项式的公共零点都可以表示为有限个多项式的公共零点; $\mathbb{C}[z^1,\cdots,z^n]$ 中任意一个多项式子簇都可唯一分解为有限个不可约多项式子簇的并, 等等. 具体的细节留给读者作为练习.

§1.4 (p,q)-形式与 Bochner-Martinelli 公式

单复变函数研究中的一个基本工具是 Cauchy 积分公式, 一元解析函数的许多重要性质都需要利用这一公式来得到. 同样地, 对于多元解析函数, 推广 Cauchy 积分公式并给出 Cauchy 积分公式的应用一直是一个非常重要的研究课题, 至今仍然受到许多人的关注. 前面我们在 $\mathbb{C}^n$ 中的多圆盘区域上给出了多元解析函数的 Cauchy 积分公式, 并利用这一公式证明了多元解析函数的许多局部性质. 现在我们的问题是怎样在 $\mathbb{C}^n$ 中一般的区域上推广 Cauchy 积分公式.

首先我们对 Cauchy 积分公式作一点说明. 设 Ω 是复平面 $\mathbb{C}$ 中具有分段光滑边界的有界区域, $f(z)$ 是 $\overline{\Omega}$ 上连续、Ω 内解析的函数, 则对于任意 $z \in \Omega$, 成立 Cauchy 积分公式

$$f(z) = \frac{1}{2\pi i} \int_{\partial \Omega} \frac{f(w)}{w-z} dw.$$

在这一公式中, 函数 $\dfrac{1}{2\pi i} \dfrac{1}{w-z}$ 称为 **Cauchy 核函数**, 这一函数使得我们可以利用解析函数的边界值通过边界积分表示出解析函数在区域内

每一点的值. 类比于此, 在多复分析中我们需要寻找一个函数 $H(Z,W)$, 使得 $H(Z,W)$ 满足: (1) 对于 $\mathbb{C}^n$ 中任意具有分片光滑边界的有界区域 Ω 以及在 $\bar{\Omega}$ 邻域上可微、在 Ω 内解析的函数 $f(Z)$, 积分表示

$$f(Z) = \int_{\partial\Omega} f(W)H(Z,W)\mathrm{d}v,$$

对于任意 $Z \in \Omega$ 成立, 这里 $\mathrm{d}v$ 表示曲面 $\partial\Omega$ 的面积微元; (2) 函数 $H(Z,W)$ 有一个简单的具体表示式; (3) 与 Cauchy 核函数 $\frac{1}{2\pi\mathrm{i}}\frac{1}{w-z}$ 相同, 希望 $H(Z,W)$ 在 $Z \neq W$ 时对变元 Z 和 W 分别都是解析的. 然而, 遗憾的是对于多复分析, 同时满足上面这些要求的函数 $H(Z,W)$ 只在 $\mathbb{C}^n$ 中的某些特殊区域上才存在. 对于一般的区域, 我们需要放弃函数 $H(Z,W)$ 关于变元 Z 和 W 分别都是解析的条件, 只能要求 $H(Z,W)$ 有简单的具体表示式, 并且能够通过 $H(Z,W)$, 利用解析函数在边界的积分表示出解析函数在内部的值. 而满足这两个要求的函数是很多的, 这节我们将介绍常用的 **Bochner-Martinelli 核函数**与 **Bochner-Martinelli 公式**. 由于积分表示公式的推导必须应用高维空间中关于区域边界与区域内部积分关系的 Stokes 公式, 下面我们先对微分形式、外微分和 Stokes 公式作一些简单介绍. 微分形式以及外微分的一般理论我们将在本书第 4 章中做详细讨论 (如果读者对于微分形式不熟悉, 可在阅读完第 4 章相关章节后, 再回来阅读本节的内容).

设 Ω 是 $\mathbb{C}^n$ 中的区域, 形式和

$$W = f_1(Z)\mathrm{d}z^1 + \cdots + f_n(Z)\mathrm{d}z^n + g_{\bar{1}}(Z)\mathrm{d}\bar{z}^1 + \cdots + g_{\bar{n}}(Z)\mathrm{d}\bar{z}^n$$

称为 Ω 上的**一次微分形式**, 其中 $f_i(Z)$ 和 $g_{\bar{i}}(Z)$ 都是 Ω 上的函数. 一般地, 为使得表达式中的指标对称, 我们令 $g_{\bar{i}}(Z) = f_{\bar{i}}(Z)$. 注意, 这里 $f_{\bar{i}}(Z)$ 与 $f_i(Z)$ 是不同的函数.

例 1 如果 $f(Z)$ 是 Ω 上的可微函数, 则

$$\mathrm{d}f = \frac{\partial f}{\partial z^1}\mathrm{d}z^1 + \cdots + \frac{\partial f}{\partial z^n}\mathrm{d}z^n + \frac{\partial f}{\partial \bar{z}^1}\mathrm{d}\bar{z}^1 + \cdots + \frac{\partial f}{\partial \bar{z}^n}\mathrm{d}\bar{z}^n$$

是 Ω 上的一次微分形式.

设
$$W = f_1^1(Z)\mathrm{d}z^1 + \cdots + f_n^1(Z)\mathrm{d}z^n + f_{\bar{1}}^1(Z)\mathrm{d}\bar{z}^1 + \cdots + f_{\bar{n}}^1(Z)\mathrm{d}\bar{z}^n,$$
$$V = g_1^1(Z)\mathrm{d}z^1 + \cdots + g_n^1(Z)\mathrm{d}z^n + g_{\bar{1}}^1(Z)\mathrm{d}\bar{z}^1 + \cdots + g_{\bar{n}}^1(Z)\mathrm{d}\bar{z}^n$$

是 Ω 上给定的两个一次微分, 我们对其定义一个形式乘积 —— **外积**:

$$\begin{aligned}W \wedge V = &\sum_{i<j}[f_i^1(Z)g_j^1(Z) - f_j^1(Z)g_i^1(Z)]\mathrm{d}z^i \wedge \mathrm{d}z^j \\ &+ \sum_{i<j}[f_i^1(Z)g_{\bar{j}}^1(Z) - f_{\bar{j}}^1(Z)g_i^1(Z)]\mathrm{d}z^i \wedge \mathrm{d}\bar{z}^j \\ &+ \sum_{i>j}[f_i^1(Z)g_{\bar{j}}^1(Z) - f_{\bar{j}}^1(Z)g_i^1(Z)]\mathrm{d}z^i \wedge \mathrm{d}\bar{z}^j \\ &+ \sum_{i<j}[f_{\bar{i}}^1(Z)g_{\bar{j}}^1(Z) - f_{\bar{j}}^1(Z)g_{\bar{i}}^1(Z)]\mathrm{d}\bar{z}^i \wedge \mathrm{d}\bar{z}^j.\end{aligned}$$

利用这一定义, 直接计算不难得到外积满足

(1) **线性性** 外积对乘积中的每一个因子分别都是线性的, 即
$$(W+V) \wedge U = W \wedge U + V \wedge U.$$

(2) **反对称性** 外积对乘积中的因子是反对称的, 即
$$W \wedge V = -V \wedge W.$$

形式和 $W \wedge V$ 称为 Ω 上的**二次微分形式**. 与实微分形式不同的是, 对于复变量, 我们通常按照微分形式中变量 $\mathrm{d}z^i$ (称为**全纯变量**) 和变量 $\mathrm{d}\bar{z}^i$ (称为**反全纯变量**) 出现的不同情况分别表示. 例如, 在一次微分
$$W = f_1^1(Z)\mathrm{d}z^1 + \cdots + f_n^1(Z)\mathrm{d}z^n + f_{\bar{1}}^1(Z)\mathrm{d}\bar{z}^1 + \cdots + f_{\bar{n}}^1(Z)\mathrm{d}\bar{z}^n$$

中, 令
$$W_{(1,0)} = f_1^1(Z)\mathrm{d}z^1 + \cdots + f_n^1(Z)\mathrm{d}z^n,$$

称为 W 的 $(1,0)$ **部分**; 而令

§1.4 (p,q)-形式与 Bochner-Martinelli 公式

$$W_{(0,1)} = f_{\bar{1}}^1(Z)\mathrm{d}\bar{z}^1 + \cdots + f_{\bar{n}}^1(Z)\mathrm{d}\bar{z}^n,$$

称为 W 的 (0,1) 部分. 这时 $W = W_{(1,0)} + W_{(0,1)}$. 而在二次微分

$$\begin{aligned}W \wedge V =& \sum_{i<j}[f_i^1(Z)g_j^1(Z) - f_j^1(Z)g_i^1(Z)]\mathrm{d}z^i \wedge \mathrm{d}z^j \\ &+ \sum_{i<j}[f_i^1(Z)g_{\bar{j}}^1(Z) - f_{\bar{j}}^1(Z)g_i^1(Z)]\mathrm{d}z^i \wedge \mathrm{d}\bar{z}^j \\ &+ \sum_{i>j}[f_i^1(Z)g_{\bar{j}}^1(Z) - f_{\bar{j}}^1(Z)g_i^1(Z)]\mathrm{d}z^i \wedge \mathrm{d}\bar{z}^j \\ &+ \sum_{i<j}[f_{\bar{i}}^1(Z)g_{\bar{j}}^1(Z) - f_{\bar{j}}^1(Z)g_{\bar{i}}^1(Z)]\mathrm{d}\bar{z}^i \wedge \mathrm{d}\bar{z}^j.\end{aligned}$$

中, 令

$$(W \wedge V)_{(2,0)} = \sum_{i<j}[f_i^1(Z)g_j^1(Z) - f_j^1(Z)g_i^1(Z)]\mathrm{d}z^i \wedge \mathrm{d}z^j,$$

称为 $W \wedge V$ 的 (2,0) 部分;

$$\begin{aligned}(W \wedge V)_{(1,1)} =& \sum_{i<j}[f_i^1(Z)g_{\bar{j}}^1(Z) - f_{\bar{j}}^1(Z)g_i^1(Z)]\mathrm{d}z^i \wedge \mathrm{d}\bar{z}^j \\ &+ \sum_{i>j}[f_i^1(Z)g_{\bar{j}}^1(Z) - f_{\bar{j}}^1(Z)g_i^1(Z)]\mathrm{d}z^i \wedge \mathrm{d}\bar{z}^j,\end{aligned}$$

称为 $W \wedge V$ 的 (1,1) 部分; 而令

$$(W \wedge V)_{(0,2)} = \sum_{i<j}[f_{\bar{i}}^1(Z)g_{\bar{j}}^1(Z) - f_{\bar{j}}^1(Z)g_{\bar{i}}^1(Z)]\mathrm{d}\bar{z}^i \wedge \mathrm{d}\bar{z}^j,$$

称为 $W \wedge V$ 的 (0,2) 部分. 这时

$$W = (W \wedge V)_{(2,0)} + (W \wedge V)_{(1,1)} + (W \wedge V)_{(0,2)},$$

并且这一分解是唯一的.

类比于上面的一次和二次微分形式, 一般地, 我们称形式和

$$\sum_{\substack{i_1,\cdots,i_p=1;\\ \bar{j}_1,\cdots,\bar{j}_q=1}}^{n} f_{i_1,\cdots,i_p;\bar{j}_1,\cdots,\bar{j}_q}\mathrm{d}z^{i_1} \wedge \cdots \wedge \mathrm{d}z^{i_p} \wedge \mathrm{d}\bar{z}^{j_1} \wedge \cdots \wedge \mathrm{d}\bar{z}^{j_q}$$

为区域 Ω 上的 (p,q)-**形式**, 其中全纯变量 $\mathrm{d}z^i$ 出现 p 次, 反全纯变量 $\mathrm{d}\bar{z}^j$ 出现 q 次. 而外积 $\mathrm{d}z^{i_1} \wedge \cdots \wedge \mathrm{d}z^{i_p} \wedge \mathrm{d}\bar{z}^{j_1} \wedge \cdots \wedge \mathrm{d}\bar{z}^{j_q}$ 对于其中的因子 $\mathrm{d}z^i$ 和 $\mathrm{d}\bar{z}^j$ 是反对称的, 即交换其中任意两个因子的顺序, 外积需变号.

如果 V 和 U 分别是 (p_1, q_1)-形式和 (p_2, q_2)-形式, 利用分配律逐项相乘, 我们可以定义外积

$$V \wedge U,$$

则外积 $V \wedge U$ 是一 $(p_1 + p_2, q_1 + q_2)$-形式, 显然这一外积对因子 V 和 U 分别都是线性的. 另外容易看出外积有反对称性, 即

$$V \wedge U = (-1)^{(p_1+q_1)(p_2+q_2)} U \wedge V.$$

同理, 我们可定义关于实变量的 r **次微分形式** (也称为 r-**形式**). 而利用关系式 $\mathrm{d}z^i = \mathrm{d}x^i + \mathrm{i}\mathrm{d}y^i, \mathrm{d}\bar{z}^i = \mathrm{d}x^i - \mathrm{i}\mathrm{d}y^i$, 区域 Ω 上关于实变量的任意 r 次微分形式 V, 利用复变量可唯一分解为 (p,q)-形式的和

$$V = \sum_{p+q=r} V_{(p,q)},$$

其中 $V_{(p,q)}$ 是 (p,q)-形式, 称为 V 的 (p,q) **分量**. 在下面讨论中, 我们总假定所考虑的微分形式其系数函数都是光滑函数.

在数学分析中, 我们知道函数的一阶微分具有形式不变性, 即函数 $f(x)$ 的微分 $\mathrm{d}f(x) = f'(x)\mathrm{d}x$ 不论 x 是自变量, 或者 $x = x(t)$ 为中间变量, 都有同样的表示形式. 高阶微分是没有形式不变性的. 而微分形式的引入使得我们能够通过微分形式的外微分和积分推广数学分析中关于函数的微分和积分, 并使得推广后的微分和积分都具有与一阶微分的形式不变性相同的性质, 即微分和积分所得的结果与我们用以计算微分和积分的具体坐标无关. 为说明这一点, 下面我们对微分形式在可微映射下的拉回映射、微分形式的积分和外微分以及 Stokes 公式做一点简单介绍. 这里我们仅用实变量表述相关的定义和结论, 而利用关系式 $\mathrm{d}z^i = \mathrm{d}x^i + \mathrm{i}\mathrm{d}y^i, \mathrm{d}\bar{z}^i = \mathrm{d}x^i - \mathrm{i}\mathrm{d}y^i$, 下面所得的各种公式都可以用复变量来表示.

§1.4 (p,q)-形式与 Bochner-Martinelli 公式

设 Ω_1 和 Ω_2 分别是 $\mathbb{R}^n$ 和 $\mathbb{R}^m$ 中的区域, $F:(x^1,\cdots,x^n)\mapsto (y^1,\cdots,y^m)$ 是 Ω_1 到 Ω_2 的可微映射. 由一次微分的关系式

$$\mathrm{d}y^i=\sum_{j=1}^n\frac{\partial y^i}{\partial x^j}\mathrm{d}x^j,$$

对于 Ω_2 上的任意微分形式

$$V=\sum_{j_1,\cdots,j_r=1}^m f_{j_1\cdots j_r}(y^1,\cdots,y^m)\mathrm{d}y^{j_1}\wedge\cdots\wedge\mathrm{d}y^{j_r},$$

利用映射 F 可以定义 Ω_1 上的一个微分形式 $F^*(V)$ 为

$$\begin{aligned}F^*(V)=&\sum_{j_1,\cdots,j_r=1}^m f_{j_1\cdots j_r}(y^1(x^1,\cdots,x^n),\cdots,y^m(x^1,\cdots,x^n))\\ &\times\left[\sum_{i_1=1}^n\frac{\partial y^{j_1}}{\partial x^{i_1}}\mathrm{d}x^{i_1}\right]\wedge\cdots\wedge\left[\sum_{i_r=1}^n\frac{\partial y^{j_r}}{\partial x^{i_r}}\mathrm{d}x^{i_r}\right]\\ =&\sum_{j_1,\cdots,j_r=1}^m\sum_{i_1,\cdots,i_r=1}^n f_{j_1\cdots j_r}(F)\frac{\partial y^{j_1}}{\partial x^{i_1}}\cdots\frac{\partial y^{j_r}}{\partial x^{i_r}}\mathrm{d}x^{i_1}\wedge\cdots\wedge\mathrm{d}x^{i_r}.\end{aligned}$$

映射 $V\to F^*(V)$ 称为 F **对微分形式的拉回映射**, 也称为 F **的微分**.

在拉回映射中, 如果特别地取 $n=m$, 则利用外积对各个因子的线性性以及外积在因子之间的反对称性, 不难得到对于 Ω_2 上的 n 次微分形式 $V=f(y^1,\cdots,y^n)\mathrm{d}y^1\wedge\cdots\wedge\mathrm{d}y^n$,

$$\begin{aligned}F^*(V)&=F^*(f(y^1,\cdots,y^n)\mathrm{d}y^1\wedge\cdots\wedge\mathrm{d}y^n)\\ &=f(F)\frac{\partial(y^1,\cdots,y^n)}{\partial(x^1,\cdots,x^n)}\mathrm{d}x^1\wedge\cdots\wedge\mathrm{d}x^n,\end{aligned}$$

其中 $\dfrac{\partial(y^1,\cdots,y^n)}{\partial(x^1,\cdots,x^n)}$ 是映射 F 的 Jacobi 行列式.

利用这一关系式, 如果我们在区域 Ω_2 上定义一个 n 次微分形式 $V=f(y^1,\cdots,y^n)\mathrm{d}y^1\wedge\cdots\wedge\mathrm{d}y^n$ 的积分为

$$\int_{\Omega_2}V=\int_{\Omega_2}f(y^1,\cdots,y^n)\mathrm{d}y^1\cdots\mathrm{d}y^n,$$

这里 $\int_{\Omega_2} f(y^1,\cdots,y^n)\mathrm{d}y^1\cdots\mathrm{d}y^n$ 是函数 $f(y^1,\cdots,y^n)$ 在 Ω_2 上的普通多重积分. 则当光滑映射 $F:\Omega_1\to\Omega_2$ 是保定向的微分同胚时 (即 F 的 Jacobi 行列式满足 $\dfrac{\partial(y^1,\cdots,y^n)}{\partial(x^1,\cdots,x^n)}>0$), 利用多重积分的变元代换公式

$$\int_{\Omega_2} f(y^1,\cdots,y^n)\mathrm{d}y^1\cdots\mathrm{d}y^n = \int_{\Omega_1} f(F)\frac{\partial(y^1,\cdots,y^n)}{\partial(x^1,\cdots,x^n)}\mathrm{d}x^1\cdots\mathrm{d}x^n,$$

我们得到

$$\int_{\Omega_2} V = \int_{\Omega_1} F^*(V).$$

或者说, 如果我们将微分同胚 $F:(x^1,\cdots,x^n)\mapsto(y^1,\cdots,y^n)$ 看做同一个空间的不同坐标表示, 而 V 和 $F^*(V)$ 是空间上同一个 n 次微分形式在不同坐标下的表达式, 则按照上面意义对微分形式定义的积分与我们所用的计算积分的具体坐标无关, 即微分形式的积分也具有与一次微分的形式不变性相同的性质.

利用这种微分形式对于积分的形式不变性, 我们可以在欧氏空间 $\mathbb{R}^n$ 中的 r 维可定向曲面上定义 r 次微分形式的积分. 特别地, 如果 $\Omega\subset\mathbb{R}^n$ 是一以分片光滑 $n-1$ 维曲面为边界的有界区域, 则边界 $\partial\Omega$ 是可定向的曲面, 因而对于 $\partial\Omega$ 上的 $n-1$ 次微分形式, 我们可以定义其在 $\partial\Omega$ 上的积分. 关于这方面的详细讨论读者可参阅相关教材 (例如文献 [2]). 下面我们主要是希望利用微分形式的积分来表述 Stokes 公式.

微分形式讨论中的一个最基本关系是外微分 d. **外微分** d 是函数微分 $f\mapsto\mathrm{d}f$ 的推广, d 将一个 r 次微分形式 V 映射为一个 $(r+1)$ 次微分形式 $\mathrm{d}V$, 下面我们给出外微分 d 的具体定义. 首先我们假定映射 d 对于微分形式的和是线性的, 即 $\mathrm{d}(V+U)=\mathrm{d}V+\mathrm{d}U$. 而对于形式为

$$V = f(x^1,\cdots,x^n)\mathrm{d}x^{i_1}\wedge\cdots\wedge\mathrm{d}x^{i_r}$$

的微分形式, 外微分 d 定义为

$$\mathrm{d}V = \mathrm{d}f\wedge\mathrm{d}x^{i_1}\wedge\cdots\wedge\mathrm{d}x^{i_r} = \sum_{i=1}^n \frac{\partial f}{\partial x^i}\mathrm{d}x^i\wedge\mathrm{d}x^{i_1}\wedge\cdots\wedge\mathrm{d}x^{i_r}.$$

直接计算容易得到，对于微分形式的外积，外微分满足 Leibniz 法则：如果 V_1 和 V_2 分别是 r_1 次和 r_2 次微分形式，则

$$d(V_1 \wedge V_2) = dV_1 \wedge V_2 + (-1)^{r_1} V_1 \wedge dV_2.$$

而利用

$$\frac{\partial^2 f}{\partial x^i \partial x^j} = \frac{\partial^2 f}{\partial x^j \partial x^i}, \quad dx^i \wedge dx^j = -dx^j \wedge dx^i,$$

不难得到对于任意微分形式 V，恒有 $d^2 V = 0$，即 $d^2 = 0$。

如果利用复坐标，相对于 r 次微分形式可分解为 (p,q)-形式的和，外微分 d 可分解为

$$\begin{aligned} d &= \frac{\partial}{\partial z^1} dz^1 + \cdots + \frac{\partial}{\partial z^n} dz^n + \frac{\partial}{\partial \bar{z}^1} d\bar{z}^1 + \cdots + \frac{\partial}{\partial \bar{z}^n} d\bar{z}^n \\ &= \partial + \bar{\partial}, \end{aligned}$$

其中

$$\partial = \frac{\partial}{\partial z^1} dz^1 + \cdots + \frac{\partial}{\partial z^n} dz^n, \quad \bar{\partial} = \frac{\partial}{\partial \bar{z}^1} d\bar{z}^1 + \cdots + \frac{\partial}{\partial \bar{z}^n} d\bar{z}^n.$$

∂ 和 $\bar{\partial}$ 分别称为**全纯方向** ($(1,0)$ **方向**) 和**反全纯方向** ($(0,1)$ **方向**) 的外微分。

如果 Ω_1 和 Ω_2 分别是 $\mathbb{R}^n$ 和 $\mathbb{R}^m$ 中的区域，$F: (x^1, \cdots, x^n) \mapsto (y^1, \cdots, y^m)$ 是 Ω_1 到 Ω_2 的可微映射。利用定义直接计算不难得到，外微分 d 与拉回映射 F^* 可交换顺序，即

$$F^*(dV) = dF^*(V).$$

这一关系式也可解释为：当 F 是微分同胚时，V 与 $F^*(V)$，dV 与 $F^*(dV)$ 都是微分形式对于不同坐标的不同表示式。而等式 $F^*(dV) = dF^*(V)$ 则表明外微分 $V \mapsto dV$ 与用以表示微分形式 V 的具体坐标无关，或者说外微分也有与函数一阶微分的形式不变性同样的性质。

利用微分形式和外微分，我们可以将数学分析中重要的 **Stokes 公式**在空间 $\mathbb{C}^n$ 上表示为：设 Ω 是 $\mathbb{C}^n$ 中具有分片光滑边界的有界区域，V 是在 $\bar{\Omega}$ 邻域上有定义的 $(2n-1)$ 次微分形式，则

$$\int_{\partial\Omega} V = \int_\Omega \mathrm{d}V.$$

Stokes 公式的证明可参阅有关的参考书 (例如 [2]), 这里就不讨论了. 下面我们希望利用微分形式、外微分和 Stokes 公式将单复变函数论中的 Cauchy 积分公式推广到多元解析函数.

首先以 $W = (w^1, \cdots, w^n) \in \mathbb{C}^n$ 作为 $\mathbb{C}^n$ 的坐标, 令

$$\omega(W) = \mathrm{d}w^1 \wedge \cdots \wedge \mathrm{d}w^n,$$

$$\eta(W) = \sum_{i=1}^n (-1)^{i+1} w^i \mathrm{d}w^1 \wedge \cdots \wedge \mathrm{d}w^{i-1} \wedge \mathrm{d}w^{i+1} \wedge \cdots \wedge \mathrm{d}w^n.$$

设

$$W(n) = \int_{B(0,1)} \omega(\overline{W}) \wedge \omega(W),$$

其中 $B(0,1)$ 是 $\mathbb{C}^n$ 中以原点为球心, 1 为半径的单位球.

再令

$$H(Z, W) = \frac{1}{nW(n)} \frac{\eta(\overline{W-Z}) \wedge \omega(W)}{|W-Z|^{2n}},$$

其中 $Z = (z^1, \cdots, z^n)$ 看做常量, W 看做变量, 因而 $H(Z, W)$ 是 W 的 $(n, n-1)$-形式, 一般称为 **Bochner-Martinelli 核函数**, 或者称为 **Bochner-Martinelli 形式**.

引理 1.4.1 对于任意 $Z \in \mathbb{C}^n$ 以及 $\varepsilon > 0$, 在球面 $\partial B(Z, \varepsilon)$ 上, 恒有

$$\int_{\partial B(Z,\varepsilon)} H(Z, W) = 1.$$

证明 利用 Stokes 公式直接计算即可.

引理 1.4.2 将 Z 看做常量, 对 W 求外微分, 则

$$\mathrm{d}H(Z, W) = \overline{\partial} H(Z, W) = 0.$$

证明 直接计算得

$$\mathrm{d}H(Z, W) = \frac{1}{nW(n)} \sum_{i=1}^n (-1)^{i+1} \mathrm{d}\left(\frac{\overline{w^i - z^i}}{|W-Z|^{2n}} \right)$$

$$\wedge \mathrm{d}\bar{w}^1 \wedge \cdots \wedge \mathrm{d}\bar{w}^{i-1} \wedge \mathrm{d}\bar{w}^{i+1} \wedge \cdots \wedge \mathrm{d}\bar{w}^n \wedge \mathrm{d}w^1 \wedge \cdots \wedge \mathrm{d}w^n$$
$$= \frac{1}{nW(n)} \sum_{i=1}^{n} (-1)^{i+1} \left[\frac{\mathrm{d}\bar{w}^i}{|W-Z|^{2n}} - \overline{(w^i-z^i)} \frac{(w^i-z^i)\mathrm{d}\bar{w}^i}{|W-Z|^{2n+2}} \right]$$
$$\wedge \mathrm{d}\bar{w}^1 \wedge \cdots \wedge \mathrm{d}\bar{w}^{i-1} \wedge \mathrm{d}\bar{w}^{i+1} \wedge \cdots \wedge \mathrm{d}\bar{w}^n \wedge \mathrm{d}w^1 \wedge \cdots \wedge \mathrm{d}w^n = 0.$$

证毕.

现在我们来给出本节的基本定理.

定理 1.4.1 (广义 Bochner-Martinelli 公式) 设 Ω 是 $\mathbb{C}^n$ 中具有分片光滑边界的有界区域, $f(Z)$ 是在 $\overline{\Omega}$ 邻域上连续可微的函数, 则对于任意 $Z \in \Omega$, 恒有

$$f(Z) = \int_{\partial\Omega} f(W) H(Z,W) - \int_{\Omega} \overline{\partial} f(W) \wedge H(Z,W).$$

证明 对于任意给定的 $Z \in \Omega$, 取 $\varepsilon > 0$, 使得球 $B(Z,\varepsilon) \subset \Omega$. 在区域 $\Omega \setminus B(Z,\varepsilon)$ 上对微分形式 $f(W)H(Z,W)$ 应用 Stokes 公式得

$$\int_{\partial\Omega} f(W)H(Z,W) - \int_{\partial B(Z,\varepsilon)} f(W)H(Z,W)$$
$$= \int_{\Omega\setminus B(Z,\varepsilon)} \mathrm{d}[f(W)H(Z,W)].$$

注意到 $H(Z,W)$ 是 $(n,n-1)$- 形式, 并且 $\mathrm{d}H(Z,W) = 0$, 因此

$$\int_{\partial\Omega} f(W)H(Z,W) - \int_{\partial B(Z,\varepsilon)} f(W)H(Z,W)$$
$$= \int_{\Omega\setminus B(Z,\varepsilon)} \overline{\partial} f(W) \wedge H(Z,W).$$

另一方面, 由引理 1.4.1 得

$$\int_{\partial B(Z,\varepsilon)} f(W)H(Z,W) - f(Z) = \int_{\partial B(Z,\varepsilon)} [f(W) - f(Z)] H(Z,W),$$

$f(W)$ 在 Z 点处连续可微, 因而当 $\varepsilon \to 0$ 时, 上式趋于零. 证毕.

推论 1.4.1 (Bochner-Martinelli 公式) 设 Ω 是 $\mathbb{C}^n$ 中具有分片光滑边界的有界区域, $f(Z)$ 是在 $\overline{\Omega}$ 邻域上连续可微在 Ω 内解析的函数, 则对于任意 $Z \in \Omega$, 恒有

$$f(Z) = \int_{\partial \Omega} f(W) H(Z, W).$$

证明 $f(Z)$ 解析, 应用 Cauchy-Riemann 方程得 $\overline{\partial} f(W) = 0$, 上面的广义 Bochner-Martinelli 公式给出了定理中的等式. 证毕.

关于 Bochner-Martinelli 公式的一些简单应用, 读者可参阅本章的习题 25—30.

习 题 一

1. 求两个实变元的幂级数 $\sum\limits_{i,j=0}^{+\infty} x^i y^j$ 和 $\sum\limits_{i,j=0}^{+\infty} \dfrac{(i+j)!}{i!j!} x^i y^j$ 的收敛区域.

2. **(Riemann 定理)** 自然数集 $\mathbb{N}$ 到自身的一个一一对应 $I : \mathbb{N} \to \mathbb{N}, s \mapsto I(s)$ 称为**自然数的重排**. 设 $\sum\limits_{s=0}^{+\infty} a_s$ 是数项级数, 满足 $a_s \in \mathbb{R}$. $I(s)$ 是 $\mathbb{N}$ 的一个重排, 则 $\sum\limits_{s=0}^{+\infty} a_{I(s)}$ 称为级数 $\sum\limits_{s=0}^{+\infty} a_s$ 的一个重排. 如果对于 $\mathbb{N}$ 的任意重排 $I(s)$, 恒有

$$\sum_{s=0}^{+\infty} a_s = \sum_{s=0}^{+\infty} a_{I(s)},$$

则称级数 $\sum\limits_{s=0}^{+\infty} a_s$ 满足交换律. 证明:

(1) 级数 $\sum\limits_{s=0}^{+\infty} a_s$ 满足交换律的充分必要条件是 $\sum\limits_{s=0}^{+\infty} |a_s|$ 收敛;

(2) 如果 $\sum\limits_{s=0}^{+\infty} a_s$ 收敛, 而 $\sum\limits_{s=0}^{+\infty} |a_s| = +\infty$, 则对于任意实数 $C \in \mathbb{R} \cup \{\pm\infty\}$, 存在 $\mathbb{N}$ 的一个重排 $I(s)$, 使得 $\sum\limits_{s=0}^{+\infty} a_{I(s)} = C$.

3. 设 $\sum\limits_{\alpha} a_{\alpha} Z^{\alpha}$ 是一给定的在原点展开的幂级数, 令

$$B = \left\{ Z \mid 存在常数 C > 0, 使得对于任意 \alpha \in \mathbb{N}, |a_{\alpha} Z^{\alpha}| \leqslant C \right\}.$$

证明: $\sum\limits_{\alpha} a_{\alpha} Z^{\alpha}$ 在 B 上内闭一致收敛, 而在 $\mathbb{C}^n \setminus \overline{B}$ 上发散.

4. 设 $D(Z_0, R)$ 是以 $R = (r_1, \cdots, r_n)$ 为半径的多圆盘,令 $\widetilde{\partial} D(Z_0, R) = \{Z = (z^1, \cdots, z^n) \mid |z^i - z_0^i| = r_i, i = 1, \cdots, n\}$,则 $\widetilde{\partial} D(Z_0, R)$ 是多圆盘 $D(Z_0, R)$ 的边界的一部分. 证明:两个在 $D(Z_0, R)$ 内解析,在 $\overline{D(Z_0, R)}$ 上连续的函数,如果在 $\widetilde{\partial} D(Z_0, R)$ 上相等,则这两个解析函数恒等,并证明在 $D(Z_0, R)$ 内解析,在 $\overline{D(Z_0, R)}$ 上连续的函数,其最大模一定在 $\widetilde{\partial} D(Z_0, R)$ 上取到.

5. 设 $F: B_m(0, R_1) \to B_n(0, R_2)$ 是解析映射,满足 $F(0) = 0$,试给出关于映射 F 的 Schwarz 引理.

6. (**多圆盘上的 Schwarz 引理**) 任取 $r > 0$,令 $R = (r, \cdots, r)$,以 $D_n(0, R)$ 表示 $\mathbb{C}^n$ 中以 R 为半径的多圆盘. 设 $f(Z)$ 是 $D(0, R)$ 上的解析函数,满足 $f(0) = 0, |f(Z)| \leqslant M$. 证明:对于任意 $Z = (z^1, \cdots, z^n) \in D(0, R)$,恒有 $|f(Z)| \leqslant \dfrac{M}{r}|Z|$.

7. 试用多圆盘上的 Cauchy 积分公式证明多元解析函数的最大模原理.

8. 证明:多圆盘的全纯自同胚群是可递的,即对于多圆盘中的任意两点 Z_1, Z_2,存在多圆盘到自身的解析同胚 F,使得 $F(Z_1) = F(Z_2)$.

9. (**Hartogs 现象**) 设 $D(Z_0, R)$ 是以 $R = (r_1, \cdots, r_n)$ 为半径的多圆盘,$F(Z)$ 是在 $\partial D(Z_0, R)$ 邻域 U 上解析的函数. 证明:$F(Z)$ 可解析延拓为 $U \cup D(Z_0, R)$ 上的解析函数.

10. 设 Ω 是一具有光滑边界的有界区域,$u(Z)$ 是 $\partial \Omega$ 上一给定的连续函数,令
$$f(Z) = \int_{\partial \Omega} u(W) H(Z, W),$$
问 $f(Z)$ 是否是 Ω 上的解析函数?

11. (**隐函数定理**) 设 $f(Z)$ 是 $Z_0 = (z_0^1, \cdots, z_0^n)$ 邻域上的解析函数,满足 $f(Z_0) = 0, \dfrac{\partial f}{\partial z^n}(Z_0) \neq 0$. 证明:存在 $Z_0' = (z_0^1, \cdots, z_0^{n-1})$ 充分小的邻域 V 和 V 上的解析函数 $z^n = h(z^1, \cdots, z^{n-1})$,使得在 Z_0 充分小的邻域 U 上,$Z = (z^1, \cdots, z^n)$ 满足 $f(Z) = 0$ 的充分必要条件是 $z^n = h(z^1, \cdots, z^{n-1})$.

12. 试以 11 题为基础,表述多个多元解析函数的隐函数定理和多元解析映射的逆映射定理.

13. (**Montel 定理**) 设 $\{f_n\}$ 是区域 $\Omega \subset \mathbb{C}^n$ 上一列一致有界的解析函数. 证明:存在 $\{f_n\}$ 中的子列使其在 Ω 上内闭一致收敛.

14. 设 $P(Z), Q(Z)$ 都是 $Z = (z^1, \cdots, z^n)$ 的多项式,其中 $Q(Z)$ 对 z^n 正则. 证明:存在唯一的 $Z = (z^1, \cdots, z^n)$ 的多项式 $u(Z)$ 和 $r(Z)$,使得 $P(Z) =$

$u(Z)Q(Z)+r(Z)$, 其中 $r(Z)$ 关于 z^n 的阶小于 $Q(Z)$ 关于 z^n 的阶.

15. 证明：非常值的多元解析函数的零点一定不是孤立的.

16. 设原点邻域解析函数的芽 f 和 g 满足 $Z(f) \supset Z(g)$, 证明：存在 $n \in \mathbb{N}$, 使得 g 是 f^n 的因子.

17. 试举一例说明两个解析函数 f 和 g 的商 f/g 可以在某些点无极限.

18. 试给出连续函数在一点的芽的定义, 并举例说明连续函数的芽环不是整环, 特别地, 不是唯一分解环. 问光滑函数在一点的芽环是否是唯一分解环?

19. 如果 $f,g \in \theta_n(Z_0)$ 是互素的元素. 证明：存在 f 和 g 的代表元 F,G, 以及 Z_0 的一个邻域 U, 使得 F 与 G 在 U 中每一点确定的芽都是互素的.

20. 设 $f, g \in \theta_n$ 是互素的 z^n 的 Weierstrass 多项式, 设 $h, l \in \theta_n$ 满足 $r = hf + lg \in \theta_{n-1}$, $p : \mathbb{C}^n \to \mathbb{C}^{n-1}$, $p(z^1, \cdots, z^n) = (z^1, \cdots, z^{n-1})$ 为投影映射. 证明：$Z(r) = p(Z(f,g))$.

21. 设 F 和 G 是 $\mathbb{C}^n$ 中原点邻域上的解析函数, 其中 $n > 1$, 如果 F 和 G 在原点确定的解析函数的芽互素. 证明：对于任意 $a \in \mathbb{C}$, 存在 $\mathbb{C}^n$ 中序列 $p_n \to 0$, 使得 $G(p_n) \neq 0$, 而 $\dfrac{F(p_n)}{G(p_n)} \to a$, 当 $n \to +\infty$.

22. 设 $h(Z)$ 是在 $Z = 0$ 邻域上给定的 z^n 的 k 阶 Weierstrass 多项式, 令 $\delta = (\delta_1, \cdots, \delta_n)$, 取 $\delta_i > 0 (i = 1, \cdots, n)$ 充分小, 使得 $h(0, \cdots, 0, z^n)$ 在圆周 $|z^n| = \delta_n$ 上处处不为零, 而对于任意给定的 $(z_*^1, \cdots, z_*^{n-1})$ 满足 $|z_*^i| < \delta_i (i = 1, \cdots, n)$, $h(z_*^1, \cdots, z_*^{n-1}, z^n) = 0$ 在圆盘 $|z^n| < \delta_n$ 内有 k 个零点. 证明：对于闭多圆盘 $\overline{D(0,\delta)}$ 邻域上的任意解析函数 $f(Z)$, 在 $D(0,\delta)$ 上 $f(z)$ 可唯一的表示为 $f = uh + r$, 其中 r 是关于 z^n 次数小于 k 的多项式.

23. 设 $h_1(Z), \cdots, h_t(Z)$ 是在 $Z = 0$ 邻域上给定的一族 z^n 的 Weierstrass 多项式. 证明：存在 $Z = 0$ 的邻域 V, 使得对于 $\overline{V}$ 邻域上的解析函数 $f(Z)$, 如果 $f(Z)$ 在原点确定的芽在由 $h_1(Z), \cdots, h_t(Z)$ 在原点确定的芽生成的理想内, 则在 V 上 $f = g_1 h_1 + \cdots + g_t h_t$, 其中 $g_i (i = 1, \cdots, t)$ 是 V 上的解析函数.

24. 设 V 是区域 Ω 中一解析子簇, $V \neq \Omega$. 证明：$\Omega \setminus D$ 是连通的, 并证明 Ω 中任意多个解析子簇的交仍然是解析子簇.

25. 试证明多元解析函数的平均值定理：设 $f(Z)$ 是区域 D 上的解析函数, $Z_0 \in D$, 则对于任意 $\varepsilon > 0$, 满足 $\overline{B(Z_0, \varepsilon)} \subset D$, 成立

$$f(Z_0) = \frac{1}{\text{Vol}(B(Z_0,\varepsilon))} \iint\limits_{B(Z_0,\varepsilon)} f(Z) dv,$$

这里 $\mathrm{Vol}(B(Z_0,\varepsilon))$ 是球 $B(Z_0,\varepsilon)$ 的体积,$\mathrm{d}v$ 是 $\mathbb{C}^n$ 的体积微元.

26. 设 G 是区域 D 中的紧集,证明:存在仅依赖于 G 的实常数 C,使得对于 D 上的任意解析函数 $f(Z)$,恒成立
$$\max\{|f(Z)|\mid Z\in G\}\leqslant C\int_D f\bar{f}\mathrm{d}v.$$

27. 设 D 是 $\mathbb{C}^n$ 中区域,令
$$H^2(D)=\left\{f(Z)\;\Big|\;f(Z)\text{ 在 }D\text{ 上解析},\int_D f\bar{f}\mathrm{d}v<+\infty\right\},$$
以 $(f,g)=\int_D f\bar{g}\mathrm{d}v$ 作为 $H^2(D)$ 的内积.证明:$H^2(D)$ 是一 Hilbert 空间.

28. 假设如上题.对于任意 $Z_0\in D$,在 $H^2(D)$ 上定义一线性函数 L_{Z_0} 为 $L_{Z_0}(f)=f(Z_0)$.证明:L_{Z_0} 是 $H^2(D)$ 上的一有界线性函数.利用此,由 Riesz 表示定理,证明:存在 $h_{Z_0}(Z)\in H^2(D)$,使得对于任意 $f\in H^2(D)$,$f(Z_0)=L_{Z_0}(f)=\int_D f\bar{h}_{Z_0}\mathrm{d}v$.令 $K(Z,W)=h_W(Z)$,其中 $K(Z,W)$ 称为区域 D 的 **Bergman 核函数**.

29. 证明:$H^2(\mathbb{C}^n)=\{0\}$.

30. 设 $\{U_n(Z)\}_{n=1,2,\cdots}$ 是 $H^2(D)$ 的一组完备单位正交基,证明:区域 D 的 Bergman 核函数 $K(Z,W)$ 可以表示为
$$K(Z,W)=\sum_{n=1}^{+\infty}U_n(Z)\overline{U_n(W)}.$$

第 2 章 全 纯 域

上一章我们将单复变函数的一些基本定理推广到多复变函数,并讨论了由于变元增加需要对多复变函数考虑的一些问题,如 Hartogs 定理等. 这些理论就如同多元微积分是一元微积分的推广和发展, 在定理的给出以及相关的研究方法上, 多元与一元没有特别大的和本质性的差异. 但是, 相比于实变量一元微积分与多元微积分之间的关系, 多复变函数作为一门更为独立的学科, 其有别于单复变函数的主要之处在于多复变函数自身有许多独特的问题和特殊的研究方法. 这一章中我们将介绍多元解析函数特有的 Hartogs 现象, 以及与之相关的全纯域和拟凸域的概念, 并讨论 Levi 猜想以及 Hörmander 关于这一猜想的相关工作, 本章的内容可参阅文献 [8].

§2.1 Hartogs 现象与全纯域

在单复变函数中我们学习过解析延拓的概念. 我们称区域 $\Omega \subset \mathbb{C}$ 上的解析函数 $f(z)$ 可解析延拓到区域 $\widetilde{\Omega} \supsetneq \Omega$ 上, 如果存在区域 $\widetilde{\Omega}$ 上的解析函数 $F(z)$, 使得 $F(z)|_\Omega = f(z)$. 由解析函数的唯一性定理, 如果 $f(z)$ 可以解析延拓到 $\widetilde{\Omega}$ 上, 则其解析延拓是唯一的. 对于复平面 $\mathbb{C}$ 中区域 Ω 上给定的解析函数 $f(z)$, 利用幂级数方法或者对称原理等其他方法, 我们往往可以将 $f(z)$ 解析开拓到比 Ω 更大的区域上. 然而, 对于一个给定的区域 $\Omega \subset \mathbb{C}$, 我们不可能将 Ω 上所有的解析函数都同时解析延拓到一个比 Ω 更大的区域 $\widetilde{\Omega}$ 上. 事实上, 对于任意 $z_0 \in \partial\Omega$, Ω 上的解析函数 $\dfrac{1}{z-z_0}$ 以 z_0 为奇点, 因而不能解析延拓到 z_0 的邻域上. 但是, 当 $n > 1$ 时, 对于多元解析函数的解析延拓问题, 我们有下面著名的 Hartogs 现象.

定理 2.1.1 设 $n > 1$, $R = (r_1, \cdots, r_n)$ 是给定的 n 维实向量, 满

足 $r_i > 0 (i = 1, 2, \cdots, n)$，设

$$D_n(0, R) = \left\{ Z = (z^1, \cdots, z^n) \in \mathbb{C}^n \mid |z^i| < r_i, i = 1, \cdots, n \right\}$$

是以 0 为心，R 为半径的多圆盘，U 是 $D_n(0, R)$ 的边界 $\partial D_n(0, R)$ 的邻域，则 U 上所有的解析函数都可解析延拓为 $D_n(0, R) \cup U$ 上的解析函数.

证明 以 $n = 2$ 为例. 首先，$D_2(0, R)$ 的边界 $\partial D_2(0, R)$ 可以表示为

$$\partial D_2(0, R) = \left\{ (z^1, z^2) \mid |z^1| = r_1, |z^2| \leqslant r_2, \text{ 或 } |z^2| = r_2, |z^1| \leqslant r_1 \right\}.$$

设 U 是 $\partial D_2(0, R)$ 的邻域，$f(Z) = f(z^1, z^2)$ 是 U 上的解析函数，则当 z^1 在圆周 $\{z^1 \mid |z^1| = r_1\}$ 上取值时，$f(z^1, z^2)$ 是 z^2 在圆盘 $\{z^2 \mid |z^2| \leqslant r_2\}$ 邻域上的解析函数，因而如果令

$$\widetilde{f}(z^1, z^2) = \frac{1}{2\pi \mathrm{i}} \int_{|z^1| = r_1} \frac{f(w, z^2)}{w - z^1} \mathrm{d}w,$$

则 $\widetilde{f}(z^1, z^2)$ 是 (z^1, z^2) 的连续函数，并且满足当 z^1 固定时，$\widetilde{f}(z^1, z^2)$ 是 z^2 在圆盘 $\{z^2 \mid |z^2| \leqslant r_2\}$ 邻域上的解析函数，而当 z^2 固定时，$\widetilde{f}(z^1, z^2)$ 是 z^1 在圆盘 $\{z^1 \mid |z^1| < r_1\}$ 邻域上的解析函数. 因而由上一章的定理 1.1.8，$\widetilde{f}(z^1, z^2)$ 是 (z^1, z^2) 在多圆盘 $D_2(0, R)$ 邻域上的多元解析函数.

另一方面，如果令

$$L = \left\{ (z^1, z^2) \mid |z^1| \leqslant r_1, |z^2| = r_2 \right\} \subset \partial D_2(0, R),$$

则由于集合 L 是 U 中的紧集，因而

$$\mathrm{dist}(L, \partial U) = \inf \left\{ |Z - W| \mid Z \in L, W \in \partial U \right\} > 0.$$

这时对于任意给定的 z^2，满足 $r_2 > |z^2| > r_2 - \mathrm{dist}(L, \partial U)$，只要 z^1 满足 $|z^1| \leqslant r_1$，就有 $(z^1, z^2) \in U$，所以 $f(z^1, z^2)$ 是 z^1 在圆盘 $\{z^1 \mid |z^1| \leqslant r_1\}$ 上的解析函数. 由 Cauchy 公式得

$$f(z^1, z^2) = \frac{1}{2\pi i} \int_{|z^1|=r_1} \frac{f(w, z^2)}{w - z^1} dw.$$

这时我们得到 $\widetilde{f}(z^1, z^2) = f(z^1, z^2)$, 即 $\widetilde{f}(z^1, z^2)$ 和 $f(z^1, z^2)$ 在一个开集上相等. 利用解析函数的唯一性定理, $\widetilde{f}(z^1, z^2)$ 和 $f(z^1, z^2)$ 互为解析延拓.

对于 $n \geqslant 3$ 的情形, 我们只需在上面的讨论中将变元 $Z = (z^1, \cdots, z^n)$ 分解为 $Z^1 = (z^1, \cdots, z^{n-1}), Z^2 = z^n$, 则按同样的方法平行的推广, 就能得到证明. 证毕.

直接利用定理 2.1.1, 我们有下面的推论.

推论 2.1.1 当 $n > 1$ 时, $\mathbb{C}^n$ 中的解析函数没有孤立零点.

证明 用反证法. 设 Z_0 是多元解析函数 $f(Z)$ 的孤立零点, 则由定理 2.1.1, $1/f(Z)$ 可解析延拓到 Z_0, 但这与 $\lim\limits_{Z \to Z_0} 1/f(Z) = \infty$ 矛盾. 证毕.

从解析延拓的观点来看, 定理 2.1.1 说明了多元解析函数与一元解析函数是不同的. 当 $n > 1$ 时, 在 $\mathbb{C}^n$ 中存在许许多多的区域, 这些区域上所有的解析函数都可以同时解析延拓到更大区域上, 这一事实称为多元解析函数的 **Hartogs 现象**. 基于这一现象, 对于 $\mathbb{C}^n$ 中的区域, 我们有下面定义.

定义 2.1.1 设 Ω 是 $\mathbb{C}^n$ 中的区域, 如果不存在比 Ω 更大的区域 $\widetilde{\Omega} \supsetneq \Omega$, 使得 Ω 上的所有解析函数都可解析延拓到 $\widetilde{\Omega}$ 上, 则称 Ω 为**全纯域**.

由前面的讨论我们知道复平面中所有的区域都是全纯域, 而定理 2.1.1 告诉我们, 当 $n > 1$ 时, $\mathbb{C}^n$ 中有许多区域不是全纯域. 因此区别于单复变量解析函数的理论, 对于多复变量解析函数, 其中的重要问题之一是对于 $\mathbb{C}^n$ 中给定的一个区域 Ω, 怎样判断 Ω 是否是全纯域. 或者说, 用什么条件能够给出 $\mathbb{C}^n$ 中全纯域的特征. 在多复分析发展的历史中, 这一问题的讨论和解决起了关键性的推动作用. 本章我们将围绕关于这一问题的 Levi 猜想做详细讨论.

对全纯域最早的研究是通过类比于欧氏空间中的欧氏凸域展开的.

我们知道在欧氏空间 $\mathbb{R}^n$ 中,区域 $\Omega \subset \mathbb{R}^n$ 称为**欧氏凸域**,如果连接 Ω 中任意两点的直线段都包含在 Ω 内. 从几何观点来看,欧氏凸域也可以用以下特征来描述.

定理 区域 $\Omega \subset \mathbb{R}^n$ 为欧氏凸域的充分必要条件是对于任意点 $P_0 = (x_0^1, \cdots, x_0^n) \in \partial\Omega$,存在关于变量 $X = (x^1, \cdots, x^n) \in \mathbb{R}^n$ 的实线性函数 $L(X) = a_1(x^1 - x_0^1) + \cdots + a_n(x^n - x_0^n)$,使得 Ω 在超平面 $L(X) = 0$ 的一侧.

利用欧氏凸域的这一几何特征,我们有下面定理.

定理 2.1.2 如果区域 $\Omega \subset \mathbb{C}^n = \mathbb{R}^{2n}$ 是欧氏凸域,则 Ω 是全纯域.

证明 以 $Z = (z^1, \cdots, z^n) = (x^1 + \mathrm{i}y^1, \cdots, x^n + \mathrm{i}y^n) \in \mathbb{C}^n = \mathbb{R}^{2n}$ 分别表示 $\mathbb{C}^n$ 中的复坐标和 $\mathbb{R}^{2n}$ 的实坐标. 任取

$$P_0 = Z_0 = (z_0^1, \cdots, z_0^n) = (x_0^1 + \mathrm{i}y_0^1, \cdots, x_0^n + \mathrm{i}y_0^n) \in \partial\Omega,$$

设 Ω 位于超平面 $L(X) = a_1(x^1 - x_0^1) + \cdots + a_n(x^n - x_0^n) + b_1(y^1 - y_0^1) + \cdots + b_n(y^n - y_0^n) = 0$ 的一侧,其中 $X = (x^1, y^1, \cdots, x^n, y^n) \in \mathbb{R}^{2n}, a_i, b_i \in \mathbb{R}(i = 1, 2, \cdots, n)$. 用复变量 z^i 和 $\bar{z}^i$ 代替实变量 x^i, y^i,并令 $c_i = \dfrac{(a_i - \mathrm{i}b_i)}{2}$,则线性函数 $L(X)$ 可表为

$$\begin{aligned}L(X) = &c_1(z^1 - z_0^1) + \cdots + c_n(z^n - z_0^n) \\ &+ \overline{c_1(z^1 - z_0^1) + \cdots + c_n(z^n - z_0^n)}.\end{aligned}$$

现令

$$H(Z) = c_1(z^1 - z_0^1) + \cdots + c_n(z^n - z_0^n),$$

则 $L(X) = H(Z) + \overline{H(Z)} = 2\mathrm{Re}H(Z)$,因此 Ω 与复超平面 $H(Z) = 0$ 只相交于 Ω 的边界点 Z_0. 利用这一点,定义函数

$$f(Z) = \frac{1}{H(Z)}.$$

显然 $f(Z)$ 在 Ω 上解析,但由于在 Ω 上 $\lim\limits_{Z \to Z_0} f(Z) = \infty$,因此 $f(Z)$ 不能解析延拓到 Z_0 的邻域. 由于 $Z_0 \in \partial\Omega$ 是任意的,因此得 Ω 上所有

解析函数不可能都同时解析延拓到一个比 Ω 更大的区域上, Ω 是全纯域. 证毕.

定理 2.1.2 的逆命题显然是不成立的, 原因是全纯域在解析同胚下的像仍然是全纯域, 而欧氏凸域不是解析同胚不变的. 例如, 在复平面 $\mathbb{C}$ 中利用 Riemann 映射定理我们知道, 任意与 $\mathbb{C}$ 不相同的单连通区域都与单位圆盘解析同胚, 但单位圆盘是欧氏凸域, 而与 $\mathbb{C}$ 不相同的单连通区域显然可以不是欧氏凸域. 另外, $\mathbb{C}$ 中任意区域都是全纯域, 但不一定是欧氏凸域.

尽管全纯域不一定是欧氏凸域, 但是利用定理 2.1.2, 欧氏凸域仍然为全纯域的研究提供了基本模型和重要启示. 我们现在的问题是能否将关于欧氏凸域的各种各样不同的判别条件用解析函数或者用在解析同胚下不变的一些条件来取代, 从而得到关于一个区域是否是全纯域的各种判别方法. 下面, 我们先讨论关于欧氏凸域的其他特征描述.

首先, 我们考查利用线性凸包来刻画欧氏凸域的判别方法.

定义 2.1.2 设 $K \subset \mathbb{R}^n$ 是一给定的集合, 令
$$\widetilde{K} = \Big\{ P \in \mathbb{R}^n \mid |L(P)| \leqslant \sup_{X \in K} \{|L(X)|\}$$
$$\text{对于 } \mathbb{R}^n \text{ 上的所有线性函数 } L(X) \text{ 成立} \Big\},$$

$\widetilde{K}$ 称为集合 K 的**线性凸包**.

例 1 设 P_1, P_2, P_3 是平面 $\mathbb{R}^2$ 中给定的三个不共线的点, 令 $K = \{P_1, P_2, P_3\}$, 则 $\widetilde{K}$ 为以直线段 $\overline{P_1 P_2}, \overline{P_2 P_3}, \overline{P_3 P_1}$ 为边界的闭三角形.

利用线性凸包, 欧氏凸域可以用下面方法来描述.

命题 2.1.1 区域 $\Omega \subset \mathbb{R}^n$ 为欧氏凸域的充分必要条件是: 对于 Ω 中的任意紧集 K, K 的线性凸包 $\widetilde{K}$ 也是 Ω 中的紧集.

现在如果我们希望将命题 2.1.1 中关于欧氏凸域的描述转换为对全纯域的描述, 则应该用解析函数来代替定义 2.1.2 中的线性函数, 对此我们有下面的定义.

定义 2.1.3 设 Ω 是 $\mathbb{C}^n$ 中的区域, $K \subset \Omega$ 是给定的集合, 令
$$\widetilde{K} = \Big\{ Z \in \Omega \mid |f(Z)| \leqslant \sup_{W \in K} \{|f(W)|\}$$

对于 Ω 上的所有解析函数 $f(W)$ 成立$\Big\}$,

则 $\widetilde{K}$ 称为集合 K 在区域 Ω 中的**全纯凸包**.

利用全纯凸包, 类比于命题 2.1.1 中关于欧氏凸域的特征描述, 我们有下面定义.

定义 2.1.4 设 Ω 是 $\mathbb{C}^n$ 中的区域, 如果对于 Ω 中的任意紧集 K, K 的全纯凸包 $\widetilde{K}$ 也是 Ω 中的紧集, 则称 Ω 为**全纯凸域**.

在单复变函数论中, 我们知道, 如果一个区域 Ω 上的解析函数 $f(z)$ 不能解析延拓到比 Ω 更大的区域上时, Ω 就称为 $f(z)$ 的**自然定义域**, 而 $\partial\Omega$ 称为 $f(z)$ 的**自然边界**. 例如, 单位圆盘是解析函数 $f(z) = \sum_{n=0}^{+\infty} z^{n!}$ 的自然定义域. 对于多复变函数, 利用全纯凸域的定义我们有下面定理.

定理 2.1.3 设 Ω 是 $\mathbb{C}^n$ 中的全纯凸域, 则存在 Ω 上的解析函数 $f(Z)$, $f(Z)$ 不能解析延拓到任何比 Ω 更大的区域上. 即全纯凸域一定是某一解析函数的自然定义域, 因而全纯凸域都是全纯域.

证明 设 Ω 是全纯凸域. 在 Ω 中选取一个点列 $\{Z_k\}$, 满足对于任意 $Z_0 \in \partial\Omega$, 存在 $\{Z_k\}$ 的子列 $\{Z_{k_j}\}$ 收敛于 Z_0. 而点列 $\{Z_k\}$ 在 Ω 中除边界点外没有其他极限点. 取 Ω 中的一列紧集 $\{K_n\}$, 使得

$$K_n = \widetilde{K}_n, \quad K_n \subset K_{n+1}^0, \quad \bigcup_{n=1}^{+\infty} K_n = \Omega,$$

并且 $Z_n \in K_n$, 但 $Z_{n+1} \notin K_n$. 这里我们以 K^0 表示集合 K 的内点集. 现取一收敛的数项级数 $\sum_{k=1}^{+\infty} ka_k$, 满足对于 $k = 1, 2, \cdots$, $a_k > 0$.

对于任意 n, 由于 $K_n = \widetilde{K}_n$, 而 $Z_{n+1} \notin K_n$. 因此由全纯凸包定义知, 存在 Ω 上的解析函数 $f_n(Z)$, 使得

$$|f_n(Z_{n+1})| > \sup_{Z \in K_n} \{|f_n(Z)|\}.$$

不失一般性, 可设 $f_n(Z_{n+1}) = 1$. 而如果取 m 充分大, 用 $(f_n(Z))^m$ 代替 $f_n(Z)$, 我们可以进一步假设

$$\sup_{Z\in K_n}\{|f_n(Z)|\} < a_n.$$

现考虑无穷乘积

$$f(Z) = \prod_{k=1}^{+\infty}(1-f_k(Z))^k.$$

利用 $|(1-f_k(Z))^k| \leqslant (1+|f_k(Z)|)^k$, 我们先来考查无穷乘积

$$\prod_{k=1}^{+\infty}(1+|f_k(Z)|)^k.$$

由"数学分析"中无穷乘积的理论 (参阅文献 [2]), 我们知道上面乘积收敛的充分必要条件是无穷级数

$$\sum_{k=1}^{+\infty} k\ln(1+|f_k(Z)|)$$

收敛. 而 $k\to+\infty$ 时, 序列 $\{\ln(1+|f_k(Z)|)\}$ 与序列 $\{|f_k(Z)|\}$ 是等价无穷小. 因此上面无穷乘积收敛的充分必要条件是无穷级数 $\sum_{k=1}^{+\infty} k|f_k(Z)|$ 收敛. 另一方面, 由 $f_n(Z)$ 的选取, 对于任意 k, 由于在 K_k 上, 当 $m>k$ 时, $|f_m(Z)| \leqslant a_m$, 而 $\sum_{m=k}^{+\infty} m a_m$ 收敛. 由控制收敛定理得无穷乘积

$$\prod_{m=k}^{+\infty}(1-f_m(Z))^m$$

在 K_k 上一致收敛. 即无穷乘积

$$f(Z) = \prod_{k=1}^{+\infty}(1-f_k(Z))^k$$

在 Ω 上内闭一致收敛, 因而 $f(Z)$ 是 Ω 上的解析函数.

对于任意 $Z_0\in\partial\Omega$, 设序列 $\{Z_k\}$ 的子序列 $\{Z_{k_j}\}$ 收敛于 Z_0. 如果 $f(Z)$ 可以解析延拓到 Z_0 的邻域, 则对于任意给定的多重自然数指标 $\alpha = (\alpha_1,\cdots,\alpha_n)$, 当 $k_j > |\alpha| = \alpha_1 + \cdots + \alpha_n$ 时,

$$\frac{\partial^{|\alpha|}\left[(1-f_{k_j})^{k_j}\right]}{\partial Z^\alpha}(Z_{k_j}) = 0.$$

因此必须 $\dfrac{\partial^{|\alpha|} f}{\partial Z^\alpha}(Z_0) = 0$. 而 α 是任意的, 利用 $f(Z)$ 在 Z_0 的幂级数展开得, $f(Z)$ 在 Z_0 的邻域上恒为零, 这与我们的构造矛盾. 我们得到 Ω 是 $f(Z)$ 的自然定义域. 证毕.

下面定理可以看做关于欧氏凸域的命题 2.1.1 对全纯域的推广.

定理 2.1.4 设 Ω 是 $\mathbb{C}^n$ 中的区域, 则 Ω 是全纯域的充分必要条件是 Ω 是全纯凸域.

证明 只需证明如果 Ω 是全纯域, 则 Ω 也是全纯凸域.

设 $\tilde{r} = (r, \cdots, r)$ 是给定的 n 维实向量, 满足 $r > 0$, 我们以 $D(Z, \tilde{r})$ 表示以 Z 为心, $\tilde{r}$ 为半径的多圆盘. 设 $K \subset \Omega$ 是一给定的紧集. 对于 K, 令

$$r_0(K, \partial\Omega) = \sup\{r \mid D(Z, \tilde{r}) \subset \Omega \text{ 对于任意 } Z \in K \text{ 成立}\},$$

$r_0 = r_0(K, \partial\Omega)$ 称为集合 K 到边界 $\partial\Omega$ 的**多圆盘距离**. 由 $K \subset \Omega$ 是紧集, 而 $r_0(Z) = \sup\{r \mid D(Z, \tilde{r}) \subset \Omega\}$ 是 Z 的连续函数, 因而 $r_0 > 0$. 现任意取定 n 维实向量 $\tilde{r} = (r, \cdots, r)$, 满足 $0 < r < r_0$, 令

$$K_{\tilde{r}} = \overline{\bigcup_{Z \in K} D(Z, \tilde{r})},$$

则 $K_{\tilde{r}}$ 也是 Ω 中的紧集.

设 $f(Z)$ 是 Ω 上任意给定的解析函数. 由于 $|f(Z)|$ 在 $K_{\tilde{r}}$ 上有界, 可设 $|f(Z)| \leqslant M$ 对于所有 $Z \in K_{\tilde{r}}$ 成立. 这时对于任意 $Z_0 \in K$, 由于闭多圆盘 $\overline{D(Z_0, \tilde{r})} \subset K_{\tilde{r}} \subset \Omega$, 利用 $f(Z)$ 在多圆盘 $\overline{D(Z_0, \tilde{r})}$ 上的 Cauchy 积分表示, 对于任意多重自然数指标 $\alpha = (\alpha_1, \cdots, \alpha_n)$, 我们有 Cauchy 不等式

$$\left| \dfrac{\partial^{|\alpha|} f(Z)}{\partial Z^\alpha} \right|_{Z=Z_0} = \left| \dfrac{\partial^{|\alpha|} f(Z)}{(\partial z^1)^{\alpha_1} \cdots (\partial z^n)^{\alpha_n}} \right|_{Z=Z_0}$$
$$\leqslant \dfrac{\alpha!}{r^{\alpha_1} \cdots r^{\alpha_n}} \sup_{W \in \overline{D(Z_0, \tilde{r})}} |f(W)| \leqslant \dfrac{\alpha!}{r^{\alpha_1} \cdots r^{\alpha_n}} M.$$

由于 $Z_0 \in K$ 是任意的, 因而利用全纯凸包的定义, 我们得到对于任意 $W \in \tilde{K}$, 成立同样的不等式

$$\left|\frac{\partial^{|\alpha|}f}{\partial Z^\alpha}(W)\right| \leqslant \frac{\alpha!}{r^{\alpha_1}\cdots r^{\alpha_n}}M.$$

由这一不等式, $f(Z)$ 在 W 处展开的幂级数

$$\sum_{\alpha=0}^{+\infty}\frac{1}{\alpha!}\frac{\partial^{|\alpha|}f}{\partial Z^\alpha}(W)(Z-W)^\alpha$$

在多圆盘 $D(W,\tilde{r})$ 上收敛, 所以 $f(Z)$ 在 $D(W,\tilde{r})$ 上解析, 或者说 Ω 上任意解析函数 $f(Z)$ 都可解析延拓到 $D(W,\tilde{r})$ 上. 但由假设 Ω 是全纯域, 所以必须 $D(W,\tilde{r}) \subset \Omega$. 我们得到, 对于任意 $\tilde{r}=(r,\cdots,r)$, 满足 $0<r<r_0$, 集合

$$\widetilde{K}_{\tilde{r}} := \bigcup_{W\in\widetilde{K}} D(W,\tilde{r}) \subset \Omega.$$

但容易看出 $\widetilde{K}$ 是 $\bigcup_{Z\in\widetilde{K}} D(Z,\tilde{r}) \subset \Omega$ 中的紧集, 得 $\widetilde{K}$ 是 Ω 中的紧集. Ω 是全纯凸域. 证毕.

仔细考查上面的证明, 我们实际得到了下面一个利用多圆盘距离来描述全纯域特征的定理.

定理 2.1.5 设 Ω 是 $\mathbb{C}^n$ 中的区域, 则 Ω 是全纯域的充分必要条件是对于 Ω 中, 任意紧集 $K\subset\Omega$, 恒有

$$r_0(K,\partial\Omega) = r_0(\widetilde{K},\partial\Omega),$$

其中 $r_0(K,\partial\Omega)$ 是上面定理 2.1.4 证明中定义的 K 到 Ω 边界 $\partial\Omega$ 的多圆盘距离.

定理的证明留给读者作为练习. 另外, 我们知道复平面中任意区域都是全纯域, 因而作为定理 2.1.3 的应用, 我们有下面的推论.

推论 2.1.2 复平面 $\mathbb{C}$ 中, 任意区域都是某一个解析函数的自然定义域.

§2.2 拟 凸 域

在上一节的定理 2.1.4 中, 我们虽然用全纯凸域给出了全纯域的特征, 但这一特征实质上仍然是以一个关于区域上所有解析函数的性质

为条件,来代替另一个关于区域上所有解析函数的性质. 因而对于怎样判断一个给定的区域是否是全纯域的问题, 定理 2.1.4 并没有给出实质的, 并且实际可用的方法. 我们需要的是怎样从区域及其边界的几何性质, 或者其他一些更为实用的条件出发, 来判断所考虑的区域是否是全纯域. 尽管如此, 定理 2.1.4 成功地将关于欧氏凸域的判别条件转换为关于全纯域的判别条件, 这仍然给了我们一些很好的启示. 现在我们的问题是能否将描述欧氏凸域的其他一些几何条件也转换为适当的条件来刻画全纯域.

首先, 设 $\Omega \subset \mathbb{R}^2$ 是一有光滑边界的欧氏凸域, 这时 Ω 的边界曲线局部是凸函数或者凹函数的图像, 利用数学分析中的讨论, 我们知道曲线位于其切线的一侧. 而这一几何条件可以表示为: 设区域 Ω 由下面方式给出:
$$\Omega = \{(x,y) \in \mathbb{R}^2 \big| \rho(x,y) < 0\},$$
其中 $\rho(x,y)$ 是光滑函数, 称为 Ω 的**定义函数**, $\rho(x,y)$ 满足对于任意点 $P_0 = (x_0, y_0) \in \partial\Omega$, 即 $\rho(x_0, y_0) = 0$, ρ 的梯度向量 $\mathrm{grad}(\rho)$ 在 P_0 满足

$$\mathrm{grad}(\rho(x_0, y_0)) = \left(\frac{\partial \rho}{\partial x}(x_0, y_0), \frac{\partial \rho}{\partial y}(x_0, y_0)\right)$$
$$:= (\rho_x(x_0, y_0), \rho_y(x_0, y_0)) \neq 0.$$

现设 $(x_0, y_0) \in \partial\Omega$, 假定 $\dfrac{\partial \rho}{\partial y}(x_0, y_0) \neq 0$. 这时在 (x_0, y_0) 的邻域上, 区域的边界可以表示为函数 $y = f(x)$ 的图像, 这里 $y = f(x)$ 是由方程 $\rho(x, y) = 0$ 确定的隐函数. 进一步, 不妨设 $\dfrac{\partial \rho}{\partial y}(x_0, y_0) > 0$, 则利用 x 固定时, $\rho(x, y)$ 是 y 的单调上升的函数, 因此区域 Ω 在 (x_0, y_0) 的邻域附近位于边界曲线的下方. Ω 是欧氏凸域则必须 $y = f(x)$ 是凹函数. 而由凹函数的判别方法, 我们知道, 这时

$$\frac{\partial^2 f(x)}{\partial x^2} \leqslant 0.$$

利用直接计算得

$$\frac{\partial^2 f(x)}{\partial x^2} = -\frac{\rho_{xx}\rho_y^2 - 2\rho_{xy}\rho_x\rho_y + \rho_{yy}\rho_x^2}{\rho_y^3},$$

其中 ρ_x, ρ_{xy}, 等等分别表示函数 ρ 关于 x 以及 x, y 等变量的偏导数. 如果利用矩阵的形式, 上式可表示为

$$\frac{\partial^2 f(x)}{\partial x^2} = \frac{-1}{\rho_y^3}(-\rho_y, \rho_x)\begin{bmatrix} \rho_{xx} & \rho_{xy} \\ \rho_{xy} & \rho_{yy} \end{bmatrix}\begin{pmatrix} -\rho_y \\ \rho_x \end{pmatrix}.$$

这时由 $\dfrac{\partial \rho}{\partial y}(x_0, y_0) > 0$ 时 $y = f(x)$ 是凹函数, 我们总有

$$(-\rho_y, \rho_x)\begin{bmatrix} \rho_{xx} & \rho_{xy} \\ \rho_{xy} & \rho_{yy} \end{bmatrix}\begin{pmatrix} -\rho_y \\ \rho_x \end{pmatrix} \geqslant 0.$$

但我们知道函数 $\rho(x, y)$ 在点 (x_0, y_0) 的梯度向量

$$\mathrm{grad}(\rho(x_0, y_0)) = (\rho_x(x_0, y_0), \rho_y(x_0, y_0))$$

是区域 Ω 的边界曲线 $\rho(x, y) = 0$ 在点 (x_0, y_0) 的法向量, 而

$$(-\rho_y(x_0, y_0), \rho_x(x_0, y_0))$$

是这一曲线的切线方向, 利用此我们得到下面引理.

引理 2.2.1 符号如上. 如果区域 Ω 是欧氏凸域, 则矩阵

$$\begin{bmatrix} \rho_{xx} & \rho_{xy} \\ \rho_{xy} & \rho_{yy} \end{bmatrix}$$

在区域 Ω 边界曲线每一点的切线上都是半正定的. 这里, 切线看做一维的线性空间.

在上面的引理中, 矩阵

$$\begin{bmatrix} \rho_{xx} & \rho_{xy} \\ \rho_{xy} & \rho_{yy} \end{bmatrix}$$

称为函数 $\rho(x, y)$ 的 **Hessian 矩阵**. 利用这一矩阵, 我们希望指出上面这一关于欧氏凸域边界性质的逆命题, 以及这些命题在高维的推广都

是成立的. 即对于 $\mathbb{R}^n$ 中有光滑边界的欧氏凸域, 我们有下面的特征描述.

定理 2.2.1 设 Ω 是 $\mathbb{R}^n$ 中有光滑边界的区域, 则 Ω 是欧氏凸域的充分必要条件是: 对于任意点 $P \in \partial\Omega$, Ω 的定义函数在 P 点的 Hessian 矩阵限制在 $\partial\Omega$ 在 P 点的切面上后都是半正定的.

证明 我们仅证明定理的必要部分.

设 Ω 是欧氏凸域, 任取 $P \in \partial\Omega$, 设在 P 点的充分小邻域 U 上, Ω 由光滑函数 ρ 定义, 即 $\Omega \cap U = \{Q \in U \mid \rho(Q) < 0\}$. 则 Ω 是欧氏凸域时, 其位于边界在 P 点的切面的一侧. 因而如果将函数 ρ 限制在 $\partial\Omega$ 在 P 点的切面上, 则 $\rho \geqslant 0$. 我们得到点 P 是函数 ρ 限制在切面上之后的条件极小值点. 由极值的判别条件, 利用 Taylor 展开, 得 ρ 的 Hessian 矩阵 $[\rho_{x^i x^j}]_{i,j=1}^n$ 在切面上是半正定的. 证毕.

以这一定理为例, 我们关心的是怎样将上面这种利用区域边界的几何性质来描述欧氏凸域的方法推广到 $\mathbb{C}^n$ 中的区域上, 用以刻画全纯域.

首先, 设 $\Omega \subset \mathbb{C}^n$ 是一有光滑边界的区域, 则对于任意点 $Z_0 \in \partial\Omega$, 存在 Z_0 的邻域 U 和 U 上光滑的实函数 F, 使得

$$U \cap \Omega = \{Z \in U \mid F(Z) < 0\},$$

且 F 关于实变量的梯度向量在 Z_0 处不为零. 利用复坐标表示微分, 我们知道, $\partial\Omega$ 在 Z_0 的切面方程可以表示为

$$\begin{aligned}
& F_{z^1}(Z_0)(z^1 - z_0^1) + \cdots + F_{z^n}(Z_0)(z^n - z_0^n) \\
& \quad + F_{\bar{z}^1}(Z_0)\overline{(z^1 - z_0^1)} + \cdots + F_{\bar{z}^n}(Z_0)\overline{(z^n - z_0^n)} \\
& = F_{z^1}(Z_0)(z^1 - z_0^1) + \cdots + F_{z^n}(Z_0)(z^n - z_0^n) \\
& \quad + \overline{F_{z^1}(Z_0)(z^1 - z_0^1) + \cdots + F_{z^n}(Z_0)(z^n - z_0^n)} = 0,
\end{aligned}$$

其中 F_{z^i} 是 F 关于 z^i 的偏导数, 而 $F_{\bar{z}^i}$ 是 F 关于 $\bar{z}^i$ 的偏导数. 上式也可表示为超平面

$$\mathrm{Re}\big[F_{z^1}(Z_0)(z^1 - z_0^1) + \cdots + F_{z^n}(Z_0)(z^n - z_0^n)\big] = 0$$

是 $\partial\Omega$ 在 Z_0 处的切面. 这是一个 $2n-1$ 维的实向量空间. 上面关于欧氏凸域的讨论则表明, Ω 是欧氏凸域当且仅当其定义函数 $F(Z)$ 关于实变量的 Hessian 矩阵在这一线性空间上是半正定的.

如果我们仅考虑复坐标, 并且希望给出的条件在解析同胚下不变, 则我们可以用解析的复线性函数

$$F_{z^1}(Z_0)(z^1-z_0^1)+\cdots+F_{z^n}(Z_0)(z^n-z_0^n)$$

代替实的线性函数

$$\operatorname{Re}\bigl[F_{z^1}(Z_0)(z^1-z_0^1)+\cdots+F_{z^n}(Z_0)(z^n-z_0^n)\bigr],$$

用 $F(Z)$ 关于复变量二阶偏导数所构成的矩阵

$$\left[F_{z^i\bar{z}^j}\right]_{i,j=1}^n$$

来代替 $F(Z)$ 关于实变量的 Hessian 矩阵. 一般将矩阵 $\left[F_{z^i\bar{z}^j}\right]_{i,j=1}^n$ 称为函数 F 的**复 Hessian 矩阵**. 容易看出矩阵 $\left[F_{z^i\bar{z}^j}\right]_{i,j=1}^n$ 是一 Hermite 矩阵. 类比于欧氏凸域, 对于 $\mathbb{C}^n$ 中的区域, 我们有下面形式的推广.

定义 2.2.1 假设和符号如上, $n-1$ 维复线性空间

$$T_{Z_0}=\bigl\{W=(w^1,\cdots,w^n)\bigm| F_{z^1}(Z_0)w^1+\cdots+F_{z^n}(Z_0)w^n=0\bigr\}$$

称为区域 Ω 在边界点 $Z_0\in\partial\Omega$ 处的**全纯切空间**.

定义 2.2.2 设 $\Omega\subset\mathbb{C}^n$ 是一有光滑边界的区域, 如果对于任意点 $Z_0\in\partial\Omega$, 存在 Z_0 的邻域 U 和 U 上的二阶光滑函数 $F(Z)$, 使得 $\Omega\cap U=\{Z\in U\mid F(Z)<0\}$, $\operatorname{grad}(F)(Z_0)\neq 0$, 而 $F(Z)$ 在 Z_0 点的复 Hessian 矩阵

$$\left[F_{z^i\bar{z}^j}(Z_0)\right]_{i,j=1}^n$$

限制在 $Z_0\in\partial\Omega$ 的全纯切空间 T_{Z_0} 上后是半正定的. 即对于任意 $W=(w^1,\cdots,w^n)\neq 0$, 如果 W 满足

$$F_{z^1}(Z_0)w^1+\cdots+F_{z^n}(Z_0)w^n=0,$$

则恒有
$$\sum_{i,j=1}^{n} \frac{\partial^2 F}{\partial z^i \partial \bar{z}^j}(Z_0) w^i \bar{w}^j \geqslant 0,$$
则称 Ω 为**拟凸域**；如果对于区域 $\Omega \subset \mathbb{C}^n$，以及任意点 $Z_0 \in \partial\Omega$，上面的复 Hessian 矩阵限制在 Z_0 的全纯切空间 T_{Z_0} 上后都是正定的，则称 Ω 为**强拟凸域**.

由于一个区域的定义函数并不是唯一的，因此要使得上面定义有意义，我们还需要验证区域边界的全纯切空间以及区域的拟凸性与定义函数的选取无关. 符号与上面相同，设 G 是 Ω 在 U 上的另一定义函数，则在 Z_0 点，$F(Z_0) = G(Z_0) = 0$，而 $(F_{z^1}(Z_0), \cdots, F_{z^n}(Z_0)) \neq 0$，$(G_{z^1}(Z_0), \cdots, G_{z^n}(Z_0)) \neq 0$. 利用隐函数定理，经适当坐标变换后，我们可假设 $Z_0 = 0$，而 $F = x^1 = \text{Re}(z^1)$，其中 $(z^1 = x^1 + \mathrm{i}y^1, \cdots, z^n = x^n + \mathrm{i}y^n)$ 是 $\mathbb{C}^n$ 的坐标. 令
$$h(x^1, \cdots, x^n; y^1, \cdots, y^n) = \int_0^1 \frac{\partial G(tx^1, x^2, \cdots, x^n; y^1, \cdots, y^n)}{\partial x^1} \mathrm{d}t,$$
则函数 h 可微，并且
$$\begin{aligned} x^1 h \xlongequal{u=tx^1} & \int_0^{x^1} \frac{\partial G(u, x^2, \cdots, x^n; y^1, \cdots, y^n)}{\partial u} \mathrm{d}u \\ = & G(x^1, x^2, \cdots, x^n; y^1, \cdots, y^n) - G(0, x^2, \cdots, x^n; y^1, \cdots, y^n) \\ = & G(x^1, \cdots, x^n; y^1, \cdots, y^n). \end{aligned}$$
我们得到存在可微函数 h，使得 $G = hF$. 而在 Z_0 点，由
$$\begin{aligned} & (G_{z^1}(Z_0), \cdots, G_{z^n}(Z_0)) \\ = & (F_{z^1}(Z_0), \cdots, F_{z^n}(Z_0)) h(Z_0) + F(Z_0)(h_{z^1}(Z_0), \cdots, h_{z^n}(Z_0)) \\ = & (F_{z^1}(Z_0), \cdots, F_{z^n}(Z_0)) h(Z_0), \end{aligned}$$
得 $h(Z_0) \neq 0$. 同样由上面等式得，n 维向量 $W = (w^1, \cdots, w^n)$ 满足 $F_{z^1}(Z_0)w^1 + \cdots + F_{z^n}(Z_0)w^n = 0$，当且仅当其满足 $G_{z^1}(Z_0)w^1 + \cdots + G_{z^n}(Z_0)w^n = 0$. 因而 $\partial\Omega$ 在 Z_0 的全纯切空间 T_{Z_0} 与定义函数的选取无关.

另一方面,由
$$G_{z^i\bar{z}^j} = F_{z^i\bar{z}^j}h + F_{z^i}h_{\bar{z}^j} + h_{z^i}F_{\bar{z}^j} + Fh_{z^i\bar{z}^j},$$
因此在 Z_0 处,
$$G_{z^i\bar{z}^j}(Z_0) = F_{z^i\bar{z}^j}(Z_0)h(Z_0) + F_{z^i}(Z_0)h_{\bar{z}^j}(Z_0) + h_{z^i}(Z_0)F_{\bar{z}^j}(Z_0).$$
如果 $W = (w^1, \cdots, w^n)$ 满足 $F_{z^1}(Z_0)w^1 + \cdots + F_{z^n}(Z_0)w^n = 0$, 则
$$\begin{aligned}\sum_{i,j=1}^n G_{z^i\bar{z}^j}(Z_0)w^i\bar{w}^j &= h(Z_0)\sum_{i,j=1}^n F_{z^i\bar{z}^j}(Z_0)w^i\bar{w}^j \\ &\quad + \sum_{i,j=1}^n F_{z^i}(Z_0)h_{\bar{z}^j}(Z_0)w^i\bar{w}^j + \sum_{i,j=1}^n h_{z^i}(Z_0)F_{\bar{z}^j}(Z_0)w^i\bar{w}^j \\ &= h(Z_0)\sum_{i,j=1}^n F_{z^i\bar{z}^j}(Z_0)w^i\bar{w}^j,\end{aligned}$$
其中 $h(Z_0) > 0$, 所以在点 $Z_0 \in \partial\Omega$, F 和 G 的复 Hessian 矩阵 $\left[G_{z^i\bar{z}^j}\right]$ 与 $\left[F_{z^i\bar{z}^j}\right]$ 在 Z_0 的全纯切空间上的正定和半正定性相同. 我们得到一个区域是否是拟凸域与区域定义函数的选取无关.

上面类比于欧氏凸域边界的几何性质, 我们以区域定义函数的复 Hessian 矩阵在边界的全纯切空间上的半正定性作为条件, 定义了拟凸域. 这一想法是由法国数学家 E.Levi 在上世纪初首先提出来的, 目的是希望利用区域边界的这种可以计算, 可以实际检验的几何条件来刻画全纯域, 即希望证明全纯域等价于拟凸域. 分析这一问题, 首先我们看到在上面拟凸域的定义中, 区域必须具有光滑边界, 而全纯域的边界可以是不光滑的, 例如, 复平面中的区域. 因此如果仅限于用上面给出的方法, 利用区域边界的光滑性来讨论拟凸域, 显然得不到全纯域等价于拟凸域. 所以下面在具体讨论拟凸域与全纯域的关系之前, 我们需要先对定义中复 Hessian 矩阵为半正定的函数 (称之为**多次调和函数**) 进行讨论, 用多次调和函数来代替拟凸域边界的定义函数. 我们希望给出一个不涉及区域边界光滑性的条件重新定义拟凸域, 然后再证明拟凸域与全纯域是相互等价的.

我们知道, 在欧氏空间 $\mathbb{R}^2$ 上,
$$\Delta = \frac{\partial^2}{\partial x^2} + \frac{\partial^2}{\partial y^2}$$
称为 **Laplace 算子**. 若区域 $\Omega \subset \mathbb{R}^2$ 上的光滑函数 u 满足 $\Delta u = 0$, 则称 u 为**调和函数**. 利用复变量 z 和 $\bar{z}$, Laplace 算子可以表示为
$$\Delta = 4 \frac{\partial^2}{\partial z \partial \bar{z}}.$$
对于平面区域上二阶可导的函数 f, $\frac{1}{4} \Delta f = \left[\frac{\partial^2 f}{\partial z \partial \bar{z}} \right]$ 就是 f 的复 Hessian 矩阵. 要了解满足 $\Delta f \geqslant 0$ 的函数, 我们先从满足 $\Delta f = 0$ 的函数, 即调和函数开始讨论.

首先平面上的调和函数有许多很好的性质, 例如, 满足平均值定理, 最大值原理以及局部总是某一解析函数的实部, 等等. 特别地, 我们知道在平面中任意圆周上给定一个连续函数 f 后, 存在唯一的一个在闭圆盘上连续, 在圆盘内调和的函数 u, 使得 u 在圆周上的限制与 f 相同 (参阅文献 [2]). 对于调和函数 u 而言, Laplace 方程表示其复 Hessian 矩阵 $\left[\frac{\partial^2 u}{\partial z \partial \bar{z}} \right]$ 恒为零. 而作为平面上的调和函数的推广, 我们有下面定义.

定义 2.2.3 设 Ω 是复平面中的集合, u 是 Ω 上的实值函数, 如果 u 满足: 对于任意点 $Z_0 \in \Omega$ 以及任意 $\varepsilon > 0$, 存在 $\delta > 0$, 使得只要 $Z \in \Omega$, 且 $|Z - Z_0| < \delta$, 就有 $u(Z) < u(Z_0) + \varepsilon$, 则称 u 为 Ω 上的**上半连续函数**.

为讨论方便, 这里我们约定上半连续函数可以取值 $-\infty$. 这时集合 Ω 上的函数 u 为上半连续函数等价于对于任意 $c \in \mathbb{R}$, 存在 $\mathbb{C}$ 中开集 U, 使得集合 $\{P \mid P \in \Omega, u(P) < c\} = U \cap \Omega$. 读者不难证明, 任意紧集上的上半连续函数一定有上界, 并且在紧集上取到最大值.

定义 2.2.4 设 Ω 是复平面中的区域, f 是 Ω 上的上半连续函数, 如果 f 满足: 对于 Ω 中任意闭圆盘 $\overline{D(z_0, \varepsilon)}$, 以及任意在闭圆盘上连续、在圆盘内调和的函数 u, 当限制在圆周 $\partial D(z_0, \varepsilon)$ 上时, $f \leqslant u$, 则在圆盘 $D(z_0, \varepsilon)$ 内也恒有 $f \leqslant u$, 就称 f 为 Ω 上的**次调和函数**.

由非值的调和函数只能在边界上取到最大值的最大值原理容易看出, 调和函数都是次调和函数, 但次调和函数不一定是调和函数. 下面定理从函数的复 Hessian 矩阵半正定性的角度给出了次调和函数的特征.

定理 2.2.2 复平面中区域 Ω 上二阶连续可微的实值函数 f 为次调和函数的充分必要条件是: 对于任意 $z \in \Omega$, 恒有
$$\frac{\partial^2 f(z)}{\partial z \partial \bar{z}} \geqslant 0.$$

证明 首先, 设 f 是次调和函数. 对于 Ω 中的任意闭圆盘 $\overline{D(z_0, \varepsilon)}$, 存在在闭圆盘 $\overline{D(z_0, \varepsilon)}$ 上连续、圆盘内调和的函数 u, 使得在圆周 $\partial D(z_0, \varepsilon)$ 上, u 与 f 相等. 而利用次调和函数的定义, 我们知道在圆心处 $f(z_0) \leqslant u(z_0)$. 但调和函数满足平均值定理, 因而我们得到, 对于 Ω 中的任意闭圆盘 $\overline{D(z_0, \varepsilon)} \subset \Omega$, 次调和函数 f 恒满足下面的均值不等式
$$f(z_0) \leqslant u(z_0) = \frac{1}{2\pi\varepsilon} \int_0^{2\pi} f(z_0 + \varepsilon e^{i\theta}) d\theta. \tag{2.2.1}$$

现任取在 Ω 内有紧支集的非负光滑函数 $\varphi(z)$, 令 $\mathrm{supp}(\varphi) = \overline{\{z| \varphi(z) \neq 0\}}$ 为函数 φ 的支集, $\varepsilon_0 = \mathrm{dist}(\partial\Omega, \mathrm{supp}(\varphi))$ 为 $\mathrm{supp}(\varphi)$ 到边界 $\partial\Omega$ 的距离, 则 $\varepsilon_0 > 0$. 考虑积分
$$\int_\Omega f(z)\varphi(z) dv(z),$$
其中 $dv(z)$ 表示复平面的面积微元. 对于任意的 ε, 满足 $0 < \varepsilon < \varepsilon_0$, 以及任意 $z \in \Omega$, 在闭圆盘 $\overline{D(z, \varepsilon)}$ 上应用上面我们给出的次调和函数所满足的均值不等式, 由 $\varphi(z) \geqslant 0$, 得
$$\int_\Omega f(z)\varphi(z) dv(z) \leqslant \int_\Omega \varphi(z) \frac{1}{2\pi\varepsilon} \int_0^{2\pi} f(z + \varepsilon e^{i\theta}) d\theta dv(z).$$

上式右边经变元代换得
$$\int_\Omega \varphi(z) \frac{1}{2\pi\varepsilon} \int_0^{2\pi} f(z + \varepsilon e^{i\theta}) d\theta dv(z)$$

$$\xrightarrow{u=\varepsilon e^{i\theta}} \int_\Omega \varphi(z)\frac{1}{2\pi\varepsilon}\int_{|u|=\varepsilon}\frac{1}{iu}f(z+u)dudv(z)$$

$$\xrightarrow{w=z+u} \int_\Omega \frac{1}{2\pi\varepsilon}\int_{|w-z|=\varepsilon}\varphi(z)\frac{1}{i(w-z)}f(w)dwdv(z)$$

$$\xrightarrow{z=w-u} \int_\Omega \frac{1}{2\pi\varepsilon}\int_{|u|=\varepsilon}\varphi(w-u)\frac{1}{iu}f(w)dudv(w)$$

$$= \int_\Omega \frac{1}{2\pi\varepsilon}\int_0^{2\pi}\varphi(w-\varepsilon e^{i\theta})f(w)d\theta dv(w).$$

仍然用 z 代替上式中的 w. 对函数 $\varphi(z-\varepsilon e^{i\theta})$ 作 Taylor 展开

$$\varphi(z-\varepsilon e^{i\theta}) = \varphi(z) - \frac{\partial\varphi(z)}{\partial z}\varepsilon e^{i\theta} - \frac{\partial\varphi(z)}{\partial\bar{z}}\varepsilon e^{-i\theta}$$
$$+ \frac{\partial^2\varphi(z)}{\partial z^2}\varepsilon^2 e^{2i\theta} + \frac{\partial^2\varphi(z)}{\partial\bar{z}^2}\varepsilon^2 e^{-2i\theta} + \frac{\partial^2\varphi(z)}{\partial z\partial\bar{z}}\varepsilon^2 + o(\varepsilon^2).$$

将 $\varphi(z-\varepsilon e^{i\theta})$ 的 Taylor 展开代入上面的积分中, 比较不等式两端可消去常数项. 而利用 $\int_0^{2\pi} e^{i\theta}d\theta = 0$ 可消去展开中含 $e^{i\theta}$ 和 $e^{2i\theta}$ 的项. 我们得到

$$0 \leqslant \int_\Omega \frac{1}{2\pi\varepsilon}\int_0^{2\pi} f(z)\left(\frac{\partial^2\varphi(z)}{\partial z\partial\bar{z}}\varepsilon^2 + o(\varepsilon^2)\right)d\theta dv.$$

在不等式两边除以 ε^2 后令 $\varepsilon \to 0$, 我们就得到

$$0 \leqslant \int_\Omega \frac{1}{2\pi\varepsilon}f(z)\frac{\partial^2\varphi(z)}{\partial z\partial\bar{z}}dv,$$

或者表示为

$$0 \leqslant \int_\Omega f(z)\Delta\varphi(z)dv.$$

对上式利用关于 Laplace 算子的恒等式 (参阅文献 [2])

$$\int_\Omega (g\Delta h - h\Delta g)dv = \int_{\partial\Omega}\left(g\frac{\partial h}{\partial n} - h\frac{\partial g}{\partial n}\right)ds,$$

其中 $\frac{\partial}{\partial n}$ 表示沿边界曲线外法线方向的方向导数. 而 $\varphi(z)$ 在边界的

邻域上恒为零，我们得到
$$0 \leqslant \int_\Omega \Delta f(z)\varphi(z)\mathrm{d}v.$$

由于函数 $\varphi(z)$ 的任意性，因此必须 $\Delta f(z) \geqslant 0$ 在 Ω 上处处成立.

反过来，设 $\Delta f(z) \geqslant 0$ 在 Ω 上处处成立，首先设 $\Delta f(z) > 0$. 如果 $f(z)$ 不是次调和函数，则存在闭圆盘 $\overline{D(z_0, R)} \subset \Omega$ 以及 $\overline{D(z_0, R)}$ 上的连续函数 u，使得 u 在 $D(z_0, R)$ 内调和，在 $\partial D(z_0, R)$ 上满足 $f \leqslant u$，但存在 $D(z_0, R)$ 中的点 z'，使得 $f(z') > u(z')$. 令 $g(z) = f(z) - u(z)$，则 $\Delta g(z) = \Delta f(z) > 0$，而 $g(z)$ 在圆盘 $D(z_0, R)$ 内取到最大值. 设 z_1 是 $g(z)$ 在 $D(z_0, R)$ 内的最大值点，则 $g(z)$ 在点 $z_1 = x^1 + \mathrm{i}y^1$ 关于实变量 x, y 的 Jacobi 矩阵是半负定的. 而由二阶对称矩阵半负定的判别条件，我们得到在 (x^1, y^1) 处，

$$\frac{\partial^2 g}{\partial x^2} \leqslant 0, \quad \frac{\partial^2 g}{\partial x^2}\frac{\partial^2 g}{\partial y^2} - \left[\frac{\partial^2 g}{\partial x \partial y}\right]^2 \geqslant 0.$$

所以必须 $\frac{\partial^2 g}{\partial y^2} \leqslant 0$. 但这与条件

$$\Delta g(z) = \frac{\partial^2 g}{\partial x^2} + \frac{\partial^2 g}{\partial y^2} > 0$$

矛盾. $f(z)$ 是次调和函数.

现仅假设 $\Delta f(z) \geqslant 0$，设闭圆盘 $\overline{D(z_0, R)} \subset \Omega$，$u$ 是在 $\overline{D(z_0, R)}$ 上连续、在 $D(z_0, R)$ 内调和的函数，且在 $\partial D(z_0, R)$ 上满足 $f \leqslant u$. 对于自然数 n，设 v_n 是在 $\overline{D(z_0, R)}$ 上连续、在 $D(z_0, R)$ 内调和、在 $\partial D(z_0, R)$ 上满足 $v_n = \frac{1}{n}|z|^2$ 的函数. 由于 $\Delta\left(f(z) + \frac{1}{n}|z|^2\right) > 0$，由上面的讨论得 $f(z) + \frac{1}{n}|z|^2$ 是次调和函数，因而在 $D(z_0, R)$ 内满足

$$f(z) + \frac{1}{n}|z|^2 \leqslant u(z) + v_n(z).$$

而当 $n \to +\infty$ 时，$\frac{1}{n}|z|^2 \to 0$. 利用调和函数的最大值定理得 $v_n \to 0$. 因此 $f(z) \leqslant u$，$f(z)$ 是次调和函数. 证毕.

推论 2.2.1 函数 $f(z) = |z|$ 是次调和函数.

证明 $f(z) = \sqrt{z\bar{z}}$, 因此

$$\frac{\partial f}{\partial \bar{z}}(z) = \frac{1}{2}\frac{z}{\sqrt{z\bar{z}}},$$

$$\frac{\partial^2 f}{\partial z \partial \bar{z}} = \frac{1}{2}\frac{\sqrt{z\bar{z}} - z\left(\bar{z}/2\sqrt{z\bar{z}}\right)}{|z|^2} = \frac{1}{4|z|} \geqslant 0.$$

在上面定理 2.2.2 的证明中, 我们得到了均值不等式 (2.2.1), 即连续的次调和函数满足均值不等式. 这一结论反过来也是成立的.

定理 2.2.3 复平面中区域 Ω 上的上半连续函数 f 为次调和函数的充分必要条件是: 对于任意闭圆盘 $\overline{D(z_0,\varepsilon)} \subset \Omega$, 成立**均值不等式**

$$f(z_0) \leqslant \frac{1}{2\pi\varepsilon}\int_0^{2\pi} f(z_0 + \varepsilon e^{i\theta})d\theta.$$

证明 首先, 我们假定区域 Ω 是有界域, f 是 Ω 上有上界的函数. 如果 f 仅是上半连续的函数, 对于自然数 n, 令

$$f_n(z) = \sup_{w \in \Omega}\{f(w) - n|z - w|\},$$

则函数序列 $f_n(z)$ 单调下降, 且满足

$$\sup_{z \in \Omega}\{f(z)\} \geqslant f_n(z) \geqslant f(z) - n|z - z| = f(z).$$

而 n 固定时, 利用三角不等式, 对于任意 $\varepsilon > 0$, 只要 $|w_1 - w_2| < \varepsilon/n$, 则对于任意 $w \in \Omega$,

$$f(w) - n|w_1 - w| \leqslant f(w) - n(|w_2 - w| - |w_1 - w_2|)$$
$$< f(w) - n|w_2 - w| + \varepsilon.$$

对 $w \in \Omega$, 取上确界得 $f_n(w_1) \leqslant f_n(w_2) + \varepsilon$. 同理有 $f_n(w_2) \leqslant f_n(w_1) + \varepsilon$. 即 $|w_1 - w_2| < \varepsilon/n$ 时, $|f_n(w_1) - f_n(w_2)| \leqslant \varepsilon$. 我们得到 $f_n(z)$ 都是连续函数. 下面我们希望证明 $\lim_{n \to +\infty} f_n(z) = f(z)$ 在 Ω 上成立. 不失一般性, 设 $\sup_{z \in \Omega}\{f(z)\} = 1$. 对于 $z_0 \in \Omega$, 设 $f(z_0) = 0$. 任取 $\varepsilon > 0$, 由 f 的上半连续性, 存在 $\delta > 0$, 使得只要 $|w - z_0| < \delta$, 就有 $f(w) < \varepsilon$.

而如果取 $N > 1/\delta$, 则当 $n > N, |w - z_0| \geqslant \delta$ 时, $n|w - z_0| > 1$, 因而 $f(w) - n|w - z_0| < f(w) - 1 \leqslant 0$. 因此, 对 $w \in \Omega$ 取 $f(w) - n|w - z_0|$ 的上确界, 则 $n > N$ 时,

$$0 = f(z_0) \leqslant f_n(z_0) = \sup_{w \in \Omega} \{f(w) - n|w - z_0|\} \leqslant \varepsilon.$$

我们得到 $\lim\limits_{n \to +\infty} f_n(z) = f(z)$. 至此我们证明了, 任意上半连续的函数都可以表示为一个单调下降的连续函数列的极限. 因而, 上半连续函数都是可积的, 其路径积分总是有意义的, 并且可表示为连续函数列路径积分的极限.

上面定理 2.2.2 的证明表明: 如果 f 是连续的次调和函数, 则 f 满足均值不等式. 现假定 f 仅是上半连续的次调和函数, 则

$$f_n(z) = \sup_{w \in \Omega} \{f(w) - n|z - w|\}$$

是连续函数, 而函数列 $\{f_n\}$ 在 Ω 上单调下降收敛于 f, 同时 $\{f_n\}$ 在 Ω 内的路径积分收敛于 f 的路径积分. 现任取闭圆盘 $\overline{D(z_0, \varepsilon)} \subset \Omega$, 设 h_n 是由 f_n 在边界 $\partial D(Z_0, \varepsilon)$ 上的值确定的, 在圆盘内调和的函数. 由于在 $\partial D(z_0, \varepsilon)$ 上, $h_n = f_n \geqslant f$, 再由 f 的次调和性, 可得在圆心处

$$f(z_0) \leqslant h_n(z_0) = \frac{1}{2\pi\varepsilon} \int_0^{2\pi} f_n(z_0 + \varepsilon e^{i\theta}) d\theta.$$

令 $n \to +\infty$, 我们得到 f 满足均值不等式.

反之, 假设 f 满足均值不等式, 如果 f 不是次调和函数, 则存在闭圆盘 $\overline{D(z_0, \varepsilon)} \subset \Omega$, 以及 $\overline{D(z_0, \varepsilon)}$ 上的连续函数 u, 使得 u 在 $D(z_0, \varepsilon)$ 内调和, 在圆周 $\partial D(Z_0, \varepsilon)$ 上满足 $f \leqslant u$, 但存在 $z_1 \in D(z_0, \varepsilon)$, 使得 $f(z_1) > u(z_1)$. 设 $M > 0$ 是函数 $g = f - u$ 在 $\overline{D(z_0, \varepsilon)}$ 上的最大值, 令

$$S = \left\{ z \in \overline{D(z_0, \varepsilon)} \mid g(z) = M \right\},$$

则 S 为 $D(z_0, \varepsilon)$ 中的紧集, 因而 $\text{dist}(S, \partial D(z_0, \varepsilon)) = r > 0$. 取 $z_2 \in S$, 使得 $\text{dist}(z_2, \partial D(z_0, \varepsilon)) = r$. 由于在 $\partial D(z_2, r)$ 的一段弧上 $g < M$, 因此

$$M = f(z_2) - u(z_2) > \frac{1}{2\pi r}\int_0^{2\pi} g(z_2 + re^{i\theta})d\theta$$
$$= \frac{1}{2\pi r}\int_0^{2\pi} f(z_2 + re^{i\theta})d\theta - \frac{1}{2\pi r}\int_0^{2\pi} u(z_2 + re^{i\theta})d\theta.$$

但是调和函数满足平均值等式, 得

$$\frac{1}{2\pi r}\int_0^{2\pi} f(z_2 + re^{i\theta})d\theta < f(z_2).$$

这与均值不等式矛盾. 因此 f 是次调和函数.

对于一般的区域, 由上面的证明我们看到, 函数的次调和性是一个局部性质, 即对于区域 Ω 上的函数 f, 如果 f 满足: 对于任意 $P \in \Omega$, 存在 P 点的邻域 U, 使得 f 在 U 上是次调和函数, 则 f 是 Ω 上的次调和函数. 因此, 我们上面关于有界区域上给出的次调和函数的充分必要条件对于一般的区域也成立. 证毕.

下面是定理 2.2.3 的几个推论.

推论 2.2.2 设 $\{f_n(z)\}$ 是区域 Ω 上的一族次调和函数, 令

$$f(z) = \sup_n \{f_n(z)\}.$$

如果 $f(z)$ 在 Ω 上是上半连续的, 则 $f(z)$ 也是 Ω 上的次调和函数.

证明 $f_n(z)$ 满足均值不等式

$$f_n(z_0) \leqslant \frac{1}{2\pi\varepsilon}\int_0^{2\pi} f_n(z_0 + \varepsilon e^{i\theta})d\theta.$$

在这一不等式两边取上确界, 利用实变函数中给出的 Fadou 引理: $\sup_n \int_D f_n \leqslant \int_D \sup_n f_n$. 则 f 满足均值不等式, 因而是次调和函数. 证毕.

推论 2.2.3 如果 u 是调和函数, $p \geqslant 1$, 则 $|u|^p$ 是次调和函数.

证明 利用 u 的积分满足不等式

$$\left|\int u\right|^p \leqslant \int |u|^p,$$

以及 u 满足平均值定理, 得 $|u|^p$ 满足均值不等式, 因而是次调和函数. 证毕.

推论 2.2.4　如果 $f(z)$ 是区域 Ω 上的解析函数，$p>0$，则 $|f(z)|^p$ 也是次调和函数.

证明　直接计算得

$$\Delta |f(z)|^p = 4\frac{\partial^2}{\partial z \partial \bar{z}} |f(z)\overline{f(z)}|^{\frac{p}{2}}$$

$$= 4\frac{\partial}{\partial z}\left(\frac{p}{2}|f(z)\overline{f(z)}|^{\frac{p}{2}-1} f(z)\overline{\frac{\partial f(z)}{\partial z}}\right)$$

$$= 4\frac{p}{2}\left[\left(\frac{p}{2}-1\right)|f(z)\overline{f(z)}|^{\frac{p}{2}-2}\overline{f(z)}\frac{\partial f(z)}{\partial z}f(z)\overline{\frac{\partial f(z)}{\partial z}}\right.$$

$$\left. + |f(z)\overline{f(z)}|^{\frac{p}{2}-1}\frac{\partial f(z)}{\partial z}\overline{\frac{\partial f(z)}{\partial z}}\right]$$

$$= 4\left(\frac{p}{2}\right)^2 |f(z)\overline{f(z)}|^{\frac{p}{2}-1}\frac{\partial f(z)}{\partial z}\overline{\frac{\partial f(z)}{\partial z}}$$

$$= p^2 |f(z)\overline{f(z)}|^{\frac{p}{2}-1}\frac{\partial f(z)}{\partial z}\overline{\frac{\partial f(z)}{\partial z}} \geqslant 0.$$

由定理 2.2.2 得 $|f(z)|^p$ 是次调和函数. 证毕.

推论 2.2.5　如果 $f(z)$ 是区域 Ω 上的解析函数，则 $\ln|f(z)|$ 是次调和函数.

证明　事实上，在 $f(z) \neq 0$ 的点 z 的邻域上，$\ln|f(z)|$ 是调和函数. 而在 $f(z)=0$ 的点 z 处，$\ln|f(z)| = -\infty$，因而 $\ln|f(z)|$ 是次调和函数. 证毕.

上面讨论中我们得到了定理：复平面中区域上二阶连续可微的实值函数 $f(z)$ 为次调和函数的充分必要条件是 $f(z)$ 的复 Hessian 矩阵 $\left[\dfrac{\partial^2 f(z)}{\partial z \partial \bar{z}}\right]$ 处处半正定. 我们希望利用这一结论来得到我们在描述 $\mathbb{C}^n$ 中拟凸域时所需要的关于复 Hessian 矩阵是半正定的多元函数. 为此，我们首先给出下面定义.

定义 2.2.5　设 $f(Z)$ 是 $\mathbb{C}^n$ 中区域 Ω 上的上半连续函数，如果对于任意点 $Z_0 \in \Omega$，以及任意复向量 $\alpha \in \mathbb{C}^n$，单复变量 t 的函数 $g(t) = f(Z_0 + t\alpha)$ 总是 t 在有定义区域上的次调和函数，则称 $f(Z)$ 为 Ω 上的**多次调和函数** (plurisubharmonic Function).

利用定理 2.2.2, 我们可以用复 Hessian 矩阵来给出二阶连续可微函数为多次调和函数的条件.

定理 2.2.4　$\mathbb{C}^n$ 中区域 Ω 上二阶连续可微的实值函数 $f(Z)$ 为多次调和函数的充分必要条件是 f 的复 Hessian 矩阵

$$\left[\frac{\partial^2 f}{\partial z^i \partial \bar{z}^j}\right]_{i,j=1}^n$$

在 Ω 上处处都是半正定的.

证明　利用复合函数求导的链法则, 得

$$\frac{\partial^2 g(t)}{\partial t \partial \bar{t}} = \frac{\partial^2 f(Z_0+t\alpha)}{\partial t \partial \bar{t}} = \alpha\left[\frac{\partial^2 f(Z_0)}{\partial z^i \partial \bar{z}^j}\right]\bar{\alpha}^{\mathrm{T}},$$

而 $\alpha \in \mathbb{C}^n$ 是任意的, 证毕.

定义 2.2.6　设 $f(Z)$ 是区域 $\Omega \subset \mathbb{C}^n$ 上二阶连续可微的实值函数, 如果 $f(Z)$ 的复 Hessian 矩阵在 Ω 上处处都是正定的, 则称 $f(Z)$ 为 Ω 上的**强多次调和函数**.

例 1　如果 $f(Z)$ 是区域 $\Omega \subset \mathbb{C}^n$ 上的解析函数, 利用上面推论 2.2.5 容易看出 $\ln|f(Z)|$ 是多次调和函数.

下面定理给出了多次调和函数与全纯域特征描述问题的关系.

定理 2.2.5　如果 $\Omega \subset \mathbb{C}^n$ 是全纯域, 对于任意 $Z \in \mathbb{C}^n$, 令

$$d(Z) = \mathrm{dist}(Z, \partial\Omega) = \inf\left\{|W-Z| \mid W \in \partial\Omega\right\},$$

则将 $d(Z)$ 限制在 Ω 上后, $-\ln d(Z)$ 是多次调和函数.

证明　用反证法. 如果 $-\ln d(Z)$ 在 Ω 上不是多次调和函数, 则存在 $Z_0 \in \Omega, \alpha \in \mathbb{C}^n$, 使得复变量 t 的函数 $g(t) = -\ln d(Z_0+t\alpha)$ 不是次调和函数. 利用定理 2.2.3, 我们知道, 这时函数 $g(t)$ 不满足均值不等式. 即存在 $\varepsilon > 0$, 使得 $\mathbb{C}$ 中闭圆盘 $\overline{D(0,\varepsilon)} = \{t \in \mathbb{C} \mid |t| \leqslant \varepsilon\}$ 满足

$$\widetilde{D}(Z_0,\varepsilon) = \left\{Z_0 + t\alpha \mid t \in \overline{D(0,\varepsilon)}\right\} \subset \Omega.$$

而函数 $g(t) = -\ln d(Z_0+t\alpha)$ 在 $\overline{D(0,\varepsilon)}$ 上成立下面不等式:

$$g(0) = -\ln d(Z_0) > \frac{1}{2\pi\varepsilon}\int_0^{2\pi} g(\varepsilon e^{i\theta})\mathrm{d}\theta$$

$$= \frac{1}{2\pi\varepsilon} \int_0^{2\pi} -\ln d(Z_0 + \varepsilon e^{i\theta}\alpha) d\theta.$$

$-\ln d(Z)$ 是连续函数, 利用 $-\ln d(Z_0 + \varepsilon e^{i\theta}\alpha)$ 在圆周 $\partial D(0,\varepsilon)$ 上的限制, 我们知道存在闭圆盘 $\overline{D(0,\varepsilon)}$ 上的连续函数 u, 使得 u 在圆盘 $D(0,\varepsilon)$ 内调和, 在圆周 $\partial D(0,\varepsilon)$ 上与 $-\ln d(Z_0 + \varepsilon e^{i\theta}\alpha)$ 相等. 但调和函数是满足平均值定理的, 我们得到 $-\ln d(Z_0) > u(0)$. 现取一在 $\overline{D(0,\varepsilon)}$ 上连续、在 $D(0,\varepsilon)$ 内解析的函数 f, 使得 $u = \mathrm{Re} f$, 而 $\mathrm{Im} f(0) = 0$. 令 $a = -\ln d(Z_0) - u(0)$, 则 $a > 0$. 如果令 $\tilde f = f + a$, 则 $\mathrm{Re}\tilde f(0) = -\ln d(Z_0), \mathrm{Im}\tilde f(0) = 0$. 另外, 选取 $W_0 \in \partial\Omega$, 使得 $d(Z_0) = |Z_0 - W_0|$. 令 $V_0 = -\dfrac{Z_0 - W_0}{|Z_0 - W_0|}$, 则 $W_0 = Z_0 + d(Z_0)V_0$. 再取一单调上升的实数列 $\{t_n\}$, 满足 $0 < t_n < 1$, 而 $\lim\limits_{n \to +\infty} t_n = 1$. 我们考虑下面的一族映射

$$F_n : t \mapsto F_n(t) = Z_0 + t\alpha + t_n e^{-\tilde f(t)} V_0, \qquad t \in \overline{D(0,\varepsilon)},$$

由于 $e^{-\tilde f(t)} = e^{-\mathrm{Re} f(t) - a - i\mathrm{Im} f(t)}$, 因此当 $t \in \partial D(0,\varepsilon)$ 时, $|e^{-\tilde f(t)}| = e^{-\mathrm{Re} f(t) - a} = e^{\ln d(Z_0 + t\alpha) - a}$. 我们得到, 当 $t \in \partial D(0,\varepsilon)$, 即 $|t| = \varepsilon$ 时,

$$|F_n(t) - (Z_0 + t\alpha)| = t_n e^{-\mathrm{Re} f(t) - a} = t_n [d(Z_0 + t\alpha) \cdot e^{-a}].$$

而利用三角不等式, 我们知道

$$\begin{aligned}
\mathrm{dist}(F_n(t), \partial\Omega) &\geqslant \mathrm{dist}(Z_0 + t\alpha, \partial\Omega) - |F_n(t) - (Z_0 + t\alpha)| \\
&= \mathrm{dist}(Z_0 + t\alpha, \partial\Omega) - t_n d(Z_0 + t\alpha) \cdot e^{-a} \\
&= (1 - t_n \cdot e^{-a}) d(Z_0 + t\alpha) \\
&\geqslant (1 - e^{-a}) \min_{|t|=\varepsilon} \{d(Z_0 + t\alpha)\},
\end{aligned}$$

其中 $(1 - e^{-a}) \min\limits_{|t|=\varepsilon}\{d(Z_0 + t\alpha)\} > 0$ 是常数. 我们得到集合

$$K = \overline{\bigcup_{n=1}^{+\infty} F_n(\partial D(0,\varepsilon))}$$

是 Ω 中的紧集. 而另一方面, 当 $n \to +\infty$ 时, 由定义得

$$F_n(0) = Z_0 + t_n \mathrm{e}^{-\tilde{f}(0)} V_0$$
$$= Z_0 + t_n \mathrm{e}^{\ln d(Z_0)} V_0 \to Z_0 + d(Z_0) V_0 = W_0 \in \partial\Omega.$$

但是由定理的假设, Ω 是全纯域, 因而也是全纯凸域. 所以紧集 K 的全纯凸包 $\widetilde{K}$ 也是 Ω 中的紧集. 现设 $h(Z)$ 是 Ω 上任意给定的解析函数, 对于任意 n, 在闭圆盘 $\overline{D(0,\varepsilon)}$ 上考虑函数 $h(F_n(t))$, 则由解析函数的最大模原理, 对于任意 $t \in D(0,\varepsilon)$, 成立

$$|h(F_n(t))| \leqslant \max_{z \in \partial D(0,\varepsilon)} \{|h(F_n(z))|\} \leqslant \max_{W \in K} \{|h(W)|\}.$$

因而由全纯凸包的定义得 $F_n(D(0,\varepsilon)) \subset \widetilde{K}$. 我们得到

$$\bigcup_{n=1}^{+\infty} F_n(D(0,\varepsilon))$$

包含在 Ω 的紧集 $\widetilde{K}$ 内. 而这显然与当 $n \to +\infty$ 时, $F_n(0) \to Z_0 + d(Z_0)V_0 \in \partial\Omega$ 矛盾. 证毕.

上面的定理启示我们怎样利用函数 $-\ln d(Z)$ 的多次调和性来讨论全纯域. 非常有意思的是, 如果将上面定理中的全纯域换成我们在前面利用区域的边界条件定义的拟凸域, 则同样的结论在区域边界充分小的邻域上也是成立的. 在证明这一结论之前, 我们先给出一个在 $\mathbb{R}^n$ 中有 k 阶光滑边界的区域上, 关于函数 $-\ln d(Z)$ 的性质的辅助引理. 这里我们称 $\mathbb{R}^n$ 中区域 Ω 有 k **阶光滑边界**, 如果对于任意点 $W_0 \in \partial\Omega$, 存在 W_0 的邻域 U 和 U 上 k 阶连续可导的函数 $h(Z)$, 使得 $\Omega \cap U = \{Z \in U \mid h(Z) < 0\}$, 而 $h(Z)$ 的梯度向量 $\mathrm{grad}(h)$ 在 $\partial\Omega \cap U$ 上处处不为零.

引理 2.2.2 设 Ω 是 $\mathbb{R}^n$ 中有 k 阶光滑边界的区域, 其中 $k \geqslant 2$. 如果定义 $\mathbb{R}^n$ 中的点 P 到边界 $\partial\Omega$ 的距离函数 $d(P)$ 为

$$d(P) = \min_{Q \in \partial\Omega} \{|P - Q|\},$$

而定义函数 $r(P)$ 为

$$r(P) = \begin{cases} -d(P), & \text{如果 } P \in \Omega, \\ d(P), & \text{如果 } P \notin \Omega, \end{cases}$$

则对于任意点 $P_0 \in \partial\Omega$, 存在 P_0 的邻域 U, 使得限制在 U 上, $r(P)$ 是 P 的 k 阶光滑函数, 而 $\mathrm{grad}(r(P))$ 在 $\partial\Omega \cap U$ 上处处不为零.

由于这一引理的证明比较长, 并且证明方法与本章其余部分没有直接关系, 因而我们将引理的证明放在本章的附录中.

利用上面引理, 类比于定理 2.2.5 中全纯域的描述, 对于用区域边界的光滑性定义的拟凸域, 我们有下面定理.

定理 2.2.6 如果 $\Omega \subset \mathbb{C}^n$ 是具有 2 阶光滑边界的区域, 则 Ω 为拟凸域的充分必要条件是: 对于任意点 $W_0 \in \partial\Omega$, 存在 W_0 的邻域 U, 使得 $-\ln d(Z)$ 是 $U \cap \Omega$ 上的多次调和函数.

证明 首先, 设 Ω 是拟凸域. 则由拟凸域的定义 (定义 2.2.2), 我们知道对于任意点 $W_0 \in \partial\Omega$, 存在 W_0 的邻域 U 和 U 上 2 阶连续可导的函数 h, 使得 $U \cap \Omega = \{Z \in U \mid h(Z) < 0\}$, 而 h 的复 Hessian 矩阵在 $U \cap \partial\Omega$ 的每一点的全纯切空间上都是半正定的.

取 U 充分小, 由引理 2.2.2 我们知道, 在 W_0 的邻域 U 上, 利用距离函数 $d(Z)$ 定义的函数 $r(Z)$ 是 2 阶连续可导的, 并且 $\mathrm{grad}(r(Z))$ 在 $U \cap \partial\Omega$ 上处处不为零. 因而 $r(Z)$ 也可作为 $U \cap \Omega$ 的定义函数. 但另一方面, 在拟凸域的定义中, 我们已经证明了区域的拟凸性与定义函数的选取无关. 因此 $r(Z)$ 的复 Hessian 矩阵在 $U \cap \partial\Omega$ 的每一点的全纯切空间上也是半正定的. 我们希望利用此来证明 $-\ln d(Z)$ 在 $Z \in \Omega$ 且 Z 充分靠近 W_0 时是多次调和函数.

用反证法. 如果 $-\ln d(Z)$ 不是多次调和函数, 则存在充分靠近边界的点 $Z_0 \in \Omega$, 以及 n 维复向量 $\alpha = (v^1, \cdots, v^n) \in \mathbb{C}^n$, 使得单复变量 t 的函数 $\ln d(Z_0 + t\alpha)$ 满足

$$\left.\frac{\partial^2 \ln d(Z_0 + t\alpha)}{\partial t \partial \bar{t}}\right|_{t=0} := c > 0.$$

对 $\ln d(Z_0 + t\alpha)$ 在 $t = 0$ 作 Taylor 展开

$$\ln d(Z_0 + t\alpha) = \ln d(Z_0) + \mathrm{Re}(At + Bt^2) + c|t|^2 + o(t^3),$$

其中

$$A = 2\sum_{i=1}^n \frac{\partial \ln d}{\partial z^i}(Z_0)v^i, B = 2\sum_{i=1}^n \frac{\partial^2 \ln d}{\partial z^i \partial z^j}(Z_0)v^i v^j.$$

当 $|t|$ 充分小时，可设 $\frac{c}{2}|t|^2 + o(t^3) > 0$，因此

$$d(Z_0 + t\alpha) \geqslant d(Z_0)e^{\frac{c}{2}|t|^2}e^{\mathrm{Re}(At+Bt^2)}.$$

现对于 Z_0，取 $P_0 \in \partial\Omega$，使得 $d(Z_0) = |Z_0 - P_0|$，考虑映射

$$t \mapsto Z(t) = Z_0 + t\alpha + (P_0 - Z_0)e^{At+Bt^2}.$$

利用三角不等式得，当 $|t|$ 充分小时，

$$\begin{aligned}d(Z(t)) &\geqslant d(Z_0 + t\alpha) - |Z(t) - Z_0 - t\alpha| \\ &= d(Z_0 + t\alpha) - |(P_0 - Z_0)|e^{\mathrm{Re}(At+Bt^2)}.\end{aligned}$$

由此得

$$\begin{aligned}d(Z(t)) &\geqslant d(Z_0 + t\alpha) - d(Z_0)e^{\mathrm{Re}(At+Bt^2)} \\ &\geqslant d(Z_0)e^{\mathrm{Re}(At+Bt^2)}(e^{\frac{c}{2}|t|^2} - 1) \\ &= d(Z_0)\left|1 + \mathrm{Re}(At + Bt^2) + \cdots + \frac{c}{2}t^2 + \cdots\right| \\ &\geqslant d(Z_0)\frac{c}{4}|t|^2 > 0.\end{aligned}$$

由上面这一严格不等式，我们得到，当 $t \neq 0$ 时，$Z(t) \in \Omega$；而 $t = 0$ 时，$Z(0) = P_0 \in \partial\Omega$，得 $d(Z(0)) = 0$，因此 $d(Z(t))$ 在 $t = 0$ 时取最小值，所以必须

$$\left.\frac{\partial d(Z(t))}{\partial t}\right|_{t=0} = 0, \quad \left.\frac{\partial^2 d(Z(t))}{\partial t \partial \bar{t}}\right|_{t=0} > 0.$$

而我们知道，当 $Z \in \Omega$ 时，$d(Z) = -r(Z)$，上面两式表明

$$-\left.\frac{\partial r(Z(t))}{\partial t}\right|_{t=0} = -\sum_{i=1}^n \left.\frac{\partial r(Z(t))}{\partial z^i}\frac{\partial z^i(t)}{\partial t}\right|_{t=0} = 0,$$

$$-\left.\frac{\partial^2 r(Z(t))}{\partial t \partial \bar{t}}\right|_{t=0} = -\sum_{i,j=1}^n \left.\frac{\partial^2 r(Z(t))}{\partial z^i \partial \bar{z}^j}\frac{\partial z^i(t)}{\partial t}\frac{\partial \bar{z}^j(t)}{\partial t}\right|_{t=0} > 0.$$

但 $t = 0$ 时 $Z(0) = P_0 \in \partial\Omega$，上式表明 $\left(\frac{\partial z^1(t)}{\partial t}, \cdots, \frac{\partial z^n(t)}{\partial t}\right)$ 在 $Z(0) =$

P_0 点的全纯切空间内, 而 $r(Z)$ 的 Hessian 矩阵在这一向量上取负值, 这与 Ω 是拟凸域矛盾. 我们得到当 $Z \in \Omega$, 且 Z 与边界 $\partial\Omega$ 充分接近时, 函数 $-\ln d(Z)$ 是多次调和函数.

现假设当 $Z \in \Omega$, 且 Z 与边界 $\partial\Omega$ 充分接近时, $-\ln d(Z)$ 是多次调和函数, 我们希望证明 Ω 是拟凸域.

直接计算得
$$\frac{\partial^2(-\ln d)}{\partial z^i \partial \bar{z}^j} = -\frac{1}{d}\frac{\partial^2 d}{\partial z^i \partial \bar{z}^j} + \frac{1}{d^2}\frac{\partial d}{\partial z^i}\frac{\partial d}{\partial \bar{z}^j}.$$

将 $-d = r$ 代入, 利用 $-\ln d(Z)$ 的多次调和性, 得矩阵
$$\left[\frac{\partial^2 r}{\partial z^i \partial \bar{z}^j} - \frac{1}{r}\frac{\partial r}{\partial z^i}\frac{\partial r}{\partial \bar{z}^j}\right]_{i,j=1}^n$$

在 Ω 上是半正定的. 现任取 $W_0 \in \partial\Omega$, 取 $V = (v^1, \cdots, v^n) \in \mathbb{C}^n$ 满足
$$\sum_{i=1}^n \frac{\partial r}{\partial z^i}(W_0)v^i = 0.$$

如果我们取 Ω 中点列 $Z_k \to W_0$, 则 $\frac{\partial r}{\partial z^i}(Z_k) \to \frac{\partial r}{\partial z^i}(W_0)$, 再取 $\mathbb{C}^n$ 中序列 $V_k = (v_k^1, \cdots, v_k^n) \to V$, 使其满足
$$\sum_{i=1}^n \frac{\partial r}{\partial z^i}(Z_k)v_k^i = 0.$$

利用
$$\sum_{i,j=1}^n \left[\frac{\partial^2 r}{\partial z^i \partial \bar{z}^j}(Z_k) - \frac{1}{r}\frac{\partial r}{\partial z^i}(Z_k)\frac{\partial r}{\partial \bar{z}^j}(Z_k)\right]v_k^i \bar{v}_k^j \geqslant 0,$$

令 $k \to +\infty$, 得
$$\sum_{i,j=1}^n \frac{\partial^2 r}{\partial z^i \partial \bar{z}^j}(W_0)v_k^i \bar{v}_k^j \geqslant 0,$$

我们得到 Ω 是拟凸域. 证毕.

定理 2.2.6 仅证明了函数 $-\ln d(Z)$ 在 $Z \in \Omega$ 且 Z 充分靠近边界 $\partial\Omega$ 时是多次调和函数, 这与定理 2.2.5 中给出的, 当 Ω 是全纯域时,

$-\ln d(Z)$ 在整个 Ω 上都是多次调和函数显然不一致. 分析其原因, 主要是因为我们在定理 2.2.6 的证明中用到了函数 $r(Z)$ 的 2 阶可导性, 而这种可导性仅在 $\partial\Omega$ 充分小的邻域上才成立. 尽管如此, 对于任意给定的拟凸域 Ω, 如果我们选取适当的、定义在 $[0,+\infty)$ 上的函数 $f(x)$, 使得 $f(x)$ 满足 $f'(x) > 0$, $f''(x) > 0$, 则可使函数

$$h(Z) = \max\left\{f(|Z|^2), -\ln d(Z)\right\}$$

是 Ω 上的多次调和函数, 并且满足: 对于任意常数 $C \in \mathbb{R}$, 集合

$$K_C = \left\{Z \in \Omega \mid h(Z) \leqslant C\right\}$$

都是 Ω 中的紧集. 显然, 对于任意全纯域, 函数 $-\ln d(Z) + |Z|^2$ 也满足这一性质. 利用拟凸域和全纯域的这一共性, 作为定义 2.2.2 的推广, 我们有下面的定义.

定义 2.2.7 设 $h(Z)$ 是区域 $\Omega \subset \mathbb{C}^n$ 上的实值函数, 如果对于任意常数 $C \in \mathbb{R}$, 集合

$$K_C = \left\{Z \in \Omega \mid h(Z) \leqslant C\right\}$$

都是 Ω 中的紧集, 则称 $h(Z)$ 为 Ω 上的**穷竭函数** (exhaustion Function).

定义 2.2.8 如果在区域 $\Omega \subset \mathbb{C}^n$ 上存在一个多次调和的穷竭函数, 则称 Ω 为**拟凸域**.

定理 2.2.6 表明, 前面我们在定义 2.2.2 中, 对于有光滑边界的区域给出的拟凸域的定义是定义 2.2.8 的一种特殊情况. 而由于在定义 2.2.8 中没有用到区域的边界条件, 所以这一定义更合理, 更有意义, 也更容易推广. 例如, 在下一章中我们将利用这一定义, 将拟凸域的概念推广到复流形上. 另一方面, 定理 2.2.5 则表明, 这样定义的拟凸域包含了全纯域, 即我们有下面定理.

定理 2.2.7 全纯域都是拟凸域.

回到我们在这一章开始时提出的问题: 怎样给出全纯域的特征?

我们的问题现在变为定理 2.2.7 的逆命题是否成立? 这一问题称为 **Levi 猜想**.

Levi 猜想　拟凸域必是全纯域.

Levi 猜想是多复变函数论发展过程中的一个非常重要的问题. 这一猜想最早是由 Oka 在上世纪 50 年代初证明的, 围绕这一猜想许多数学家都做出了卓越的贡献. 对这一问题的研究和解决也从理论及方法上推动了现代多复分析的发展, 使得多复分析理论无论是其讨论的问题, 还是研究的方法都脱离了传统的单复变函数论, 发展成为现代分析学的一个重要分支. 关于这一猜想的许多相关问题至今仍然是多复分析研究的重要课题.

§2.3* Levi 猜想

本节我们将介绍 Hörmander 在上世纪 60 年代利用 $\bar{\partial}$ 算子的 L^2 估计方法对 Levi 猜想给出的证明 (参阅文献 [8]), 对于证明中用到的一些有关偏微分方程的解的正则性问题及相关结论, 我们将尽可能地表述清楚, 而对这些结论的证明细节, 有兴趣的读者可以参阅其他文献 (例如文献 [13]).

上一章我们曾给出了 $\mathbb{C}^n$ 中 (p,q)- 形式的定义, $\mathbb{C}^n$ 中区域 Ω 上的一个 (p,q)- 形式 w 是一形式和

$$w = \sum_{\substack{i_1,\cdots,i_p;\bar{j}_1,\cdots,\bar{j}_q=1;}} f_{i_1,\cdots,i_p;\bar{j}_1,\cdots,\bar{j}_q} dz^{i_1} \wedge \cdots \wedge dz^{i_p} \wedge d\bar{z}^{j_1} \wedge \cdots \wedge d\bar{z}^{j_q},$$

其中 $f_{i_1,\cdots,i_p;\bar{j}_1,\cdots,\bar{j}_q}$ 都是 Ω 上的光滑函数. (p,q)- 形式是用复坐标表示的微分形式, 而对于微分形式, 我们有外微分 d. 利用复坐标, 我们可以将外微分 d 分解为

$$\begin{aligned} d &= \frac{\partial}{\partial z^1} dz^1 + \cdots + \frac{\partial}{\partial z^n} dz^n + \frac{\partial}{\partial \bar{z}^1} d\bar{z}^1 + \cdots + \frac{\partial}{\partial \bar{z}^n} d\bar{z}^n \\ &= \partial + \bar{\partial}, \end{aligned}$$

其中

$$\partial = \frac{\partial}{\partial z^1}\mathrm{d}z^1 + \cdots + \frac{\partial}{\partial z^n}\mathrm{d}z^n, \quad \overline{\partial} = \frac{\partial}{\partial \bar{z}^1}\mathrm{d}\bar{z}^1 + \cdots + \frac{\partial}{\partial \bar{z}^n}\mathrm{d}\bar{z}^n.$$

∂ 和 $\overline{\partial}$ 分别称为全纯方向 $((1,0)$ 方向$)$ 和反全纯方向 $((0,1)$ 方向$)$ 的微分. 而 ∂ 和 $\overline{\partial}$ 可分别作用在 (p,q)- 形式 w 上, 即

$$\partial(w) = \sum_{\substack{i_1,\cdots,i_p=1;\\ \bar{j}_1,\cdots,\bar{j}_q=1}}^{n} \partial(f_{i_1,\cdots,i_p;\bar{j}_1,\cdots,\bar{j}_q}) \wedge \mathrm{d}z^{i_1} \wedge \cdots \wedge \mathrm{d}z^{i_p} \wedge \mathrm{d}\bar{z}^{j_1} \wedge \cdots \wedge \mathrm{d}\bar{z}^{j_q}$$

$$= \sum_{\substack{i_1,\cdots,i_p=1;\\ \bar{j}_1,\cdots,\bar{j}_q=1}}^{n} \left(\sum_{i=1}^{n} \frac{\partial f_{i_1,\cdots,i_p;\bar{j}_1,\cdots,\bar{j}_q}}{\partial z^i} \mathrm{d}z^i \right) \wedge \mathrm{d}z^{i_1} \wedge \cdots \wedge \mathrm{d}z^{i_p}$$

$$\wedge \mathrm{d}\bar{z}^{j_1} \wedge \cdots \wedge \mathrm{d}\bar{z}^{j_q}.$$

而

$$\overline{\partial}(w) = \sum_{\substack{i_1,\cdots,i_p=1;\\ \bar{j}_1,\cdots,\bar{j}_q=1}}^{n} \overline{\partial}(f_{i_1,\cdots,i_p;\bar{j}_1,\cdots,\bar{j}_q}) \wedge \mathrm{d}z^{i_1} \wedge \cdots \wedge \mathrm{d}z^{i_p} \wedge \mathrm{d}\bar{z}^{j_1} \wedge \cdots \wedge \mathrm{d}\bar{z}^{j_q}$$

$$= \sum_{\substack{i_1,\cdots,i_p=1;\\ \bar{j}_1,\cdots,\bar{j}_q=1}}^{n} \left(\sum_{i=1}^{n} \frac{\overline{\partial} f_{i_1,\cdots,i_p;\bar{j}_1,\cdots,\bar{j}_q}}{\partial \bar{z}^i} \mathrm{d}\bar{z}^i \right) \wedge \mathrm{d}z^{i_1} \wedge \cdots \wedge \mathrm{d}z^{i_p}$$

$$\wedge \mathrm{d}\bar{z}^{j_1} \wedge \cdots \wedge \mathrm{d}\bar{z}^{j_q}.$$

我们分别得到 $(p+1,q)$- 形式和 $(p,q+1)$- 形式. 利用 $\mathrm{d}^2 = 0$, 而

$$\mathrm{d}^2 = (\partial + \overline{\partial})^2 = \partial^2 + \partial\overline{\partial} + \overline{\partial}\partial + \overline{\partial}^2 = 0,$$

我们得到

$$\partial^2 = 0, \quad \partial\overline{\partial} + \overline{\partial}\partial = 0, \quad \overline{\partial}^2 = 0.$$

在上面两个微分算子中, $(0,1)$ 方向的微分 $\overline{\partial}$ 是多复分析需要研究的一个非常重要的算子. 例如, 在多元解析函数的定义中, 我们曾说明了一个可微函数 $f(Z)$ 为解析函数的充分必要条件是 $f(Z)$ 满足 Cauchy-Riemann 方程 $\overline{\partial} f(Z) = 0$. 而在关于 $\overline{\partial}$ 算子的更一般的讨论中, 主要需要考虑的问题是: 如果 w 是区域 Ω 上一给定的 (p,q)- 形式, 问在什么条件下存在 Ω 上的 $(p,q-1)$- 形式 u, 使得

$$\overline{\partial} u = w.$$

方程 $\bar{\partial}u = w$ 称为 $\bar{\partial}$ **方程**, 也称广义 **Cauchy-Riemann 方程**. 这节相对于全纯域的特征描述问题, 我们希望做的是将问题转换为在 $\mathbb{C}^n$ 中什么样的区域上 $\bar{\partial}$ 方程有解. 我们将用 $\bar{\partial}$ 方程的解的存在性给出全纯域的特征, 并由此得到拟凸域与全纯域的等价关系.

首先, 对于给定的 (p,q)- 形式 w, 如果方程 $\bar{\partial}u = w$ 有解 u, 则由 $\bar{\partial}^2 = 0$, 得 $\bar{\partial}w = \bar{\partial}^2 u = 0$. 因此如果对于给定的 w, 方程 $\bar{\partial}u = w$ 有解, 则必须 $\bar{\partial}w = 0$.

反过来, 我们的问题是: 对于区域 Ω 上任意给定的 (p,q)- 形式 w, 假定 w 满足 $\bar{\partial}w = 0$, 问是否一定存在 Ω 上的 $(p,q-1)$- 形式 u, 使得 $\bar{\partial}u = w$, 即方程 $\bar{\partial}u = w$ 在什么条件下可解. 在本书中我们将从各种角度反复讨论这一问题, 而在这一节里, 我们将利用对这一方程求解问题的讨论, 来继续我们关于全纯域特征描述这样一个基本问题的研究. 本节我们希望证明的基本定理是:

定理 2.3.1 区域 $\Omega \subset \mathbb{C}^n$ 是拟凸域的充分必要条件是: 对于 Ω 上任意满足 $\bar{\partial}w = 0$ 的 (p,q)- 形式 w, 存在 Ω 上的 $(p,q-1)$- 形式 u, 使得 $\bar{\partial}u = w$.

简单地说区域 $\Omega \subset \mathbb{C}^n$ 是拟凸域的充分必要条件是在 Ω 上 $\bar{\partial}$ 方程可解.

在给出这一定理的证明以前, 我们先利用这一定理来说明求解 $\bar{\partial}$ 方程与我们的基本问题: 全纯域的特征描述, 或者更进一步, Levi 猜想之间的关系. 首先, 我们利用定理 2.3.1 来证明下面定理 (需要说明的是, 这里我们的证明仅仅是一个描述性的证明).

定理 2.3.2 区域 $\Omega \subset \mathbb{C}^n$ 是全纯域的充分必要条件是对于 Ω 上任意满足 $\bar{\partial}w = 0$ 的 (p,q)- 形式 w, 存在 Ω 上的 $(p,q-1)$- 形式 u, 使得 $\bar{\partial}u = w$. 即区域 $\Omega \subset \mathbb{C}^n$ 是全纯域的充分必要条件是在 Ω 上 $\bar{\partial}$ 方程可解.

证明 上一节已证全纯域一定是拟凸域, 所以由定理 2.3.1, 如果 $\Omega \subset \mathbb{C}^n$ 是全纯域, 则在 Ω 上 $\bar{\partial}$ 方程可解.

现在我们来证明: 如果在区域 $\Omega \subset \mathbb{C}^n$ 上 $\bar{\partial}$ 方程可解, 则 Ω 是全

纯域. 我们对维数 n 用归纳法.

当 $n=1$ 时, $\mathbb{C}$ 中任意区域都是全纯域, 因而也是拟凸域, 问题是显然的. 当 $n \geqslant 2$ 时, 假设定理对 $\mathbb{C}^{n-1}$ 中的区域成立. 设 $\Omega \subset \mathbb{C}^n$, 任取 $P_0 \in \partial\Omega$, 选取 $\mathbb{C}^n$ 的坐标, 使得 $P_0 = 0$, 并且 P_0 同时也是 Ω 与 $n-1$ 维复向量空间

$$\mathbb{C}^{n-1} \times \{0\} = \{(z^1, \cdots, z^n) \in \mathbb{C}^n \mid z^n = 0\}$$

的交所得开集 $\widetilde{\Omega} = \Omega \cap (\mathbb{C}^{n-1} \times \{0\}) \subset \mathbb{C}^{n-1} \times \{0\}$ 的边界点. 如果我们能够证明在 $\widetilde{\Omega}$ 上, $\bar{\partial}$ 方程可解, 同时 $\widetilde{\Omega}$ 上的解析函数可在 $\mathbb{C}^n$ 中延拓为 Ω 上的解析函数, 则由归纳假设, 得 $\widetilde{\Omega}$ 是全纯域, 而 P_0 是 $\widetilde{\Omega}$ 的边界点, 因而存在 $\widetilde{\Omega}$ 上的解析函数 f, f 不能解析延拓到 P_0 的邻域上. 但由结论, 存在 Ω 上的解析函数 F, 使得在 $\widetilde{\Omega}$ 上 $F = f$, 所以 F 在 $\mathbb{C}^n$ 中也不能解析延拓到 P_0 的邻域上, Ω 是全纯域.

首先, 令
$$J : (z^1, \cdots, z^n) \mapsto (z^1, \cdots, z^{n-1}, 0)$$
为 $\mathbb{C}^n$ 到 $\mathbb{C}^{n-1} \times \{0\}$ 的投影, 令
$$G = \{P \in \Omega \mid J(P) \notin \widetilde{\Omega}\}.$$

现设 $\{P_k = (z_k^1, \cdots, z_k^n)\}$ 是 G 中的收敛序列, 且 $\lim\limits_{k \to +\infty} P_k = P' = (z_0^1, \cdots, z_0^n) \in \Omega$. 如果 $J(P') = (z_0^1, \cdots, z_0^{n-1}, 0) \in \widetilde{\Omega}$, 由于映射 J 是连续的, 可取 P' 的一个多圆盘邻域 $U \subset \Omega$, 使得 $J(U) \subset \widetilde{\Omega}$. 则当 $P_k \in U$ 时, $J(P_k) = (z_k^1, \cdots, z_k^{n-1}, 0) \in U \cap \widetilde{\Omega}$, 因而 $P_k \notin G$, 这与 P_k 的选取矛盾. 所以必须 $J(P') \notin \widetilde{\Omega}$, 即 $P' \in G$. 我们得到 G 是 Ω 中的相对闭集. 同理, 不难证明 $\widetilde{\Omega}$ 也是 Ω 中的相对闭集. 由于 $\widetilde{\Omega}$ 与 G 不相交, 因而存在 Ω 上的光滑函数 $h(P)$, 使得 $h(P)$ 在 $\widetilde{\Omega}$ 的邻域上恒为 1, 而在 G 的邻域上恒为零.

现设 w 是 $\widetilde{\Omega}$ 上给定的 (p,q)-形式, 满足 $\bar{\partial}w = 0$. 则 $h \cdot w$ 是 $\Omega \setminus G$ 上的 (p,q)-形式, 将其零延拓到 G 上, 则我们可将 $h \cdot w$ 看做 Ω 上的 (p,q)-形式. 这时 $(z^n)^{-1} \bar{\partial} h \wedge w$ 也是 Ω 上光滑的 $(p, q+1)$-形式, 满足

$$\overline{\partial}\big[(z^n)^{-1}\overline{\partial}h \wedge w\big] = 0.$$

由假设 $\overline{\partial}$ 方程在 Ω 上可解,可选取 Ω 上的 (p,q)-形式 v,使得

$$\overline{\partial}v = (z^n)^{-1}\overline{\partial}h \wedge w.$$

现令 $F = h \cdot w - z^n \cdot v$,则 $\overline{\partial}F = 0$,因而存在 Ω 上的 $(p,q-1)$-形式 H,使得 $\overline{\partial}H = F$. 限制在 $\widetilde{\Omega}$ 上则 $\overline{\partial}H = w$, $\overline{\partial}$ 方程在 $\widetilde{\Omega}$ 上可解.

用同样的方法,如果 f 是 $\widetilde{\Omega}$ 上的解析函数,考虑 Ω 上的函数 $F = h \cdot f - z^n g$,其中 g 满足

$$\overline{\partial}g = (z^n)^{-1}\overline{\partial}h \cdot f.$$

由于 $\overline{\partial}F = \overline{\partial}h \cdot f - z^n \overline{\partial}g = 0$,因而 F 是 Ω 上的解析函数,满足 F 在 $\widetilde{\Omega}$ 上的限制与 f 相等. 证毕.

利用上面的定理,要证明 Levi 猜想,我们仅需证明定理 2.3.1,即 $\overline{\partial}$ 方程在拟凸域上可解. 由于证明中需要用到一些微分算子的估计,因此我们首先对拟凸域定义中用到的多次调和穷竭函数作一些改造,以强化多次调和穷竭函数的性质中 Hessian 矩阵的正定性.

引理 2.3.1 在每一个拟凸域上都存在光滑且强多次调和的穷竭函数.

证明 设 $h(Z)$ 是拟凸域 Ω 上一给定的连续且多次调和的穷竭函数,如果 $h(Z)$ 不是非负函数,用 $\max\{h(Z),0\}$ 代替 $h(Z)$,则不失一般性,我们可设 $h(Z) \geqslant 0$. 我们首先利用光滑化算子 (参阅文献 [2]) 将 $h(Z)$ 改造为光滑函数.

首先,令

$$f(x) = \begin{cases} \mathrm{e}^{-\frac{1}{x}}, & \text{如果 } x > 0, \\ 0, & \text{如果 } x \leqslant 0, \end{cases}$$

则易证 $f(x)$ 是实轴 $\mathbb{R}$ 上的光滑函数. 利用这一函数,我们定义 $\mathbb{C}^n$ 上的光滑函数 $g(Z)$ 为

$$g(Z) = c_n f(1 - |Z|^2) = \begin{cases} c_n \mathrm{e}^{-\frac{1}{1-|Z|^2}}, & \text{如果 } |Z|^2 < 1, \\ 0, & \text{如果 } |Z|^2 \geqslant 1, \end{cases}$$

其中 $Z = (z^1, \cdots, z^n) \in \mathbb{C}^n$，而 c_n 是实常数，满足

$$\frac{1}{c_n} \int_{\mathbb{C}^n} g(Z) \mathrm{d}v = 1.$$

其次，由于 $h(Z)$ 是 Ω 上连续的穷竭函数，因而对于 $k = 1, 2, \cdots$，令 $\Omega_k = \{Z \in \Omega | h(Z) < k\}$，则 Ω_k 是 Ω 中的开集，$\overline{\Omega}_k$ 是紧集，$\overline{\Omega}_k \subset \Omega_{k+1}$，且 $\Omega = \bigcup_{k=1}^{+\infty} \Omega_k$。现设 $\varepsilon > 0$ 是给定的常数，满足 $\varepsilon < \mathrm{dist}(\Omega_k, \partial \Omega)$。考虑含参变量积分

$$h_{k\varepsilon}(Z) = \frac{1}{\varepsilon^{2n}} \int_{\Omega_k} h(W) g\left(\frac{W - Z}{\varepsilon}\right) \mathrm{d}v,$$

则 $h_{k\varepsilon}(Z)$ 是 $\mathbb{C}^n$ 上有紧支集的光滑函数，且当 $\varepsilon \to 0$ 时，$h_{k\varepsilon}(Z)$ 在 Ω_k 中的任意紧集上一致收敛于 $h(Z)$。利用 $h(Z)$ 的非负性，直接求导不难看出 $h_{k\varepsilon}(Z)$ 是多次调和函数，因而对于任意常数 $a_k > 0$，函数

$$h_{k\varepsilon}(Z) + a_k Z \overline{Z}$$

是强多次调和函数。选取 $\varepsilon > 0$ 和 $a_k > 0$ 充分小，我们可假设

$$h_k(Z) = h_{k\varepsilon}(Z) + a_k Z \overline{Z}$$

在 Ω_k 上满足 $h(Z) + 1 \geqslant h_k(Z) \geqslant h(Z)$。选取一光滑的凸函数 $\varphi(t)$，满足 $\varphi(t) = 0$，如果 $t \leqslant 0$，则 $\varphi'(t) > 0$；如果 $t > 0$，则利用 $\varphi(t)$ 的凸性易知 $\varphi(h_k(Z) + 1 - k)$ 在 Ω_{k-1} 上是强多次调和函数。

现考虑函数级数

$$p(Z) = \sum_{k=1}^{+\infty} b_k \varphi(h_k(Z) + 1 - k),$$

其中 b_k 是任意给定的正常数。对于任意 $Z \in \Omega_m$，当 $j \geqslant m + 2$ 时，$h_j(Z) \leqslant h(Z) \leqslant m + 1$，因此 $h_j(Z) + 1 - j \leqslant m + 2 - j \leqslant 0$，$\varphi(h_j(Z) + 1 - j) = 0$。我们得到，在 Z 的邻域上，

$$p(Z) = \sum_{k=1}^{m+1} b_k \varphi(h_k(Z) + 1 - k),$$

因而 $p(Z)$ 是 Ω 上光滑的强多次调和穷竭函数. 证毕.

注 前面类比于欧氏凸域,我们在定义 2.2.2 中, 曾对有光滑边界的区域定义了强拟凸域: 如果区域 Ω 的定义函数的复 Hessian 矩阵在边界 $\partial\Omega$ 的全纯切空间上处处都是正定的, 则称 Ω 为**强拟凸域**. 强拟凸域是多复分析研究中一类非常重要的区域, 多复分析中的许多结论都仅在强拟凸域上才成立, 许多方法也仅在强拟凸域上才适用. 这里作为上面引理的一个推论, 我们有下面一个关于强拟凸域与一般拟凸域之间的有趣关系: 任意拟凸域都可表示为一列具有光滑边界的强拟凸域的并. 为给出这一关系, 我们首先来说明著名的 Sard 定理.

Sard 定理 设 $f: \mathbb{R}^n \to \mathbb{R}^m$ 是光滑映射, $J(f(P))$ 是映射 f 在点 $P \in \mathbb{R}^n$ 的 Jacobi 矩阵. 令

$$C_f = \left\{ P \in \mathbb{R}^n \mid \operatorname{rank} J(f(P)) < m \right\},$$

则集合 C_f 在映射 f 下的像集 $f(C_f)$ 是 $\mathbb{R}^m$ 中的零测集. (参阅 Morris W. Hirsch. Differential Topology. New York: Springer-Verlag, 1976.)

现设 $h(Z)$ 是拟凸域 Ω 上光滑的强多次调和穷竭函数, 利用 Sard 定理我们知道: 对于函数 $h(Z)$, 所有满足 $\operatorname{grad}(h) = 0$ 的点, 即 $\operatorname{rank}(J(h)) = 0$ 的点, 在 h 下的像集是实轴 $\mathbb{R}$ 中的零测集. 因而可取严格单调上升的序列 $d_k \to +\infty$, 使得 $\operatorname{grad}(h)$ 在超曲面 $h^{-1}(d_k)$ 上处处不为零, 则由定义不难看出区域

$$\Omega_k = \left\{ Z \in \Omega \mid h(Z) < d_k \right\}$$

是强拟凸域, 这时 $d_k - h(Z)$ 是 Ω_k 光滑的定义函数, 而 $(d_k - h(Z))^{-1}$ 是 Ω_k 上的强多次调和穷竭函数. $\{\Omega_k\}$ 满足 $\overline{\Omega}_k \subset \Omega_{k+1}$ 是 Ω 中的紧集, 而 $\Omega = \bigcup_{k=1}^{+\infty} \Omega_k$. 我们得到下面定理.

定理 2.3.3 任意拟凸域 Ω 都可表示为一列具有光滑边界的强拟凸域 $\{\Omega_k\}$ 的并, 其中 Ω_k 满足 $\overline{\Omega}_k$ 是 Ω 中的紧集, $\overline{\Omega}_k \subset \Omega_{k+1}$.

上面定理的逆也是成立的, 这里就不讨论了.

有了引理 2.3.1, 在下面讨论中我们总假定对于所有考虑的拟凸域, 其上用到的多次调和穷竭函数都是光滑的强多次调和穷竭函数. 我们现在需要讨论怎样利用这样的函数来证明: 在拟凸域上 $\bar{\partial}$ 方程总是可解的. 为了符号简单, 下面我们只限于讨论 $(0,k)$- 形式的 $\bar{\partial}$ 方程.

设 Ω 是一拟凸域, $h(Z)$ 是 Ω 上一给定的光滑函数, 令

$$L^2(\Omega, h) = \left\{ f \;\middle|\; f \text{ 是 } \Omega \text{ 上的可测函数}, \int_\Omega |f(Z)|^2 e^{-h(Z)} dv < +\infty \right\}.$$

我们知道, $L^2(\Omega, h)$ 是一 Hilbert 空间. 一般地, 设

$$F = \sum_{1 \leqslant i_1 < \cdots < i_k \leqslant n} f_{i_1 \cdots i_k} d\bar{z}^{i_1} \wedge \cdots \wedge d\bar{z}^{i_k},$$

$$G = \sum_{1 \leqslant i_1 < \cdots < i_k \leqslant n} g_{i_1 \cdots i_k} d\bar{z}^{i_1} \wedge \cdots \wedge d\bar{z}^{i_k}$$

是 Ω 上给定的两个以可测函数 $f_{i_1 \cdots i_k}$ 和 $g_{i_1 \cdots i_k}$ 为系数的 $(0,k)$- 形式, 定义 F 与 G 的内积为

$$(F, G) = \sum_{1 \leqslant i_1 < \cdots < i_k \leqslant n} \int_\Omega f_{i_1 \cdots i_k} \bar{g}_{i_1 \cdots i_k} e^{-h(Z)} dv,$$

而令

$$L^2_{(0,k)}(\Omega, h) = \left\{ F \;\middle|\; F \text{ 是以 } \Omega \text{ 上可测函数为系数的} \right.$$
$$\left. (0,k) \text{- 形式}, (F, F) < +\infty \right\},$$

则 $L^2_{(0,k)}(\Omega, h)$ 也是 Hilbert 空间. 另一方面, 对于 Ω 上任意给定的一个 $(0,k)$- 形式 w, 如果在引理 2.3.1 的证明中选取函数级数里的系数 b_k 充分大, 则不难看出总是存在 Ω 上的强多次调和穷竭函数 h, 使得 $w \in L^2_{(0,k)}(\Omega, h)$. 因此, 要得到 $\bar{\partial}$ 方程在拟凸域上可解, 我们只需证明: 如果 $w \in L^2_{(0,k)}(\Omega, h)$ 是光滑的 $(0,k)$- 形式, 满足 $\bar{\partial} w = 0$, 则存在光滑的 $(0, k-1)$- 形式 $u \in L^2_{(0,k-1)}(\Omega, \tilde{h})$, 使得 $\bar{\partial} u = w$. 为此我们需要利用 "泛函分析" 中的一些工具, 例如, Riesz 表示定理等.

首先，将微分 $\bar{\partial}$ 看成定义在 Hilbert 空间 $L^2_{(0,k)}(\Omega, h_1)$ 中的一个子集上，到 Hilbert 空间 $L^2_{(0,k+1)}(\Omega, h_2)$ 的映射，

$$\bar{\partial}: F = \sum_{1\leqslant i_1<\cdots<i_k\leqslant n} f_{i_1\cdots i_k} \mathrm{d}\bar{z}^{i_1} \wedge \cdots \wedge \mathrm{d}\bar{z}^{i_k}$$
$$\mapsto \bar{\partial}(F) = \sum_{1\leqslant i_1<\cdots<i_k\leqslant n} \bar{\partial} f_{i_1\cdots i_k} \wedge \mathrm{d}\bar{z}^{i_1} \wedge \cdots \wedge \mathrm{d}\bar{z}^{i_k},$$

其中 h_1 和 h_2 都是待定的函数. 由于 $\bar{\partial}$ 是微分算子, 因此其是一个无界的线性算子, 并且不是定义在整个空间 $L^2_{(0,k)}(\Omega, h_1)$ 上的. 但是, 如果我们用 $C^0(\Omega)$ 表示所有在 Ω 上有紧支集的光滑函数, 而用 $C^0_{(0,k)}(\Omega)$ 表示以 $C^0(\Omega)$ 中函数为系数的 $(0,k)$- 形式全体, 则 $C^0_{(0,k)}(\Omega)$ 是 $L^2_{(0,k)}(\Omega, h_1)$ 中的稠子集, 并且包含在 $\bar{\partial}$ 的定义域内. 因此 $\bar{\partial}$ 是定义在 $L^2_{(0,k)}(\Omega, h_1)$ 中一个稠子线性空间上的无界线性算子. 下面我们将这样的算子简称为**稠定算子**. 为了讨论 $\bar{\partial}$ 方程的解的存在问题, 我们需要考虑怎样将算子 $\bar{\partial}$ 的定义域扩大. 为此, 下面我们首先介绍一些关于怎样将 Hilbert 空间中的稠定算子延拓为闭算子, 以及怎样得到稠定算子的对偶算子等相关知识. 希望更多了解这方面内容的读者可参阅文献 [13].

设 H_1, H_2 都是 Hilbert 空间, $(\ ,\ )_1$ 和 $(\ ,\ )_2$ 分别是 H_1 和 H_2 的内积, 在 $H_1 \times H_2$ 上定义内积为

$$(\ ,\ ) = (\ ,\ )_1 + (\ ,\ )_2.$$

即对于任意 $H_1 \times H_2$ 中的元素 $(h_1, h_2), (f_1, f_2)$, 令其内积为

$$((h_1, h_2), (f_1, f_2)) = (h_1, f_1)_1 + (h_2, f_2)_2,$$

则容易看出 $H_1 \times H_2$ 也是一 Hilbert 空间. 现假设 F 是定义在 H_1 中某一个稠线性子空间 $\mathrm{Dom}(F)$ 上, 到 H_2 的线性映射 (这里我们用 $\mathrm{Dom}(F)$ 表示映射 F 的定义域, $\mathrm{Im}(F)$ 表示 F 的像集), 令

$$G(F) = \left\{ (a, F(a)) \mid a \in \mathrm{Dom}(F) \right\} \subset H_1 \times H_2,$$

$G(F)$ 称为**映射 F 的图像**. 再令

$$G(F)^\perp = \Big\{ (a, b) \in H_1 \times H_2 \mid (a, b) \text{ 满足 对任意 } x \in \mathrm{Dom}(F),$$

$$((a,b),(x,F(x))) = (a,x)_1 + (b,F(x))_2 = 0\Big\},$$

即 $G(F)^\perp$ 是 F 的图像 $G(F)$ 在 $H_1 \times H_2$ 中的正交子空间. 由于 $\mathrm{Dom}(F)$ 是 H_1 中的稠子集, 因而对于 $G(F)^\perp$ 中的元素 $(a_1,b) \in G(F)^\perp$, 如果同时存在 $(a_2,b) \in G(F)^\perp$, 则对于任意 $x \in \mathrm{Dom}(F)$,

$$(a_1,x)_1 + (b,F(x))_2 = 0, \quad (a_2,x)_1 + (b,F(x))_2 = 0.$$

利用内积的线性性, 得

$$(a_1 - a_2, x)_1 + (0, F(x))_2 = (a_1 - a_2, x)_1 = 0,$$

即 $(a_1 - a_2, 0) \in G(F)^\perp$. 由于 $\mathrm{Dom}(F)$ 是 H_1 中的稠子集, 因而必须 $a_1 = a_2$. 即对于任意 $(a,b) \in G(F)^\perp$, a 是由 b 唯一确定的. 由此, 利用集合 $G(F)^\perp$, 我们可以定义一个映射 F^* 为, 令

$$\mathrm{Dom}(F^*) = \Big\{ b \in H_2 \,\Big|\, \text{如果存在 } (a,b) \in G(F)^\perp \Big\},$$

而令 $F^* : \mathrm{Dom}(F^*) \to H_1$ 为

$$F^*(b) = -a, \text{ 如果 } b \in \mathrm{Dom}(F^*), \text{而 } (a,b) \in G(F)^\perp.$$

我们得到, 存在定义在 H_2 的某一线性子空间 $\mathrm{Dom}(F^*)$ 上, 到 H_1 的线性映射 F^*. 对于这一映射, 当 $a \in \mathrm{Dom}(F)$, $b \in \mathrm{Dom}(F^*)$ 时, 由于 $(-F^*(b), b) \in G(F)^\perp$, 因而

$$((a,F(a)),(-F^*(b),b)) = (a,-F^*(b))_1 + (F(a),b)_2 = 0,$$

即

$$(F(a),b)_2 = (a,F^*(b))_1.$$

映射 F^* 称为映射 F 的**对偶算子**. 有了 F^*, 反过来, 如果我们令

$$G(F^*) = \Big\{ (-F^*(b), b) \,\Big|\, b \in \mathrm{Dom}(F^*) \Big\},$$

$G(F^*)$ 是映射 F^* 的图像, 这时 $G(F^*) = G(F)^\perp$.

对于我们这里要讨论的算子 $\bar{\partial}$, 下面我们将具体给出其对偶算子 $\bar{\partial}^*$ 的表示式, 并利用此说明所有具有紧支集的光滑 $(0, k+1)$- 形式, 即 $C^0_{(0,k+1)}(\Omega)$, 都在 $\bar{\partial}^*$ 的定义域内, 因而 $\bar{\partial}^*$ 也是定义在 $L^2_{(0,k+1)}(\Omega, h_2)$ 中一个稠线性子空间上的算子. 与上面定义 F^* 同样的讨论, 如果令 $G(F^*)^\perp$ 为映射 $\bar{\partial}^*$ 的图像 $G(F^*)$ 的正交子空间, 则 $G(F^*)^\perp$ 也是一个映射的图像. 显然 $G(F^*)^\perp \supset G(F)$, 因而存在映射 $\bar{\partial}$ 的一个延拓, 使得延拓后的映射的图像是

$$G(F^*)^\perp = (G(F)^\perp)^\perp = \overline{G(F)} \supset G(F).$$

我们仍然用 $\bar{\partial}$ 表示延拓后的映射, 由于其图像是闭集, 因而这时称延拓后的算子 $\bar{\partial}$ 为**闭算子**. 即 $\bar{\partial}$ 满足: 对于任意序列 $\{f_n\} \subset \mathrm{Dom}(\bar{\partial})$, 如果当 $n \to +\infty$ 时, $f_n \to f$, 同时 $\bar{\partial}(f_n) \to g$, 则 $f \in \mathrm{Dom}(\bar{\partial})$, 且 $\bar{\partial}(f) = g$.

我们希望讨论的是 $\bar{\partial}$ 方程的解的存在性问题, 而如果将 $\bar{\partial}$ 看做定义在 Hilbert 空间 $L^2_{(0,k)}(\Omega, h_1)$ 中一个稠线性子空间上, 到 Hilbert 空间 $L^2_{(0,k+1)}(\Omega, h_2)$ 的线性映射, 则对于延拓为闭算子后的这一映射, 在 $\bar{\partial}$ 算子扩大了定义域的意义下 (或者说在方程 $\bar{\partial}u = w$ 的广义解的意义下), 我们希望得到的是

$$\mathrm{Im}\left\{L^2_{(0,k)}(\Omega, h_1) \xrightarrow{\bar{\partial}} L^2_{(0,k+1)}(\Omega, h_2)\right\}$$
$$= \mathrm{Ker}\left\{L^2_{(0,k+1)}(\Omega, h_2) \xrightarrow{\bar{\partial}} L^2_{(0,k+2)}(\Omega, h_3)\right\},$$

这里 h_1, h_2, h_3 是不同的待定函数, 将在下面的讨论中确定. 而按照上面关于 Hilbert 空间上的稠定算子及其对偶算子的说明, 我们假定 $F = \bar{\partial}$ 和 $F^* = \bar{\partial}^*$ 都是在稠线性子空间上定义的闭算子. 为了得到上面的等式, 我们首先利用 "泛函分析" 中的 Riesz 表示定理来证明下面一个更一般的结论.

定理 2.3.4 设 $F : H_1 \to H_2$ 是定义在 Hilbert 空间 H_1 中的一个稠线性子空间 $\mathrm{Dom}(F)$ 上, 到 Hilbert 空间 H_2 的闭线性算子, 设 T 是 H_2 中的闭线性子空间, 满足 $\mathrm{Im}(F) \subset T$. 如果存在常数 $C > 0$, 使得对于任意 $u \in T \cap \mathrm{Dom}(F^*)$, 恒有

$$\|u\|_2 \leqslant C \|F^*(u)\|_1,$$

则 $\operatorname{Im}(F) = T$, 并且对于任意 $u \in T$, 存在 $a \in \operatorname{Dom}(F)$, 满足 $F(a) = u$, 而 $\|a\|_1 \leqslant C\|u\|_2$. 这里 $\|\ \|_1$ 和 $\|\ \|_2$ 分别表示 Hilbert 空间 H_1 和 H_2 中的模.

证明 下面以 $(\ ,\ )_1$ 和 $(\ ,\ )_2$ 分别表示 H_1 和 H_2 的内积.

首先, 由于 F 是闭算子, 因而 $(F^*)^* = F$, F^* 也是稠定算子. 对于任意 $u \in T$, 如果存在 $a \in \operatorname{Dom}(F)$, 使得 $F(a) = u$, 则对于任意 $g \in T \cap \operatorname{Dom}(F^*)$, 成立

$$(u, g)_2 = (F(a), g)_2 = (a, F^*(g))_1.$$

反之, 设 $u \in T, a \in \operatorname{Dom}(F)$, 如果对于任意 $g \in T \cap \operatorname{Dom}(F^*)$,

$$(u, g)_2 = (a, F^*(g))_1 = (F(a), g)_2$$

成立, 则必须 $(u - F(a), g)_2 = 0$ 成立, 由于 F^* 是在稠子集上定义的, 因而必须 $u = F(a)$. 所以, 对于给定的 $u \in T$, 要证明存在 a, 使得 $F(a) = u$, 只需证明存在 a, 使得对于任意 $g \in T \cap \operatorname{Dom}(F^*)$, $(u, g)_2 = (a, F^*(g))_1$ 成立. 对此我们需要应用 Riesz 表示定理.

现在假定定理中的不等式成立. 由于 $\operatorname{Im}(F) \subset T$, 因而 F^* 在 $\operatorname{Dom}(F^*) \cap T^\perp$ 上为零. 这时考虑 F^* 的像时, 可以仅在 $\operatorname{Dom}(F^*) \cap T$ 上讨论. 而由不等式 $\|u\|_2 \leqslant C\|F^*(u)\|_1$, 如果 $F^*(u) = 0$, 则 $u = 0$, F^* 在 $T \cap \operatorname{Dom}(F^*)$ 上是单射. 利用这一点, 对于任意给定的 $u \in T$, 定义 $\operatorname{Im}(F^*)$ 上的一个线性函数 L_u 为: 对于任意 $x \in \operatorname{Im}(F^*)$, 取 $g \in \operatorname{Dom}(F^*)$, 使得 $F^*(g) = x$. 令

$$L_u(x) = L_u(F^*(g)) := (u, g)_2.$$

由于 F^* 是线性的, 上式与 g 的选取无关. 而由定理条件得

$$|L_u(x)| = |L_u(F^*(g))| \leqslant \|u\|_2 \cdot \|g\|_2$$
$$\leqslant C\|u\|_2 \cdot \|F^*(g)\|_1 = C\|u\|_2 \cdot \|x\|_1.$$

因此 L_u 是 $\operatorname{Im}(F^*)$ 上的有界线性函数, 而 $C\|u\|_2$ 是线性函数 L_u 的一个上界. 另一方面, 利用 L_u 的有界性, 我们不难将其延拓为 $\overline{\operatorname{Im}(F^*)}$

上的有界线性函数, 并进而令其在 $\overline{\mathrm{Im}(F^*)}$ 的正交补 $\overline{\mathrm{Im}(F^*)}^\perp$ 上为零, 我们得到 H_1 上的一个有界线性函数. 对于这一函数, 利用 **Riesz 表示定理**: 对于 Hilbert 空间 H_1 上的任意有界线性函数 L, 存在唯一的元素 $a \in H_1$, 使得对于任意 $g \in H_1$, $L(g) = (a, g)_1$ 成立, 并且 $\|a\|_1 = \|L\|_1$. 我们得到, 存在 $a \in H_1$, 使得 $L(F^*(g)) = (a, F^*(g))_1$, 即 $(u, g)_2 = (a, F^*(g))_1 = (F(a), g)_2$ 对于任意 $g \in \mathrm{Dom}(F^*) \cap T$ 成立, 而 $\mathrm{Dom}(F^*)$ 是稠子集, 必须 $u = F(a) \in \mathrm{Im}(F)$, 且 $\|a\|_1 \leqslant C\|u\|_2$. 证毕.

对于我们希望讨论的 $\bar\partial$ 方程, 将其看做映射

$$L^2_{(0,k)}(\Omega, h_1) \xrightarrow{\bar\partial} L^2_{(0,k+1)}(\Omega, h_2) \xrightarrow{\bar\partial} L^2_{(0,k+2)}(\Omega, h_3),$$

则我们可以将在拟凸域上 $\bar\partial$ 方程可解这一结论的证明分为两步: 第一步, 先证明在上面的映射中

$$\mathrm{Im}\Big\{L^2_{(0,k)}(\Omega, h_1) \xrightarrow{\bar\partial} L^2_{(0,k+1)}(\Omega, h_2)\Big\}$$
$$= \mathrm{Ker}\Big\{L^2_{(0,k+1)}(\Omega, h_2) \xrightarrow{\bar\partial} L^2_{(0,k+2)}(\Omega, h_3)\Big\},$$

即 $\bar\partial$ 方程在我们将映射 $\bar\partial$ 延拓为闭算子后有广义解; 由于延拓为闭算子后, 映射 $\bar\partial$ 的定义域和值域中的元素都不一定可微, 因此作为第二步我们还需要证明, 如果

$$w \in \mathrm{Ker}\Big\{L^2_{(0,k+1)}(\Omega, h_2) \xrightarrow{\bar\partial} L^2_{(0,k+2)}(\Omega, h_3)\Big\}$$

是光滑的, 则存在光滑的微分形式 $u \in L^2_{(0,k)}(\Omega, h_1)$, 使得 $\bar\partial u = w$. 上面的第一步称为 $\bar\partial$ 方程的广义解的存在性, 第二步称为广义解的正则化 (或者说光滑化). 这里我们将主要讨论第一步, 目的是希望说明在拟凸域的条件中, 对于拟凸域上存在的强多次调和穷竭函数, 其 Hessian 矩阵的正定性是怎样应用到 $\bar\partial$ 方程的解的存在问题中的.

首先, 由于 $\bar\partial^2 = 0$, 因此

$$\mathrm{Im}\Big\{L^2_{(0,k)}(\Omega, h_1) \xrightarrow{\bar\partial} L^2_{(0,k+1)}(\Omega, h_2)\Big\}$$

$$\subset \mathrm{Ker}\Big\{L^2_{(0,k+1)}(\Omega,h_2) \xrightarrow{\bar\partial} L^2_{(0,k+2)}(\Omega,h_3)\Big\}.$$

而将 $\mathrm{Ker}\Big\{L^2_{(0,k+1)}(\Omega,h_2) \xrightarrow{\bar\partial} L^2_{(0,k+2)}(\Omega,h_3)\Big\}$ 看做定理 2.3.4 中的闭线性子空间 T, 则我们需要证明: 存在常数 C, 使得对于任意

$$w \in \mathrm{Dom}(\bar\partial^*) \cap \mathrm{Ker}\Big\{(L^2_{(0,k+1)}(\Omega,h_2) \xrightarrow{\bar\partial} L^2_{(0,k+2)}(\Omega,h_3))\Big\},$$

成立不等式

$$\|w\| \leqslant C\|\bar\partial^*(w)\|.$$

代替这一不等式, 我们将证明下面的定理.

定理 2.3.5 如果 $\Omega \subset \mathbb{C}^n$ 是拟凸域, 则在 Ω 上可选取适当的函数 h_1, h_2 和 h_3, 使得对于任意 $w \in L^2_{(0,k+1)}(\Omega,h_2)$, 且 $w \in \mathrm{Dom}(\bar\partial) \cap \mathrm{Dom}(\bar\partial^*)$, 成立下面的不等式:

$$\|w\|^2 \leqslant \|\bar\partial w\|^2 + \|\bar\partial^* w\|^2. \tag{2.3.1}$$

在定理 2.3.5 中, 如果特别地, 当 $\bar\partial w = 0$ 时, 不等式 $\|w\| \leqslant \|\bar\partial^* w\|$ 成立. 因而由定理 2.3.4, 方程 $\bar\partial u = w$ 可解, 并且存在解 u 满足 $\|u\| \leqslant \|w\|$. 由此, 如果不考虑 $\bar\partial$ 方程的解的光滑性, 利用定理 2.3.4 和 2.3.5, 我们就完成了定理 2.3.1 的证明.

不等式 (2.3.1) 称为 $\bar\partial$ 方程的 L^2 估计. 这一不等式的证明将通过下面一系列的讨论来得到.

首先, 由于这一不等式的证明需要利用 $\bar\partial$ 和 $\bar\partial^*$ 的直接计算, 但是这些计算只是对光滑的微分形式才有意义, 同时在计算中还需要利用 Stokes 公式. 为了避免在使用 Stokes 公式时出现的边界项, 我们需要首先讨论在 Ω 内有紧支集的光滑微分形式. 现在假设我们对有紧支集的光滑微分形式已经证明了不等式 (2.3.1). 而要将所得的结论应用到一般的微分形式 w 上, 我们仅需证明: 对于任意 $w \in L^2_{(0,k+1)}(\Omega,h_2) \cap \mathrm{Dom}(\bar\partial) \cap \mathrm{Dom}(\bar\partial^*)$, 存在一列有紧支集的光滑微分形式 $\{g_m\}$, 使得在空间 $L^2_{(0,k+1)}(\Omega,h_2)$ 以及 $L^2_{(0,k)}(\Omega,h_1)$ 和 $L^2_{(0,k+2)}(\Omega,h_3)$ 中, 同时有

$$\|g_m - w\| \to 0, \quad \|\bar\partial^* g_m - \bar\partial^* w\| \to 0, \quad \|\bar\partial g_m - \bar\partial w\| \to 0.$$

这时对 g_m 应用不等式 (2.3.1), 然后令 $m \to +\infty$, 就得到不等式 (2.3.1) 对于一般的 w 也成立. 为此, 我们先作一些准备.

选取 Ω 中一列开集 $\{K_m\}$ 满足 $\overline{K}_m$ 是紧集, 且 $\overline{K}_m \subset K_{m+1}$, $\bigcup_{m=1}^{+\infty} K_m = \Omega$. 选取 Ω 上一列光滑函数 $\{\eta_m\}$, 使得 $0 \leqslant \eta_m \leqslant 1$, 并且 η_m 在 K_m 上恒为 1, $\mathrm{Supp}\{\eta_m\} \subset K_{m+1}$. 同时我们假定选取的函数 h_1, h_2 和 h_3 满足

$$\mathrm{e}^{h_{j+1}} \sum_{i=1}^{n} \left|\frac{\partial \eta_m}{\partial \bar{z}^i}\right|^2 \leqslant \mathrm{e}^{h_j},$$

其中 $j = 1, 2$; $m = 1, 2, \cdots$.

有了上面这些假设后, 我们首先来证明下面定理.

定理 2.3.6 设 h_1, h_2 和 h_3 满足上面假设, 则对于任意

$$w \in L^2_{(0,k+1)}(\Omega, h_2) \cap \mathrm{Dom}(\bar{\partial}) \cap \mathrm{Dom}(\bar{\partial}^*),$$

存在一列在区域 Ω 内有紧支集的光滑 $(0, k+1)$- 形式 $\{g_m\}$, 使得在 $L^2_{(0,k+1)}(\Omega, h_2)$, $L^2_{(0,k)}(\Omega, h_1)$ 和 $L^2_{(0,k+2)}(\Omega, h_3)$ 中, 同时有

$$\|g_m - w\| \to 0, \quad \|\bar{\partial}^* g_m - \bar{\partial}^* w\| \to 0, \quad \|\bar{\partial} g_m - \bar{\partial} w\| \to 0.$$

证明 设 w 给定, 对于任意 m, 由于 $\eta_m w$ 在 Ω 中有紧支集, 利用引理 2.3.1 中的光滑化算子不难看出: 存在 Ω 中有紧支集的光滑微分形式, 使得其自身以及其经 $\bar{\partial}$ 和 $\bar{\partial}^*$ 运算后同时分别趋于 $\eta_m w, \bar{\partial}(\eta_m w)$ 和 $\bar{\partial}^*(\eta_m w)$. 因此我们可以假定 w 本身是光滑的.

现令 $g_m = \eta_m w$, 我们希望证明 $\eta_m w$ 满足定理的结论.

首先, $\|\eta_m w - w\| \to 0$ 显然. 而由

$$\bar{\partial}(\eta_m w) - \eta_m \bar{\partial} w = \bar{\partial}(\eta_m) \wedge w,$$

根据上面关于 $h_i (i = 1, 2, 3)$ 的假设, 我们得到

$$|\bar{\partial}(\eta_m w) - \eta_m \bar{\partial} w|^2 \mathrm{e}^{-h_3} \leqslant |w|^2 \mathrm{e}^{-h_2}.$$

由 Lebesgue 积分的控制收敛定理: 如果 f_n 在区域 Ω 上依测度收敛于可测函数 f, 且存在可积函数 g, 使得 $|f_n| \leqslant g$, 则
$$\lim_{n\to+\infty}\int_\Omega f_n \mathrm{d}v = \int_\Omega f \mathrm{d}v.$$

我们得到
$$\int_\Omega |\overline{\partial}(\eta_m w) - \eta_m \overline{\partial} w|^2 \mathrm{e}^{-h_3} \mathrm{d}v \to 0,$$

而显然
$$\int_\Omega |\eta_m \overline{\partial} w - \overline{\partial} w|^2 \mathrm{e}^{-h_3} \mathrm{d}v \to 0,$$

即
$$\int_\Omega |\overline{\partial}(\eta_m w) - \overline{\partial} w|^2 \mathrm{e}^{-h_3} \mathrm{d}v \to 0.$$

另一方面, 如果 $w \in \mathrm{Dom}(\overline{\partial}^*)$, η_m 是 Ω 中有紧支集的光滑函数, 则不难证明 $\eta_m w \in \mathrm{Dom}(\overline{\partial}^*)$. 事实上, 对于任意 $f \in \mathrm{Dom}(\overline{\partial})$, 成立

$$(\eta_m w, \overline{\partial} f) = (w, \overline{\eta}_m \overline{\partial} f) = (w, \overline{\partial}(\eta_m f)) + (w, \overline{\eta}_m \overline{\partial} f - \overline{\partial}(\eta_m f))$$
$$= (\eta_m \overline{\partial}^* w, f) + (w, \overline{\eta}_m \overline{\partial} f - \overline{\partial}(\eta_m f)).$$

由于上面和式中第二项为 $(w, \overline{\eta}_m \overline{\partial} f - \overline{\partial}(\eta_m f)) = (w, -\overline{\partial}(\eta_m) \cdot f)$, 其中并没有 f 的导数, 因而其关于 f 是连续的. 而上面和式的第一项显然关于 f 连续, 因而映射 $f \to (\eta_m w, \overline{\partial} f)$ 是 f 的连续线性泛函. 由 Riesz 表示定理, 存在 v 使得 $(v, f) = (\eta_m w, \overline{\partial} f)$ 对于任意 f 成立, 即 $\overline{\partial}^*(\eta_m w) = v$. 我们得到 $\eta_m w \in \mathrm{Dom}(\overline{\partial}^*)$. 由于所讨论的微分形式都有紧支集, 同样利用上面的结论, 我们可以假定所考虑的微分形式都是光滑的. 这时上面的等式可以表示为

$$(\overline{\partial}^*(\eta_m w), f) = (\eta_m \overline{\partial}^* w, f) + (w, \overline{\eta}_m \overline{\partial} f - \overline{\partial}(\eta_m f)).$$

因此我们得到
$$|(\overline{\partial}^*(\eta_m w) - \eta_m \overline{\partial}^* w, f)| = |(w, \overline{\eta}_m \overline{\partial} f - \overline{\partial}(\eta_m f))|$$

$$\leqslant \int_\Omega |w||\overline{\eta}_m \overline{\partial} f - \overline{\partial}(\eta_m f)| e^{-h_2} dv.$$

而同样类似于上面关于 $\overline{\partial}$ 的证明，我们有

$$|\overline{\eta}_m \overline{\partial} f - \overline{\partial}(\eta_m f)| \leqslant |f| e^{\frac{h_2}{2} - \frac{h_1}{2}},$$

代入则得

$$|(\overline{\partial}^*(\eta_m w) - \eta_m \overline{\partial}^* w, f)| \leqslant \int_\Omega |w||f| e^{-\frac{h_2}{2} - \frac{-h_1}{2}} dv.$$

由于其中 f 可取任意有紧支集的光滑微分形式，不等式必须在每一点成立，即对于任意 $Z \in \Omega$，

$$|\overline{\partial}^*(\eta_m w(Z)) - \eta_m \overline{\partial}^* w(Z)|^2 e^{-h_1(Z)} \leqslant |w(Z)|^2 e^{-h_2(Z)}.$$

这时同样利用 Lebesgue 积分的控制收敛定理，我们得到

$$\int_\Omega |\overline{\partial}^*(\eta_m w) - \eta_m \overline{\partial}^* w|^2 e^{-h_1} dv \to 0.$$

而 $\|\eta_m \overline{\partial}^* w - \overline{\partial}^* w\| \to 0$ 显然. 定理 2.3.6 得证.

利用上面定理 2.3.6，要证明定理 2.3.5 中的不等式

$$\|w\|^2 \leqslant \|\overline{\partial} w\|^2 + \|\overline{\partial}^* w\|^2,$$

我们只需讨论 Ω 中有紧支集的光滑微分形式. 现设 Ω 是拟凸域，$\{K_m\}$ 是 Ω 中的一列开集，满足 $\overline{K}_m$ 是紧集，$\overline{K}_m \subset K_{m+1}$，$\bigcup_{m=1}^{+\infty} K_m = \Omega$. 选取 Ω 上一列光滑函数 $\{\eta_m\}$，使得 $0 \leqslant \eta_m \leqslant 1$，并且 η_m 在 K_m 上恒为 1，$\text{Supp}\{\eta_m\} \subset K_{m+1}$. 在 Ω 上选取一光滑函数 h，满足

$$\sum_{i=1}^n \left|\frac{\partial \eta_m}{\partial \overline{z}^i}\right|^2 \leqslant e^h$$

在 Ω 上处处成立，其中 $m = 1, 2, \cdots$. 由于在每个 K_m 上仅有有限个 η_m，使得 $\sum_{i=1}^n \left|\frac{\partial \eta_m}{\partial \overline{z}^i}\right|^2$ 在 K_m 上不为零，因而上面的函数 h 是存在的.

另一方面, 由 Ω 是拟凸域, 因而存在 Ω 上光滑的强多次调和穷竭函数 ϕ, 对于 ϕ 的具体选取, 我们将在后面给出. 这里暂时假定 ϕ 已选定, 令
$$h_1 = \phi - 2h, \quad h_2 = \phi - h, \quad h_3 = \phi,$$
则 h_1, h_2 和 h_3 满足上面定理 2.3.5 的假设, 即
$$e^{h_{j+1}} \sum_{i=1}^n \left|\frac{\partial \eta_m}{\partial \bar{z}^i}\right|^2 \leqslant e^{h_j},$$
其中 $j = 1, 2; m = 1, 2, \cdots$.

现在来讨论 $\bar{\partial}$ 和 $\bar{\partial}^*$ 的表示以及不等式 (2.3.1) 的证明. 为了符号简单、明确, 下面我们仅以 $(0,1)$- 形式的计算为例, 其他形式的计算基本相同. 另外, 在积分的表示中, 我们将体积微元隐去, 即 $\int_\Omega f$ 理解为 $\int_\Omega f \mathrm{d}v$, 其中 $\mathrm{d}v$ 是体积微元. 设
$$w = \sum_{i=1}^n w_i \mathrm{d}\bar{z}^i$$
是任意给定的, 在 Ω 上有紧支集的光滑 $(0,1)$- 形式, 我们首先直接计算 $\bar{\partial}w$ 和 $\bar{\partial}^* w$.
$$\bar{\partial}w = \sum_{i<j} \left(\frac{\partial w_j}{\partial \bar{z}^i} - \frac{\partial w_i}{\partial \bar{z}^j}\right) \mathrm{d}\bar{z}^i \wedge \mathrm{d}\bar{z}^j.$$
因此
$$\begin{aligned}|\bar{\partial}w|^2 &= \sum_{i,j=1}^n \frac{1}{2}\left|\frac{\partial w_j}{\partial \bar{z}^i} - \frac{\partial w_i}{\partial \bar{z}^j}\right|^2 \\ &= \frac{1}{2}\left(\sum_{i,j=1}^n \left|\frac{\partial w_j}{\partial \bar{z}^i}\right|^2 - \sum_{i,j=1}^n \frac{\partial w_i}{\partial \bar{z}^j}\overline{\frac{\partial w_j}{\partial \bar{z}^i}}\right).\end{aligned} \quad (2.3.2)$$

对于 $\bar{\partial}^*$ 的计算, 由于假定了 $w = \sum_{i=1}^n w_i \mathrm{d}\bar{z}^i$ 是给定的有紧支集的 $(0,1)$- 形式, 对于任意光滑函数 f, 利用 Leibniz 法则, 则有
$$\int_\Omega \bar{\partial}f \cdot w e^{-h_2} = \int_\Omega \sum_{i=1}^n \frac{\partial f}{\partial \bar{z}^i} \bar{w}_i e^{-h_2}$$

$$= \int_\Omega \sum_{i=1}^n \frac{\partial(f\bar{w}_i e^{-h_2})}{\partial \bar{z}^i} - \int_\Omega f \cdot \sum_{i=1}^n \frac{\partial(\bar{w}_i e^{-h_2})}{\partial \bar{z}^i}.$$

但是, 由于 w 有紧支集, 利用 Stokes 公式得

$$\int_\Omega \sum_{i=1}^n \frac{\partial(f\bar{w}_i e^{-h_2})}{\partial \bar{z}^i} = \int_\Omega \sum_{i=1}^n \mathrm{d}(f\bar{w}_i e^{-h_2}) = \int_{\partial\Omega} \sum_{i=1}^n f\bar{w}_i e^{-h_2} = 0.$$

所以

$$\int_\Omega \bar{\partial} f \cdot w e^{-h_2} = -\int_\Omega f \cdot \sum_{i=1}^n \frac{\partial(\bar{w}_i e^{-h_2})}{\partial \bar{z}^i}$$

$$= -\int_\Omega e^{h_1} f \cdot \sum_{i=1}^n \frac{\partial(\bar{w}_i e^{-h_2})}{\partial \bar{z}^i} e^{-h_1} = -\left(f, e^{h_1} \sum_{i=1}^n \overline{\frac{\partial(\bar{w}_i e^{-h_2})}{\partial \bar{z}^i}}\right).$$

但 $(\bar{\partial} f, w) = (f, \bar{\partial}^* w)$, 我们得到

$$\bar{\partial}^* w = -e^{h_1} \sum_{i=1}^n \overline{\frac{\partial(\bar{w}_i e^{-h_2})}{\partial \bar{z}^i}} = -e^{h_1} \sum_{i=1}^n \frac{\partial(w_i e^{-h_2})}{\partial z^i}.$$

由 $h_1 = \phi - 2h, h_2 = \phi - h$, 直接计算得

$$e^{h_1} \frac{\partial(w_i e^{-h_2})}{\partial z^i} = e^{\phi-2h}\left[\frac{\partial w_i}{\partial z^i} e^{-\phi+h} + w_i e^{-\phi+h} \frac{\partial(-\phi+h)}{\partial z^i}\right]$$

$$= e^{-h} \frac{\partial w_i}{\partial z^i} - w_i e^{-h} \frac{\partial \phi}{\partial z^i} + w_i e^{-h} \frac{\partial h}{\partial z^i}.$$

如果我们令

$$\delta_i(w_i) = \frac{\partial w_i}{\partial z^i} - w_i \frac{\partial \phi}{\partial z^i},$$

则 $\bar{\partial}^*$ 可表示为

$$\bar{\partial}^* w = -e^{-h}\left[\sum_{i=1}^n \left(\delta_i(w_i) + w_i \frac{\partial h}{\partial z^i}\right)\right].$$

因此

$$\sum_{i=1}^n \delta_i(w_i) = -e^h \bar{\partial}^* w + \sum_{i=1}^n w_i \frac{\partial h}{\partial z^i},$$

而
$$\left[\sum_{i,j=1}^n \delta_i(w_i)\overline{\delta_j(w_j)}\right]\mathrm{e}^{-\phi}$$
$$=\left(-\mathrm{e}^h\overline{\partial}^*w+\sum_{i=1}^n w_i\frac{\partial h}{\partial z^i}\right)\overline{\left(-\mathrm{e}^h\overline{\partial}^*w+\sum_{j=1}^n w_j\frac{\partial h}{\partial z^j}\right)}\mathrm{e}^{-\phi}$$
$$=\overline{\partial}^*w\overline{\overline{\partial}^*w}\mathrm{e}^{-\phi+2h}-\overline{\partial}^*w\left(\sum_{i=1}^n \overline{w_i\frac{\partial h}{\partial z^i}}\right)\mathrm{e}^{-\phi+h}$$
$$-\overline{\overline{\partial}^*w}\left(\sum_{i=1}^n w_i\frac{\partial h}{\partial z^i}\right)\mathrm{e}^{-\phi+h}+\sum_{i,j=1}^n w_i\frac{\partial h}{\partial z^i}\overline{w_j\frac{\partial h}{\partial z^j}}\mathrm{e}^{-\phi}.$$

对上式中间两项应用均值不等式 $|ab|\leqslant\dfrac{|a|^2+|b|^2}{2}$ 并积分得

$$\int_\Omega \sum_{i,j=1}^n \delta_i(w_i)\overline{\delta_j(w_j)}\mathrm{e}^{-\phi}\leqslant 2\|\overline{\partial}^*w\|^2+2\int_\Omega\left(\sum_{i=1}^n w_i\frac{\partial h}{\partial z^i}\right)^2\mathrm{e}^{-\phi}.$$

结合 $|\overline{\partial}w|$ 的表示式 (2.3.2),我们得到

$$\int_\Omega \sum_{i,j=1}^n\left[\delta_i(w_i)\overline{\delta_j(w_j)}-\frac{\partial w_i}{\partial\bar{z}^j}\overline{\frac{\partial w_j}{\partial\bar{z}^i}}\right]\mathrm{e}^{-\phi}+\int_\Omega\sum_{i,j=1}^n\left|\frac{\partial w_i}{\partial\bar{z}^j}\right|^2\mathrm{e}^{-\phi}$$
$$\leqslant 2\|\overline{\partial}^*w\|^2+2\|\overline{\partial}w\|^2+2\int_\Omega\left(\sum_{i=1}^n w_i\frac{\partial h}{\partial z^i}\right)^2\mathrm{e}^{-\phi}. \qquad(2.3.3)$$

由于我们总假定所考虑的函数和微分形式都是有紧支集的,因而应用 Stokes 公式容易得到

$$\int_\Omega f\overline{\frac{\partial g}{\partial\bar{z}^j}}\mathrm{e}^{-\phi}=-\int_\Omega \delta_j(f)\bar{g}\mathrm{e}^{-\phi}.$$

所以
$$\int_\Omega \sum_{i,j=1}^n\frac{\partial w_j}{\partial\bar{z}^i}\overline{\frac{\partial w_i}{\partial\bar{z}^j}}\mathrm{e}^{-\phi}=-\int_\Omega\sum_{i,j=1}^n \delta_j\left(\frac{\partial w_j}{\partial\bar{z}^i}\right)\bar{w}_i\mathrm{e}^{-\phi}$$
$$=-\int_\Omega\sum_{i,j=1}^n \delta_i\left(\frac{\partial w_i}{\partial\bar{z}^j}\right)\bar{w}_j\mathrm{e}^{-\phi},$$

而
$$\int_\Omega \sum_{i,j=1}^n \delta_i(w_i)\overline{\delta_j(w_j)}\mathrm{e}^{-\phi} = \int_\Omega \sum_{i,j=1}^n \overline{\delta_i(w_i)}\delta_j(w_j)\mathrm{e}^{-\phi}$$
$$= -\int_\Omega \sum_{i,j=1}^n \overline{\frac{\partial(\delta_i(w_i))}{\partial \bar{z}^j}} w_j \mathrm{e}^{-\phi} = -\int_\Omega \sum_{i,j=1}^n \frac{\partial(\delta_i(w_i))}{\partial \bar{z}^j} \bar{w}_j \mathrm{e}^{-\phi}.$$

(2.3.3) 式的左边为
$$\int_\Omega \sum_{i,j=1}^n \left[\delta_i\left(\frac{\partial w_i}{\partial \bar{z}^j}\right)\bar{w}_j - \frac{\partial(\delta_i(w_i))}{\partial \bar{z}^j}\bar{w}_j\right]\mathrm{e}^{-\phi} + \int_\Omega \sum_{i=1}^n \left|\frac{\partial w_i}{\partial z^i}\right|^2 \mathrm{e}^{-\phi}.$$

另一方面,直接计算得
$$\left(\delta_i \frac{\partial}{\partial \bar{z}^j} - \frac{\partial}{\partial \bar{z}^j}\delta_i\right)f = f\frac{\partial^2 \phi}{\partial z^i \partial \bar{z}^j}.$$

利用此, 上面不等式 (2.3.3) 可表示为
$$\int_\Omega \sum_{i,j=1}^n \left(w_i \overline{w_j}\frac{\partial^2 \phi}{\partial \bar{z}^j \partial z^j}\right)\mathrm{e}^{-\phi} + \int_\Omega \sum_{i=1}^n \left|\frac{\partial w_i}{\partial z^i}\right|^2 \mathrm{e}^{-\phi}$$
$$\leqslant 2\|\bar{\partial}^* w\|^2 + 2\|\bar{\partial} w\|^2 + 2\int_\Omega \left(\sum_{i=1}^n w_i \frac{\partial h}{\partial z^i}\right)^2 \mathrm{e}^{-\phi}.$$

现在回到我们的基本假设: 区域 Ω 是拟凸域, ϕ 是 Ω 上强多次调和的穷竭函数, 因而 ϕ 的 Hessian 矩阵是处处正定的. 所以对于任意 $P \in \Omega$, 存在 $c(P) > 0$, 使得对于任意 n 维复向量 $w = (w^1, \cdots, w^n) \in \mathbb{C}^n$, 成立
$$\sum_{i,j=1}^n \frac{\partial^2 \phi}{\partial \bar{z}^i \partial z^j} w^i \bar{w}^j \geqslant c(P) \sum_{i=1}^n |w^i|^2. \tag{2.3.4}$$

而
$$\left(\sum_{i=1}^n w_i \frac{\partial h}{\partial z^i}\right)^2 \leqslant \sum_{i=1}^n |w_i|^2 \sum_{i=1}^n \left|\frac{\partial h}{\partial z^i}\right|^2 = |w|^2 |\partial h|^2,$$

由此由 (3.3.3), 我们得到
$$\int_\Omega [c(P) - 2|\partial h|^2]|w|^2 \mathrm{e}^{-\phi}\mathrm{d}v \leqslant 2\|\bar{\partial}^* w\|^2 + 2\|\bar{\partial} w\|^2.$$

现在要证明我们在定理 2.2.5 中给出的基本不等式 $\|w\|^2 \leqslant \|\bar{\partial}^* w\|^2 + \|\bar{\partial} w\|^2$, 我们就只需证明下面引理.

引理 2.3.2 设 Ω 是 $\mathbb{C}^n$ 中的拟凸域, h 是 Ω 上给定的函数, 则存在 Ω 上光滑的强多次调和穷竭函数 ϕ, 满足对于任意 $P \in \Omega$, $w = (w^1, \cdots, w^n) \in \mathbb{C}^n$, 成立

$$\sum_{i,j=1}^n \frac{\partial^2 \phi}{\partial \bar{z}^i \partial z^j}(P) w^i \bar{w}^j \geqslant 2(|\partial h|^2 + \mathrm{e}^h) \sum_{i=1}^n |w^i|^2.$$

证明 Ω 是拟凸域, 因而可取定 Ω 上一强多次调和的穷竭函数 ϕ_1, 设 $c_1(P)$ 是 ϕ_1 在不等式 (2.3.4) 中对应的函数, 令

$$K_t = \left\{ P \in \Omega \mid \phi_1(P) \leqslant t \right\},$$

则由假设知 K_t 是 Ω 中的紧集.

对于 ϕ_1, 选取实轴 $\mathbb{R}$ 上光滑且单调上升的凸函数 $\chi(t)$, 使得其满足

$$\chi'(t) \geqslant \sup_{K_t} 2(|\partial h|^2 + \mathrm{e}^h)/c_1.$$

由于 $\sup_{K_t} 2(|\partial h|^2 + \mathrm{e}^h)/c_1$ 是单调上升的连续函数, 所以上面的函数 $\chi(t)$ 是存在的.

令 $\phi = \chi \circ \phi_1$, 由

$$\frac{\partial \phi}{\partial z^i} = \chi' \frac{\partial \phi_1}{\partial z^i},$$

$$\frac{\partial^2 \phi}{\partial z^i \partial \bar{z}^j} = \frac{\partial}{\partial \bar{z}^j}\left(\chi' \frac{\partial \phi_1}{\partial z^i}\right) = \chi'' \frac{\partial \phi_1}{\partial z^i} \frac{\partial \phi_1}{\partial \bar{z}^j} + \chi' \frac{\partial^2 \phi_1}{\partial z^i \partial \bar{z}^j}.$$

在上面的和式中, 前一部分是半正定的, 而后一部分满足所需不等式. 证毕.

利用不等式 $\|w\|^2 \leqslant \|\bar{\partial}^* w\|^2 + \|\bar{\partial} u\|^2$ 以及我们前面证明的定理 2.3.5, 我们得到, 当 h 和 ϕ 的选取满足上面条件时,

$$\mathrm{Im}\left\{ L^2_{(0,k)}(\Omega, h_1) \xrightarrow{\bar{\partial}} L^2_{(0,k+1)}(\Omega, h_2) \right\}$$
$$= \mathrm{Ker}\left\{ L^2_{(0,k+1)}(\Omega, h_2) \xrightarrow{\bar{\partial}} L^2_{(0,k+2)}(\Omega, h_3) \right\}.$$

即在拟凸域上,当 $\bar{\partial}$ 方程扩充为相应的闭算子后,解总是存在的. 显然这样的解不是唯一的, 我们还需要证明: 如果 w 是光滑的 $(0,k+1)$- 形式, $\bar{\partial}w = 0$, 则存在光滑的 $(0,k)$- 形式 u, 满足 $\bar{\partial}u = w$. 为此我们需要考虑偏微分方程的正则解的存在问题. 由于这一问题需要用到 Sobolev 空间等工具, 这里就不讨论了, 有兴趣的读者可参阅文献 [13].

*附录 引理 2.2.2 的证明

对于任意 $P_0 = (y_0^1, \cdots, y_0^n) \in \partial\Omega$, Ω 是 $\mathbb{R}^n$ 中有 k 阶光滑边界的区域这一假设表明: 存在 P_0 点的邻域 U 和 U 上 C^k 的定义函数 $\varphi(P)$, 使得 $\Omega \cap U = \{P \mid \varphi(P) < 0\}$, 并且作为边界 $\partial\Omega$ 切面的法向量, $\mathrm{grad}(\varphi)$ 在 $\partial\Omega \cap U$ 上处处不为零.

经过适当坐标变换后不妨设 $P_0 = (0, \cdots, 0)$, 而坐标 x_n 的正向与边界曲面在 P_0 点切面的法向量 $\mathrm{grad}(\varphi(P_0))$ 相同, 这时

$$\frac{\partial \varphi}{\partial x^n}(P_0) \neq 0, \quad \frac{\partial \varphi}{\partial x^i}(P_0) = 0, \quad i = 1, 2, \cdots, n-1.$$

设 $x^n = f(x^1, \cdots, x^{n-1})$ 是由方程 $\varphi(P) = 0$ 在 P_0 邻域上确定的隐函数, 则在 P_0 充分小的邻域上, 边界 $\partial\Omega$ 可表示为映射

$$(x^1, \cdots, x^{n-1}) \mapsto (x^1, \cdots, x^{n-1}, f(x^1, \cdots, x^{n-1}))$$

的像集, 其中 $(x^1, \cdots, x^{n-1})$ 在 $(0, \cdots, 0) \in \mathbb{R}^{n-1}$ 的一个开邻域 V 中取值, 而 $f(x^1, \cdots, x^{n-1})$ 是 C^k 的函数, 且 $\dfrac{\partial f}{\partial x^i}(0) = 0 (i = 1, 2, \cdots, n-1)$.

由于 $x^n - f(x^1, \cdots, x^{n-1})$ 在 $\partial\Omega \cap U$ 上恒为零, 在其他部分处处不为零, 因而可设 $\Omega \cap U$ 表示为

$$\Omega \cap U = \left\{(x^1, \cdots, x^n) \mid x^n - f(x^1, \cdots, x^{n-1}) > 0\right\}.$$

为区别边界 $\partial\Omega$ 用到的坐标 $(x^1, \cdots, x^{n-1}, f(x^1, \cdots, x^{n-1}))$, 我们这里暂时用 $(y^1, \cdots, y^n)$ 表示 $\mathbb{R}^n$ 的坐标. 由几何假设, 对于任意给定的 $P = (y^1, \cdots, y^n) \in U$, 需要找到 $(x^1, \cdots, x^{n-1}) \in V$, 使得点 $Q =$

$(x^1, \cdots, x^{n-1}, f(x^1, \cdots, x^{n-1})) \in \partial\Omega$ 满足

$$\text{dist}(P, \partial\Omega) = |P - Q|.$$

因此, 如果定义 $U \times V$ 上的函数

$$G[(y^1, \cdots, y^n); (x^1, \cdots, x^{n-1})]$$
$$= (y^1 - x^1)^2 + \cdots + (y^{n-1} - x^{n-1})^2 + (y^n - f(x^1, \cdots, x^{n-1}))^2,$$

则 $Q = (x^1, \cdots, x^{n-1}, f(x^1, \cdots, x^{n-1}))$ 是 $P = (y^1, \cdots, y^n)$ 固定时函数 G 的极小值点. 我们得到, 对于 $s = 1, 2, \cdots, n-1$,

$$\frac{\partial G}{\partial x^s} = -2(y^s - x^s) - 2(y^n - f(x^1, \cdots, x^{n-1}))\frac{\partial f}{\partial x^s} = 0.$$

即

$$(y^s - x^s) = -(y^n - f(x^1, \cdots, x^{n-1}))\frac{\partial f}{\partial x^s}.$$

反之, 如果点 $Q = (x^1, \cdots, x^{n-1}, f(x^1, \cdots, x^{n-1})) \in \partial\Omega$ 和点 $P = (y^1, \cdots, y^n) \in U$ 满足上面关系式, 则 G 在 $P = (y^1, \cdots, y^n)$ 固定时于 Q 点取到极小值.

现在我们来考虑函数方程组

$$\begin{cases} \dfrac{\partial G}{\partial x^1}(P, Q) = -2(y^1 - x^1) - 2(y^n - f)\dfrac{\partial f}{\partial x^1} = 0, \\ \cdots\cdots\cdots\cdots\cdots\cdots\cdots\cdots\cdots\cdots\cdots\cdots\cdots\cdots\cdots\cdots \\ \dfrac{\partial G}{\partial x^{n-1}}(P, Q) = -2(y^{n-1} - x^{n-1}) - 2(y^n - f)\dfrac{\partial f}{\partial x^{n-1}} = 0, \end{cases}$$

将这一组方程看做对变量 $(y^1, \cdots, y^n)$ 和 $(x^1, \cdots, x^{n-1})$ 的限制关系, 则利用 $\dfrac{\partial f}{\partial x_s}(0) = 0 \, (s = 1, 2, \cdots, n-1)$, 通过直接计算不难得到, 映射

$$\left(\frac{\partial G}{\partial x^1}(P, Q), \cdots, \frac{\partial G}{\partial x^{n-1}}(P, Q)\right)$$

在 $P = (0, \cdots, 0)$ 点关于 $(x^1, \cdots, x^{n-1})$ 的 Jacobi 行列式为

$$\left|\frac{\partial^2 G}{\partial x^i \partial x^j}\right| = \left|2\left(\delta_{ij} - y^n \frac{\partial^2 f}{\partial x^i \partial x^j}\right)\right|.$$

当 y^n 充分小时这一行列式不为零. 因而由隐函数定理, 上面方程组可在 $(0,\cdots,0)$ 的邻域上解出以 $(x^1,\cdots,x^{n-1})$ 为因变量, $(y^1,\cdots,y^n)$ 为自变量的函数 $x^s=x^s(y^1,\cdots,y^n)(s=1,\cdots,n-1)$. 即对于 P_0 充分小邻域内任意给定的 $(y^1,\cdots,y^n)$, 存在唯一的 $(x^1,\cdots,x^{n-1})$, 使得函数

$$G[(y^1,\cdots,y^n;x^1,\cdots,x^{n-1})]$$
$$=(y^1-x^1)^2+\cdots+(y^{n-1}-x^{n-1})^2+(y^n-f(x^1,\cdots,x^{n-1}))^2$$

关于变量 $(x^1,\cdots,x^{n-1})$ 取最小值的判别式成立 (即一阶偏导都为零). 而由函数的几何定义, 我们知道最小值是存在的, 而且上面关于极值的判别点是唯一的, 因而必须是函数的最小值点. 所以, 我们得到, 对于给定点 $(y^1,\cdots,y^n)$, 按照上面隐函数的关系确定的点

$$(x^1,\cdots,x_{n-1},f(x^1,\cdots,x^{n-1}))$$

就是 $(y^1,\cdots,y^n)$ 到边界 $\partial\Omega$ 的最近点. 另外, 由于上面函数方程组中的函数都是 $k-1$ 阶连续可导的函数, 因而由方程组确定的隐函数 $x^i=x^i(y^1,\cdots,y^n)(s=1,2,\cdots,n-1)$ 也是 $k-1$ 阶连续可导的函数.

将 $(x^1,\cdots,x^{n-1})$ 看做由上面的函数方程组确定的、关于因变量 $(y^1,\cdots,y^n)$ 的隐函数, 我们得到

$$d(y^1,\cdots,y^n)=\min_{(x^1,\cdots,x^{n-1})\in V}\sqrt{G[(y^1,\cdots,y^n;x^1,\cdots,x^{n-1})]}$$
$$=\min_{(x^1,\cdots,x^{n-1})\in V}\sqrt{\sum_{i=1}^{n-1}(y^i-x^i)^2+(y^n-f(x^1,\cdots,x^{n-1}))^2}$$
$$=\sqrt{\left[(y^n-f(x^1,\cdots,x^{n-1}))^2\sum_{i=1}^{n-1}\left(\frac{\partial f}{\partial x^i}\right)^2\right]+(y^n-f(x^1,\cdots,x^{n-1}))^2}.$$

但 $y^n-f(x^1,\cdots,x^{n-1})$ 在 $\Omega\cap U$ 上大于零, 在 $(\mathbb{R}^n\setminus\Omega)\cap U$ 上小于等于零, 因此由定义得

$$r(P)=(f(x^1,\cdots,x^{n-1})-y^n)\sqrt{1+\sum_{i=1}^{n-1}\left(\frac{\partial f}{\partial x^i}\right)^2}.$$

由于 f 是 k 阶连续可导的, 我们得到 $r(P)$ 是 $k-1$ 阶连续可导的.

由上式容易得到 $\dfrac{\partial r}{\partial y^n}(P_0) \neq 0$, 因而 $\mathrm{grad}(r(P_0)) \neq 0$.

下面我们希望进一步证明 $r(P)$ 实际是 k 阶连续可导的函数. 为此, 我们回到上面的函数方程组

$$\begin{cases} \dfrac{\partial G}{\partial x^1}(P,Q) = -2(y^1 - x^1) - 2(y^n - f)\dfrac{\partial f}{\partial x^1} = 0, \\ \cdots\cdots\cdots\cdots \\ \dfrac{\partial G}{\partial x^{n-1}}(P,Q) = -2(y^{n-1} - x^{n-1}) - 2(y^n - f)\dfrac{\partial f}{\partial x^{n-1}} = 0, \end{cases}$$

对这一方程组关于变量 y^i 求偏导, 则当 $i = 1, 2, \cdots, n-1$ 时,

$$-\left(\delta_{si} - \dfrac{\partial x^s}{\partial y^i}\right) + \left(\sum_{k=1}^{n-1} \dfrac{\partial f(x^1,\cdots,x^{n-1})}{\partial x^k}\dfrac{\partial x^k}{\partial y^i}\right)\dfrac{\partial f}{\partial x^s}$$
$$- (y^n - f(x^1,\cdots,x^{n-1}))\sum_{k=1}^{n-1} \dfrac{\partial^2 f}{\partial x^s \partial x^k}\dfrac{\partial x^k}{\partial y^i} = 0; \quad (2.3.5)$$

而 $i = n$ 时, 上式关于 y^n 求偏导为

$$\dfrac{\partial x^s}{\partial y^n} + \left(\sum_{k=1}^{n-1} \dfrac{\partial f(x^1,\cdots,x^{n-1})}{\partial x^k}\dfrac{\partial x^k}{\partial y^n} - 1\right)\dfrac{\partial f}{\partial x^s}$$
$$- \left[(y^n - f(x^1,\cdots,x^{n-1}))\sum_{k=1}^{n-1} \dfrac{\partial^2 f}{\partial x_s \partial x_k}\dfrac{\partial x_k}{\partial y_n}\right] = 0. \quad (2.3.6)$$

现在我们来求函数 $r(y^1,\cdots,y^n)$ 的偏导. 当 $i = 1, 2, \cdots, n-1$ 时,

$$\dfrac{\partial r(y^1,\cdots,y^n)}{\partial y^i} = \left(\sum_{k=1}^{n-1} \dfrac{\partial f}{\partial x^k}\dfrac{\partial x^k}{\partial y^i}\right)\sqrt{1 + \sum_{s=1}^{n-1}\left(\dfrac{\partial f}{\partial x^s}\right)^2}$$
$$+ (y^n - f(x^1,\cdots,x^{n-1}))\dfrac{\displaystyle\sum_{s,k=1}^{n-1}\dfrac{\partial f}{\partial x^s}\dfrac{\partial^2 f}{\partial x^s \partial x^k}\dfrac{\partial x^k}{\partial y^i}}{\sqrt{1 + \displaystyle\sum_{s=1}^{n-1}\left(\dfrac{\partial f}{\partial x^i}\right)^2}}.$$

将上面和式中第二部分的分子表示为

$$\sum_{s=1}^{n-1}\left[(y^n-f)\sum_{t=1}^{n-1}\frac{\partial^2 f}{\partial x^s\partial x^t}\frac{\partial x^t}{\partial y^i}\right]\frac{\partial f}{\partial x^s}, \tag{2.3.7}$$

并利用 (2.3.5) 中

$$-(\delta_{si}-\frac{\partial x^s}{\partial y^i})+\left(\sum_{k=1}^{n-1}\frac{\partial f(x^1,\cdots,x^{n-1})}{\partial x^k}\frac{\partial x^k}{\partial y^i}\right)\frac{\partial f}{\partial x^s}$$

代替 (2.2.6) 中 [ ] 内的部分, 我们得到, 当 $i=1,\cdots,n-1$ 时,

$$\begin{aligned}&\frac{\partial r(y^1,\cdots,y^n)}{\partial y^i}\\&=\left[\left(\sum_{k=1}^{n-1}\frac{\partial f}{\partial x^k}\frac{\partial x^k}{\partial y^i}\right)\left(1+\sum_{s=1}^{n-1}\left(\frac{\partial f}{\partial x^s}\right)^2\right)-\sum_{s=1}^{n-1}\left(-\left(\delta_{si}-\frac{\partial x^s}{\partial y^i}\right)\right.\right.\\&\left.\left.+\left(\sum_{k=1}^{n-1}\frac{\partial f}{\partial x^k}\frac{\partial x^k}{\partial y^i}\right)\frac{\partial f}{\partial x^s}\right)\frac{\partial f}{\partial x^s}\right]\bigg/\sqrt{1+\sum_{s=1}^{n-1}\left(\frac{\partial f}{\partial x^s}\right)^2}\\&=\sqrt{1+\sum_{s=1}^{n-1}\left(\frac{\partial f}{\partial x^s}\right)^2}\frac{\partial f}{\partial x^i}.\end{aligned}$$

而同样的计算, 利用 (2.3.6), 我们得到

$$\frac{\partial r(y^1,\cdots,y^n)}{\partial y^n}=-\frac{1}{\sqrt{1+\sum_{k=1}^{n-1}\left[\frac{\partial f(x^1,\cdots,x^{n-1})}{\partial x^k}\right]^2}}.$$

这些偏导都是 $k-1$ 阶连续可导的函数, 所以

$$r(y^1,\cdots,y^n)=(f(x^1,\cdots,x^{n-1})-y^n)\sqrt{1+\sum_{k=1}^{n-1}\left[\frac{\partial f(x^1,\cdots,x^{n-1})}{\partial x^k}\right]^2}$$

是 k 阶连续可导的函数. 证毕.

习 题 二

1. 证明: $\mathbb{C}^n$ 中的多圆盘和超球都是全纯域.

2. 设 Ω_1 和 Ω_2 分别是 $\mathbb{C}^m$ 和 $\mathbb{C}^n$ 中的全纯域, 证明: $\Omega_1 \times \Omega_2$ 是 $\mathbb{C}^{n+m}$ 中的全纯域.

3. 利用定义直接证明: $\mathbb{C}^n$ 中单位球是全纯凸域.

4. 利用定义直接证明: $\mathbb{C}^n$ 中欧氏凸域是全纯凸域.

5. 设 Ω 是全纯凸域, 证明: 对于任意 $Z_0 \in \partial\Omega$, 存在 Ω 上的解析函数 $F(Z)$, 满足 $\lim_{Z \to Z_0} F(Z) = \infty$.

6. 设 $\Omega \subset \mathbb{C}^n$ 是区域, 证明: Ω 是全纯域的充分必要条件是对于 Ω 中的任意紧集 $K \subset \Omega$, 如果以 $\widetilde{K}$ 表示 K 的全纯凸包, 则成立等式 $r_0(K, \partial\Omega) = r_0(\widetilde{K}, \partial\Omega)$, 其中 $r_0(K, \partial\Omega)$ 是集合 K 到边界的多圆盘距离.

7. 设 $\Omega \subset \mathbb{C}^n$ 是区域, K 是 Ω 中的紧集, $r = r_0(K, \partial\Omega) > 0$ 是本章第 1 节中定义的 K 到边界的多圆盘距离, 设 $\widetilde{K}$ 是 K 在 Ω 中的全纯凸包. 证明: 对于任意 $Z_0 \in \widetilde{K}, f(Z) \in A(\Omega), f(Z)$ 在 Z_0 点展开的幂级数在多圆盘 $D(Z_0, r)$ 上收敛.

8. 利用第 7 题证明: 如果 $\Omega \subset \mathbb{C}^n$ 不是全纯域, 则存在 $Z_0 \in \Omega$, 使得 Ω 上的解析函数都可通过在 Z_0 处展开的幂级数解析延拓到比 Ω 更大的区域上.

9. 证明: $\Omega \subset \mathbb{C}^n$ 是全纯域的充分必要条件是对于 Ω 中任意一族多圆盘 $D_\alpha(0,1)$, 如果 $\bigcup_\alpha \partial D_\alpha(0,1)$ 是 Ω 中紧集, 则 $\bigcup_\alpha D_\alpha(0,1)$ 也是 Ω 中紧集.

10. 问 $\mathbb{C}^n$ 中的单位球和多圆盘是否是强拟凸域.

11. 设 $\Omega \subset \mathbb{C}^n$ 是有光滑边界的区域, 如果 Ω 的定义函数的实 Hessian 矩阵在 $\partial\Omega$ 的实切空间上是半正定的, 问 Ω 的定义函数的复 Hessian 矩阵在 $\partial\Omega$ 的复切空间上是否仍然是半正定的.

12. 设 $\Omega \subset \mathbb{C}^n$ 是全纯域, $\Omega_1 \subset \mathbb{C}^m$ 是区域, 如果存在满的, 且逆紧的全纯映射 $F: \Omega \to \Omega_1$. 证明: Ω_1 是全纯域. (这里映射 $F: \Omega \to \Omega_1$ 称为**逆紧映射**, 如果对于 Ω_1 中任意紧集 $K, F^{-1}(K)$ 是 Ω 中的紧集.)

13. 设 $\Omega_1 \subset \mathbb{C}^n, \Omega_2 \subset \mathbb{C}^m$ 都是全纯域, $F: \Omega_1 \to \mathbb{C}^m$ 是全纯映射. 证明: $\Omega = \{Z \in \Omega_1 \mid F(Z) \in \Omega_2\}$ 是全纯域.

14. 试证明: 有限个全纯域的交和并仍然是全纯域.

15. 证明: 区域 $\Omega \subset \mathbb{C}^n$ 是拟凸域的充分必要条件是对于任意 $P \in \partial\Omega$, 存在 P 的邻域 U, 使得 $\Omega \cap U$ 是拟凸域.

16. 证明: 区域 $\Omega \subset \mathbb{C}^n$ 是全纯域的充分必要条件是对于任意 $P \in \partial\Omega$, 存在 P 的邻域 U, 使得 $\Omega \cap U$ 是全纯域 (即一个区域是否是全纯域仅是一个关于其边界性质的局部条件).

17. 证明：在 $\mathbb{R}^2 \setminus \{(0,0)\}$ 上 $u = \dfrac{x\mathrm{d}y - y\mathrm{d}x}{x^2+y^2}$ 是 d 闭的一次微分形式（即 $\mathrm{d}u = 0$），但不存在 $\mathbb{R}^2 \setminus \{(0,0)\}$ 上的函数 w，使得 $\mathrm{d}w = \dfrac{x\mathrm{d}y - y\mathrm{d}x}{x^2+y^2}$.

18. 证明**广义 Cauchy 公式**：设 $D \subset \mathbb{C}$ 是有光滑边界的有界区域，函数 $f(Z)$ 在 $\overline{D}$ 的邻域上对于实变量连续可导，则对于任意 $z \in D$，
$$f(z) = \frac{1}{2\pi\mathrm{i}} \int_{\partial D} \frac{f(w)}{w-z} \mathrm{d}w + \frac{1}{2\pi\mathrm{i}} \iint_D \frac{\partial f(w)}{\partial \bar{z}} \frac{1}{w-z} \mathrm{d}w \wedge \mathrm{d}\bar{w}.$$

19. 设复平面上的函数 $f(Z)$ 对于实变量连续可导，且 $f(Z)$ 有紧支集，令
$$g(z) = \frac{1}{2\pi\mathrm{i}} \iint_D \frac{f(w)}{w-z} \mathrm{d}w \wedge \mathrm{d}\bar{w}.$$
证明：$\dfrac{\partial g(z)}{\partial \bar{z}} = f(z)$.

20. 设 $W = f_1 \mathrm{d}\bar{z}^1 + \cdots + f_n \mathrm{d}\bar{z}^n$ 是 $\mathbb{C}^n$ 上有紧支集的 $(0,1)$- 形式，满足 $\bar{\partial} W = 0$，令
$$g(z^1, \cdots, z^n) = \frac{1}{2\pi\mathrm{i}} \iint_{\mathbb{C}} \frac{f_1(w, z^2, \cdots, z^n)}{w-z^1} \mathrm{d}w \wedge \mathrm{d}\bar{w}.$$
证明：$\bar{\partial}g = W$，且 g 也有紧支集.

21. 利用 20 题证明下面一般的 **Hartogs 现象**：设 $n > 1$，K 是区域 $D \subset \mathbb{C}^n$ 中的紧集，满足 $D \setminus K$ 是连通的. 证明：$D \setminus K$ 上的任意解析函数可解析延拓为 D 上的解析函数.

22. 设 H_1, H_2 都是 Hilbert 空间，$T : H_1 \to H_2$ 是一稠定的线性算子. 证明：T^* 存在，且 T^* 是一闭算子，而如果 $T^* : H_2 \to H_1$ 也是稠定的，则 T 可以延拓为闭算子.

23. 设 $\Omega \subset \mathbb{C}^n$ 是区域，证明：$C^0_{(0,k)}(\Omega)$ 是 $L^2_{(0,k)}(\Omega, h)$ 中的稠子集.

第3章 复 流 形

在这一章中我们将给出复流形的定义,讨论复流形的基本性质. 对于复流形的研究, 我们首先需要构造一些标准复流形, 并讨论一般的复流形与这些标准复流形的关系. 例如, 怎样表示一般复流形到这些标准复流形的解析映射, 什么样的复流形能够成为这些标准复流形的复子流形, 等等. 对于微分流形, 由著名的 Whitney 嵌入定理, 我们知道任意 n 维微分流形都是实向量空间 $\mathbb{R}^{2n+1}$ 的子流形. 因此在微分流形的讨论中, 以 $\mathbb{R}^n$ 作为标准流形就足够了. 但是, 对于复流形, 除了以我们熟知的 n 维复向量空间 $\mathbb{C}^n$ 作为标准复流形外, 由解析函数的最大模原理不难理解, 在紧复流形上不存在非常值的解析函数, 因而不存在紧复流形到 $\mathbb{C}^n$ 的非平凡的解析映射. 所以对于紧复流形的讨论, 我们需要特别构造一类标准复流形 —— 复投影空间 $\mathbb{C}P^n$. 这一章里我们还将给出一般复流形到复向量空间 $\mathbb{C}^n$ 和复投影空间 $\mathbb{C}P^n$ 的解析映射的表示. 在本书中关于复流形我们希望讨论的基本问题是: 什么样的复流形能够成为标准空间 $\mathbb{C}^n$ 和 $\mathbb{C}P^n$ 的复子流形. 本章我们将给出 $\mathbb{C}^n$ 中的复子流形 ——Stein 流形的特征, 在本书的第 7 章中我们将重点讨论紧复流形, 并给出复投影空间 $\mathbb{C}P^n$ 中的复子流形 —— 代数流形的特征.

§3.1 复 流 形

设 Ω 是 $\mathbb{C}^n$ 中的区域, 如果映射

$$F:\Omega \to \mathbb{C}^m, \quad (z^1,\cdots,z^n) \mapsto (w^1,\cdots,w^m)$$

的每一个分量 $w^i = w^i(z^1,\cdots,z^n)$ 都是 Ω 上的解析函数, 则称 F 为 Ω 到 $\mathbb{C}^m$ 的**解析映射**. 设 Ω_1 和 Ω_2 都是 $\mathbb{C}^n$ 中的区域, 如果解析映射 $F: \Omega_1 \to \Omega_2$ 有逆映射 $F^{-1}: \Omega_2 \to \Omega_1$, 并且逆映射 F^{-1} 也是解析的, 则

称 F 为**解析同胚**. 如果映射 $F: \Omega_1 \to \Omega_2$ 是解析同胚, 则容易看出区域 Ω_2 上的函数 $f: \Omega_2 \to \mathbb{C}$ 为解析函数的充分必要条件是 $f \circ F$ 是 Ω_1 上的解析函数. 因此, 对于解析同胚的区域, 其上的解析函数理论是一样的, 我们可以将解析同胚的区域等同起来. 利用这样的等同, 我们就可以在更一般的空间 —— 复流形上来讨论解析函数的理论了. 下面我们先给出复流形的定义.

定义 3.1.1 设 M 是连通且具有可数基的 Hausdorff 空间, 如果存在 M 的一个开覆盖 $\{U_\alpha\}$, 使得在每一个 U_α 上能够给一个拓扑同胚 $h_\alpha : U_\alpha \to W_\alpha$, 满足 W_α 是 $\mathbb{C}^n$ 中的区域, 而当 $U_\alpha \cap U_\beta \neq \varnothing$ 时, 映射

$$h_\beta \circ h_\alpha^{-1} : h_\alpha(U_\alpha \cap U_\beta) \to h_\beta(U_\alpha \cap U_\beta)$$

是 $\mathbb{C}^n$ 中开集 $h_\alpha(U_\alpha \cap U_\beta)$ 到 $h_\beta(U_\alpha \cap U_\beta)$ 的解析同胚, 则称 M 为 n **维复流形**.

在上面定义中, 如果 Hausdorff 空间 M 同时是紧致的拓扑空间 (即开覆盖定理在 M 上成立), 则称 M 为**紧复流形**.

如果 M 是复流形, $\{U_\alpha\}$ 和 $\{h_\alpha\}$ 分别是满足上面定义的开覆盖和映射, 则 $\{U_\alpha, h_\alpha\}$ 称为复流形 M 的一个**坐标覆盖**. 对于 M 中的点 $P \in U_\alpha$, 设 $h_\alpha(P) = (z_\alpha^1(P), \cdots, z_\alpha^n(P)) \in \mathbb{C}^n$, 我们称 $(z_\alpha^1(P), \cdots, z_\alpha^n(P))$ 为 P 点对 h_α 的**局部坐标**. 下面讨论中, 为了符号简单, 我们将省去 h_α. 当 $P \in U_\alpha \cap U_\beta$ 时, 利用局部坐标可将映射

$$h_\beta \circ h_\alpha^{-1} : h_\alpha(U_\alpha \cap U_\beta) \to h_\beta(U_\alpha \cap U_\beta)$$

表示为 $\mathbb{C}^n$ 中区域之间的解析映射

$$(z_\alpha^1(P), \cdots, z_\alpha^n(P)) \mapsto (z_\beta^1(P), \cdots, z_\beta^n(P)),$$

这一映射称为**坐标变换**. 由于解析函数的性质在解析同胚变换下是不变的, 或者说在上面的坐标变换下不变, 因而我们可以将 $\mathbb{C}^n$ 中区域上关于解析函数的各种讨论推广到复流形上. 例如, 我们可以将解析函数的概念推广为复流形之间的解析映射.

定义 3.1.2 设 M_1 和 M_2 分别是 n 维和 m 维的复流形, $F: M_1 \to M_2$ 是 M_1 到 M_2 的映射, 如果 F 满足: 对于任意点 $P \in M_1$, 分

别存在 P 点和 $F(P)$ 点的局部坐标 $(z^1, \cdots, z^n)$ 和 $(w^1, \cdots, w^m)$, 使得映射 F 用局部坐标表示为

$$(z^1, \cdots, z^n) \mapsto (w^1, \cdots, w^m)$$

时, 是 $\mathbb{C}^n$ 中开集到 $\mathbb{C}^m$ 中开集的解析映射, 则称 F 为复流形 M_1 到 M_2 的**解析映射**. 复流形 M 到复平面 $\mathbb{C}$ 的解析映射称为复流形 M 上的**解析函数**.

如果对于解析映射 $F: M_1 \to M_2$, 存在解析映射 $G: M_2 \to M_1$, 使得 $F \circ G = \mathrm{Id}, G \circ F = \mathrm{Id}$ (这里 Id 表示恒等映射), 则称 F 为**解析同胚**, 称 G 为 F 的**逆映射**, 称 M_1 与 M_2 为**解析同胚的复流形**.

设 M 是拓扑空间, 如果在 M 上存在两个坐标覆盖 $\{U_\alpha, h_\alpha\}$ 和 $\{\widetilde{U}_{\alpha'}, \widetilde{h}_{\alpha'}\}$, 使得 M 都成为复流形, 并且将这两个坐标覆盖放在一起后仍然是 M 的坐标覆盖, 即 $\{U_\alpha, \widetilde{U}_{\alpha'}, h_\alpha, \widetilde{h}_{\alpha'}\}$ 也满足复流形定义中坐标覆盖的条件, 则称 $\{U_\alpha, h_\alpha\}$ 和 $\{\widetilde{U}_{\alpha'}, \widetilde{h}_{\alpha'}\}$ 是彼此相容的坐标覆盖, 由 $\{h_\alpha\}$ 和 $\{\widetilde{h}_{\alpha'}\}$ 给出的局部坐标是彼此相容的局部坐标. 对于后面的讨论, 在使用复流形的局部坐标时, 对于彼此相容的局部坐标, 我们将不加区别. 下面我们先给出一些复流形的例子.

例 1 $\mathbb{C}^n$ 和 $\mathbb{C}^n$ 中的区域都是复流形.

为了得到更多的复流形的例子, 我们这里对多元解析函数的隐函数定理做一点简单介绍.

定理 3.1.1 (隐函数定理) 设 $F(z^1, \cdots, z^n)$ 是区域 $\Omega \subset \mathbb{C}^n$ 上的解析函数, 如果在点 $Z_0 = (z_0^1, \cdots, z_0^n) \in \Omega$,

$$F(z_0^1, \cdots, z_0^n) = 0, \quad \frac{\partial F}{\partial z^1}(z_0^1, \cdots, z_0^n) \neq 0,$$

则存在 $(z_0^1, \cdots, z_0^n)$ 的一个邻域 O 和 $(z_0^2, \cdots, z_0^n) \in \mathbb{C}^{n-1}$ 的一个邻域 W, 以及 W 上唯一的一个解析函数 $z^1 = h(z^2, \cdots, z^n)$, 使得 $(z^1, \cdots, z^n) \in O$ 是方程 $F(z^1, \cdots, z^n) = 0$ 的解的充分必要条件是存在 $(z^2, \cdots, z^n) \in W$, 满足 $z^1 = h(z^2, \cdots, z^n)$. 即函数 F 在开集 O 上的零点集可以表示为 W 上的解析函数 $z^1 = h(z^2, \cdots, z^n)$ 的图像

$$\left\{ (h(z^2, \cdots, z^n), z^2, \cdots, z^n) \mid (z^2, \cdots, z^n) \in W \right\}.$$

证明 设对于 $i = 1, 2, \cdots, n$, $z^i = x^i + \mathrm{i} y^i$, 其中 x^i 和 y^i 都是实变量, 设

$$F(z^1, \cdots, z^n)$$
$$= U(x^1, \cdots, x^n; y^1, \cdots, y^n) + \mathrm{i} V(x^1, \cdots, x^n; y^1, \cdots, y^n)$$

是 F 对实变量的分解. 由 Cauchy-Riemann 方程知

$$\frac{\partial F}{\partial z^1} = \frac{\partial U}{\partial x^1} + \mathrm{i}\frac{\partial V}{\partial x^1} = \frac{\partial V}{\partial y^1} - \mathrm{i}\frac{\partial U}{\partial y^1}.$$

由于 $\frac{\partial F}{\partial z^1}(z_0^1, \cdots, z_0^n) \neq 0$, 因而

$$\frac{\partial(U, V)}{\partial(x^1, y^1)}(x_0^1, \cdots, x_0^n; y_0^1, \cdots, y_0^n)$$
$$= \frac{\partial U}{\partial x^1}(x_0^1, \cdots, x_0^n; y_0^1, \cdots, y_0^n) \cdot \frac{\partial V}{\partial y^1}(x_0^1, \cdots, x_0^n; y_0^1, \cdots, y_0^n)$$
$$- \frac{\partial U}{\partial y^1}(x_0^1, \cdots, x_0^n; y_0^1, \cdots, y_0^n) \cdot \frac{\partial V}{\partial x^1}(x_0^1, \cdots, x_0^n; y_0^1, \cdots, y_0^n)$$
$$= \left[\frac{\partial U}{\partial x^1}(x_0^1, \cdots, x_0^n; y_0^1, \cdots, y_0^n)\right]^2 + \left[\frac{\partial V}{\partial x^1}(x_0^1, \cdots, x_0^n; y_0^1, \cdots, y_0^n)\right]^2$$
$$= \left|\frac{\partial F(Z_0)}{\partial z^1}\right|^2 \neq 0 \text{ 即 } \left|\frac{\partial F(Z_0)}{\partial z^1}\right|^2 \neq 0.$$

即函数 U, V 关于变量 (x^1, y^1) 的 Jacobi 行列式在 Z_0 点不为零. 由此, 利用数学分析中关于实函数的隐函数定理, 我们知道, 由方程

$$\begin{cases} U(x^1, \cdots, x^n; y^1, \cdots, y^n) = 0, \\ V(x^1, \cdots, x^n; y^1, \cdots, y^n) = 0, \end{cases}$$

我们可在点 $(x_0^1, \cdots, x_0^n; y_0^1, \cdots, y_0^n)$ 的邻域上解出可微函数

$$\begin{cases} x^1 = x^1(x^2, \cdots, x^n; y^2, \cdots, y^n), \\ y^1 = y^1(x^2, \cdots, x^n; y^2, \cdots, y^n). \end{cases}$$

将其用复变量表示为 $z^1 = h(z^2, \cdots, z^n)$, 则由

$$F(h(z^2, \cdots, z^n), z^2, \cdots, z^n) \equiv 0,$$

我们得到对于 $i = 2, \cdots, n$, 恒有
$$0 = \frac{\partial F(h(z^2, \cdots, z^n), z^2, \cdots, z^n)}{\partial \overline{z^i}} = \frac{\partial F}{\partial z^1} \frac{\partial h}{\partial \overline{z^i}}.$$
但由条件 $\frac{\partial F}{\partial z^1} \neq 0$, 所以必须 $\frac{\partial h}{\partial \overline{z^i}} = 0$, 即 $z^1 = h(z^2, \cdots, z^n)$ 是解析函数. 证毕.

利用隐函数定理, 我们可以给出更多的复流形的例子.

例 2 设 $F(z^1, \cdots, z^n)$ 是区域 $\Omega \subset \mathbb{C}^n$ 上的解析函数, 令
$$Z(F) = \{Z \in \Omega \mid F(Z) = 0\}.$$
如果对于任意点 $Z \in Z(F)$, 恒有
$$\mathrm{grad}(F)(Z) = \left(\frac{\partial F}{\partial z^1}(Z), \cdots, \frac{\partial F}{\partial z^n}(Z)\right) \neq 0,$$
则 $Z(F)$ 的每一个连通分支都是 $n-1$ 维的复流形.

结论的证明留给读者作为练习.

一般地, 对函数的个数应用归纳法, 则有下面形式的隐函数定理.

定理 3.1.2 (隐函数定理) 设
$$F_1(z^1, \cdots, z^n), \cdots, F_r(z^1, \cdots, z^n)$$
是区域 $\Omega \subset \mathbb{C}^n$ 上的 r 个解析函数, 如果点 $Z_0 = (z_0^1, \cdots, z_0^n) \in \Omega$ 满足 $F_1(Z_0) = 0, \cdots, F_r(Z_0) = 0$, 并且 $F_1, \cdots, F_r$ 关于变量 $z^1, \cdots, z^n$ 的 Jacobi 矩阵
$$\frac{D(F_1, \cdots, F_r)}{D(z^1, \cdots, z^n)} = \left[\frac{\partial F_i}{\partial z^j}\right]_{1 \leqslant j \leqslant n}^{1 \leqslant i \leqslant r}$$
在 $Z_0 = (z_0^1, \cdots, z_0^n)$ 的秩为 r, 假定其中
$$\det \frac{D(F_1, \cdots, F_r)}{D(z^1, \cdots, z^r)}(z_0^1, \cdots, z_0^n) = \left|\frac{\partial F_i(Z_0)}{\partial z^j}\right|_{1 \leqslant i,j \leqslant r} \neq 0,$$
则存在 $(z_0^1, \cdots, z_0^n)$ 的一个邻域 U 和 $(z_0^{r+1}, \cdots, z_0^n)$ 在 $\mathbb{C}^{n-r}$ 中的一个邻域 V, 以及 V 上唯一确定的 r 个解析函数
$$z^1 = h_1(z^{r+1}, \cdots, z^n), \cdots, z^r = h_r(z^{r+1}, \cdots, z^n),$$

使得 $(z^1,\cdots,z^n)\in U$ 满足
$$F_1(z^1,\cdots,z^n)=0,\cdots,F_r(z^1,\cdots,z^n)=0$$
的充分必要条件是
$$z^1=h_1(z^{r+1},\cdots,z^n),\cdots,z^r=h_r(z^{r+1},\cdots,z^n).$$

如果利用解析映射的语言, 多个函数的隐函数定理也可以等价地表示为: 映射 $V\to U$,
$$(z^{r+1},\cdots,z^n)$$
$$\mapsto (h_1(z^{r+1},\cdots,z^n),\cdots,h_r(z^{r+1},\cdots,z^n),z^{r+1},\cdots,z^n)$$
的像集与方程组
$$\begin{cases} F_1(z^1,\cdots,z^n)=0, \\ \cdots\cdots\cdots \\ F_r(z^1,\cdots,z^n)=0, \end{cases}$$
在 U 上的解相同, 或者说, 在 $U\subset\mathbb{C}^n$ 上, 上面方程组所有的解构成的集合与 $\mathbb{C}^{n-r}$ 中的区域 V 一一对应. 如果用复流形的语言, 则可说 V 的坐标 $(z^{r+1},\cdots,z^n)$ 给出了方程组的解空间在 U 上的局部坐标.

作为隐函数定理的特例, 成立下面的逆变换定理.

定理 3.1.2$'$ (逆变换定理) 如果定义在区域 $\Omega\subset\mathbb{C}^n$ 上的解析映射 $F:(z^1,\cdots,z^n)\mapsto(w^1,\cdots,w^n)$ 在 $Z_0\in\Omega$ 处满足
$$\operatorname{rank}\frac{D(w^1,\cdots,w^n)}{D(z^1,\cdots,z^n)}(Z_0)=n,$$
则存在 Z_0 的邻域 U 和 $F(Z_0)$ 的邻域 V, 使得 $F:U\to V$ 是解析同胚.

上面两个定理的证明方法与数学分析中多个函数的隐函数定理和逆变换定理的证明方法基本相同 (参阅文献 [2]), 这里就不讨论了.

作为隐函数定理和逆变换定理的应用, 如果我们利用在上面的隐函数定理中给出的 $\mathbb{C}^{n-r}$ 中区域 V 与解析函数 $F_1(z^1,\cdots,z^n),\cdots,F_r(z^1,\cdots,z^n)$ 在 U 上的公共零点集的一一对应, 将 V 看做是这些函数公共零点集的局部坐标, 假定

$$\operatorname{rank}\frac{D(F_1,\cdots,F_r)}{D(z^1,\cdots,z^n)}=r$$

在 $F_1(z^1,\cdots,z^n),\cdots,F_r(z^1,\cdots,z^n)$ 的公共零点上处处成立,则不难看出 $F_1(z^1,\cdots,z^n),\cdots,F_r(z^1,\cdots,z^n)$ 的公共零点所成集合的每一个连通分支都是 $n-r$ 维的复流形. 我们一般称这样的复流形为 $\mathbb{C}^n$ 的**复子流形**.

利用上面的隐函数定理, 通过解析函数的公共零点集可以构造出各种复流形. 另一种构造复流形的方法是通过商空间得到的. 下面我们介绍其中最重要的一类紧复流形 —— 复投影空间.

首先以 $(z^0,z^1,\cdots,z^n)$ 表示 $\mathbb{C}^{n+1}$ 的坐标, 集合 $\mathbb{C}^{n+1}\setminus\{0\}$ 显然是 $n+1$ 维的复流形. 我们在 $\mathbb{C}^{n+1}\setminus\{0\}$ 上定义一个关系 $\sim$ 为: 如果对于 $\mathbb{C}^{n+1}\setminus\{0\}$ 中的两个元素 $(z^0,\cdots,z^n)$ 与 $(w^0,\cdots,w^n)$, 存在 $\lambda\in\mathbb{C}$, 使得
$$(z^0,\cdots,z^n)=\lambda(w^0,\cdots,w^n),$$
则称 $(z^0,\cdots,z^n)$ 与 $(w^0,\cdots,w^n)$ 有关系 $\sim$, 记为 $(z^0,\cdots,z^n)\sim(w^0,\cdots,w^n)$.

不难看出 $\sim$ 是 $\mathbb{C}^{n+1}\setminus\{0\}$ 上的一个等价关系,因此 $\sim$ 将 $\mathbb{C}^{n+1}\setminus\{0\}$ 分解为互不相交的等价类的并. 而由定义容易得到, 关系 $\sim$ 的每一个等价类是 $\mathbb{C}^{n+1}$ 中一过原点但不包含原点的复平面. 我们将 $\mathbb{C}^{n+1}\setminus\{0\}$ 关于 $\sim$ 的等价类全体构成的集合记为 $\mathbb{C}P^n$, 即
$$\mathbb{C}P^n=\{\mathbb{C}^{n+1}\setminus\{0\}\}/\sim.$$

以 $[z^0,\cdots,z^n]$ 记 $(z^0,\cdots,z^n)$ 所在的等价类, $(z^0,\cdots,z^n)$ 称为点 $[z^0,\cdots,z^n]$ 的**齐次坐标**. 下面我们希望在 $\mathbb{C}P^n$ 上定义出一个结构, 使之成为复流形. 为此我们需要先在 $\mathbb{C}P^n$ 上定义一个拓扑结构. 首先对于 $i=0,1,\cdots,n$, 令
$$U_i=\left\{[z^0,\cdots,z^n]\in\mathbb{C}P^n\mid z^i\neq 0\right\}.$$

固定 i, 对 U_i 中每一个点 $[z^0,\cdots,z^n]$, 可选出唯一的一个代表元素
$$(z^0,\cdots,z^{i-1},1,z^{i+1},\cdots,z^n).$$

这一代表元素利用 $[z^0,\cdots,z^n]$ 的齐次坐标 $(z^0,\cdots,z^n)$ 也可表示为
$$\left(\frac{z^0}{z^i},\cdots,\frac{z^{i-1}}{z^i},1,\frac{z^{i+1}}{z^i},\cdots,\frac{z^n}{z^i}\right).$$

利用这一表示, 定义映射
$$h_i:U_i\to\mathbb{C}^n;$$
$$[z^0,\cdots,z^n]\mapsto\left(\frac{z^0}{z^i},\cdots,\frac{z^{i-1}}{z^i},1,\frac{z^{i+1}}{z^i},\cdots,\frac{z^n}{z^i}\right)$$
$$\mapsto\left(\frac{z^0}{z^i},\cdots,\frac{z^{i-1}}{z^i},\frac{z^{i+1}}{z^i},\cdots,\frac{z^n}{z^i}\right)\in\mathbb{C}^n,$$

不难看出 h_i 是集合 U_i 到 $\mathbb{C}^n$ 的一个一对一的映射. 按照复流形对坐标覆盖的要求, 我们将这一映射看做拓扑同胚, 即集合 $O\subset U_i$ 是开集, 当且仅当 $h_i(O)$ 是 $\mathbb{C}^n$ 中的开集. 利用此, U_i 成为拓扑空间. 下面我们将 U_i 与 $\mathbb{C}^n$ 等同. 称 $\left(\frac{z^0}{z^i},\cdots,\frac{z^{i-1}}{z^i},\frac{z^{i+1}}{z^i},\cdots,\frac{z^n}{z^i}\right)$ 为 U_i 上的**非齐次坐标**. 这里为了区别齐次与非齐次坐标, 我们暂时用 $(w^1,\cdots,w^n)$ 记 $\mathbb{C}^n$ 的坐标, 将 h_i 表示为
$$h_i([z^0,\cdots,z^n])\mapsto\left(\frac{z^0}{z^i},\cdots,\frac{z^{i-1}}{z^i},1,\frac{z^{i+1}}{z^i},\cdots,\frac{z^n}{z^i}\right)$$
$$\mapsto(w_i^1,\cdots,w_i^n).$$

对于 $i,j=0,1,\cdots,n, i\neq j$, 在 $U_i\cap U_j$ 上, 映射 $h_j\circ h_i^{-1}$ 可以表示为
$$h_j\circ h_i^{-1}:(w_i^1,\cdots,w_i^n)\mapsto\left(\frac{z^0}{z^i},\cdots,\frac{z^{i-1}}{z^i},1,\frac{z^{i+1}}{z^i},\cdots,\frac{z^n}{z^i}\right)$$
$$\mapsto\left(\frac{z^0}{z^j},\cdots,\frac{z^{j-1}}{z^j},1,\frac{z^{j+1}}{z^j},\cdots,\frac{z^n}{z^j}\right)$$
$$=\frac{z^i}{z^j}\left(\frac{z^0}{z^i},\cdots,\frac{z^{i-1}}{z^i},1,\frac{z^{i+1}}{z^i},\cdots,\frac{z^n}{z^i}\right)$$
$$\mapsto(w_j^1,\cdots,w_j^n),$$

即
$$(w_j^1,\cdots,w_j^n)=h_j\circ h_i^{-1}(w_i^1,\cdots,w_i^n)=\frac{1}{w_i^j}(w_i^1,\cdots,w_i^n),$$

$h_j \circ h_i^{-1}$ 是 $\mathbb{C}^n$ 中开集 $\{(w_i^1, \cdots, w_i^n) \in \mathbb{C}^n \mid w_i^j \neq 0\}$ 到 $\mathbb{C}^n$ 中开集 $\{(w_j^1, \cdots, w_j^n) \in \mathbb{C}^n \mid w_j^i \neq 0\}$ 的解析同胚. 特别地, $h_j \circ h_i^{-1}$ 也是拓扑同胚. 我们得到, 利用 h_i 和 h_j 在 $U_i \cap U_j$ 上得到的拓扑结构相同, 由此 $\mathbb{C}P^n$ 成为一拓扑空间. 而将 $\{U_i, h_i\}_{i=0,1,\cdots,n}$ 作为 $\mathbb{C}P^n$ 的坐标覆盖, 我们得到 $\mathbb{C}P^n$ 是一复流形, 称为 n **维复投影空间**. $\mathbb{C}P^n$ 是复流形 $\mathbb{C}^{n+1} \setminus \{0\}$ 对于等价关系 $\sim$ 的商流形.

下面我们进一步证明 $\mathbb{C}P^n$ 实际是紧复流形. 对此我们仅需证明 Bolzano 定理在 $\mathbb{C}P^n$ 上成立, 即 $\mathbb{C}P^n$ 中任意点列都含有收敛子列. 设 $\{P_k = [z_k^0, \cdots, z_k^n]\}$ 是 $\mathbb{C}P^n$ 中一个给定的点列, 选取 $\mathbb{C}^{n+1} \setminus \{0\}$ 中的点列 $\{Z_k = (z_k^0, \cdots, z_k^n)\}$ 使得 Z_k 是 P_k 的代表元素. 对 $(z_k^0, \cdots, z_k^n)$ 的每个分量逐一讨论, 则容易得到, 存在一个分量, 例如, $\{z_k^0\}$, 以及 $k_0 \in \mathbb{N}$, 满足对于任意 $k > k_0$, $z_k^0 \neq 0$, 而 $\left\{\left(\frac{z_k^1}{z_k^0}, \cdots, \frac{z_k^n}{z_k^0}\right)\right\}$ 是 $\mathbb{C}^n$ 中的有界序列. 利用 $\mathbb{C}^n$ 中的任意有界序列都存在收敛子列, 可设 $\left\{\left(\frac{z_k^1}{z_k^0}, \cdots, \frac{z_k^n}{z_k^0}\right)\right\}$ 收敛. 因此, 如果选 $Z_k = \left(1, \frac{z_k^1}{z_k^0}, \cdots, \frac{z_k^n}{z_k^0}\right)$ 为 P_k 的代表元素, 则序列 $\{Z_k\}$ 在 $\mathbb{C}P^n$ 的坐标覆盖 $\{U_i, h_i\}_{i=0,1,\cdots,n}$ 中的开集 U_0 内, 由于 U_0 与 $\mathbb{C}^n$ 拓扑同胚, 因而 $\{Z_k\}$ 在 U_0 中收敛, 由此得到序列 $\{P_k\}$ 在 $\mathbb{C}P^n$ 中收敛. $\mathbb{C}P^n$ 是一紧致拓扑空间, 因而是紧复流形.

固定 $\mathbb{C}P^n$ 的坐标覆盖 $\{U_i, h_i\}_{i=0,1,\cdots,n}$ 中的开集

$$U_0 = \{[z^0, \cdots, z^n] \in \mathbb{C}P^n \mid z^0 \neq 0\},$$

则由定义得

$$\mathbb{C}P^n \setminus U_0 = \{[0, z^1, \cdots, z^n] \mid (z^1, \cdots, z^n) \in \mathbb{C}^n \setminus \{0\}\}.$$

因而利用投影空间的定义容易看出 $\mathbb{C}P^n \setminus U_0$ 与 $\mathbb{C}P^{n-1}$ 同胚. 但我们知道 U_0 与 $\mathbb{C}^n$ 同胚, 利用这样的同胚关系, 我们得到

$$\mathbb{C}P^n = U_0 \cup \{\mathbb{C}P^n \setminus U_0\} = \mathbb{C}^n \cup \mathbb{C}P^{n-1}.$$

因此, n 维复投影空间 $\mathbb{C}P^n$ 可看做是在不紧的 n 维复向量空间 $\mathbb{C}^n$ 上加了一个 $n-1$ 维复投影空间 $\mathbb{C}P^{n-1}$ 后所成的紧复流形, 所以 $\mathbb{C}P^n$

也称为 $\mathbb{C}^n$ 的**紧致化流形**. 这时, $\mathbb{C}P^{n-1} = \mathbb{C}P^n \setminus U_0$ 也称为 $U_0 = \mathbb{C}^n$ 的**无穷远部分**. 例如, $\mathbb{C}P^1 = \mathbb{C} \cup \mathbb{C}P^0 = \mathbb{C} \cup \{\infty\}$ 就是我们在单复变函数论中经常用到的**Riemann 球** (参阅文献 [3]).

同样类比于 $\mathbb{C}P^1 = \mathbb{C} \cup \{\infty\}$, 对于 $\mathbb{C}^n = U_0$ 中任意给定的一个非零复向量 $Z = (z^1, \cdots, z^n)$, 集合 $P_Z = \{\lambda(z^1, \cdots, z^n) \mid \lambda \in \mathbb{C}\}$ 是由这一向量在 $\mathbb{C}^n$ 中生成的一个过原点的复平面. 这一平面在 $\mathbb{C}P^n \setminus U_0 = \mathbb{C}P^{n-1}$ 中唯一地确定了一个点 $[0, z^1, \cdots, z^n] \in \mathbb{C}P^{n-1}$. 如果将这一点看做复平面 P_Z 的无穷远点 ∞_Z, 则 $P_Z \cup \{\infty_Z\} = \mathbb{C}P^1$ 是一 Riemann 球, 而这时分解 $\mathbb{C}P^n = \mathbb{C}^n \cup \mathbb{C}P^{n-1}$ 也可表示为

$$\mathbb{C}P^n = \mathbb{C}^n \cup \mathbb{C}P^{n-1} = \bigcup_{Z \in \mathbb{C}^n \setminus \{0\}} \left(P_Z \cup \{\infty_Z\} \right),$$

其中 $P_Z \subset \mathbb{C}^n, \infty_Z \in \mathbb{C}P^{n-1}$. 当然, 在上面等式中, 如果 Z 和 Z' 在同一复平面上, 即存在 $\lambda \in \mathbb{C}$, 使得 $Z = \lambda Z'$, 则 $P_Z \cup \{\infty_Z\} = P_{Z'} \cup \{\infty_{Z'}\}$. 利用这一观点, $\mathbb{C}P^n$ 可以看做是对 $\mathbb{C}^n$ 中每一个过原点的复平面

$$P_Z = \{\lambda(z^1, \cdots, z^n) \mid \lambda \in \mathbb{C}\}$$

添加了一个无穷远点 $[0, z^1, \cdots, z^n] \in \mathbb{C}P^{n-1}$ 后形成的紧复流形. 所以复投影空间是 Riemann 球的自然推广.

作为复投影空间的一个应用, 下面我们来讨论多元多项式公共零点集的紧致化问题.

设 $P(z^1, \cdots, z^n) \in \mathbb{C}[z^1, \cdots, z^n]$ 是一给定的关于 $(z^1, \cdots, z^n)$ 的 k 次多项式, 其中 $k > 0$. 令

$$Z(P) = \{(z^1, \cdots, z^n) \in \mathbb{C}^n \mid P(z^1, \cdots, z^n) = 0\}$$

为 $P(z^1, \cdots, z^n)$ 的零点集, 这时 $Z(P)$ 是 $\mathbb{C}^n$ 中一个非紧的集合. 由于紧的集合显然比非紧的集合容易讨论, 而按照上面投影空间的描述, 如果我们将 $\mathbb{C}P^n = \mathbb{C}^n \cup \mathbb{C}P^{n-1}$ 看做 $\mathbb{C}^n$ 的紧致化, 则可以考虑 $Z(P) \subset \mathbb{C}^n$ 在 $\mathbb{C}P^n$ 中的闭包, 使之成为紧集. 对于这一过程, 基本的做法是以 $[z^0, z^1, \cdots, z^n]$ 表示 $\mathbb{C}P^n$ 的齐次坐标, 令 $U_0 = \{[z^0, z^1, \cdots, z^n] \in \mathbb{C}P^n \mid z^0 \neq 0\}$, 则利用 U_0 的非齐次坐标 $\left(1, \dfrac{z^1}{z^0}, \cdots, \dfrac{z^n}{z^0}\right)$, 我们可将 U_0

等同于 $\mathbb{C}^n$. 对于 $(z^1, \cdots, z^n)$ 的 k 次多项式 $P(z^1, \cdots, z^n)$, 令
$$\widetilde{P}(z^0, z^1, \cdots, z^n) = (z^0)^k P\left(\frac{z^1}{z^0}, \cdots, \frac{z^n}{z^0}\right),$$
则 $\widetilde{P}(z^0, z^1, \cdots, z^n)$ 是 $(z^0, z^1, \cdots, z^n)$ 的 k 次齐次多项式. 利用多项式 $\widetilde{P}(z^0, z^1, \cdots, z^n)$ 的齐次性, 满足 $\widetilde{P}(z^0, z^1, \cdots, z^n) = 0$ 的点 $(z^0, z^1, \cdots, z^n)$ 仅与齐次坐标 $[z^0, z^1, \cdots, z^n]$ 代表的等价类有关, 与具体的表示无关. 因而, 如果令
$$\overline{Z(P)} = \left\{[z^0, z^1, \cdots, z^n] \in \mathbb{C}P^n \mid \widetilde{P}(z^0, z^1, \cdots, z^n) = 0\right\},$$
则 $\overline{Z(P)}$ 是 $\mathbb{C}P^n$ 中的闭集, 因而是紧集. $\overline{Z(P)}$ 就是 $Z(P) \subset U_0$ 在 $\mathbb{C}P^n$ 中的闭包, 这时 $\overline{Z(P)} \cap U_0 = Z(P)$. 而如果将 $P(Z)$ 分解为
$$P(Z) = P_0(Z) + P_1(Z) + \cdots + P_k(Z),$$
其中对于 $i = 0, \cdots, k$, $P_i(Z)$ 是由 $P(Z)$ 中次数为 i 的项组成的 i 次齐次多项式. 则 $\overline{Z(P)} \setminus Z(P) \subset \mathbb{C}P^{n-1}$ 就是 $P(Z)$ 的 k 次齐次部分 $P_k(Z)$ 在 $[0, z^1, \cdots, z^n] \in \mathbb{C}P^{n-1}$ 中的零点集, 因而可将其看做是 $Z(P)$ 的无穷远部分.

一般地, 对于多个多项式的公共零点集, 同样由于紧集的讨论比非紧的集合更容易, 所以我们通常用 $\mathbb{C}P^n$ 上多个多元齐次多项式的公共零点集代替 $\mathbb{C}^n$ 中多个一般多元多项式的公共零点集来进行讨论. 对此, 我们有下面定义.

定义 3.1.3 $\mathbb{C}P^n$ 中一族多元齐次多项式的公共零点集称为**代数子簇**. 如果一个代数子簇同时也是复流形, 则称为**代数流形**.

代数子簇是代数几何研究的基本对象, 对于多复分析, 则需要讨论什么样的紧复流形是代数流形. 在本书第 7 章中, 我们将给出代数流形的特征. 下面定理则给出了复投影空间中的正则子流形与齐次多项式公共零点集的关系 (这里关于正则子流形的定义, 见本节的定义 3.1.7).

定理 (周纬良 (Chow Wei-Liang) 定理) 如果 $M \subset \mathbb{C}P^n$ 是正则子流形, 则存在一族齐次多项式, 使得 M 是这一族齐次多项式的公共零点集. 即 $\mathbb{C}P^n$ 中的任意正则子流形都是代数子簇, 因而是代数流形.

周纬良定理的证明超出了本书的讨论范围,有兴趣的读者可参阅其他文献.

构造复流形的另一种常用方法是通过已知的流形来寻找其中的子流形,例如,利用隐函数定理,通过解析函数的公共零点集,我们可以构造出复向量空间中的许多复子流形,而通过齐次多项式的公共零点集,我们可以构造出复投影空间中许多紧的复子流形. 对于一般的复流形,我们有下面定义.

定义 3.1.4 设 M 是 n 维复流形, N 是 M 中的连通子集,如果对于任意点 $P \in N$, 存在 P 的邻域 $U \subset M$, 以及 M 在 U 上的局部坐标 $(z^1, \cdots, z^n)$, 使得 $z^1(P) = 0, \cdots, z^n(P) = 0$, 而

$$U \cap N = \left\{(z^1, \cdots, z^n) \mid z^{m+1} = \cdots = z^n = 0\right\},$$

则称 N 为 M 的 m **维复子流形**.

对于 M 的复子流形 N, 首先我们在 N 上定义拓扑结构为: 集合 $O \subset N$ 称为 N 中开集, 如果存在 M 中开集 $\widetilde{O}$, 使得 $O = \widetilde{O} \cap N$. N 上的这一拓扑结构称为 N 在 M 中的**相对拓扑**. 由于 M 是具有可数基的 Hausdorff 空间, 因而不难得到 N 也是具有可数基的 Hausdorff 空间. 而对于任意 $P \in N$, 利用上面定义中的局部坐标 $(z^1, \cdots, z^n)$, 易知 $(z^1, \cdots, z^m)$ 是 N 在 M 中相对开集 $U \cap N$ 上的局部坐标. 由此利用 N 在 M 中的相对拓扑和局部坐标 $(z^1, \cdots, z^m)$, 容易看出 N 是一 m 维复流形.

一般地, 设 M_1 和 M_2 分别是 m 维和 n 维复流形 $(m \leqslant n)$, $F: M_1 \to M_2$ 是解析映射. 如果在点 $P \in M_1$, 分别存在 P 点和 $F(P)$ 点的局部坐标 $(z^1, \cdots, z^m)$ 和 $(w^1, \cdots, w^n)$, 使得映射 F 在 P 点的 Jacobi 矩阵 $\dfrac{D(w^1, \cdots, w^n)}{D(z^1, \cdots, z^m)}$ 满足

$$\operatorname{rank} \frac{D(w^1, \cdots, w^n)}{D(z^1, \cdots, z^m)}(P) = m,$$

则利用隐函数定理可以看出, 存在 P 点的邻域 O 和 $F(P)$ 点的邻域 U, 以及 M_2 在 U 上的局部坐标 $(\widetilde{w}^1, \cdots, \widetilde{w}^n)$, 使得

$$F(O) \cap U = \left\{ (\widetilde{w}^1, \cdots, \widetilde{w}^n) \mid \widetilde{w}^{m+1} = \cdots = \widetilde{w}^n = 0 \right\},$$

因此 $F(O)$ 是 M_2 的 m 维复子流形. 而另一方面不难看出, 映射 F 在一个点的 Jacobi 矩阵的秩与局部坐标选取无关, 由此我们有下面两个定义.

定义 3.1.5 设 M_1 和 M_2 分别是 m 维和 n 维复流形 $(m \leqslant n)$, $F: M_1 \to M_2$ 是解析映射. 如果对于任意点 $P \in M_1$, 映射 F 在 P 点的 Jacobi 矩阵的秩都是 m, 则称 F 为**处处满秩的映射**, 称 $F: M_1 \to M_2$ 为流形 M_1 到流形 M_2 的**浸入映射**, $F(M_1)$ 为 M_2 中的**浸入子流形**.

定义 3.1.6 设 M_1 和 M_2 分别是 m 维和 n 维复流形 $(m \leqslant n)$, 解析映射 $F: M_1 \to M_2$ 是浸入映射. 如果 F 同时是单射, 则称 $F: M_1 \to M_2$ 为**嵌入映射**, 称 $F(M_1)$ 为 M_2 中的**嵌入子流形**.

当 $F: M_1 \to M_2$ 是嵌入映射时, 集合 $F(M_1) \subset M_2$ 上的拓扑结构是 $F(M_1)$ 作为 M_2 的子集, 在 M_2 中得到的相对拓扑. 而 $F: M_1 \to F(M_1)$ 是连续映射, 对于 $F(M_1)$ 中的任意开集 O, $F^{-1}(O) \subset M_1$ 是 M_1 中的开集, 但是对于 M_1 中的开集 $\widetilde{O}$, $F(\widetilde{O}) \subset F(M_1)$ 不一定是 $F(M_1)$ 中的开集, 即 $F^{-1}: F(M_1) \to M_1$ 不一定是连续映射. 因而 $F: M_1 \to F(M_1)$ 不一定是拓扑同胚, 同时 $F(M_1)$ 也不一定是 M_2 的子流形. 针对这一点, 我们有下面定义.

定义 3.1.7 设 $F: M_1 \to M_2$ 是嵌入映射, 如果对于集合 $F(M_1)$ 在 M_2 中得到的相对拓扑, 映射 $F: M_1 \to F(M_1)$ 同时是拓扑同胚, 则称 $F: M_1 \to M_2$ 为**正则嵌入**.

如果 $F: M_1 \to M_2$ 是正则嵌入, 则 $F(M_1)$ 是 M_2 中的复子流形, 同时 $F: M_1 \to F(M_1)$ 是解析同胚. 这时称 M_1 为 M_2 的**正则子流形**.

对于嵌入映射的讨论, 一个基本的问题是: 怎样保证流形之间满秩的单射 $F: M_1 \to M_2$, 同时满足 $F: M_1 \to F(M_1)$ 是拓扑同胚. 对此问题, 我们通常需要对映射 F 加上逆紧的条件.

定义 3.1.8 设 X_1 和 X_2 都是拓扑空间, 映射 $F: X_1 \to X_2$ 如果满足: 对于 X_2 中的任意紧集 K, K 对于 F 的逆象集 $F^{-1}(K)$ 是 X_1

中的紧集, 则称 F 为**逆紧映射** (proper map).

对于逆紧映射与拓扑同胚的关系, 我们有下面定理.

定理 3.1.3 设 M_1 和 M_2 都是复流形, 假定映射 $F: M_1 \to M_2$ 是连续的单射, 如果 F 同时是逆紧映射, 则 $F: M_1 \to F(M_1)$ 是拓扑同胚.

证明 由于 F 是连续的, 因此 $F(M_1)$ 中开集对于 F 的逆像是 M_1 中的开集, 所以要证明 $F: M_1 \to F(M_1)$ 是拓扑同胚, 我们只需证明 F 将 M_1 中的开集映为 $F(M_1)$ 中的开集. 对此, 我们只需证明 F 将 M_1 中的闭集映为 $F(M_1)$ 中的闭集.

设 $S \subset M_1$ 是闭集, $\{P_n\}$ 是 $F(S)$ 中的序列, $\lim\limits_{n \to +\infty} P_n = P_0$, 则集合 $V = \{P_n\} \cup \{P_0\}$ 是 M_2 中的紧集. 由假设 $F^{-1}(V) \cap S \subset S$ 是紧集, 因而序列 $\{F^{-1}(P_n)\} \subset S$ 中有收敛的子列. 不妨设 $F^{-1}(P_n) \mapsto Q_0$, 则由 S 是闭集得 $Q_0 \in S$, 而由 F 的连续性得 $F(Q_0) = P_0$, 即 $P_0 \in F(S)$, $F(S)$ 是闭集. 证毕.

在下面讨论中, 我们将利用逆紧的条件来给出流形的正则嵌入. 如果不作特别说明, 我们假定讨论的嵌入映射都是正则的嵌入映射.

在继续讨论之前, 我们先来说明我们需要讨论什么样的问题以及其中的主要困难是什么. 首先, 如果将这一节在上面所有讨论中的复向量空间 $\mathbb{C}^n$ 用实向量空间 $\mathbb{R}^n$ 来代替, 将解析映射用光滑映射来代替, 则利用完全同样的方法, 我们容易定义出相应的微分流形、可微映射以及正则子流形等. 而对于一般的微分流形与实向量空间 $\mathbb{R}^n$ 的关系, 我们有下面著名的 Whitney 嵌入定理.

Whitney 嵌入定理 设 M 是 n 维微分流形, 则

(1) 存在 M 到 $\mathbb{R}^{2n}$ 处处满秩的单射 $F: M \to \mathbb{R}^{2n}$, 即 M 总是 $\mathbb{R}^{2n}$ 中的浸入子流形;

(2) 存在 M 到 $\mathbb{R}^{2n+1}$ 处处满秩, 且逆紧的单射 $F: M \to \mathbb{R}^{2n+1}$, 即 M 总可正则嵌入到 $\mathbb{R}^{2n+1}$ 中成为 $\mathbb{R}^{2n+1}$ 的正则子流形.

然而遗憾的是, Whitney 嵌入定理对于复流形是不能推广的. 实流形与复流形的一个基本差别是: 在任意实流形上存在各种各样的可

微函数, 或者说, 对于任意实流形 M_1 和 M_2, 存在许许多多 M_1 到 M_2 的非平凡的可微映射. 然而, 在考虑复流形时, 由于多元解析函数的唯一性定理和最大模原理等因素, 对于给定的两个复流形 M_1 和 M_2, 在什么条件下存在非平凡的解析映射 $F: M_1 \to M_2$ 是一个讨论起来非常困难的问题. 例如, 当 M 是紧复流形时, 如果 f 是 M 上的解析函数, 则 $|f|$ 是 M 上的连续函数, 因而由紧空间上连续函数取到最大值和最小值的最大最小值定理得, 连续函数 $|f|$ 在 M 中某一点取到最大值. 但另一方面, 解析函数满足最大模原理: 如果 f 是非常值的解析函数, 则 $|f|$ 在内点不能取到最大值 (参阅本书第 1 章), 所以 f 在 M 上必须是常数. 我们得到在紧复流形上不存在非常值的解析函数, 因而不存在紧复流形到 $\mathbb{C}^n$ 的非平凡的解析映射. 对于任意复流形 M, M 上是否存在非常值的解析函数, 或者更一般地, M 上是否存在非常值的亚纯函数 (见下面定义 3.1.9), 至今仍然是一个十分难以回答的问题. 所以与微分流形理论中通常只需考虑 $\mathbb{R}^n$ 的正则子流形这一点不同, 对于复流形, 紧复流形与非紧复流形需要分开来讨论. 而对于复流形的嵌入问题, 紧复流形和非紧复流形分别需要利用不同的标准空间.

在上面讨论中, 我们给出了两种复流形 $\mathbb{C}^n$ 和 $\mathbb{C}P^n$, 其中复投影空间 $\mathbb{C}P^n$ 是紧复流形. 将这两种复流形作为标准空间, 对于多复分析这一理论, 需要研究的基本问题之一是: 什么样的复流形能够成为这两个标准空间中的正则复子流形. 这里我们先来讨论怎样表示一般的复流形到这两个标准空间的解析映射.

设 M 是复流形, $F: M \to \mathbb{C}^n$ 是解析映射, 表示为 $P \mapsto (f^1(P), \cdots, f^n(P))$, 则对 $i = 1, \cdots, n$, $f^i(P)$ 都是 M 上的解析函数. 反之, 任意给定 M 上 n 个解析函数 $f^1(P), \cdots, f^n(P)$, 我们得到 M 到 $\mathbb{C}^n$ 的一个解析映射 $P \mapsto (f^1(P), \cdots, f^n(P))$. 要使得 M 能够成为 $\mathbb{C}^n$ 的复子流形, M 上必须有许许多多的解析函数. 当然, 这并不是总成立的, 在下一节我们将给出 $\mathbb{C}^n$ 中复子流形的特征.

如果 M 是紧复流形, 则我们仅能考虑 M 到复投影空间的解析映射. 设 $F: M \to \mathbb{C}P^n$ 是一解析映射, 类比于上面 $\mathbb{C}^n$ 的情况, 我们的问题是: 怎样利用 M 上的函数给出映射 F 的整体表示. 我们从 F 的局部表示开始讨论. 首先, 利用 $\mathbb{C}P^n$ 的齐次坐标, 我们可以将 F 表示为
$$P \mapsto F(P) = [f^0(P), \cdots, f^n(P)].$$
设点 $P \in M$ 给定, 任取 P 的像点 $F(P) = [f^0(P), \cdots, f^n(P)] \in \mathbb{C}P^n$ 的一个表示元素
$$(f^0(P), \cdots, f^n(P)) \in \mathbb{C}^{n+1} \setminus \{0\},$$
利用投影 $\mathbb{C}^{n+1} \setminus \{0\} \to \mathbb{C}P^n$, 局部我们总可以将映射 F 在 P 点的某个邻域 U_P 上表示为 $Q \mapsto (f^0(Q), \cdots, f^n(Q))$ 的形式, 其中每一个分量 $f^i(Q)$ 都是 U_P 上的解析函数, 而函数 $f^0(Q), \cdots, f^n(Q)$ 对于任意点 $Q \in U_P$ 都没有公共零点. 例如, 利用我们在 $\mathbb{C}P^n$ 的定义中给出的坐标覆盖 $\{U_i, h_i\}_{i=0,1,\cdots,n}$, 我们可以用 $\mathbb{C}P^n$ 的非齐次坐标在 P 点邻域表示 F. 设 $F(P) \in U_i = \left\{[z^0, \cdots, z^n] \in \mathbb{C}P^n \mid z_i \neq 0\right\}$, 则 F 在 P 点邻域 U_P 上可表示为
$$Q \mapsto (g^0(Q), \cdots, g^{i-1}(Q), 1, g^{i+1}(Q), \cdots, g^n(Q)),$$
其中对于 $j = 0, 1, \cdots, n, j \neq i$, 上面表示中的每一个分量 $g^j(Q)$ 都是 U_P 上的解析函数. 利用齐次坐标与非齐次坐标的关系, 比较 F 对于齐次坐标与非齐次坐标的表示, 我们得到
$$g^j(Q) = \frac{f^j(Q)}{f^i(Q)}, \quad j = 0, 1, \cdots, n, j \neq i.$$
函数 g^j 可以表示为两个解析函数的商. 为了利用 g^j 整体地给出 F 的表示, 我们首先将单复变函数论中亚纯函数的概念推广到复流形上.

定义 3.1.9 设 M 是复流形, g 是 M 上的一个"函数", 如果对于任意点 $P \in M$, 都存在 P 的邻域 U_P 和 U_P 上的两个解析函数 f_1, f_2, 使得 f_2 在 U_P 上不恒为零, 而 g 在 U_P 上可以表示为
$$g = \frac{f_1}{f_2},$$
则称"函数" g 为 M 上的**亚纯函数**.

简言之, 对于多个复变量, 我们将局部可以表示为两个解析函数的商的函数称为亚纯函数. 不难看出, 对于复平面中的区域, 这里亚纯函数的定义与通常亚纯函数的定义是一致的. 需要说明的是, 由于多元解析函数的零点都不是孤立的, 所以在亚纯函数的表示 $g = f_1/f_2$ 中, 分子与分母的公共零点不一定能够消去. 定义 3.1.9 中对所谓的 "函数", 我们加了引号, 原因是这样的函数可以在 M 的某些点即使作为极限也没有意义, 也可以在某些点取值为无穷 (参阅本章的习题 20). 因而当 $n > 1$ 时, 与单复变量不同, n 个变元的亚纯函数并不等价于到 Riemann 球 $\mathbb{C}P^1$ 的解析映射.

回到紧复流形到复投影空间解析映射的表示问题. 由上面的讨论我们看到, 如果 $F: M \to \mathbb{C}P^n$ 是解析映射, 则对于任意点 $P \in M$, 利用齐次坐标总可以将 F 在 P 点邻域 U_P 上表示为

$$Q \mapsto (f^0(Q), \cdots, f^n(Q)),$$

其中每一个分量都是 U_P 上的解析函数, 而函数 $f^0(Q), \cdots, f^n(Q)$ 没有公共零点. 显然, 这样的表示并不是唯一的, 与 $F(P)$ 在 $\mathbb{C}^{n+1} \setminus \{0\}$ 中选取的表示元素有关. 现设 $\widetilde{P} \in M$ 是另一给定的点, F 在 $\widetilde{P}$ 点邻域 $U_{\widetilde{P}}$ 上表示为

$$Q \mapsto (\widetilde{f}^0(Q), \cdots, \widetilde{f}^n(Q)).$$

则当 $U_P \cap U_{\widetilde{P}} \neq \varnothing$ 时, 由复投影空间中齐次坐标的定义, 对于任意 $Q \in U_P \cap U_{\widetilde{P}}$,

$$[f^0(Q), \cdots, f^n(Q)] = [\widetilde{f}^0(Q), \cdots, \widetilde{f}^n(Q)].$$

因而存在 $U_P \cap U_{\widetilde{P}}$ 上处处不为零的解析函数 h, 使得在 $U_P \cap U_{\widetilde{P}}$ 上

$$(f^0, \cdots, f^n) = h(\widetilde{f}^0, \cdots, \widetilde{f}^n).$$

现假定在 F 的表示 $Q \mapsto (f^0(Q), \cdots, f^n(Q))$ 中函数 f^0 不恒为零, 则利用解析函数的唯一性定理不难看出: 对于 F 的其他任意局部表示 $Q \mapsto (\widetilde{f}^0(Q), \cdots, \widetilde{f}^n(Q))$, 都有 $\widetilde{f}^0$ 在 $U_{\widetilde{P}}$ 上也不恒为零. 因此如果我们利用这些局部表示, 对于 $j = 1, \cdots, n$, 定义商函数 g^j 为

$$g^j = \frac{f^j}{f^0},$$

则在 $U_P \cap U_{\widetilde{P}}$ 上

$$\frac{f^j}{f^0} = \frac{h \cdot \widetilde{f^j}}{h \cdot \widetilde{f^0}} = \frac{\widetilde{f^j}}{\widetilde{f^0}}, \quad j = 1, \cdots, n,$$

因而函数 g^j 与 F 局部关于齐次坐标表示的选取无关. 我们得到 g^j 是定义在整个流形 M 上的函数, 而且 g^j 局部总是两个解析函数的商, 所以 $g^1, \cdots, g^n$ 是 M 上的 n 个亚纯函数. 这样, 通过复流形 M 到 $\mathbb{C}P^n$ 的任意解析映射, 我们得到了 M 上的 n 个亚纯函数.

反之, 设 $g^1, \cdots, g^n$ 是 M 上任意给定的 n 个亚纯函数, 假定对于任意点 $P \in M$, 存在 P 的邻域 U_P, 使得在 U_P 上可以将 $g^1, \cdots, g^n$ 表示为解析函数的商

$$g^j = \frac{f^j}{f^0}, \quad j = 1, \cdots, n,$$

(这里, 由于仅有有限个函数, 我们可以假设表示中的分母都是同一函数.) 满足函数 $f^0, \cdots, f^n$ 没有公共零点. 则在 U_P 上我们可以定义一个解析映射 $F : U_P \to \mathbb{C}P^n$ 为

$$Q \mapsto F(Q) = [f^0(Q), \cdots, f^n(Q)] \in \mathbb{C}P^n.$$

利用齐次坐标的定义不难看出, 对于亚纯函数 $g^1, \cdots, g^n$ 满足上面条件的局部表示, 映射 F 的定义与表示的选取无关, 即与将这些亚纯函数表示为解析函数的商的具体方法无关. 因而 F 实际是定义在整个 M 上的解析映射. 这样, 我们就将流形 M 上的亚纯函数与 M 到复投影空间的解析映射对应起来. 特别地, 我们得到, 如果紧复流形 M 能够成为复投影空间的子流形, 则 M 上必须存在许许多多的亚纯函数. 关于这一点, 我们将在本书第 7 章中的 Thimm 定理里做更为详细的讨论.

当然, 与 $\mathbb{C}^n$ 的情况不同, 在上面讨论中 M 到 $\mathbb{C}P^n$ 的解析映射与 M 上任意给定的 n 个亚纯函数之间并不是一一对应的, 我们要求所考虑的亚纯函数 $g^1, \cdots, g^n$ 满足条件: 在任意点 $P \in M$, 都可以选取 $g^1, \cdots, g^n$ 的局部表示 $g^j = f^j/f^0$, 使得解析函数 $f^0(P), \cdots, f^n(P)$ 没有公共零点. 这一条件显然是不容易验证的, 所以在后面讨论中我

们将用全纯线丛的截影来代替亚纯函数,用关于全纯线丛同调群的消没定理来保证上面的条件.

需要特别说明的是,当 $n=1$ 时,上面的条件是自动满足的. 通常我们将维数为 1 的复流形称为 **Riemann 曲面**. 设 R 是 Riemann 曲面, g 是 R 上的亚纯函数,对于任意点 $P \in R$,在 P 点邻域将 g 表示为 $g = f_1/f_2$. 取 P 点邻域的局部坐标 z,使得 $z(P)=0$,则 f_1, f_2 都可以表示为 z 的幂级数. 消去 f_1, f_2 在 P 点的公共零点,我们总可以假设 f_1, f_2 没有公共零点,因而得到解析映射 $Q \mapsto [f_1, f_2] \in \mathbb{C}P^1$,由于这一映射与 g 的表示无关,通过亚纯函数 g,我们得到解析映射 $F: R \to \mathbb{C}P^1$. 如果将 $\mathbb{C}P^1 = \mathbb{C} \cup \{\infty\}$ 看做 Riemann 球,则上面的映射将 f_2 不为零的点映到复平面 $\mathbb{C}$ 中,而将 f_2 为零的点 (即亚纯函数 g 的极点) 映到无穷. 因此得到 Riemann 曲面上的亚纯函数与 Riemann 曲面到 $\mathbb{C}P^1$ 的解析映射等价. 同样地,对于 R 上任意给定的 n 个亚纯函数,我们得到 R 到 $\mathbb{C}P^n$ 的一个解析映射. 这样我们得到了 Riemann 曲面上的亚纯函数与曲面到复投影空间解析映射的一个一一对应关系.

下面我们将给出复向量空间 $\mathbb{C}^n$ 中的复子流形 (称为 Stein 流形) 的特征. 而在本书的第 7 章中我们将给出复投影空间 $\mathbb{C}P^n$ 中的复子流形 (即代数流形) 的特征.

§3.2* Stein 流形

本节我们将讨论的基本问题是: 什么样的复流形能够成为复向量空间 $\mathbb{C}^n$ 的复子流形? 这里为了给出合理的条件,我们首先假定 M 是一 m 维复流形,
$$F: M \to \mathbb{C}^n,$$
$$P \mapsto F(P) = (f^1(P), \cdots, f^n(P))$$
是 M 到 $\mathbb{C}^n$ 的正则嵌入映射.

需要特别说明,为了保证 F 是正则嵌入,我们通常要求 F 是逆紧的,在下面讨论中,我们总是假定这一点. 这时由 F 的逆紧性,利用与定理 3.1.3 同样的证明方法容易得到 $F(M)$ 是 $\mathbb{C}^n$ 中的闭集.

对于 F, 由定义, $f^1(P), \cdots, f^n(P)$ 都是 M 上的解析函数, 并且由于 F 是单射, 因而对于 M 中任意两点 $P \neq Q$, 必存在 f^i, 使得 $f^i(P) \neq f^i(Q)$. 另一方面, 由于 F 是浸入映射, 所以对于任意点 $P \in M$, 映射 F 在 P 点 Jacobi 矩阵的秩为 m. 对此利用隐函数定理易知, 我们可在 $f^1, \cdots, f^n$ 中找到 m 个函数, 使得这 m 个函数构成 M 在 P 点邻域的局部坐标. 另外, 由于 $F: M \to \mathbb{C}^n$ 是逆紧映射, 而 $\mathbb{C}^n$ 中有界闭集是紧集, 所以 F 满足: 对于任意常数 $C > 0$, 集合
$$\left\{ P \in M \mid |F(P)|^2 = \sum_{i=1}^n |f^i(P)|^2 \leqslant C \right\}$$
都是 M 中的紧集.

将上面这些分析转换为关于 M 上解析函数的条件, 我们看到, 如果复流形 M 是 $\mathbb{C}^n$ 的正则复子流形, 则 M 上必须有足够多的解析函数, 多到 M 上的整体解析函数能够区分不同的点; 能够给出 M 中任意点的局部坐标; 能够定义逆紧的映射. 然而, 这里需要特别强调的是, 与实微分流形不同, 一般的复流形上是否存在非常值解析函数, 或者更进一步, 是否存在一些定义在整个 M 上的、满足某种特殊要求的解析函数的问题, 至今仍然是多复分析研究中非常困难的问题之一. 在许多复流形上是不存在或者仅存在很少的不为常值的解析函数, 因而不可能成为 $\mathbb{C}^n$ 的复子流形. 所以, 我们这里首先将上面给出的, 关于 $\mathbb{C}^n$ 中正则复子流形 M 上的整体解析函数必须满足的条件作为基础, 问当复流形 M 上的解析函数足够多, 多到足以满足这些条件时, M 是否能够成为 $\mathbb{C}^n$ 中的复子流形. 为此, 我们首先给出下面定义.

定义 3.2.1 设 M 是 m 维复流形, 如果 M 满足下面三个条件, 则称 M 为 **Stein 流形**:

(1) 对于 M 中任意两点 $P \neq Q$, 存在 M 上的解析函数 f, 使得 $f(P) \neq f(Q)$;

(2) 对于任意点 $P \in M$, 存在 M 上的解析函数 $f^1, \cdots, f^m$, 使得在 P 点的某一个邻域 U 上, 函数 $(f^1, \cdots, f^m)$ 构成开集 U 的局部坐标. 这一条件也可以表示为: 存在 M 到 $\mathbb{C}^m$ 的解析映射 $F = (f^1, \cdots, f^m)$, 使得 F 在 P 点 Jacobi 矩阵的秩是 $m = \dim M$;

(3) 对于 M 中的任意紧集 K, 如果定义 K 的全纯凸包 $\widetilde{K}$ 为
$$\widetilde{K} = \Big\{P \in M \mid |f(P)| \leqslant \sup_K |f| \text{ 对于 } M \text{ 上任意解析函数 } f \text{ 成立}\Big\},$$
则 $\widetilde{K}$ 也是 M 中的紧集.

在上面的定义中, 条件 (1) 表示复流形 M 上的解析函数多到可以将流形中的任意两点区别开; 条件 (2) 表示 M 上整体的解析函数可以给出 M 中任意点的局部坐标, 或者说局部可以将流形嵌入复向量空间 $\mathbb{C}^m$; 而条件 (3) 中关于紧集 K 的全纯凸包 $\widetilde{K}$ 也是紧集的假设, 我们在第 2 章全纯凸域的研究中曾经讨论过. 利用这一条件, 我们看到, 如果不要求 $F: M \to \mathbb{C}^n$ 是逆紧映射, 则在 $\mathbb{C}^n$ 中, 只有全纯凸域才是 n 维 Stein 流形, $\mathbb{C}^n$ 中的一般开集并不是 Stein 流形. 因而, Stein 流形是全纯凸域的推广, 条件 (3) 也称为全纯凸的条件. 本节我们希望说明对于 Stein 流形, 下面的基本定理成立.

定理 3.2.1 m 维复流形 M 为 Stein 流形的充分必要条件是: 对于充分大的 n, 存在 M 到复向量空间 $\mathbb{C}^n$ 的逆紧的解析映射 $F: M \to \mathbb{C}^n$, 使得 M 是 $\mathbb{C}^n$ 的正则复子流形.

当然, 在上面定理中, 我们是在假定了 M 上有充分多的解析函数的前提下来证明 M 是复向量空间的子流形. 对此, 一个需要回答的基本问题仍然是: 什么样的复流形上存在非常值的解析函数, 或者说能否给出其他的条件来保证所给的流形是 Stein 流形. 这里在给出定理 3.2.1 的证明之前, 我们先对 Stein 流形的其他特征做一点说明. 正如前面提到的, Stein 流形是全纯凸域的推广, 而在上一章中我们证明了全纯凸域等价于全纯域. 因此, 我们自然希望将上一章中给出的关于全纯域的特征描述推广到复流形上, 使之成为判别一个流形是否是 Stein 流形的条件. 在上一章中我们证明了 Levi 猜想: 全纯域等价于拟凸域, 即 $\mathbb{C}^n$ 中的区域 Ω 是全纯域的充分必要条件是 Ω 上存在一个多次调和的穷竭函数. 我们希望将这一结论推广到复流形上.

设 Ω_1 和 Ω_2 都是 $\mathbb{C}^m$ 中的区域, 映射
$$F: \Omega_1 \to \Omega_2,$$
$$(z^1, \cdots, z^m) \mapsto (w^1, \cdots, w^m)$$

是解析同胚, h 是 Ω_2 上二阶连续可导的函数. 利用 Cauchy-Riemann 方程和求导的链法则, 对于 h 和 $h \circ F$ 的 m 阶复 Hessian 矩阵, 我们有下面关系式:

$$\left[\frac{\partial^2(h \circ F)}{\partial z^i \partial \overline{z^j}}\right] = \left[\frac{\partial w^i}{\partial z^j}\right] \left[\frac{\partial^2 h}{\partial w^i \partial \overline{w^j}}\right] \overline{\left[\frac{\partial w^i}{\partial z^j}\right]}^{\mathrm{T}},$$

其中 $[\ ]^{\mathrm{T}}$ 表示矩阵的转置. 我们知道二阶连续可导的函数 h 是多次调和函数的充分必要条件是 h 的复 Hessian 矩阵 $\left[\dfrac{\partial^2 h}{\partial w^i \partial \overline{w^j}}\right]$ 处处都是半正定的, 因此由上式得, h 是多次调和函数当且仅当

$$\left[\frac{\partial w^i}{\partial z^j}\right] \left[\frac{\partial^2 h}{\partial w^i \partial \overline{w^j}}\right] \overline{\left[\frac{\partial w^i}{\partial z^j}\right]}^{\mathrm{T}}$$

处处都是半正定的. 我们得到, h 是多次调和函数的充分必要条件是 $h \circ F$ 是多次调和函数. 即对于二阶连续可导的多次调和函数, 函数的多次调和性在解析同胚下保持不变. 将这一性质用到复流形上, 我们有下面定义.

定义 3.2.2 设 h 是 m 维复流形 M 上二阶连续可导的实函数, 如果对于任意点 $P \in M$, 存在 P 的邻域 U 和 U 上的局部坐标 $(z^1, \cdots, z^m)$, 使得 $h(z^1, \cdots, z^m)$ 在 U 上是多次调和函数, 即 h 的 m 阶复 Hessian 矩阵 $\left[\dfrac{\partial^2 h}{\partial z^i \partial \overline{z^j}}\right]$ 在 U 上处处都是半正定的, 则称 h 为 M 上的**多次调和函数**. 如果 $h(z^1, \cdots, z^m)$ 是强多次调和函数, 即 h 的复 Hessian 矩阵处处都是正定的, 则称 h 为 M 上的**强多次调和函数**.

函数的多次调和性在解析同胚变换下不变, 因而上面定义的多次调和函数与局部坐标的选取无关. 利用这一定义, 一个自然的问题是: 能否以 Levi 猜想为例, 比照全纯域与多次调和函数的关系给出 Stein 流形与多次调和函数的关系. 对此, 我们有下面定理.

定理 3.2.2 复流形 M 为 Stein 流形的充分必要条件是 M 上存在一个光滑的强多次调和穷竭函数. 即 M 是 Stein 流形等价于存

在 M 上一个光滑的强多次调和函数 h，使得对于任意常数 $C > 0$，集合
$$K_C = \left\{ P \in M \mid h(P) \leqslant C \right\}$$
都是 M 中的紧集.

定理的必要性是容易证明的. 设 M 是 Stein 流形，由 Stein 流形的条件，可选取 M 的一列开集 $\{K_n\}$，满足

(1) K_n 的闭包 $\overline{K}_n$ 是紧集，并且 $\overline{K}_n$ 与 $\overline{K}_n$ 的全纯凸包相等；

(2) $\overline{K}_n \subset K_{n+1}$；

(3) $\bigcup\limits_{n=1}^{+\infty} K_n = M$.

这时当 n 固定时，对于任意点 $P \in \overline{K}_{n+2} \setminus K_{n+1}$，由全纯凸包的定义知，存在 M 上的解析函数 f，使得 $\max\limits_{Q \in K_n} \{|f(Q)|\} < 1$，而 $|f(P)| > 1$. 另一方面，对于任意点 $Q \in K_n$，由 Stein 流形的定义，我们知道，存在 M 上的解析函数 $f_1, \cdots, f_m$，使得 $f_1, \cdots, f_m$ 构成 Q 点邻域的局部坐标，或者说映射 $F = (f_1, \cdots, f_m)$ 在 Q 点 Jacobi 矩阵的行列式不为零. 取 k 充分大，我们可以假设 $\max\limits_{Q \in K_n} \{|(f^k f_i)(Q)|\} < 1$，而 $|(f^k f_i)(P)| > 1$，其中 $i = 1, \cdots, m$. 显然，同样的条件在 P 点和 Q 点充分小的邻域上成立. 用 $f^k f_1, \cdots, f^k f_m$ 代替 $f_1, \cdots, f_m$，并表示为 $h_1, \cdots, h_m$，由于 P 和 Q 是任意的，而 $\overline{K}_n$ 和 $\overline{K}_{n+2} \setminus K_{n+1}$ 都是紧集，利用开覆盖定理，并利用上面的函数 $h_1, \cdots, h_m$，容易得到，存在 M 上的有限个解析函数 $h_{n,1}, \cdots, h_{n,n_k}$，使得如果令 $H_n = (h_{n,1}, \cdots, h_{n,n_k})$，则 H_n 满足：对于任意点 $Q \in \overline{K}_n$，映射 $H_n = (h_{n,1}, \cdots, h_{n,n_k})$ 在 Q 点 Jacobi 矩阵的秩都为 m，且
$$\max\limits_{q \in K_n} \left\{ \sum_{i=1}^{n_k} |h_{n,i}(q)|^2 \right\} < \frac{1}{2^n},$$
而对于任意点 $P \in \overline{K}_{n+2} \setminus K_{n+1}$，$\sum\limits_{i=1}^{n_k} |h_{n,i}(p)|^2 > n$. 利用函数列 $\{h_{n,i}\}$，$n = 1, 2, \cdots; i = 1, \cdots, n_k$，我们定义 $M \times M$ 上的一个函数 $h(Z, W)$ 为
$$h(Z, W) = \sum_{n=1}^{+\infty} \sum_{i=1}^{n_k} h_{n,i}(Z) \overline{h_{n,i}(W)}.$$

当 $W \in M$ 固定时, 上面级数关于变量 Z 在 M 上内闭一致收敛, 因而 $h(Z,W)$ 是 Z 的解析函数, 并且关于 Z 对于级数可以逐项求导. 同理, 当 $Z \in M$ 固定时, 级数关于 W 在 M 上内闭一致收敛, 因而 $h(Z,W)$ 是 W 的反解析函数 (即 $\overline{h(Z,W)}$ 是 W 的解析函数), 并且对于 W, 级数也可以逐项求导. 我们得到 $h(Z,Z)$ 是 M 上的光滑函数. 对于 M 的任意局部坐标 $Z = (z^1, \cdots, z^m)$, $h(Z,Z)$ 满足

$$\frac{\partial^2 h(Z,Z)}{\partial z^s \partial \bar{z}^t} = \sum_{n=1}^{+\infty} \sum_{i=1}^{n_k} \frac{\partial h_{n,i}(Z)}{\partial z^s} \overline{\frac{\partial h_{n,i}(Z)}{\partial z^t}}.$$

由于对于任意 $Q \in K_n$, $(h_{n,1}, \cdots, h_{n,n_k})$ 在 Q 点的 Jacobi 矩阵的秩都为 $m = \dim M$, 因而 $h(Z,Z)$ 的 Hessian 矩阵

$$\left[\frac{\partial^2 h(Z,Z)}{\partial z^s \partial \bar{z}^t} \right]$$

是正定的, h 是 M 上的强多次调和函数. 而对于任意 n, 成立

$$\{Z \in M \mid h(Z,Z) \leqslant n\} \subset K_{n+1},$$

因而集合 $\{Z \in M \mid h(Z,Z) \leqslant n\}$ 是 M 中的紧集, 所以 $h(Z,Z)$ 是 M 上的穷竭函数. 我们得到, 任意 Stein 流形上存在光滑的强多次调和穷竭函数.

定理 3.2.2 中充分性的证明, 即如果复流形 M 上存在强多次调和穷竭函数, 则 M 是 Stein 流形, 与上一章给出的关于 Levi 猜想的证明基本相同. 这时我们需要考虑流形上的 (p,q)- 形式, 需要利用流形的 Hermite 度量定义 (p,q)- 形式的内积, 得到由 (p,q)- 形式组成的 Hilbert 空间 (见本书第 5 章 Hodge 定理的讨论). 然后将 $\bar{\partial}$ 算子看做这些空间之间的映射, 按照与上一章中 Levi 猜想的证明同样的计算, 给出存在强多次调和穷竭函数的流形上 $\bar{\partial}$ 算子的 L^2 估计, 从而证明: 如果流形 M 上存在强多次调和穷竭函数, 则在 M 上 $\bar{\partial}$ 方程总是可解的, 并且解也有 L^2 估计. 进而利用求解 $\bar{\partial}$ 方程来证明 M 是 Stein 流形. 证明的细节这里就不讨论了, 有兴趣的读者可参阅有关的文献 (例如文献 [8]).

回到定理 3.2.1. 首先, 如果复流形 M 是复向量空间 $\mathbb{C}^n$ 的正则复子流形, $F: M \to \mathbb{C}^n$, $P \mapsto (f^1(P), \cdots, f^n(P))$ 是逆紧的嵌入映射, 则利用 M 上的解析函数 $\{f^1, \cdots, f^n\}$, 容易看出 M 是 Stein 流形. 反过来, 对于定理的另一方面, 比照实流形的 Whitney 定理, 我们有下面一个类似的结论.

定理 3.2.1' 如果 M 是 m 维 Stein 流形, 则

(1) 存在 M 到 $\mathbb{C}^{2m}$ 的解析, 且处处满秩的映射 $F: M \to \mathbb{C}^{2m}$, 即 M 总是 $\mathbb{C}^{2m}$ 中的浸入复子流形;

(2) 存在 M 到 $\mathbb{C}^{2m+1}$ 的解析, 且处处满秩的单射 $F: M \to \mathbb{C}^{2m+1}$, 即 M 总可嵌入到 $\mathbb{C}^{2m+1}$ 中成为其复子流形;

(3) 存在 M 到 $\mathbb{C}^{2m+1}$ 解析, 处处满秩, 且逆紧的单射 $F: M \to \mathbb{C}^{2m+1}$, 即 M 总可正则嵌入到 $\mathbb{C}^{2m+1}$ 中成为其正则复子流形.

下面对于定理 3.2.1', 我们将主要证明其中的第一部分和第二部分. 对于定理的第三部分, 我们将仅限于说明证明的基本想法, 目的是帮助读者理解 Stein 流形定义中的各种条件是如何应用的. 需要说明的是: 这里我们并不能直接构造出定理中的映射, 而只能说明其是存在的. 为此, 我们需要考虑由所有 M 到 $\mathbb{C}^n$ 的解析映射构成的线性空间. 我们将在这一线性空间上定义一个距离使之成为完备的距离空间, 然后利用这一距离来说明: 当 $n \geqslant 2m (n \geqslant 2m+1)$ 时, M 到 $\mathbb{C}^n$ 的浸入 (嵌入) 映射构成了这一距离空间中一个处处稠密的集合, 由此得到定理中的浸入 (嵌入) 映射是存在的. 我们首先来定义距离.

设 M 是一 m 维复流形, 我们以 $H(M)$ 表示由 M 上所有解析函数构成的线性空间. 在 M 中选定一列开集 $\{K_n\}$, 满足: (1) $\overline{K_n}$ 是紧集; (2) $\overline{K_n} \subset K_{n+1}$; (3) $\bigcup\limits_{n=1}^{+\infty} K_n = M$. 我们在 $H(M)$ 上定义一个距离函数 $d(\ ,\ )$ 为: 对于任意 $f, g \in H(M)$, 令

$$d(f, g) = \sum_{n=1}^{+\infty} \frac{1}{2^n} \frac{\sup\limits_{P \in K_n} \{|f(P) - g(P)|\}}{1 + \sup\limits_{P \in K_n} \{|f(P) - g(P)|\}}.$$

容易验证 $d(f, g)$ 满足

(1) **对称性** $d(f, g) = d(g, f)$;

(2) **正定性** $d(f,g) \geqslant 0$, 并且 $d(f,g) = 0$ 当且仅当 $f \equiv g$;

(3) **三角不等式** 对于任意 $f, g, h \in H(M)$, 恒有

$$d(f,g) \leqslant d(f,h) + d(h,g).$$

将 $d(f,g)$ 作为函数 f 与 g 之间的距离, 则 $(H(M), d(\,,\,))$ 成为距离空间. 有了这一距离, 我们可以在 $H(M)$ 上定义极限: 设 $\{f_m\}$ 是 $H(M)$ 中的一个函数序列, $f \in H(M)$, 如果当 $m \to +\infty$ 时, $d(f_m, f) \to 0$, 则称函数序列 $\{f_m\}$ 依距离函数 $d(\,,\,)$ 在 $H(M)$ 中收敛于 f.

在讨论函数序列 $\{f_m\}$ 对于距离函数 $d(\,,\,)$ 收敛于 f 的性质之前, 我们先回忆一下有关内闭一致收敛的性质. 在本书第 1 章中, 利用解析函数在多圆盘上的积分表示, 我们曾经证明了对于 $\mathbb{C}^n$ 中区域 Ω 上的一列解析函数 $\{f_m(Z)\}$, 如果在 Ω 的任意紧集上, $\{f_m(Z)\}$ 都是一致收敛的 (即 $\{f_m(Z)\}$ 在 Ω 上内闭一致收敛), 则 $\{f_m(Z)\}$ 的极限函数也是 Ω 上的解析函数. 不难将这一结论推广到复流形上, 即复流形 M 上的解析函数列 $\{f_m\}$ 如果在 M 上内闭一致收敛, 则其极限函数也是 M 上的解析函数. 而对于 M 上的一个解析函数列 $\{f_m\}$, 比较 $\{f_m\}$ 在 $H(M)$ 中按照距离函数 $d(\,,\,)$ 收敛, 以及 $\{f_m\}$ 在 M 上的内闭一致收敛性, 我们有下面引理.

引理 3.2.1 $H(M)$ 中的序列 $\{f_m\}$ 按距离 $d(\,,\,)$ 收敛于 f 的充分必要条件是 $\{f_m\}$ 在 M 的任意紧集上一致收敛于 f. 即序列 $\{f_m\}$ 按距离 $d(\,,\,)$ 收敛等价于 $\{f_m\}$ 在 M 上内闭一致收敛.

证明 如果序列 $\{f_m\}$ 按距离 $d(\,,\,)$ 收敛于 f, 我们希望证明: 对于任意给定的自然数 v, 序列 $\{f_m\}$ 在 K_v 上一致收敛于 f. 为此, 对于任意的 $\varepsilon > 0$ (这里为讨论方便, 我们假定 $\varepsilon < 1/2$), 由假定, 存在 N, 使得当 $k > N$ 时,

$$d(f_k, f) < \frac{\varepsilon}{2^v}.$$

特别地, 我们得到, 当 $k > N$ 时, 在 K_v 上,

$$\frac{\sup\limits_{P \in K_v} \{|f_k(P) - f(P)|\}}{1 + \sup\limits_{P \in K_v} \{|f_k(P) - f(P)|\}} < \varepsilon.$$

因此当 $k > N$ 时, 在 K_v 上,
$$\sup_{P \in K_v} \{|f_k(P) - f(P)|\} < \frac{1}{1-\varepsilon}\varepsilon < 2\varepsilon.$$
即序列 $\{f_m\}$ 在 K_v 上一致收敛于 f. 而 v 是任意的, 因而序列 $\{f_m\}$ 在 M 的任意紧集上一致收敛于 f.

反之, 如果序列 $\{f_m\}$ 在 M 的任意紧集上一致收敛于 f, 对于任意给定的 $\varepsilon > 0$, 首先取 N_1, 使得 $\frac{1}{2^{N_1}} < \frac{\varepsilon}{2}$. 而由 $\{f_m\}$ 在 K_{N_1} 上一致收敛于 f, 因而存在 N_2, 使得当 $k > N_2$ 时,
$$\sup_{P \in K_{N_1}} \{|f_k(P) - f(P)|\} < \frac{\varepsilon}{2}.$$
我们得到, 当 $k > N_2$ 时,
$$\begin{aligned}d(f_k, f) &= \sum_{n=1}^{N_1} \frac{1}{2^n} \frac{\sup_{P \in K_n}\{|f_k(P) - f(P)|\}}{1 + \sup_{P \in K_n}\{|f_k(P) - f(P)|\}} \\ &\quad + \sum_{n=N_1+1}^{+\infty} \frac{1}{2^n} \frac{\sup_{P \in K_n}\{|f_k(P) - f(P)|\}}{1 + \sup_{P \in K_n}\{|f_k(P) - f(P)|\}} \\ &\leqslant \frac{\varepsilon}{2} \sum_{n=1}^{N_1} \frac{1}{2^n} + \sum_{n=N_1+1}^{+\infty} \frac{1}{2^n} < \varepsilon.\end{aligned}$$
因此, 序列 $\{f_m\}$ 在 $H(M)$ 中按距离 $d(\ ,\ )$ 收敛于 f. 证毕.

同样的推导不难得到, $H(M)$ 中的序列 $\{f_m\}$ 是 Cauchy 列 (即 $\{f_m\}$ 满足: 对于任意 $\varepsilon > 0$, 存在 N, 使得对于任意 $m_1 > N, m_2 > N$, 恒有 $d(f_{m_1}, f_{m_2}) < \varepsilon$), 当且仅当对于 M 的任意紧集 K, 以及任意 $\varepsilon > 0$, 存在 N, 使得对于任意 $m_1 > N, m_2 > N$, 恒有
$$\sup_{P \in K} \{|f_{m_1}(P) - f_{m_2}(P)|\} < \varepsilon,$$
而这等价于 $\{f_m\}$ 在 M 的任意紧集上一致收敛. 因此, 我们得到, 如果序列 $\{f_m\}$ 是 $H(M)$ 中对于距离函数 $d(\ ,\ )$ 的 Cauchy 列, 则 $\{f_m\}$ 在 M 上内闭一致收敛于一个解析函数 f, 因而 $\{f_m\}$ 在 $H(M)$ 中按距

离 $d(\ ,\ )$ 收敛于 f. 反之, 如果 $H(M)$ 中的序列 $\{f_m\}$ 在 $H(M)$ 中按距离 $d(\ ,\ )$ 收敛于 f, 则显然 $\{f_m\}$ 是对 $d(\ ,\ )$ 的 Cauchy 列. 至此我们证明了空间 $H(M)$ 的完备性定理.

定理 3.2.3 线性空间 $H(M)$ 对于距离函数 $d(\ ,\ )$ 构成一完备距离空间, 即 $H(M)$ 中序列 $\{f_m\}$ 收敛的充分必要条件是 $\{f_m\}$ 是 Cauchy 列.

回到我们希望讨论的问题: 对于 m 维 Stein 流形 M, 我们希望证明: 当 N 充分大时, 存在

$$H^N(M) := \overbrace{H(M) \times \cdots \times H(M)}^{N \text{次}}$$

中的元素 $F = (f_1, \cdots, f_N)$, 使得 $F : M \to \mathbb{C}^N, P \mapsto F(P) = (f_1(P), \cdots, f_N(P))$ 是满足定理 3.2.1′ 的映射. 为此, 首先利用 $H(M)$ 的距离函数 $d(\ ,\ )$, 我们在 $H^N(M)$ 上定义一个距离函数 $d_N(\ ,\ )$ 为: 对于任意

$$F = (f_1, \cdots, f_N), \quad G = (g_1, \cdots, g_N) \in H^N(M),$$

令

$$d_N(F, G) = \sqrt{\sum_{i=1}^N \left[d(f_i, g_i)\right]^2},$$

其中 $d(\ ,\ )$ 是上面在 $H(M)$ 上定义的距离函数.

容易看出, 对于距离函数 $d_N(F, G)$, $H^N(M)$ 也是完备的距离空间. 将 $H^N(M)$ 看做是由所有 M 到 $\mathbb{C}^N$ 的解析映射构成的距离空间, 下面我们希望利用距离函数 $d_N(F, G)$ 来说明当 N 充分大时 ($N \geqslant 2m$ 或 $N \geqslant 2m+1$), 在 $H^N(M)$ 中, 如果以 T 表示由所有 M 到 $\mathbb{C}^N$ 的浸入 (嵌入) 映射作为元素构成的集合, 则 T 是 $H^N(M)$ 中一个处处稠密的集合. 为此, 我们需要回顾一下在 "泛函分析" 中引入的 "纲定理". 我们知道在一个距离空间 T 中, 如果集合 $S \subset T$ 在 T 中的闭包 $\overline{S}$ 不含任何内点, 则称 S 为 T 中**处处不稠密的集合**. 而在距离空间 T 中如果一个集合能够表示为有限或者可数多个处处不稠密的集合的并, 则这一集合称为**第一纲集**, 不是第一纲集的集合都称为**第二纲集**. 对于

完备的距离空间, 我们有下面一个在 "泛函分析" 中广泛使用的 "纲定理".

定理 3.2.4 (纲定理) 完备距离空间中的非空开集都是第二纲集.

证明 用反证法. 设距离空间 $\{X, d(\,,\,)\}$ 是完备的, 而 O 是 X 中的非空开集, 但

$$O = \bigcup_{i=1}^{+\infty} B_i,$$

其中每一个 B_i 都是处处不稠密的集合. 对于 B_1, 由于 B_1 的闭包不含任何内点, 因而存在 $P_1 \in O$, 以及 $\varepsilon_1 > 0$, 使得 $\overline{B(P_1, \varepsilon_1)} \cap B_1 = \emptyset$. 这里

$$\overline{B(P_1, \varepsilon_1)} := \{Q \in X \mid d(P_1, Q) \leqslant \varepsilon_1\}$$

表示 X 中以 P_1 为球心, ε_1 为半径的闭球. 不失一般性, 我们可设 $\varepsilon_1 < 1/2$, 且 $\overline{B(P_1, \varepsilon_1)} \subset O$.

同理, 由于集合 $\overline{B_2}$ 中不含任何内点, 因而存在 $\overline{B(P_1, \varepsilon_1)}$ 中的球 $\overline{B(P_2, \varepsilon_2)}$, 使得 $\overline{B(P_2, \varepsilon_2)} \cap B_2 = \emptyset$. 同样地, 我们假设 $\varepsilon_2 < 1/2^2$. 利用归纳法, 我们可找到 O 中的一列闭球 $\{\overline{B(P_n, \varepsilon_n)}\}$, 使得 $\overline{B(P_n, \varepsilon_n)} \subset \overline{B(p_{n-1}, \varepsilon_{n-1})}$, $\overline{B(P_n, \varepsilon_n)} \cap B_n = \emptyset$, 而 $\varepsilon_n < 1/2^n$.

另一方面不难看出, 利用上面方法得到的序列 $\{P_n\}$ 是 X 中的 Cauchy 列, 而 X 是完备距离空间, X 中任意 Cauchy 列收敛, 因而序列 $\{P_n\}$ 收敛. 设 $\lim_{n \to +\infty} P_n = P$, 则对于任意 n, 恒有 $P \in \overline{B(P_n, \varepsilon_n)} \subset O$, 因而 $P \notin B_n$, 但这与假设 $O = \bigcup_{i=1}^{+\infty} B_i$ 矛盾. 证毕.

回到我们希望讨论的 Stein 流形到复向量空间中的嵌入问题. 我们已经证明了 $H^N(M)$ 是完备距离空间, 将 $H^N(M)$ 中的元素看做 M 到 $\mathbb{C}^N$ 的解析映射, 我们将证明: 当 $N \geqslant 2\dim(M)(N \geqslant 2\dim(M) + 1)$ 时, $H^N(M)$ 中不是浸入 (嵌入) 映射的元素全体是一个第一纲集. 而由于 $H^N(M)$ 中任意非空开集都不是第一纲集, 因而得到, 当 $N \geqslant 2\dim(M)(N \geqslant 2\dim(M) + 1)$ 时, $H^N(M)$ 中将 M 浸入 (嵌入) 到 $\mathbb{C}^N$

的元素全体构成一个处处稠密的集合. 为此, 我们首先需要证明下面一些辅助引理.

引理 3.2.2 设 M 是 m 维的 Stein 流形, $K \subset M$ 是紧集, 则 N 充分大后, 存在 $F \in H^N(M)$, 使得 F 在 K 上是单射, 而 F 的 Jacobi 矩阵在 K 中每一点的秩都是 m (即 F 在紧集 K 上是处处满秩的单射).

证明 由 Stein 流形的定义可直接得到.

引理 3.2.3 设 M 是 m 维的 Stein 流形, $K \subset M$ 是紧集, $N > m$. 则对于任意 $F \in H^N(M)$, 集合 $F(K)$ 都是 $\mathbb{C}^N$ 中 Lebesgue 测度为零的集合.

证明 用开覆盖定理或者直接应用 Sard 定理.

引理 3.2.4 设 M 是 m 维的 Stein 流形, $K \subset M$ 是紧集, $N \geqslant 2m$. 设映射 $F = (f_1, \cdots, f_{N+1}) \in H^{N+1}(M)$ 在 K 上每一点 Jacobi 矩阵的秩都为 m. 则对于任意 $\varepsilon > 0$, 存在向量 $(a_1, \cdots, a_N) \in \mathbb{C}^N$, 满足: 对于 $i = 1, \cdots, N$, $|a_i| < \varepsilon$, 而映射

$$F_1 = (f_1 - a_1 f_{N+1}, \cdots, f_N - a_N f_{N+1}) \in H^N(M)$$

在 K 上每一点 Jacobi 矩阵的秩也为 m.

证明 利用开覆盖定理, 我们可以假设 K 为 $\mathbb{C}^m$ 中的紧集, 设 $(z^1, \cdots, z^m)$ 是 $\mathbb{C}^m$ 的坐标. 我们需要证明: 能够找到 $(a_1, \cdots, a_N)$, 使得对于 $i = 1, \cdots, N$, $|a_i| < \varepsilon$, 同时矩阵

$$\left[\frac{\partial (f_i - a_i f_{N+1})}{\partial z^j} \right]_{j=1,\cdots,m}^{i=1,\cdots,N}$$

的秩在 K 上处处为 m. 而这一条件等价于如果 $\lambda = (\lambda_1, \cdots, \lambda_m)$ 满足等式

$$\sum_{j=1}^m \lambda_j \frac{\partial (f_i - a_i f_{N+1})}{\partial z^j} = 0, \quad i = 1, \cdots, N,$$

则必须 $\lambda = 0$. 为此在上式中对于 $\lambda \in \mathbb{C}^m$, $P \in K$ 令

$$c(\lambda) = \sum_{j=1}^m \lambda_j \frac{\partial f_{N+1}}{\partial z^j}(P),$$

则上面条件转换为证明能够找到 $(a_1, \cdots, a_N) \in \mathbb{C}^N$, 满足 $|a_i| < \varepsilon$, $i = 1, \cdots, N$, 而如果存在 $\lambda = (\lambda_1, \cdots, \lambda_m)$, 以及 $P \in K$ 使得

$$\sum_{j=1}^m \lambda_j \frac{\partial f_i(P)}{\partial z^j} = c(\lambda) a_i, \quad i = 1, \cdots, N, \tag{3.2.1}$$

则必须 $\lambda = 0$. 对此我们考虑映射

$$G : \mathbb{C}^m \times K \to \mathbb{C}^{N+1},$$

$$G((\lambda_1, \cdots, \lambda_m), P) \mapsto \left(\sum_{j=1}^m \lambda_j \frac{\partial f_1}{\partial z^j}(P), \cdots, \sum_{j=1}^m \lambda_j \frac{\partial f_{N+1}}{\partial z^j}(P) \right).$$

以 $\overline{B_m(0,n)}$ 表示 $\mathbb{C}^m$ 中以原点为球心, n 为半径的闭球. 由条件 $N \geqslant 2m$, 根据引理 3.2.3, $G(\overline{B_m(0,n)} \times K)$ 是 $\mathbb{C}^{N+1}$ 中的零测集. 由于这一结论对于任意 n 成立, 因此 $G(\mathbb{C}^m \times K)$ 也是 $\mathbb{C}^{N+1}$ 中的零测集. 而另一方面, 由于映射对 λ 是线性的, 因而对于任意常数 $c \neq 0$, $G(\mathbb{C}^m \times K)$ 与 $\mathbb{C}^{N+1}$ 中的 N 维复平面

$$P_c = \left\{ (z^1, \cdots, z^N, z^{N+1}) \in \mathbb{C}^{N+1} | z^{N+1} = c \right\}$$

的交对于不同的 c, 只差一常数因子, 因而可以看做彼此都是相似的, 在 $\mathbb{C}^N$ 中的测度相等. 但是, $G(\mathbb{C}^m \times K)$ 在 $\mathbb{C}^{N+1}$ 中的测度是这些交集在 $\mathbb{C}^N$ 中的测度对于 c 的积分, 我们得到, $G(\mathbb{C}^m \times K)$ 与 $\mathbb{C}^{N+1}$ 中 N 维平面 P_c 的交在 $\mathbb{C}^N$ 中的测度也必须为零. 因此只要选取 $(a_1, \cdots, a_N)$ 满足: 对于 $i = 1, \cdots, N$, $|a_i| < \varepsilon$, 且 $(a_1, \cdots, a_N, 1)$ 不在 $G(\mathbb{C}^m \times K)$ 与 $\mathbb{C}^{N+1}$ 中 N 维平面 P_1 的交中. 则对于任意 $c \neq 0$, $(a_1 c, \cdots, a_N c, c)$ 也不在 $G(\mathbb{C}^m \times K)$ 与 $\mathbb{C}^{N+1}$ 中 N 维平面 P_c 的交中. 特别地, 对于任意 $\lambda = (\lambda_1, \cdots, \lambda_m) \in \mathbb{C}^m$, 如果 $c(\lambda) = \sum_{j=1}^m \lambda_j \frac{\partial f_{N+1}}{\partial z^j} \neq 0$, 则等式 (3.2.1) 不能成立. 而如果 $c(\lambda) = 0$, 则等式 (3.2.1) 成立时必须 $\sum_{j=1}^m \lambda_j \frac{\partial f_i}{\partial z^j} = 0$ 对于 $i = 1, \cdots, N+1$ 都成立. 但已知矩阵

$$\left[\frac{\partial f_i}{\partial z^j} \right]_{1 \leqslant j \leqslant m}^{1 \leqslant i \leqslant N+1}$$

的秩为 m, 所以必须 $\lambda = 0$. 证毕.

如果在上面引理中要求考虑的映射同时是单射, 则有下面引理.

引理 3.2.5 设 M 是 m 维的 Stein 流形, $K \subset M$ 是紧集. 设 $N \geqslant 2m+1$, M 到 $\mathbb{C}^{N+1}$ 的映射 $F = (f_1, \cdots, f_{N+1}) \in H^{N+1}(M)$ 在 K 上是单射, 且在 K 中每一点 Jacobi 矩阵的秩都为 m, 则对于任意 $\varepsilon > 0$, 存在向量 $(a_1, \cdots, a_N) \in \mathbb{C}^N$, 满足对于 $i = 1, \cdots, N$, $|a_i| < \varepsilon$, 同时映射

$$F_1 = (f_1 - a_1 f_{N+1}, \cdots, f_N - a_N f_{N+1}) \in H^N(M)$$

在 K 上也是单射, 且在 K 中每一点 Jacobi 矩阵的秩也都为 m.

证明 与引理 3.2.4 的证明相同, 利用开覆盖定理我们可以假设 K 为 $\mathbb{C}^m$ 中的紧集. 而由引理 3.2.4, 我们知道除去 $\mathbb{C}^N$ 中的一个零测集以后, 任意的 $(a_1, \cdots, a_N) \in \mathbb{C}^m$ 都满足 $(f_1 - a_1 f_{N+1}, \cdots, f_N - a_N f_{N+1})$ 是 K 上处处满秩的映射. 我们希望找到 $(a_1, \cdots, a_N)$ 同时还满足单射的条件, 即如果存在 $Z', Z'' \in K$, 使得

$$f_j(Z') - a_j f_{N+1}(Z') = f_j(Z'') - a_j f_{N+1}(Z'')$$

对于 $j = 1, \cdots, N$ 成立, 则必须 $Z' = Z''$. 为此, 考虑映射

$$H : \mathbb{C} \times K \times K \to \mathbb{C}^{N+1},$$

$$(c, Z', Z'') \mapsto c(f_1(Z') - f_1(Z''), \cdots, f_{N+1}(Z') - f_{N+1}(Z'')).$$

由于 $N + 1 > 2m + 1$, 因此 H 的像是 $\mathbb{C}^{N+1}$ 中的零测集. 这时与引理 3.2.4 的证明相同, 对任意常数 $c \neq 0$, H 的像与 $\mathbb{C}^{N+1}$ 中的 N 维平面

$$P_c = \left\{ (z^1, \cdots, z^N, z^{N+1}) \in \mathbb{C}^{N+1} | z^{N+1} = c \right\}$$

的交也必须是零测集. 因而我们可取 $(a_1, \cdots, a_N, 1)$ 满足引理 3.2.4 的条件, 并且 $(a_1, \cdots, a_N, 1)$ 不在 H 的像与 $\mathbb{C}^{N+1}$ 中的 N 维平面 P_c 的交之中.

假定存在 $Z', Z'' \in K$, 使得 $Z' \neq Z''$, 而 $(f_j - a_j f_{N+1})(Z') = (f_j - a_j f_{N+1})(Z'')$ 对于 $j = 1, \cdots, N$ 成立, 则 $f_j(Z') - f_j(Z'') =$

$(f_{N+1}(Z') - f_{N+1}(Z''))a_j$, 如果令 $c = f_{N+1}(Z') - f_{N+1}(Z'')$, 由于 $F = (f_1, \cdots, f_{N+1})$ 在 K 上是单射, 因而 $c \neq 0$, 而

$$\frac{1}{c}(f_1(Z') - f_1(Z''), \cdots, f_{N+1}(Z') - f_{N+1}(Z'')) = (a_1, \cdots, a_N, 1),$$

得 $(a_1, \cdots, a_N, 1)$ 在映射 H 的像与 $\mathbb{C}^{N+1}$ 中的 N 维平面 P_c 的交之中, 这与 $(a_1, \cdots, a_N)$ 的选取矛盾. 证毕.

有了上面几个引理, 现在我们来给出定理 3.2.1′ 中第一部分和第二部分的证明. 这里对于定理中映射的存在性, 利用我们在 $H^N(M)$ 上定义的距离函数 $d_N(\ ,\ )$ 和关于完备距离空间的 "纲定理", 我们可以将定理 3.2.1′ 中第一部分和第二部分化为下面定理.

定理 3.2.1″ 设 M 是 m 维的 Stein 流形, 则

(1) 当 $N \geqslant 2m$ 时, $H^N(M)$ 中在 M 上不是处处满秩的映射是 $H^N(M)$ 中的一个第一纲集;

(2) 当 $N \geqslant 2m+1$ 时, $H^N(M)$ 中在 M 上不是单射或者不是处处满秩的映射是 $H^N(M)$ 中的一个第一纲集.

证明 以第一个结论的证明为例.

由于 M 可以表示为一列紧集的并, 所以只需证明: 如果 $K \subset M$ 是紧集, 以 $B(K)$ 表示 $H^N(M)$ 中在 K 上不是处处满秩的映射全体构成的集合, 则 $B(K)$ 是 $H^N(M)$ 中的一个不含内点的闭集. 设 $\{F_n\}$ 是 $B(K)$ 中的序列, 在 $H^N(M)$ 中收敛于 F. 由于 $H^N(M)$ 中的收敛等价于 $\{F_n\}$ 的每一个分量内闭一致收敛, 我们可假设 $\{F_n\}$ 在 K 上一致收敛于 F. 对于每一个 n, 设 P_n 是映射 F_n 在 K 上不满秩的点之一, 由于 K 是紧集, 我们可设当 $n \to +\infty$ 时, $P_n \to P_0 \in K$. 而我们知道, 如果解析函数列内闭一致收敛, 则函数列的任意偏导数也是内闭一致收敛的. 所以由映射列 $\{F_n\}$ 中的每一个映射的 Jacobi 矩阵的子行列式构成的序列也内闭一致收敛于 F 的 Jacobi 矩阵的子行列式. 因而映射 F 在 P_0 的 Jacobi 矩阵不能是满秩的, 即 $F \in B(K)$, 我们得到 $B(K)$ 是闭集.

下一步我们希望证明 $B(K)$ 在 $H^N(M)$ 中不含内点. 设 $F = (f_1, \cdots, f_N) \in B(K)$, 利用引理 3.2.2, 我们知道, 当 r 充分大时, 存

在 $G = (g_1, \cdots, g_r) \in H^r(M)$, 使得 G 在 K 上是满秩的映射. 由此, 映射 $(F, G) = (f_1, \cdots, f_N; g_1, \cdots, g_r)$ 也是 K 上处处满秩的映射. 而由引理 3.2.4, 我们可选常数矩阵 $A = [a_{jk}]_{j=1,\cdots,N}^{k=1,\cdots,r}$, 使得 A 中的每一个元素 $|a_{jk}|$ 任意小, 而映射

$$F' = \left(f_1 - \sum_{i=1}^{r} a_{1i}g_i, \cdots, f_N - \sum_{i=1}^{r} a_{Ni}g_i\right)$$

在 K 上仍然是处处满秩的映射. 同理, 我们可选一列常数矩阵

$$A^n = [a_{jk}^n]_{j=1,\cdots,N}^{k=1,\cdots,r}, n = 1, 2, \cdots,$$

使得序列

$$\left\{F_n = (f_1 - \sum_{i=1}^{r} a_{1i}^n g_i, \cdots, f_N - \sum_{i=1}^{r} a_{Ni}^n g_i)\right\}$$

中的每一个元素 F_n 在 K 上是处处满秩的映射, 而 $\{F_n\}$ 在 M 的任意紧集上一致收敛于 F. 由于内闭一致收敛等价于在 $H^N(M)$ 中对于距离函数 $d(\ ,\ )$ 收敛, 得 $\{F_n\}$ 在 $H^N(M)$ 中收敛于 $F = (f_1, \cdots, f_N)$, 但 $\{F_n\}$ 显然都不在 $B(K)$ 中, 所以 $B(K)$ 中没有内点. 证毕.

在上面定理的证明中我们并没有用到 Stein 流形 M 的全纯凸性 (即 M 中任意紧集的全纯凸包也是紧集), 当然, 所得的映射是处处满秩的单射时不能保证其同时是逆紧的映射, 即不能保证流形与其在复向量空间中的像是拓扑同胚的. 下面我们将结合定理 3.2.1″ 的结论, 并利用 Stein 流形的全纯凸性来说明 Stein 流形到复向量空间的逆紧的、同时是单射和处处满秩的解析映射是存在的. 为此, 我们首先给出一个关于 Stein 流形上解析函数的逼近定理.

定理 3.2.5 设 M 是 Stein 流形, K 是 M 中的紧集, 满足 K 的全纯凸包 $\widetilde{K} = K$. 设 f 是包含 K 的开集 W 上的解析函数, 则对于任意 $\varepsilon > 0$, 存在 M 上的解析函数 $\widetilde{f}$, 使得在 K 上 $|f - \widetilde{f}| < \varepsilon$.

这一定理的证明比较复杂, 需要用到上面我们给出的, 在任意 Stein 流形上存在光滑的强多次调和穷竭函数, 以及关于 $\bar{\partial}$ 方程在 Stein 流形上可解, 存在 $\bar{\partial}$ 方程的光滑解并满足 L^2 估计等结论, 还有用到 "泛函分析" 中有关可分 Banach 空间上的弱列紧定理等其他一些结论. 这里我们仅引用这一定理, 对定理证明有兴趣的读者可参阅文献 [8].

在讨论 Stein 流形到复向量空间正则嵌入的存在问题之前, 我们先给出下面定义.

定义 3.2.4 设 M 是复流形, $f_1, \cdots, f_N$ 是 M 上的 N 个解析函数, 令
$$S = \left\{P \in M \mid |f_i(P)| < 1, i = 1, 2, \cdots, N\right\},$$
取开集 S 中的一部分连通分支 (不一定是整个 S) 作并, 所得到的集合称为 M 中的 N **阶解析多圆盘**.

引理 3.2.6 设 M 是 Stein 流形, $K \subset M$ 是紧集, 满足 K 的全纯凸包 $\widetilde{K}$ 与 K 相等, 则对于包含 K 的任意开集 W, 存在解析多圆盘 D, 使得 $K \subset D \subset W$.

证明 由于 K 是紧集, 因而不妨假定 $\overline{W}$ 是紧集. 对于任意点 $P \in \partial W$, 由全纯凸包的定义知, 存在 M 上的解析函数 f, 使得 $|f|$ 在 K 上小于 1, 而 $|f(P)| > 1$. 由于 $|f|$ 连续, 因而存在 P 点的邻域 $O(P)$, 使得在 $O(P)$ 上也有 $|f| > 1$. 另一方面, ∂W 是紧集, 所以存在 M 上有限个解析函数 $f_1, \cdots, f_N$, 使得对于任意 $P \in \partial W$, 恒有 $\max\{|f_i(P)|, i = 1, \cdots, N\} > 1$. 因而在开集
$$S = \{P \mid |f_i(P)| < 1, \; i = 1, 2, \cdots, N\}$$
中, 与 K 的交不为空集的连通分支与 ∂W 不相交. 选取开集 S 中包含在 W 内且与 K 的交不为空集的连通分支作并, 由此得到的解析多圆盘满足所要的性质. 证毕.

由于我们需要利用 M 中的一列解析多圆盘给出 M 到复向量空间的逆紧映射, 因此, 我们还需要对在上面引理中用以定义解析多圆盘的解析函数的个数, 即解析多圆盘的阶数加以限制.

引理 3.2.7 设 M 是 m 维 Stein 流形, $K \subset M$ 是紧集, 满足 K 的全纯凸包 $\widetilde{K}$ 与 K 相等, 设 $N \geqslant 2m$, 则对于包含 K 的任意 $N+1$ 阶解析多圆盘 D, 存在 N 阶的解析多圆盘 D', 使得 $K \subset D' \subset D$.

证明 设 D 是由解析函数 $f_1, \cdots, f_{N+1}$ 定义的解析多圆盘. 选取常数 c_0, 使得 $0 < c_0 < 1$, 而在 K 上, $|f_i| < c_0$ 对 $i = 1, 2, \cdots, N+1$ 成立. 取定常数 c_1, c_2, c_3, 满足 $0 < c_0 < c_1 < c_2 < c_3 < 1$.

选取 M 上的解析函数 $\tilde{f}_1,\cdots,\tilde{f}_{N+1}$, 满足

(1) $f_{N+1} = \tilde{f}_{N+1}$, 而映射 $(\tilde{f}_1/f_{N+1},\cdots,\tilde{f}_N/f_{N+1})$ 在集合
$$L = \{P \in \overline{D} \mid |f_{N+1}(P)| \geqslant c_2\}$$
上的 Jacobi 矩阵的秩处处为 m;

(2) 对于 $i = 1,\cdots,N, |\tilde{f}_i| < c_0$ 在 K 上处处成立;

(3) 如果令
$$W = \{P \in D \mid |\tilde{f}_i(P)| < c_3, i = 1,\cdots,N+1\},$$
则 W 是 D 中的相对紧集 (即集合 W 的闭包是集合 D 中的紧集).

对于函数 $\tilde{f}_1,\cdots,\tilde{f}_{N+1}$ 的存在性, 由条件 $N \geqslant 2m$, 因此只要在紧集 L 和 K 上对映射 $(f_1,\cdots,f_N)$ 应用上面的引理 3.2.4, 或者定理 3.2.1″ 中 (1) 的证明, 就不难得到, 存在在 L 上处处满秩, 且在 K 上与 $(f_1,\cdots,f_N)$ 任意接近的映射 $(h_1,\cdots,h_N)$, 这时只需令
$$(\tilde{f}_1,\cdots,\tilde{f}_N,\tilde{f}_{N+1}) = (h_1 f_{N+1},\cdots,h_N f_{N+1}, f_{N+1})$$
即可.

对于给定的自然数 v, 考虑开集
$$\Delta_v = \{P \mid |\tilde{f}_i^v(P) - \tilde{f}_{N+1}^v(P)| < c_1^v, i = 1,\cdots,N\}. \quad (3.2.2)$$
我们希望证明: 当 v 充分大后, 如果以 D' 记 Δ_v 中与 K 的交不为空集的连通分支的并, 则解析多圆盘 D' 满足引理的条件.

首先, 当 v 充分大, 且 $P \in K$ 时, 对 $i = 1, 2,\cdots,N$, 总有 $|\tilde{f}_i^v(P) - \tilde{f}_{N+1}^v(P)| < 2c_0^v < c_1^v$, 因而 $K \subset D'$. 如果我们能够证明 $D' \subset W \subset D$, 则 D' 满足引理. 对此应用反证法, 假定 D' 不是 W 的子集, 则由 D' 的每一个连通分支都含有 $K \subset W$ 中的点, 因而存在 D' 的一个连通分支 U, 使得 U 包含 K 中的点, 同时还至少包含一点 $P_0 \in \partial W$. 如果在 P_0 点, $|f_{N+1}(P_0)| < c_2$, 则 v 充分大后,
$$|\tilde{f}_i^v(P_0)| \leqslant |\tilde{f}_i^v(P_0) - f_{N+1}^v(P_0)| + |f_{N+1}^v(P_0)| < c_1^v + c_2^v < c_3^v,$$
这与 $P_0 \in \partial W$ 矛盾. 所以 P_0 必须在集合

$$L = \{P \mid P \in \partial W, |f_{N+1}(P)| \geqslant c_2\}$$

中. 不妨设集合 L 包含在 M 的一个局部坐标 $(z^1, \cdots, z^n)$ 的邻域中, 设 P_0 的坐标为 Z_0. 如果令 $F_i = \tilde{f}_i/f_{N+1}$, 则对 $i = 1, \cdots, N$, 由 $|\tilde{f}_i^v(P_0) - \tilde{f}_{N+1}^v(P_0)| < c_1^v$, 因而

$$|F_i^v(P_0) - 1| < \left(\frac{c_1}{c_2}\right)^v.$$

我们希望利用此不等式证明: 当 v 充分大时, 对于所有的 ζ, 只要 ζ 满足 $|\zeta| = 1/v^2$, 则在 $Z_0 \in L \cap \Delta_v$ 上, 总成立

$$\max_{i=1,\cdots,N} |\tilde{f}_i^v(Z_0 + \zeta) - f_{N+1}^v(Z_0 + \zeta)| > c_1^v. \quad (3.2.3)$$

比较上面 Δ_v 中关于 P 的不等式 (3.2.2), 我们得到, 由 Z_0 为球心, $1/v^2$ 为半径的球面与 Δ_v 的交等于空集. 这与 P_0 是 Δ_v 中的连通分支 U 的点, 而 $U \cap K \neq \varnothing$ 矛盾. 因此现在我们只需证明上面的不等式 (3.2.3) 成立.

对于不等式 (3.2.3) 的证明. 首先以 O 表示有界的变量 (不同的式子中, O 代表的变量可以不一样), 假定 v 充分大, 则由

$$|f_{N+1}(Z_0 + \zeta)| = |f_{N+1}(Z_0) + O(\zeta)| \geqslant c_2(1 + O(v^{-2})),$$

得

$$|f_{N+1}^v(Z_0 + \zeta)| \geqslant c_2^v(1 + O(v^{-1})) \geqslant \frac{c_2^v}{2}. \quad (3.2.4)$$

对于 $i = 1, \cdots, N$, 由

$$|\tilde{f}_i^v(Z_0 + \zeta) - f_{N+1}^v(Z_0 + \zeta)| = |F_i^v(Z_0 + \zeta) - 1||f_{N+1}^v(Z_0 + \zeta)|.$$

考虑 $F_i(Z_0 + \zeta)/F_i(Z_0)$ 在 Z_0 处的 Taylor 展开

$$\frac{F_i(Z_0 + \zeta)}{F_i(Z_0)} = 1 + L_i(\zeta) + O(|\zeta|^2),$$

其中 $L_i(\zeta)$ 表示 ζ 的线性函数. 这时由于 $F_i = \tilde{f}_i/f_{N+1}$, 而我们假设了映射

$$(\tilde{f}_1/f_{N+1}, \cdots, \tilde{f}_N/f_{N+1})$$

的 Jacobi 矩阵在 Z_0 邻域上的秩处处为 m, 因而对于任意 ζ, 满足 $|\zeta| = 1/v^2$, 上面展开中的线性函数 $L_i(\zeta)$ 不能同时为零. 所以存在常数 $c > 0$, 使得

$$\max_{i=1,\cdots,N} |L_i(\zeta)| \geqslant c|\zeta|.$$

但 $|\zeta| = \dfrac{1}{v^2}$, 因此

$$\left(\frac{F_i(Z_0+\zeta)}{F_i(Z_0)}\right)^v = 1 + vL_i(\zeta) + O(v^{-4}).$$

我们得到, 当 v 充分大时

$$|F_i^v(Z_0+\zeta) - 1| = \left| F_i^v(Z_0)\left(\frac{F_i^v(Z_0+\zeta)}{F_i^v(Z_0)} - 1\right) + F_i^v(Z_0) - 1 \right|$$

$$\geqslant |F_i^v(Z_0)|\left|\frac{F_i^v(Z_0+\zeta)}{F_i^v(Z_0)} - 1\right| - |F_i^v(Z_0) - 1|$$

$$\geqslant |F_i^v(Z_0)||vL_i(\zeta) + O(v^{-2})| - \left(\frac{c_1}{c_2}\right)^v.$$

而当 $v \to +\infty$ 时, $|F_i^v(Z_0) - 1| < (c_1/c_2)^v \to 0$, 因此 $|F_i^v(Z_0)| \to 1$. 所以当 v 充分大时,

$$|F_i^v(Z_0+\zeta) - 1| \geqslant \frac{|vL_i(\zeta) + O(v^{-2})|}{2} \geqslant \frac{(c/v + O(v^{-2}))}{2}.$$

结合不等式 (3.2.4), 我们得到, 只要 v 充分大, 则

$$\max_{i=1,\cdots,N} |\widetilde{f}_i^v(Z_0+\zeta) - f_{N+1}^v(Z_0+\zeta)|$$
$$= \max_{i=1,\cdots,N} |f_{N+1}^v(Z_0+\zeta)||F_i^v(Z_0+\zeta) - 1|$$
$$> c_2^v \frac{(c/v + O(v^{-2}))}{2^2} > c_1^v.$$

至此, 我们完成了不等式 (3.2.3) 的证明. 证毕.

现在我们来给出定理 3.2.1′ 中第三部分的证明.

证明 首先由定理 3.2.1″ 中的第二部分, 我们知道, 存在 M 到 $\mathbb{C}^{2m+1}$ 的解析映射 $G = (g_1, \cdots, g_{2m+1})$, 满足 G 在 M 上是处处满秩的单射. 现在我们需要改造这一映射使其同时也是逆紧的映射. 为

此，首先假定我们可以先构造出定义在 M 上的一个解析映射 $F = (f_1, \cdots, f_{2m+1}) \in H^{2m+1}(M)$，使得对于任意自然数 n，集合

$$\left\{ P \in M \mid \max_{i=1,\cdots,2m+1} |f_i(P)| \leqslant n + \max_{i=1,\cdots,2m+1} |g_i(P)| \right\}$$

都是 M 中的紧集. 则利用 F, 可以对映射

$$(F, G) = (f_1, \cdots, f_{2m+1}; g_1, \cdots, g_{2m+1})$$

应用引理 3.2.5 及其证明来进行改造.

首先, 利用引理 3.2.5 的证明, 我们知道, 对于 M 中任意给定的紧集 K, 除去 $\mathbb{C}^{(m+1)\times(m+1)}$ 中的一个零测集以后, 对于 $\mathbb{C}^{(m+1)\times(m+1)}$ 中任意向量 $(a_{jk})_{j,k=1,\cdots,m+1}$, 如果令

$$\widetilde{f}_j = f_j + \sum_{k=1}^{2m+1} a_{jk} g_k,$$

则映射 $\widetilde{F} = (\widetilde{f}_1, \cdots, \widetilde{f}_{2m+1})$ 在 K 上也是处处满秩的单射. 由于 M 可以表示为一列紧集的并, 而一列零测集的并仍然是零测集. 因而, 我们实际可以在 $\mathbb{C}^{(m+1)\times(m+1)}$ 中的一个零测集以外任取 $(a_{jk})_{j,k=1,\cdots,m+1}$, 使得如果令

$$\widetilde{f}_j = f_j + \sum_{k=1}^{2m+1} a_{jk} g_k,$$

则映射 $\widetilde{F} = (\widetilde{f}_1, \cdots, \widetilde{f}_{2m+1})$ 在整个 M 上都是处处满秩的单射. 这时, 如果我们进一步假定 $\max\limits_{j=1,\cdots,2m+1} \left\{ \sum\limits_{k=1}^{2m+1} |a_{jk}| \right\} \leqslant 1$, 则对任意自然数 n, 我们有

$$\left\{ P \in M \mid \max_{i=1,\cdots,2m+1} |\widetilde{f}_i(P)| \leqslant n \right\}$$
$$\subset \left\{ P \in M \mid \max_{i=1,\cdots,2m+1} |f_i(P)| \leqslant n + \max_{i=1,\cdots,2m+1} |g_i(P)| \right\}.$$

但由映射 F 的条件, 我们知道, 后面一个集合是紧集, 所以前面一个集合也是紧集, 因而 $\widetilde{F}$ 是逆紧的映射. 证毕.

利用这些讨论, 下面我们只需证明满足上面要求的映射 $F = (f_1, \cdots, f_{2m+1}) \in H^{2m+1}(M)$ 是存在的.

为构造 $F = (f_1, \cdots, f_{2m+1}) \in H^{2m+1}(M)$, 我们首先取 M 中一列开集 $\{K_n\}$ 满足

(1) $\overline{K}_n$ 是 M 中的紧集;

(2) $\overline{K}_n$ 与 $\overline{K}_n$ 在 M 中的全纯凸包 $\widetilde{K}_n$ 相等, 且 $\overline{K}_n \subset K_{n+1}$;

(3) $\bigcup_{n=1}^{+\infty} K_n = M$.

对每一个 n, 由引理 3.2.6, 存在阶为 $2m$ 的解析多圆盘 D_n, 使得 $\overline{K}_n \subset D_n \subset K_{n+1}$. 设

$$M_n = \sup_{P \in D_n} \max_{i=1,\cdots,2m+1} \{|g_i(P)|\}.$$

利用数列 $\{M_n, n = 1, 2, \cdots\}$, 如果我们能够构造出一个解析映射 $F = (f_1, \cdots, f_{2m+1}) \in H^{2m+1}(M)$, 使得对于每一个 n, 以及任意点 $P \in D_{n+1} \setminus D_n$, 恒有

$$\max_{i=1,\cdots,2m+1} |f_i(P)| \geqslant n + M_{n+1}, \tag{3.2.5}$$

则在 $M \setminus D_n$ 上, 同样的不等式成立. 我们得到集合

$$\left\{ P \in M \mid \max_{i=1,\cdots,2m+1} |f_i(P)| \leqslant n + \max_{i=1,\cdots,2m+1} |g_i(P)| \right\}$$

是 D_n 中的闭集, 因而是紧集, $F = (f_1, \cdots, f_{2m+1})$ 就满足上面我们提出的条件.

对于映射 $F = (f_1, \cdots, f_{2m+1})$ 的存在性, 我们先来构造其中前面的 $2m$ 个函数 $\widetilde{F} = (f_1, \cdots, f_{2m}) \in H^{2m}(M)$.

对 n 应用归纳法. 设 $D_0 \neq \varnothing$, 假定对于 $k = 1, \cdots, n-1$, 我们已经选取了 M 上一组解析函数

$$\{f_{(k,i)}, k = 1, \cdots, n-1; i = 1, \cdots, 2m\}$$

满足: 对于 $k = 1, \cdots, n-1$, 在 D_{k-1} 上成立不等式

$$\max_{i=1,\cdots,2m} |f_{(k,i)}| \leqslant \frac{1}{2^k};$$

而在 ∂D_k 上成立不等式

$$\max_{i=1,\cdots,2m}|f_{(k,i)}|>n+1+\max_{i=1,\cdots,2m}\sum_{j=1}^{k-1}|f_{(j,i)}|+M_{k+1}.$$

对于 $k=n$, 由于 D_n 是 $2m$ 阶解析多圆盘, 可设其由 M 上的解析函数 $(h_{(n,1)},\cdots,h_{(n,2m)})$ 定义. 这时, 由于 $D_{n-1}\subset K_n$, 因而, $\max_{i=1,\cdots,2m}|h_{(n,i)}|$ 在 P_{n-1} 上小于 1, 在 ∂D_n 上为 1. 这时对于 $i=1,\cdots,2m$, 可选取常数 $a_i>1$, 以及充分大的自然数 m_i, 使得函数 $f_{(n,i)}=(a_ih_{(n,i)})^{m_i}$ 在 D_{n-1} 上满足

$$\max_{i=1,\cdots,2m}|f_{(n,i)}|\leqslant\frac{1}{2^n};$$

而在 ∂D_n 上满足

$$\max_{i=1,\cdots,2m}|f_{(n,i)}|>n+1+\max_{i=1,\cdots,2m}\sum_{k=1}^{n-1}|f_{(k,i)}|+M_{n+1}.$$

归纳假设成立.

利用归纳法, 现设对于 $n=1,2,\cdots;i=1,\cdots,2m$, 函数 $\{f_{(n,i)}\}$ 已取定, 对于 $i=1,\cdots,2m$, 考虑函数级数

$$f_i=\sum_{n=1}^{+\infty}f_{(n,i)}.$$

由上面关于 $f_{(n,i)}$ 的选取条件, 这些函数级数在任意 D_n 上一致收敛, 因而在 M 上内闭一致收敛, f_i 是 M 上的解析函数. 现令 $\widetilde{F}=(f_1,\cdots,f_{2m})\in H^{2m}(M)$, 则同样由上面条件, 对于 $n=1,2,\cdots$, $\widetilde{F}=(f_1,\cdots,f_{2m})$ 在 ∂D_n 上满足

$$\max_{i=1,\cdots,2m}|f_i|\geqslant\max_{i=1,\cdots,2m}|f_{(n,i)}|-\max_{i=1,\cdots,2m}\sum_{k=1}^{n-1}|f_{(k,i)}|$$

$$-\max_{i=1,\cdots,2m}\sum_{k=n+1}^{+\infty}|f_{(k,i)}|$$

$$\geqslant n+1+M_{n+1}-\sum_{k=n+1}^{+\infty}\frac{1}{2^k}$$

$$>n+M_{n+1}.$$

将上式与不等式 (3.2.5) 进行比较, 我们还需要构造函数 f_{2m+1}, 使得在 $f_1, \cdots, f_{2m}$ 的基础上, 加上 f_{2m+1} 以后, 上面的不等式在 $D_{n+1} \setminus D_n$ 上也成立.

下面我们来构造函数 f_{2m+1}. 与上面构造 $f_1, \cdots, f_{2m}$ 的过程相同, 我们需要利用归纳法来确定 M 上的一列解析函数 $\{h_n\}$, 然后利用函数级数 $\sum\limits_{n=1}^{+\infty} h_n$ 来得到 f_{2m+1}. 首先对于 $k = 1, 2, \cdots$, 令

$$S_{1k} = \Big\{ P \in D_{k+1} \setminus D_k \Big| \max_{i=1,\cdots,2m} |f_i| \leqslant k + M_{k+1} \Big\},$$
$$S_{2k} = \Big\{ P \in D_k \Big| \max_{i=1,\cdots,2m} |f_i| \leqslant k + M_{k+1} \Big\}.$$

假设对于 $k = 1, \cdots, n-1$, 我们已经得到了 M 上的 $n-1$ 个解析函数 $h_1, \cdots, h_{n-1}$, 满足在 S_{1k} 上,

$$|h_k| \geqslant 1 + k + M_{k+1} + \Big| \sum_{i=1}^{k-1} h_i \Big|;$$

而在 S_{2k} 上,

$$|h_k| < \frac{1}{2^k}.$$

对于 $k = n$, 由于在 ∂D_n 上 $\max\limits_{i=1,\cdots,2m} |f_i| > n + M_{n+1}$, 因而 S_{1n} 与 S_{2n} 是 D_{n+1} 中互不相交的紧集, 而 $S_{1n} \cup S_{2n}$ 的全纯凸包包含在 $\overline{K}_{n+2}$ 内. 设此全纯凸包为 $S_{1n} \cup S_{2n} \cup U_n$, 则由于对于任意 $P \in D_{n+1} \setminus (S_{1n} \cup S_{2n})$, 在已经得到的函数 $f_1, \cdots, f_{2m}$ 中, 存在 f_i, 使得 $f_i(P) > n + M_{n+1}$, 因而 P 不在 $S_{1n} \cup S_{2n}$ 的全纯凸包内, 我们得到 $U_n \subset M \setminus D_{n+1}$. 另一方面, 由于 S_{1n} 与 $S_{2n} \cup U_n$ 是互不相交的闭集, 所以如果令 h 是在 $S_{2n} \cup U_n$ 的邻域上为零, 在 S_{1n} 的邻域上为 2 的函数, 则 h 是 $S_{1n} \cup S_{2n} \cup U_n$ 邻域上的解析函数, 因而利用 Stein 流形上解析函数的逼近定理 3.2.5, 我们知道, 存在 M 上的解析函数 h_n, 使得 h_n 在 S_{1n} 上大于 1, 而在 $S_{2n} \cup U_n$ 上小于 1. 取自然数 m 充分大, 用 h_n^m 代替 h_n, 则我们可以选取 M 上的解析函数 h_n, 满足在 S_{1n} 上,

$$|h_n| \geqslant 1 + n + M_{n+1} + \Big| \sum_{i=1}^{n-1} h_i \Big|;$$

而在 S_{2n} 上,
$$|h_n| < \frac{1}{2^n}.$$
归纳假设成立. 由此我们得到了 M 上的一列解析函数 $\{h_n\}$.

由于 $D_n \subset D_{n+1} \subset D_{n+2}$, 因而 $S_{1n} \subset S_{2(n+1)} \subset S_{2(n+2)} \subset \cdots$, 而 $\bigcup_{n=1}^{+\infty} S_{2n} = M$. 所以, 如果考虑函数级数
$$f_{2m+1} = \sum_{k=1}^{+\infty} h_k,$$
则这一级数在任意 S_{2n} 上一致收敛, 因而在 M 上内闭一致收敛, 所以 f_{2m+1} 是 M 上的解析函数. 另一方面, 由 h_n 满足的不等式容易得到, 对于任意 $P \in S_{1n}$, 成立 $|f_{2m+1}(P)| \geqslant n + M_{n+1}$. 因而, 如果令 $F = (f_1, \cdots, f_{2m}, f_{2m+1})$, 则由 S_{1n} 的定义得, 对于任意 $P \in D_{n+1} \setminus D_n$, 成立
$$\max_{i=1,\cdots,2m,2m+1} |f_i| > n + M_{n+1},$$
即 $F = (f_1, \cdots, f_{2m}, f_{2m+1})$ 满足条件 (3.2.5). 证毕.

注 如果在本节的讨论中, 用微分流形代替复流形, 用光滑函数和光滑映射分别代替解析函数和解析映射, 则 Stein 流形定义中的条件和定理 3.2.5 中关于解析函数的逼近性质在实流形上对光滑函数显然都成立. 由此, 只要在上面距离函数中加入一阶偏导的项, 将上面定理 3.2.1′ 的证明用到微分流形和光滑映射上, 我们就得到了对于 C^1 映射的 Whitney 嵌入定理的证明.

习 题 三

1. 问解析函数 $z_1 \cdot z_2$ 和 $z_1 \cdot z_2 + 1$ 的零点集是否是复流形.

2. 设 $F(Z, \overline{Z})$ 是 $Z_0 \in \mathbb{C}^n$ 邻域内关于实变量连续可微的函数, 并且满足 $F(Z_0, \overline{Z}_0) = 0$, $\dfrac{\partial F(Z_0, \overline{Z}_0)}{\partial \overline{z}_1} \neq 0$, 问能否在 Z_0 的邻域内由方程 $F(Z, \overline{Z}) = 0$ 解出 $\overline{z}_1$ 为其余变量的函数.

3. 表述并证明: 两个解析函数方程的隐函数定理.

4. 设 X 是一存在坐标覆盖使之成为复流形的拓扑空间,称 X 的两个坐标覆盖 $\{U_\alpha, Z_\alpha\}$ 和 $\{V_\beta, W_\beta\}$ 有关系 $\sim$,如果将其放在一起后仍然是 X 的坐标覆盖. 验证: $\sim$ 是 X 的所有坐标覆盖构成的集合上的一个等价关系. 一般称满足关系 $\sim$ 的每一个等价类称为 X 上的一个**复结构**. 证明: 对于 X 的一个复结构, 存在 X 的一个坐标覆盖, 使得其不是其他坐标覆盖的子集.

5. 设 $n > 2$,试类比于复投影空间的构造. 证明: $\mathbb{C}^n$ 中所有二维复线性子空间构成一复流形.

6. 设 $P(Z)$ 和 $Q(Z)$ 是 $Z = (z_0, z_1, \cdots, z_n)$ 的两个 m 次齐次多项式, 其中 $Q(Z)$ 不恒为零. 证明: $P(Z)/Q(Z)$ 是 $\mathbb{C}P^n$ 上的亚纯函数.

7. 设 $F: M_1 \to M_2$ 是解析映射, $g(Z)$ 是 M_2 上的亚纯函数, 问 $g \circ F$ 是否是 M_1 上的亚纯函数.

8. 证明: $\mathbb{C}P^n$ 是 Housdoff 拓扑空间.

9. 设 $F: \mathbb{C}^{m+1} \to \mathbb{C}^{n+1}$ 是线性变换, 证明: F 诱导了一个解析映射 $\widetilde{F}: \mathbb{C}P^m \to \mathbb{C}P^n$.

10. 如果 $f_1, \cdots, f_{n+1}$ 是紧 Riemann 曲面 R 上的亚纯函数, 证明: $f_1, \cdots, f_{n+1}$ 给出了 R 到 $\mathbb{C}P^n$ 的一个解析映射.

11. 证明: $\mathbb{C}P^1$ 到自身的任意全纯自同胚都是由 $\mathbb{C}^2$ 上的线性自同构诱导得到的.

12. 设 $\mathbb{C}^{n+1} \hookrightarrow \mathbb{C}^{n+k+1}$ 是由映射
$$(z_1, \cdots, z_{n+1}) \mapsto (z_1, \cdots, z_{n+1}, 0, \cdots, 0)$$
定义的嵌入映射. 证明: 此映射诱导了嵌入映射 $\mathbb{C}P^n \hookrightarrow \mathbb{C}P^{n+k}$.

13. 复流形 M 上的亚纯函数 $g_1, \cdots, g_r$ 称为**代数独立的函数**, 如果不存在非零的多项式 $P(z_1, \cdots, z_r)$, 使得 $P(g_1, \cdots, g_r)$ 在 M 上恒为零. 证明: $\mathbb{C}P^n$ 上有 n 个代数独立的亚纯函数.

14. 证明: 如果 M 是复投影空间 $\mathbb{C}P^n$ 的 m 维复子流形, 则 M 上存在 m 个代数独立的亚纯函数.

15. 设 $h = f/g$ 是原点 $0 \in \mathbb{C}^n$ 邻域上的亚纯函数, 其中 $n > 1$, f 和 g 在原点互素. 证明: 对于任意 $a \in \mathbb{C}$, 存在序列 $P_n \to 0$, 使得 $h(P_n) = a$.

16. 设 $L = a_0 z_0 + a_1 z_1 + \cdots + a_n z_n$ 是一非零的线性函数, 证明: L 在 $\mathbb{C}P^n$ 中的零点构成 $\mathbb{C}P^n$ 的一个 $n-1$ 维复子流形.

17. 设 $\{W_1, \cdots, W_{2n}\}$ 是 $\mathbb{C}^n$ 中 $2n$ 个实线性独立的向量, 令
$$L = \{n_1 W_1 + \cdots + n_{2n} W_{2n} \mid n_i \in \mathbb{Z}\},$$

L 称为由 $\{W_1, \cdots, W_{2n}\}$ 生成的**格**. 利用 L 在 $\mathbb{C}^n$ 上定义等价关系 $\sim$ 为 $Z_1 \sim Z_2$, 如果 $Z_1 - Z_2 \in L$. 证明: $\mathbb{C}^n/\sim$ 是一紧复流形, 并给出 $\mathbb{C}/\sim$ 的图像. 一般称 $\mathbb{C}^n/\sim$ 为 n **维环面**.

18. 与第 5 题相同, 证明: 令 $G_k(\mathbb{C}^n)$ 为 $\mathbb{C}^n$ 中所有 k 维复线性子空间给出的集合, 给 $G_k(\mathbb{C}^n)$ 一个坐标覆盖使之成为一紧复流形. $G_k(\mathbb{C}^n)$ 称为 **Grassmann 流形**.

19. 设 M 是复流形, $\{U_\alpha\}$ 是 M 的开覆盖, 假定对于每一个 $U_\alpha \cap U_\beta \neq \varnothing$, 在 $U_\alpha \cap U_\beta$ 上给定了一个处处不为零的解析函数 $f_{\alpha\beta}$, 满足 $f_{\alpha\beta} f_{\beta\alpha} = 1, f_{\alpha\beta} f_{\beta\gamma} f_{\gamma\alpha} = 1$. 在集合 $\bigcup_\alpha (U_\alpha \times \mathbb{C})$ 中定义关系 $\sim$ 为: $(P, Z) \in U_\alpha \times \mathbb{C}$ 与 $(Q, W) \in U_\beta \times \mathbb{C}$ 有关系 $\sim$, 如果 $P = Q$, 而 $Z = f_{\alpha\beta} W$. 证明: $\sim$ 是一等价关系, 而 $\{\bigcup_\alpha (U_\alpha \times \mathbb{C})\}/\sim$ 是一复流形.

20. 设 M 是一 n 维实流形, 证明: 如果用光滑函数代替 Stein 流形定义中的解析函数, 则 M 满足 Stein 流形的条件.

21. 设 M 是一紧的 n 维实流形, 利用第 21 题的结论证明: 当 N 充分大时, M 可 C^1 的嵌入 $\mathbb{R}^N$ 成为子流形.

22. 设 M 是紧致实流形, $F: M \to \mathbb{R}^N$ 为实满秩的单射. 证明: F 是正则嵌入.

23. 试构造两个实流形 M_1, M_2 和光滑映射 $F: M_1 \to M_2$, 使得 F 是满秩的单射, 但 F 不是正则嵌入.

24. 证明: 如果存在复流形 M 到 $\mathbb{C}^n$ 的逆紧的嵌入映射, 则 M 是 Stein 流形.

25. 证明: Stein 流形的乘积仍然是 Stein 流形, Stein 流形的子流形仍然是 Stein 流形.

26. 设 M 是 Stein 流形, $\{P_n\}$ 是 M 中的点列, 满足 $\{P_n\}$ 在 M 中无聚点. 证明: 存在 M 上的解析函数 f, 使得 $\lim\limits_{n \to +\infty} f(P_n) = \infty$.

27. 设 D_1, D_2 都是 $\mathbb{C}^n$ 中的有界开区域, 满足 $\overline{D}_1 \subset D_2$. 证明: 对于我们在本章 §3.2 中, 对于解析函数空间 $H(D)$ 上定义的距离函数, 限制映射 $H(D_2) \to H(D_1)$ 是一紧算子. 即其将 $H(D_2)$ 中的任意有界集映为 $H(D_1)$ 中闭包是紧集的集合.

28. 证明: 定理 3.2.5 中关于解析函数的逼近性质对于 M 上光滑函数在 M 的任意紧集上都成立.

第4章 复 几 何

在这一章里我们希望将在微分流形和 Riemann 几何研究中讨论的一些基本概念和方法推广到复流形上. 为此, 我们将讨论复流形上的 (p,q)- 形式, 研究复流形上的全纯向量丛, 并对全纯向量丛的可微截影推广 $\bar{\partial}$ 算子. 我们还将讨论复向量丛的 Hermite 度量、复联络, 并定义一类特殊的复流形 —— Kähler 流形. 本章相关内容可参阅文献 [9].

§4.1 复流形上的 (p,q)- 形式

设 M 是一给定的复流形, $P \in M$ 是任意给定的点, 我们以 $A(P)$ 表示由 P 点邻域上的复值可微函数全体组成的环 ($A(P)$ 中不同的函数可以有不同的定义域). 下面类比于实的微分流形, 我们首先给出复流形 M 在 P 点的复切空间的定义.

定义 4.1.1 设 P 是复流形 M 中给定的点, 映射 $t: A(P) \to \mathbb{C}$ 如果满足

(1) **线性性** 对于任意 $a, b \in \mathbb{C}, f, g \in A(P)$, 恒有
$$t(af + bg) = at(f) + bt(g);$$

(2) **Leibniz 法则** 对于任意 $f, g \in A(P)$, 恒有
$$t(fg) = t(f)g(P) + f(P)t(g),$$

则称 t 为 M 在 P 点的一个**复切向量**.

例 1 设 $f = c$ 是 P 点邻域上的常值函数, t 是 P 点的一个复切向量, 则由 $t(c) = t(1 \cdot c) = t(1)c + t(c)$, 得 $t(1) = 0$, 因而
$$t(c) = ct(1) = 0.$$

以 $T(P)$ 表示 M 在 P 点所有复切向量组成的集合, 在 $T(P)$ 中定义元素之间的加法为: 对于任意 $t_1, t_2 \in T(P)$ 以及 $f \in A(P)$, 令

$$(t_1 + t_2)(f) = t_1(f) + t_2(f).$$

同样地, 定义 $T(P)$ 中元素对复数的数乘为: 对于任意 $t \in T(P), a \in \mathbb{C}$ 以及任意 $f \in A(P)$, 令

$$(at)(f) = at(f).$$

不难看出 $(t_1 + t_2)$ 和 at 都是 P 点的复切向量. 利用这些加法和数乘运算, $T(P)$ 构成一线性空间, 称为流形 M 在 P 点的**复切空间**. 与实流形上切空间的定义比较, 在上面复切空间的定义中, 我们看到除了用复数代替实数, 用复值函数代替实值函数, 用复线性映射代替实线性映射外, 其余部分都是一样的. 但是, 对于复流形, 除了可微函数之外, 最基本的讨论对象是解析函数. 因此, 自然的问题是: 在考虑了复流形上的解析结构之后, 复流形的切空间能够产生什么新的变化? 与实流形的切空间比较有什么不同? 下面我们以 $H(P)$ 表示由 P 点邻域上的解析函数全体构成的环, 则 $H(P)$ 是 $A(P)$ 的子环. 令

$$\overline{H}(P) = \{\overline{f} \mid f \in H(P)\},$$

$\overline{H}(P)$ 中的函数称为 P 点邻域上的**反解析函数**.

定义 4.1.2 复切向量 $t \in T(P)$ 如果满足: 对于 P 点邻域上的任意反解析函数 $\overline{f} \in \overline{H}(P)$, 恒有 $t(\overline{f}) = 0$, 则称 t 为 P 点的**全纯切向量**; 复切向量 $t \in T(P)$ 如果满足: 对于 P 点邻域上的任意解析函数 $f \in H(P)$, 恒有 $t(f) = 0$, 则称 t 为 P 点的**反全纯切向量**.

由定义不难看出, 全纯切向量的和以及全纯切向量对于复数的数乘仍然是全纯切向量, 而反全纯切向量的和以及反全纯切向量对于复数的数乘仍然是反全纯切向量. 因此, 如果以 $T_{(1,0)}(P)$ 和 $T_{(0,1)}(P)$ 分别表示由 P 点所有全纯切向量和反全纯切向量构成的集合, 则 $T_{(1,0)}(P)$ 和 $T_{(0,1)}(P)$ 都是 $T(P)$ 的线性子空间.

引理 4.1.1 $T(P) = T_{(1,0)}(P) \oplus T_{(0,1)}(P)$.

证明 取定 P 点一个邻域 U 和 U 上的局部坐标 $(z^1, \cdots, z^m)$ 满足 $z^i(P) = 0 \, (i = 1, \cdots, m)$, 并且 U 与由坐标 $Z = (z^1, \cdots, z^m)$ 给出的单位球 $B(0,1) = \{Z \mid |Z| < 1\}$ 相同. 对于任意 $f \in A(P)$ 以及任意

给定的 $Z = (z^1, \cdots, z^m) \in U$, 令 $h(t) = f(tZ)$, 其中 $t \in [0,1]$. 利用可微函数 $h(t)$ 在 P 点的带积分余项的 Taylor 展开, 我们知道

$$h(t) = h(0) + h'(0)t + \frac{1}{2}\int_0^t h''(s)(t-s)\mathrm{d}s.$$

令 $t = 1$, 根据求导的链法则, 我们得到, 函数 f 关于复变量 $z^1, \cdots, z^m$ 和 $\bar{z}^1, \cdots, \bar{z}^m$ 在 P 点 ($Z = 0$ 的点) 带积分余项的二阶 Taylor 展开

$$f(Z) = f(0) + \sum_{i=1}^m \frac{\partial f}{\partial z^i}(0)z^i + \sum_{i=1}^m \frac{\partial f}{\partial \bar{z}^i}(0)\bar{z}^i$$

$$+ \frac{1}{2}\sum_{i,j=1}^m \int_0^1 \frac{\partial^2 f}{\partial z^i \partial z^j}(sZ)(1-s)\mathrm{d}s z^i z^j$$

$$+ \sum_{i,j=1}^m \int_0^1 \frac{\partial^2 f}{\partial z^i \partial \bar{z}^j}(sZ)(1-s)\mathrm{d}s z^i \bar{z}^j$$

$$+ \frac{1}{2}\sum_{i,j=1}^m \int_0^1 \frac{\partial^2 f}{\partial \bar{z}^i \partial \bar{z}^j}(sZ)(1-s)\mathrm{d}s \bar{z}^i \bar{z}^j.$$

下面为了符号简单, 我们将 f 在 P 点邻域上的这一展开表示为

$$f(Z) = f(0) + f_1(Z) + f_2(Z) + \sum_{i=1}^m h_i(Z)g_i(Z),$$

其中 $f_1(Z) = \sum_{i=1}^m \frac{\partial f}{\partial z^i}(0)z^i$ 和 $f_2(Z) = \sum_{i=1}^m \frac{\partial f}{\partial \bar{z}^i}(0)\bar{z}^i$ 分别是 $z^1, \cdots, z^m$ 和 $\bar{z}^1, \cdots, \bar{z}^m$ 的线性函数, 因而分别是 P 点邻域上全纯和反全纯的函数. 而对于 $i = 1, \cdots, m$, $h_i(Z)$ 和 $g_i(Z)$ 是 P 点邻域上的可微函数, 满足 $h_i(0) = g_i(0) = 0$. 对于 f, 上面展开中的函数 f_1 和 f_2 是唯一确定的.

现设 $t \in T_{(1,0)}(P) \bigcap T_{(0,1)}(P)$, 则对任意 $f \in A(P)$, 在上面的展开中, 成立 $t(f(0)) = 0, t(f_1) = 0, t(f_2) = 0$, 以及 $t(h_i g_i) = t(h_i)g_i(0) + h_i(0)t_i(g) = 0 (i = 1, \cdots, m)$, 我们得到 $t(f) = 0$. 但是其中的 f 是任意的, 因此必须 $t = 0$, 即 $T_{(1,0)}(P) \bigcap T_{(0,1)}(P) = \{0\}$.

另一方面, 对于任意 $t \in T(P), f \in A(P)$, 设 $f(Z) = f(0) + f_1(Z) +$

$f_2(Z) + \sum_{i=1}^{m} h_i(Z)g_i(Z)$ 是上面给出的分解,由 $t\left(\sum_{i=1}^{m} h_i g_i\right) = 0$,令
$$t_1(f) = t(f_1), \quad t_2(f) = t(f_2),$$
则 $t_1 \in T_{(1,0)}(P)$, $t_2 \in T_{(0,1)}(P)$,而 $t = t_1 + t_2$. 证毕.

线性空间 $T_{(1,0)}(P)$ 和 $T_{(0,1)}(P)$ 分别称为复流形 M 在 P 点的**全纯切空间和反全纯切空间**.

同样与微分流形上余切空间的定义相同,我们定义复流形 M 在 P 点的**复余切空间** 为复切空间 $T(P)$ 的对偶空间 $T^*(P)$,即 M 在点 $P \in M$ 的复余切空间 $T^*(P)$ 定义为

$$T^*(P) = \Big\{ L \mid L : T(P) \to \mathbb{C} \text{ 是 } T(P) \text{ 上的复线性函数} \Big\}.$$

$T^*(P)$ 中的元素称为复流形 M 在 P 点的**余切向量**,通常也称为 P 点的**一次微分形式**.

例 2 设函数 $f \in A(P)$ 给定,利用 f 可以定义 $T(P)$ 到 $\mathbb{C}$ 的映射 $\mathrm{d}f$ 为:对于任意 $t \in T(P)$,令 $\mathrm{d}f(t) = t(f)$,则 $\mathrm{d}f$ 是 $T(P)$ 上的线性函数,因而 $\mathrm{d}f \in T^*(P)$ 是一余切向量,或者说是一个一次微分形式,通常将这一微分形式,或者说映射 $\mathrm{d}f : T(P) \to \mathbb{C}$ 称为函数 f 在 P 点的**微分**.

相应于切空间关于全纯切空间和反全纯切空间的直和分解 $T(P) = T_{(1,0)}(P) \oplus T_{(0,1)}(P)$. 余切空间也有同样的直和分解.

定义 4.1.3 余切向量 $\alpha \in T^*(P)$ 如果满足:对于任意反全纯切向量 $t \in T_{(0,1)}(P)$,恒有 $\alpha(t) = 0$,则称 α 为**全纯余切向量**;余切向量 $\alpha \in T^*(P)$ 如果满足:对于任意全纯切向量 $t \in T_{(1,0)}(P)$,恒有 $\alpha(t) = 0$,则称 α 为**反全纯余切向量**.

显然全纯余切向量 (反全纯余切向量) 的和以及对复数的数乘仍然是全纯余切向量 (反全纯余切向量),因此如果我们以 $T^*_{(1,0)}(P)$ 和 $T^*_{(0,1)}(P)$ 分别表示 P 点的全体全纯余切向量和全体反全纯余切向量组成的集合,则 $T^*_{(1,0)}(P)$ 和 $T^*_{(0,1)}(P)$ 都是 $T^*(P)$ 的线性子空间. 而相应于切空间的直和分解 $T(P) = T_{(1,0)}(P) \oplus T_{(0,1)}(P)$,余切空间也有直和分解

$$T^*(P) = T^*_{(1,0)}(P) \oplus T^*_{(0,1)}(P).$$

通常我们将 $T^*_{(1,0)}(P)$ 和 $T^*_{(0,1)}(P)$ 中的元素分别称为 (1,0)-型和 (0,1)-型微分形式,将 $T^*_{(1,0)}(P)$ 称为**全纯余切空间**, $T^*_{(0,1)}(P)$ 称为**反全纯余切空间**. 当然,我们也可以将 $T^*_{(1,0)}(P)$ 和 $T^*_{(0,1)}(P)$ 分别看做线性空间 $T_{(1,0)}(P)$ 和 $T_{(0,1)}(P)$ 的对偶空间.

下面我们利用 P 点邻域的局部坐标给出上面切空间和余切空间的具体表示. 设 $(z^1, \cdots, z^m)$ 是 P 点邻域的局部坐标,满足对于 $i = 1, \cdots, m$, $z^i(P) = 0$. 对 $i = 1, \cdots, m$, 我们定义映射 $\dfrac{\partial}{\partial z^i} : A(P) \to \mathbb{C}$ 和 $\dfrac{\partial}{\partial \overline{z}^i} : A(P) \to \mathbb{C}$ 分别为,对于任意 $f \in A(P)$, 令

$$\frac{\partial}{\partial z^i}(f) = \frac{\partial f}{\partial z^i}(0), \quad \frac{\partial}{\partial \overline{z}^i}(f) = \frac{\partial f}{\partial \overline{z}^i}(0).$$

利用偏导数的性质不难验证, $\dfrac{\partial}{\partial z^i}$ 和 $\dfrac{\partial}{\partial \overline{z}^i}$ 都是 P 点的切向量.

引理 4.1.2 $\left\{ \dfrac{\partial}{\partial z^1}, \cdots, \dfrac{\partial}{\partial z^m}; \dfrac{\partial}{\partial \overline{z}^1}, \cdots, \dfrac{\partial}{\partial \overline{z}^m} \right\}$ 构成 $T(P)$ 的一组线性基.

证明 对于任意 $f \in A(P)$, 利用引理 4.1.1 中给出的函数 f 在 P 点 ($Z = 0$ 的点) 关于复变量 $(z^1, \cdots, z^m)$ 和 $(\overline{z}^1, \cdots, \overline{z}^m)$ 的 Taylor 展开得,当 $(z^1, \cdots, z^m)$ 充分小时,

$$f(z^1, \cdots, z^m) = f(0) + \sum_{i=1}^{m} \frac{\partial f}{\partial z^i}(0) z^i + \sum_{i=1}^{m} \frac{\partial f}{\partial \overline{z}^i}(0) \overline{z}^i + \sum_{i=1}^{m} h_i g_i,$$

其中对于 $i = 1, \cdots, m$, h_i 和 g_i 是 P 点邻域上的可微函数,满足 $h_i(0) = g_i(0) = 0$.

而由定义得 $\dfrac{\partial f}{\partial z^i}(0) = \dfrac{\partial}{\partial z^i}(f)$; $\dfrac{\partial f}{\partial \overline{z}^i}(0) = \dfrac{\partial}{\partial \overline{z}^i}(f)$. 因此,对于任意 $t \in T(P)$, 利用上面的展开得

$$t(f) = \sum_{i=1}^{m} \frac{\partial f}{\partial z^i}(0) t(z^i) + \sum_{i=1}^{m} \frac{\partial f}{\partial \overline{z}^i}(0) t(\overline{z}^i)$$
$$= \left[\sum_{i=1}^{m} t(z^i) \frac{\partial}{\partial z^i} + \sum_{i=1}^{m} t(\overline{z}^i) \frac{\partial}{\partial \overline{z}^i} \right](f),$$

即
$$t = \left[\sum_{i=1}^{m} t(z^i)\frac{\partial}{\partial z^i} + \sum_{i=1}^{m} t(\overline{z}^i)\frac{\partial}{\partial \overline{z}^i}\right].$$
而另一方面,对于 $i, j = 1, \cdots, m$,
$$\frac{\partial}{\partial z^i}(z^j) = \delta_i^j, \quad \frac{\partial}{\partial z^i}(\overline{z}^j) = 0, \quad \frac{\partial}{\partial \overline{z}^i}(z^j) = 0, \quad \frac{\partial}{\partial \overline{z}^i}(\overline{z}^j) = \delta_i^j.$$
因此 $\left\{\dfrac{\partial}{\partial z^1}, \cdots, \dfrac{\partial}{\partial z^m}; \dfrac{\partial}{\partial \overline{z}^1}, \cdots, \dfrac{\partial}{\partial \overline{z}^m}\right\}$ 线性无关. 证毕.

利用本书第 1 章关于解析函数的讨论, 我们知道, 判断一个函数是否是解析函数的 Cauchy-Riemann 方程可以表示为: 可微函数 f 为解析函数的充分必要条件是 $\dfrac{\partial f}{\partial \overline{z}^i} = 0\, (i = 1, \cdots, m)$. 而可微函数 f 为反解析函数的充分必要条件是 $\dfrac{\partial f}{\partial z^i} = 0\, (i = 1, \cdots, m)$. 因此对于切空间, Cauchy-Riemann 方程也可以表示为
$$\frac{\partial}{\partial z^1}, \cdots, \frac{\partial}{\partial z^m}$$
都是全纯切向量, 它们构成全纯切空间 $T_{(1,0)}(P)$ 的线性基; 而
$$\frac{\partial}{\partial \overline{z}^1}, \cdots, \frac{\partial}{\partial \overline{z}^m}$$
都是反全纯切向量, 它们也构成了反全纯切空间 $T_{(0,1)}(P)$ 的线性基.

同样地, 利用局部坐标 $(z^1, \cdots, z^m)$, 我们也可以构造出余切空间 $T^*(P)$ 的一组线性基.

首先对于局部坐标 $(z^1, \cdots, z^m)$, 分量 $z^1, \cdots, z^m$ 和 $\overline{z}^1, \cdots, \overline{z}^m$ 都是 P 点邻域的可微函数, 因此其微分 $\mathrm{d}z^1, \cdots, \mathrm{d}z^m$ 和 $\mathrm{d}\overline{z}^1, \cdots, \mathrm{d}\overline{z}^m$ 都是 P 点的余切向量. 而另一方面, 由余切向量的定义得
$$\mathrm{d}z^i\left(\frac{\partial}{\partial z^j}\right) = \frac{\partial z^i}{\partial z^j} = \delta_j^i, \quad \mathrm{d}z^i\left(\frac{\partial}{\partial \overline{z}^j}\right) = \frac{\partial z^i}{\partial \overline{z}^j} = 0,$$
$$\mathrm{d}\overline{z}^i\left(\frac{\partial}{\partial \overline{z}^j}\right) = \overline{\frac{\partial z^i}{\partial z^j}} = \delta_j^i, \quad \mathrm{d}\overline{z}^i\left(\frac{\partial}{\partial z^j}\right) = \overline{\frac{\partial z^i}{\partial \overline{z}^j}} = 0.$$
所以集合 $\{\mathrm{d}z^1, \cdots, \mathrm{d}z^m; \mathrm{d}\overline{z}^1, \cdots, \mathrm{d}\overline{z}^m\}$ 构成 $T^*(P)$ 的线性基, 其中 $\mathrm{d}z^1, \cdots, \mathrm{d}z^m$ 都是全纯余切向量, 构成了全纯余切空间 $T^*_{(1,0)}(P)$ 的线

性基. 这组基是 $T_{(1,0)}(P)$ 中线性基 $\left\{\dfrac{\partial}{\partial z^1}, \cdots, \dfrac{\partial}{\partial z^m}\right\}$ 的对偶基. 而 $\mathrm{d}\bar{z}^1$, $\cdots, \mathrm{d}\bar{z}^m$ 都是反全纯余切向量, 构成了反全纯余切空间 $T^*_{(0,1)}(P)$ 的线性基, 这组基是 $T_{(0,1)}(P)$ 中线性基 $\left\{\dfrac{\partial}{\partial \bar{z}^1}, \cdots, \dfrac{\partial}{\partial \bar{z}^m}\right\}$ 的对偶基.

如果 $(w^1, \cdots, w^m)$ 是 P 点邻域的另一局部坐标, 则
$$\left\{\frac{\partial}{\partial w^1}, \cdots, \frac{\partial}{\partial w^m}; \frac{\partial}{\partial \overline{w}^1}, \cdots, \frac{\partial}{\partial \overline{w}^m}\right\}$$
以及
$$\{\mathrm{d}w^1, \cdots, \mathrm{d}w^m; \mathrm{d}\overline{w}^1, \cdots, \mathrm{d}\overline{w}^m\}$$
也分别是 $T(P)$ 和 $T^*(P)$ 的一组线性基. 利用求导的链法则, 不难得到, 对于坐标变换 $(z^1, \cdots, z^m) \mapsto (w^1, \cdots, w^m)$, 我们有相应的切空间和余切空间的线性基的变换公式
$$\frac{\partial}{\partial z^k} = \sum_{i=1}^m \frac{\partial w^i}{\partial z^k} \frac{\partial}{\partial w^i}, \quad \frac{\partial}{\partial \bar{z}^k} = \sum_{i=1}^m \overline{\frac{\partial w^i}{\partial z^k}} \frac{\partial}{\partial \overline{w}^i};$$
$$\mathrm{d}w^k = \sum_{i=1}^m \frac{\partial w^k}{\partial z^i} \mathrm{d}z^i, \quad \mathrm{d}\overline{w}^k = \sum_{i=1}^m \overline{\frac{\partial w^k}{\partial z^i}} \mathrm{d}\bar{z}^i.$$

我们看到, 在坐标变换下, $(1,0)$ 方向和 $(0,1)$ 方向的切向量分别变到 $(1,0)$ 方向和 $(0,1)$ 方向的切向量, 而 $(1,0)$- 型微分形式和 $(0,1)$- 型微分形式分别变到 $(1,0)$- 型微分形式和 $(0,1)$- 型微分形式. 即我们前面给出的切空间和余切空间的直和分解 $T(P) = T_{(1,0)}(P) \oplus T_{(0,1)}(P)$ 以及 $T^*(P) = T^*_{(1,0)}(P) \oplus T^*_{(0,1)}(P)$ 都与局部坐标的选取无关. 当然, 对于这一点, 由于我们在定义全纯切向量和反全纯切向量时就没有用到局部坐标, 因而上面的分解与局部坐标的选取无关也是显然的.

类似于上面的坐标变换, 更一般地, 我们可以考虑切空间和余切空间在可微映射下的关系. 设 $F: M_1 \to M_2$ 是 m 维复流形 M_1 到 n 维复流形 M_2 的可微映射, $P \in M_1$ 是任意给定的点. 对于 M_2 中点 $F(P)$ 邻域上的任意可微函数 f, $f \circ F$ 是 M_1 中 P 点邻域上的可微函数. 因此, 如果 $t \in T(P)$ 是 P 点给定的切向量, 则可用 t 作用在 $f \circ F$ 上, 由此我们可以定义一个映射 $F_*(t): A(F(P)) \to \mathbb{C}$ 为 $F_*(t)(f) = t(f \circ F)$.

不难看出，$F_*(t)$ 满足线性性和 Leibniz 法则，因而是 M_2 中 $F(P)$ 点的切向量. 利用此，我们得到线性映射

$$F_*: T(P) \to T(F(P)), \quad t \mapsto F_*(t).$$

F_* 称为映射 F 在 P 点的**切映射**.

另一方面，对于流形 M_2 在 $F(P)$ 点任意给定的一个余切向量 $w \in T^*(F(P))$，w 是 $T(F(P))$ 上的线性函数，因而利用线性映射 $F_*: T(P) \to T(F(P))$，我们可以定义 $T(P)$ 上的一个线性函数 $F^*(w)$ 为：对于任意 $t \in T(P)$，令 $F^*(w)(t) = w(F_*(t))$，则 $F^*(w) \in T^*(P)$. 由此得到映射 F_* 的对偶映射

$$F^*: T^*(F(P)) \to T^*(P), \quad w \mapsto F^*(w).$$

F^* 称为**映射 F 的拉回映射**，也称为**映射 F 的微分**.

现设 $(z^1, \cdots, z^m)$ 和 $(w^1, \cdots, w^n)$ 分别是 P 点邻域和 $F(P)$ 点邻域的局部坐标，映射 F 在 P 点邻域表示为 $F: (z^1, \cdots, z^m) \mapsto (w^1, \cdots, w^n)$. 利用求导的链法则，对于利用局部坐标给出的切空间 $T(P)$ 和 $T(F(P))$ 的线性基，切映射 F_* 可表示为

$$F_*\left(\frac{\partial}{\partial z^k}\right) = \sum_{i=1}^n \frac{\partial w^i}{\partial z^k} \frac{\partial}{\partial w^i} + \sum_{i=1}^n \frac{\partial \overline{w}^i}{\partial z^k} \frac{\partial}{\partial \overline{w}^i},$$

$$F_*\left(\frac{\partial}{\partial \overline{z}^k}\right) = \sum_{i=1}^n \frac{\partial w^i}{\partial \overline{z}^k} \frac{\partial}{\partial w^i} + \sum_{i=1}^n \frac{\partial \overline{w}^i}{\partial \overline{z}^k} \frac{\partial}{\partial \overline{w}^i}.$$

同理，对于利用局部坐标给出的余切空间 $T^*(F(P))$ 和 $T^*(P)$ 的线性基，拉回映射 F^* 可表示为

$$F^*(\mathrm{d}w^i) = \sum_{k=1}^m \frac{\partial w^i}{\partial z^k} \mathrm{d}z^k + \sum_{k=1}^m \frac{\partial w^i}{\partial \overline{z}^k} \mathrm{d}\overline{z}^k,$$

$$F^*(\mathrm{d}\overline{w}^i) = \sum_{k=1}^m \frac{\partial \overline{w}^i}{\partial z^k} \mathrm{d}z^k + \sum_{k=1}^m \frac{\partial \overline{w}^i}{\partial \overline{z}^k} \mathrm{d}\overline{z}^k.$$

如果进一步假设 $F: M_1 \to M_2$ 是解析映射，则切映射 F_* 可表示为

$$F_*\left(\frac{\partial}{\partial z^k}\right) = \sum_{i=1}^{n} \frac{\partial w^i}{\partial z^k} \frac{\partial}{\partial w^i}, \quad F_*\left(\frac{\partial}{\partial \overline{z}^k}\right) = \sum_{i=1}^{n} \overline{\frac{\partial w^i}{\partial z^k}} \frac{\partial}{\partial \overline{w^i}}.$$

而拉回映射 F^* 可表示为

$$F^*(\mathrm{d}w^k) = \sum_{i=1}^{m} \frac{\partial w^k}{\partial z^i}\mathrm{d}z^i, \quad F^*(\mathrm{d}\overline{w}^k) = \sum_{i=1}^{m} \overline{\frac{\partial w^k}{\partial z^i}}\mathrm{d}\overline{z}^i.$$

F^* 和 F_* 将全纯和反全纯的向量分别映为全纯和反全纯的向量.

例3 设 $f: M \to \mathbb{C}$ 是 m 维复流形 M 上的解析函数, $P \in M$ 是任意给定的点, $(z^1, \cdots, z^m)$ 是 P 点邻域的局部坐标, 以 $\mathrm{d}z$ 表示复平面 $\mathbb{C}$ 上的全纯微分, 则 $f^*(\mathrm{d}z) = \sum_{i=1}^{m} \frac{\partial f}{\partial z^i}\mathrm{d}z^i = \mathrm{d}f$ 就是 f 在通常意义下的微分.

例4 设 M 是 m 维复流形, $l: (a,b) \to M$ 是实轴 $\mathbb{R}$ 中的区间 (a,b) 到 M 的光滑映射, l 称为 M 中的光滑曲线. 如果我们以 $\dfrac{\mathrm{d}}{\mathrm{d}t}$ 表示实轴的切向量, 则 $l_*\left(\dfrac{\mathrm{d}}{\mathrm{d}t}\right)$ 就是曲线 l 的切向量. 现设 $(z^1, \cdots, z^m)$ 是 M 的局部坐标, l 表示为 $l(t) = (z^1(t), \cdots, z^m(t))$, 则曲线 l 的切向量为

$$\dot{t} := l_*\left(\frac{\mathrm{d}}{\mathrm{d}t}\right) = \sum_{i=1}^{m} \frac{\mathrm{d}z^i}{\mathrm{d}t}\frac{\partial}{\partial z^i} + \sum_{i=1}^{m} \frac{\mathrm{d}\overline{z}^i}{\mathrm{d}t}\frac{\partial}{\partial \overline{z}^i}.$$

对于微分流形的研究, 我们需要利用各种各样的工具来描述流形的性质并讨论流形之间的相互关系. 因此, 除了切空间和余切空间外, 我们还必须以切空间和余切空间为基础, 通过其相互间的代数运算在流形上构造出更多的空间, 以丰富我们用以研究流形的工具和表述流形性质的语言. 为此, 我们这里先对向量空间的张量积和外积做一点简单介绍. 熟悉张量积、外积和微分形式的读者可以跳过这部分内容.

设 V_1, V_2 分别是 m 维和 n 维的复线性空间, $V_1 \times V_2$ 上的一个**双线性函数** f 是一个映射

$$f: V_1 \times V_2 \to \mathbb{C},$$

满足 f 对于 V_1 和 V_2 的变量分别都是线性的. 类似于以 V^* 记由线性空间 V 上所有线性函数组成的空间, 我们以 $V_1^* \otimes V_2^*$ 记 $V_1 \times V_2$ 上所

有双线性函数构成的空间. 对 $V_1^* \otimes V_2^*$ 中元素按照通常函数的加法和数乘定义相应的运算, 则 $V_1^* \otimes V_2^*$ 成为一线性空间.

线性空间 $V_1^* \otimes V_2^*$ 也可以理解为: 任取 $f \in V_1^*, g \in V_2^*$, 定义 $V_1 \times V_2$ 上的一个双线性函数 $f \otimes g : V_1 \times V_2 \to \mathbb{C}$ 为对于任意 $(a, b) \in V_1 \times V_2$, 令

$$(f \otimes g)(a, b) = f(a)g(b).$$

容易看出 $f \otimes g \in V_1^* \otimes V_2^*$. 利用此, 我们得到了一个映射 $\otimes$,

$$\otimes : V_1^* \times V_2^* \to V_1^* \otimes V_2^*, \quad \otimes(f, g) = f \otimes g.$$

不难验证 $\otimes$ 是一双线性映射, 即对于 V_1^* 和 V_2^* 中的元素分别都是线性的. 我们进一步希望证明映射 $\otimes : V_1^* \times V_2^* \to V_1^* \otimes V_2^*$ 的像生成 $V_1^* \otimes V_2^*$, 即任意 $V_1^* \otimes V_2^*$ 中的元素都可以表示为形如 $f \otimes g$ 的元素的有限线性组合.

设 $\{e_1, \cdots, e_m\}$ 和 $\{u_1, \cdots, u_n\}$ 分别是 V_1 和 V_2 的线性基, 而 $\{f^1, \cdots, f^m\}$ 和 $\{g^1, \cdots, g^n\}$ 分别是 $\{e_1, \cdots, e_m\}$ 和 $\{u_1, \cdots, u_n\}$ 在 V_1^* 和 V_2^* 中的对偶基. 利用双线性函数的定义, 我们知道 $V_1 \times V_2$ 上的一个双线性函数由其在集合

$$\{(e_i, u_j), i = 1, \cdots, m; j = 1, \cdots, n\}$$

上的值唯一确定. 因此利用

$$f^i \otimes g^j(e_s, u_t) = f^i(e_s)g^j(u_t) = \begin{cases} 1, & \text{当 } i = s, j = t, \\ 0, & \text{当 } i \neq s, \text{或者} j \neq t. \end{cases}$$

我们得到 $\{f^i \otimes g^j, i = 1, \cdots, m; j = 1, \cdots, n\}$ 构成 $V_1^* \otimes V_2^*$ 的一个线性基.

线性空间 $V_1^* \otimes V_2^*$ 称为线性空间 V_1^* 与 V_2^* **的张量积**, $f \otimes g$ 称为元素 f 与 g **的张量积**. 当然, 如果利用 $V_1 = (V_1^*)^*, V_2 = (V_2^*)^*$, 我们用同样的方法可以定义线性空间 V_1 与 V_2 的张量积 $V_1 \otimes V_2$, 即

$$V_1 \otimes V_2 = \left\{ f \mid f \text{ 是 } V_1^* \times V_2^* \text{ 上的双线性函数} \right\}.$$

对此, 我们同样有张量积 $\otimes : V_1 \times V_2 \to V_1 \otimes V_2, (a, b) \mapsto a \otimes b$. 而同样的推理得集合

$$\{e_i \otimes u_j, i = 1, \cdots, m; j = 1, \cdots, n\}$$

构成 $V_1 \otimes V_2$ 的线性基.

另一方面, 对于任意 $f \otimes g \in V_1^* \otimes V_2^*$, 我们定义 $V_1 \otimes V_2$ 上的一个线性函数为: 对于形式为 $e \otimes u \in V_1 \otimes V_2$ 的元素, 令

$$f \otimes g(e \otimes u) = f(e)g(u),$$

由于 $V_1 \otimes V_2$ 中的任意元素可以表示为有限个形如 $e \otimes u$ 的元素的线性组合, 因此利用线性性可以将 $f \otimes g$ 定义为 $V_1 \otimes V_2$ 上的线性函数, 即 $f \otimes g \in (V_1 \otimes V_2)^*$. 我们得到线性映射

$$V_1^* \otimes V_2^* \to (V_1 \otimes V_2)^*.$$

而由上面给出的关系式我们知道, $\{f^i \otimes g^j, i = 1, \cdots, m; j = 1, \cdots, n\}$ 与 $\{e_i \otimes u_j, i = 1, \cdots, m; j = 1, \cdots, n\}$ 互为对偶基. 这样我们得到同构关系

$$V_1^* \otimes V_2^* = (V_1 \otimes V_2)^*.$$

如果将这一关系进一步推广, 我们可以利用张量积来讨论一般的多重线性映射, 首先我们给出下面定义.

定义 4.1.4 设 V_1, V_2 和 W 都是有限维的复线性空间, 如果 $V_1 \times V_2$ 到 W 的映射

$$f : V_1 \times V_2 \to W$$

满足: f 对 V_1 和 V_2 的变量分别都是复线性的, 即对于任意 $a, b, c, d \in \mathbb{C}, e_1, e_2 \in V_1, u_1, u_2 \in V_2$, 恒有

$$f(ae_1 + be_2, cu_1 + du_2)$$
$$= acf(e_1, u_1) + adf(e_1, u_2) + bcf(e_2, u_1) + bdf(e_2, u_2),$$

则称 f 为 $V_1 \times V_2$ **到** W **双线性映射**.

例 5 设 V_1, V_2 都是复线性空间, 则张量积

$$\otimes : V_1 \times V_2 \to V_1 \otimes V_2, \quad (e, u) \mapsto e \otimes u$$

是 $V_1 \times V_2$ 到 $V_1 \otimes V_2$ 的双线性映射.

张量积使得我们能够将双线性映射化为线性映射, 对此, 我们有下面关于线性空间上双线性映射的基本定理.

定理 4.1.1 设 V_1, V_2 和 W 都是有限维的复线性空间, 则对 $V_1 \times V_2$ 到 W 的任意一个双线性映射 f, 存在唯一的一个线性映射 $F: V_1 \otimes V_2 \to W$, 使得 $f = F \circ \otimes$.

证明 设 $\{e_1, \cdots, e_m\}$ 和 $\{u_1, \cdots, u_n\}$ 分别是 V_1 和 V_2 的线性基, 则 $\{e_i \otimes u_j, i = 1, \cdots, m; j = 1, \cdots, n\}$ 构成 $V_1 \otimes V_2$ 的线性基. 这时 $V_1 \times V_2$ 到 W 的一个双线性映射由其在集合 $\{(e_i, u_j), i = 1, \cdots, m; j = 1, \cdots, n\}$ 上的值唯一确定. 而 $V_1 \otimes V_2$ 到 W 的一个线性映射由在集合 $\{(e_i \otimes u_j), i = 1, \cdots, m; j = 1, \cdots, n\}$ 上的值唯一确定. 因此只要定义线性映射 $F: V_1 \otimes V_2 \to W$ 为 $F(e_i \otimes u_j) = f(e_i, u_j), i = 1, \cdots, m; j = 1, \cdots, n$, 就得到 F. 定理的其余部分显然. 证毕.

如果我们以 $L(V_1 \otimes V_2, W)$ 表示 $V_1 \otimes V_2$ 到 W 的所有线性映射构成的线性空间, 以 $Sh(V_1 \times V_2, W)$ 表示 $V_1 \times V_2$ 到 W 的所有双线性映射构成的线性空间, 则上面定理表明: 利用与张量积 $\otimes$ 的复合, 我们得到了 $L(V_1 \otimes V_2, W)$ 到 $Sh(V_1 \times V_2, W)$ 的线性同构. 而如果假定线性映射比较简单, 我们对其已经有了充分的了解, 则上面的同构告诉我们, 对于双线性映射的讨论, 我们只需研究张量积

$$\otimes : V_1 \times V_2 \to V_1 \otimes V_2$$

这一个特殊的双线性映射即可, 其他的双线性映射都可通过它化为线性映射. 这是张量积的意义所在.

更一般地, 类比于上面的讨论, 设 $V_1, \cdots, V_k$ 都是复线性空间, 则我们可以定义张量积 $V_1 \otimes \cdots \otimes V_k$,

$$V_1 \otimes \cdots \otimes V_k = \left\{ f \mid f : V_1^* \times \cdots \times V_k^* \to \mathbb{C} \text{ 是\textbf{多重线性映射}} \right\}.$$

我们同样有张量积

$$\otimes : V_1 \times \cdots \times V_k \to V_1 \otimes \cdots \otimes V_k.$$

利用与这一张量积的复合, 我们可以将 $V_1 \times \cdots \times V_k$ 到其他线性空间的多重线性映射都化为 $V_1 \otimes \cdots \otimes V_k$ 上的线性映射.

下面我们来定义向量空间的另一重要运算——外积.

定义 4.1.5 设 V 和 W 都是有限维复线性空间, 如果映射

$$f: \overbrace{V \times \cdots \times V}^{r \text{ 次}} \to W, \quad (a_1, \cdots, a_r) \mapsto f(a_1, \cdots, a_r) \in W$$

满足: f 对每一个分量 a_i 是复线性的, 而在分量之间是反对称的, 即对于任意 $1 \leqslant i < j \leqslant r$, 以及任意 $(a_1, \cdots, a_r) \in V \times \cdots \times V$, 恒有

$$f(a_1, \cdots, a_i, \cdots, a_j, \cdots, a_r) = -f(a_1, \cdots, a_j, \cdots, a_i, \cdots, a_r),$$

则称 f 为 $\overbrace{V \times \cdots \times V}^{r \text{ 次}}$ 到 W 的一个 r 阶反对称线性映射, 如果 $W = \mathbb{C}$, 则 f 称为 V 上的一个 r 阶反对称线性函数.

例 6 设 $(f^1, \cdots, f^r) \in V^* \times \cdots \times V^*$, 定义映射

$$f^1 \wedge \cdots \wedge f^r : \overbrace{V \times \cdots \times V}^{r \text{ 次}} \to \mathbb{C}$$

为: 对任意 $(a_1, \cdots, a_r) \in V \times \cdots \times V$, 令

$$f^1 \wedge \cdots \wedge f^r(a_1, \cdots, a_r) = \sum_{(i_1, \cdots, i_r)} \mathrm{sgn}\begin{pmatrix}1, \cdots, r \\ i_1, \cdots, i_r\end{pmatrix} f^1(a_{i_1}) \cdots f^r(a_{i_r}),$$

其中 $(i_1, \cdots, i_r)$ 是 $(1, \cdots, r)$ 的任意一个置换, $\mathrm{sgn}\begin{pmatrix}1, \cdots, r \\ i_1, \cdots, i_r\end{pmatrix}$ 是这一置换的置换符号, 即对于偶置换其为 1, 而对奇置换其为 -1.

由上面的表达式不难看出, $f^1 \wedge \cdots \wedge f^r$ 是 V 上的一个 r 阶反对称线性函数.

另一方面, 假定 $\{e_1, \cdots, e_m\}$ 是 V 的一组线性基, $\{f^1, \cdots, f^m\}$ 是 $\{e_1, \cdots, e_m\}$ 在 V^* 中的对偶基. 由定义我们知道, V 上的一个 r 阶反对称线性函数 f 由其在集合

$$\{(e_{i_1}, \cdots, e_{i_r}) | 1 \leqslant i_1 < \cdots < i_r \leqslant m\}$$

上的值唯一确定. 而对于任意多重指标 $(i_1, \cdots, i_r)$, 满足 $1 \leqslant i_1 < \cdots < i_r \leqslant m$, 由定义, $f^{i_1} \wedge \cdots \wedge f^{i_r}$ 在元素 $(e_{i_1}, \cdots, e_{i_r})$ 上的值为 1; 在集合 $\{(e_{i_1}, \cdots, e_{i_r}) | 1 \leqslant i_1 < \cdots < i_r \leqslant m\}$ 中其他元素上的值为零. 因此 V 上任意一个 r 阶反对称线性函数 f 都是集合

$$\{f^{i_1} \wedge \cdots \wedge f^{i_r} \mid 1 \leqslant i_1 < \cdots < i_r \leqslant m\}$$

中元素的线性组合.

如果以 $\wedge^r V^*$ 记线性空间 V 上所有的 r 阶反对称线性函数组成的线性空间,则上面的讨论表明

$$\{f^{i_1} \wedge \cdots \wedge f^{i_r} \mid 1 \leqslant i_1 < \cdots < i_r \leqslant m\}$$

构成 $\wedge^r V^*$ 的线性基,同时我们有映射

$$\wedge : V^* \times \cdots \times V^* \to \wedge^r V^*, \quad \wedge(f^1, \cdots, f^r) \mapsto f^1 \wedge \cdots \wedge f^r.$$

我们将线性空间 $\wedge^r V^*$ 称为线性空间 V^* 的 r **阶外积**,而将映射 $\wedge$ 称为**外积映射**, $f^1 \wedge \cdots \wedge f^r$ 称为元素 $(f^1, \cdots, f^r)$ 的外积. 不难看出, 外积 $(f^1, \cdots, f^r) \mapsto f^1 \wedge \cdots \wedge f^r$ 对每一个分量 f^i 都是线性的, 而在分量之间是反对称的, 因此 $\wedge$ 是 $V^* \times \cdots \times V^*$ 到 $\wedge^r V^*$ 的一个 r 阶反对称线性映射. 与张量积相同, 对于外积成立下面定理.

定理 4.1.2 设 V 和 W 都是有限维的复线性空间, 则对 V^* 到 W 的任意一个 r 阶反对称线性映射 f, 存在唯一的一个线性映射 $F : \wedge^r V^* \to W$, 使得 $f = F \circ \wedge$.

证明 假定 $\{e_1, \cdots, e_m\}$ 是 V 的一组线性基, $\{f^1, \cdots, f^m\}$ 是 $\{e_1, \cdots, e_m\}$ 在 V^* 中的对偶基. 则 V^* 到 W 的一个 r 阶反对称线性映射 f, 由 f 在集合

$$\{(f^{i_1}, \cdots, f^{i_r}) \mid 1 \leqslant i_1 < \cdots < i_r \leqslant m\}$$

上的值唯一确定. 而 $\wedge^r V^*$ 到 W 的一个线性映射 F, 由 F 在 $\wedge^r V^*$ 的线性基

$$\{f^{i_1} \wedge \cdots \wedge f^{i_r} \mid 1 \leqslant i_1 < \cdots < i_r \leqslant m\}$$

上的值唯一确定. 定理其余部分显然. 证毕.

定理 4.1.2 表明: V 上的所有 r 阶反对称线性映射都可通过外积化为 $\wedge^r V^*$ 上的线性映射. 因此只需讨论外积这一特殊的 r 阶反对称线性映射. 而如果在上面定理中令 $W = \mathbb{C}$, 则我们得到, $\wedge^r V^*$ 上所有线性函数组成的空间, 即 $(\wedge^r V^*)^*$, 同构于 V^* 上所有 r 阶反对称线性函数组成的空间 $\wedge^r V$, 我们得到, $(\wedge^r V^*)^* = \wedge^r (V^*)^* = \wedge^r V$.

现在我们回到复流形. 设 M 是一给定的复流形, $P \in M$ 是给定的点, $T(P) = T_{(1,0)}(P) \oplus T_{(0,1)}(P)$ 和 $T^*(P) = T^*_{(1,0)}(P) \oplus T^*_{(0,1)}(P)$ 分别是 P 点的切空间和余切空间对于全纯和反全纯向量的直和分解. 利用上面定义的张量积和外积, 我们可以通过对切空间和余切空间的运算在复流形上构造出更多的线性空间 (或者说流形上更多的结构), 用以丰富我们对复流形进行讨论的工具和描述的语言.

首先, 令
$$T^r_s(P) = \overbrace{T(P) \otimes \cdots \otimes T(P)}^{r \text{ 次}} \otimes \overbrace{T^*(P) \otimes \cdots \otimes T^*(P)}^{s \text{ 次}},$$
$T^r_s(P)$ 中的元素称为 P 点的 (r,s)- **型张量**. 而如果考虑直和分解 $T(P) = T_{(1,0)}(P) \oplus T_{(0,1)}(P)$ 和 $T^*(P) = T^*_{(1,0)}(P) \oplus T^*_{(0,1)}(P)$, 则对于复流形, (r,s)- 型张量又可进一步分解为 (r_1, r_2, s_1, s_2)- **型张量**. 我们以下面例题来说明这样分解的表示以及相关的符号.

例 7 设 $(z^1, \cdots, z^m)$ 是复流形 M 在 P 点邻域的局部坐标, 则利用 $T_{(1,0)}(P), T_{(0,1)}(P)$ 和 $T^*_{(1,0)}(P), T^*_{(0,1)}(P)$ 的线性基
$$\left\{\frac{\partial}{\partial z^1}, \cdots, \frac{\partial}{\partial z^m}\right\}, \quad \left\{\frac{\partial}{\partial \bar{z}^1}, \cdots, \frac{\partial}{\partial \bar{z}^m}\right\}$$
和
$$\{dz^1, \cdots, dz^m\}, \quad \{d\bar{z}^1, \cdots, d\bar{z}^m\},$$
P 点的一个 $(1, 1, 1, 1)$- 型张量可以表示为
$$\sum_{i,j,s,t=1}^{m} a^{i\bar{j}}_{s\bar{t}} \frac{\partial}{\partial z^i} \otimes \frac{\partial}{\partial \bar{z}^j} \otimes dz^s \otimes d\bar{z}^t,$$
其中 $a^{i\bar{j}}_{s\bar{t}} \in \mathbb{C}$, 而对应于反全纯变量 $\bar{z}$ 的分量, 系数 $a^{i\bar{j}}_{s\bar{t}}$ 中对应的指标也加上了共轭符号.

而 P 点的一个 $(1, 0, 0, 1)$- 型张量可以表示为
$$\sum_{i,t=1}^{m} a^i_{\bar{t}} \frac{\partial}{\partial z^i} \otimes d\bar{z}^t.$$

对于外积运算, 我们通常仅考虑余切空间的外积 $\wedge^r T^*(P)$, 这时 $\wedge^r T^*(P)$ 中的元素称为 P 点的 r- **次微分形式**. 而相对于直和分解 $T^*(P) = T^*_{(1,0)}(P) \oplus T^*_{(0,1)}(P)$, 对 $\wedge^r T^*(P)$, 我们同样有直和分解

$$\wedge^r T^*(P) = \bigoplus_{p+q=r} \left[\wedge^p T^*_{(1,0)}(P)\right] \wedge \left[\wedge^q T^*_{(0,1)}(P)\right],$$

其中 $\left[\wedge^p T^*_{(1,0)}(P)\right] \wedge \left[\wedge^q T^*_{(0,1)}(P)\right]$ 中的元素称为 (p,q)-**形式**. 设 $(z^1, \cdots, z^m)$ 是 P 点邻域的局部坐标, 利用由 $(z^1, \cdots, z^m)$ 给出的 $T^*_{(1,0)}(P)$ 和 $T^*_{(0,1)}(P)$ 的线性基 $\{dz^1, \cdots, dz^m\}$ 和 $\{d\bar{z}^1, \cdots, d\bar{z}^m\}$, P 点的一个 (p,q)-形式 w 可以唯一地表示为

$$w = \sum_{\substack{1 \leqslant i_1 < \cdots < i_p \leqslant m; \\ 1 \leqslant \bar{j}_1 < \cdots < \bar{j}_q \leqslant m}} a_{i_1 \cdots i_p; \bar{j}_1 \cdots \bar{j}_q} dz^{i_1} \wedge \cdots \wedge dz^{i_p} \wedge d\bar{z}^{j_1} \wedge \cdots \wedge d\bar{z}^{j_q}.$$

一般地, 为了在上面的求和中对于作和的指标有较好的对称性, 利用外积 $\wedge$ 在因子之间的反对称性, 我们通常将 (p,q)-形式表示为

$$w = \frac{1}{p!q!} \sum_{\substack{i_1, \cdots, i_p = 1; \\ \bar{j}_1, \cdots, \bar{j}_q = 1}}^{m} \widetilde{a}_{i_1 \cdots i_p; \bar{j}_1 \cdots \bar{j}_q} dz^{i_1} \wedge \cdots \wedge dz^{i_p} \wedge d\bar{z}^{j_1} \wedge \cdots \wedge d\bar{z}^{j_q},$$

其中系数 $\widetilde{a}_{i_1 \cdots i_p; \bar{j}_1 \cdots \bar{j}_q}$ 满足

$$\widetilde{a}_{i_1 \cdots i_r; \bar{j}_1 \cdots \bar{j}_q} = \mathrm{sgn}\binom{s_1, \cdots, s_p}{i_1, \cdots, i_p} \mathrm{sgn}\binom{\bar{t}_1, \cdots, \bar{t}_q}{\bar{j}_1, \cdots, \bar{j}_q} a_{s_1 \cdots s_p; \bar{t}_1 \cdots \bar{t}_q},$$

这时 $\widetilde{a}_{i_1 \cdots i_p; \bar{j}_1 \cdots \bar{j}_q}$ 关于指标 $i_1, \cdots, i_p$ 和指标 $\bar{j}_1, \cdots, \bar{j}_q$ 分别都是反对称的.

§4.2 全纯向量丛

上一节我们在复流形 M 的一个给定点 P 上讨论了流形在这点的切空间、余切空间, 以及切空间和余切空间的张量积、外积等. 这一节我们希望将不同点的切空间、余切空间等线性空间连接起来, 使我们能够从整体上讨论这些空间以及相互之间的映射.

首先以全纯切空间为例. 设 M 是一给定的 m 维复流形, 令

$$T_{(1,0)}(M) = \bigcup_{P \in M} T_{(1,0)}(P),$$

定义 $T_{(1,0)}(M)$ 到 M 的投影映射 $\pi: T_{(1,0)}(M) \to M$ 为: 对于任意点 $P \in M$, π 将 P 点的全纯切空间 $T_{(1,0)}(P)$ 映到 P 点. 现在我们

希望在集合 $T_{(1,0)}(M)$ 上定义一个复结构, 使其也成为复流形, 并使映射 π 是解析映射.

首先, 设 $\{U_\alpha, (z_\alpha^1, \cdots, z_\alpha^m)\}_{\alpha \in S}$ 是 M 的一个坐标覆盖, 在每一个 U_α 上, 对于任意点 $P \in U_\alpha$,
$$\left\{\frac{\partial}{\partial z_\alpha^1}(P), \cdots, \frac{\partial}{\partial z_\alpha^m}(P)\right\}$$
是 $T_{(1,0)}(P)$ 的线性基. 利用这组线性基, $T_{(1,0)}(P)$ 中的任意一个向量 t 可唯一地表示为
$$t = \sum_{i=1}^m a^i \frac{\partial}{\partial z_\alpha^i}(P), \ a^i \in \mathbb{C}.$$
利用此, 我们定义映射 $g_\alpha : \bigcup_{P \in U_\alpha} T_{(1,0)}(P) \to U_\alpha \times \mathbb{C}^m$ 为
$$g_\alpha(t) = (z_\alpha^1(P), \cdots, z_\alpha^m(P); a^1, \cdots, a^m) \in \mathbb{C}^{2m}.$$
我们得到集合 $\bigcup_{P \in U_\alpha} T_{(1,0)}(P)$ 到 $\mathbb{C}^{2m}$ 中开集 $U_\alpha \times \mathbb{C}^m$ 上的一个一一对应. 利用这一对应, 按照复流形对于坐标覆盖的要求, 将 g_α 看做拓扑同胚, 我们可以将 $\bigcup_{P \in U_\alpha} T_{(1,0)}(P)$ 与 $U_\alpha \times \mathbb{C}^m$ 等同起来, 则 $\bigcup_{P \in U_\alpha} T_{(1,0)}(P)$ 成为 $\mathbb{C}^{2m}$ 中的一个开集, 而集合 $\left\{\bigcup_{P \in U_\alpha} T_{(1,0)}(P)\right\}_{\alpha \in S}$ 是 $T_{(1,0)}(M) = \bigcup_{P \in M} T_{(1,0)}(P)$ 的一个覆盖.

当 $U_\alpha \bigcap U_\beta \neq \varnothing$ 时, 映射
$$g_\beta \circ g_\alpha^{-1} : g_\alpha\left(\bigcup_{P \in U_\alpha \bigcap U_\beta} T_{(1,0)}(P)\right) \to g_\beta\left(\bigcup_{P \in U_\alpha \bigcap U_\beta} T_{(1,0)}(P)\right)$$
可表示为
$$\left((z_\alpha^1, \cdots, z_\alpha^m); \sum_{i=1}^m a^i \frac{\partial}{\partial z_\alpha^i}\right) \mapsto \left((z_\beta^1, \cdots, z_\beta^m); \sum_{i,j=1}^m a^i \frac{\partial z_\beta^j}{\partial z_\alpha^i} \frac{\partial}{\partial z_\beta^j}\right),$$
或者表示为
$$((z_\alpha^1, \cdots, z_\alpha^m); (a^1, \cdots, a^m))$$

$$\mapsto \left((z_\beta^1, \cdots, z_\beta^m); \left(\sum_{i=1}^m a^i \frac{\partial z_\beta^1}{\partial z_\alpha^i}, \cdots, \sum_{i=1}^m a^i \frac{\partial z_\beta^m}{\partial z_\alpha^i}\right)\right).$$

$g_\beta \circ g_\alpha^{-1}$ 显然是 $\mathbb{C}^{2m}$ 中开集 $(U_\alpha \bigcap U_\beta) \times \mathbb{C}^m$ 到 $(U_\alpha \bigcap U_\beta) \times \mathbb{C}^m$ 的解析同胚, 并且当点 $P \in U_\alpha \bigcap U_\beta$ 固定时, $g_\beta \circ g_\alpha^{-1}$ 表示为

$$(a^1, \cdots, a^m) \mapsto \left(\sum_{i=1}^m a^i \frac{\partial z_\beta^1}{\partial z_\alpha^i}, \cdots, \sum_{i=1}^m a^i \frac{\partial z_\beta^m}{\partial z_\alpha^i}\right),$$

是 $\mathbb{C}^m$ 到 $\mathbb{C}^m$ 的线性同构. 因此, 如果我们利用拓扑同胚 $\{g_\alpha\}_{\alpha \in S}$, 将 $\left\{\bigcup_{P \in U_\alpha} T_{(1,0)}(P), g_\alpha\right\}_{\alpha \in S}$ 作为 $T_{(1,0)}(M)$ 的坐标覆盖, 则 $T_{(1,0)}(M)$ 成为一复流形. 而投影 $\pi : T_{(1,0)}(M) \to M$ 局部可表示为

$$((z_\alpha^1, \cdots, z_\alpha^m); (a^1, \cdots, a^m)) \mapsto (z_\alpha^1, \cdots, z_\alpha^m),$$

π 显然是解析映射.

另一方面, 利用与上面变换

$$((z_\alpha^1, \cdots, z_\alpha^m); (a^1, \cdots, a^m))$$
$$\mapsto \left((z_\beta^1, \cdots, z_\beta^m); \left(\sum_{i=1}^m a^i \frac{\partial z_\beta^1}{\partial z_\alpha^i}, \cdots, \sum_{i=1}^m a^i \frac{\partial z_\beta^m}{\partial z_\alpha^i}\right)\right)$$

同样的讨论不难看出, 我们在集合 $T_{(1,0)}(M)$ 上定义的复流形结构与 M 的坐标覆盖 $\{U_\alpha, (z_\alpha^1, \cdots, z_\alpha^m)\}_{\alpha \in S}$ 的选取无关, M 的不同坐标覆盖给出了 $T_{(1,0)}(M)$ 的不同坐标覆盖.

复流形 $T_{(1,0)}(M)$ 称为复流形 M 上的**全纯切向量丛**.

用完全相同的方法, 如果令

$$T_{(1,0)}^*(M) = \bigcup_{P \in M} T_{(1,0)}^*(P),$$

令 $\pi : T_{(1,0)}^*(M) \to M$ 为将 $T_{(1,0)}^*(P)$ 映射到 P 点的投影, 则我们可以构造 M 上的**全纯余切向量丛** $\pi : T_{(1,0)}^*(M) \to M$.

而以全纯切向量丛 $T_{(1,0)}(M)$ 和全纯余切向量丛 $T_{(1,0)}^*(M)$ 为模型, 我们可以在复流形 M 上定义更一般的全纯向量丛.

定义 4.2.1 设 M 和 E 都是复流形，$\pi : E \to M$ 是一解析映射，如果这一映射满足：存在 M 的一个开覆盖 $\{U_\alpha\}$，并对每一个开集 $U_\alpha \subset M$，给定了一个解析同胚

$$g_\alpha : \pi^{-1}(U_\alpha) \to U_\alpha \times \mathbb{C}^r,$$

使得当 $U_\alpha \bigcap U_\beta \neq \varnothing$ 时，解析同胚

$$g_\beta \circ g_\alpha^{-1} : \left(U_\alpha \bigcap U_\beta \right) \times \mathbb{C}^r \to \left(U_\alpha \bigcap U_\beta \right) \times \mathbb{C}^r$$

在 $U_\alpha \bigcap U_\beta$ 上是恒等映射，而对于每一个点 $P \in U_\alpha \bigcap U_\beta$，映射

$$g_\beta \circ g_\alpha^{-1} : \{P\} \times \mathbb{C}^r \cong \mathbb{C}^r \to \{P\} \times \mathbb{C}^r \cong \mathbb{C}^r$$

都是 $\mathbb{C}^r$ 到 $\mathbb{C}^r$ 的线性同构，则称 $\pi : E \to M$ 是复流形 M 上的一个 r **维全纯向量丛**.

在上面的定义中，如果用微分流形代替复流形，用可微映射代替解析映射，则按照同样的方法我们不难定义微分流形上的**光滑向量丛**，具体的表述留给读者完成.

回到全纯向量丛. 在定义 4.2.1 中，设点 $P \in U_\alpha \bigcap U_\beta$ 固定，由向量丛的定义，映射 $g_\beta \circ g_\alpha^{-1} : \{P\} \times \mathbb{C}^r \to \{P\} \times \mathbb{C}^r$ 是 $\mathbb{C}^r$ 到 $\mathbb{C}^r$ 的线性同构. 假设这一线性同构的表示矩阵为 $G_\beta^\alpha(P)$，则映射 $P \mapsto G_\beta^\alpha(P)$ 是 $U_\alpha \bigcap U_\beta$ 到 $GL(r, \mathbb{C})$ 的解析映射. 这里 $GL(r, \mathbb{C})$ 表示所有 r 阶非奇异 (行列式不为零) 的复矩阵构成的集合，将 $GL(r, \mathbb{C})$ 看做 $\mathbb{C}^{r \times r}$ 中开集，则其是一复流形. $\{G_\beta^\alpha\}$ 称为向量丛 $\pi : E \to M$ 对于开覆盖 $\{U_\alpha\}$ 以及解析同胚 $g_\alpha : \pi^{-1}(U_\alpha) \to U_\alpha \times \mathbb{C}^r$ 的**转移矩阵**. 由定义不难看出转移矩阵在其有定义的区域上满足

$$G_\beta^\alpha \cdot G_\alpha^\beta = I, \quad G_\beta^\alpha \cdot G_\gamma^\beta \cdot G_\alpha^\gamma = I,$$

这里 I 表示单位矩阵. 例如，对于全纯切丛 $T_{(1,0)}(M)$，坐标变换的 Jacobi 矩阵 $G_\beta^\alpha = \left[\dfrac{\partial z_\beta^j}{\partial z_\alpha^i} \right]_{i,j=1}^m$ 就是 $T_{(1,0)}(M)$ 对坐标覆盖的转移矩阵.

反过来，设 $\{U_\alpha\}$ 是流形 M 的一个开覆盖，假定当 $U_\alpha \bigcap U_\beta \neq \varnothing$ 时，在 $U_\alpha \bigcap U_\beta$ 上给定了一个解析映射

$$G_\beta^\alpha : U_\alpha \bigcap U_\beta \to GL(r, \mathbb{C}),$$

并且 G_β^α 满足上面的关系式. 则我们可以利用 G_β^α, 定义 $(U_\alpha \bigcap U_\beta) \times \mathbb{C}^r$ 到 $(U_\alpha \bigcap U_\beta) \times \mathbb{C}^r$ 的解析同胚为 $(P, a) \mapsto (P, aG_\beta^\alpha(P))$. 利用此, 可以将 $U_\beta \times \mathbb{C}^r$ 与 $U_\alpha \times \mathbb{C}^r$ 在 $U_\alpha \bigcap U_\beta$ 上粘接起来. 而 G_β^α 满足的关系式表明这一粘接过程是合理的, 由此我们得到 M 上的一个 r 维全纯向量丛. 从这个观点来看, 流形上给一个向量丛与给一个开覆盖以及上面的转移矩阵是一样的.

例 1 设 M 是任意复流形, 令 $E = M \times \mathbb{C}^r, \pi : E \to M$ 为 $M \times \mathbb{C}^r$ 到 M 的投影, 则 E 是 M 上的一个 r 维全纯向量丛, 称为 M 的 r 维**平凡向量丛**.

例 2 一维全纯向量丛称为**全纯线丛**. 下面是构造全纯线丛的一个特殊方法. 设 M 是复流形, $\{U_\alpha\}$ 是 M 的一个开覆盖, 假定在每一个 U_α 上给定了一个亚纯函数 g_α, 满足当 $U_\alpha \bigcap U_\beta \neq \varnothing$ 时, g_α / g_β 是 $U_\alpha \bigcap U_\beta$ 上的处处不为零的解析函数 (即在 $U_\alpha \bigcap U_\beta$ 上, 亚纯函数 g_α 与 g_β 的零点和极点完全相同). 利用 g_α, 在 $U_\alpha \bigcap U_\beta$ 上, 令

$$G_\beta^\alpha = \frac{g_\alpha}{g_\beta},$$

则 G_β^α 满足线丛转移矩阵的条件, 从而定义了 M 上的一个全纯线丛 L. 这时称 $D = \{(U_\alpha, g_\alpha)\}$ 为 M 上的一个**除子**, 称线丛 L 为由这一除子定义的全纯线丛, 记为 $L = [D]$.

例 3 在上面的例 2 中, 如果特别假定 M 是一维紧复流形, 即紧 Riemann 曲面. 设 $D = \{(U_\alpha, g_\alpha)\}$ 是 M 上的一个除子, 假定 P_i 是亚纯函数 g_α 在开集 U_α 上的 n_i 阶零点, 而 Q_j 是 g_α 在 U_α 上的 m_j 阶极点, 则由除子定义, 零点和极点以及零点和极点的阶都与 U_α 的选取无关, 因此我们可以将除子形式地表示为

$$D = n_1 P_1 + \cdots + n_s P_s - m_1 Q_1 - \cdots - m_t Q_t,$$

其中 $P_i, Q_j \in M, n_i, m_j \in N, i = 1, \cdots, s; j = 1, \cdots, t$. 反过来, 任给一个同样的形式和 $D = n_1 P_1 + \cdots + n_s P_s - m_1 Q_1 - \cdots - m_t Q_t$, 则不难找到 M 的一个开覆盖 $\{U_\alpha\}$, 使得我们能够在每一个 U_α 上找一

个亚纯函数 g_α, 满足当 $P_i \in U_\alpha$ (或者 $Q_j \in U_\alpha$) 时, 点 P_i(或者点 Q_j) 是 g_α 的 n_i 阶零点 (或者 m_j 阶极点), 而 g_α 无其他零点和极点. 这样利用 D, 我们得到了 M 上的一个除子 $\{(U_\alpha, g_\alpha)\}$, 并进一步得到 M 上的一个全纯线丛. 利用此, 在紧 Riemann 曲面上, 我们通常都用形式和 $D = n_1 P_1 + \cdots + n_s P_s - m_1 Q_1 - \cdots - m_t Q_t$ 表示曲面上的除子, 而将和 $n_1 + \cdots + n_s - m_1 - \cdots - m_t$ 称为**除子 D 的阶**, 记为 $\deg(D)$. 在本书第 6 章中, 我们将证明紧 Riemann 曲面上任意全纯线丛都是由这样的除子定义的线丛.

在上面向量丛的定义中, 对于任意点 $P \in M$, 设 $P \in U_\alpha$, 由假设我们有一个一一对应 $g_\alpha : \pi^{-1}(P) \to \{P\} \times \mathbb{C}^r$. 而当 $P \in U_\alpha \bigcap U_\beta$ 时, 映射 $g_\alpha \circ g_\beta^{-1} : \{P\} \times \mathbb{C}^r \to \{P\} \times \mathbb{C}^r$ 在 $\mathbb{C}^r$ 上是线性同构. 通过这一同构, 可以将 $\pi^{-1}(P)$ 看做一 r 维复线性空间, 这时 $\pi^{-1}(P)$ 上的线性结构, 即 $\pi^{-1}(P)$ 中元素的线性运算, 与 U_α 的选取无关.

利用这样的观点, 复流形 M 上的一个 r 维全纯向量丛 E 可以理解为: 对流形 M 中的每一个点 $P \in M$ 给定了一个 r 维复线性空间 E_P, 且 E_P 全纯地依赖于点 P, 即 $E = \bigcup_{P \in M} E_P$ 是一复流形, 而 $\pi : E \to M, \pi(E_P) = P$ 是全纯映射. 此外, 在定义中我们特别地假定了对于任意点 $P \in M$, 都存在 P 的一个邻域 U, 使得 $\bigcup_{P \in U} E_P$ 与 $U \times \mathbb{C}^r$ 解析同胚, 其中 $E_P \to \{P\} \times \mathbb{C}^r \approx \mathbb{C}^r$ 是线性同构, 即 E 限制在开集 U 上后是平凡向量丛. 向量丛的这一性质称为**局部平凡化**. 换句话说, 全纯向量丛可以看做是由一族以 M 中的点为参变量的复线性空间构成的, 具有局部平凡化性质的复流形. 下面我们将按照这样的观点来讨论向量丛, 我们希望从这个角度来说明, 向量空间的各种运算和映射都可以推广到向量丛上. 在下面讨论中, 我们将假定所考虑的向量丛都是可微向量丛, 读者不难将相关的运算和映射转换到全纯向量丛上.

向量丛的直和 设 $E_1 = \bigcup_{P \in M} E_{1P}, E_2 = \bigcup_{P \in M} E_{2P}$ 都是流形 M 上的向量丛, 定义 E_1 与 E_2 的直和 $E = E_1 \oplus E_2$ 为: 对于任意点 $P \in M$, 令 $E_P = E_{1P} \oplus E_{2P}$. 利用 E_1 和 E_2 的局部平凡化不难得到 $E = E_1 \oplus E_2$

的局部平凡化，因而 E 也是 M 上的向量丛。现设 G_β^α 和 F_β^α 分别是 E_1 和 E_2 对于 M 的开覆盖 $\{U_\alpha\}$ 的转移矩阵，则

$$\begin{bmatrix} G_\beta^\alpha & 0 \\ 0 & F_\beta^\alpha \end{bmatrix}$$

是直和 $E = E_1 \oplus E_2$ 对 $\{U_\alpha\}$ 的转移矩阵。

向量丛的张量积 设 $E_1 = \bigcup_{P \in M} E_{1P}, E_2 = \bigcup_{P \in M} E_{2P}$ 都是流形 M 上的向量丛，定义 E_1 与 E_2 的张量积 $E = E_1 \otimes E_2$ 为：对于任意点 $P \in M$，令 $E_P = E_{1P} \otimes E_{2P}$。与上面讨论相同，利用 E_1 和 E_2 的局部平凡化不难得到 $E = E_1 \otimes E_2$ 是 M 上的向量丛。$E = E_1 \otimes E_2$ 称为向量丛 E_1 与 E_2 的张量积。

向量丛的外积 设 $E = \bigcup_{P \in M} E_P$ 是流形 M 上的向量丛，定义 E 的 r 阶外积 $\wedge^r E$ 为：对于任意点 $P \in M$，令 $(\wedge^r E)_P = \wedge^r E_P$，则 $\wedge^r E$ 也是 M 上的向量丛。

例 4 设 E 是 m 维复流形 M 上的 r 维向量丛，则对于任意点 $P \in M$，$(\wedge^r E)_P = \wedge^r E_P$ 是一维复线性空间，因而 $\wedge^r E$ 是线丛。这时，如果 G_β^α 是 E 对于开覆盖 $\{U_\alpha\}$ 的转移矩阵，则 $\det[G_\beta^\alpha]$ 是 $\wedge^r E$ 的转移函数，因而 $\wedge^r E$ 也称为 E 的**行列式线丛**。

向量丛的对偶丛 设 $E = \bigcup_{P \in M} E_P$ 是 M 上的向量丛，定义 E 的对偶丛 E^* 为：对于任意 $P \in M$，令 $(E^*)_p = (E_P)^*$，即 $(E^*)_p$ 是 E_P 的对偶空间。则 E^* 也是 M 上的向量丛。E^* 称为向量丛 E 的**对偶丛**。如果 G_β^α 是 E 对于开覆盖 $\{U_\alpha\}$ 的转移矩阵，则 $[G_\beta^\alpha]^{-1}$ 是 E^* 的转移矩阵。

例 5 设 $T(M) = \bigcup_{P \in M} T_P$ 是流形 M 的切向量丛，则 $T^*(M) = \bigcup_{P \in M} T_P^*$ 是 M 的余切向量丛。如果 $T_{(1,0)}(M) = \bigcup_{P \in M} T_{(1,0)}(P)$ 是复流形 M 的全纯切向量丛，则 $T_{(1,0)}^*(M) = \bigcup_{P \in M} T_{(1,0)}^*(P)$ 是 M 的全纯余切向量丛。如果 M 是 m 维复流形，$T_{(1,0)}^*(M)$ 是 M 的全纯余切丛，令

$$K = \wedge^m T_{(1,0)}^*(M),$$

则 K 是复流形 M 上的全纯线丛，一般称 K 为 M 的**典则线丛**。这时如果 $\{U_\alpha, (z_\alpha^1, \cdots, z_\alpha^m)\}$ 是 M 的坐标覆盖，则 $T_{(1,0)}^*(M)$ 的转移矩阵为 $\left[\dfrac{\partial z_\alpha^i}{\partial z_\beta^j}\right]_{i,j=1}^m$，而 K 的转移函数为 $\det\left[\dfrac{\partial z_\alpha^i}{\partial z_\beta^j}\right]_{i,j=1}^m$.

例 6 设 R 是一紧 Riemann 曲面，我们将上面在例 3 中给出的 R 上的除子统一表示为 $D = n_1 P_1 + \cdots + n_s P_s$，其中对于 $i = 1, \cdots, s$，$P_i \in R$，而 $n_i \in \mathbb{Z}$，n_i 可以为零. 我们以 $\mathrm{Div}(R)$ 表示 R 上所有除子构成的集合，而在除子之间定义运算为：设 $D_1 = n_1 P_1 + \cdots + n_s P_s$，$D_2 = m_1 P_1 + \cdots + m_s P_s$，令

$$D_1 + D_2 = (n_1 + m_1)P_1 + \cdots + (n_s + m_s)P_s,$$
$$-D_1 = -n_1 P_1 - \cdots - n_s P_s,$$

则 $\mathrm{Div}(R)$ 成为由 R 中的点生成的 Abel 群，称为 R 的**除子群**.

另一方面，如果以 $P(R)$ 表示 R 上所有全纯线丛构成的集合，则利用线丛之间的张量积和对偶运算，$P(R)$ 也是一 Abel 群，称为 R 的**线丛群**.

现设 $D_1 = n_1 P_1 + \cdots + n_s P_s$，$D_2 = m_1 P_1 + \cdots + m_s P_s$ 是 R 上给定的两个除子，$[D_1]$ 和 $[D_2]$ 分别是由 D_1 和 D_2 定义的线丛. 选取 R 的一个开覆盖 $\{U_\alpha\}$，使得能够在每一个 U_α 上选取亚纯函数 f_α 和 h_α，满足在 U_α 上，D_1，D_2 分别由 f_α 和 h_α 的零点和极点给出. 则在 $U_\alpha \bigcap U_\beta$ 上，$[D_1]$ 和 $[D_2]$ 的转移函数分别是 f_α/f_β 和 h_α/h_β. 这时，$[D_1] \otimes [D_2]$ 和 $[D_1]^*$ 都是 R 上的线丛，而 $(f_\alpha/f_\beta) \cdot (h_\alpha/h_\beta)$ 和 $(f_\alpha/f_\beta)^{-1}$ 分别是 $[D_1] \otimes [D_2]$ 和 $[D_1]^*$ 的转移函数. 而这一关系可以转换为 $[D_1] \otimes [D_2]$ 和 $[D_1]^*$ 分别是由 $\{f_\alpha \cdot h_\alpha\}$ 和 $\{f_\alpha^{-1}\}$ 定义的线丛，我们得到，

$$[D_1 + D_2] = [D_1] \otimes [D_2], \quad [-D_1] = [D_1]^*.$$

线丛之间的张量积和对偶运算就是除子之间的和以及逆运算，即关系：$D \mapsto [D]$ 是 R 上除子群到线丛群的一个群同态. 在本书第 6 章中，我们将利用这一同态给出紧 Riemann 曲面上全纯线丛的分类.

向量空间之间的线性映射也可以定义到向量丛上.

定义 4.2.2 设 $E_1 = \bigcup_{P \in M} E_{1P}$ 和 $E_2 = \bigcup_{P \in M} E_{2P}$ 都是流形 M 上的可微向量丛，$\pi_1 : E_1 \to M$ 和 $\pi_2 : E_2 \to M$ 是投影，设 $F : E_1 \to E_2$ 是 E_1 到 E_2 的可微映射，如果 F 满足

(1) $\pi_1 = \pi_2 \circ F$，即对于任意点 $P \in M$，$F(E_{1P}) \subset E_{2P}$；

(2) 对于任意点 $P \in M$，映射 $F|_{\pi^{-1}(P)} : E_{1P} \to E_{2P}$ 都是线性空间 E_{1P} 到 E_{2P} 的线性同态，

则称 F 为向量丛 E_1 到 E_2 的**同态映射**。

如果 $F : E_1 \to E_2$ 是同态映射，并且对于每一点 $P \in M$，线性映射 $F : E_{1P} \to E_{2P}$ 都是同构，则称 F 为向量丛的**同构映射**，称向量丛 E_1 与 E_2 **同构**。

如果在上面的定义中假定 M 是复流形，E_1 和 E_2 都是 M 上的全纯向量丛，$F : E_1 \to E_2$ 是全纯映射，则称 F 为**全纯的同态 (同构) 映射**。

现设 E_1 和 E_2 都是流形 M 上的可微向量丛，$F : E_1 \to E_2$ 是可微的同态映射，选取 M 的一个开覆盖 $\{U_\alpha\}$，使得 E_1 和 E_2 在 U_α 上分别有局部平凡化 $U_\alpha \times \mathbb{C}^r$ 和 $U_\alpha \times \mathbb{C}^s$。利用这一局部平凡化，对于任意点 $P \in U_\alpha$，线性同态 $F|_{\pi^{-1}(P)} : E_{1P} \to E_{2P}$ 可用一 $r \times s$ 矩阵 $F_\alpha(P) \in \mathbb{C}(r, s)$ 给出，这里 $\mathbb{C}(r, s) = \mathbb{C}^{r \times s}$ 表示由所有 $r \times s$ 复矩阵构成的复流形。F 是可微的映射，因而矩阵 $F_\alpha(P)$ 的分量都是关于 P 可微的函数。利用 $F_\alpha(P)$，映射 $F|_{\pi^{-1}(P)} : E_{1P} \to E_{2P}, \mathbb{C}^r \to \mathbb{C}^s$ 可表示为 $t \mapsto tF_\alpha(P)$。现在假设 G_β^α 和 $\widetilde{G}_\beta^\alpha$ 分别是 E_1, E_2 对于开覆盖 $\{U_\alpha\}$ 的转移矩阵，则利用线性同态 $F : E_{1P} \to E_{2P}$ 与局部平凡化的选取无关，当 $P \in U_\alpha \bigcap U_\beta$ 时，设 $t \in E_{1P} = \mathbb{C}^r$ 是 E_1 在 U_α 上的局部平凡化 $U_\alpha \times \mathbb{C}^r$ 下的表示，则相对于 E_1 在 U_β 上的局部平凡化 $U_\beta \times \mathbb{C}^r$ 下的表示 $tG_\beta^\alpha(p)$，t 与 $tG_\beta^\alpha(P)$ 是同一个向量。同理，$tF_\alpha(P)\widetilde{G}_\beta^\alpha(P)$ 与 $tG_\beta^\alpha(P)F_\beta(P)$ 是 E_2 在 U_α 和 U_β 上不同平凡化下的同一个向量，因而成立下面关系：

$$tF_\alpha(P)\widetilde{G}_\beta^\alpha(P) = tG_\beta^\alpha(P)F_\beta(P).$$

由于 $t \in \mathbb{C}^r$ 是任意的，我们得到向量丛 E_1, E_2 的转移矩阵 $\{G_\beta^\alpha\}$

和 $\{\widetilde{G}_\beta^\alpha\}$ 与同态 F 的表示矩阵 $\{F_\alpha(P)\}$ 之间必须满足下面关系式

$$F_\alpha(P)\widetilde{G}_\beta^\alpha(P) = G_\beta^\alpha(P) F_\beta(P). \tag{4.2.1}$$

反之, 对于上面的开覆盖 $\{U_\alpha\}$, 如果在每一个 U_α 上给定一个 U_α 到 $\mathbb{C}(r,s)$ 的可微映射 $P \mapsto F_\alpha(P)$, 且 $\{F_\alpha(P)\}$ 满足关系式 (4.2.1). 则利用 F_α, 我们可在 U_α 上定义 $U_\alpha \times \mathbb{C}^r$ 到 $U_\alpha \times \mathbb{C}^s$ 的一个映射, 使得 $P \in U_\alpha$ 固定时, 这一映射是由矩阵 $F_\alpha(P)$ 给出的线性同态. 这时关系式 (4.2.1) 保证了这样定义的映射在 $U_\alpha \bigcap U_\beta$ 上是相同的, 即这一映射与 U_α 的选取无关. 通过 $\{F_\alpha\}$, 我们得到向量丛 E_1 到 E_2 的一个同态. 特别地, 如果 $r=s$, 而 $F_\alpha(P)$ 是处处非奇异的矩阵, 则由 $\{F_\alpha\}$, 我们得到向量丛 E_1 到 E_2 的一个同构映射.

例 7 符号与假设和例 6 相同. 设 $G: [D_1] \to [D_2]$ 是线丛的一个解析的同构映射, 则在 U_α 上 G 由一处处不为零的解析函数 g_α 给出. 而在 $U_\alpha \bigcap U_\beta$ 上, 关系式 (4.2.1) 表明 g_α 满足

$$g_\alpha \frac{f_\alpha}{f_\beta} = \frac{h_\alpha}{h_\beta} g_\beta.$$

我们得到在 $U_\alpha \bigcap U_\beta$ 上

$$g_\alpha \frac{f_\alpha}{h_\alpha} = g_\beta \frac{f_\beta}{h_\beta}.$$

利用此, 如果我们在曲面 R 上定义一个函数 f 为 $f|_{U_\alpha} = g_\alpha \dfrac{f_\alpha}{h_\alpha}$, 则 f 是 R 上的亚纯函数. 而如果以 $\mathrm{div}(f)$ 表示由 f 的零点和极点 (按重数记) 定义的除子时, 由于 g_α 是处处不为零的解析函数, 因此

$$\mathrm{div}(f) = D_1 - D_2,$$

即除子 D_1 与 D_2 的差是由 R 上一个亚纯函数的零点和极点定义的除子, 这时称 D_1 与 D_2 **线性等价**. 反之, 如果除子 D_1 与 D_2 线性等价, 即 $D_1 - D_2 = \mathrm{div}(f)$, 其中 f 是 R 上的亚纯函数. 在 U_α 上令

$$g_\alpha = f \frac{h_\alpha}{f_\alpha},$$

则 g_α 是 U_α 上处处不为零的解析函数, 并且在 $U_\alpha \bigcap U_\beta$ 上满足 $g_\alpha \dfrac{f_\alpha}{f_\beta} = \dfrac{h_\alpha}{h_\beta} g_\beta$. 因此, 利用 $\{g_\alpha\}$, 我们得到线丛 $[D_1]$ 到 $[D_2]$ 的一个同构映

射. 这样我们得到在紧 Riemann 曲面 R 上, 线丛 $[D_1]$ 与 $[D_2]$ 同构的充分必要条件是除子 D_1 与 D_2 线性等价. 这一结论也可表示为: 对于 R 上除子群到线丛群的群同态映射

$$\mathrm{Div}(R) \to P(R), \quad D \mapsto [D],$$

映射的核 (即像为平凡线丛的除子全体) 就是由 R 上所有不恒为零的亚纯函数定义的除子所组成的集合. 对于高维复流形上由除子定义的全纯线丛, 同样的结论也是成立的.

关于向量丛的另一重要概念是向量丛的截影.

定义 4.2.3 设 $\pi: E \to M$ 是复流形 M 上全纯向量丛, $U \subset M$ 是 M 中的开集, $s: U \to E$ 是定义在 U 上的一个全纯 (可微) 映射, 如果 $s: U \to E$ 满足 $\pi \circ s = \mathrm{Id}$, 即对于任意点 $P \in U, s(P) \in \pi^{-1}(P) = E_P$, 则称 s 为 E 在 U 上的一个**全纯 (可微) 截影**.

我们以 $\Gamma(U, E)$ 表示 E 在 U 上的全纯截影全体, 而以 $A(U, E)$ 表示 E 在 U 上的可微截影全体. 下面以讨论全纯截影为主, 同样的结论可以平行地转移到可微截影上. 设 $s_1, s_2 \in \Gamma(U, E)$, 对于任意 $P \in U$, 由于 E_P 是线性空间, 因而可定义运算 $(s_1 + s_2)(P) = s_1(P) + s_2(P)$ 以及 $(cs_1)(P) = cs_1(P)$, 其中 $c \in \mathbb{C}$. 利用向量丛的局部平凡化不难看出, $s_1 + s_2$ 和 cs_1 都是 E 在 U 上的全纯截影. 利用这些运算, $\Gamma(U, E)$ 成为一线性空间, 称为向量丛 E 在 U 上的**截影空间**.

在上面关于向量丛的定义中, 我们特别强调了向量丛有局部平凡化. 即 $\pi: E \to M$ 是 M 上的全纯向量丛, 则对任意点 $Q \in M$, 存在 Q 点的邻域 U, 使得 $\pi^{-1}(U)$ 与 $U \times \mathbb{C}^r$ 解析同胚, 并且对于任意点 $P \in U, \pi^{-1}(P) \to \{P\} \times \mathbb{C}^r$ 是线性同构. 现设

$$\{\widetilde{e}^1 = (1, 0, \cdots, 0), \widetilde{e}^2 = (0, 1, \cdots, 0), \cdots, \widetilde{e}^r = (0, 0, \cdots, 1)\}$$

是 $\mathbb{C}^r$ 的标准线性基. 将 $\pi^{-1}(U)$ 与 $U \times \mathbb{C}^r$ 等同, 对于 $\beta = 1, \cdots, r$, 定义 U 到 $U \times \mathbb{C}^r$ 的映射 e^β 为: 对于任意点 $P \in U$, 令 $e^\beta(P) = (P, \widetilde{e}^\beta)$, 则 e^β 都是 E 在 U 上的全纯截影. 这时对每一点 $P \in U$, $\{e^1(P), \cdots, e^r(P)\}$ 都构成 $\pi^{-1}(P) = \{P\} \times \mathbb{C}^r$ 的线性基, 因而 $\Gamma(U, E)$

中每一个元素都可表示为 $\{e^1,\cdots,e^r\}$ 对于 U 上解析函数的线性组合. 反之, 如果 $U \subset M$ 是开集, 假设向量丛 $\pi: E \to M$ 在 U 上存在 r 个全纯截影 $e^1,\cdots,e^r$, 使得对每一点 $P \in U$, $\{e^1(P),\cdots,e^r(P)\}$ 都构成 $\pi^{-1}(P) = \{P\} \times \mathbb{C}^r$ 的线性基, 则对于任意 $\alpha \in \pi^{-1}(P)$, α 可唯一地表示为

$$\alpha = c_1 e^1(P) + \cdots + c_r e^r(P), c_i \in \mathbb{C}, i = 1,\cdots,r.$$

利用此, 定义映射

$$G: \pi^{-1}(U) \to U \times \mathbb{C}^r, \quad \alpha \mapsto (P,(c_1,\cdots,c_r)),$$

则这一映射是 $\pi^{-1}(U)$ 到 $U \times \mathbb{C}^r$ 的解析同胚, 而当 $P \in U$ 给定时, $\pi^{-1}(P) \to \{P\} \times \mathbb{C}^r$ 是线性同构, 映射 G 给出了向量丛 E 在 U 上的局部平凡化. 所以, 向量丛 E 在开集 U 上局部平凡化的存在性等价于在 U 上存在 E 的一组全纯截影 $e^1,\cdots,e^r$, 使得对于任意点 $P \in U$, $\{e^1(P),\cdots,e^r(P)\}$ 都构成 E_P 的线性基. 例如, 向量丛 $\pi: E \to M$ 是平凡向量丛 (即 $E = M \times \mathbb{C}^r$) 的充分必要条件是存在 E 在 M 上的 r 个全纯截影 $e^1,\cdots,e^r$, 使得对于任意 $P \in M$, $\{e^1(P),\cdots,e^r(P)\}$ 都是 $\pi^{-1}(P) = E_P$ 的线性基.

对于满足上面性质的一组截影 $e^1,\cdots,e^r$, 我们有下面定义.

定义 4.2.4 设 $\pi: E \to M$ 是复流形 M 上一全纯 (可微) 向量丛, $U \subset M$ 是开集, $e^1,\cdots,e^r$ 是 E 在 U 上的一组全纯 (可微) 截影, 如果对于任意点 $P \in U$, $\{e^1(P),\cdots,e^r(P)\}$ 都是线性空间 $\pi^{-1}(P) = E_P$ 的线性基, 则称 $\{e^1(P),\cdots,e^r(P)\}$ 为 E 在 U 上的一个全纯 (可微) 的**局部标架**.

由于局部平凡化的存在, 向量丛的局部标架总是存在的. 而如果从局部标架的观点来看向量丛, M 上的全纯向量丛 E 则可以看做是以 M 中的点 $P \in M$ 为参变量的一族线性空间 E_P 构成的复流形

$$E = \bigcup_{P \in M} E_P,$$

满足对于任意点 $P \in M$, 存在 P 点的邻域 U 和 E 在 U 上的 r 个全纯截影 $e^1,\cdots,e^r$(即 e^i 是 U 到 E 的解析映射, 满足 $e^i(P) \in E_P$),

使得 $\{e^1(P), \cdots, e^r(P)\}$ 构成 E_P 的线性基. 利用这一性质, 我们可以找到 M 的一个开覆盖 $\{U_\alpha\}$, 并在每一个 U_α 上, 找到一组全纯截影 $e^1_\alpha, \cdots, e^r_\alpha$, 构成 U_α 上的全纯局部标架. 当 $U_\alpha \bigcap U_\beta \neq \varnothing$ 时, 局部标架的变换关系 $e^i_\alpha = \sum_{j=1}^r a^{i\beta}_{j\alpha} e^j_\beta$ 就给出了向量丛 E 的转移矩阵 $G^\beta_\alpha = \left[a^{i\beta}_{j\alpha}\right]^r_{i,j=1}$. 因而向量丛的转移矩阵也可以理解为向量丛的局部标架之间的变换矩阵.

作为向量丛及其截影的重要应用, 我们这里来考查怎样表示复流形到复投影空间的解析映射. 首先, 设 $\pi: L \to M$ 是复流形 M 上的一个全纯线丛, 设 $s^0, \cdots, s^n$ 都是线丛 L 在 M 上的全纯截影, 满足 $s^0, \cdots, s^n$ 在 M 上没有公共零点. 设 $\{U_\alpha\}$ 是 M 的开覆盖, L 在每一个 U_α 上有局部平凡化 $L|_{U_\alpha} = U_\alpha \times \mathbb{C}$, $\{h^\beta_\alpha\}$ 是 L 对于这一局部平凡化的转移矩阵. 则对于每一个 U_α, 全纯截影 $s^0, \cdots, s^n$ 在 U_α 上可表示为解析函数 $s^0_\alpha, \cdots, s^n_\alpha$, 且 $s^0_\alpha, \cdots, s^n_\alpha$ 没有公共零点. 利用此, 我们定义映射 $F_\alpha : U_\alpha \to \mathbb{C}P^n$ 为

$$P \mapsto F_\alpha(P) = [s^0_\alpha(P), \cdots, s^n_\alpha(P)] \in \mathbb{C}P^n,$$

其中 $[z^0, z^1, \cdots, z^n]$ 是 $\mathbb{C}P^n$ 的齐次坐标. 由于在 $U_\alpha \bigcap U_\beta$ 上, 对于 $i = 0, \cdots, n$, $s^i_\alpha = h^\beta_\alpha s^i_\beta$, 即 $\forall P \in U_\alpha \cap U_\beta$,

$$(s^0_\alpha(P), \cdots, s^n_\alpha(P)) = h^\beta_\alpha(P)(s^0_\beta(P), \cdots, s^n_\beta(P)).$$

因此作为齐次坐标, $F_\alpha(P) = F_\beta(P)$, 即 $F_\alpha(P) \in \mathbb{C}P^n$ 与 α 的选取无关. 由此如果定义 $F: M \to \mathbb{C}P^n$ 为 $F|_{U_\alpha} = F_\alpha$, 则 F 是定义在整个 M 上的到投影空间 $\mathbb{C}P^n$ 的解析映射. 这样, 利用复流形上全纯线丛的一组没有公共零点的全纯截影, 我们得到了复流形到复投影空间的一个解析映射.

反过来, 设 $F : M \to \mathbb{C}P^n$ 是一给定的解析映射, 利用 $\mathbb{C}P^n$ 的齐次坐标, 对于任意点 $P \in M$, 存在 P 点的邻域 U 和 U 上无公共零点的解析函数 $f^0, \cdots, f^n$, 使得 F 在 U 上可表示为 $F(P) = [f^0(P), \cdots, f^n(P)]$. 取 M 的一个开覆盖 $\{U_\alpha\}$, 使得在 U_α 上 F 可表

示为 $F(P) = [f_\alpha^0(P), \cdots, f_\alpha^n(P)]$. 则当 $U_\alpha \bigcap U_\beta \neq \varnothing$ 时, 由齐次坐标的定义得, 存在 $U_\alpha \bigcap U_\beta$ 上处处不为零的解析函数 $\{h_\alpha^\beta\}$, 满足

$$(f_\alpha^0(P), \cdots, f_\alpha^n(P)) = h_\alpha^\beta(P)(f_\beta^0(P), \cdots, f_\beta^n(P)).$$

由于 F 是整体定义的映射, 因而不难验证 $\{h_\alpha^\beta\}$ 满足线丛转移函数的条件 (4.2.1). 所以如果以 $\{h_\alpha^\beta\}$ 作为转移函数, 我们得到 M 上一个全纯线丛 L. 而由定义, $\{s_0 := \{f_\alpha^0\}\}, \cdots, \{s_n := \{f_\alpha^n\}\}$ 都是线丛 L 在 M 上的全纯截影, 并且这组截影无公共零点. 由此我们得到, M 到 $\mathbb{C}P^n$ 的解析映射都可以表示为由 M 上一全纯线丛的 $n+1$ 个无公共零点的截影定义的映射. 比较我们在上一章中利用亚纯函数给出的复流形到复投影空间的映射, 显然由于这里不需要考虑亚纯函数的分母的零点, 因而利用全纯截影给出的映射表示起来更加清楚, 更容易讨论.

从另外一个角度, 如果 $s_1 = \{s_{1\alpha}\}, s_2 = \{s_{2\alpha}\}$ 是全纯线丛 L 的两个线性独立的截影, 在 U_α 上令 $f|_{U_\alpha} = s_{1\alpha}/s_{2\alpha}$, 则由线丛截影的变换公式容易看出, 当 $U_\alpha \cap U_\beta \neq \varnothing$ 时, 在 $U_\alpha \cap U_\beta$ 上 $s_{1\alpha}/s_{2\alpha} = s_{1\beta}/s_{2\beta}$, 因此 f 实际是定义在整个 M 上的亚纯函数. 反之, 如果 $f_1, \cdots, f_n$ 是 M 上给定的 n 个亚纯函数, 则由我们在本书第 1 章中给出的解析函数芽环的唯一分解性, 容易得到, 存在 M 上的除子 $\{U_\alpha, g_\alpha\}$, 使得在每一个 U_α 上, g_α 都是解析函数, 并且对于 $i = 1, \cdots, n$, 如果令 $s_{i\alpha} = g_\alpha f_i|_{U_\alpha}$, 则 $s_{i\alpha}$ 也都是 U_α 上的解析函数. 即 g_α 的零点包含了 $f_1, \cdots, f_n$ 在 U_α 上的分母的所有零点, 或者说 $\{U_\alpha, g_\alpha\}$ 是由 $f_1^{-1}, \cdots, f_n^{-1}$ 的所有零点形成的除子. 这时, 如果设 L 是由除子 $\{U_\alpha, g_\alpha\}$ 定义的线丛, 则 $g = \{g_\alpha\}, s_1 = \{s_{1\alpha}\}, \cdots, s_n = \{s_{n\alpha}\}$ 都是 L 的全纯截影. 而 M 由亚纯函数 $f_1, \cdots, f_n$ 定义的到复投影空间的映射, 与 M 由线丛 L 的全纯截影 $g, s_1, \cdots, s_n$ 定义的映射是相同的. 利用线丛截影与亚纯函数的这些关系, 在讨论高维复流形时, 我们一般不直接讨论亚纯函数, 而是用全纯线丛的截影来代替亚纯函数. 这样做可以避免由亚纯函数分母零点的非孤立性对于讨论带来的困难, 当然一般向量丛的截影则可以看做线丛截影的推广.

下面我们将给出一些向量丛以及向量丛的全纯截影和可微截影的例子, 这些例子在今后的讨论中都会经常用到.

例 8 设 M 是复流形, $L = M \times \mathbb{C}$ 是 M 上的平凡线丛, 则对于任意开集 $U \subset M$, L 在 U 上的一个全纯截影就是 U 上的一个解析函数. 因此一般向量丛的全纯截影可以看做是解析函数的推广. 而这里需要特别注意的是在紧复流形上没有非常值的全纯函数, 但确可能存在全纯线丛, 使得线丛有许许多多线性无关的全纯截影.

例 9 设 $T_{(1,0)}(M)$ 是 m 维复流形 M 的全纯切丛, 通常我们将 $T_{(1,0)}(M)$ 在开集 $U \subset M$ 上的一个全纯截影称为 U 上的一个**全纯切向量场**. 对于任意点 $Q \in M$, 设 $(z^1, \cdots, z^m)$ 是 Q 点邻域 U 上的局部坐标, 则对于 $i = 1, \cdots, m$, $\dfrac{\partial}{\partial z^i}$ 都是 U 上的全纯截影, 而对于任意 $P \in U$, $\left\{ \dfrac{\partial}{\partial z^i}(P) \right\}_{i=1,\cdots,m}$ 构成 $T_{(1,0)}(P)$ 的线性基. 因此 $T_{(1,0)}(M)$ 在 U 上的平凡化是通过线性基 $\left\{ \dfrac{\partial}{\partial z^i}(P) \right\}_{i=1,\cdots,m}$ 实现的, 而 $T_{(1,0)}(M)$ 在 U 上的任意全纯截影 s 可唯一地表示为 $s = \sum_{i=1}^{m} f^i \dfrac{\partial}{\partial z^i}$, 其中 f^i 是 U 上的解析函数.

在继续讨论以前, 我们先给出下面的定义.

定义 4.2.5 设 R 是紧 Riemann 曲面, $D = n_1 P_1 + \cdots + n_s P_s$ 是 R 上的一个除子, 如果对于 $i = 1, \cdots, s$, 成立 $n_i \geqslant 0$, 则称 D 为**非负除子**, 记为 $D \geqslant 0$; 如果 D_1, D_2 都是 R 上的除子, 满足 $D_1 - D_2 \geqslant 0$, 则称除子 D_1 **大于等于除子** D_2, 记为 $D_1 \geqslant D_2$.

例 10 设 R 是一紧 Riemann 曲面, $D = n_1 P_1 + \cdots + n_s P_s$ 是 R 上给定的一个除子, 选取 R 的一个开覆盖 $\{U_\alpha\}$, 使得可在每一个 U_α 上选取一亚纯函数 f_α, 满足在 U_α 上 D 由 f_α 的零点和极点给出. 由于限制在 U_α 上线丛 $[D]|_{U_\alpha} = U_\alpha \times \mathbb{C}$, 因此 $[D]$ 在 U_α 上的一个全纯截影 s 是 U_α 上一个解析函数, 而 $[D]$ 在 R 上的一个全纯截影 s 可表示为: 在每一个 U_α 上给一个解析函数 s_α, 满足当 $U_\alpha \bigcap U_\beta \neq \varnothing$ 时, 在 $U_\alpha \bigcap U_\beta$ 上成立 $s_\alpha = \dfrac{f_\alpha}{f_\beta} s_\beta$. 利用此, 对于线丛 $[D]$ 的一个全纯截

影 s, 如果我们定义一个函数 f 为 $f|_{U_\alpha} = s_\alpha/f_\alpha$, 则 f 是 R 上的亚纯函数. 这时如果以 $\mathrm{div}(f)$ 表示由 f 的零点和极点定义的除子, 由于 s_α 是 U_α 上的解析函数, 因此由 s_α 的零点定义的除子是非负的除子. 但在 U_α 上 $f \cdot f_\alpha = s_\alpha$, 我们得到 $\mathrm{div}(f) + D \geqslant 0$.

反之, 如果 f 是 R 上的亚纯函数, 满足 $\mathrm{div}(f) + D \geqslant 0$, 在 U_α 上令 $s_\alpha = f \cdot f_\alpha$, 则 s_α 是解析函数, 在 $U_\alpha \bigcap U_\beta$ 上满足 $s_\alpha = \dfrac{f_\alpha}{f_\beta} s_\beta$, 因此, $s = \{s_\alpha\}$ 就是线丛 $[D]$ 在 R 上的一个全纯截影. 由此, 如果令

$$l(D) = \left\{ f \mid f \text{ 是 } R \text{ 上亚纯函数}, \text{满足 } \mathrm{div}(f) + D \geqslant 0 \right\},$$

则 $l(D)$ 是一线性空间, 而上面讨论表明 $\Gamma(R, [D]) \cong l(D)$, 这里 $l(D)$ 是传统的紧 Riemann 曲面理论中关于亚纯函数需要讨论的基本空间, 对此读者可参阅本书第 6 章中 Riemann-Roch 定理的讨论.

例 11 设 M 是 m 维的实微分流形, $T(M)$ 和 $T^*(M)$ 分别是 M 的切丛和余切丛. 张量积

$$T_s^r(M) = \overbrace{T(M) \otimes \cdots \otimes T(M)}^{r \text{ 次}} \otimes \overbrace{T^*(M) \cdots \otimes T^*(M)}^{s \text{ 次}}$$

称为 M 上的 (r,s)-**型张量丛**, $T_s^r(M)$ 的可微截影称为 M 上的 (r,s)-**型张量**. 如果 $P \in M$, $(x^1, \cdots, x^m)$ 是 P 点邻域 U 上的局部坐标, 则 $T_s^r(M)$ 在 U 上的可微截影可以表示为

$$s = \sum_{\substack{i_1, \cdots, i_r = 1; \\ j_1, \cdots, j_s = 1}}^{m} f_{j_1 \cdots j_s}^{i_1 \cdots i_r} \dfrac{\partial}{\partial x^{i_1}} \otimes \cdots \otimes \dfrac{\partial}{\partial x^{i_r}} \otimes \mathrm{d}x^{j_1} \otimes \cdots \otimes \mathrm{d}x^{j_r},$$

其中 $f_{j_1 \cdots j_s}^{i_1 \cdots i_r}$ 都是 U 上的可微函数.

例 12 设 M 是 m 维的实微分流形, $T^*(M)$ 是 M 的余切向量丛. 考虑外积 $\wedge^r T^*(M)$, $\wedge^r T^*(M)$ 中的可微截影就是我们熟知的 r- 次微分形式. 对于任意点 $P \in M$, 设 $(x^1, \cdots, x^m)$ 是 P 点邻域 U 上的局部坐标, 则 U 上的 r- 次微分形式 w 可表示为

$$w = \dfrac{1}{r!} \sum_{i_1, \cdots, i_r = 1}^{m} f_{i_1 \cdots i_r} \mathrm{d}x^{i_1} \wedge \cdots \wedge \mathrm{d}x^{i_r},$$

其中 $f_{i_1\cdots i_r}$ 是 U 上的可微函数, 关于指标 $i_1,\cdots,i_r$ 反对称.

例 13 设 M 是复流形, $T^*_{(1,0)}(M)$ 和 $T^*_{(0,1)}(M)$ 分别是 M 的全纯余切丛和反全纯余切丛. 考虑利用外积得到的向量丛

$$T^{(p,q)}(M) = \left[\wedge^p T^*_{(1,0)}(M)\right] \wedge \left[\wedge^q T^*_{(0,1)}(M)\right],$$

则 $T^{(p,q)}(M)$ 的可微截影就是在本章第 1 节中定义的 (p,q)- 形式.

例 14 设 M 是复流形, E 是 M 上一全纯向量丛, 令

$$T^{(p,q)}(E) = E \otimes \left[\wedge^p T^*_{(1,0)}(M)\right] \wedge \left[\wedge^q T^*_{(0,1)}(M)\right] = E \otimes T^{(p,q)}(M),$$

向量丛 $T^{(p,q)}(E)$ 的可微截影称为 E- 值 (p,q)- 形式. 设 $P \in M$, $(z^1,\cdots,z^m)$ 是 P 点邻域 U 上的局部坐标, $\{e^1,\cdots,e^r\}$ 是向量丛 E 在 U 上的局部标架, 则 U 上的 E- 值 (p,q)- 形式 w 可表示为

$$w = \frac{1}{p!q!} \sum_{\beta=1}^{r} \sum_{\substack{i_1,\cdots,i_p; \\ \bar{j}_1,\cdots,\bar{j}_q=1}}^{m} f_{i_1\cdots i_p;\bar{j}_1\cdots\bar{j}_q;\beta} e^{\beta} \otimes \mathrm{d}z^{i_1} \wedge \cdots \wedge \mathrm{d}z^{i_p} \wedge \mathrm{d}\bar{z}^{j_1} \wedge \cdots \wedge \mathrm{d}\bar{z}^{j_q},$$

其中 $f_{i_1\cdots i_p;\bar{j}_1\cdots\bar{j}_q;\beta}$ 都是 U 上的可微函数, 关于指标 $i_1,\cdots,i_r$ 和指标 $\bar{j}_1,\cdots,\bar{j}_q$ 分别是反对称的.

§4.3 复 联 络

如果我们将流形上的函数看做流形上平凡线丛的截影, 则一般向量丛的截影可以看成函数的推广. 对于函数我们有微分 d, 对于向量丛, 一个自然的问题是怎样在向量丛的截影上推广微分 d?

首先, 设 M 是 m 维实微分流形, $T^*(M)$ 是 M 的余切丛, 向量丛 $\wedge^r T^*(M)$ 的截影就是 r- 次微分形式. 对于这样的微分形式, 一个基本的算子是外微分算子 d. 设 w 是开集 $U \subset M$ 上的一个 r- 次微分形式, $P \in U$, $(x^1,\cdots,x^m)$ 是 P 点某一邻域上的局部坐标, 则在这一邻域上 w 可以表示为

$$w = \frac{1}{r!} \sum_{i_1,\cdots,i_r=1}^{m} f_{i_1\cdots i_r} \mathrm{d}x^{i_1} \wedge \cdots \wedge \mathrm{d}x^{i_r},$$

其中 $f_{i_1\cdots i_r}$ 是 U 上的可微函数, 关于指标 $i_1,\cdots,i_r$ 反对称. 对于这样的表示, 定义 w 的外微分 $\mathrm{d}w$ 为

$$\mathrm{d}w = \frac{1}{r!}\sum_{i_1,\cdots,i_r=1}^{m}\mathrm{d}f_{i_1\cdots i_r}\wedge \mathrm{d}x^{i_1}\wedge\cdots\wedge \mathrm{d}x^{i_r}$$
$$= \frac{1}{r!}\sum_{i_1,\cdots,i_r=1}^{m}\left(\sum_{j=1}^{m}\frac{\partial f_{i_1\cdots i_r}}{\partial x^j}\mathrm{d}x^j\right)\wedge \mathrm{d}x^{i_1}\wedge\cdots\wedge \mathrm{d}x^{i_r}.$$

利用直接计算不难验证由此得到的 $(r+1)$- 次微分形式 $\mathrm{d}w$ 与局部坐标 $(x^1,\cdots,x^m)$ 的选取无关, 即外微分是一个整体定义的算子, 其定义了线性映射

$$A(U,\wedge^r T^*(M))\xrightarrow{\mathrm{d}} A(U,\wedge^{r+1}T^*(M)),$$

其中 $A(U,\wedge^r T^*(M))$ 表示 U 上所有 r- 次微分形式构成的线性空间 (即向量丛 $\wedge^r T^*(M)$ 在 U 上的可微截影全体).

现设 $\pi:E\to M$ 是实微分流形 M 上的可微向量丛, 将 E 作为平凡向量丛 $M\times\mathbb{C}$ 和向量丛 $\wedge^r T^*(M)$ 的推广, 自然的问题是外微分 d 是否可以定义在 E 的截影上? 以线丛为例, 设 $\{f_\alpha^\beta\}$ 是线丛 E 对于开覆盖 $\{U_\alpha\}$ 的转移函数, 则 E 的截影在 U_α 上可表示为光滑函数 s_α, 而在 $U_\alpha\bigcap U_\beta$ 上满足 $s_\alpha = f_\alpha^\beta s_\beta$. 两边应用外微分, 得

$$\mathrm{d}(s_\alpha) = f_\alpha^\beta \mathrm{d}(s_\beta) + \mathrm{d}(f_\alpha^\beta)s_\beta.$$

如果其中线丛的转移函数 $\{f_\alpha^\beta\}$ 满足 $\mathrm{d}(f_\alpha^\beta)=0$, 则 $\mathrm{d}(s_\alpha) = f_\alpha^\beta \mathrm{d}(s_\beta)$, 因此 $\{\mathrm{d}(s_\alpha)\}$ 是向量丛 $E\otimes T^*(M)$ 中的截影. 由此我们就将外微分推广到了 E 的截影上. 然而, $\mathrm{d}(f_\alpha^\beta)=0$ 的条件表明 f_α^β 都是常值函数. 显然, 对于一般的向量丛, 这样的转移函数是不存在的 (如果对于向量丛 E, 存在转移矩阵使得其都是由常数组成, 则 E 称为**平坦的向量丛**), 因此对于实微分流形, 外微分不能定义在一般向量丛的截影上.

但是另一方面, 在复分析中, 利用复坐标 $(z^1,\cdots,z^m)$, 我们可以将微分 d 分解为

$$\mathrm{d} = \partial + \overline{\partial} = \sum_{i=1}^{m}\frac{\partial}{\partial z^i}\mathrm{d}z^i + \sum_{i=1}^{m}\frac{\partial}{\partial \bar{z}^i}\mathrm{d}\bar{z}^i.$$

这时, 对于复流形上的全纯向量丛 E, 由于 E 关于全纯标架的转移矩阵 $\{G_\alpha^\beta\}$ 都是由解析函数组成, 而 Cauchy-Riemann 方程告诉我们, 这些函数在 $\overline{\partial}$ 算子的作用下为零, 即 $\overline{\partial} G_\alpha^\beta = 0$. 对此, 我们称复流形上的全纯向量丛在 $(0,1)$ 方向上是平坦的. 利用这一点, 我们可以将 $\overline{\partial}$ 算子作用在全纯向量丛的光滑截影上.

设 $\pi: E \to M$ 是 m 维复流形 M 上的全纯向量丛, $P \in M$ 是任意点, $\{e^1, \cdots, e^r\}$ 是 E 在 P 点邻域 U 上的局部全纯标架, 则 E 在 U 上的可微截影 w 可表示为 $w = \sum_{i=1}^r f_i e^i$, 其中 f_i 都是 U 上的可微函数. 设 $(z^1, \cdots, z^m)$ 是 P 点邻域上的局部坐标, 如果定义

$$\overline{\partial}(w) = \sum_{i=1}^r \overline{\partial}(f_i) \otimes e^i = \sum_{i=1}^r \sum_{j=1}^m \frac{\partial f_i}{\partial \overline{z}^j} d\overline{z}^j \otimes e^i,$$

则 $\overline{\partial}(w)$ 是 U 上的 E- 值 $(0,1)$- 形式. 而要使得 $\overline{\partial}$ 在流形上整体有意义, 必须验证截影 $\overline{\partial}(w)$ 与局部坐标 $(z^1, \cdots, z^m)$ 和局部全纯标架 $\{e^1, \cdots, e^r\}$ 的选取都无关. 现设 $\{\widetilde{e}^1, \cdots, \widetilde{e}^r\}$ 是 E 在 U 上的另一局部全纯标架, $e^i = \sum_{j=1}^r a_j^i \widetilde{e}^j$ 是标架变换, 则其中的 a_j^i 都是 U 上的解析函数, 由 Cauchy-Riemann 方程得 $\overline{\partial}(a_j^i) = 0$. 这时可微截影 w 在标架变换下满足 $w = \sum_{i=1}^r f_i e^i = \sum_{i,j=1}^r f_i a_j^i \widetilde{e}^j$. 而由定义 $\overline{\partial}$ 算子对于局部全纯标架 $\{\widetilde{e}^1, \cdots, \widetilde{e}^r\}$ 应表示为

$$\overline{\partial}(w) = \sum_{i,j=1}^r \overline{\partial}(f_i a_j^i) \otimes \widetilde{e}^j = \sum_{i,j=1}^r \overline{\partial}(f_i) a_j^i \otimes \widetilde{e}^j = \sum_{i=1}^r \overline{\partial}(f_i) \otimes e^i,$$

这与 w 在标架 $\{e^1, \cdots, e^r\}$ 下所得的 E- 值 $(0,1)$- 形式相同, 所以 $\overline{\partial}(w)$ 与局部全纯标架的选取无关. 同理, 设 $(\widetilde{z}^1, \cdots, \widetilde{z}^m)$ 是另一局部坐标, 由

$$\sum_{i=1}^m \frac{\partial f_l}{\partial \overline{z}^i} d\overline{z}^i = \sum_{i,j=1}^m \frac{\partial f_l}{\partial \overline{\widetilde{z}}^j} \overline{\frac{\partial \widetilde{z}^j}{\partial z^i}} d\overline{z}^i = \sum_{i,j=1}^m \frac{\partial f_l}{\partial \overline{\widetilde{z}}^j} d\overline{\widetilde{z}}^j,$$

即 $(0,1)$- 形式

$$\overline{\partial}(f_l) = \sum_{i=1}^m \frac{\partial f_l}{\partial \overline{z}^i} d\overline{z}^i$$

在任意坐标下都是一样的, 或者说与坐标选取无关. 我们得到 $\bar\partial(w)$ 是整体定义的, 其将 E 的可微截影映为 E-值 $(0,1)$-形式.

如果我们以 $A(U,E)$ 表示全纯向量丛 E 在 U 上的可微截影全体构成的线性空间, 则 $\bar\partial$ 算子定义了一个线性映射

$$\bar\partial : A(U,E) \to A(U, E \otimes T^*_{(0,1)}(M)).$$

更一般地, 设 w 是 E-值 (p,q)-形式, 即向量丛

$$T^{(p,q)}(E) = E \otimes [\wedge^p T^*_{(1,0)}(M)] \wedge [\wedge^q T^*_{(0,1)}(M)] = E \otimes T^{(p,q)}(M)$$

的可微截影, 设 $P \in M$ 是任意点, $\{e^1, \cdots, e^r\}$ 是 E 在 P 点邻域 U 上的局部全纯标架, $(z^1, \cdots, z^m)$ 是 U 上的局部坐标, 则 w 在 U 上可表示为

$$w = \frac{1}{p!q!} \sum_{\substack{i_1,\cdots,i_p=1; \\ j_1,\cdots,j_q=1}}^{m} \sum_{l=1}^{r} f_{i_1\cdots i_p; j_1\cdots j_q; l} e^l \otimes \mathrm{d}z^{i_1} \wedge \cdots \wedge \mathrm{d}z^{i_p} \wedge \mathrm{d}\bar{z}^{j_1} \wedge \cdots \wedge \mathrm{d}\bar{z}^{j_q}.$$

如果定义

$$\bar\partial(w) = \frac{1}{p!q!} \sum_{\substack{i_1,\cdots,i_p=1; \\ j_1,\cdots,j_q=1}}^{m} \sum_{l=1}^{r} e^l \otimes \bar\partial(f_{i_1\cdots i_p; j_1\cdots j_q; l})$$

$$\wedge \mathrm{d}z^{i_1} \wedge \cdots \wedge \mathrm{d}z^{i_p} \wedge \mathrm{d}\bar{z}^{j_1} \wedge \cdots \wedge \mathrm{d}\bar{z}^{j_q}$$

$$= \frac{1}{p!q!} \sum_{\substack{i_1,\cdots,i_p=1; \\ j,j_1,\cdots,j_q=1}}^{m} \sum_{l=1}^{r} \frac{\partial(f_{i_1\cdots i_p; j_1\cdots j_q; l})}{\partial \bar{z}^j} e^l \otimes \mathrm{d}\bar{z}^{j}$$

$$\wedge \mathrm{d}z^{i_1} \wedge \cdots \wedge \mathrm{d}z^{i_p} \wedge \mathrm{d}\bar{z}^{j_1} \wedge \cdots \wedge \mathrm{d}\bar{z}^{j_q},$$

则与上面的讨论相同, 直接计算不难验证由此得到的 E-值 $(p, q+1)$-形式 $\bar\partial(w)$ 与 E 的局部全纯标架和 U 上局部坐标的选取都无关, 因此 $\bar\partial$ 是对可微的 E-值 (p,q)-形式整体定义的算子. 如果以 $A^{(p,q)}(U,E)$ 表示 U 上所有可微的 E-值 (p,q)-形式全体, 则

$$\bar\partial : A^{(p,q)}(U,E) \to A^{(p,q+1)}(U,E)$$

是一线性映射.

§4.3 复联络

从上面讨论我们看到对于复流形上的全纯向量丛,我们可以直接将微分 d 的 (0,1) 部分,即 $\bar{\partial}$ 算子作用在向量丛的可微截影上. 现在我们的问题是怎样对向量丛的截影推广微分 d 的另一部分——(1,0) 部分. 对于这一问题,下面我们先从实流形上的可微向量丛开始讨论. 我们将首先对"微分几何"中的一些重要概念——"联络"和"曲率"等做一些简单介绍,目的是帮助不熟悉这些概念的读者理解我们将要讨论的问题,以及我们需要的语言和工具. 在这之后,我们将结合上面给出的,关于复流形上全纯向量丛的可微截影已有的 $\bar{\partial}$ 算子,对全纯向量丛的联络和曲率做更深入的讨论.

设 M 是一实流形, $\pi: E \to M$ 是 M 上的向量丛,怎样对 E 的截影定义微分呢?首先设 $P \in M$ 是任意给定的点, $\{e^1, \cdots, e^r\}$ 是 E 在 P 点邻域 U 上的一个局部标架. 对于 E 在 U 上的任意截影 w, w 可以表示为

$$w = \sum_{i=1}^{r} f_i e^i,$$

其中 f_i 是 U 上的可微函数. 现假定我们对 E 的截影已经有了一个微分 D,我们先来考查怎样表示 D,以及 D 需要满足什么条件才能保证其与局部标架的选取无关. 首先与通常的微分 d 相同, D 应该满足微分的线性性和 Leibniz 法则,因此

$$D(w) = \sum_{i=1}^{r} \left[D(f_i) e^i + f_i D(e^i) \right].$$

而对于函数 f_i,我们已经有了普通的微分 df_i,新的微分应该与之一致,所以令 $D(f_i) = df_i$. df_i 是 U 上的一次微分形式,而 $df_i e^i$ 应理解为 $df_i \otimes e^i$,其是向量丛 $T^*(M) \otimes E$ 中的截影. 因此,上面和式中的第二部分 $f_i D(e^i)$ 也应该是 $T^*(M) \otimes E$ 中的截影. 设对于 $i = 1, \cdots, r$,

$$D(e^i) = \sum_{j=1}^{r} w_j^i \otimes e^j,$$

则 w_j^i 都是 U 上的一次微分形式. 因此如果我们对 E 的截影有微分 D,则对于 E 的任意局部标架 $\{e^1, \cdots, e^r\}$,通过 D 就得到一个由一次微分形式 w_j^i 组成的 r 阶矩阵

$$W = \left[w_j^i\right]_{i,j=1}^r.$$

反之,如果在 U 上对于局部标架 $\{e^1, \cdots, e^r\}$,给定了一个由一次微分形式 w_j^i 组成的 r 阶矩阵 $W = \left[w_j^i\right]_{i,j=1}^r$,只要定义

$$D(e^i) = \sum_{j=1}^r w_j^i \otimes e^j,$$

则我们就可以按照微分的线性性和 Leibniz 法则对向量丛 E 在 U 上的截影定义微分 D 了。一次微分形式 w_j^i ($i, j = 1, \cdots, r$),称为微分 D 对应于局部标架 $\{e^1, \cdots, e^r\}$ 的**联络形式**,而矩阵 $W = \left[w_j^i\right]_{i,j=1}^r$ 称为微分 D 对应于局部标架 $\{e^1, \cdots, e^r\}$ 的**联络矩阵**。下面为了符号简单,我们将 $\left[w_j^i\right]_{i,j=1}^r$ 直接表示为 $[w_j^i]$。

由上面讨论我们看到,如果希望在局部对向量丛 E 的截影定义微分,我们只需对 E 在局部给定的某一个标架 $\{e^1, \cdots, e^r\}$,给出一个由一次微分形式 w_j^i 组成的 r 阶矩阵 $W = [w_j^i]$。而要在整个流形 M 上对向量丛 E 的截影定义微分,我们则必须对 E 的任意一个局部标架给定一个由一次微分形式组成的 r 阶矩阵,即联络矩阵。而微分作为一个整体算子又必须与局部标架的选取无关,因此对于不同的局部标架,这些由局部标架确定的联络形式之间还必须满足一定的条件。

现设 $\{\widetilde{e}^1, \cdots, \widetilde{e}^r\}$ 是 E 在 U 上的另一局部标架,$\widetilde{W} = [\widetilde{w}_j^i]$ 是微分 D 对应于这一标架的联络矩阵,设 $\widetilde{e}^i = \sum_{j=1}^r a_j^i e^j$ 是标架之间的变换关系,则 E 的截影 w 对于标架 $\{\widetilde{e}^1, \cdots, \widetilde{e}^r\}$ 可表示为

$$w = \sum_{i=1}^r \widetilde{f}_i \widetilde{e}^i = \sum_{i=1}^r \sum_{j=1}^r \widetilde{f}_i a_j^i e^j = \sum_{j=1}^r f_j e^j.$$

这时

$$\begin{aligned} D(w) &= \sum_{i=1}^r \left(\mathrm{d}\widetilde{f}_i \otimes \widetilde{e}^i + \widetilde{f}_i \sum_{l=1}^r \widetilde{w}_l^i \otimes \widetilde{e}^l\right) \\ &= \sum_{i=1}^r \left(\mathrm{d}\widetilde{f}_i + \sum_{l=1}^r \widetilde{f}_l \widetilde{w}_i^l\right) \otimes \widetilde{e}^i \end{aligned}$$

$$= \sum_{i=1}^{r}\left(\mathrm{d}\widetilde{f}_i + \sum_{l=1}^{r}\widetilde{f}_l\widetilde{w}_i^l\right)\otimes\left(\sum_{j=1}^{r}a_j^i e^j\right).$$

另一方面,
$$D(w) = \sum_{i=1}^{r}\left(D(f_i)e^i + f_i D(e^i)\right)$$
$$= \sum_{i=1}^{r}\left(\mathrm{d}f_i\otimes e^i + f_i\sum_{j=1}^{r}w_j^i\otimes e^j\right)$$
$$= \sum_{j=1}^{r}\left(\mathrm{d}f_j + \sum_{i=1}^{r}f_i w_j^i\right)\otimes e^j.$$

$D(w)$ 与标架无关, 因此比较上面两式, 我们得到对于 $j = 1,\cdots,r$,
$$\sum_{i=1}^{r}\left(\mathrm{d}\widetilde{f}_i + \sum_{l=1}^{r}\widetilde{f}_l\widetilde{w}_i^l\right)a_j^i = \mathrm{d}f_j + \sum_{i=1}^{r}f_i w_j^i.$$

而 $f_j = \sum\limits_{l=1}^{r}\widetilde{f}_l a_j^l$, 因此
$$\mathrm{d}f_j = \sum_{l=1}^{r}\left((\mathrm{d}\widetilde{f}_l)a_j^l + \widetilde{f}_l(\mathrm{d}a_j^l)\right),$$

代入上式右边得
$$\sum_{i=1}^{r}\left(\mathrm{d}\widetilde{f}_i + \sum_{l=1}^{r}\widetilde{f}_l\widetilde{w}_i^l\right)a_j^i = \sum_{l=1}^{r}\left((\mathrm{d}\widetilde{f}_l)a_j^l + \widetilde{f}_l\mathrm{d}a_j^l\right) + \sum_{i=1}^{r}\sum_{l=1}^{r}\widetilde{f}_l a_i^l w_j^i.$$

由于 w 是任意的, 因而 $\widetilde{f}_l$ 可任取. 上式两边相等必须对于 $l = 1,\cdots,r,\widetilde{f}_l$ 的系数都相等, 即对于 $l,j = 1,\cdots,r$, 成立
$$\sum_{i=1}^{r}\widetilde{w}_i^l a_j^i = \mathrm{d}a_j^l + \sum_{i=1}^{r}a_i^l w_j^i. \tag{4.3.1}$$

反之, 如果上式成立, 则同样的推导得 $D(w)$ 对于这两个局部标架所得的截影相等. 因此要使得微分 D 与局部标架的选取无关, 其充分必要条件是微分 D 对于局部标架给出的联络形式与标架之间的转移矩阵满足上面的关系式. 如果用矩阵的形式来表示关系式 (4.3.1), 令
$$A = [a_i^j], \quad W = [w_j^i], \quad \widetilde{W} = [\widetilde{w}_j^i],$$

则 (4.3.1) 可以表示为: 如果
$$(\widetilde{e}^1, \cdots, \widetilde{e}^r) = (e^1, \cdots, e^r)A$$
是向量丛局部标架之间的变换公式, 则 D 对应于局部标架的联络矩阵之间满足
$$\widetilde{W}A = \mathrm{d}A + AW, \tag{4.3.2}$$
或者表示为
$$\widetilde{W} = \mathrm{d}AA^{-1} + AWA^{-1}. \tag{4.3.3}$$

将上面这些讨论转换为定义, 我们可以用公理化方法给出向量丛的微分 D(一般又称为联络 (connection)) 的定义.

定义 4.3.1 向量丛 $\pi : E \to M$ 的一个**联络 D** 是对 E 的每一个局部标架 $\{e^1, \cdots, e^r\}$ 给定的一个由一次微分形式 w_j^i 组成的 r 阶矩阵 $W = [w_j^i]$, 使得这些矩阵在 E 的标架变换下满足关系式 (4.3.3).

在上面的定义中, 如果进一步假设 $(x^1, \cdots, x^m)$ 是 E 的局部标架 $\{e^1, \cdots, e^r\}$ 所在区域 $U \subset M$ 上的局部坐标, 将联络形式表示为
$$w_j^i = \sum_{\alpha=1}^m \Gamma_{i\alpha}^j \mathrm{d}x^\alpha,$$
则 $\{\Gamma_{i\alpha}^j\}$ 称为联络 D 的对应于局部标架 $\{e^1, \cdots, e^r\}$ 和局部坐标 $(x^1, \cdots, x^m)$ 的**联络符号**, 也称为 **Christoffel 符号**.

另一方面, 如果不利用局部标架, 我们也可以按照微分的性质用映射的形式直接定义联络.

定义 4.3.2 向量丛 $\pi : E \to M$ 的一个**联络 D** 是对 E 在任意开集 U 上的可微截影定义的映射
$$D : A(U, E) \to A(U, T^*(M) \otimes E),$$
满足

(1) **线性性** 对于任意 $w_1, w_2 \in A(U, E)$, 成立
$$D(w_1 + w_2) = D(w_1) + D(w_2);$$

(2) **Leibniz 法则** 对于 U 上任意可微函数 f 和 E 在 U 上的可微截影 w, 恒有

$$D(fw) = \mathrm{d}f \otimes w + fD(w).$$

不难验证, 对于任意 $P \in U$ 和 $w \in A(U, E)$, $D(w)(P)$ 仅与 w 在 P 点邻域的取值有关, 与开集 U 的选取无关.

这里还应该说明的是在上面的定义中, 联络作用于向量丛 E 的截影后之所以得到的是向量丛 $T^*(M) \otimes E$ 中的截影, 是因为在定义中我们并没有给出求导的方向. 例如, 设 f 是开集 U 上的可微函数, $\mathrm{d}f$ 是 f 的微分, 这时对于任意点 $P \in U$, 设 $t \in T_P$ 是 P 点给定的一个切向量, 则对偶作用 $(\mathrm{d}f, t) = t(f)$ 就是 f 沿 t 方向的方向导数. 这里 $(\mathrm{d}f, t)$ 表示切空间 T_P 与余切空间 T_P^* 的相互对偶关系. 如果 t 是 U 上的一个切向量场 (即切丛 $T(M)$ 在 U 上的一个截影), 则 $(\mathrm{d}f, t)$ 表示 f 沿此切向量场的方向导数, 其也是 U 上的函数.

同样地, 如果 D 是向量丛 $\pi: E \to M$ 的一个联络, $P \in M$, w 是 E 在 P 点邻域的一个截影, 则对于任意 $t \in T_P$, 令 $D_t(w) = (D(w), t)$, 这里 $(D(w), t)$ 表示 $D(w)$ 中的一次微分与切向量 t 的对偶作用. 例如, 如果 $\{e^1, \cdots, e^r\}$ 是 E 在 P 点邻域的一个局部标架, $[w_j^i]$ 是 D 对于这一标架的联络矩阵, $w = \sum_{i=1}^r f_i e^i$, 则

$$D_t(w) = (D(w), t) = \sum_{i=1}^r \left[(\mathrm{d}f_i, t) e^i + \sum_{l=1}^r f_l (w_i^l, t) e^i \right],$$

$D_t(w) \in E_P$ 称为截影 w 在 P 点沿 t 方向的方向导数. 而如果 t 是 P 点邻域的切向量场, 则 $D_t(w)$ 也是 E 在 P 点邻域的截影.

有了上面利用联络得到的关于向量丛截影的方向导数后, 我们就可以定义向量丛的向量沿流形中曲线的平移. 首先设 $l: [a, b] \to M$, $t \mapsto l(t)$ 是 M 中连接两个给定点 P 和 Q 的光滑曲线, 设 $l(a) = P, l(b) = Q$. 这时, $i = l_*\left(\dfrac{\mathrm{d}}{\mathrm{d}t}\right)$ 是此曲线的切向量, 而直接计算不难看出, 如果 w 是 E 在曲线上一点邻域的截影, 则 $D_i(w)$ 仅与 w 在曲线上的值有关. 因此在考虑沿曲线 l 切线方向 i 求 E 的截影的方向导数时, 我们可以假定截影仅定义在曲线上.

定义 4.3.3 设 $\pi: E \to M$ 是流形 M 上的可微向量丛, l 是 M

中连接点 P 和 Q 的光滑曲线, w 是向量丛 E 在 l 上的截影, 如果
$$D_{\dot{t}}(w) = 0,$$
则称 w 为向量丛 E 沿曲线 l **平移的截影**. 当 w 是沿曲线 l 平移的截影时, 向量 $w(Q) \in E_Q$ 称为向量 $w(P) \in E_P$ 沿曲线 l 由 P 点到 Q 点的**平移**.

现设 $\{e^1, \cdots, e^r\}$ 是 E 在开集 U 上的局部标架, $(x^1, \cdots, x^m)$ 是 U 上的局部坐标, 而
$$\left[w_j^i \right] = \left[\sum_{\alpha=1}^m \Gamma_{i\alpha}^j \mathrm{d}x^\alpha \right]$$
是 D 对标架 $\{e^1, \cdots, e^r\}$ 的联络矩阵. 设 $w = \sum\limits_{i=1}^r f_i(l(t))e^i$ 是 E 在曲线 l 上的截影, 这时曲线的切向量场可以表示为
$$t = l_*\left(\frac{\mathrm{d}}{\mathrm{d}t}\right) = \sum_{\beta=1}^m \frac{\mathrm{d}x^\beta}{\mathrm{d}t} \frac{\partial}{\partial x^\beta}.$$
平移方程 $D_{\dot{t}}(w) = 0$ 则可以表示为
$$\begin{aligned}
D_{\dot{t}}(w) &= \sum_{i=1}^r \left((\mathrm{d}f_i(l(t)), t)e^i + \sum_{j=1}^r f_j(l(t))(w_i^j, t)e^i \right) \\
&= \sum_{i=1}^r \left(\sum_{\alpha=1}^m \frac{\partial f_i}{\partial x^\alpha} \frac{\mathrm{d}x^\alpha}{\mathrm{d}t} + \sum_{j=1}^r f_j \sum_{\alpha=1}^m \Gamma_{i\alpha}^j \frac{\mathrm{d}x^\alpha}{\mathrm{d}t} \right) e^i \\
&= \sum_{i=1}^r \left(\frac{\mathrm{d}f_i}{\mathrm{d}t} + \sum_{j=1}^r f_j \sum_{\alpha=1}^m \Gamma_{i\alpha}^j \frac{\mathrm{d}x^\alpha}{\mathrm{d}t} \right) e^i = 0.
\end{aligned}$$
由于 $\{e^1, \cdots, e^r\}$ 是局部标架, 因而上式等价于
$$\frac{\mathrm{d}f_i}{\mathrm{d}t} + \sum_{j=1}^r f_j \sum_{\alpha=1}^m \Gamma_{i\alpha}^j \frac{\mathrm{d}x^\alpha}{\mathrm{d}t} = 0, \quad i = 1, \cdots, r.$$
这是关于函数 $(f_1, \cdots, f_r)$ 的一个一阶常微分方程组, 对于任意给定的初始值 $(f_1(P), \cdots, f_r(P))$, 方程组有唯一解. 即对于 E_P 中任意向量 $w(P) = \sum\limits_{i=1}^r f_i(P)e^i \in E_P$, 存在唯一的一个沿曲线 l 到 E_Q 的平移. 而由于平移是相互对称的, 如果 $w_1 \in E_Q$ 是 $w_0 \in E_P$ 沿曲线 l 的平移, 则 $w_0 \in E_P$ 同样是 $w_1 \in E_Q$ 沿 l^{-1} 从 Q 到 P 的平移. 由此我们

得到沿 l 的平移给出了 E_P 到 E_Q 的线性同构. 反过来, 如果有这样的同构, 在给定的方向上沿给定的曲线将不同点的截影平移到同一点作差, 并与曲线参数作比较, 我们也可定义截影沿给定方向的方向导数, 进而得到向量丛的联络. 因此, 联络从本质上讲就是给出向量丛在不同点之间向量空间的一种同构关系. 当然一个向量由 P 点到 Q 点的平移一般都依赖于连接 P, Q 的曲线, 或者说平移一般与路径有关. 怎样表示这样的依赖性呢? 对此, 在几何上我们需要考虑联络的曲率. 首先, 欧氏空间中平移与路径无关可以等价地表示为求导与顺序无关, 即我们熟知的 $\dfrac{\partial^2 f}{\partial x^i \partial x^j} = \dfrac{\partial^2 f}{\partial x^j \partial x^i}$ 对 $i \neq j$ 成立, 或者表示为

$$d^2 f = \sum_{i<j} \left[\frac{\partial^2 f}{\partial x^i \partial x^j} - \frac{\partial^2 f}{\partial x^j \partial x^i} \right] dx^i \wedge dx^j = 0.$$

对于向量丛 E 的联络 D, 怎样表示平移与路径的关系呢? 设 $P \in M$, w 是 E 在 P 点邻域的截影, t_1 和 t_2 是 P 点邻域的切向量场, 则 $D_{t_1}(w)$ 也是 E 在 P 点邻域上的截影, 因而仍然可求导, 我们可以定义 $D_{t_2}(D_{t_1}(w))$. 平移与路径有关则可表示为上面的求导一般与顺序有关, 即 $D_{t_2}(D_{t_1}(w))$ 与 $D_{t_1}(D_{t_2}(w))$ 不一定相等. 类比于欧氏空间上用 $d^2 f = 0$ 表示求导与顺序无关, 对于联络所需要考虑的求导与顺序的关系, 我们也可以用二阶微分 D^2 来表示.

首先, 联络 D 将 E 的截影映为 $T^*(M) \otimes E$ 中的截影, 而 $T^*(M) \otimes E$ 中的截影局部可表示为 $T^*(M)$ 中的截影 (即一次微分形式) 与 E 中截影的张量积的和. 对于一次微分形式, 与上面处理可微函数相同, 我们已经有了外微分 d, 而 E 中的截影则已有了联络 D. 因而利用微分的线性性和 Leibniz 法则, 我们可以用外微分 d 和联络 D 对 $T^*(M) \otimes E$ 中的截影定义联络. 设 $w = \sum\limits_{i=1}^{r} w^i \otimes e^i$ 是向量丛 $T^*(M) \otimes E$ 在开集 U 上的截影, 定义

$$D(w) = \sum_{i=1}^{r} [dw^i \otimes e^i - w^i \wedge D(e^i)],$$

则 $D(w)$ 是 $\wedge^2 T^*(M) \otimes E$ 中的截影, 与局部坐标和局部标架的选取都无关. 映射

$$D: A(U, T^*(M) \otimes E) \to A(U, \wedge^2 T^*(M) \otimes E)$$

通常记为 D^2. 与上面的讨论相同, 对 $\wedge^2 T^*(M)$ 中的截影我们有外微分 d, 而对 E 中的截影我们有联络 D, 因而同样通过 D, 我们得到 $\wedge^2 T^*(M) \otimes E$ 上的联络, 记为 D^3. 类似地, 通过 D, 我们得到 $\wedge^r T^*(M) \otimes E$ 上的联络, 记为 D^{r+1}. 通过这些联络, 对于 E 中的截影, 我们就可以定义高阶微分了.

回到我们的问题, 由联络定义的方向导数 $D_{t_2}(D_{t_1}(w))$ 一般与求导顺序有关, 我们可以用二阶微分 D^2 来说明这一点, 即对于 E 的截影 w, $D^2(w)$ 一般不为零. 二阶微分 D^2 反映的就是平移与路径的关系, 或者说二阶导与求导顺序的关系, 通常也表示为联络 D 的曲率. 下面我们先给出 D^2 的表示.

设 $\{e^1, \cdots, e^r\}$ 是向量丛 E 在点 $P \in M$ 的邻域 U 上的局部标架, $(x^1, \cdots, x^m)$ 是 U 上的局部坐标, $W = [w_j^i]$ 是 D 对于标架 $\{e^1, \cdots, e^r\}$ 的联络矩阵. 用向量的符号, 这三者的关系可以表示为

$$D(e^1, \cdots, e^r)^{\mathrm{T}} = [w_j^i](e^1, \cdots, e^r)^{\mathrm{T}},$$

因而

$$D^2(e^1, \cdots, e^r)^{\mathrm{T}} = [dw_j^i](e^1, \cdots, e^r)^{\mathrm{T}} - [w_j^i]D(e^1, \cdots, e^r)^{\mathrm{T}}$$
$$= ([dw_j^i] - [w_j^i] \wedge [w_j^i])(e^1, \cdots, e^r)^{\mathrm{T}}.$$

$D^2 = 0$, 即求导与顺序无关, 就等价于

$$[dw_j^i] - [w_j^i] \wedge [w_j^i] = 0.$$

所以在微分几何中, 令

$$\Omega = [\Omega_j^i]_{i,j=1}^r = [dw_j^i] - [w_j^i] \wedge [w_j^i],$$

下面我们同样用 $[\Omega_j^i]$ 记 $[\Omega_j^i]_{i,j=1}^r$, 对于 $i, j = 1, \cdots, r$, Ω_j^i 称为联络 D 对于局部标架 $\{e^1, \cdots, e^r\}$ 的**曲率形式**, 而 $\Omega = [\Omega_j^i]$ 称为联络 D 对于局部标架 $\{e^1, \cdots, e^r\}$ 的**曲率矩阵**. 从形式上看, 对于开集 U 上给定的局部标架 $\{e^1, \cdots, e^r\}$, Ω 是一个以 U 上的二次微分形式为元素的 r 阶矩阵, 满足

$$D^2(e^1,\cdots,e^r)^{\mathrm{T}} = [\Omega_j^i] \otimes (e^1,\cdots,e^r)^{\mathrm{T}}.$$

现在来考查曲率对于向量丛标架变换的关系. 设 $\{\widetilde{e}^1,\cdots,\widetilde{e}^r\}$ 是 E 在 U 上的另一局部标架,$[\widetilde{w}_j^i]$ 是联络 D 对应于这一标架的联络矩阵, 设 $\widetilde{e}^i = \sum\limits_{j=1}^{r} a_j^i e^j$ 是标架之间的变换关系, 以 $[a_j^i]$ 记 $[a_j^i]_{i,j=1}^{r}$, 则由 $(\widetilde{e}^1,\cdots,\widetilde{e}^r)^{\mathrm{T}} = [a_j^i](e^1,\cdots,e^r)^{\mathrm{T}}$, 得

$$D(\widetilde{e}^1,\cdots,\widetilde{e}^r)^{\mathrm{T}} = [\mathrm{d}a_j^i](e^1,\cdots,e^r)^{\mathrm{T}} + [a_j^i][w_j^i](e^1,\cdots,e^r)^{\mathrm{T}},$$

$$\begin{aligned}D^2(\widetilde{e}^1,\cdots,\widetilde{e}^r)^{\mathrm{T}} &= -[\mathrm{d}a_j^i]D(e^1,\cdots,e^r)^{\mathrm{T}} + [\mathrm{d}a_j^i]\wedge[w_j^i](e^1,\cdots,e^r)^{\mathrm{T}}\\ &\quad + [a_j^i][\mathrm{d}w_j^i](e^1,\cdots,e^r)^{\mathrm{T}} - [a_j^i][w_j^i]D(e^1,\cdots,e^r)^{\mathrm{T}}\\ &= -[\mathrm{d}a_j^i]\wedge[w_j^i](e^1,\cdots,e^r)^{\mathrm{T}} + [\mathrm{d}a_j^i]\wedge[w_j^i](e^1,\cdots,e^r)^{\mathrm{T}}\\ &\quad + [a_j^i]([\mathrm{d}w_j^i] - [w_j^i]\wedge[w_j^i])(e^1,\cdots,e^r)^{\mathrm{T}}\\ &= [a_j^i][\Omega_j^i](e^1,\cdots,e^r)^{\mathrm{T}}.\end{aligned}$$

另一方面, 如果以 $\widetilde{\Omega} = [\widetilde{\Omega_j^i}]$ 表示联络 D 对于标架 $\{\widetilde{e}^1,\cdots,\widetilde{e}^r\}$ 的曲率矩阵, 则得

$$D^2(\widetilde{e}^1,\cdots,\widetilde{e}^r)^{\mathrm{T}} = [\widetilde{\Omega_j^i}](\widetilde{e}^1,\cdots,\widetilde{e}^r)^{\mathrm{T}} = [\widetilde{\Omega_j^i}][a_j^i](e^1,\cdots,e^r)^{\mathrm{T}}.$$

比较上面两式, 我们得到

$$[\widetilde{\Omega_j^i}][a_j^i] = [a_j^i][\Omega_j^i],$$

或者表示为

$$[\widetilde{\Omega_j^i}] = [a_j^i][\Omega_j^i][a_j^i]^{-1}. \tag{4.3.4}$$

上一节我们曾对向量丛 E 定义了 E 的对偶丛 E^*, 我们知道, 如果 $[a_j^i]$ 是向量丛 E 的转移矩阵, 则 $[a_j^i]^{-1}$ 是 E 的对偶丛 E^* 的转移矩阵. 因而利用此不难看出, 等式式 (4.3.4) 实际表明 $\Omega = [\Omega_j^i]$ 是向量丛 $\wedge^2 T^*(M) \otimes E \otimes E^*$ 在整个 M 上的一个截影. 即如果 $\{e^1,\cdots,e^r\}$ 是 E 在点 $P \in M$ 的邻域 U 上的局部标架, 而 $\{e_1,\cdots,e_r\}$ 是 $\{e^1,\cdots,$

$e^r\}$ 在 E 的对偶丛 E^* 中确定的对偶标架，$(x^1, \cdots, x^m)$ 是 U 上的局部坐标，假定

$$\Omega^i_j = \sum_{\alpha,\beta=1}^{m} R^i_{j,\alpha,\beta} \mathrm{d}x^\alpha \wedge \mathrm{d}x^\beta,$$

则

$$\Omega = \sum_{\alpha,\beta=1}^{m} \sum_{i,j=1}^{r} R^i_{j,\alpha,\beta} e^j \otimes e_i \otimes \mathrm{d}x^\alpha \wedge \mathrm{d}x^\beta$$

$$\in A(M, \wedge^2 T^*(M) \otimes E \otimes E^*).$$

由于曲率形式 $\Omega = [\Omega^i_j]$ 是向量丛 $\wedge^2 T^*(M) \otimes E \otimes E^*$ 在 M 上的整体截影，因而通常将其称为**曲率张量**．需要注意的是这一点与联络形式是非常不同的．虽然联络矩阵对于局部标架同样表示为由微分形式组成的矩阵，但由联络矩阵在标架变换下的变换公式 (4.3.3) 不难看出，联络矩阵并不是任何向量丛的截影，联络矩阵在某一个局部标架下的性质并不表明联络矩阵在其他标架下也有同样的性质．例如，联络矩阵对于某一局部标架的表示在某一点为零并不表明对其他标架在该点也为零．但曲率形式是向量丛的截影，因而曲率形式的性质，例如，是否在某些点为零，是否有某种正定或负定性，等等，具有整体性，或者说与局部坐标和局部标架的选取都无关．因此曲率张量也经常被用来讨论和表述流形上向量丛的性质，或者流形本身的性质，其是"微分几何"研究的主要对象之一．在本书第 5 章中我们将利用曲率张量构造流形上复向量丛的陈示性类，在本书第 7 章中我们将利用紧复流形上线丛的曲率张量的正定性给出代数流形的特征．关于曲率张量进一步的讨论，有兴趣的读者可参看有关"微分几何"的书．

例 1 设 D 是向量丛 E 的联络，

$$\Omega = [\Omega^i_j] = \sum_{\alpha,\beta=1}^{m} \sum_{i,j=1}^{r} R^i_{j,\alpha,\beta} e^j \otimes e_i \otimes \mathrm{d}x^\alpha \wedge \mathrm{d}x^\beta$$

是 D 的曲率，将其中 E 与 E^* 中的向量相互按对偶关系作用，由 $(e^j, e_i) = \delta^j_i$，得

$$R = \sum_{\alpha,\beta=1}^{m} \sum_{i=1}^{r} R^i_{i,\alpha,\beta} \mathrm{d}x^\alpha \wedge \mathrm{d}x^\beta,$$

R 是实流形 M 上的二次微分形式, 称为联络 D 的 **Ricci 曲率**.

上面我们都是在实流形上对可微向量丛进行讨论. 对于复流形及其上的全纯向量丛, 上面的讨论都可平行地转移过来. 而复流形和全纯向量丛由于有其特殊的全纯结构, 因而关于联络等概念还必须有一些结合全纯结构的特殊要求.

设 M 是一复流形, $\pi: E \to M$ 是 M 上的全纯向量丛, 我们需要对 E 的可微截影定义微分. 在本节开始时关于 $\bar{\partial}$ 算子的讨论中, 我们已经说明了由于向量丛 E 对于全纯标架的转移矩阵都是由解析函数组成, 因而如果 w 是 E 的可微截影, 则 $\bar{\partial}(w)$ 与局部全纯标架的选取无关, 是向量丛 $T^*_{(0,1)}(M) \otimes E$ 的截影. 即对于全纯向量丛 E 在 M 中任意开集 U 上的可微截影, 我们在余切丛的反全纯方向上已经有了一个满足线性性和 Leibniz 法则的映射

$$\bar{\partial}: A(U, E) \to A(U, T^*_{(0,1)} \otimes E).$$

另一方面, 如果 D 是向量丛 E 的联络, 利用复流形的余切向量丛 $T^*(M)$ 对全纯和反全纯方向的直和分解

$$T^*(M) = T^*_{(1,0)}(M) \oplus T^*_{(0,1)}(M),$$

对于 E 的任意可微截影 w, $D(w)$ 可唯一分解为

$$D(w) = D^{(1,0)}(w) + D^{(0,1)}(w),$$

其中 $D^{(1,0)}(w)$ 是向量丛 $T^*_{(1,0)}(M) \otimes E$ 中的截影, 而 $D^{(0,1)}(w)$ 是向量丛 $T^*_{(0,1)}(M) \otimes E$ 中的截影. 我们将这一分解表示为

$$D = D^{(1,0)} + D^{(0,1)}.$$

$D^{(1,0)}$ 称为**全纯方向的微分**, 其对应的方向导数 $D^{(1,0)}_t$ 仅对全纯切向量 $t \in T_{(1,0)}$ 才有意义, 在反全纯方向上都为零; 而 $D^{(0,1)}$ 称为**反全纯方向的微分**, 其对应的方向导数 $D^{(0,1)}_t$ 仅对反全纯切向量 $t \in T_{(0,1)}$ 才有意义, 在全纯方向上为零.

然而, 如同我们上面得到的, 对于 E 的可微截影 w, $\bar{\partial}$ 算子已经在反全纯方向定义了一个微分 $\bar{\partial}(w) \in T^*_{(0,1)}(M) \otimes E$. 即由于复流形和全

纯向量丛特有的全纯结构, 我们在切丛的反全纯方向, 即 $T_{(0,1)}$ 方向上已经有了一个自然的微分——$\bar{\partial}$ 算子. 因此在对全纯向量丛引入联络时, 对反全纯方向, 我们应该用这个已有的微分, 就如同我们在讨论函数和微分形式的微分时, 只需用外微分即可. 我们希望在复流形和全纯向量丛上新定义的微分能够与复流形和全纯向量丛上特有的复结构相容, 对此我们有下面的定义.

定义 4.3.4 复流形 M 上全纯向量丛 E 的联络 D 如果满足: 对于分解 $D = D^{(1,0)} + D^{(0,1)}$, 成立 $D^{(0,1)} = \bar{\partial}$, 则称 D 为 E 上的**复联络**. 即复联络 D 是在反全纯方向上与 $\bar{\partial}$ 相等的联络.

下面定理用联络形式给出了复联络的特征.

定理 4.3.1 全纯向量丛 E 上的联络 D 为复联络的充分必要条件是, 对于 E 的任意局部全纯标架 $\{e^1, \cdots, e^r\}$, D 对于这一标架的联络形式 $\{w_j^i\}_{i,j=1,\cdots,r}$ 都是 (1,0)- 形式.

证明 首先设 $\{w_j^i\}_{i,j=1,\cdots,r}$ 是 D 对于局部标架 $\{e^1, \cdots, e^r\}$ 的联络形式, $w_j^i = w_j^{i(1,0)} + w_j^{i(0,1)}$ 是 w_j^i 对于 (1, 0) 方向和 (0, 1) 方向的分解, 设 $w = \sum_{i=1}^{r} f_i e^i$ 是 E 的可微截影, 则由分解 $\mathrm{d} = \partial + \bar{\partial}$, 得

$$D(w) = \sum_{i=1}^{r} \left((\mathrm{d}f_i)e^i + \sum_{j=1}^{r} f_i w_j^i e^j \right)(\mathrm{d}f_i)$$

$$= \sum_{i=1}^{r} \left((\partial f_i)e^i + \sum_{j=1}^{r} f_i w_j^{i(1,0)} e^j \right)(\partial f_i)$$

$$+ \sum_{i=1}^{r} \left((\bar{\partial} f_i)e^i + \sum_{j=1}^{r} f_i w_j^{i(0,1)} e^j \right)(\bar{\partial} f_i)$$

$$= D^{(1,0)} w + D^{(0,1)} w.$$

如果 w_j^i 中只有 (1,0)- 形式, 即对于 $i, j = 1, \cdots, r$, $w_j^{i(0,1)} = 0$, 则对可微截影 w, 成立 $D^{(0,1)}(w) = \sum_{i=1}^{r} (\bar{\partial} f_i) e^i = \bar{\partial}(w)$, $D^{(0,1)} = \bar{\partial}$.

反之, 如果 $\{e^1, \cdots, e^r\}$ 是 E 的一个局部全纯标架, $w = \sum_{i=1}^{r} f_i e^i$ 是

一可微截影, 有 $\bar{\partial}w = \sum_{i=1}^{r}(\bar{\partial}f_i)e^i$. 因而, 如果 D 是复联络, 由于 $\{e^1, \cdots, e^r\}$ 是全纯标架, 所以对于 $i,j = 1, \cdots, r$, $D^{(0,1)}(e^i) = \bar{\partial}e^i = 0$, $D(e^i) = D^{(1,0)}(e^i)$, $w_j^{i(0,1)} = 0$, $\{w_j^i\}_{i,j=1,\cdots,r}$ 是 (1,0)- 形式. 证毕.

对于一个给定的向量丛 E, 进一步的问题是: E 上是否存在联络, 以及通过什么方法能得到 E 上面的联络. 对此问题我们将结合向量丛的另一重要概念 —— 向量丛的**Hermite 度量**来进行讨论.

如果一个 n 阶的复矩阵 $[a^{ij}]$ 满足

$$[a^{ij}] = [\bar{a}^{ij}]^{\mathrm{T}},$$

则称 $[a^{ij}]$ 为**Hermite 矩阵**. 如果 Hermite 矩阵 $[a^{ij}]$ 满足对于任意不为零的 n 维复向量 $A = (\alpha_1, \cdots, \alpha_n) \in \mathbb{C}^n$, 恒有

$$A[a^{ij}]\bar{A}^{\mathrm{T}} > 0,$$

则称 $[a^{ij}]$ 为**正定矩阵**. 如果 n 维复向量空间 $\mathbb{C}^n$ 上给定了一个正定的 Hermite 矩阵 $[a^{ij}]$, 则 $(\mathbb{C}^n, [a^{ij}])$ 称为 **Hermite 空间**. 这时对于 $\mathbb{C}^n$ 中的向量 $A = (\alpha_1, \cdots, \alpha_n)$, $B = (\beta_1, \cdots, \beta_n)$, 定义 A 与 B 的 **Hermite 内积**为

$$(A, B) = A[a^{ij}]\bar{B}^{\mathrm{T}} = \sum_{i,j=1}^{n} a^{ij}\alpha_i\bar{\beta}_j.$$

利用此, 我们将欧氏度量定义在复向量空间上. 当然, 我们也可用

$$\mathrm{d}s^2 = \sum_{i,j=1}^{n} a^{ij}\mathrm{d}z^i \otimes \mathrm{d}\bar{z}^j$$

作为 $\mathbb{C}^n$ 的弧长微元来表示这一度量.

流形 M 上的 r 维复向量丛 E 可以看做是由一族以 M 中的点为参变量的 r 维复向量空间 $\{E_P\}_{P \in M}$ 组成的流形, 要在 E 上推广 Hermite 度量的概念, 我们需要对每一点 $P \in M$, 在复向量空间 E_P 上给定一个 Hermite 度量, 并要求这一度量光滑地依赖于点 P.

定义 4.3.5 设 $\pi: E \to M$ 是流形 M 上的一个复向量丛, E 上的一个**Hermite 度量** $\mathrm{d}s^2$ 是对每一点 $P \in M$, 在复向量空间 E_P 上给

定的一个 Hermite 度量 $ds_P^2 = (\ ,\ )_P$, 满足对于 M 中的任意开集 U, 以及 E 在 U 上任意的可微截影 w_1, w_2, 映射 $P \mapsto (w_1(P), w_2(P))_P$ 都是 U 上的可微函数.

如果 $\{e^1, \cdots, e^r\}$ 是 E 在开集 U 上的一个局部标架, 对于 $i, j = 1, \cdots, r$, 令
$$a^{ij}(P) = (e^i, e^j)_P,$$
则 $P \mapsto a^{ij}(P)$ 是 U 上的可微函数, 而对每一点 $P \in U$, $[a^{ij}(P)]$ 都是 r 阶正定的 Hermite 矩阵. 反之, 如果在 U 上给定一个由可微函数 a^{ij} 组成的 r 阶 Hermite 矩阵 $[a^{ij}]$, 使得对每一点 $P \in U$, $[a^{ij}(P)]$ 都是正定的, 则利用 E 的局部标架 $\{e^1, \cdots, e^r\}$, 只需令
$$(e^i, e^j)_P = a^{ij}(P),$$
我们就得到 E 限制在 U 上的一个 Hermite 度量. 利用此以及正定的 Hermite 矩阵的和仍然是正定的 Hermite 矩阵, 再应用流形上的单位分解定理就不难证明, 对于流形 M 上的任意复向量丛 E, Hermite 度量在 E 上总是存在的.

现设 M 是复流形, E 是 M 上的复向量丛, 如果 E 上给定了一个 Hermite 度量 $ds^2 = (\ ,\ )_P$, 则 (E, ds^2) 称为 **Hermite 向量丛**. 这时对于任意 $P \in M, w(P) \in E_P, |w(P)| = \sqrt{(w(P), w(P))_P}$ 就是向量 $w(P)$ 的长度. 如果我们同时在 E 上给定了一个联络 D, 则利用由 D 得到的微分, 我们可以定义向量 $w(P) \in E_P$ 从 P 点沿 M 中某一条曲线 l 到另一点 Q 的平移 $w(Q)$. 而平移是同一向量经过移动变到不同点, 即 $w(P)$ 与 $w(Q)$ 应该是同一向量在不同的位置. 因此要使得度量 ds^2 与联络 D 不矛盾, $w(P)$ 在平移前和平移后应该有相同的长度, 或者说
$$\sqrt{(w(P), w(P))_P} = \sqrt{(w(Q), w(Q))_Q}$$
对任意向量及所有的平移都成立. 对此我们有下面的定义.

定义 4.3.6 设 $\pi: E \to M$ 是流形 M 上的复向量丛, ds^2 是 E 上的一个 Hermite 度量, D 是 E 的一个联络. 如果 ds^2 不改变 E 中对于 D 平移向量的长度, 则称**度量 ds^2 与联络 D 是相容的**.

下面定理是关于复联络与 Hermite 度量之间关系的基本定理.

定理 4.3.2 (复几何基本定理) 设 M 是复流形, E 是 M 上的全纯向量丛, 则对于 E 上任意给定的 Hermite 度量 ds^2, 在 E 上存在唯一的一个与之相容的复联络 D.

证明 设 D 是 E 上给定的复联络, 我们首先来给出平移关系对于局部标架的表示.

设 $P \in M$ 是任意给定的点, $t_0 \in T_P$ 是任意给定的切向量, $l = l(t)$ 是一过 P 点且以 t_0 为在 P 点的切向量的曲线. 任取 $w_1, w_2 \in E_P$, 设 $w_1(l(t)), w_2(l(t))$ 分别是 w_1, w_2 沿 $l(t)$ 的平移, 即 $w_1(l(t)), w_2(l(t))$ 沿 $l(t)$ 的切向量 $\dot{t}$ 的方向导数为零. 设 $\{e^1, \cdots, e^r\}$ 是 E 在 P 点邻域 U 上的一个局部全纯标架, $[w_j^i]$ 是联络 D 对标架 $\{e^1, \cdots, e^r\}$ 的联络矩阵. 如果 $w_1 = \sum\limits_{i=1}^{r} f_i e^i, w_2 = \sum\limits_{i=1}^{r} g_i e^i$, 则平移方程可表示为 $D_{\dot{t}}(w_1) = 0, D_{\dot{t}}(w_2) = 0$, 即

$$0 = D_{\dot{t}}(w_1) = \sum_{i=1}^{r} \left[(\mathrm{d}f_i, \dot{t}) e^i + \sum_{j=1}^{r} f_i (w_j^i, \dot{t}) e^j \right],$$

$$0 = D_{\dot{t}}(w_2) = \sum_{i=1}^{r} \left[(\mathrm{d}g_i, \dot{t}) e^i + \sum_{j=1}^{r} g_i (w_j^i, \dot{t}) e^j \right].$$

现设 $ds^2 = (\,,\,)_P$ 是 E 上给定的一个 Hermite 度量, 对局部标架 $\{e^1, \cdots, e^r\}$, 设 $[a^{ij}] = [(e^i, e^j)]$ 是 r 阶度量矩阵. 如果 ds^2 与 D 相容, 则 $(\,,\,)_P$ 不改变平移向量的长度, 因而也不改变平移向量之间的内积, 所以 $(w_1(l(t)), w_2(l(t)))$ 在曲线 $l(t)$ 上是常数. 如果以 $\mathrm{d}_{\dot{t}}$ 表示曲线 $l(t)$ 上的函数沿曲线切向量方向的方向导数, 则 $\mathrm{d}_{\dot{t}}(w_1(l(t)), w_2(l(t))) = 0$, 即

$$0 = \mathrm{d}_{\dot{t}}(w_1(l(t)), w_2(l(t))) = \mathrm{d}_{\dot{t}}\left(\sum_{i,j=1}^{r} a^{ij} f_i \bar{g}_j \right)$$

$$= \sum_{i,j=1}^{r} \mathrm{d}_{\dot{t}}(a^{ij}) f_i \bar{g}_j + \sum_{i,j=1}^{r} a^{ij} \mathrm{d}_{\dot{t}}(f_i) \bar{g}_j + \sum_{i,j=1}^{r} a^{ij} f_i \mathrm{d}_{\dot{t}}(\bar{g}_j).$$

将上面给出的 $w_1(l(t)), w_2(l(t))$ 沿 l 平移的方程代入, 则上式为

$$0 = \sum_{i,j=1}^{r} \left[\mathrm{d}_i(a^{ij}) - \sum_{s=1}^{r} a^{sj}(w_s^i, t) - \sum_{t=1}^{r} a^{it}(\overline{w}_t^j, t) \right] f_i \overline{g}_j.$$

将上式限制在 P 点，由于 $w_1, w_2 \in E_P$ 以及 $t_0 \in T_P$ 都是任取的，而上式对于任意 w_1, w_2 和 t_0 都为零，因此相关的系数也必须为零. 我们得到，对于 $i,j = 1, 2, \cdots, r$，恒有

$$\mathrm{d}a^{ij} - \sum_{s=1}^{r} a^{sj} w_s^i - \sum_{t=1}^{r} a^{it} \overline{w}_t^j = 0.$$

如果用矩阵的形式，上面的方程可表示为

$$[\mathrm{d}a^{ij}] = [w_j^i][a^{ij}] + [a^{ij}][\overline{w}_j^i]^\mathrm{T}. \tag{4.3.5}$$

反之，如果对于任意局部全纯标架 $\{e^1, \cdots, e^r\}$，$\mathrm{d}s^2$ 的度量矩阵 $[a^{ij}]$ 与 D 的联络矩阵 $[w_j^i]$ 之间满足 (4.3.5)，将上面的推导返回去，则得到当 E 的截影 $w_1(l(t))$ 和 $w_2(l(t))$ 沿曲线 $l(t)$ 平移时，我们总有 $\mathrm{d}_i(w_1(l(t)), w_2(l(t))) = 0$，因而 $(w_1(l(t)), w_2(l(t)))$ 在曲线 $l(t)$ 上是常数. 度量不改变平移向量的内积，因而不改变平移向量的长度，联络与度量相容. 所以方程 (4.3.5) 是联络与度量相容的充分必要条件.

另一方面，由定理的假设，D 是复联络，而 $\{e^1, \cdots, e^r\}$ 是 E 在 P 点邻域 U 上的一个局部全纯标架，因而标架 $\{e^1, \cdots, e^r\}$ 对应的联络形式 $\{w_j^i\}_{i,j=1,\cdots,r}$ 都是 (1,0)- 形式，而 $\{\overline{w}_j^i\}_{i,j=1,\cdots,r}$ 都是 (0,1)- 形式. 比较方程 (4.3.5) 的两端，我们得到

$$[\partial a^{ij}] = [w_j^i][a^{ij}],$$

或者表示为

$$[w_j^i] = [\partial a^{ij}][a^{ij}]^{-1}, \tag{4.3.6}$$

联络矩阵由度量唯一确定.

反之，对于 E 上给定的度量 $\mathrm{d}s^2$，设 $\{e^1, \cdots, e^r\}$ 是 E 的局部全纯标架，$\mathrm{d}s^2$ 对这一标架的度量矩阵为 $[a^{ij}]$，则只需对标架 $\{e^1, \cdots, e^r\}$，定义对应的联络矩阵 $[w_j^i]$ 为

$$[w_j^i] = [\partial a^{ij}][a^{ij}]^{-1},$$

§4.3 复联络

通过直接计算不难验证, 对于全纯标架变换, (1,0)- 形式的矩阵 $[w_j^i]$ 满足联络变换的关系式 (4.3.3), 因而定义了 E 上的一个与 ds^2 相容的复联络. 这样我们就得到与 ds^2 相容的复联络的存在和唯一性. 证毕.

下面我们来计算由度量 ds^2 确定的复联络的曲率形式. 由

$$\Omega = [\Omega_j^i] = [dw_j^i] - [w_j^i] \wedge [w_j^i],$$

而 $[w_j^i] = [\partial a^{ij}][a^{ij}]^{-1}$, 得

$$\Omega = [\Omega_j^i] = d\big([\partial a^{ij}][a^{ij}]^{-1}\big) - [\partial a^{ij}][a^{ij}]^{-1} \wedge [\partial a^{ij}][a^{ij}]^{-1}.$$

又由 $I = [a^{ij}][a^{ij}]^{-1}$, 因此

$$0 = d\big([a^{ij}]\big)[a^{ij}]^{-1} + [a^{ij}]d\big([a^{ij}]^{-1}\big),$$

得

$$d\big([a^{ij}]^{-1}\big) = -[a^{ij}]^{-1}d\big([a^{ij}]\big)[a^{ij}]^{-1}.$$

其中, 由于 $d = \partial + \bar{\partial}$, 而由 $d^2 = 0$ 得 $\partial^2 = 0$, $\partial\bar{\partial} = -\bar{\partial}\partial$, 代入上式, 得

$$d\big([\partial a^{ij}][a^{ij}]^{-1}\big) = -[\partial a^{ij}]d\big([a^{ij}]^{-1}\big) + [\bar{\partial}\partial a^{ij}][a^{ij}]^{-1}$$
$$= [\partial a^{ij}][a^{ij}]^{-1} \wedge [\bar{\partial}a^{ij}][a^{ij}]^{-1} + [\partial a^{ij}][a^{ij}]^{-1} \wedge [\partial a^{ij}][a^{ij}]^{-1}$$
$$- [\partial\bar{\partial}a^{ij}][a^{ij}]^{-1}.$$

代入曲率形式的表达式, 我们得到

$$\Omega = [\Omega_j^i] = -[\partial\bar{\partial}a^{ij}][a^{ij}]^{-1} + [\partial a^{ij}][a^{ij}]^{-1} \wedge [\bar{\partial}a^{ij}][a^{ij}]^{-1}.$$

由这一表达式我们看到 Ω 是一由 (1,1)- 形式组成的矩阵, 进一步利用 $[a^{ij}]$ 是 Hermite 矩阵, 我们得到

$$\overline{\Omega} = \overline{-[\partial\bar{\partial}a^{ij}][a^{ij}]^{-1} + [\partial a^{ij}][a^{ij}]^{-1} \wedge [\bar{\partial}a^{ij}][a^{ij}]^{-1}}$$
$$= -[\bar{\partial}\partial\bar{a}^{ij}][\bar{a}^{ij}]^{-1} + [\bar{\partial}\bar{a}^{ij}][\bar{a}^{ij}]^{-1} \wedge [\partial\bar{a}^{ij}][\bar{a}^{ij}]^{-1} = -\Omega^{\mathrm{T}}.$$

特别地, $i[\Omega_j^i]$ 满足 $\overline{i[\Omega_j^i]}^{\mathrm{T}} = i[\Omega_j^i]$, 即 $i[\Omega_j^i]$ 也有与 Hermite 矩阵相似的性质. 后面我们将利用这一点构造复向量丛的一些拓扑不变量 —— 陈示性类.

§4.4 Kähler 流形

对于一个流形而言，流形上最基本的向量丛是流形的切向量丛，切向量丛的性质反映的就是流形本身的性质，或者说流形的内蕴性质. 现设 M 是一复流形，如果在 M 的全纯切丛 $T_{(1,0)}(M)$ 上给定一 Hermite 度量 $\mathrm{d}s^2$，则称在复流形 M 上给定了一个 Hermite 度量，称 $(M, \mathrm{d}s^2)$ 为 **Hermite 流形**. 现假定 $(z^1, \cdots, z^m)$ 是 M 在开集 U 上的一个局部坐标，则 $\left\{\dfrac{\partial}{\partial z^1}, \cdots, \dfrac{\partial}{\partial z^m}\right\}$ 是 $T_{(1,0)}(M)$ 在 U 上的局部全纯标架. 设 $\mathrm{d}s^2 = (\ ,\ )_P$，令
$$g_{i\bar{j}}(P) = \left(\frac{\partial}{\partial z^i}, \frac{\partial}{\partial z^j}\right)_P,$$
则 $\mathrm{d}s^2$ 在 U 上可表示为
$$\mathrm{d}s^2 = \sum_{i,j=1}^m g_{i\bar{j}} \mathrm{d}z^i \otimes \mathrm{d}\bar{z}^j.$$

如果 $\{w^1, \cdots, w^m\}$ 是 M 的另一局部坐标，$\tilde{g}_{s\bar{t}} = \left(\dfrac{\partial}{\partial w^s}, \dfrac{\partial}{\partial w^t}\right)$，则由 $\dfrac{\partial}{\partial z^i} = \sum_{j=1}^m \dfrac{\partial w^s}{\partial z^i}\dfrac{\partial}{\partial w^s}$，得 $g_{i\bar{j}} = \sum_{s,t=1}^m \dfrac{\partial w^s}{\partial z^i}\tilde{g}_{s\bar{t}}\overline{\dfrac{\partial w^t}{\partial z^j}}$. 如果用矩阵的形式，上式可以表示为
$$[g_{i\bar{j}}] = \left[\frac{\partial w^s}{\partial z^i}\right][\tilde{g}_{s\bar{t}}]\overline{\left[\frac{\partial w^t}{\partial z^j}\right]}^{\mathrm{T}}. \tag{4.4.1}$$

利用这一关系式，我们得到 $\mathrm{d}s^2 = \sum\limits_{i,j=1}^m g_{i\bar{j}}\mathrm{d}z^i \otimes \mathrm{d}\bar{z}^j$ 在标架变换下满足 $T^*_{(1,0)}(M) \otimes T^*_{(0,1)}(M)$ 中张量的变换关系，因而 $\mathrm{d}s^2$ 可以看做张量丛 $T^*_{(1,0)}(M) \otimes T^*_{(0,1)}(M)$ 在 M 上的一个可微截影. 由此不难看出 $\overline{\mathrm{d}s^2} = \sum\limits_{i,j=1}^m \bar{g}_{i\bar{j}}\mathrm{d}\bar{z}^i \otimes \mathrm{d}z^j$ 是反全纯切丛 $T_{(0,1)}(M) = \bigcup\limits_{P \in M} T_{(0,1)}(P)$ 的一个 Hermite 度量，这时在 U 上
$$\left(\frac{\partial}{\partial \bar{z}^i}, \frac{\partial}{\partial \bar{z}^j}\right) = \bar{g}_{i\bar{j}}.$$

而利用 M 的切丛 $T(M)$ 关于全纯切空间和反全纯切空间的直和分解 $T(M) = T_{(1,0)}(M) \oplus T_{(0,1)}(M)$, 并且我们假定在 $T(M)$ 中, $T_{(1,0)}(M)$ 中的向量与 $T_{(0,1)}(M)$ 中的向量相互垂直, 即

$$\left(\frac{\partial}{\partial z^i}, \frac{\partial}{\partial \overline{z^j}}\right) = 0, \quad i,j = 1, \cdots, m,$$

则通过全纯切丛 $T_{(1,0)}(M)$ 上的 Hermite 度量 ds^2, 我们就得到了 M 的切丛 $T(M) = T_{(1,0)}(M) \oplus T_{(0,1)}(M)$ 上的一个 Hermite 度量.

另一方面, 如果将复流形 M 同时也看做一个实流形, 设 $z^i = x^i + \mathrm{i} y^i$, 则 $(x^1, \cdots, x^m; y^1, \cdots, y^m)$ 是 M 在开集 U 上的局部实坐标. 由我们在第 1 章中给出的实变量与复变量之间关于偏导的关系

$$\frac{\partial}{\partial z^i} = \frac{1}{2}\left(\frac{\partial}{\partial x^i} - \mathrm{i}\frac{\partial}{\partial y^i}\right), \quad \frac{\partial}{\partial \overline{z^i}} = \frac{1}{2}\left(\frac{\partial}{\partial x^i} + \mathrm{i}\frac{\partial}{\partial y^i}\right),$$

我们得到

$$\frac{\partial}{\partial x^i} = \frac{\partial}{\partial z^i} + \frac{\partial}{\partial \overline{z^i}}, \quad \frac{\partial}{\partial y^i} = \mathrm{i}\left(\frac{\partial}{\partial z^i} - \frac{\partial}{\partial \overline{z^i}}\right).$$

由此, 利用全纯切丛 $T_{(1,0)}(M)$ 的 Hermite 度量 ds^2, 我们得到

$$\left(\frac{\partial}{\partial x^i}, \frac{\partial}{\partial x^j}\right) = \left(\frac{\partial}{\partial z^i} + \frac{\partial}{\partial \overline{z^i}}, \frac{\partial}{\partial z^j} + \frac{\partial}{\partial \overline{z^j}}\right)$$
$$= \left(\frac{\partial}{\partial z^i}, \frac{\partial}{\partial z^j}\right) + \left(\frac{\partial}{\partial \overline{z^i}}, \frac{\partial}{\partial \overline{z^j}}\right)$$
$$= g_{i\overline{j}} + \overline{g}_{i\overline{j}} = 2\mathrm{Re}(g_{i\overline{j}}).$$

同理

$$\left(\frac{\partial}{\partial y^i}, \frac{\partial}{\partial y^j}\right) = 2\mathrm{Re}(g_{i\overline{j}}).$$

而

$$\left(\frac{\partial}{\partial x^i}, \frac{\partial}{\partial y^j}\right) = \left(\left(\frac{\partial}{\partial z^i} + \frac{\partial}{\partial \overline{z^i}}\right), \mathrm{i}\left(\frac{\partial}{\partial z^j} - \frac{\partial}{\partial \overline{z^j}}\right)\right)$$
$$= -\mathrm{i}\left[\left(\frac{\partial}{\partial z^i}, \frac{\partial}{\partial z^j}\right) - \left(\frac{\partial}{\partial \overline{z^i}}, \frac{\partial}{\partial \overline{z^j}}\right)\right]$$
$$= -\mathrm{i}(g_{i\overline{j}} - \overline{g}_{i\overline{j}}) = 2\mathrm{Im}(g_{i\overline{j}}),$$

$$\left(\frac{\partial}{\partial y^i}, \frac{\partial}{\partial x^j}\right) = \left(\mathrm{i}\left(\frac{\partial}{\partial z^i} - \frac{\partial}{\partial \overline{z}^i}\right), \left(\frac{\partial}{\partial z^j} + \frac{\partial}{\partial \overline{z}^j}\right)\right)$$

$$= \mathrm{i}\left[\left(\frac{\partial}{\partial z^i}, \frac{\partial}{\partial z^j}\right) - \left(\frac{\partial}{\partial \overline{z}^i}, \frac{\partial}{\partial \overline{z}^j}\right)\right]$$

$$= \mathrm{i}\left(g_{i\overline{j}} - \overline{g}_{i\overline{j}}\right) = -2\mathrm{Im}(g_{i\overline{j}}).$$

这些关系给出了 M 的实切丛一个度量, 即 M 的一个 Riemann 度量. 对于实坐标 $(x^1, \cdots, x^m; y^1, \cdots, y^m)$, 这一度量的度量矩阵为

$$[R_{ij}] = \begin{bmatrix} 2\mathrm{Re}(g_{i\overline{j}}) & 2\mathrm{Im}(g_{i\overline{j}}) \\ -2\mathrm{Im}(g_{i\overline{j}}) & 2\mathrm{Re}(g_{i\overline{j}}) \end{bmatrix}_{2m \times 2m}.$$

在 Riemann 几何中我们知道, 如果 $\mathrm{d}s^2$ 是可定向 n 维实流形 M 的 Riemann 度量 (关于可定向微分流形的定义和性质, 不熟悉的读者可参阅文献 [2]), 选定 M 的一个定向, 设对于与定向相符的局部坐标 $(u^1, \cdots, u^n)$, $\mathrm{d}s^2$ 的度量矩阵为 $[R_{ij}]_{n \times n}$, 则 n- 次微分形式

$$\mathrm{d}v = \sqrt{\det[R_{ij}]}\,\mathrm{d}u^1 \wedge \cdots \wedge \mathrm{d}u^n$$

与坐标选取无关, 因而 $\mathrm{d}v$ 是定义在整个 M 上的 n- 次微分形式, $\mathrm{d}v$ 称为由 Riemann 度量 $\mathrm{d}s^2$ 在 M 上确定的**体积微元**. 这时对于 M 上任意有紧支集的可测函数 f, 可以定义 f 的积分为

$$\int_M f\,\mathrm{d}v.$$

这一积分是数学分析中的第一型曲面积分在微分流形上的推广.

复流形当然都是可定向的微分流形. 而对于复流形 M 及其全纯切丛 $T_{(1,0)}(M)$ 上的 Hermite 度量 $\mathrm{d}s^2$, 上面的讨论说明通过这一度量我们得到了 M 作为实流形的一个 Riemann 度量, 而

$$[R_{ij}] = \begin{pmatrix} 2\mathrm{Re}(g_{i\overline{j}}) & 2\mathrm{Im}(g_{i\overline{j}}) \\ -2\mathrm{Im}(g_{i\overline{j}}) & 2\mathrm{Re}(g_{i\overline{j}}) \end{pmatrix}_{2m \times 2m}$$

是这一度量对于坐标 $(x^1, \cdots, x^m; y^1, \cdots, y^m)$ 的度量矩阵. 对这一矩阵, 首先将前面的第 i 列 $(1 \leqslant i \leqslant m)$ 乘 i 后加到后面的第 $m+i$ 列上,

然后将所得矩阵下面的第 $m+j$ 行 $(1 \leqslant j \leqslant m)$ 乘 $-\mathrm{i}$ 后对应地加到上面的第 j 行上,则容易看出

$$\det\left[R_{ij}\right] = 2^{2m}\left|\det\left[g_{i\bar{j}}\right]\right|^2,$$

因此

$$2^m\left|\det\left[g_{i\bar{j}}\right]\right|\mathrm{d}x^1 \wedge \cdots \wedge \mathrm{d}x^n \wedge \mathrm{d}y^1 \wedge \cdots \wedge \mathrm{d}y^n$$

是上面的 Riemann 度量对于坐标 $(x^1, \cdots, x^m; y^1, \cdots, y^m)$ 的体积微元.

在复流形上,我们当然希望用复坐标代替实坐标. 而由 $\mathrm{d}z^i = \mathrm{d}x^i + \mathrm{i}\mathrm{d}y^i, \mathrm{d}\bar{z}^i = \mathrm{d}x^i - \mathrm{i}\mathrm{d}y^i$, 我们得到

$$\mathrm{d}x^i \wedge \mathrm{d}y^i = \frac{\mathrm{i}}{2}\mathrm{d}z^i \wedge \mathrm{d}\bar{z}^i.$$

利用这一点, 为了方便计算, 对于复流形, 我们一般改变坐标分量的顺序, 用坐标 $(x^1, y^1, \cdots, x^m, y^m)$ 代替 $(x^1, \cdots, x^m; y^1, \cdots, y^m)$. 这时对于度量矩阵而言, 由于仅对称地交换了度量矩阵的行和列, 因而度量矩阵的行列式不变. 对于坐标 $(x^1, y^1, \cdots, x^m, y^m)$, 体积微元可表示为

$$2^m\left|\det\left[g_{i\bar{j}}\right]\right|\mathrm{d}x^1 \wedge \mathrm{d}y^1 \wedge \cdots \wedge \mathrm{d}x^m \wedge \mathrm{d}y^m.$$

换到复坐标, 我们得到对于复流形 M 及其全纯切丛 $T_{(1,0)}(M)$ 上的 Hermite 度量 $\mathrm{d}s^2$, 由 $\mathrm{d}s^2$ 确定的 Riemann 度量的体积微元可表示为

$$\mathrm{d}v = \mathrm{i}^m\left|\det\left[g_{i\bar{j}}\right]\right|\mathrm{d}z^1 \wedge \mathrm{d}\bar{z}^1 \wedge \cdots \wedge \mathrm{d}z^m \wedge \mathrm{d}\bar{z}^m.$$

另一方面, 对于复流形 M 及其全纯切丛 $T_{(1,0)}(M)$ 上的 Hermite 度量 $\mathrm{d}s^2$, 设对于 M 中开集 U 上的局部坐标 $(z^1, \cdots, z^m)$, $\mathrm{d}s^2$ 表示为 $\mathrm{d}s^2 = \sum_{i,j=1}^m g_{i\bar{j}}\mathrm{d}z^i \otimes \mathrm{d}\bar{z}^j$, 如果我们令

$$W = \frac{\mathrm{i}}{2}\sum_{i,j=1}^m g_{i\bar{j}}\mathrm{d}z^i \wedge \mathrm{d}\bar{z}^j,$$

利用上面我们给出的 Hermite 矩阵 $[g_{i\bar{j}}]$ 在不同坐标下的变换关系式 (4.4.1), 不难看出, W 与局部坐标的选取无关, 因而是定义在整

个 M 上的一个二次微分形式. 而对于复坐标, W 是一 (1,1)- 形式, 即 $W \in A(M, T^*_{(1,0)}(M) \otimes T^*_{(0,1)}(M))$. 利用 $[g_{i\bar{j}}]$ 是 Hermite 矩阵这一点容易得到

$$\overline{W} = W,$$

或者说 W 是 M 上一实的二次微分形式. 我们将 W 称为由 Hermite 度量 $\mathrm{d}s^2$ 确定的 (1,1)- 形式.

反过来, 设 W 是 M 上一个实的 (1,1)- 形式, 设 $P \in M$ 是任意点, $(z^1, \cdots, z^m)$ 是 P 点邻域 U 上的局部坐标, $W = \dfrac{\mathrm{i}}{2} \sum\limits_{i,j=1}^{m} g_{i\bar{j}} \mathrm{d}z^i \wedge \mathrm{d}\bar{z}^j$, 则利用 $\overline{W} = W$, 得 $[g_{i\bar{j}}(P)]$ 是 Hermite 矩阵. 由于 W 与坐标选取无关, 因而矩阵 $[g_{i\bar{j}}]$ 对于坐标变换满足度量的变换关系式 (4.4.1). 这时如果进一步假定 $[g_{i\bar{j}}]$ 在每一点都是正定的 (在这种情况下, 我们称 W 是 M 上**正定的实**(1,1)- **形式**), 则如果令

$$\mathrm{d}s^2 = \sum_{i,j=1}^{m} g_{i\bar{j}} \mathrm{d}z^i \otimes \mathrm{d}\bar{z}^j,$$

不难看出 $\mathrm{d}s^2$ 是 M 上的一个 Hermite 度量.

由此我们得到, 在复流形 M 上给一个 Hermite 度量与在 M 上给一个正定的实 (1,1)- 形式是等价的. 而微分形式由于在运算和性质刻画上有许多方便的地方, 因此在复几何讨论中我们通常都是以一个正定的实 (1,1)- 形式 W 来表示复流形全纯切丛上的 Hermite 度量, 用微分形式 W 的性质来刻画度量或者流形的性质. 例如, 利用 (1,1)- 形式 W, 直接计算可以给出下面关于 Hermite 流形 $(M, \mathrm{d}s^2)$ 上体积微元的 Wirtinger 定理.

定理 4.4.1 (Wirtinger 定理) 如果 $\mathrm{d}s^2$ 是 m 维复流形 M 的全纯切丛 $T_{(1,0)}(M)$ 上的 Hermite 度量, W 是由这一度量确定的 (1,1)- 形式, 则由 $\mathrm{d}s^2$ 确定的 Riemann 度量的体积微元可表示为

$$\mathrm{d}v = \frac{1}{m!} \overbrace{W \wedge \cdots \wedge W}^{m \text{ 次}} := \frac{1}{m!} W^m.$$

证明 任取点 $P \in M$, 利用 Schmidt 正交化方法, 我们可选取全纯切丛 $T_{(1,0)}(M)$ 在 P 点邻域 U 上对于度量 $\mathrm{d}s^2$ 的一个全纯正交标

架 $\{\alpha_1,\cdots,\alpha_m\}$, 满足当 $\{\alpha_*^1,\cdots,\alpha_*^m\}$ 是 $\{\alpha_1,\cdots,\alpha_m\}$ 的对偶标架时,

$$\{\mathrm{Re}(\alpha_*^1),\cdots,\mathrm{Re}(\alpha_*^m);\mathrm{Im}(\alpha_*^1),\cdots,\mathrm{Im}(\alpha_*^m)\}$$

构成由 $\mathrm{d}s^2$ 确定的 Riemann 度量的单位正交标架. 由

$$\mathrm{Re}(\alpha_*^i)\wedge\mathrm{Im}(\alpha_*^i)=\frac{\mathrm{i}}{2}\alpha_*^i\wedge\overline{\alpha_*^i}$$

得 M 的体积微元 $\mathrm{d}v$ 可表示为

$$\mathrm{d}v=\left(\frac{\mathrm{i}}{2}\right)^m\alpha_*^1\wedge\overline{\alpha}_*^1\wedge\cdots\wedge\alpha_*^m\wedge\overline{\alpha}_*^m.$$

而另一方面, 对于局部标架 $\{\alpha_1,\cdots,\alpha_m\}$, 度量 $\mathrm{d}s^2$ 为

$$\mathrm{d}s^2=\sum_{i=1}^m\alpha_*^i\otimes\overline{\alpha}_*^i,$$

由度量 $\mathrm{d}s^2$ 确定的 (1,1)- 形式 W 为

$$W=\frac{\mathrm{i}}{2}\sum_{i=1}^m\alpha_*^i\wedge\overline{\alpha}_*^i,$$

直接计算就得

$$\mathrm{d}v=\frac{1}{m!}\overbrace{W\wedge\cdots\wedge W}^{m\text{ 次}}:=\frac{1}{m!}W^m.$$

证毕.

下面我们从联络的角度来考查复流形上 Hermite 度量以及由其确定的 Riemann 度量的关系. 设 M 是一 m 维实流形, D 是 M 的切丛 $T(M)$ 上的一个联络, 设 $(x^1,\cdots,x^m)$ 是 M 的一个局部坐标,

$$D\left(\frac{\partial}{\partial x^i}\right)=\sum_{j=1}^m w_i^j\frac{\partial}{\partial x^j}=\sum_{j=1}^m\sum_{l=1}^m\Gamma_{il}^j\mathrm{d}x^l\otimes\frac{\partial}{\partial x^j},$$

其中 $\{\Gamma_{il}^j\}$ 是联络 D 对局部标架 $\left\{\dfrac{\partial}{\partial x^1},\cdots,\dfrac{\partial}{\partial x^m}\right\}$ 的联络符号. 令

$$T_{il}^j=\Gamma_{il}^j-\Gamma_{li}^j,$$

利用上一节给出的联络在不同坐标下的变换关系 (4.3.3) 不难验证,
$$T = \sum_{i,j,l=1}^{m} T_{il}^{j} dx^i \otimes dx^l \otimes \frac{\partial}{\partial x^j}$$
与局部坐标的选取无关, 是向量丛 $T^*(M) \otimes T^*(M) \otimes T(M)$ 在 M 上的一个截影, 即 M 上的一个 (1,2)- 型张量. T 称为联络 D 的**挠率张量**, 如果 $T = 0$, 或者说对于 $i, j, l = 1, \cdots, m$,
$$\Gamma_{il}^{j} = \Gamma_{li}^{j},$$
则 D 称为**无挠联络**. 对于无挠联络, 下面的定理称为 Riemann 几何基本定理.

定理 (Riemann 几何基本定理) 设 M 是一实流形, ds^2 是在 M 的切丛 $T(M)$ 上给定的一个 Riemann 度量, 则在 $T(M)$ 上存在唯一的一个与 ds^2 相容的无挠联络 D.

关于无挠联络以及 Riemann 几何基本定理的意义和证明在一般微分几何的书中都可以找到, 这里就不讨论了.

现设 M 是一 m 维复流形, D 是 M 的全纯切丛 $T_{(1,0)}(M)$ 上的一个复联络, 设 $(z^1, \cdots, z^m)$ 是 M 的一个局部坐标,
$$D\left(\frac{\partial}{\partial z^i}\right) = \sum_{j=1}^{m} w_i^j \frac{\partial}{\partial z^j} = \sum_{j=1}^{m}\sum_{l=1}^{m} \Gamma_{il}^{j} dz^l \otimes \frac{\partial}{\partial z^j},$$
其中 Γ_{il}^{j} 是复联络 D 对于局部标架 $\left\{\frac{\partial}{\partial z^1}, \cdots, \frac{\partial}{\partial z^m}\right\}$ 的联络符号. 与实流形的联络相同, 我们同样令
$$T_{il}^{j} = \Gamma_{il}^{j} - \Gamma_{li}^{j}.$$
利用联络在不同坐标下的变换关系 (4.3.3) 不难验证,
$$T = \sum_{i,j,l=1}^{m} T_{il}^{j} dz^i \otimes dz^l \otimes \frac{\partial}{\partial z^j}$$
与局部标架的选取无关, 是向量丛 $T_{(1,0)}^*(M) \otimes T_{(1,0)}^*(M) \otimes T_{(1,0)}(M)$ 在整个 M 上的一个截影. 我们也将 T 称为复联络 D 的**挠率张量**. 如果 $T = 0$, 即对于 $i, j, l = 1, \cdots, m$,

$$\Gamma_{il}^j = \Gamma_{li}^j,$$

则称联络 D 为**无挠复联络**.

现设 $\mathrm{d}s^2$ 是 $T_{(1,0)}(M)$ 上给定的一个 Hermite 度量, 在上一节的复几何基本定理 (定理 4.3.2) 中, 我们已经证明了对于 $\mathrm{d}s^2$, $T_{(1,0)}(M)$ 上存在唯一的一个与之相容的复联络. 因此, 如果在复联络和相容这两个条件的基础上, 比照 Riemann 几何, 我们同时要求这一联络是无挠联络, 则联络的无挠性就是一个附加的条件. 对于给定的度量, 由度量唯一确定的复联络可能是, 也可能不是无挠联络. 针对这一点, 我们有下面定义.

定义 4.4.1 设 $\mathrm{d}s^2$ 是复流形 M 的全纯切丛 $T_{(1,0)}(M)$ 上的一个 Hermite 度量, 如果由 $\mathrm{d}s^2$ 确定的复联络同时也是无挠联络, 则称 $\mathrm{d}s^2$ 为 M 上的一个 **Kähler 度量**. 如果复流形 M 上存在 Kähler 度量, 并且给定了一个 Kähler 度量 $\mathrm{d}s^2$, 则称 $(M, \mathrm{d}s^2)$ 为 **Kähler 流形**.

Hermite 度量 $\mathrm{d}s^2$ 在什么条件下是 Kähler 度量呢? 设 $\mathrm{d}s^2$ 是 M 上给定的 Hermite 度量, D 是由这一度量唯一确定的复联络. 任取 M 的一个局部坐标 $(z^1, \cdots, z^m)$, 设

$$\left[g_{i\bar{j}}\right] = \left[\left(\frac{\partial}{\partial z^i}, \frac{\partial}{\partial z^j}\right)\right]$$

是 $\mathrm{d}s^2$ 对于局部标架 $\left\{\frac{\partial}{\partial z^1}, \cdots, \frac{\partial}{\partial z^m}\right\}$ 的 m 阶度量矩阵. 在上一节复几何基本定理的讨论中, 我们已经证明了这时复联络 D 对于局部标架 $\left\{\frac{\partial}{\partial z^1}, \cdots, \frac{\partial}{\partial z^m}\right\}$ 的联络矩阵可表示为

$$\left[w_i^j\right] = \left[\partial g_{i\bar{j}}\right]\left[g_{i\bar{j}}\right]^{-1}.$$

如果以 $\left[g^{\bar{i}j}\right]$ 记 $\left[g_{i\bar{j}}\right]$ 的逆矩阵 $\left[g_{i\bar{j}}\right]^{-1}$, 则上式为

$$w_i^j = \sum_{l,k=1}^m \frac{\partial g_{i\bar{l}}}{\partial z^k} g^{\bar{l}j} \mathrm{d}z^k.$$

但 $w_i^j = \sum_{k=1}^m \Gamma_{ik}^j \mathrm{d}z^k$, 我们得到

$$\Gamma_{ik}^j = \sum_{l=1}^m \frac{\partial g_{i\bar{l}}}{\partial z^k} g^{\bar{l}j}.$$

因此, D 是无挠联络当且仅当对于 $i,j,k=1,\cdots,m$, 恒有

$$\sum_{l=1}^m \frac{\partial g_{i\bar{l}}}{\partial z^k} g^{\bar{l}j} = \sum_{l=1}^m \frac{\partial g_{k\bar{l}}}{\partial z^i} g^{\bar{l}j}.$$

即 D 是无挠联络当且仅当对于 $k,i,l=1,\cdots,m$, 恒有

$$\frac{\partial g_{i\bar{l}}}{\partial z^k} = \frac{\partial g_{k\bar{l}}}{\partial z^i}. \tag{4.4.2}$$

现在我们希望将上面这一关系式利用由 $\mathrm{d}s^2$ 确定的 $(1,1)$-形式 $W = \frac{\mathrm{i}}{2} \sum_{i,j=1}^m g_{i\bar{j}} \mathrm{d}z^i \wedge \mathrm{d}\bar{z}^j$ 来表示. 对 W 应用外微分 d 得

$$\begin{aligned}\mathrm{d}W &= \frac{\mathrm{i}}{2} \sum_{i,j,k=1}^m \left(\frac{\partial g_{i\bar{j}}}{\partial z^k} \mathrm{d}z^k + \frac{\partial g_{i\bar{j}}}{\partial \bar{z}^k} \mathrm{d}\bar{z}^k \right) \wedge \mathrm{d}z^i \wedge \mathrm{d}\bar{z}^j \\ &= \frac{\mathrm{i}}{2} \sum_{j=1}^m \sum_{k<i} \left(\frac{\partial g_{i\bar{j}}}{\partial z^k} - \frac{\partial g_{k\bar{j}}}{\partial z^i} \right) \mathrm{d}z^k \wedge \mathrm{d}z^i \wedge \mathrm{d}\bar{z}^j \\ &\quad + \frac{\mathrm{i}}{2} \sum_{i=1}^m \sum_{k<j} \left(\frac{\partial g_{i\bar{j}}}{\partial \bar{z}^k} - \frac{\partial g_{i\bar{k}}}{\partial \bar{z}^j} \right) \mathrm{d}\bar{z}^k \wedge \mathrm{d}z^i \wedge \mathrm{d}\bar{z}^j.\end{aligned}$$

但是,

$$\frac{\partial g_{i\bar{j}}}{\partial \bar{z}^k} - \frac{\partial g_{i\bar{k}}}{\partial \bar{z}^j} = \overline{\frac{\partial \overline{g_{i\bar{j}}}}{\partial z^k} - \frac{\partial \overline{g_{i\bar{k}}}}{\partial z^j}} = \overline{\frac{\partial g_{j\bar{i}}}{\partial z^k} - \frac{\partial g_{k\bar{i}}}{\partial z^j}},$$

因此, D 是无挠联络的条件, 对于 $k,i,l=1,\cdots,m$, $\frac{\partial g_{i\bar{l}}}{\partial z^k} = \frac{\partial g_{k\bar{l}}}{\partial z^i}$ 就等价于 $\mathrm{d}W=0$, 我们得到下面定理.

定理 4.4.2 设 $\mathrm{d}s^2$ 是 $T_{(1,0)}(M)$ 上的 Hermite 度量, W 是由 $\mathrm{d}s^2$ 确定的 $(1,1)$-形式, 则 $\mathrm{d}s^2$ 为 Kähler 度量的充分必要条件是 $\mathrm{d}W=0$.

例 1 复向量空间 $\mathbb{C}^m$ 上的标准 Hermite 度量是 $\mathrm{d}s^2 = \sum_{i,j=1}^m \delta_{ij} \mathrm{d}z^i \otimes \mathrm{d}\bar{z}^j$, 由这一度量确定的 $(1,1)$-形式 $W = \frac{\mathrm{i}}{2} \sum_{i,j=1}^m \delta_{ij} \mathrm{d}z^i \wedge \mathrm{d}\bar{z}^j$ 显然满

足 $dW = 0$. 而由这一度量确定的联络 $D = d$ 就是普通的微分. d 的联络形式处处为零, ds^2 是 Kähler 度量, $(\mathbb{C}^m, ds^2)$ 是 Kähler 流形. 在本书第 7 章中我们还将证明在复投影空间 $\mathbb{C}P^m$ 上也存在 Kähler 度量 (参阅本章的习题 19).

另一方面, 如果 (M, ds^2) 是 Kähler 流形, $M_1 \subset M$ 是 M 的复子流形, 设 $f : M_1 \to M$ 是嵌入映射. 如果 W 是由 ds^2 确定的 (1,1)-形式, 则 ds^2 在 M_1 上的限制 $ds^2|_{M_1}$ 诱导了 M_1 的 Hermite 度量, 而 $f^*(W) = W|_{M_1}$ 是度量 $ds^2|_{M_1}$ 在 M_1 上确定的 (1,1)- 形式. 这时利用外微分 d 与拉回映射 f^* 可交换, 我们得到
$$df^*(W) = f^*(dW) = 0.$$
因此 ds^2 在 M_1 上的限制也是 Kähler 度量. 由此我们得到 Kähler 流形的复子流形也是 Kähler 流形. 特别地, 复向量空间 $\mathbb{C}^m$ 和复投影空间 $\mathbb{C}P^m$ 中的复子流形都是 Kähler 流形.

另外, 由于 Riemann 曲面是一维复流形, 而一维复流形上的任意二次微分形式 V 都满足 $dV = 0$, 所以 Riemann 曲面上的任意 Hermite 度量显然都是 Kähler 度量. 然而当 $m \geq 2$ 时, 并不是所有 m 维的复流形上都存在 Kähler 度量. 在下一章中利用复流形的 Dolbeault 同调群以及 Hodge 定理, 我们将给出一个流形是 Kähler 流形时, 这一流形作为拓扑空间必须要满足的一些拓扑条件.

上面我们是从由 Hermite 度量确定的复联络是无挠联络这样的角度定义了 Kähler 度量. 然而如果从几何的角度来考查 Kähler 度量, 则 Kähler 度量又可看做复向量空间 $\mathbb{C}^m$ 上标准的 Hermite 度量 $ds^2 = \sum_{i,j=1}^{m} \delta_{ij} dz^i \otimes d\bar{z}^j$ 在复流形上的自然推广. 下面定理从这一角度给出了 Kähler 度量的特征. 这一特征在本书第 5 章中将被用来讨论紧 Kähler 流形上的 Hodge 分解, 在第 7 章中将被用来讨论紧复流形到投影空间的嵌入问题.

定理 4.4.3 设 M 是 m 维复流形, 则 M 的全纯切丛 $T_{(1,0)}(M)$ 上的 Hermite 度量 ds^2 为 Kähler 度量的充分必要条件是: 对于任意点 $P \in M$, 存在 P 点邻域的局部坐标 $(z^1, \cdots, z^m)$, 使得对于 $i =$

$1,\cdots,m$, $z^i(P)=0$, 而在 P 点邻域上, $\mathrm{d}s^2$ 可表示为

$$\mathrm{d}s^2 = \sum_{i,j=1}^{m} [\delta_{ij} + O(|Z|^2)]\mathrm{d}z^i \otimes \mathrm{d}\bar{z}^j,$$

其中 $|Z|^2 = \sum_{i=1}^{m} |z^i|^2$.

这一定理表明:如果不计二阶和二阶以上的无穷小, m 维复流形 M 上的 Kähler 度量局部与 $\mathbb{C}^m$ 上标准的 Hermite 度量 $\mathrm{d}s^2 = \sum_{i,j=1}^{m} \delta_{ij}\mathrm{d}z^i \otimes \mathrm{d}\bar{z}^j$ 相同.

证明 **充分性** 如果 Hermite 度量 $\mathrm{d}s^2$ 满足上面条件, 则对 $i,j,k=1,\cdots,m$, $\frac{\partial g_{i\bar{j}}}{\partial z^k}=0$ 在 P 点成立, 因而 $\frac{\partial g_{i\bar{l}}}{\partial z^k} = \frac{\partial g_{k\bar{l}}}{\partial z^i}$ 在 P 点成立. 而这一等式作为挠率张量 T 为零的条件与局部坐标的选取无关, 因而这一等式对于任意局部坐标, 在任意点成立, $\mathrm{d}s^2$ 是 Kähler 度量.

必要性 设 Hermite 度量 $\mathrm{d}s^2$ 是 Kähler 度量, 对于 P 点邻域的局部坐标 $(z^1,\cdots,z^m)$, $\mathrm{d}s^2 = \sum_{i,j=1}^{m} g_{i\bar{j}}\mathrm{d}z^i \otimes \mathrm{d}\bar{z}^j$. 不失一般性, 可设 $g_{i\bar{j}}$ 在 P 点有 Taylor 展开

$$g_{i\bar{j}} = \delta_{ij} + \sum_{k=1}^{m} \frac{\partial g_{i\bar{j}}}{\partial z^k}z^k + \sum_{k=1}^{m} \frac{\partial g_{i\bar{j}}}{\partial \bar{z}^k}\bar{z}^k + O(|Z|^2).$$

$[g_{i\bar{j}}]$ 是 Hermite 矩阵, 因而 $g_{i\bar{j}} = \bar{g}_{j\bar{i}}$, 得

$$\overline{\frac{\partial g_{i\bar{j}}}{\partial \bar{z}^k}} = \frac{\partial \bar{g}_{i\bar{j}}}{\partial z^k} = \frac{\partial g_{j\bar{i}}}{\partial z^k}.$$

$\mathrm{d}s^2$ 是 Kähler 度量, 由等式 (4.4.2), 得对于 $i,j,k=1,\cdots,m$,

$$\frac{\partial g_{i\bar{j}}}{\partial z^k} = \frac{\partial g_{i\bar{k}}}{\partial z^j}.$$

现在, 在 P 点邻域定义新的坐标 $(w^1,\cdots,w^m)$, 使得

$$z^i = w^i - \frac{1}{2}\sum_{j,k=1}^{m} \frac{\partial g_{i\bar{j}}}{\partial z^k}w^j w^k,$$

容易验证, 变换 $(z^1, \cdots, z^m)$ 与 $(w^1, \cdots, w^m)$ 之间的 Jacobi 行列式在 P 点不为零, 因而 $(w^1, \cdots, w^m)$ 是 M 在 P 点邻域的局部坐标. 而对于 $(w^1, \cdots, w^m)$,

$$\mathrm{d}s^2 = \sum_{i,j=1}^{m} \left(\delta_{ij} + \sum_{k=1}^{m} \frac{\partial g_{i\bar{j}}}{\partial z^k} w^k + \sum_{k=1}^{m} \frac{\partial g_{i\bar{j}}}{\partial \overline{z^k}} \overline{w}^k + O(|W|^2) \right)$$
$$\times \left(\mathrm{d}w^i - \sum_{s,t=1}^{m} \frac{\partial g_{s\bar{i}}}{\partial z^t} w^s \mathrm{d}w^t \right) \otimes \left(\mathrm{d}\overline{w}^j - \sum_{s,t=1}^{m} \frac{\partial \overline{g}_{s\bar{i}}}{\partial z^t} \overline{w}^s \mathrm{d}\overline{w}^t \right)$$
$$= \sum_{i,j=1}^{m} \delta_{ij} \mathrm{d}w^i \otimes \mathrm{d}\overline{w}^j + \sum_{i,j=1}^{m} \sum_{k=1}^{m} \frac{\partial g_{i\bar{j}}}{\partial z^k} w^k \mathrm{d}w^i \otimes \mathrm{d}\overline{w}^j$$
$$+ \sum_{i,j=1}^{m} \sum_{k=1}^{m} \frac{\partial g_{i\bar{j}}}{\partial \overline{z^k}} \overline{w}^k \mathrm{d}w^i \otimes \mathrm{d}\overline{w}^j - \sum_{i,j=1}^{m} \sum_{s,t=1}^{m} \delta_{ij} \frac{\partial g_{s\bar{i}}}{\partial z^t} w^s \mathrm{d}w^t \otimes \mathrm{d}\overline{w}^j$$
$$- \sum_{i,j=1}^{m} \sum_{s,t=1}^{m} \delta_{ij} \frac{\partial \overline{g}_{s\bar{i}}}{\partial z^t} \overline{w}^s \mathrm{d}w^i \otimes \mathrm{d}\overline{w}^t + O(|W|^2).$$

由上面给出的关于 $g_{i\bar{j}}$ 的偏导数满足的关系式, 得上式为

$$\mathrm{d}s^2 = \sum_{i,j=1}^{m} [\delta_{ij} + O(|W|^2)] \mathrm{d}w^i \otimes \mathrm{d}\overline{w}^j.$$

证毕.

利用定理 4.4.3 的证明, 如果用联络的语言来表示一个度量成为 Kähler 度量的条件, 则我们有下面定理.

定理 4.4.4 设 M 是 m 维复流形, M 的全纯切丛 $T_{(1,0)}(M)$ 上的 Hermite 度量 $\mathrm{d}s^2$ 为 Kähler 度量的充分必要条件是对于任意点 $P \in M$, 存在 $T_{(1,0)}(M)$ 在 P 点邻域的局部标架 $\{\theta_1, \cdots, \theta_m\}$, 使得由 $\mathrm{d}s^2$ 确定的复联络 D 满足 $D(\theta_i)(P) = 0$, 其中 $i = 1, \cdots, m$.

定理的证明留给读者作为练习. 利用定理 4.4.4 中的局部标架 $\{\theta_1, \cdots, \theta_m\}$, 如果 $V = \sum_{i=1}^{m} f^i \theta_i$ 是 $T_{(1,0)}(M)$ 在 P 点邻域的一个可微截影, 则在 P 点, $D(V)(P) = \sum_{i=1}^{m} \mathrm{d}f^i(P)\theta_i(P)$. 即对于满足定理 4.4.4 的局部标架 $\{\theta_1, \cdots, \theta_m\}$, 由联络 D 给出的微分在 P 点与普通的微分 d 相同.

后面我们将利用这一点在 Kähler 流形上推广欧氏空间中关于微分 d 的一些关系式，例如，关于 Laplace 算子的等式。

习 题 四

1. 设 $L(Z) = a_0 z_0 + \cdots + a_n z_n$ 是 $\mathbb{C}^{n+1}$ 上不恒为零的线性函数，令 $Z(L(Z)) = \{Z = [z_0, \cdots, z_n] \in \mathbb{C}P^n \mid L(Z) = 0\}$。证明：$Z(L(Z))$ 是 $\mathbb{C}P^n$ 中的除子，并给出由 $Z(L(Z))$ 定义的全纯线丛的转移函数。

2. 设 $\{U_\alpha, f_\alpha^1\}$ 和 $\{U_\alpha, f_\alpha^2\}$ 是复流形 M 上给定的两个除子，L_1 和 L_2 分别是由这两个除子定义的线丛。证明：L_1 同构于 L_2 的充分必要条件是存在 M 上的亚纯函数 g，使得在每一个 U_α 上 $g\dfrac{f_1}{f_2}$ 是处处不为零的解析函数。

3. 证明：复流形 M 上所有全纯线丛构成一 Abel 群。给出 M 上除子群到线丛群的同态映射，问在这一同态映射中映为零的元素是 M 上什么样的除子。

4. 设 W_1, W_2 是复平面上两个实线性无关的向量，令 $L(W_1, W_2) = \{n_1 W_1 + n_2 W_2 \mid n_1, n_2 \in \mathbb{Z}\}$，则 $L(W_1, W_2)$ 是复数利用加法得到的群中的一个子群。证明：如果令 $T = \mathbb{C}/L(W_1, W_2)$ 为 $\mathbb{C}$ 对于 $L(W_1, W_2)$ 的商群，则 T 是一复流形，并且 T 的全纯切丛是平凡线丛。试将同样的结论推广到 $\mathbb{C}^n$ 上。

5. 设 $W_1 = z_1^2 \bar{z}_2 dz_1 \wedge dz_2 + z_2 d\bar{z}_2 \wedge dz_3 + \bar{z}_3^3 dz_3 \wedge d\bar{z}_1$，$W_2 = dz_1 + z_1 d\bar{z}_2 + z_2 d\bar{z}_3$。求 $W_1 \wedge W_2$，dW_1。

6. 设 $z_1 = x_1 + iy_1$，$z_2 = x_2 + iy_2$，$W = x_1^2 dx_1 \wedge dy_1 + y_1^2 dx_2 \wedge dy_2$，试用复坐标代替实坐标，将 W 化为复的微分形式，并求 $\bar\partial W$。

7. 在平凡向量丛 $\mathbb{C}P^n \times \mathbb{C}^{n+1}$ 中对于任意 $P \in \mathbb{C}P^n$，令 L_P 为由 P 点确定的 $\mathbb{C}^{n+1}$ 中的一维复线性子空间。证明：$\bigcup\limits_{P \in \mathbb{C}P^n} L_P$ 是 $\mathbb{C}P^n$ 上的全纯线丛，并给出这一线丛的转移函数。

8. 设 $G_K(\mathbb{C}^n)$ 是第 3 章习题 14 中构造的紧复流形，在平凡向量丛 $G_K(\mathbb{C}^n) \times C^n$ 中对于任意 $P \in G_K(\mathbb{C}^n)$，令 E_P 为由 P 点确定的 C^n 中的 k 维复线性子空间。证明：$\bigcup\limits_{P \in G_K(\mathbb{C}^n)} E_P$ 是 $G_K(\mathbb{C}^n)$ 上的 k 维全纯向量丛。

9. 设 $L(Z) = a_0 z_0 + \cdots + a_n z_n$ 是一非零的线性函数，证明：$Z(L) = \{[Z] \in \mathbb{C}P^n \mid L(Z) = 0\}$ 是 $\mathbb{C}P^n$ 的除子。设 L 是由这一除子定义的线丛，证明：$n+1$ 个变量 $(z_0, \cdots, z_n)$ 的 k 次齐次多项式是 L^k 的全纯截影。

10. 设 E_1, E_2 都是流形 M 上的向量丛，$F: E_1 \to E_2$ 是向量丛的同态映

射,证明: F 是向量丛 $E_1 \otimes E_2^*$ 在 M 上的一个截影. 反之, 如果 F 是 $E_1 \otimes E_2^*$ 在 M 上的一个截影, 证明: F 确定一个同态映射 $F: E_1 \to E_2$.

11. 设 M 是复流形, $\pi: E \to M$ 是 M 上的向量丛, 如果存在 M 的开覆盖 $\{U_\alpha\}$, 使得 E 的转移矩阵都由常数组成. 证明: 外微分 d 是 E 上的一个复联络, 求这一联络的曲率张量.

12. 设 D_1 和 D_2 都是全纯向量丛 E 上的联络, 证明: 对于任意 $t \in [0,1]$, $tD_1 + (1-t)D_2$ 也是 E 的联络.

13. 完成复几何基本定理中关于复联络的存在性的证明, 即证明: 对于全纯向量丛 E 上给定的 Hermite 度量 ds^2, 存在 E 上与之相容的复联络.

14. 设 D_1, D_2 分别是全纯向量丛 E_1 和 E_2 的复联络, 问怎样利用 D_1, D_2 在向量丛 $E_1 \otimes E_2$ 和 $E_1 \oplus E_2$ 上诱导复联络.

15. 设 D 是与复流形 M 上全纯向量丛 E 的 Hermite 度量 $ds^2 = (\ ,\ )$ 相容的复联络, s 和 t 分别是 E 的可微截影. 证明: $d(s,t) = (Ds,t) + (s,Dt)$, 特别地, 如果 s 和 t 分别是 E 的沿曲线 L 平移的向量场, 则 (s,t) 是常数.

16. 设 M 是一实流形, D 是 M 的切丛 $T(M)$ 上的一个联络, 设 $(x^1, \cdots, x^m)$ 是局部坐标,

$$D\left(\frac{\partial}{\partial x^i}\right) = \sum_{j=1}^m w_i^j \frac{\partial}{\partial x^j} = \sum_{j=1}^m \sum_{l=1}^m \Gamma_{il}^j dx^l \otimes \frac{\partial}{\partial x^j}.$$

令 $T_{il}^j = \Gamma_{il}^j - \Gamma_{li}^j$, 证明:

$$T = \sum_{i,j,l=1}^m T_{il}^j dx^i \otimes dx^l \otimes \frac{\partial}{\partial x^j}$$

与局部坐标的选取无关, 是向量丛 $T^*(M) \otimes T^*(M) \otimes T(M)$ 在 M 上的一个截影.

17. 表述和证明 Riemann 几何基本定理.

18. 试利用单位分解定理证明: 对于任意全纯向量丛, Hermite 度量总是存在的.

19. 设 L 是上面第 1 题中由线性函数 $L(Z)$ 的零点在 $\mathbb{C}P^n$ 上定义的线丛, 设 $\{U_i\}$ 是 $\mathbb{C}P^n$ 对于齐次坐标的坐标覆盖, 在 U_i 上令 $h_i = \dfrac{|z^i|^2}{|z^0|^2 + |z^1|^2 + \cdots + |z^n|^2}$. 证明: $\{h_i\}$ 是 L 的一个 Hermite 度量. 求这一度量的曲率形式, 并证明: 这一曲率形式给出了 $\mathbb{C}P^n$ 上的一个 Kähler 度量.

20. 证明: 任意 Riemann 曲面都是 Kähler 流形.

21. 设 L 是复流形 M 上的全纯线丛,$\{U_\alpha\}$ 是 M 的开覆盖,满足 $L|_{U_\alpha} = U_\alpha \times \mathbb{C}$ 是平凡的,又设 $\{f_\alpha^\beta\}$ 是 L 的转移函数. 证明:L 的一个 Hermite 度量在 U_α 上可表示为正值的可微函数 h_α,问 h_α 在 $U_\alpha \bigcap U_\beta$ 上满足什么条件. 试利用 h_α 给出由其诱导的复联络的曲率形式.

22. 复流形 M 上的全纯线丛 L 称为正线丛,如果存在 L 的 Hermition 度量 $\mathrm{d}s^2$,使得其曲率形式 Ω 满足 $\dfrac{\mathrm{i}}{2\pi}\Omega$ 是正定的 (1,1)- 形式. 证明:如果复流形 M 上存在正线丛,则 M 是 Kähler 流形.

23. 设 M 是 n 维紧致 Kähler 流形,W 是由 M 的 Kähler 度量确定的 (1,1)- 形式,对于 $r = 1, 2, \cdots, n$,令 $W^r = \overbrace{W \wedge \cdots \wedge W}^{r \text{次}}$. 证明:$\mathrm{d}W^r = 0$,但不存在 M 上的微分形式 U,使得 $\mathrm{d}U = W^r$.

24. 设 $\pi: E \to M$ 是微分流形 M 上的光滑向量丛,$\{U_\alpha\}$ 是 M 的一个局部有限的开覆盖,$H = \{h_\alpha\}$ 是 M 的一个 Hermite 度量. 问是否存在 E 的一族截影 $\{s_\alpha\}$ 使得 $\mathrm{supp}(s_\alpha) \subset U_\alpha$,而 $\sum_\alpha |s_\alpha| = 1$.

25. 设 $\pi: E \to M$ 是微分流形 M 上的光滑向量丛,H 是 E 的一个 Hermite 度量,E_1 是 E 的一个子丛. 对于任意 $P \in M$,令 $E_2(P) = \{v \in E_P \mid v \text{与} E_1(P) \text{中的向量垂直}\}$,$E_2 = \bigcup_{P \in M} E_2(P)$. 证明:$E_2$ 也是 E 的子丛,$E = E_1 \oplus E_2$. 问同样的结论对于全纯向量丛是否也成立?

26. 设 $F: M_1 \to M_2$ 是复流形 M_1 到 M_2 的全纯映射,E 是 M_2 上的全纯向量丛,$\{U_\alpha\}$ 是 M_2 的一个开覆盖,$\{G_\beta^\alpha\}$ 是 E 对于这一覆盖的转移矩阵. 证明:$\{F^{-1}(U_\alpha)\}$ 是 M_1 的一个开覆盖,$\{G_{\alpha\beta} \circ F\}$ 是 M_1 上一个全纯向量丛对于这一覆盖的转移矩阵.

27. 证明:如果 E 是紧复流形 M 上的全纯向量丛,则 E 在 M 上的全纯截影空间 $\Gamma(M, E)$ 是一有限维的复向量空间.

28. 证明:外微分与拉回映射可交换.

第 5 章　Dolbeault 同调与 Hodge 定理

在这一章中我们将以实流形上的 de Rham 同调群为模型, 用 $\bar{\partial}$ 算子代替外微分 d, 在复流形的全纯向量丛上定义 Dolbeault 同调群, 并给出利用调和形式来表示和研究同调群元素的 Hodge 定理, 以及与之相关的 Kodaira-Serre 对偶. 如同拓扑学中同调群对于空间研究的重要性一样, Dolbeault 同调群是全纯向量丛讨论的基本对象和重要工具. 在这一章中作为 Dolbeault 同调群和 Hodge 定理的应用, 我们将讨论 Kähler 流形上的 Hodge 分解, 给出一个流形成为 Kähler 流形时, 流形作为拓扑空间, 在拓扑结构上需要满足的一些必要条件. 在本书第 6 章中我们将给出 Dolbeault 同调群与向量丛全纯截影芽层的 Čech 同调群的同构关系, 在本书第 7 章中我们将利用这些同调群来讨论紧复流形到复投影空间的嵌入问题. 另外, 作为向量丛的基本拓扑不变量, 本章我们还将利用同调群在复向量丛上定义陈示性类, 表述关于全纯向量丛 Dolbeault 同调群维数的 Atiyah-Singer 指标定理. 这一章的内容可参阅文献 [9].

§5.1　Dolbeault 同调群

上一章我们讨论了复流形上的向量丛、向量丛的截影以及全纯向量丛 E 的 E- 值 (p,q)- 形式, 并且说明了, 对于全纯向量丛 E 的可微截影以及 E- 值 (p,q)- 形式, 我们能够在整体上定义 $\bar{\partial}$ 算子. 这一章里, 类比于在实微分流形上利用微分形式和外微分算子 d 定义的 de Rham 同调群, 我们将利用 $\bar{\partial}$ 算子, 在复流形上对全纯向量丛定义 Dolbeault 同调群.

我们首先回顾一下实微分流形上的外微分算子 d 以及与之相关的 de Rham 同调群. 设 M 是 m 维微分流形, 对于 M 上的微分形式,一个基本的算子是外微分算子 d. 设 w 是开集 $U \subset M$ 上的一个 r- 次微分形式, 任取点 $P \in U$, 设 $(x^1, \cdots, x^m)$ 是 P 点邻域上的局部坐标, 则 w 在 P 点邻域可以表示为

$$w = \frac{1}{r!} \sum_{i_1, \cdots, i_r = 1}^{m} f_{i_1 \cdots i_r} \mathrm{d} x^{i_1} \wedge \cdots \wedge \mathrm{d} x^{i_r},$$

其中 $f_{i_1 \cdots i_r}$ 都是 P 点邻域上的可微函数, 关于指标 $i_1, \cdots, i_r$ 反对称. 我们定义 w 的外微分 $\mathrm{d} w$ 为

$$\mathrm{d} w = \frac{1}{r!} \sum_{i_1, \cdots, i_r = 1}^{m} \mathrm{d} f_{i_1 \cdots i_r} \wedge \mathrm{d} x^{i_1} \wedge \cdots \wedge \mathrm{d} x^{i_r}$$

$$= \frac{1}{r!} \sum_{i_1, \cdots, i_r = 1}^{m} \left[\sum_{j=1}^{m} \frac{\partial f_{i_1 \cdots i_r}}{\partial x^j} \mathrm{d} x^j \right] \wedge \mathrm{d} x^{i_1} \wedge \cdots \wedge \mathrm{d} x^{i_r}.$$

直接计算不难验证, 由此得到的 $(r+1)$- 次微分形式 $\mathrm{d} w$ 与局部坐标 $(x^1, \cdots, x^m)$ 的选取无关, 即外微分 $\mathrm{d}: w \mapsto \mathrm{d} w$ 是一个整体定义的算子. 由外微分我们得到了一个线性映射

$$\mathrm{d}: A(U, \wedge^r T^*(M)) \to A(U, \wedge^{r+1} T^*(M)),$$

其中 $A(U, \wedge^r T^*(M))$ 表示 U 上所有 r- 次微分形式构成的线性空间 (即向量丛 $\wedge^r T^*(M)$ 在 U 上的可微截影全体).

同样地, 利用直接计算不难验证 $\mathrm{d}^2 = 0$.

外微分在流形讨论中有许多应用, 例如, 数学分析和流形上关于积分的 Stokes 公式就可以用外微分来表示. 外微分的另一个重要应用是利用微分形式来描述流形的 de Rham 同调群. 下面我们先给出这一同调群的定义.

设 M 是 m 维微分流形, $r \in \mathbb{N}$, 则外微分

$$\mathrm{d}: A(M, \wedge^r T^*(M)) \to A(M, \wedge^{r+1} T^*(M))$$

是一线性映射. 由于 $\mathrm{d}^2 = 0$, 因而在映射 d 的像集 $\mathrm{Im}\{\mathrm{d}\}$ 和 d 的核空间 $\mathrm{Ker}\{\mathrm{d}\}$ 之间, 成立关系式

$$\mathrm{Im}\left\{\mathrm{d}: A(M, \wedge^{r-1} T^*(M)) \to A(M, \wedge^r T^*(M))\right\}$$

$$\subset \mathrm{Ker}\left\{\mathrm{d}: A(M, \wedge^r T^*(M)) \to A(M, \wedge^{r+1} T^*(M))\right\}.$$

利用这一点, 我们考虑线性空间 $\mathrm{Ker}\{\mathrm{d}\}$ 对于 $\mathrm{Im}\{\mathrm{d}\}$ 的商空间

$$\mathrm{H}^r(M, \mathbb{R}) = \frac{\mathrm{Ker}\{\mathrm{d}: A(M, \wedge^r T^*(M)) \to A(M, \wedge^{r+1} T^*(M))\}}{\mathrm{Im}\{\mathrm{d}: A(M, \wedge^{r-1} T^*(M)) \to A(M, \wedge^r T^*(M))\}}.$$

线性空间 $\mathrm{H}^r(M, \mathbb{R})$ 称为流形 M 的 r-**阶 de Rham 同调群**.

对于微分形式我们有外积运算, 这一运算可以推广到 de Rham 同调群上. 设 w_1 和 w_2 分别是 r_1-次和 r_2-次微分形式, 满足 $\mathrm{d}w_1 = 0, \mathrm{d}w_2 = 0$. 由 $\mathrm{d}(w_1 \wedge w_2) = \mathrm{d}(w_1) \wedge w_2 + (-1)^{r_1} w_1 \wedge \mathrm{d}(w_2)$, 得 $\mathrm{d}(w_1 \wedge w_2) = 0$. 另一方面, 如果对于 w_1, 存在微分形式 u, 使得 $\mathrm{d}u = w_1$, 则 $\mathrm{d}(u \wedge w_2) = w_1 \wedge w_2$. 如果将这些关系转移到 de Rham 同调群上, 我们得到, 对于任意同调元素 $[w_1] \in \mathrm{H}^{r_1}(M, \mathbb{R})$ 和 $[w_2] \in \mathrm{H}^{r_2}(M, \mathbb{R})$, 任取 $[w_1]$ 和 $[w_2]$ 的表示元素 w_1 和 w_2, 则 $w_1 \wedge w_2$ 在 $\mathrm{H}^{r_1+r_2}(M, \mathbb{R})$ 中确定了一个同调元素 $[w_1 \wedge w_2]$. 而这一元素仅与 $[w_1]$ 和 $[w_2]$ 有关, 与 w_1 和 w_2 的具体选取无关. 我们将同调元素 $[w_1 \wedge w_2]$ 定义为同调元素 $[w_1]$ 与 $[w_2]$ 的外积, 表示为 $[w_1] \wedge [w_2]$, 由此得到 de Rham 同调群之间的外积运算

$$\wedge : \mathrm{H}^{r_1}(M, \mathbb{R}) \times \mathrm{H}^{r_2}(M, \mathbb{R}) \to \mathrm{H}^{r_1+r_2}(M, \mathbb{R}).$$

这时如果令

$$\mathrm{H}(M, \mathbb{R}) = \bigoplus_{r=0}^{m} \mathrm{H}^r(M, \mathbb{R}),$$

则利用外积和 $\mathrm{H}^r(M, \mathbb{R})$ 本身的线性结构, $\mathrm{H}(M, \mathbb{R})$ 成为实数域上的一个代数, 称为流形 M 的**同调代数**.

现在设 $F: M_1 \to M_2$ 是流形 M_1 到 M_2 的可微映射, w 是 M_2 上的一个 r-次微分形式, 则利用拉回映射 F^*, 我们知道 $F^*(w)$ 是 M_1 上的 r-次微分形式. 而由拉回映射 F^* 的定义直接计算不难验证, F^* 与外微分 d 可交换, 即 $\mathrm{d}(F^*(w)) = F^*(\mathrm{d}w)$. 因此拉回映射 F^* 满足

$$F^* \left(\mathrm{Im}\left\{\mathrm{d}: A(M_2, \wedge^{r-1} T^*(M_2)) \to A(M_2, \wedge^r T^*(M_2))\right\}\right)$$
$$\subset \mathrm{Im}\left\{\mathrm{d}: A(M_1, \wedge^{r-1} T^*(M_1)) \to A(M_1, \wedge^r T^*(M_1))\right\},$$

而
$$F^*\left(\operatorname{Ker}\{\mathrm{d}: A(M_2, \wedge^{r-1}T^*(M_2)) \to A(M_2, \wedge^r T^*(M_2))\}\right)$$
$$\subset \operatorname{Ker}\{\mathrm{d}: A(M_1, \wedge^{r-1}T^*(M_1)) \to A(M_1, \wedge^r T^*(M_1))\}.$$

利用此, F^* 诱导了线性空间 $\mathrm{H}^r(M_2, \mathbb{R})$ 到 $\mathrm{H}^r(M_1, \mathbb{R})$ 的一个同态映射 $F^* : \mathrm{H}^r(M_2, \mathbb{R}) \to \mathrm{H}^r(M_1, \mathbb{R})$, 并进而得到了流形 M_2 的同调代数到 M_1 的同调代数的一个同态映射

$$F^* : \mathrm{H}(M_2, \mathbb{R}) \to \mathrm{H}(M_1, \mathbb{R}).$$

显然, 当 F 是微分同胚时, $F^* : \mathrm{H}(M_2, \mathbb{R}) \to \mathrm{H}(M_1, \mathbb{R})$ 是代数同构. 因此 de Rham 同调群给出了微分流形在微分同胚下不变的一种代数结构, 而 $b_r = \dim \mathrm{H}^r(M, \mathbb{R})$ 则是流形最基本的同胚不变量, 称为流形 M 的 r 阶 **Betti 数**.

类比于外微分 d, 在上一章中我们对于 m 维复流形 M 上全纯向量丛 E 的光滑截影以及 E- 值 (p,q)- 形式, 定义了 $\overline{\partial}$ 算子. 设 w 是一 E- 值 (p,q)- 形式, 即向量丛

$$T^{(p,q)}(E) = E \otimes [\wedge^p T^*_{(1,0)}(M)] \wedge [\wedge^q T^*_{(0,1)}(M)]$$

的可微截影, 设 $P \in M$ 是任意点, $\{e^1, \cdots, e^r\}$ 是 E 在 P 点邻域 U 上的局部全纯标架, $(z^1, \cdots, z^m)$ 是 U 上的局部坐标, 则 w 在 U 上可表示为

$$w = \frac{1}{p!q!} \sum_{\substack{i_1,\cdots,i_p; \\ j_1,\cdots,j_q=1}}^{m} \sum_{l=1}^{r} f_{i_1\cdots i_p; j_1\cdots j_q; l} e^l$$
$$\otimes \mathrm{d}z^{i_1} \wedge \cdots \wedge \mathrm{d}z^{i_p} \wedge \mathrm{d}\overline{z}^{j_1} \wedge \cdots \wedge \mathrm{d}\overline{z}^{j_q}.$$

这时定义

$$\overline{\partial}(w) = \frac{1}{p!q!} \sum_{\substack{i_1,\cdots,i_p; \\ j_1,\cdots,j_q=1}}^{m} \sum_{l=1}^{r} e^l \otimes \overline{\partial}(f_{i_1\cdots i_p; j_1\cdots j_q; l})$$
$$\wedge \mathrm{d}z^{i_1} \wedge \cdots \wedge \mathrm{d}z^{i_p} \wedge \mathrm{d}\overline{z}^{j_1} \wedge \cdots \wedge \mathrm{d}\overline{z}^{j_q}$$

$$= \frac{1}{p!q!} \sum_{\substack{i_1,\cdots,i_p;\\j_1,\cdots,j_q=1}}^{m} \sum_{l=1}^{r} \frac{\partial(f_{i_1\cdots i_p;j_1\cdots j_q;l})}{\partial \overline{z}^j} e^l$$
$$\otimes d\overline{z}^j \wedge dz^{i_1} \wedge \cdots \wedge dz^{i_p} \wedge d\overline{z}^{j_1} \wedge \cdots \wedge d\overline{z}^{j_q}.$$

上一章我们已经证明了由此得到的 E 值 -$(p,q+1)$- 形式 $\overline{\partial}(w)$ 与 E 的局部全纯标架 $\{e^1,\cdots,e^r\}$ 和 P 点邻域 U 上局部坐标 $(z^1,\cdots,z^m)$ 的选取都无关, 因此, $\overline{\partial}$ 是对 E- 值 (p,q)- 形式整体定义的算子. 如果我们以 $A^{(p,q)}(U,E)$ 表示 U 上可微的 E- 值 (p,q)- 形式全体, 则 $A^{(p,q)}(U,E)$ 是一线性空间, 而

$$\overline{\partial}: A^{(p,q)}(U,E) \to A^{(p,q+1)}(U,E)$$

是一线性映射. 这时与外微分 d 的讨论相同, 我们同样有下面关于 $\overline{\partial}$ 算子的重要定理.

定理 5.1.1 $\overline{\partial}^2 = 0$, 即对于全纯向量丛 E 的任意 E- 值 (p,q)- 形式 w, 恒有

$$\overline{\partial}(\overline{\partial}(w)) = 0.$$

证明 我们以开集 U 上的函数 $w = f$ 为例, 其余情况的证明与之基本相同. 设 f 是开集 U 上的可微函数, $P \in U$, $(z^1,\cdots,z^m)$ 是 P 点邻域上的局部坐标, 则 $\overline{\partial}(f) = \sum_{j=1}^{m} \frac{\partial f}{\partial \overline{z}^j} d\overline{z}^j$, 而

$$\overline{\partial}(\overline{\partial}(f)) = \sum_{j=1}^{m} \sum_{i=1}^{m} \frac{\partial^2 f}{\partial \overline{z}^i \partial \overline{z}^j} d\overline{z}^i \wedge d\overline{z}^j,$$

其中 $\frac{\partial^2 f}{\partial \overline{z}^i \partial \overline{z}^j} = \frac{\partial^2 f}{\partial \overline{z}^j \partial \overline{z}^i}$, 即 $\frac{\partial^2 f}{\partial \overline{z}^i \partial \overline{z}^j}$ 对指标 i,j 对称, 而 $d\overline{z}^i \wedge d\overline{z}^j = -d\overline{z}^j \wedge d\overline{z}^i$, 其关于指标 i,j 反对称, 因而和为零. 证毕.

$\overline{\partial}$ 算子是多复分析研究中最重要的算子之一, 在本书第 2 章对 $\mathbb{C}^m$ 中拟凸域的特征刻画里, 我们已经看到了 $\overline{\partial}$ 算子以及由其得到的 $\overline{\partial}$ 方程的作用. 对于 Stein 流形的讨论, $\overline{\partial}$ 方程同样是非常关键的. 而在一般的复流形上, 怎样用 $\overline{\partial}$ 算子或者 $\overline{\partial}$ 方程来讨论复流形的性质呢? 这

里, 我们首先类比于上面利用外微分 d 对微分流形定义 de Rham 同调群的方法, 以定理 5.1.1 为基础, 对复流形 M 上的全纯向量丛 E, 定义关于 E 的 Dolbeault 同调群.

设 M 是一 m 维复流形, $\pi : E \to M$ 是 M 上的全纯向量丛, $A^{(p,q)}(M,E)$ 表示由 M 上所有可微的 E- 值 (p,q)- 形式组成的线性空间. 利用 $\bar{\partial}$ 算子我们有线性同态映射

$$\bar{\partial} : A^{(p,q)}(M,E) \to A^{(p,q+1)}(M,E).$$

由于 $\bar{\partial}^2 = 0$, 因此

$$\mathrm{Im}\left\{\bar{\partial} : A^{(p,q-1)}(M,E) \to A^{(p,q)}(M,E)\right\}$$
$$\subset \mathrm{Ker}\left\{\bar{\partial} : A^{(p,q)}(M,E) \to A^{(p,q+1)}(M,E)\right\}.$$

即映射 $\bar{\partial}$ 的像空间 $\mathrm{Im}\{\bar{\partial} : A^{(p,q-1)}(M,E) \to A^{(p,q)}(M,E)\}$ 是 $\bar{\partial}$ 的核空间 $\mathrm{Ker}\{\bar{\partial} : A^{(p,q)}(M,E) \to A^{(p,q+1)}(M,E)\}$ 的线性子空间. $\mathrm{Im}\{\bar{\partial} : A^{(p,q-1)}(M,E) \to A^{(p,q)}(M,E)\}$ 中的元素称为 $\bar{\partial}$ 正合的 E- 值 (p,q)- 形式, 而 $\mathrm{Ker}\{\bar{\partial} : A^{(p,q)}(M,E) \to A^{(p,q+1)}(M,E)\}$ 中的元素则称为 $\bar{\partial}$ 闭的 E- 值 (p,q)- 形式. 与实流形上关于外微分 d 的 de Rham 同调群的定义相同, 对于复流形上的全纯向量丛 E, 我们有下面定义.

定义 5.1.1 设 E 是 m 维复流形 M 上的全纯向量丛, 对于任意自然数对 (p,q), 令

$$\mathrm{H}^{(p,q)}(M,E) = \frac{\mathrm{Ker}\{\bar{\partial} : A^{(p,q)}(M,E) \to A^{(p,q+1)}(M,E)\}}{\mathrm{Im}\{\bar{\partial} : A^{(p,q-1)}(M,E) \to A^{(p,q)}(M,E)\}},$$

称线性空间 $\mathrm{H}^{(p,q)}(M,E)$ 为全纯向量丛 E 的 (p,q)- **阶 Dolbeault 同调群**, $\mathrm{H}^{(p,q)}(M,E)$ 中的元素称为**同调元素**, 或者称为一个**同调类**.

在上面定义中, 如果 $p > m$, 或者 $q > m$, 则 E- 值 (p,q)- 形式都为零, 因而 $\mathrm{H}^{(p,q)}(M,E) = 0$.

全纯向量丛的 Dolbeault 同调群是多复分析研究的基本对象, 也是向量丛应用的重要工具. 例如, 我们需要了解这些同调群的性质, 同调群的维数, 反之, 我们也希望通过这些同调群的性质来讨论流形的性质.

另一方面, 如果在上面 Dolbeault 同调群的定义中, 特别地令 $E = M \times \mathbb{C}$, E 为平凡线丛, 这时 E- 值 (p,q)- 形式就是流形 M 上的 (p,q)- 形式. 我们将 $E = M \times \mathbb{C}$ 的 Dolbeault 同调群记为 $\mathrm{H}^{(p,q)}(M)$, 称为复流形 M 自身的 (p,q)- 阶 Dolbeault 同调群, 即

$$\mathrm{H}^{(p,q)}(M) = \frac{\{w|w \text{ 是 } M \text{ 上的 } (p,q) \text{ - 形式, 满足 } \bar{\partial}(w) = 0\}}{\{w| \text{ 存在 } M \text{ 上的 } (p,q-1) \text{ - 形式 } u, \text{使得 } \bar{\partial}(u) = w\}}.$$

$\mathrm{H}^{(p,q)}(M)$ 是微分流形的 de Rham 同调群对于复流形的直接推广. 这时, 类比于 de Rham 同调群对于微分流形之间可微映射的关系, 如果 $F : M_1 \to M_2$ 是复流形 M_1 到 M_2 的一个全纯映射, w 是 M_2 上的 (p,q)- 形式, 则利用拉回映射 F^*, $F^*(w)$ 是 M_1 上的 (p,q)- 形式. 由 F 的全纯性得 $\bar{\partial}F^*(w) = F^*(\bar{\partial}w)$, 因此 F^* 诱导了复流形的 Dolbeault 同调群之间的一个同态映射

$$F^* : \mathrm{H}^{(p,q)}(M_2) \to \mathrm{H}^{(p,q)}(M_1).$$

如果 F 是全纯同胚, 则 F^* 是同构. 因而 Dolbeault 同调群 $\mathrm{H}^{(p,q)}(M)$ 构成了复流形 M 上的一种全纯不变的代数结构, 而这时我们如果令 $h^{(p,q)} := \dim \mathrm{H}^{(p,q)}(M)$, 则 $h^{(p,q)}$ 是复流形的一组全纯不变量.

更进一步, 同样类比于 de Rham 同调群, 我们可以将微分形式的外积运算延拓到 M 自身的 Dolbeault 同调群 $\mathrm{H}^{(p,q)}(M)$ 上. 设 w 和 v 分别是 $\bar{\partial}$ 闭的 (p_1,q_1)- 形式和 (p_2,q_2)- 形式, 由

$$\bar{\partial}(w \wedge v) = \bar{\partial}(w) \wedge v + (-1)^{p_1+q_1} w \wedge \bar{\partial}(v) = 0,$$

因而 $w \wedge v$ 也是 $\bar{\partial}$ 闭的微分形式. 而如果其中 $w = \bar{\partial}u$ 是 $\bar{\partial}$ 正合的微分形式, 则由

$$w \wedge v = \bar{\partial}u \wedge v = \bar{\partial}(u \wedge v),$$

我们得到 $w \wedge v$ 也是 $\bar{\partial}$ 正合的微分形式. 这些关系表明: 对于任意 $[w] \in \mathrm{H}^{(p_1,q_1)}(M)$, $[v] \in \mathrm{H}^{(p_2,q_2)}(M)$, 设 w, v 分别是 $[w], [v]$ 的表示元素, 则 $w \wedge v$ 在 $\mathrm{H}^{(p_1+p_2,q_1+q_2)}(M)$ 中确定的同调元素仅与 $[w]$ 和 $[v]$ 有关. 如果我们将这一元素记为 $[w] \wedge [v]$, 则我们可以将外积定义到同调群上, 得到 Dolbeault 同调群上的外积运算.

$$\wedge : \mathrm{H}^{(p_1,q_1)}(M) \times \mathrm{H}^{(p_2,q_2)}(M) \to \mathrm{H}^{(p_1+p_2,q_1+q_2)}(M).$$

由此线性空间

$$\bigoplus_{r=0}^{2m} \bigoplus_{p+q=r} \mathrm{H}^{(p,q)}(M)$$

成为复数域上的一个代数. 两个复流形之间的全纯映射诱导了这一代数结构之间的同态映射, 而如果两个复流形全纯同胚, 则这样定义的代数结构必须同构.

例 1 设 Ω 是 $\mathbb{C}^m$ 中的区域, 在本书第 2 章关于 $\mathbb{C}^m$ 中拟凸域的特征刻画里我们曾得到了定理: Ω 是拟凸域的充分必要条件是 $\bar{\partial}$ 方程在 Ω 上有解, 即对于 Ω 上任意 (p,q)- 形式 w, 如果 $\bar{\partial}w = 0$, 则存在 Ω 上的 $(p,q-1)$- 形式 u, 满足 $\bar{\partial}u = w$. 利用 Dolbeault 同调群, 这一结论可表示为: 区域 $\Omega \subset \mathbb{C}^m$ 为拟凸域的充分必要条件是 $\mathrm{H}^{(p,q)}(\Omega) = 0$ 对于任意 $q \geqslant 1$ 成立. 同样地结论对于 Stein 流形的刻画也是成立的.

例 2 设 M 是复流形, $\pi : E \to M$ 是 M 上的全纯向量丛, 则 E 的零阶同调群 $\mathrm{H}^{(0,0)}(M,E)$ 可以表示为

$$\mathrm{H}^{(0,0)}(M,E) = \{w | w \in A(M,E), \bar{\partial}(w) = 0\}.$$

利用 Cauchy-Riemann 方程不难看出, 这时 $\bar{\partial}(w) = 0$ 当且仅当 w 是 E 的全纯截影, 因此 $\mathrm{H}^{(0,0)}(M,E)$ 就是 E 在 M 上的全纯截影全体组成的线性空间. 按照上一章的符号, 我们得到

$$\mathrm{H}^{(0,0)}(M,E) = \Gamma(M,E),$$

即全纯向量丛 E 的 $(0,0)$- 阶 Dolbeault 同调群就是由 E 的所有全纯截影构成的线性空间.

作为同调群的应用, 下面我们将用拓扑的语言给出紧致复流形 M 是 Kähler 流形的一个必要条件. 上一章在 Kähler 流形的讨论中, 我们已经证明了对于 m 维复流形 M, M 的全纯切丛 $T_{(1,0)}(M)$ 上的 Hermite 度量 $\mathrm{d}s^2$ 为 Kähler 度量的充分必要条件是由 $\mathrm{d}s^2$ 确定的 $(1,1)$- 形式 W 是 d 闭的微分形式, 即 $\mathrm{d}W = 0$. 而我们知道 W 是实的二次

微分形式, 因而由 de Rham 同调群的定义, W 确定了同调群 $H^2(M,\mathbb{R})$ 中的一个元素. 而利用同调元素的外积, 对于 $r = 1,\cdots,m$, 如果令

$$W^r = \overbrace{W \wedge \cdots \wedge W}^{r \text{ 次}},$$

则 W^r 确定了同调群 $H^{2r}(M,\mathbb{R})$ 中的一个元素. 对于这些元素, 我们有下面定理.

定理 5.1.2 如果 M 是一 m 维紧致 Kähler 流形, ds^2 是 M 的 Kähler 度量, W 是由 ds^2 确定的 (1,1)- 形式, 则对于 $r = 1,\cdots,m$, W^r 在 $H^{2r}(M,\mathbb{R})$ 中确定的同调元素都不为零. 特别地, 一个 m 维的紧致复流形 M 如果是 Kähler 流形, 则对于 $r = 1,\cdots,m$, M 的 $2r$ 阶 de Rham 同调群 $H^{2r}(M,\mathbb{R})$ 必须都不为零.

证明 如果 ds^2 是 Kähler 度量, 则 $dW = 0$, 利用 Leibniz 法则得 $dW^r = 0$. 而 W 是实的二次微分形式, 因此 W^r 是 d 闭的实 $2r$-次微分形式. 现假设存在微分形式 V, 使得 $dV = W^r$, 则 $W^m = W^r \wedge W^{m-r} = dV \wedge W^{m-r} = d(V \wedge W^{m-r})$, 因而由 Stokes 公式得

$$\int_M W^m = \int_M d(V) \wedge W^{m-r}$$
$$= \int_M d(V \wedge W^{m-r}) = \int_{\partial M} V \wedge W^{m-r} = 0.$$

另一方面, 由上一章的 Wirtinger 定理我们知道, 对于流形 M, 由 ds^2 诱导的 Riemann 度量, $\dfrac{W^m}{m!}$ 是 M 的体积微元, 因而

$$V(M)m! = \int_M W^m,$$

这里 $V(M)$ 表示 M 的体积, 不能为零. 但由 W^r 是正合的假设, 上面我们得到 $\int_M W^m = 0$, 这显然矛盾. W^r 不能是正合的微分形式, 此时, 由 W^r 在 de Rham 同调群 $H^{2r}(M,\mathbb{R})$ 中确定的同调元素不为零, 特别地, $H^{2r}(M,\mathbb{R}) \neq 0$. 证毕.

我们知道对于微分流形 M, $b_r = \dim H^r(M, \mathbb{R})$ 是 M 的 r 阶 Betti 数. 上面定理表明: 如果 M 是 m 维紧致 Kähler 流形, 则对于 $r = 1, \cdots, m$, M 的偶数阶 Betti 数 b_{2r} 都不为零. 而存在紧致复流形 M 满足 M 的一些偶数阶 Betti 数为零, 因而存在非 Kähler 的复流形.

§5.2 Hodge 定理

设 M 是复流形, $\pi: E \to M$ 是 M 上的全纯向量丛, 在上一节中我们类比于实流形上利用外微分 d 定义的 de Rham 同调群 $H^r(M, \mathbb{R})$, 定义了全纯向量丛 E 的 Dolbeault 同调群 $H^{(p,q)}(M, E)$. 这一节我们关心的问题是作为无穷维向量空间的商空间, $H^{(p,q)}(M, E)$ 中元素的表示显然不唯一. 因而对于 $H^{(p,q)}(M, E)$ 中的一个元素 (通常称为一个同调类), 能否用某种方法使得在同调类众多的表示中可以选出唯一的一个代表元素, 同时, 同调类的运算与代表元素的运算相同. 这样, 代表元素的性质就是同调群的性质, 而对同调群的研究可以化为对这些代表元素的研究. 下面对于紧复流形 M 上的全纯向量丛 E, 我们将利用 E 以及 M 的全纯切丛 $T_{(1,0)}(M)$ 上的 Hermite 度量, 在流形上定义一个关于 $\bar{\partial}$ 算子的 Laplace 算子 $\Delta_{\bar{\partial}}$, 并考虑推广的 Laplace 方程 $\Delta_{\bar{\partial}} u = 0$, 其中 u 是 M 上的 E- 值 (p,q)- 形式. 方程 $\Delta_{\bar{\partial}} u = 0$ 的解称为 E- 值 (p,q)- 调和形式. 这一节中我们将说明 E- 值 (p,q)- 调和形式给出了 Dolbeault 同调群 $H^{(p,q)}(M, E)$ 中元素的唯一表示, 这一表示使得我们能够将对同调群性质的讨论转换为对调和形式的讨论. 在本书后面相关的章节中我们将利用这一方法来研究全纯向量丛和复流形的性质. 例如, 在这一章中, 我们将利用这种表示给出关于 Dolbeault 同调群的 Kodaira-Serre 对偶; 给出 Kähler 流形上的 Hodge 分解; 在本书第 7 章中, 我们还将利用这种表示给出某些向量丛的同调群为零的消没定理.

在这一节中我们总假定所考虑的流形都是紧复流形. 设 M 是一 m 维的紧复流形, $\pi: E \to M$ 是 M 上的 r 维全纯向量丛, 设 ds_M^2 是 M 的全纯切丛 $T_{(1,0)}(M)$ 上给定的 Hermite 度量, ds_E^2 是 E 上给定的 Hermite 度量. 对于任意点 $P \in M$, 利用 Schmidt 正交化的方法, 我们可分别选取 $T_{(1,0)}(M)$ 和 E 在 P 点邻域对于度量 $\mathrm{d}s_M^2$ 和 $\mathrm{d}s_E^2$ 的正交标架 $\{V_1, \cdots, V_m\}$ 和 $\{e^1, \cdots, e^r\}$. 如果假定 $\{v^1, \cdots, v^m\}$ 和 $\{e_1^*, \cdots, e_r^*\}$ 分别是 $\{V_1, \cdots, V_m\}$ 和 $\{e^1, \cdots, e^r\}$ 在其对偶丛 $T_{(1,0)}^*(M)$ 和 E^* 中的对偶正交标架, 则在 P 点邻域, $\mathrm{d}s_M^2$ 和 $\mathrm{d}s_E^2$ 可分别表示为

$$\mathrm{d}s_M^2 = \sum_{i=1}^m v^i \otimes \overline{v}^i, \quad \mathrm{d}s_E^2 = \sum_{i=1}^r e_i^* \otimes \overline{e}_i^*,$$

而由 $\mathrm{d}s_M^2$ 确定的 (1,1)- 形式 W 则可表示为

$$W = \frac{\mathrm{i}}{2} \sum_{i=1}^m v^i \wedge \overline{v}^i.$$

按照 Wirtinger 定理, 由 $\mathrm{d}s_M^2$ 在 M 上诱导的 Riemann 度量所产生的体积微元为

$$\mathrm{d}V = \frac{W^m}{m!} = (-1)^{\frac{m(m-1)}{2}} \left(\frac{\mathrm{i}}{2}\right)^m v^1 \wedge \cdots \wedge v^m \wedge \overline{v}^1 \wedge \cdots \wedge \overline{v}^m.$$

这里相对于 $\mathbb{C}^m$ 中的等式 $|\mathrm{d}z^i|^2 = |\mathrm{d}x^i|^2 + |\mathrm{d}y^i|^2 = 2$, 我们特别假定 $|v^i|^2 = 2 \, (i=1, \cdots, m)$.

前面我们用 $\mathrm{d}s_M^2$ 的共轭在 M 的反全纯切丛 $T_{(0,1)}(M)$ 上定义了 Hermite 度量. 而利用对偶关系, 我们同样可以用 $\mathrm{d}s_M^2$ 在全纯切丛和反全纯切丛的对偶丛 $T_{(1,0)}^*(M)$ 和 $T_{(0,1)}^*(M)$ 上定义 Hermite 度量, 并进一步在 M 的 (p,q)- 形式向量丛

$$T^{(p,q)}(M) = (\wedge^p T_{(1,0)}^*(M)) \wedge (\wedge^q T_{(0,1)}^*(M))$$

上定义一个 Hermite 度量. 这一度量定义为: 设 $\{v^1, \cdots, v^m\}$ 是上面全纯余切丛 $T_{(1,0)}^*(M)$ 在 P 点邻域上给出的正交标架, 则

$$\left\{ v^{i_1} \wedge \cdots \wedge v^{i_p} \wedge \overline{v}^{j_1} \wedge \cdots \wedge \overline{v}^{j_q} \Big| \right.$$
$$\left. 1 \leqslant i_1 < \cdots < i_p \leqslant m, 1 \leqslant j_1 < \cdots < j_q \leqslant m \right\}$$

构成向量丛 $T^{(p,q)}(M)$ 在 P 点邻域的正交标架, 其中

$$|v^{i_1} \wedge \cdots \wedge v^{i_p} \wedge \overline{v}^{j_1} \wedge \cdots \wedge \overline{v}^{j_q}|^2 = 2^{p+q}.$$

下面我们用
$$v^I \wedge \overline{v}^J = v^{i_1} \wedge \cdots \wedge v^{i_p} \wedge \overline{v}^{j_1} \wedge \cdots \wedge \overline{v}^{j_q}$$
记上面正交标架中的元素, 其中 $I = (i_1, \cdots, i_p), J = (j_1, \cdots, j_q)$.

同样地, 利用向量丛 E 在 P 点邻域的单位正交标架 $\{e^1, \cdots, e^r\}$, 我们在 E- 值 (p,q)- 形式的向量丛
$$T^{(p,q)}(E) = E \otimes (\wedge^p T^*_{(1,0)}(M)) \wedge (\wedge^q T^*_{(0,1)}(M))$$
上定义 Hermite 度量为: 集合
$$\left\{ e^i \otimes v^{i_1} \wedge \cdots \wedge v^{i_p} \wedge \overline{v}^{j_1} \wedge \cdots \wedge \overline{v}^{j_q} = e^i \otimes v^I \wedge \overline{v}^J \right|$$
$$1 \leqslant i \leqslant r, 1 \leqslant i_1 < \cdots < i_p \leqslant m, 1 \leqslant j_1 < \cdots < j_q \leqslant m \}$$
构成 $T^{(p,q)}(E)$ 在 P 点邻域的正交标架, 满足
$$|e^i \otimes v^I \wedge \overline{v}^J|^2 = 2^{p+q}.$$

通过直接计算不难验证, 上面这种利用 $T_{(1,0)}(M)$ 和 E 的局部正交标架在向量丛 $T^{(p,q)}(M)$ 和 $T^{(p,q)}(E)$ 上定义的 Hermite 度量与局部正交标架的选取无关, 因而是有意义的. 下面对于任意点 $P \in M$, 我们以 $(\ ,\ )_P$ 记这一度量在向量空间 $T^{(p,q)}(E)_P$ 上确定的 Hermite 内积.

有了这些度量以后, 对于 $T^{(p,q)}(E)$ 在 M 上的任意两个可微截影 $w, v \in A(M, T^{(p,q)}(E))$, 我们定义 w 与 v 的内积为
$$(w, v) = \int_M (w, v)_P \mathrm{d}V = \int_M (w, v)_P \frac{W^m}{m!},$$
而令 $|w| = \sqrt{(w,w)}$ 为截影 w 的模. 我们用 $K(M, T^{(p,q)}(E))$ 表示内积空间 $A(M, T^{(p,q)}(E))$ 的完备化. 由 "实变函数" 中 L^2 空间的理论容易看出, $K(M, T^{(p,q)}(E))$ 中的元素局部总可以表示为以平方可积函数为系数的、向量丛 $T^{(p,q)}(E)$ 的截影.

回到前面提出的问题: 对于 Dolbeault 同调群 $\mathrm{H}^{(p,q)}(M, E)$, 怎样给出其中的同调元素一个好的并且唯一的表示, 使得对同调群的研究

能够化为对相关表示元素的研究. 有了上面的内积以后, 我们现在可以将问题表述得更为精确: 在同调群 $\mathrm{H}^{(p,q)}(M,E)$ 中一个同调元素的所有表示里, 是否存在一个元素, 使得相对于上面定义的内积, 这个元素是模最小的元素? 如果存在, 这样的元素是否唯一? 它们之间的运算是否与同调元素之间的运算相同?

任取 $a\in\mathrm{H}^{(p,q)}(M,E)$, 设 $\tilde{a}$ 是同调元素 a 的所有表示中任意给定的一个表示, 即 M 上一个 $\bar{\partial}$ 闭的 E- 值 (p,q)- 形式, 则 $\{\tilde{a}+\bar{\partial}v\}$ 就是 a 的所有表示, 这里 v 是 M 上任意一个 E- 值 $(p,q-1)$- 形式. 对于从集合 $\{\tilde{a}+\bar{\partial}v\}$ 中寻找模最小的元素这一问题, 首先我们回顾一下关于在平面中的单位圆盘 $D(0,1)=\{(x,y)\mid x^2+y^2<1\}$ 上求解 Laplace 方程的 Dirichlet 问题 (参阅文献 [2]), 即假定在圆周 $\partial D(0,1)$ 上给定一连续函数 f 后, 求在 $\overline{D(0,1)}$ 上连续、在 $D(0,1)$ 内调和的函数 u, 使得 $u\mid_{\partial D(0,1)}=f$. 对于这一问题, 我们知道所有在圆周 $\partial D(0,1)$ 上有相同边界值 f 的可微函数里, 调和函数 u 是其中相对于 Dirichlet 模

$$\|u\|=\sqrt{\int_{D(0,1)}\left[\left(\frac{\partial u}{\partial x}\right)^2+\left(\frac{\partial u}{\partial y}\right)^2\right]\mathrm{d}x\mathrm{d}y}$$

最小的函数, 而 Dirichlet 问题的解是存在唯一的. 类比于此, 如果我们将同调群 $\mathrm{H}^{(p,q)}(M,E)$ 的定义中形式为 $\bar{\partial}v$ 的元素, 即同调为零的元素, 等同于上面 Dirichlet 问题里在圆周 $\partial D(0,1)$ 上恒为零的函数, 则我们希望在所有有相同边界值 a 的截影集合 $\{\tilde{a}+\bar{\partial}v\}$ 中找到模最小的元素. 为此, 我们需要考虑复平面的 Laplace 算子

$$\Delta=\frac{\partial^2}{\partial x^2}+\frac{\partial^2}{\partial y^2}=4\frac{\partial^2}{\partial z\partial\bar{z}}$$

在复流形上的推广, 讨论 E- 值 (p,q)- 形式关于推广后的 Laplace 方程的解.

首先, 将映射

$$\bar{\partial}:A(M,T^{(p,q)}(E))\to A(M,T^{(p,q+1)}(E))$$

看做定义在 Hilbert 空间 $K(M,T^{(p,q)}(E))$ 中一个稠子集 (即所有可微

的截影) 上的算子 (我们称其为稠定的线性算子), 以

$$T(\overline{\partial}) = \{(u, \overline{\partial}(u)) \mid u \in \mathrm{Dom}(\overline{\partial})\}$$

表示映射 $\overline{\partial}$ 的图像, 取 $T(\overline{\partial})$ 在空间

$$K(M, T^{(p,q)}(E)) \times K(M, T^{(p,q+1)}(E))$$

中的闭包. 利用本书第 2 章第 3 节的结论, 我们知道这一闭包也是定义在线性空间 $K(M, T^{(p,q)}(E))$ 中一个子线性空间上的线性算子的图像. 将这一算子看成 $\overline{\partial}$ 的延拓 (仍记为 $\overline{\partial}$), 则可以认为 $\overline{\partial}$ 是闭算子, 即 $\overline{\partial}$ 的图像是闭集. 这时对于映射 $\overline{\partial}$, 存在定义在空间 $K(M, T^{(p,q+1)}(E))$ 中一个稠子集 (记其为 $\mathrm{Dom}(\overline{\partial}^*)$) 上, 到空间 $K(M, T^{(p,q)}(E))$ 的线性映射 $\overline{\partial}^* : \mathrm{Dom}(\overline{\partial}^*) \to K(M, T^{(p,q)}(E))$, 使得对于任意 $f \in \mathrm{Dom}(\overline{\partial}), g \in \mathrm{Dom}(\overline{\partial}^*)$, 恒有

$$(\overline{\partial} f, g) = (f, \overline{\partial}^* g),$$

$\overline{\partial}^*$ 称为 $\overline{\partial}$ 的对偶算子.

利用 $\overline{\partial}$ 及其对偶算子 $\overline{\partial}^*$, 对于我们考虑的在一个同调元素的所有表示中寻找模最小的元素这一问题, 我们有下面引理.

引理 5.2.1 设 $h \in K(M, T^{(p,q)}(E))$ 在算子 $\overline{\partial}$ 和 $\overline{\partial}^*$ 的定义域中, 则 h 是一个同调元素 a 的所有表示 $\{\tilde{a} + \overline{\partial} v\}$ 里模最小的元素的充分必要条件是

$$\overline{\partial} h = 0, \quad \overline{\partial}^* h = 0.$$

证明 由于 $h \in \{\tilde{a} + \overline{\partial} v\}$ 是一同调元素的表示, 因而 $\overline{\partial} h = 0$.

现设 h 是截影族 $\{\tilde{a} + \overline{\partial} v\}$ 中模最小的元素, 则对于任意 v 以及 $t \in \mathbb{R}$, 函数

$$f(t) = (h + t\overline{\partial} v, h + t\overline{\partial} v) = (h, h) + t2\mathrm{Re}(h, \overline{\partial} v) + t^2(\overline{\partial} v, \overline{\partial} v)$$

在 $t = 0$ 时取最小值, 因而 $\mathrm{Re}(h, \overline{\partial} v) = 0$ 对于任意 v 成立. 同理, 如果考虑函数

$$\tilde{f}(t) = (h + \mathrm{i}t\overline{\partial} v, h + \mathrm{i}t\overline{\partial} v) = (h, h) + t2\mathrm{Im}(h, \overline{\partial} v) + t^2(\overline{\partial} v, \overline{\partial} v),$$

$\widetilde{f}(t)$ 也在 $t = 0$ 时取最小, 因而对于任意 v, $\mathrm{Im}(h, \overline{\partial}v) = 0$. 我们得到 $(h, \overline{\partial}v) = 0$ 对于任意 v 成立. 而由对偶算子的定义得 $(h, \overline{\partial}v) = (\overline{\partial}^*h, v) = 0$ 对于任意光滑的 $(p, q-1)$-形式 v 成立. 由于光滑的 $(p, q-1)$-形式构成 $K(M, T^{(p,q-1)}(E))$ 中的稠子集, 所以必须 $\overline{\partial}^*h = 0$.

反之, 如果 $\overline{\partial}^*h = 0$, 则对于任意 v, $(h, \overline{\partial}v) = 0$, 因而
$$(h + \overline{\partial}v, h + \overline{\partial}v) = (h, h) + 2\mathrm{Re}(h, \overline{\partial}v) + (\overline{\partial}v, \overline{\partial}v)$$
$$= (h, h) + (\overline{\partial}v, \overline{\partial}v) \geqslant (h, h).$$
h 是所有形式为 $h + \overline{\partial}v$ 的元素中模最小的元素. 证毕.

由上面的引理, 对于在截影族 $\{\widetilde{a} + \overline{\partial}v\}$ 中寻找模最小的元素的问题, 我们需要求解方程组
$$\begin{cases} \overline{\partial}h = 0, \\ \overline{\partial}^*h = 0. \end{cases}$$

而由对偶算子的定义, 对于任意 $v \in \mathrm{Dom}(\overline{\partial}) \cap \mathrm{Dom}(\overline{\partial}^*)$, 成立
$$(\overline{\partial}h, \overline{\partial}v) + (\overline{\partial}^*h, \overline{\partial}^*v) = ((\overline{\partial}^*\overline{\partial} + \overline{\partial}\,\overline{\partial}^*)h, v).$$

下面我们将证明 $\mathrm{Dom}(\overline{\partial}) \cap \mathrm{Dom}(\overline{\partial}^*) \supset A(M, T^{(p,q)}(E))$, 因而 $\mathrm{Dom}(\overline{\partial}) \cap \mathrm{Dom}(\overline{\partial}^*)$ 是 $K(M, T^{(p,q)}(E))$ 中的稠子集, 这时不难看出方程组
$$\begin{cases} \overline{\partial}h = 0, \\ \overline{\partial}^*h = 0 \end{cases}$$
就等价于方程
$$(\overline{\partial}^*\overline{\partial} + \overline{\partial}\,\overline{\partial}^*)h = 0.$$

对此, 我们有下面的定义.

定义 5.2.1　设 $\pi: E \to M$ 是复流形 M 上的全纯向量丛, $\mathrm{d}s_M^2$ 和 $\mathrm{d}s_E^2$ 分别是 $T_{(1,0)}(M)$ 和 E 上给定的 Hermite 度量, $\overline{\partial}^*$ 是 $\overline{\partial}$ 关于给定度量的对偶算子, 令
$$\Delta_{\overline{\partial}} = \overline{\partial}^*\overline{\partial} + \overline{\partial}\,\overline{\partial}^*,$$

则称 $\Delta_{\bar\partial}$ 为 $\bar\partial$ 算子关于给定度量 ds_M^2 和 ds_E^2 的**Laplace 算子**. 如果 $h \in K(M, T^{(p,q)}(E))$ 满足 Laplace 方程

$$\Delta_{\bar\partial} h = (\bar\partial^* \bar\partial + \bar\partial\, \bar\partial^*) h = 0,$$

则称 h 为 E- **值** (p,q)- **调和形式**.

对于 E- 值 (p,q)- 调和形式, 成立下面著名的 Hodge 定理.

定理 5.2.1(Hodge 定理) 设 M 是紧复流形, $\pi: E \to M$ 是 M 上的全纯向量丛, ds_M^2 和 ds_E^2 分别是 $T_{(1,0)}(M)$ 和 E 上给定的 Hermite 度量, $\Delta_{\bar\partial}$ 是 $\bar\partial$ 关于给定度量的 Laplace 算子, 设 TH $(M, T^{(p,q)}(E))$ 是由所有 E- 值 (p,q)- 调和形式组成的线性空间, 则

(1) TH $(M, T^{(p,q)}(E)) \subset A(M, T^{(p,q)}(E))$;

(2) TH $(M, T^{(p,q)}(E)) \cong \mathrm{H}^{(p,q)}(M, E)$;

(3) $\dim \mathrm{TH}\,(M, T^{(p,q)}(E)) < +\infty$.

由于在本书后面的讨论中我们将不会直接用到 Hodge 定理的具体证明, 因此这里就不讨论证明细节了. 对定理证明有兴趣的读者可参阅伍鸿熙等所著的《紧黎曼曲面引论》, 或者 P. Griffiths 和 J. Harris 所著的 *Principles of Algebraic Geometry*. 对于定理证明的主要思想, 我们将通过本章所附习题 13–21 给予说明, 供有兴趣的读者参阅. 下面我们仅对 Hodge 定理的意义和实际应用做一些说明.

Hodge 定理中的 (1) 表明: 如果 $K(M, T^{(p,q)}(E))$ 中的一个以局部平方可积函数为系数的 E- 值 -(p,q)- 形式 h 是调和形式, 则 h 的系数必须是光滑函数, 即 h 是光滑的 E- 值 (p,q)- 形式; 定理中 (2) 给出的同构则表明: 在同调群 $\mathrm{H}^{(p,q)}(M, E)$ 中任意一个同调类的所有表示里, 存在唯一的一个调和形式的表示, 即我们上面所希望的在一个同调元素的所有表示中, 找出唯一的一个模最小的元素这一想法是能够通过调和形式来实现的; 定理中的 (3) 则表明: 所有调和的 E- 值 (p,q)- 形式组成的线性空间是有限维的, 因而在紧复流形 M 上, 对任意全纯向量丛 E, 同调群 $\mathrm{H}^{(p,q)}(M, E)$ 都是有限维的. 我们一般以 $h^{(p,q)}(E)$ 记这一同调群的维数. 特别地, 当 $E = M \times \mathbb{C}$ 为 M 上的平凡线丛时, $\mathrm{H}^{(p,q)}(M) = \mathrm{H}^{(p,q)}(M, E)$, 而 $h^{(p,q)}(M) = \dim \mathrm{H}^{(p,q)}(M)$, $h^{(p,q)}(M)$ 是

紧复流形 M 的一族不为无穷的解析不变量.

为了给出 Hodge 定理的应用, 下面我们先定义一个算子 —— $*$ **算子**(也称为**对偶算子**), 并利用这一算子给出 Laplace 算子 $\Delta_{\bar{\partial}}$ 对于局部标架的具体表示. 设 M 是一 m 维紧复流形, $\pi: E \to M$ 是 M 上的 r 维全纯向量丛, 设 $\mathrm{d}s_M^2$ 和 $\mathrm{d}s_E^2$ 分别是 $T_{(1,0)}(M)$ 和 E 上给定的 Hermite 度量. 利用 Schmidt 正交化的方法, 对于任意点 $P \in M$, 我们分别选取 $T_{(1,0)}(M)$ 和 E 在 P 点邻域对于度量 $\mathrm{d}s_M^2$ 和 $\mathrm{d}s_E^2$ 的正交标架 $\{V_1, \cdots, V_m\}$ 和 $\{e^1, \cdots, e^r\}$. 假定 $\{v^1, \cdots, v^m\}$ 和 $\{e_1^*, \cdots, e_r^*\}$ 分别是 $\{V_1, \cdots, V_m\}$ 和 $\{e^1, \cdots, e^r\}$ 在其对偶丛 $T_{(1,0)}^*(M)$ 和 E^* 中的对偶标架. 设 w 是一 E-值 (p,q)-形式, 在 P 点邻域 U 上表示为

$$w = \frac{1}{p!q!} \sum_{I,J} \sum_{\alpha=1}^{r} f_{I,J,\alpha} e^{\alpha} \otimes v^I \wedge \bar{v}^J,$$

其中 $I = (i_1, \cdots, i_p), J = (j_1, \cdots, j_q), 1 \leqslant i_s, j_t \leqslant m, s = 1, \cdots, p, t = 1, \cdots, q$ 是多重指标. 我们首先将 w 表示为

$$\sum_{\substack{1 \leqslant i_1 < \cdots < i_p \leqslant m; \\ 1 \leqslant j_1 < \cdots < j_q \leqslant m}} \sum_{\alpha=1}^{r} f_{i_1 \cdots i_p; j_1 \cdots j_q; \alpha} e^{\alpha} \otimes v^{i_1} \wedge \cdots \wedge v^{i_p} \wedge \bar{v}^{j_1} \wedge \cdots \wedge \bar{v}^{j_q}$$

$$= \sum_{\substack{1 \leqslant i_1 < \cdots < i_p \leqslant m; \\ 1 \leqslant j_1 < \cdots < j_q \leqslant m}} \sum_{\alpha=1}^{r} f_{I,J,\alpha} e^{\alpha} \otimes v^I \wedge \bar{v}^J,$$

其中多重指标 $I = (i_1, \cdots, i_p)$ 和 $J = (j_1, \cdots, j_q)$ 满足 $1 \leqslant i_1 < \cdots < i_p \leqslant m, 1 \leqslant j_1 < \cdots < j_q \leqslant m$, 要求其按照大小顺序排列. 对于这一表示, 我们定义 $*$ 算子为映射

$$*: A(U, T^{(p,q)}(E)) \to A(U, T^{(m-p,m-q)}(E^*)),$$

$$w \mapsto *(w) = 2^{p+q} C_{(m,p,q)} \sum_{I,J} \sum_{\alpha=1}^{r} \varepsilon^{I,I'} \varepsilon^{J,J'} \overline{f_{I,J,\alpha}} e_{\alpha}^* \otimes v^{I'} \wedge \bar{v}^{J'},$$

其中

$$C_{(m,p,q)} = (-1)^{\frac{m(m-1)}{2} + q(m-p)} \left(\frac{\mathrm{i}}{2}\right)^m,$$

而 $I' = (i'_1, \cdots, i'_{m-p})$ 和 $J' = (j'_1, \cdots, j'_{m-q})$ 分别是 $I = (i_1, \cdots, i_p)$ 和 $J = (j_1, \cdots, j_q)$ 对于 $(1, \cdots, m)$ 的余集, I' 和 J' 中的分量同时也要求按大小顺序排列. 而 $\varepsilon^{I,I'}$ 和 $\varepsilon^{J,J'}$ 分别是 (I, I') 和 (J, J') 对于 $(1, \cdots, m)$ 的置换符号, 即如果 (I, I') 是 $(1, \cdots, m)$ 的偶置换, 则 $\varepsilon^{I,I'} = 1$; 而如果 (I, I') 是 $(1, \cdots, m)$ 的奇置换, 则 $\varepsilon^{I,I'} = -1$.

通过直接计算不难验证 $*(w)$ 与局部正交标架的选取无关, 因而是定义在整个 M 上的. 利用 $*$ 算子, 我们得到一个线性映射

$$* : A(M, T^{(p,q)}(E)) \to A(M, T^{(m-p,m-q)}(E^*)).$$

我们也将 $*$ 称为**星算子**. 由于对于微分形式的局部表示, $*$ 算子仅是做代数运算, 而我们知道对于内积空间 $A(M, T^{(p,q)}(E))$ 经过完备化后得到 Hilbert 空间 $K(M, T^{(p,q)}(E))$. $K(M, T^{(p,q)}(E))$ 中的元素局部都可以看做以平方可积函数为系数的、关于同一组正交标架线性组合所得到的 E- 值 (p,q)- 形式, 因此以同样地公式可以将 $*$ 算子作用在线性空间 $K(M, T^{(p,q)}(E))$ 上, 这时

$$* : K(M, T^{(p,q)}(E)) \to K(M, T^{(m-p,m-q)}(E^*))$$

也是一线性映射.

另外, 利用 $\varepsilon^{I,I'} \varepsilon^{I',I} = (-1)^{p(m-p)}$, $\varepsilon^{J,J'} \varepsilon^{J',J} = (-1)^{q(m-q)}$, 由 $*$ 算子的局部表示直接计算容易看出对于任意 $w \in K(M, T^{(p,q)}(E))$,

$$* * (w) = (-1)^{p+q} w.$$

由此得 $*$ 算子实际给出了一个由线性空间 $K(M, T^{(p,q)}(E))$ 到线性空间 $K(M, T^{(m-p,m-q)}(E^*))$ 的线性同构.

定义 $*$ 算子的目的之一是利用这一算子我们可以将上面通过度量在线性空间 $A(M, T^{(p,q)}(E))$ 上定义的内积表示成微分形式的积分, 从而使得我们能够利用 Stokes 公式给出 $\bar{\partial}$ 算子的对偶算子 $\bar{\partial}^*$ 的表示. 对此, 我们首先证明下面引理.

引理 5.2.2 对于任意 $w, v \in A(M, T^{(p,q)}(E))$, 恒有

$$(w, v) = \int_M w \wedge *(v).$$

§5.2 Hodge 定理   243

说明   这里，对于外积 $w \wedge *(v)$，w 中对应于 E 里的向量与 $*(v)$ 中对应于 E^* 里的向量按 E 与 E^* 的对偶关系相互作用，成为函数，具体意义见下面证明.

证明   设

$$W = \frac{\mathrm{i}}{2} \sum_{i=1}^{m} v^i \wedge \bar{v}^i$$

是由度量 $\mathrm{d}s_M^2$ 确定的 (1,1)- 形式，利用 Wirtinger 定理，我们只需证明，对于任意点 $P \in M$，

$$(w,v)_P \frac{W^m}{m!} = w(P) \wedge *v(P).$$

设 $\{V_1, \cdots, V_m\}$ 和 $\{e^1, \cdots, e^r\}$ 是我们关于度量 $\mathrm{d}s_M^2$ 和 $\mathrm{d}s_E^2$ 在 P 点邻域 U 上分别选取的 $T_{(1,0)}(M)$ 和 E 的正交标架，$\{v^1, \cdots, v^m\}$ 和 $\{e_1^*, \cdots, e_r^*\}$ 分别是 $\{V_1, \cdots, V_m\}$ 和 $\{e^1, \cdots, e^r\}$ 的对偶标架，设 w 和 v 分别表示为

$$w = \sum_{\substack{1 \leqslant i_1 < \cdots < i_p \leqslant m; \\ 1 \leqslant j_1 < \cdots < j_q \leqslant m}} \sum_{\alpha=1}^{r} f_{I,J,\alpha} e^{\alpha} \otimes v^I \wedge \bar{v}^J,$$

$$v = \sum_{\substack{1 \leqslant i_1 < \cdots < i_p \leqslant m; \\ 1 \leqslant j_1 < \cdots < j_q \leqslant m}} \sum_{\alpha=1}^{r} g_{I,J,\alpha} e^{\alpha} \otimes v^I \wedge \bar{v}^J,$$

则由 $|e^{\alpha} \otimes v^I \wedge \bar{v}^J| = 2^{p+q}$，因此

$$(w,v)_P \frac{W^m}{m!} = 2^{p+q} \left(\frac{\mathrm{i}}{2}\right)^m$$
$$\times \sum_{\substack{1 \leqslant i_1 < \cdots < i_p \leqslant m; \\ 1 \leqslant j_1 < \cdots < j_q \leqslant m}} \sum_{\alpha=1}^{r} f_{I,J,\alpha}(P) \overline{g_{I,J,\alpha}}(P) v^1 \wedge \bar{v}^1 \wedge \cdots \wedge v^m \wedge \bar{v}^m.$$

而另一方面，令 $S = (s_1, \cdots, s_p), T = (t_1, \cdots, t_q)$，$S'$ 和 T' 是 S 和 T 对于 $(1, \cdots, m)$ 的余集，按大小顺序排列，则

$$w(P) \wedge *(v)(P) = \left[\sum_{\substack{1 \leqslant i_1 < \cdots < i_p \leqslant m; \\ 1 \leqslant j_1 < \cdots < j_q \leqslant m}} \sum_{\alpha=1}^{r} f_{I,J,\alpha}(P) e^{\alpha} \otimes v^I \wedge \bar{v}^J \right]$$

$$\wedge \left[2^{p+q} C_{(m,p,q)} \sum_{\substack{1\leqslant s_1<\cdots<s_p\leqslant m;\\ 1\leqslant t_1<\cdots<t_q\leqslant m}} \sum_{\beta=1}^{r} \varepsilon^{S,S'}\varepsilon^{T,T'} \overline{g_{S,T,\beta}}(P) e_\beta^* \otimes v^{S'} \wedge \overline{v}^{T'} \right]$$

$$= 2^{p+q}(-1)^{\frac{m(m-1)}{2}+q(m-p)} \left(\frac{\mathrm{i}}{2}\right)^m$$

$$\times \sum_{\substack{1\leqslant i_1<\cdots<i_p\leqslant m;\\ 1\leqslant j_1<\cdots<j_q\leqslant m}} \sum_{\substack{1\leqslant s_1<\cdots<s_p\leqslant m;\\ 1\leqslant t_1<\cdots<t_q\leqslant m}} \sum_{\alpha,\beta=1}^{r} f_{I,J,\alpha}(P) \overline{g_{S,T,\beta}}(P) (e^\alpha, e_\beta^*)$$

$$\times \varepsilon^{S,S'} \varepsilon^{T,T'} v^I \wedge \overline{v}^J \wedge v^{S'} \wedge \overline{v}^{T'},$$

这里 $(e^\alpha, e_\beta^*) = \delta_\beta^\alpha$ 表示 E 和 E^* 中的向量按对偶关系互相作用, 化为函数. 而在外积 $v^I \wedge \overline{v}^J \wedge v^{S'} \wedge \overline{v}^{T'}$ 中, 只有在 $S' = I', T' = J'$ 时才不为零, 因而上式为

$$2^{p+q}(-1)^{\frac{m(m-1)}{2}+q(m-p)} \left(\frac{\mathrm{i}}{2}\right)^m \sum_{\substack{1\leqslant i_1<\cdots<i_p\leqslant m;\\ 1\leqslant j_1<\cdots<j_q\leqslant m}} \sum_{\alpha=1}^{r} f_{I,J,\alpha}(P) \overline{g_{I,J,\alpha}}(P)$$

$$\times \varepsilon^{I,I'} \varepsilon^{J,J'} v^I \wedge \overline{v}^J \wedge v^{I'} \wedge \overline{v}^{J'} = 2^{p+q} \left(\frac{\mathrm{i}}{2}\right)^m$$

$$\times \sum_{\substack{1\leqslant i_1<\cdots<i_p\leqslant m;\\ 1\leqslant j_1<\cdots<j_q\leqslant m}} \sum_{\alpha=1}^{r} f_{I,J,\alpha}(P) \overline{g_{I,J,\alpha}}(P) v^1 \wedge \overline{v}^1 \wedge \cdots \wedge v^m \wedge \overline{v}^m.$$

证毕.

利用这一引理, 我们有下面关于 $\overline{\partial}^*$ 的表示定理.

定理 5.2.2 $\overline{\partial}^* = - *\overline{\partial}*.$

证明 对于任意 $w \in A(M, T^{(p,q)}(E)), v \in A(M, T^{(p,q)}(E))$, 由 Stokes 公式以及恒等式 $** = (-1)^{p+q}\mathrm{Id}$ 得

$$(\overline{\partial}w, v) = \int_M \overline{\partial}w \wedge *(v) = \int_M \overline{\partial}(w \wedge *(v)) - (-1)^{p+q} \int_M w \wedge \overline{\partial}(*(v))$$

$$= \int_M \mathrm{d}(w \wedge *(v)) - \int_M w \wedge *(*\overline{\partial}(*(v)))$$

$$= -\int_M w \wedge *(*\overline{\partial}(*(v))) = (w, -*\overline{\partial}(*(v))).$$

因而 $\overline{\partial}^* = - *\overline{\partial}*$. 证毕.

由公式 $\overline{\partial}^* = - *\overline{\partial}*$，我们得到 $\overline{\partial}^*$ 对于所有光滑的微分形式都是有意义，即
$$A(M, T^{(p,q)}(E)) \subset \text{Dom}(\overline{\partial}^*).$$

$\overline{\partial}^*$ 是 $K(M, T^{(p,q)}(E))$ 上稠定的算子，而 $\text{Dom}(\overline{\partial}) \cap \text{Dom}(\overline{\partial}^*)$ 包含了所有光滑的 E- 值 (p,q)- 形式，因而是 $K(M, T^{(p,q)}(E))$ 中的稠子集.

利用上面定理，$\overline{\partial}$ 的 Laplace 算子 $\Delta_{\overline{\partial}}$ 可表示为
$$\Delta_{\overline{\partial}} = \overline{\partial}^*\overline{\partial} + \overline{\partial}\,\overline{\partial}^* = - *\overline{\partial} * \overline{\partial} - \overline{\partial} * \overline{\partial} *.$$

由这一表示以及关系式 $** = (-1)^{p+q}\text{Id}$，我们得到下面定理.

定理 5.2.3 由度量 ds_M^2 和 ds_E^2 确定的 $\overline{\partial}$ 的 Laplace 算子 $\Delta_{\overline{\partial}}$ 与由这些度量确定的 $*$ 算子可交换，即
$$*\Delta_{\overline{\partial}} = \Delta_{\overline{\partial}}*.$$

或者说对于任意 E- 值 (p,q)- 形式 w，恒有
$$\Delta_{\overline{\partial}}(*(w)) = *(\Delta_{\overline{\partial}}(w)).$$

由定理 5.2.3 我们得到，E- 值 (p,q)- 形式 w 满足 $\Delta_{\overline{\partial}}w = 0$ 的充分必要条件是 $\Delta_{\overline{\partial}}(*(w)) = 0$. 利用此以及 Hodge 定理中关于调和形式都是光滑的微分形式这一结论，我们有下面推论.

推论 5.2.1 $w \in A(M, T^{(p,q)}(E))$ 是调和形式的充分必要条件是 $*(w) \in A(M, T^{(m-p,m-q)}(E^*))$ 是调和形式，因而由 $*$ 算子给出的映射
$$*: \text{TH}(M, T^{(p,q)}(E)) \to \text{TH}(M, T^{(m-p,m-q)}(E^*))$$
是线性空间的同构映射.

利用这一推论，则由同构关系
$$\text{TH}(M, T^{(p,q)}(E)) \cong \text{H}^{(p,q)}(M, E),$$
$$\text{TH}(M, T^{(m-p,m-q)}(E^*)) \cong \text{H}^{(m-p,m-q)}(M, E^*),$$

按照调和形式是同调类的唯一表示元素,调和形式的性质反映的就是同调群的性质这样一种原则,作为 Hodge 定理的应用,我们就得到了下面著名的 Kodaira-Serre 对偶定理.

定理 5.2.4(Kodaira-Serre 对偶定理) 设 M 是 m 维紧复流形,E 是 M 上的全纯向量丛,则对于 $p,q = 0,1,\cdots,m$,E 和 E^* 的 Dolbeault 同调群之间成立同构关系

$$\mathrm{H}^{(p,q)}(M,E) \cong \mathrm{H}^{(m-p,m-q)}(M,E^*).$$

特别地,
$$\dim \mathrm{H}^{(p,q)}(M,E) = \dim \mathrm{H}^{(m-p,m-q)}(M,E^*).$$

Kodaira-Serre 对偶定理中给出的同构实际是相关线性空间之间的对偶同构关系,其几何意义可以用下面方式给出:设

$$w \in A(M,T^{(p,q)}(E)), \quad v \in A(M,T^{(m-p,m-q)}(E^*))$$

都是 $\bar{\partial}$ 闭的微分形式,定义关于 w,v 的双线性函数 $F(w,v)$ 为

$$F(w,v) = \int_M w \wedge v,$$

这里,外积 $w \wedge v$ 是 E 和 E^* 中的向量按对偶关系相互作用,化为函数(见引理 5.2.2 的证明),因而 $w \wedge v$ 是 M 上的 (m,m)- 形式. 在函数 $F(w,v)$ 中,如果 $w = \bar{\partial}(u)$ 是一 $\bar{\partial}$ 正合的微分形式,则由 Stokes 公式得

$$\int_M \bar{\partial}(u) \wedge v = \int_M \bar{\partial}(u \wedge v) = \int_M \mathrm{d}(u \wedge v) = 0.$$

同理,如果上式中 v 是 $\bar{\partial}$ 正合的微分形式,则对于任意 $\bar{\partial}$ 闭的微分形式 w,恒有 $F(w,v) = 0$. 因此双线性函数 $F(w,v)$ 仅与 w 和 v 所在的同调类有关,与同调类中表示元素的选取无关. 这样我们可以将 $F(w,v)$ 看做是定义在 $\mathrm{H}^{(p,q)}(M,E) \times \mathrm{H}^{(m-p,m-q)}(M,E^*)$ 上的双线性函数

$$F: \mathrm{H}^{(p,q)}(M,E) \times \mathrm{H}^{(m-p,m-q)}(M,E^*) \to \mathbb{C}.$$

这时对于任意固定的元素 $v \in \mathrm{H}^{(m-p,m-q)}(M, E^*)$, 映射

$$\mathrm{H}^{(p,q)}(M, E) \to \mathbb{C}, \quad w \mapsto F(w, v)$$

是 $\mathrm{H}^{(p,q)}(M, E)$ 上的一个线性函数, 将其表示为 $F(\ , v)$, 则 $F(\ , v)$ 是 $\mathrm{H}^{(p,q)}(M, E)$ 的对偶空间 $(\mathrm{H}^{(p,q)}(M, E))^*$ 中的元素. 利用此, 我们得到 $\mathrm{H}^{(m-p,m-q)}(M, E^*)$ 到 $\mathrm{H}^{(p,q)}(M, E)$ 的对偶空间 $(\mathrm{H}^{(p,q)}(M, E))^*$ 的一个线性映射

$$\mathrm{H}^{(m-p,m-q)}(M, E^*) \to (\mathrm{H}^{(p,q)}(M, E))^*, \quad v \mapsto F(\ , v).$$

如果 $v \in \mathrm{H}^{(m-p,m-q)}(M, E^*), v \neq 0$, 利用 Hodge 定理, 我们可以设 v 是调和形式, 这时由引理 5.2.2, $*v \in \mathrm{H}^{(p,q)}(M, E)$ 满足

$$F(*v, v) = (-1)^{p+q}(*v, *v) \neq 0,$$

因此 $w \mapsto F(w, v)$ 是 $\mathrm{H}^{(p,q)}(M, E)$ 上的不恒为零的线性函数. 我们得到映射

$$\mathrm{H}^{(m-p,m-q)}(M, E^*) \to (\mathrm{H}^{(p,q)}(M, E))^*, \quad v \mapsto F(\ , v)$$

是单射. 而另一方面, 由 Hodge 定理我们知道 $\mathrm{H}^{(p,q)}(M, E)$ 是有限维的线性空间, 而 Kodaira-Serre 对偶定理则表明 $\dim \mathrm{H}^{(p,q)}(M, E) = \dim \mathrm{H}^{(m-p,m-q)}(M, E^*)$. 因此上面的映射必须是满射. 由此我们得到了 Kodaira-Serre 对偶定理的几何形式.

定理 5.2.5(Kodaira-Serre 对偶定理) 设 M 是 m 维紧复流形, E 是 M 上的全纯向量丛, 则

$$(\mathrm{H}^{(p,q)}(M, E))^* \cong \mathrm{H}^{(m-p,m-q)}(M, E^*),$$

而双线性函数 $F: \mathrm{H}^{(p,q)}(M, E) \times \mathrm{H}^{(m-p,m-q)}(M, E^*) \to \mathbb{C}$ 给出了这一对偶同构关系.

如果在上面的同构中特别地令 $p = 0$, 则得

$$(\mathrm{H}^{(0,q)}(M, E))^* \cong \mathrm{H}^{(m,m-q)}(M, E^*)$$

$$= \mathrm{H}^{(0,m-q)}(M, E^* \wedge^m T^*_{(1,0)}(M)) = \mathrm{H}^{(0,m-q)}(M, E^* \otimes K),$$

上式中 $K = \wedge^m T^*_{(1,0)}(M)$ 是 $T^*_{(1,0)}(M)$ 的行列式线丛, 称为流形 M 的**典则线丛**. 我们得到 Kodaira-Serre 对偶定理的一个特殊、也是常用的形式.

定理 5.2.6(Kodaira-Serre 对偶定理) 设 M 是 m 维紧复流形, E 是 M 上的全纯向量丛, 则

$$(\mathrm{H}^{(0,q)}(M, E))^* \cong \mathrm{H}^{(0,m-q)}(M, E^* \otimes K).$$

特别地,

$$\dim \mathrm{H}^{(0,q)}(M, E) = \dim \mathrm{H}^{(0,m-q)}(M, E^* \otimes K),$$

而双线性函数 $F(w, v)$ 给出了这一对偶同构关系.

例 1 设 R 是一紧 Riemann 曲面, D 是 R 上给定的除子, $[D]$ 是由 D 定义的线丛, 在第 4 章第 2 节的例 10 中我们证明了 $[D]$ 的 $(0,0)$ 阶 Dolbeault 同调群 $\mathrm{H}^{(0,0)}(R, [D])$ 就是线丛 $[D]$ 在 R 上全纯截影全体构成的线性空间, 这一空间与由 R 上满足 $\mathrm{div}(f) + D \geqslant 0$ 的亚纯函数全体组成的线性空间 $l(D)$ 同构. 下面利用 Kodaira-Serre 对偶, 我们希望将类似的同构推广到 $[D]$ 的同调群 $\mathrm{H}^{(0,1)}(R, [D])$ 上.

首先, 由 Kodaira-Serre 对偶定理, 我们知道

$$\mathrm{H}^{(0,1)}(R, [D]) \cong \mathrm{H}^{(1,0)}(M, [D]^*) = \mathrm{H}^{(0,0)}(R, [-D] \otimes K),$$

其中 K 是 R 的典则线丛, K 中截影是 R 上的全纯微分. 对于 R 的局部坐标 z, K 中截影可以表示为 $f(z)\mathrm{d}z$ 的形式, $f(z)$ 是 z 的全纯函数. 类比于此, 为了表示线丛 $[-D] \otimes K$ 的全纯截影, 用亚纯函数代替全纯函数, 我们将 R 上一个对于局部坐标能够表示为 $g(z)\mathrm{d}z$ 的微分形式称为亚纯微分形式, 如果其中 $g(z)$ 是 z 的亚纯函数. 现设 $\tilde{z}$ 是 R 的另一局部坐标, 则在坐标变换下 $g(z)\mathrm{d}z = g(z(\tilde{z}))\dfrac{\mathrm{d}z}{\mathrm{d}\tilde{z}}\mathrm{d}\tilde{z} = \tilde{g}(\tilde{z})\mathrm{d}\tilde{z}$, 其中 $g(z)\dfrac{\mathrm{d}z}{\mathrm{d}\tilde{z}} = \tilde{g}(\tilde{z})$. 由于 $\dfrac{\mathrm{d}z}{\mathrm{d}\tilde{z}}$ 是处处不为零的解析函数, 因而函数 $g(z)$ 与 $\tilde{g}(\tilde{z})$ 的零点和极点完全相同, 或者说一个亚纯微分形式的零点和极点与表示亚纯微分形式的局部坐标无关. 因此如果 $u \neq 0$ 是 R 上的

亚纯微分形式,则可将 u 的系数函数的零点和极点定义为 u 的零点和极点,这样,利用 u 的零点和极点,我们得到 R 上的一个除子,记为 $\operatorname{div}(u)$.

利用亚纯微分形式,对于同调群 $\mathrm{H}^{(0,0)}(R, [-D] \otimes K)$,设 s_D 是 $[D]$ 的典则截影,$w \in \mathrm{H}^{(0,0)}(R, [-D] \otimes K)$,则 $w = s_D u$ 是 $\mathrm{H}^{(0,0)}(R, K)$ 中的元素,因而是 R 上的全纯微分,这时 $u = s_D^{-1} w$ 是 R 上的亚纯微分形式. 由于全纯微分形式没有极点,所以

$$0 \leqslant \operatorname{div}(w) = -\operatorname{div}(D) + \operatorname{div}(u).$$

反过来,如果 u 是 R 上的亚纯微分形式,满足 $\operatorname{div}(u) \geqslant D$,则 $s_D^{-1} u$ 没有极点,因而是 $\mathrm{H}^{(0,0)}(R, [-D] \otimes K)$ 中的元素. 利用此,如果令

$$i(D) = \Big\{ u \mid u \text{ 是} R \text{ 亚纯微分形式},\ 满足\ \operatorname{div}(u) \geqslant D \Big\},$$

由上面的讨论我们得到 $i(D) \cong \mathrm{H}^{(0,0)}(R, [-D] \otimes K) \cong \mathrm{H}^{(0,1)}(R, [D])$. 关于空间 $i(D)$ 的进一步讨论,请参阅下一章的 Riemann-Roch 定理.

上面我们对于紧复流形上全纯向量丛的 Dolbeault 同调群,给出了 Hodge 定理和 Kodaira-Serre 对偶定理,这些定理都是紧致、可定向微分流形上关于 de Rham 同调群的 Hodge 定理,以及相应的 Poincaré 对偶定理等相关定理对于复流形的推广. 下面为了在紧 Kähler 流形上进一步讨论 Hodge 定理的应用,我们这里先对微分流形中关于 de Rham 同调群的 Hodge 定理,$*$ 算子以及 Poincaré 对偶定理等相关的理论做一点简单介绍.

设 M 是一紧致、可定向的 m 维微分流形,$\mathrm{d}s^2$ 是 M 上给定的 Riemann 度量. 我们以 $A^r(M)$ 表示 M 上所有光滑的 r-次微分形式构成的线性空间. 与上面的讨论相同,利用 $\mathrm{d}s^2$,我们可以在 $A^r(M)$ 上定义一个内积使其成为内积空间. 我们以 $K^r(M)$ 表示这一空间的完备化. 对于 $A^r(M)$,外微分 $\mathrm{d}: A^r(M) \to A^{r+1}(M)$ 可以延拓到 $K^r(M)$ 的一个子集上,使之成为在 $K^r(M)$ 中一个稠子集上定义的闭算子. 设 d^* 是 d 的对偶算子,令

$$\Delta_{\mathrm{d}} = \mathrm{d}\mathrm{d}^* + \mathrm{d}^*\mathrm{d},$$

Δ_d 称为外微分 d 对于给定 Riemann 度量 ds^2 的**Laplace 算子**. Laplace 方程 $\Delta_d u = 0$ 在 $K^r(M)$ 中的解称为 r- **次调和形式**.

另一方面, 对于微分流形 M, 利用外微分 d, 我们在上一节中定义了 M 的 de Rham 同调群

$$H^r(M,\mathbb{R}) = \frac{\text{Ker}\{d: A^r(M) \to A^{r+1}(M)\}}{\text{Im}\{d: A^{r-1}(M) \to A^r(M)\}}.$$

与上面 Dolbeault 同调群的问题相同, 需要讨论怎样给出这一同调群中每一个同调元素的唯一表示. 对此, 利用外微分算子 d 的 Laplace 算子 Δ_d, 我们有与紧复流形上全纯向量丛相同的 Hodge 定理.

定理 (Hodge 定理) 设 M 是一 m 维紧致、可定向的微分流形, ds^2 是 M 上给定的 Riemann 度量, Δ_d 是外微分 d 对应于 ds^2 的 Laplace 算子, 以

$$TH^r(M,\mathbb{R}) = \{u \in K^r(M) \mid \Delta_d u = 0\}$$

表示 M 上所有 r- 次调和形式组成的线性空间, 则

(1) $TH^r(M,\mathbb{R}) \subset A^r(M)$;

(2) $TH^r(M,\mathbb{R}) \cong H^r(M,\mathbb{R})$;

(3) $\dim TH^r(M,\mathbb{R}) < +\infty$.

对于 Δ_d 的表示, 与 $\bar{\partial}$ 的讨论相同, 我们同样可以定义 M 上微分形式对于给定度量 ds^2 的 $*$ 算子, 从而得到对偶算子 $d^* = -*d*, *\Delta_d = \Delta_d *$. 而利用 $*$ 算子, 我们有下面著名的 Poincaré对偶定理.

定理 (Poincaré对偶定理) 设 M 是一紧致、可定向的 m 维微分流形, 则对于 $r = 0, 1, \cdots, m$,

$$(H^r(M,\mathbb{R}))^* \cong H^{m-r}(M,\mathbb{R}),$$

并且这一对偶关系可由双线性函数

$$F: H^r(M,\mathbb{R}) \times H^{m-r}(M,\mathbb{R}) \to \mathbb{R}, \quad F(w,v) = \int_M w \wedge v$$

给出, 这里 w 和 v 分别是 $H^r(M,\mathbb{R})$ 和 $H^{m-r}(M,\mathbb{R})$ 中元素的任意表示.

§5.3 Kähler 流形上的 Hodge 分解

这一节里应用 Hodge 定理, 我们将在紧 Kähler 流形 M 上给出 M 的 de Rham 同调群 $H^r(M,\mathbb{C})$ 对于 M 自身的 Dolbeault 同调群 $H^{(p,q)}(M)$ 之间的直和分解关系, 并利用这些分解来说明一个紧复流形如果是 Kähler 流形, 则流形在拓扑结构上需要满足一些必要条件. 这一节关于 $\bar{\partial}$ 算子给出的一些基本恒等式十分重要, 在本书第 7 章中还将反复用到.

首先, 复流形当然都是可定向的微分流形, 而如果以复值函数和复值微分形式分别代替实值函数和实值微分形式, 则代替 $H^r(M,\mathbb{R})$, 我们可以定义相应的关于复数域 $\mathbb{C}$ 的 de Rham 同调群 $H^r(M,\mathbb{C})$,

$$H^r(M,\mathbb{C}) = \frac{\{w|\ w \text{ 是复值的 d 闭 } r\text{-次微分形式}\}}{\{u|\ u \text{ 是复值的 d 正合 } r\text{-次微分形式}\}}.$$

这时对于切丛 $T(M)$ 的 Hermite 度量, 关于 d 的 Laplace 算子 Δ_d 和关于同调群 $H^r(M,\mathbb{C})$ 的 Hodge 定理同样成立.

而在复流形 M 上, 相对于切丛和余切丛的直和分解

$$T(M) = T_{(1,0)}(M) \oplus T_{(0,1)}(M), \quad T^*(M) = T^*_{(1,0)}(M) \oplus T^*_{(0,1)}(M),$$

对于余切丛 $T^*(M)$ 的 r-次外积 $\wedge^r T^*(M)$, 我们有直和分解

$$\wedge^r T^*(M) = \bigoplus_{p+q=r} [(\wedge^p T^*_{(1,0)}(M)) \wedge (\wedge^q T^*_{(0,1)}(M))] = \bigoplus_{p+q=r} T^{(p,q)}(M).$$

这一分解表明 M 上一个复值 r-次微分形式可唯一地分解为 (p,q)-形式的和, 其中 $p+q=r$. 因此一个自然的问题是 M 上利用外微分 d 和复值 r-次微分形式定义的 de Rham 同调群 $H^r(M,\mathbb{C})$, 与 M 上利用 $\bar{\partial}$ 算子和 (p,q)-形式定义的 Dolbeault 同调群 $H^{(p,q)}(M)$ 之间有什么关系.

从另外一个角度, 在上一章中我们已经说明了复流形 M 上全纯切丛 $T_{(1,0)}(M)$ 的一个 Hermite 度量诱导了 M 上复切丛 $T(M)$ 的一

个 Hermite 度量, 而 $T_{(1,0)}(M)$ 的 Hermite 度量确定了一个 $\bar{\partial}$ 算子的 Laplace 算子 $\Delta_{\bar{\partial}}$, 同时 M 上复切丛 $T(M)$ 的 Hermite 度量则确定了一个外微分 d 的 Laplace 算子 Δ_d. 我们自然关心由同一个度量确定的这两个 Laplace 算子之间有什么联系. 下面我们将在紧致的 Kähler 流形上给出 Δ_d 与 $\Delta_{\bar{\partial}}$ 之间的关系式: $\Delta_d = 2\Delta_{\bar{\partial}}$. 利用这一等式以及复流形上 r- 次微分形式对于 (p,q)- 形式的分解, 就不难给出 Δ_d 的调和形式相对于 $\Delta_{\bar{\partial}}$ 的调和形式的分解. 由此, 如果将同调群的性质等同于调和形式的性质, 那么作为 Hodge 定理的应用, 我们就能够在紧 Kähler 流形上给出相应的 de Rham 同调群对于 Dolbeault 同调群的分解了.

我们从 m 维复向量空间 $\mathbb{C}^m$ 开始讨论. 在 $\mathbb{C}^m$ 上, 利用实坐标与复坐标之间的关系, 对于外微分 d 的 Laplace 算子 Δ_d, 我们有下面等式:

$$\Delta_d = \sum_{i=1}^m \left[\frac{\partial^2}{(\partial x^i)^2} + \frac{\partial^2}{(\partial y^i)^2} \right] = 4 \sum_{i=1}^m \frac{\partial^2}{\partial z^i \partial \bar{z}^i} = 2 \sum_{i=1}^m \left[\frac{\partial^2}{\partial z^i \partial \bar{z}^i} + \frac{\partial^2}{\partial \bar{z}^i \partial z^i} \right].$$

从形式上看, 应该成立等式

$$\Delta_{\bar{\partial}} = \sum_{i=1}^m \left[\frac{\partial^2}{\partial z^i \partial \bar{z}^i} + \frac{\partial^2}{\partial \bar{z}^i \partial z^i} \right].$$

在下面的讨论中我们将证明, 对于 $\mathbb{C}^m$ 上标准的 Hermite 度量, 如果仅考虑 $\mathbb{C}^m$ 上由具有紧支集的微分形式组成的线性空间, 则这一等式确实成立. 由此我们得到

$$\Delta_d = 2\Delta_{\bar{\partial}}.$$

这是一个关于 Laplace 算子的非常重要的关系式, 我们当然希望进一步将这一关系式推广到复流形上.

首先在本书第 4 章第 4 节 Kähler 流形的讨论中, 我们已经证明了如果不计二阶和二阶以上的无穷小, 则在复流形的全纯切丛上只有 Kähler 度量局部才与 $\mathbb{C}^m$ 上标准的 Hermite 度量相同 (见定理 4.4.3). 利用这一点, 本节我们希望将 $\mathbb{C}^m$ 上关于 Laplace 算子的关系式 $\Delta_d = 2\Delta_{\bar{\partial}}$ 推广到 Kähler 流形上. 在这一节中我们希望证明的主要定理是

§5.3 Kähler 流形上的 Hodge 分解

定理 5.3.1 设 M 是一 m 维的紧致 Kähler 流形，则在 M 上由 Kähler 度量确定的关于 $\bar{\partial}$ 的 Laplace 算子 $\Delta_{\bar{\partial}}$，与由 Kähler 度量诱导的复切丛 $T(M)$ 上的 Hermite 度量所确定的关于外微分 d 的 Laplace 算子 Δ_{d} 之间，成立关系式

$$\Delta_{\mathrm{d}} = 2\Delta_{\bar{\partial}}.$$

等式 $\Delta_{\mathrm{d}} = 2\Delta_{\bar{\partial}}$ 有许多应用，下面我们先来说明这一等式在紧 Kähler 流形上的几个比较直接的推论，定理 5.3.1 的证明将放在后面. 首先由这一等式我们知道，Δ_{d} 的调和形式与 $\Delta_{\bar{\partial}}$ 的调和形式相同，而我们知道 $\Delta_{\bar{\partial}}$ 将 (p,q)- 形式映为 (p,q)- 形式，即

$$\Delta_{\bar{\partial}}(A(M, T^{(p,q)}(M))) \subset A(M, T^{(p,q)}(M)),$$

因此 Δ_{d} 也将 (p,q)- 形式映为 (p,q)- 形式，即

$$\Delta_{\mathrm{d}}(A(M, T^{(p,q)}(M))) \subset A(M, T^{(p,q)}(M)).$$

这时，如果 w 是一关于 Δ_{d} 调和的 r- 次微分形式，$w = \sum_{p+q=r} w^{(p,q)}$ 是 w 关于 (p,q)- 形式的分解，则

$$0 = \Delta_{\mathrm{d}} w = \sum_{p+q=r} \Delta_{\mathrm{d}}(w^{(p,q)}).$$

但复值 r- 次微分形式关于 (p,q)- 形式的分解是唯一的，因而上式成立，则必须对于任意 $p+q = r$, $\Delta_{\mathrm{d}}(w^{(p,q)}) = 0$. 而另一方面，由 $\Delta_{\mathrm{d}} = 2\Delta_{\bar{\partial}}$，可得 $\Delta_{\bar{\partial}}(w^{(p,q)}) = 0$，所以 $w^{(p,q)}$ 是关于 $\Delta_{\bar{\partial}}$ 调和的 (p,q)- 形式. 我们得到，在紧致 Kähler 流形上，任意一个关于 Δ_{d} 调和的 r- 次微分形式可唯一地分解为关于 $\Delta_{\bar{\partial}}$ 调和的 (p,q)- 形式之和. 反之，由 $\Delta_{\mathrm{d}} = 2\Delta_{\bar{\partial}}$，任意关于 $\Delta_{\bar{\partial}}$ 调和的 (p,q)- 形式也是关于 Δ_{d} 调和的 r- 次微分形式，其中 $p+q=r$.

其次，由于 Δ_{d} 是一实算子，即 $\overline{\Delta_{\mathrm{d}}} = \Delta_{\mathrm{d}}$，因而 $\Delta_{\bar{\partial}}$ 也是实算子. 特别地，如果 (p,q)- 形式 w 满足 $\Delta_{\bar{\partial}} w = 0$，则

$$0 = \overline{\Delta_{\bar{\partial}} w} = \Delta_{\bar{\partial}} \overline{w},$$

所以 (q,p)-形式 $\overline{w}$ 也是调和形式. 共轭运算给出了 M 上 (p,q)-调和形式全体组成的线性空间 $\mathrm{TH}(M,,T^{(p,q)}(M))$ 与 (q,p)-调和形式全体组成的线性空间 $\mathrm{TH}(M,T^{(q,p)}(M))$ 之间的同构.

而利用 Hodge 定理, 如果以调和形式表示同调群, 则调和形式的性质反映的就是同调群的性质, 我们可以将上面的结论转换为关于同调群之间的关系. 对此, 我们有下面关于紧致 Kähler 流形上同调群的 Hodge 分解定理.

定理 5.3.2(Hodge 分解定理)　设 M 是一 m 维的紧致 Kähler 流形, 则对于 $r=0,1,\cdots,2m$, M 的 de Rham 同调群与 Dolbeault 同调群之间有直和分解关系

$$\mathrm{H}^r(M,\mathbb{C}) = \bigoplus_{p+q=r} \mathrm{H}^{(p,q)}(M).$$

而对于任意自然数对 (p,q), Dolbeault 同调群满足

$$\overline{\mathrm{H}^{(p,q)}(M)} = \mathrm{H}^{(q,p)}(M).$$

下面我们给出 Hodge 分解的一些简单应用. 令

$$b_r = \dim \mathrm{H}^r(M,\mathbb{C}), \quad h^{(p,q)} = \dim \mathrm{H}^{(p,q)}(M),$$

则上面关于 $\mathrm{H}^r(M,\mathbb{C})$ 的直和分解表明, 对于紧致 Kähler 流形,

$$b_r = \sum_{p+q=r} h^{(p,q)}, \quad h^{(p,q)} = h^{(q,p)}.$$

特别地, 如果 r 是奇数, 则满足 $p+q=r$ 的自然数对 (p,q) 和 (q,p) 必须成对出现, 而 $h^{(p,q)} = h^{(q,p)}$, 因此 b_r 必须是偶数. 我们知道 b_r 称为流形 M 的 r-**阶 Betti 数**, 是 M 最基本的拓扑不变量. 上面的等式表明, 紧复流形 M 如果是 Kähler 流形, 则 M 必须满足 b_{2r+1} 为偶数以及 $b_{2r} \neq 0$(见定理 5.1.2), 这样一些拓扑条件.

对于定理 5.3.1 的证明, 我们将通过下面一系列的讨论来得到. 首先如定理 4.4.3 所述, 在忽略不计二阶和二阶以上无穷小的意义下, Kähler 度量局部与 $\mathbb{C}^m$ 上标准的欧氏度量相同. 而下面我们将说明

Laplace 算子实际仅与度量及其一阶微分有关. 因此我们将先在 $\mathbb{C}^m$ 上证明相应的关系式, 然后利用欧氏度量与 Kähler 度量之间的这种相似性, 将所需结论推广到 Kähler 流形上. 首先, 以 $C_0^{(p,q)}(\mathbb{C}^m)$ 表示 $\mathbb{C}^m$ 上具有紧支集的 (p,q)-形式全体组成的线性空间, 利用 $\mathbb{C}^m$ 上标准的欧氏度量, 我们可在 $C_0^{(p,q)}(\mathbb{C}^m)$ 上定义内积. 设

$$w = \sum_{I,J} f_{I,J} \mathrm{d}w^I \wedge \mathrm{d}\overline{w}^J, \quad v = \sum_{I,J} g_{I,J} \mathrm{d}w^I \wedge \mathrm{d}\overline{w}^J$$

是 $C_0^{(p,q)}(\mathbb{C}^m)$ 中的元素, 其中 $I = (i_1, \cdots, i_p), J = (j_1, \cdots, j_q)$ 是多重指标, 满足 $1 \leqslant i_1 < \cdots < i_p \leqslant m, 1 \leqslant j_1 < \cdots < j_q \leqslant m$. 令

$$(w, v) = \sum_{I,J} \int_{\mathbb{C}^m} f_{I,J} \overline{g_{I,J}} \mathrm{d}V,$$

利用此, $C_0^{(p,q)}(\mathbb{C}^m)$ 成为内积空间.

对于 $i = 1, \cdots, m$, 我们以 e_i 和 $\overline{e}_i$ 分别表示映射

$$e_i : C_0^{(p,q)}(\mathbb{C}^m) \to C_0^{p+1,q}(\mathbb{C}^m), \quad e_i(w) = \mathrm{d}z^i \wedge w,$$

$$\overline{e}_i : C_0^{(p,q)}(\mathbb{C}^m) \to C_0^{p,q+1}(\mathbb{C}^m), \quad \overline{e}_i(w) = \mathrm{d}\overline{z}^i \wedge w.$$

以 $l_i, \overline{l}_i$ 分别记 e_i 和 $\overline{e}_i$ 的对偶算子.

同样对于 $i = 1, \cdots, m$, 我们以 ∂_i 和 $\overline{\partial}_i$ 分别表示算子

$$\partial_i : C_0^{(p,q)}(\mathbb{C}^m) \to C_0^{(p,q)}(\mathbb{C}^m), \quad \partial_i(w) = \frac{\partial w}{\partial z^i},$$

$$\overline{\partial}_i : C_0^{(p,q)}(\mathbb{C}^m) \to C_0^{(p,q)}(\mathbb{C}^m), \quad \overline{\partial}_i(w) = \frac{\partial w}{\partial \overline{z}^i}.$$

以 ∂_i^* 和 $\overline{\partial}_i^*$ 分别记 ∂_i 和 $\overline{\partial}_i$ 的对偶算子.

下面我们先给出这些算子相互之间的关系. 首先对于任意给定的多重指标 $I = (i_1, \cdots, i_p)$ 和 $J = (j_1, \cdots, j_q)$, 设 f 是 $\mathbb{C}^m$ 上一有紧支集的函数, $v \in C_0^{(p,q)}(\mathbb{C}^m)$, 对于 $i = 1, \cdots, m$, 由定义

$$(l_i(f\mathrm{d}w^I \wedge \mathrm{d}\overline{w}^J), v) = (f\mathrm{d}w^I \wedge \mathrm{d}\overline{w}^J, e_i(v)) = (f\mathrm{d}w^I \wedge \mathrm{d}\overline{w}^J, \mathrm{d}z^i \wedge v).$$

因此, 如果 I 中不含指标 i, 则上式为零. 我们将这一关系表示为

$$l_i(\mathrm{d}w^I \wedge \mathrm{d}\overline{w}^J) = 0, \quad \text{如果 } i \notin I.$$

另一方面,

$$(l_i(f\mathrm{d}z^i \wedge \mathrm{d}w^I \wedge \mathrm{d}\overline{w}^J), v) = (f\mathrm{d}z^i \wedge \mathrm{d}w^I \wedge \mathrm{d}\overline{w}^J, e_i(v))$$
$$= (f\mathrm{d}z^i \wedge \mathrm{d}w^I \wedge \mathrm{d}\overline{w}^J, \mathrm{d}z^i \wedge v) = 2(f\mathrm{d}w^I \wedge \mathrm{d}\overline{w}^J, v)$$

(注意这里 $\|\mathrm{d}z^i\| = 2$), 我们得到

$$l_i(f\mathrm{d}z^i \wedge \mathrm{d}w^I \wedge \mathrm{d}\overline{w}^J) = 2f\mathrm{d}w^I \wedge \mathrm{d}\overline{w}^J.$$

结合上面两个关系式, 我们得到下面等式:

$$l_i e_i + e_i l_i = 2\mathrm{Id}, \quad \overline{l}_i \overline{e}_i + \overline{e}_i \overline{l}_i = 2\mathrm{Id}. \tag{5.3.1}$$

而同样地讨论容易得到, 当 $i \neq j$ 时,

$$l_i e_j + e_j l_i = 0, \quad \overline{l}_i \overline{e}_j + \overline{e}_j \overline{l}_i = 0. \tag{5.3.2}$$

另一方面, 对于 $i, j = 1, \cdots, m$, 我们总有下面的关系:

$$l_i \overline{e}_j + \overline{e}_j l_i = 0, \quad \overline{l}_i e_j + e_j \overline{l}_i = 0. \tag{5.3.3}$$

同样地, 直接计算得 $l_i, e_i, \overline{l}_i, \overline{e}_i$ 与 ∂_i 和 $\overline{\partial}_i$ 都是可以交换的.

设 $w = f\mathrm{d}w^I \wedge \mathrm{d}\overline{w}^J, v = g\mathrm{d}w^I \wedge \mathrm{d}\overline{w}^J$ 都在 $\mathbb{C}^m$ 上具有紧支集, 利用 Stokes 公式得

$$(\partial_i w, v) = \int_{\mathbb{C}^m} \partial_i(f)\overline{g}\mathrm{d}V$$
$$= \int_{\mathbb{C}^m} \partial_i(f\overline{g})\mathrm{d}V - \int_{\mathbb{C}^m} f\overline{\overline{\partial_i}(g)}\mathrm{d}V = -\int_{\mathbb{C}^m} f\overline{\overline{\partial_i}(g)}\mathrm{d}V.$$

但由定义 $(\partial_i w, v) = (w, \partial_i^* v)$, 因此我们得到

$$\partial_i^* = -\overline{\partial}_i, \quad \overline{\partial}_i^* = -\partial_i. \tag{5.3.4}$$

我们以

§5.3 Kähler 流形上的 Hodge 分解

$$W = \frac{i}{2}\sum_{i=1}^{m} dz^i \wedge d\bar{z}^i$$

表示由 $\mathbb{C}^m$ 上的标准欧氏度量确定的 (1,1)-形式, 利用 W 我们定义算子 $L: C_0^{(p,q)}(\mathbb{C}^m) \to C_0^{p+1,q+1}(\mathbb{C}^m)$ 为

$$L(v) = W \wedge v.$$

以 Λ 表示 L 的对偶算子, 则利用上面我们对于 $i = 1, \cdots, m$ 定义的基本算子 $l_i, e_i, \bar{l}_i, \bar{e}_i$ 以及 ∂_i 和 $\bar\partial_i$, 算子 L 和 Λ 可以表示为

$$L = \frac{i}{2}\sum_{i=1}^{m} e_i \bar{e}_i, \quad \Lambda = -\frac{i}{2}\sum_{i=1}^{m} l_i \bar{l}_i.$$

同样地, 外微分 d 和 $\bar\partial$ 算子则可以表示为

$$d = \sum_{i=1}^{m}(\partial_i e_i + \bar\partial_i \bar{e}_i) = \partial + \bar\partial, \quad \bar\partial = \sum_{i=1}^{m}\bar\partial_i \bar{e}_i,$$

而它们的对偶算子可以表示为

$$d^* = -\sum_{i=1}^{m}(l_i \bar\partial_i + \bar{l}_i \partial_i) = \partial^* + \bar\partial^*, \quad \bar\partial^* = -\sum_{i=1}^{m}\bar{l}_i \partial_i.$$

我们希望做的是利用这些关系式来讨论 Kähler 流形上关于外微分 d 的 Laplace 算子 Δ_d, 以及 $\bar\partial$ 算子的 Laplace 算子 $\Delta_{\bar\partial}$ 之间的关系. 为此, 我们先给出下面两个基本恒等式.

引理 5.3.1(基本恒等式 I) 以 $[\Lambda, \partial] = \Lambda\partial - \partial\Lambda$ 表示算子 Λ 与 ∂ 的交换子, 则

$$[\Lambda, \partial] = i\bar\partial^*.$$

证明 直接计算

$$[\Lambda, \partial] = \Lambda\partial - \partial\Lambda = -\frac{i}{2}\sum_{i,j=1}^{m}(l_i \bar{l}_i \partial_j e_j - \partial_j e_j l_i \bar{l}_i)$$

$$= -\frac{i}{2}\sum_{i=1}^{m}(l_i \bar{l}_i \partial_i e_i - \partial_i e_i l_i \bar{l}_i) - \frac{i}{2}\sum_{i \neq j}^{m}(l_i \bar{l}_i \partial_j e_j - \partial_j e_j l_i \bar{l}_i),$$

而利用上面给出的 $l_i, e_i, \bar{l}_i, \bar{e}_i$ 之间的关系式 (5.3.1), (5.3.2) 和 (5.3.3), 上式中第一部分经过交换算子的顺序后, 可以表示为

$$-\frac{\mathrm{i}}{2}\sum_{i=1}^{m}(l_i\bar{l}_i\partial_i e_i - \partial_i e_i l_i \bar{l}_i) = -\frac{\mathrm{i}}{2}\sum_{i=1}^{m}(-\partial_i l_i e_i \bar{l}_i - \partial_i e_i l_i \bar{l}_i)$$

$$= \frac{\mathrm{i}}{2}\sum_{i=1}^{m}[\partial_i(l_i e_i + e_i l_i)\bar{l}_i] = \frac{\mathrm{i}}{2}\sum_{i=1}^{m} 2\partial_i \bar{l}_i.$$

而上式中第二部分经过交换算子的顺序后, 可以表示为

$$-\frac{\mathrm{i}}{2}\sum_{i\neq j}^{m}(l_i\bar{l}_i\partial_j e_j - \partial_j e_j l_i \bar{l}_i) = -\frac{\mathrm{i}}{2}\sum_{i\neq j}^{m}(\partial_j e_j l_i \bar{l}_i - \partial_j e_j l_i \bar{l}_i) = 0.$$

从等式 (5.3.4), 我们就得到

$$[\Lambda, \partial] = \Lambda\partial - \partial\Lambda = -\frac{\mathrm{i}}{2}\sum_{i=1}^{m} 2\partial_i \bar{l}_i = \mathrm{i}\bar{\partial}^*.$$

证毕.

在基本恒等式 I 的两边取共轭, 就得到基本恒等式 I 的另一形式.

基本恒等式 I′　　$[\Lambda, \bar{\partial}] = \Lambda\bar{\partial} - \bar{\partial}\Lambda = -\mathrm{i}\partial^*.$

对于 Λ 与 L 之间的交换关系, 我们有下面的基本恒等式.

引理 5.3.2(基本恒等式 II)　　以 $[\Lambda, L] = \Lambda L - L\Lambda$ 表示 Λ 与 L 的交换子, 则限制在 $C_0^{(p,q)}(\mathbb{C}^m)$ 上时,

$$[\Lambda, L] = (m - p - q)\mathrm{Id}.$$

证明　　直接计算

$$\Lambda L = \frac{1}{4}\sum_{i,j=1}^{m}\bar{l}_i l_i e_j \bar{e}_j = \frac{1}{4}\sum_{i=1}^{m}\bar{l}_i l_i e_i \bar{e}_i + \frac{1}{4}\sum_{i\neq j}^{m}\bar{l}_i l_i e_j \bar{e}_j$$

利用 (5.3.1), 上式为

$$\frac{1}{4}\sum_{i=1}^{m}(2\bar{l}_i\bar{e}_i - \bar{l}_i e_i l_i \bar{e}_i) + \frac{1}{4}\sum_{i\neq j}^{m}\bar{l}_i l_i e_j \bar{e}_j,$$

而由 (5.3.2), 在上式利用 $\bar{l}_i e_i = 2 - \bar{e}_i \bar{l}_i$, 以及 (5.3.3) 中 $\bar{l}_i$ 与 e_i 之间的交换关系, 上式为

$$\frac{1}{4}\sum_{i=1}^m (4-2\bar{e}_i\bar{l}_i) - \frac{1}{4}\sum_{i=1}^m 2e_i l_i + \frac{1}{4}\sum_{i,j=1}^m e_i\bar{e}_i\bar{l}_j l_j$$
$$= m\cdot\mathrm{Id} - \frac{1}{2}\sum_{i=1}^m (e_i l_i + \bar{e}_i\bar{l}_i) + L\Lambda.$$

从而

$$[\Lambda, L] = m\cdot\mathrm{Id} - \frac{1}{2}\sum_{i=1}^m (e_i l_i + \bar{e}_i\bar{l}_i),$$

但是, 如果 $i \in I$, 则 $e_i l_i(\mathrm{d}w^I \wedge \mathrm{d}\overline{w}^J) = \mathrm{d}w^I \wedge \mathrm{d}\overline{w}^J$; 如果 $i \notin I$, 则 $e_i l_i(\mathrm{d}w^I \wedge \mathrm{d}\overline{w}^J) = 0$. 而如果 $j \in J$, 则 $\bar{e}_i\bar{l}_i(\mathrm{d}w^I \wedge \mathrm{d}\overline{w}^J) = \mathrm{d}w^I \wedge \mathrm{d}\overline{w}^J$; 如果 $j \notin J$, 则 $\bar{e}_i\bar{l}_i(\mathrm{d}w^I \wedge \mathrm{d}\overline{w}^J) = 0$. 因此限制在 $C_0^{(p,q)}(\mathbb{C}^m)$ 上, $\frac{1}{2}\sum_{i=1}^m (e_i l_i + \bar{e}_i\bar{l}_i) = (p+q)\mathrm{Id}$. 我们得到 $[\Lambda, L] = (m-p-q)\mathrm{Id}$. 证毕.

利用这些恒等式, 在 $\mathbb{C}^m$ 上对于由标准欧氏度量确定的 Laplace 算子 Δ_d 和 $\Delta_{\bar\partial}$, 我们有下面引理.

引理 5.3.3 在 $\mathbb{C}^m$ 上对于有紧支集的微分形式, 成立关系式

$$\Delta_\mathrm{d} = 2\Delta_{\bar\partial}.$$

证明 直接计算

$$\Delta_\mathrm{d} = \mathrm{dd}^* + \mathrm{d}^*\mathrm{d} = (\partial + \bar\partial)(\partial^* + \bar\partial^*) + (\partial^* + \bar\partial^*)(\partial + \bar\partial)$$
$$= (\partial\partial^* + \partial^*\partial + \bar\partial\bar\partial^* + \bar\partial^*\bar\partial) + (\partial\bar\partial^* + \bar\partial^*\partial + \bar\partial\partial^* + \partial^*\bar\partial).$$

而由基本恒等式 I, $[\Lambda, \partial] = \mathrm{i}\bar\partial^*$ 以及 $\partial^2 = 0$, 得

$$\partial\bar\partial^* + \bar\partial^*\partial = -\partial[\mathrm{i}(\Lambda\partial - \partial\Lambda)] - \mathrm{i}(\Lambda\partial - \partial\Lambda)\partial = 0.$$

同理, 由基本恒等式 I′, $[\Lambda, \bar\partial] = -\mathrm{i}\partial^*$ 以及 $\bar\partial^2 = 0$, 代入得

$$\bar\partial\partial^* + \partial^*\bar\partial = 0.$$

因此我们得到

$$\Delta_d = \Delta_\partial + \Delta_{\overline{\partial}}.$$

我们只需证明 $\Delta_\partial = \Delta_{\overline{\partial}}$ 即可.

对基本恒等式 I 取共轭, 得 $[\Lambda, \overline{\partial}] = -\mathrm{i}\partial^*$, 因此

$$\Delta_\partial = \partial\partial^* + \partial^*\partial = \partial[\mathrm{i}(\Lambda\overline{\partial} - \overline{\partial}\Lambda)] + \mathrm{i}(\Lambda\overline{\partial} - \overline{\partial}\Lambda)\partial.$$

而同样由基本恒等式 I 以及 $\partial\overline{\partial} + \overline{\partial}\partial = 0$ 得

$$\begin{aligned}\Delta_{\overline{\partial}} &= \overline{\partial}\,\overline{\partial}^* + \overline{\partial}^*\overline{\partial} = \overline{\partial}[-\mathrm{i}(\Lambda\partial - \partial\Lambda)] - \mathrm{i}(\Lambda\partial - \partial\Lambda)\overline{\partial} \\ &= \partial[\mathrm{i}(\Lambda\overline{\partial} - \overline{\partial}\Lambda)] + \mathrm{i}(\Lambda\overline{\partial} - \overline{\partial}\Lambda)\partial = \Delta_\partial,\end{aligned}$$

等式成立. 证毕.

有了上面定理之后, 现在我们的问题是怎样将等式 $\Delta_d = 2\Delta_{\overline{\partial}}$ 推广到 Kähler 流形上. 考查上面的证明, 我们实际需要的是将上面的基本恒等式 I 和基本恒等式 II 都推广到 Kähler 流形上, 然后利用这些恒等式, 按照完全同样地推导得出 Kähler 流形上的 Laplace 算子 Δ_d 与 $\Delta_{\overline{\partial}}$ 之间的关系.

设 M 是 m 维的紧致 Kähler 流形, 我们以

$$A(M, T^{(p,q)}(M)) = A(M, (\wedge^p T^*_{(1,0)}(M)) \wedge (\wedge^q T^*_{(0,1)}(M)))$$

表示由 M 上所有可微的 (p,q)- 形式组成的线性空间. 利用 M 的 Kähler 度量, 与上面讨论相同, $A(M, T^{(p,q)}(M))$ 是一内积空间. 我们以 $K(M, T^{(p,q)}(M))$ 表示 $A(M, T^{(p,q)}(M))$ 的完备化空间. 设 W 是由 M 的 Kähler 度量确定的 $(1,1)$- 形式. 利用 W, 我们定义 $A(M, T^{(p,q)}(M))$ 到 $A(M, T^{(p+1,q+1)}(M))$ 的映射 L 为

$$L: A(M, T^{(p,q)}(M)) \to A(M, T^{(p+1,q+1)}(M)), \quad L(v) = W \wedge v.$$

我们将 L 延拓到 $K(M, T^{(p,q)}(M))$ 上, 而以 Λ 表示 L 的对偶算子. 另外, 如果我们将外微分 d 限制在 $A(M, T^{(p,q)}(M))$ 上, 则 d 给出了映射

$$\mathrm{d}: A(M, T^{(p,q)}(M)) \to A(M, T^{(p+1,q)}(M)) \oplus A(M, T^{(p,q+1)}(M)).$$

由于上面的直和分解与局部坐标的选取无关, 因而我们可将其中映射到 $A(M, T^{(p+1,q)}(M))$ 的部分记为 ∂, 即

$$\partial : A(M, T^{(p,q)}(M)) \to A(M, T^{(p+1,q)}(M)).$$

而将其中映射到 $A(M, T^{(p,q+1)}(M))$ 的部分记为 $\bar{\partial}$, 即

$$\bar{\partial} : A(M, T^{(p,q)}(M)) \to A(M, T^{(p,q+1)}(M)).$$

这样我们将 ∂ 和 $\bar{\partial}$ 算子都定义在流形的 (p,q)- 形式上, 这时

$$\mathrm{d} = \partial + \bar{\partial}.$$

我们分别以 ∂^* 和 $\bar{\partial}^*$ 记 ∂ 和 $\bar{\partial}$ 的对偶算子. 利用这些映射, 上面在 $\mathbb{C}^m$ 上表示基本恒等式时用到的各种算子都推广到了 $A(M, T^{(p,q)}(M))$ 上, 现在我们希望将基本恒等式也推广到这些算子上. 这里应该说明, 这两个基本恒等式是 Kähler 流形上的基本关系式, 我们在本书第 7 章的讨论中还将把这些恒等式推广到一般的全纯向量丛上, 用以讨论向量丛的消没定理.

定理 5.3.3(基本恒等式 I,II) 设 M 是 m 维的紧致 Kähler 流形, 以 $[\Lambda, \partial] = \Lambda\partial - \partial\Lambda$ 表示算子 Λ 与 ∂ 的交换子, $[\Lambda, L] = \Lambda L - L\Lambda$ 表示算子 Λ 与 L 的交换子, 则有**基本恒等式** I

$$[\Lambda, \partial] = \mathrm{i}\bar{\partial}^*. \tag{5.3.5}$$

而如果限制在 $A(M, T^{(p,q)}(M))$ 上, 则有**基本恒等式** II

$$[\Lambda, L] = (m - p - q)\mathrm{Id}. \tag{5.3.6}$$

证明 任取点 $P \in M$, 需要证明对于 M 上的任意微分形式 w, 上面恒等式的两端分别作用到 w 上后, 限制在 P 点时是相等的.

首先, 由定理 4.4.3 中关于 Kähler 度量的讨论, 我们知道, 存在 P 点的局部坐标 $(z^1, \cdots, z^m)$, 满足对于 $i = 1, \cdots, m, z^i(P) = 0$, 而 Kähler 度量 $\mathrm{d}s^2$ 在 P 点邻域可表示为

$$\mathrm{d}s^2 = \sum_{i,j=1}^m [\delta_{ij} + O(|Z|^2)]\mathrm{d}z^i \otimes \mathrm{d}\bar{z}^j,$$

其中 $|Z|^2 = \sum_{i=1}^{m} |z^i|^2$. 利用这一点, 我们可以选取全纯余切丛 $T^*_{(1,0)}$ 在 P 点邻域的正交标架 $\{\theta^1, \cdots, \theta^m\}$, 满足限制在 P 点时,

$$d\theta^i(P) = 0, i = 1, \cdots, m.$$

这时 M 上的微分形式在 P 点邻域都可表示为 $f\theta^I \wedge \overline{\theta}^J$ 的和的形式. 要证明恒等式在 P 点成立, 我们只需对 θ^i 和 $\overline{\theta^i}$ 验证这些等式即可.

其次, 对于局部正交标架 $\{\theta^1, \cdots, \theta^m\}$,

$$W = \frac{i}{2} \sum_{i=1}^{m} \theta^i \wedge \overline{\theta}^i,$$

与上面在 $\mathbb{C}^m$ 中的标准正交标架 $\{dz^1, \cdots, dz^m\}$ 比较, 在 P 点, 由 $\{\theta^1, \cdots, \theta^m\}$ 定义的代数运算 L 和 Λ 与 $\mathbb{C}^m$ 中由 $\{dz^1, \cdots, dz^m\}$ 定义的代数运算相同. 而对于 M 上的 ∂ 算子, 其相对于 $\mathbb{C}^m$ 中的 ∂ 算子, 将会多出一些含有 $\partial \theta^i$ 和 $\partial \overline{\theta}^i$ 的项. 但是由我们对于正交标架的选取条件 $d\theta^i(P) = 0$, 因此 $\partial\theta^i(P) = 0, \partial\overline{\theta}^i(P) = 0$. 所以如果限制在 P 点, ∂ 算子对于局部正交标架 $\{\theta^1, \cdots, \theta^m\}$ 的表达式与 $\mathbb{C}^m$ 中的 ∂ 算子对于标准正交标架 $\{dz^1, \cdots, dz^m\}$ 的表达式是一样的. 同理, 由 Hodge 定理的讨论我们知道 $\overline{\partial}^* = - * \overline{\partial} *$, 其中 $*$ 是代数运算, 所以 $\overline{\partial}^*$ 在 P 点仅与 θ^i 的一阶微分有关. 同样由 $d\theta^i(P) = 0$ 的条件, $\overline{\partial}^*$ 在 P 点的表达式与 $\mathbb{C}^m$ 中的 $\overline{\partial}^*$ 算子的表达式相同. 但是在 $\mathbb{C}^m$ 上对于这些算子, 我们已经证明了基本恒等式成立, 所以限制在 P 点, 对于用局部正交标架 $\{\theta^1, \cdots, \theta^m\}$ 表示的微分形式, 基本恒等式是成立的. 而另一方面, 由于恒等式两边的算子都与局部正交标架的选取无关, 因此这些恒等关系成立与否与局部正交标架的选取无关. 我们得到这些恒等式在 P 点成立, 而 $P \in M$ 是任取的点, 因此这些基本恒等式在 M 上处处成立. 证毕.

利用基本恒等式 I 和 II, 完全按照引理 5.3.3 的证明, 我们不难得到在紧致 Kähler 流形上定理 5.3.1 成立, 即 $\Delta_d = 2\Delta_{\overline{\partial}}$. 证明的细节留给读者作为练习.

§5.4 陈示性类 (Chern classes)

对于向量丛的研究,一个基本的问题是:通过什么样的方法能够比较两个向量丛的差异,判别两个向量丛是否同构?为了解决这一问题,就需要对向量丛建立一些不变量,或者更一般地,在流形的同调群中确定一些在拓扑同胚下不变的元素作为向量丛的示性类.通过示性类的性质来表示向量丛的性质,了解向量丛相互之间的关系.对于复向量丛,这其中最基本的是陈省身先生在上世纪 40 年代引入的陈示性类 (Chern classes).在上一章第 3 节讨论向量丛的联络时,我们定义了关于复向量丛联络的曲率矩阵,并说明曲率矩阵是某个向量丛的截影,因而其性质与局部标架的选取无关,可以用来表示向量丛和流形的性质.下面我们将利用曲率矩阵来定义复向量丛的陈示性类,然后在紧复流形上,利用这些示性类来表述关于全纯向量丛 Dolbeault 同调群维数的 Atiyah-Singer 指标定理.

设 M 是一微分流形,$\pi: E \to M$ 是 M 上 r 维的复向量丛,前面我们定义了 E 的联络 D, D 将 E 的截影映为 $E \otimes T^*(M)$ 的截影,即 E-值一次微分形式.我们要求 D 满足线性性和 Leibniz 法则.设 $\{e^1, \cdots, e^r\}$ 是 E 的一局部标架,

$$D(e^\alpha) = \sum_{\beta=1}^{r} w_\beta^\alpha e^\beta, \quad \alpha = 1, \cdots, r,$$

其中 $[w_\beta^\alpha]_{r \times r}$ 是联络 D 对于局部标架 $\{e^1, \cdots, e^r\}$ 的联络矩阵.而由二次微分形式组成的矩阵

$$\Omega = [\Omega_\beta^\alpha] = [dw_\beta^\alpha] - [w_\beta^\alpha] \wedge [w_\beta^\alpha]$$

就是联络 D 对于局部标架 $\{e^1, \cdots, e^r\}$ 的曲率矩阵.对应于标架变换,假定 $\{\widetilde{e}^1, \cdots, \widetilde{e}^r\}$ 是 E 的另一局部标架,

$$e^\alpha = \sum_{\beta=1}^{r} a_\beta^\alpha \widetilde{e}^\beta, \quad \alpha = 1, \cdots, r,$$

是标架之间的变换关系, 其中 $[a_\beta^\alpha]_{r\times r}$ 是变换矩阵. 设 $[\widetilde{\Omega}_\beta^\alpha]_{r\times r}$ 是联络 D 对于局部标架 $\{\widetilde{e}^1,\cdots,\widetilde{e}^r\}$ 的曲率矩阵, 则

$$[\Omega_\beta^\alpha] = [a_\beta^\alpha][\widetilde{\Omega}_\beta^\alpha][a_\beta^\alpha]^{-1}. \tag{5.4.1}$$

因此, 曲率矩阵确定了一个与局部标架选取无关的、向量丛 $E\otimes E^*\otimes \wedge^2 T^*(M)$ 在 M 上的整体截影. 由于曲率矩阵的这一性质, 我们希望利用它来构造向量丛的不变量. 首先, 曲率矩阵在标架变换下的等式 (5.4.1) 可类比于线性代数中矩阵之间的相似关系, 因而要通过曲率矩阵构造一些与标架选取无关的量, 我们先来讨论矩阵在相似变换下不变的一些关系式, 例如, 行列式等.

设 $A = [x_\beta^\alpha]_{r\times r}$ 是由不定元 $\{x_\beta^\alpha\}$ 构成的 r 阶矩阵, I 是 r 阶单位矩阵, 考虑行列式

$$\det\left(I + \frac{\mathrm{i}}{2\pi}A\right) = \sum_{k=0}^r P_k(A),$$

其中 $P_k(A)$ 表示不定元 $\{x_\beta^\alpha\}$ 的 k 阶齐次多项式. 显然, 上面的行列式以及多项式 $P_k(A)$ 都在矩阵的相似变换下不变, 即如果 $\widetilde{A} = BAB^{-1}$, 则 $P_k(\widetilde{A}) = P_k(A), k = 0,1,\cdots,r$.

现设 E 是微分流形 M 上的 r 维复向量丛, D 是 E 的一个给定的联络, $\Omega = [\Omega_\beta^\alpha]_{r\times r}$ 是 D 对于局部标架 $\{e^1,\cdots,e^r\}$ 的曲率矩阵, 对于 $k = 0,1,\cdots,r$, 令

$$W_k = P_k(\Omega).$$

这里在多项式 $P_k(\Omega)$ 中, 矩阵 $\Omega = [\Omega_\beta^\alpha]_{r\times r}$ 的元素 Ω_β^α 都是二次微分形式, 这些元素以外积关系相乘. 而由于 Ω_β^α 都是二次微分形式, 所以相互之间的乘积是可以交换的. 我们得到, 对于 $k = 0,\cdots,r$, $P_k(\Omega)$ 都是 $2k$- 次微分形式. 另一方面, 由于在 E 的不同标架下, 曲率矩阵之间满足相似关系 (5.4.1), 而 $P_k(\Omega)$ 对于矩阵的相似关系不变. 因此 $P_k(\Omega)$ 与 E 的局部标架的选取无关, 我们得到 $P_k(\Omega)$ 是定义在整个 M 上的微分形式. 下面我们将证明 $P_k(\Omega)$ 是 d 闭的实微分形式, 即 $\overline{P_k(\Omega)} = P_k(\Omega)$, 且 $\mathrm{d}(P_k(\Omega)) = 0$. 利用这一点, $P_k(\Omega)$ 就在流形 M

的 de Rham 同调群 $\mathrm{H}^{2k}(M,\mathbb{R})$ 中确定了一同调元素. 我们将进一步证明由 $P_k(\Omega)$ 在同调群 $\mathrm{H}^{2k}(M,\mathbb{R})$ 中确定的同调元素仅与向量丛 E 有关, 而与联络 D 的具体选取无关. 这样, 由 $P_k(\Omega)$ 确定的同调类就给出了复向量丛 E 的一些基本不变量. 为此, 我们先对向量丛 E 的联络矩阵和曲率矩阵证明下面一些引理.

引理 5.4.1(Bianchi 恒等式) 设 $W = [w_\beta^\alpha]_{r\times r}$ 和 $\Omega = [\Omega_\beta^\alpha]_{r\times r}$ 分别是联络 D 对于局部标架 $\{e^1,\cdots,e^r\}$ 的联络矩阵和曲率矩阵, 则

$$\mathrm{d}\Omega = W \wedge \Omega - \Omega \wedge W.$$

证明 由 $\Omega = [\Omega_\beta^\alpha] = [\mathrm{d}w_\beta^\alpha] - [w_\beta^\alpha] \wedge [w_\beta^\alpha]$, 外微分得

$$\mathrm{d}\Omega = -[\mathrm{d}w_\beta^\alpha] \wedge [w_\beta^\alpha] + [w_\beta^\alpha] \wedge [\mathrm{d}w_\beta^\alpha].$$

但 $[\mathrm{d}w_\beta^\alpha] = [\Omega_\beta^\alpha] + [w_\beta^\alpha] \wedge [w_\beta^\alpha]$, 代入得

$$\begin{aligned}\mathrm{d}\Omega &= -([\Omega_\beta^\alpha] + [w_\beta^\alpha] \wedge [w_\beta^\alpha]) \wedge [w_\beta^\alpha] + [w_\beta^\alpha] \wedge ([\Omega_\beta^\alpha] + [w_\beta^\alpha] \wedge [w_\beta^\alpha]) \\ &= [w_\beta^\alpha] \wedge [\Omega_\beta^\alpha] - [\Omega_\beta^\alpha] \wedge [w_\beta^\alpha] = W \wedge \Omega - \Omega \wedge W.\end{aligned}$$

证毕.

对于 $\alpha,\beta = 1,\cdots,r$, 在多项式 $P_k(\Omega)$ 中将 Ω_β^α 分别看做相互独立的变量, 以 $P_k'(\Omega)_\beta^\alpha := \dfrac{\partial P_k(\Omega)}{\partial \Omega_\beta^\alpha}$ 表示 $P_k(\Omega)$ 关于相应变量的形式偏导数, 则有下面引理.

引理 5.4.2 设 $\Omega = [\Omega_\beta^\alpha]_{r\times r}$ 是联络 D 的曲率矩阵, 对于 $k = 0,1,\cdots,r$, $P_k(\Omega)$ 定义如上. 令

$$\left[P_k'(\Omega)_\beta^\alpha\right] = \left[\frac{\partial P_k(\Omega)}{\partial \Omega_\beta^\alpha}\right]_{1\leqslant \alpha,\beta\leqslant r},$$

则

$$\left[P_k'(\Omega)_\beta^\alpha\right]^\mathrm{T}\Omega = \Omega\left[P_k'(\Omega)_\beta^\alpha\right]^\mathrm{T},$$

这里 $\left[P_k'(\Omega)_\beta^\alpha\right]^\mathrm{T}$ 表示矩阵 $\left[P_k'(\Omega)_\beta^\alpha\right]$ 的转置矩阵.

证明 对于给定的 $\alpha, \beta (\alpha, \beta = 1, \cdots, r)$，以 E_β^α 表示在第 α 行和第 β 列位置上的元素为 1，其余位置上的元素为零的 r 阶矩阵，则 $t \neq -1$ 时 $I + tE_\beta^\alpha$ 都是可逆矩阵. 而我们知道 $P_k(\Omega)$ 在矩阵的相似关系下不变，因而

$$P_k((I + tE_\beta^\alpha)\Omega) = P_k(\Omega(I + tE_\beta^\alpha)).$$

两边对 t 求导，则等式左边为

$$\sum_{s,t=1}^r \frac{\partial P_k(\Omega)}{\partial \Omega_t^s}(E_\beta^\alpha \Omega)_t^s = \sum_{t=1}^r \frac{\partial P_k(\Omega)}{\partial \Omega_t^\alpha}\Omega_t^\beta,$$

这里 $(E_\beta^\alpha \Omega)_t^s$ 表示矩阵 $E_\beta^\alpha \Omega$ 在位置第 s 行，第 t 列的元素，而乘积 $E_\beta^\alpha \Omega$ 实际得到的是将矩阵 Ω 的第 β 行代替第 α 行，并使其余元素为零的矩阵，因而成立上面的等式. 同理，等式的右边为

$$\sum_{s,t=1}^r \frac{\partial P_k(\Omega)}{\partial \Omega_t^s}(\Omega E_\beta^\alpha)_t^s = \sum_{t=1}^r \frac{\partial P_k(\Omega)}{\partial \Omega_t^\alpha}\Omega_t^\beta.$$

左边 = 右边对于 $\alpha, \beta = 1, \cdots, r$ 成立，表示为矩阵形式即

$$[P_k'(\Omega)_\beta^\alpha]^T \Omega = \Omega [P_k'(\Omega)_\alpha^\beta]^T.$$

证毕.

利用上面两个引理，关于 $P_k(\Omega)$，我们有下面定理.

定理 5.4.1 设 M 是微分流形，$\pi: E \to M$ 是 M 上的复向量丛，Ω 是 M 的一个给定的联络 D 的曲率形式，对于 $k = 0, 1, \cdots, r$，$P_k(\Omega)$ 的定义如上，则

(1) $P_k(\Omega)$ 是 d 闭的微分形式；

(2) $P_k(\Omega)$ 是实的微分形式，而由 $P_k(\Omega)$ 在 de Rham 同调群 $H^{2k}(M, \mathbb{R})$ 中确定的同调类与联络 D 的选取无关.

证明 设 $k = 0, 1, \cdots, r$，将 k 固定. 对于 (1)，利用上面的两个引理直接计算，得

$$dP_k(\Omega) = \sum_{s,t=1}^r \frac{\partial P_k(\Omega)}{\partial \Omega_s^t} d\Omega_t^s$$

§5.4 陈示性类 (Chern classes)

$$= \operatorname{Trac}\left[\left[P'_k(\Omega)^\alpha_\beta\right]^T \mathrm{d}\Omega\right] = \operatorname{Trac}\left[\left[P'_k(\Omega)^\alpha_\beta\right]^T [W \wedge \Omega - \Omega \wedge W]\right]$$

$$= \operatorname{Trac}\left[\left[P'_k(\Omega)^\alpha_\beta\right]^T [W \wedge \Omega]\right] - \operatorname{Trac}\left[\left[P'_k(\Omega)^\alpha_\beta\right]^T [\Omega \wedge W]\right]$$

$$= \operatorname{Trac}\left[\left[P'_k(\Omega)^\alpha_\beta\right]^T \wedge W \wedge \Omega\right] - \operatorname{Trac}\left[\Omega \wedge \left[P'_k(\Omega)^\alpha_\beta\right]^T \wedge W\right],$$

由于对于任意 r 阶矩阵 A 和 B, 恒有 $\operatorname{Trac}(AB) = \operatorname{Trac}(BA)$, 因而上式为零.

对于 (2), 我们先证明由 $P_k(\Omega)$ 确定的同调类与联络 D 的选取无关. 设 D_0 和 D_1 是 E 的两个联络, $W_0 = [w^\alpha_{0\beta}]$ 和 $W_1 = [w^\alpha_{1\beta}]$ 分别是 D_0 和 D_1 对于局部标架 $\{e^1, \cdots, e^r\}$ 的联络矩阵. 设 $\{\widetilde{e}^1, \cdots, \widetilde{e}^r\}$ 是 E 的另一局部标架, $\{e^1, \cdots, e^r\} = \{\widetilde{e}^1, \cdots, \widetilde{e}^r\}[a^\alpha_\beta]$ 是标架变换关系, $[\widetilde{w}^\alpha_{i\beta}]$ $(i = 0, 1)$ 分别是 D_0 和 D_1 对于局部标架 $\{\widetilde{e}^1, \cdots, \widetilde{e}^r\}$ 的联络矩阵. 利用联络矩阵在标架变换下的关系式

$$[w^\alpha_{i\beta}][a^\alpha_\beta] = [\mathrm{d}a^\alpha_\beta] + [a^\alpha_\beta][\widetilde{w}^\alpha_{i\beta}][a^\alpha_\beta], \quad i = 0, 1.$$

不难看出, 对于任意实数 $t \in [0, 1]$, 如果令

$$D_t = tD_0 + (1-t)D_1,$$

则 D_t 是一族以 t 为参数的联络, 而 $W_t = tW_0 + (1-t)W_1$ 是 D_t 对于局部标架 $\{e^1, \cdots, e^r\}$ 的联络矩阵. 这时 $\Omega_t = \mathrm{d}W_t - W_t \wedge W_t$ 是 D_t 的曲率矩阵.

另一方面, 如果我们令 $\widetilde{\mathrm{d}} = \mathrm{d} + \dfrac{\partial}{\partial t}\mathrm{d}t$, 令 $\widetilde{W}_t = \widetilde{\mathrm{d}}W$, 而

$$\widetilde{\Omega}_t = \widetilde{W}_t - W_t \wedge W_t = \left(\mathrm{d}W_t + \dfrac{\partial W_t}{\partial t}\mathrm{d}t\right) - W_t \wedge W_t,$$

则利用与引理 5.4.1 和 5.4.2 相同的证明方法不难得到, $\widetilde{\Omega}_t$ 同样满足 Bianchi 恒等式

$$\widetilde{\mathrm{d}}\widetilde{\Omega}_t = \widetilde{\Omega}_t \wedge W_t - W_t \wedge \widetilde{\Omega}_t,$$

以及 $\left[P'_k(\Omega)^\alpha_\beta\right]^T$ 与 $\widetilde{\Omega}_t$ 可交换. 因此利用上面 (1) 的证明我们得到

$$\widetilde{\mathrm{d}}P_k(\widetilde{\Omega}_t) = 0.$$

现设
$$P_k(\widetilde{\Omega}_t) = h + g \wedge dt,$$
其中微分形式 h 中不含 dt 的项. 利用 $\widetilde{d} P_k(\widetilde{\Omega}_t) = 0$, 我们得到
$$0 = dh + \frac{\partial h}{\partial t} dt + dg \wedge dt.$$
由于 dh 中无 dt 项, 因而
$$0 = \frac{\partial h}{\partial t} + dg.$$
两边关于 t 积分得
$$h|_{t=1} - h|_{t=0} = -\int_0^1 dg dt = -d\left(\int_0^1 g dt\right),$$
即 $h|_{t=1} - h|_{t=0}$ 是 d 正合的微分形式. 但 $h|_{t=1} = P_k(\Omega_1)$, 而 $h|_{t=0} = P_k(\Omega_0)$, 我们得到, 由 $P_k(\Omega_0)$ 和 $P_k(\Omega_1)$ 在 de Rham 同调群 $\mathrm{H}^{2k}(M, \mathbb{C})$ 中确定的同调类相同.

下面我们来证由 d 闭的 $2k$- 次微分形式 $P_k(\Omega)$ 确定的同调类是实的, 即 $P_k(\Omega) \in \mathrm{H}^{2k}(M, \mathbb{R})$. 对此, 利用 $P_k(\Omega)$ 确定的同调类与联络的选取无关这一结论, 我们只需找到 E 的一个联络 D, 使得由 D 得到的微分形式 $P_k(\Omega)$ 满足 $\overline{P_k(\Omega)} = P_k(\Omega)$.

任取 E 的一个 Hermite 度量 ds^2, 选取 E 的一个与 ds^2 相容的联络 D(即 ds^2 不改变对于 D 平移的向量的长度). 不难看出, 这样的联络 D 是存在的. 对于任意点 $P \in M$, 选取 E 在 P 点邻域关于度量 ds^2 的一个单位正交标架 $\{e^1, \cdots, e^r\}$, 由 $\delta^{ij} = (e^i, e^j)$, 得 $0 = (De^i, e^j) + (e^i, De^j)$ $(i, j = 1, \cdots, r)$. 因此如果 $W = [w_i^j]_{r \times r}$ 是 D 对于标架 $\{e^1, \cdots, e^r\}$ 的联络形式, 则上式为 $w_j^i + \overline{w_i^j} = 0$, 即 $W = -\overline{W}^{\mathrm{T}}$. 但曲率矩阵 $\Omega = dW - W \wedge W$, 而 $W^{\mathrm{T}} \wedge W^{\mathrm{T}} = -(W \wedge W)^{\mathrm{T}}$, 我们得到
$$\overline{\Omega} = d\overline{W} - \overline{W} \wedge \overline{W} = -dW^{\mathrm{T}} - W^{\mathrm{T}} \wedge W^{\mathrm{T}} = -(dW - W \wedge W)^{\mathrm{T}} = -\Omega^{\mathrm{T}}.$$

因此
$$\overline{\det\left(I + \frac{\mathrm{i}}{2\pi}\Omega\right)} = \det\left(I - \frac{\mathrm{i}}{2\pi}\overline{\Omega}\right) = \det\left(I + \frac{\mathrm{i}}{2\pi}\Omega^{\mathrm{T}}\right) = \det\left(I + \frac{\mathrm{i}}{2\pi}\Omega\right),$$

即 $\overline{P_k(\Omega)} = P_k(\Omega)$ 对于 $k = 0, 1, \cdots, r$ 成立, $P_k(\Omega)$ 是实的微分形式. 证毕.

利用上面定理, 我们可以给出下面的定义.

定义 5.4.1 设 M 是微分流形, $\pi : E \to M$ 是 M 上的复向量丛, Ω 是 M 的一个联络 D 的曲率形式, 对于 $k = 0, 1, \cdots, r$, $P_k(\Omega)$ 的定义如上. 我们将由 $P_k(\Omega)$ 在 M 的 de Rham 同调群 $\mathrm{H}^{2k}(M, \mathbb{R})$ 中确定的同调元素称为复向量丛 E 的 k- **阶陈示性类 (Chern class)**, 记为 $c_k(E)$.

对于实微分流形 M, 如果将 M 的切向量丛复化为复切向量丛, 即对于任意点 $P \in M$, 考虑由 P 点邻域上全体复值可微函数组成的环, 并将 M 在 P 点的复切向量定义为复值可微函数环到复数域的、满足线性性和 Leibniz 法则的映射, 则得到流形 M 的复切空间和复切向量丛. 我们将流形 M 的复切向量丛的陈示性类称为流形 M 自身的陈示性类, 记为 $c_k(M)$.

陈示性类作为复向量丛以同调元素形式给出的不变量, 我们也可以将其数值化. 设 M 是 $2n$ 维紧致的可定向微分流形, 取定 M 的一个定向. 设 E 是 M 上的复向量丛, 对于任意多重指标 $K = (k_0, \cdots, k_r)$, 满足 $0 \leqslant k_0 \leqslant \cdots \leqslant k_r \leqslant n$, $k_0 + \cdots + k_r = n$, 令

$$C_K(E) = \int_M c_{k_0}(E) \wedge \cdots \wedge c_{k_r}(E),$$

则 $C_K(E)$ 称为复向量丛 E 关于指标 $K = (k_0, \cdots, k_r)$ 的**陈示性数 (Chern numbers)**.

陈示性类和陈示性数都是微分流形和复向量丛的重要不变量. 下面我们先给一些例子对陈示性类作一点说明. 首先设 M 是一复流形, E 是 M 上的全纯向量丛, $\mathrm{d}s^2$ 是 E 上给定的 Hermite 度量. 由上一章的复几何基本定理, 我们知道存在 E 上唯一的一个与 $\mathrm{d}s^2$ 相容的复联络 D. 这时如果设 $\{e^1, \cdots, e^r\}$ 是 E 的局部全纯标架, $h^{ij} = (e^i, e^j)$ $(i, j = 1, \cdots, r)$, 则 $h = [h^{ij}]_{r \times r}$ 是度量矩阵, 而对于标架 $\{e^1, \cdots, e^r\}$, D 的联络矩阵为 $W = \partial h h^{-1}$, 因而其曲率矩阵为

$$\Omega = \mathrm{d}W - W \wedge W = \mathrm{d}(\partial h h^{-1}) - \partial h h^{-1} \wedge \partial h h^{-1}$$
$$= (\partial + \bar{\partial})(\partial h h^{-1}) - \partial h h^{-1} \wedge \partial h h^{-1}$$
$$= \bar{\partial}(\partial h)h^{-1} - \partial h \wedge (\partial + \bar{\partial})h^{-1} - \partial h h^{-1} \wedge \partial h h^{-1}.$$

但是 $hh^{-1} = I$, 所以 $\partial h h^{-1} + h \partial h^{-1} = 0, \partial h^{-1} = -h^{-1}\partial h h^{-1}$. 代入上式得

$$\Omega = \bar{\partial}(\partial h)h^{-1} - \partial h \wedge (-h^{-1}\partial h h^{-1}) - \partial h \wedge \bar{\partial}h^{-1} - \partial h h^{-1} \wedge \partial h h^{-1}$$
$$= \bar{\partial}(\partial h)h^{-1} - \partial h \wedge \bar{\partial}h^{-1} = \bar{\partial}(\partial h h^{-1}).$$

特别地, 如果 E 是线丛, 则 E 的 Hermite 度量局部可以表示为一处处大于零的光滑函数 h, 这时 $h^{-1} = \dfrac{1}{h}$, 因而曲率形式为

$$\Omega = \bar{\partial}(\partial h h^{-1}) = \bar{\partial}\partial(\ln h).$$

如果进一步假设 $M = R$ 是紧 Riemann 曲面, L 是 R 上的全纯线丛, 则

$$C_1(L) = \frac{\mathrm{i}}{2\pi}\int_R \bar{\partial}\partial(\ln h)$$

就是 L 的陈示性数. 下面我们给出紧 Riemann 曲面上陈示性数的具体计算.

首先设 $P_1, \cdots, P_k$ 是 R 上任意给定的点, 我们知道形式和

$$D = n_1 P_1 + \cdots + n_k P_k$$

称为 R 上的一个除子, $\deg(D) = n_1 + \cdots + n_k$ 称为这一除子的阶. 由本书第 4 章第 2 节中的例 3, D 在 R 上定义了一个全纯线丛 $[D]$. 为了给出 $[D]$ 的陈示性数, 我们先回顾一下线丛 $[D]$ 的构造过程. 取 R 的一个开覆盖 $\{U_\alpha\}$, 使得对每一个 α, 都能够在 U_α 上取定一个亚纯函数 f_α, 满足: 如果对于 $i = 1, \cdots, k, P_i \in U_\alpha$, 则 P_i 是 f_α 的 n_i 阶零点 $(n_i > 0)$, 或者 n_i 阶极点 $(n_i < 0)$, 此外 f_α 无其他零点和极点. 我们也将除子 D 表示为 $D = \{U_\alpha, f_\alpha\}$. 在 $U_\alpha \cap U_\beta$ 上令

$$h_\alpha^\beta = \frac{f_\alpha}{f_\beta},$$

则 h_α^β 是 $U_\alpha \cap U_\beta$ 上处处不为零的解析函数, 而 $\{h_\alpha^\beta\}$ 是由 $D = \{U_\alpha, f_\alpha\}$ 定义的全纯线丛 $[D]$ 的转移函数. 怎样得到这一线丛的陈示性类呢? 对此我们需要构造 $[D]$ 的一个 Hermite 度量. 而由定义, 这样一个度量可以表示为: 在每一个 U_α 上给定一个正的、光滑的实值函数 h_α, 满足在 $U_\alpha \cap U_\beta$ 上,

$$h_\beta = |h_\alpha^\beta|^2 h_\alpha.$$

而另一方面, 由 h_α^β 的定义知

$$f_\alpha = h_\alpha^\beta f_\beta,$$

我们得到

$$|f_\alpha|^2 = |h_\alpha^\beta|^2 |f_\beta|^2.$$

因此, 如果我们假设所有的点 $P_i, i = 1, \cdots, k$ 都不在 $U_\alpha \cap U_\beta$ 内, 则对 $i = 1, \cdots, k$, 可在 P_i 充分小的邻域内对 f_α 的零点和极点进行改造, 使得 $|f_\alpha|^2$ 变为在整个 U_α 上都是正的、光滑的实值函数, 但不改变 f_α 在 U_α 边界附近的函数值. 改造后的函数记为 $\widetilde{f}_\alpha$, 我们就得到 $[D]$ 的一个 Hermite 度量, 以 $\{|\widetilde{f}_\alpha|^{-2}\}$ 记之. 这时

$$C_1([D]) = \frac{\mathrm{i}}{2\pi} \int_R \overline{\partial}\partial(\ln|\widetilde{f}_\alpha|^{-2})$$

是 $[D]$ 的陈示性数. 由于我们需要考虑在边界 ∂U_α 上的积分, 因而不失一般性, 我们可设 $\{U_\alpha\}$ 是 R 的由光滑曲线给出的分割, 而在 ∂U_α 上, $\widetilde{f}_\alpha = f_\alpha$. 因此利用 Stokes 公式, 我们得到

$$C_1([D]) = \frac{\mathrm{i}}{2\pi} \int_R -\overline{\partial}\partial(\ln|\widetilde{f}_\alpha|^2) = \sum_\alpha \frac{\mathrm{i}}{2\pi} \int_{U_\alpha} -\overline{\partial}\partial(\ln|\widetilde{f}_\alpha|^2)$$

$$= \sum_\alpha \frac{1}{2\pi\mathrm{i}} \int_{\partial U_\alpha} \partial(\ln|\widetilde{f}_\alpha|^2) = \sum_\alpha \frac{1}{2\pi\mathrm{i}} \int_{\partial U_\alpha} \frac{f'_\alpha}{f_\alpha}.$$

利用单复变函数的幅角原理, 我们知道积分

$$\frac{1}{2\pi\mathrm{i}} \int_{\partial U_\alpha} \frac{f'_\alpha}{f_\alpha}$$

是亚纯函数 f_α 在 U_α 内零点个数与极点个数 (按重数记) 的差,因而我们得到
$$C_1([D]) = n_1 + \cdots + n_k = \deg(D),$$
即对于紧 Riemann 曲面 R, R 上全纯线丛 $[D]$ 的陈示性数就是除子 D 的阶. 我们在下一章紧 Riemann 曲面的 Riemann-Roch 定理中将反复用到这一结论.

作为陈示性类的一个应用,下面我们给出著名的 Atiyah-Singer 指标定理.

设 M 是 m 维紧复流形, $\pi : E \to M$ 是 M 上的 r 维全纯向量丛,由 Hodge 定理 (定理 5.2.1) 我们知道 E 的 Dolbeault 同调群 $\mathrm{H}^{(p,q)}(M, E)$ 都满足 $\dim \mathrm{H}^{(p,q)}(M,E) < +\infty$. 现令 $\mathrm{H}^q(M, E) = \mathrm{H}^{(0,q)}(M, E)$,令
$$\chi(E) = \sum_{q=0}^{m} (-1)^q \dim \mathrm{H}^q(M, E),$$
$\chi(E)$ 显然是 E 的重要不变量,问题是这一不变量能否用上面给出的陈示性类表示出来. Atiyah,M.F 和 Singer,I 在上世纪 60 年代给出的指标定理回答了这一问题. 为了表述 Atiyah-Singer 指标定理,下面我们先对陈示性类的表示作一些简单说明.

设 $c_0(E), \cdots, c_r(E)$ 是 E 的陈示性类,由定义我们知道 $c_0(E) = 1$. 我们称
$$Ch(E, x) = 1 + c_1(E)x + \cdots + c_r(E)x^r$$
为 E 的**陈多项式**,其中 x 是不定元. 现将这一多项式形式地分解为一次式的乘积
$$1 + c_1(E)x + \cdots + c_r(E)x^r = (1 + \gamma_1 x) \cdots (1 + \gamma_r x),$$
则其中 $\gamma_1, \cdots, \gamma_r$ 称为 E 的**陈根 (Chern Roots)**. 陈根只是一些形式符号,如果 E 能够分解为线丛的直和,则不难看出 E 的陈根就是这些线丛的陈示性类. 对于一般的情况,上面的分解式表明 $\gamma_1, \cdots, \gamma_r$ 的初等对称多项式是对应的陈示性类. 另一方面,对于 $\gamma_1, \cdots, \gamma_r$ 的任意

对称多项式, 由于其总可以表示为 $\gamma_1, \cdots, \gamma_r$ 初等对称多项式的多项式, 用陈示性类代替这些初等对称多项式, 我们得到 $\gamma_1, \cdots, \gamma_r$ 的任意对称多项式都是 E 的陈示性类乘积的多项式. 当然这里的乘积是指由 M 的同调群构成的同调代数中同调类的乘积, 或者说表示同调类的微分形式的外积. 利用此, $\gamma_1, \cdots, \gamma_r$ 的任意对称多项式都是 M 的同调代数中的子代数

$$\bigoplus_{r=0}^{m} H^{2r}(M, \mathbb{R})$$

中的元素. 例如, 如果将函数

$$e^{\gamma_1} + \cdots + e^{\gamma_r}, \quad \frac{\gamma_1}{1 - e^{-\gamma_1}} \times \cdots \times \frac{\gamma_r}{1 - e^{-\gamma_r}}$$

分别展开为幂级数, 截取其中阶小于等于 m 的部分, 则得到 $\gamma_1, \cdots, \gamma_r$ 的对称多项式, 因而是 E 的陈示性类乘积的和. 有了这些准备, 现在我们可以表述 Atiya-Singer 指标定理.

定理 (Atiyah-Singer 指标定理) 设 M 是 m 维的紧复流形, $\pi : E \to M$ 是 M 上的 r 维全纯向量丛, 设 $\gamma_1, \cdots, \gamma_r$ 是 E 的陈根, 而 $\delta_1, \cdots, \delta_m$ 是 M 的全纯切丛 $T_{(1,0)}(M)$ 的陈根, 则

$$\chi(E) = \int_M \left[e^{\gamma_1} + \cdots + e^{\gamma_r} \right] \wedge \left[\frac{\delta_1}{1 - e^{-\delta_1}} \times \cdots \times \frac{\delta_m}{1 - e^{-\delta_m}} \right].$$

需要说明的是在上式中, 如果

$$\left[e^{\gamma_1} + \cdots + e^{\gamma_r} \right] \wedge \left[\frac{\delta_1}{1 - e^{-\delta_1}} \times \cdots \times \frac{\delta_m}{1 - e^{-\delta_m}} \right] \in \bigoplus_{r=0}^{m} H^{2r}(M, \mathbb{R})$$

中的一个同调类不在 $H^{2m}(M, \mathbb{R})$ 中 (即表示这一同调类的微分形式的阶小于 $2m$), 则自动地视这一同调类在 M 上的积分为零.

为了使读者更好地理解 Atiyah-Singer 指标定理, 下面我们给出当 $m = 1$ 和 $m = 2$ 时这一公式的具体形式. 其中对 $m = 2$ 的情况, 我们将给出实际计算, $m = 1$ 的计算留给读者作为练习.

当 $m = 1$, 即 M 是紧 Riemann 曲面时, 设 L 是 M 上的线丛, 则 Atiyah-Singer 指标定理为

$$\dim \mathrm{H}^0(M,L) - \dim \mathrm{H}^1(M,L)$$
$$= \int_M (\mathrm{e}^\gamma) \wedge \frac{\delta}{1-\mathrm{e}^{-\delta}} = \int_M \left[c_1(L) + \frac{1}{2} c_1(T_{(1,0)}(M)) \right].$$

如果其中 $L = [D]$ 是由除子 D 定义的线丛, 而我们在上面关于紧 Riemann 曲面上线丛的陈示性类的讨论中已知 $\int_M c_1(L) = \deg(D)$. 现假设 $\int_M c_1(T_{(1,0)}(M)) = 2 - 2g$, 则 g 称为紧 Riemann 曲面 M 的**亏格**. 我们得到

$$\dim \mathrm{H}^0(M,[D]) - \dim \mathrm{H}^1(M,[D]) = \deg(D) - g + 1.$$

这一公式称为**Riemann-Roch 定理**, 我们将在下一章中给出这一定理的详细证明.

如果 $m = 2$, 则 M 称为紧复曲面. 设 L 是 M 上的全纯线丛, 不计三阶和三阶以上的项时, Atiyah-Singer 指标定理表示为

$$\dim \mathrm{H}^0(M,L) - \dim \mathrm{H}^1(M,L) + \dim \mathrm{H}^2(M,L)$$
$$= \int_M \left(\mathrm{e}^{\gamma_1} \right) \wedge \left(\frac{\delta_1}{1-\mathrm{e}^{-\delta_1}} \times \frac{\delta_2}{1-\mathrm{e}^{-\delta_2}} \right)$$
$$= \int_M \left(1 + \gamma_1 + \frac{1}{2}\gamma_1^2 \right) \wedge \left(\frac{1}{1 - \delta_1/2 + \delta_1^2/6} \times \frac{1}{1 - \delta_2/2 + \delta_2^2/6} \right)$$
$$= \int_M \left(1 + \gamma_1 + \frac{1}{2}\gamma_1^2 \right) \wedge \left(1 + \frac{\delta_1}{2} + \frac{\delta_1^2}{12} \right) \left(1 + \frac{\delta_2}{2} + \frac{\delta_2^2}{12} \right)$$
$$= \int_M \left(1 + \gamma_1 + \frac{1}{2}\gamma_1^2 \right) \wedge \left(1 + \frac{\delta_1+\delta_2}{2} + \frac{(\delta_1+\delta_2)^2}{12} + \frac{\delta_1\delta_2}{12} \right),$$

而其中 $\gamma_1 = c_1(L), \delta_1 + \delta_2 = c_1(T_{(1,0)}(M)), \delta_1\delta_2 = c_2(T_{(1,0)}(M))$, 我们得到

$$\dim \mathrm{H}^0(M,L) - \dim \mathrm{H}^1(M,L) + \dim \mathrm{H}^2(M,L)$$
$$= \int_M \left[1 + c_1(L) + \frac{1}{2} c_1^2(L) \right] \wedge \left[1 + \frac{1}{2} c_1(T_{(1,0)}(M)) \right.$$

$$+ \frac{1}{12}c_1^2(T_{(1,0)}(M)) + \frac{1}{12}c_2(T_{(1,0)}(M))\Big]$$
$$= \int_M \Big[\frac{1}{2}c_1^2(L) + \frac{1}{2}c_1(L)c_1(T_{(1,0)}(M))$$
$$+ \frac{1}{12}c_1^2(T_{(1,0)}(M)) + \frac{1}{12}c_2(T_{(1,0)}(M))\Big].$$

这一公式称为 **Hirzebruch-Riemann-Roch** 定理.

习 题 五

1. 证明: 如果 M 是紧复流形, 则 $H^{0,0}(M) \cong \mathbb{C}$.

2. 如果 $F: M_1 \to M_2$ 是复流形 M_1 到复流形 M_2 的解析映射, F^* 是 F 对于微分形式的拉回映射. 证明: $\bar{\partial} \circ F^* = F^* \circ \bar{\partial}$. 因而 F^* 诱导了同调群 $H^{(p,q)}(M_2)$ 到 $H^{(p,q)}(M_1)$ 的同态映射.

3. 设 M 是一 m 维微分流形, $[W_1] \in H^{r_1}(M, \mathbb{R})$, $[W_2] \in H^{r_2}(M, \mathbb{R})$, W_1 和 W_2 分别是 $[W_1]$ 和 $[W_2]$ 的表示元素. 证明: $d(W_1 \wedge W_2) = 0$, 且 $W_1 \wedge W_2$ 在 $H^{r_1+r_2}(M, \mathbb{R})$ 中确定的同调元素仅与 $[W_1]$ 和 $[W_2]$ 的选取有关, 与 W_1 和 W_2 的选取无关.

4. 设 M 是一 m 维复流形, 任取 $[W_1] \in H^{(p_1,q_1)}(M)$, $[W_2] \in H^{(p_2,q_2)}(M)$, W_1 和 W_2 分别是 $[W_1]$ 和 $[W_2]$ 的表示元素. 证明: $\bar{\partial}(W_1 \wedge W_2) = 0$, 且 $W_1 \wedge W_2$ 在 $H^{p_1+p_2,q_1+q_2}(M)$ 中确定的同调元素仅与 $[W_1]$ 和 $[W_2]$ 的选取有关, 与 W_1 和 W_2 的选取无关. 而如果将这一元素定义为 $[W_1]$ 与 $[W_2]$ 的乘积, 证明: $\bigoplus_{p+q=0}^{m} H^{(p,q)}(M)$ 是一代数. 并证明: 如果 $F: M_1 \to M_2$ 是复流形 M_1 到复流形 M_2 的解析同胚, 则 $F^*: \bigoplus_{p+q=0}^{m} H^{(p,q)}(M_2) \to \bigoplus_{p+q=0}^{m} H^{(p,q)}(M_1)$ 是一代数同构.

5. 设 M 是 m 维紧复流形, 任取 $[W_1] \in H^{(p,q)}(M)$, $[W_2] \in H^{(m-p,m-q)}(M)$, W_1 和 W_2 分别是 $[W_1]$ 和 $[W_2]$ 的表示元素. 证明: 积分 $\int_M W_1 \wedge W_2$ 仅与 $[W_1]$ 和 $[W_2]$ 的选取有关, 与 W_1 和 W_2 的选取无关, 因而 $([W_1], [W_2]) \mapsto \int_M W_1 \wedge W_2$ 是 $H^{(p,q)}(M) \times H^{(m-p,m-q)}(M)$ 上的双线性函数.

6. 在上题中如果进一步假定同调群 $\mathrm{H}^{(p,q)}(M)$ 都是有限维的, 且双线性函数 $([W_1],[W_2]) \mapsto \int_M W_1 \wedge W_2$ 是非退化的, 即对于任意给定的 $[W_2]$, $([W_1],[W_2]) = 0$ 对于所有 $[W_1] \in \mathrm{H}^{(p,q)}(M)$ 成立当且仅当 $[W_2] = 0$, 而对于任意给定的 $[W_1]$, $([W_1],[W_2]) = 0$ 对于所有 $[W_2] \in \mathrm{H}^{(p,q)}(M)$ 成立当且仅当 $[W_1] = 0$. 证明: $\mathrm{H}^{(p,q)}(M)^* \cong \mathrm{H}^{(m-p,m-q)}(M)$.

7. 如果将 $*$ 算子限制在 $A(M, T^{(p,q)}(M))$ 上, 证明:
$$**= (-1)^{p+q}\mathrm{Id}.$$

8. 设 R 是一紧 Riemann 曲面, 证明: R 的一阶 Betti 数 $b_1(R) = \dim \mathrm{H}^1(R, \mathbb{R})$ 是偶数, 而 R 的零阶 Betti 数 $\dim \mathrm{H}^0(R, \mathbb{R})$ 和二阶 Betti 数 $\dim \mathrm{H}^2(R, \mathbb{R})$ 都为 1.

9. 设 M 是 m 维紧 Kähler 流形, 试证: (1) M 上任意非零的全纯 $(p,0)$- 形式都不是 d 正合的; (2) M 上任意非零的全纯 $(p,0)$- 形式都是 d 闭的; (3) 映射 $\mathrm{H}^{(p,0)}(M) \to \mathrm{H}^p(M,\mathbb{C})$ 是单射.

10. 已知当 r 是奇数时, $\mathrm{H}^r(\mathbb{C}P^n,\mathbb{C}) = 0$, 而当 $0 \leqslant r \leqslant 2n$ 是偶数时, $\mathrm{H}^r(\mathbb{C}P^n,\mathbb{C}) = \mathbb{C}$. 证明: 如果 $q \neq p$, 则 $\mathrm{H}^q(\mathbb{C}P^n, \wedge^p T^*_{(1,0)}) = 0$; 如果 $0 \leqslant p \leqslant n$, 则 $\mathrm{H}^p(\mathbb{C}P^n, \wedge^p T^*_{(1,0)}) = \mathbb{C}$, 特别地, $\mathbb{C}P^n$ 上无非零的全纯微分.

11. 证明: 紧 Kähler 流形上全纯 $(p,0)$- 形式都是 Δ_d 的调和形式.

12. 利用基本恒等式 I 和 II, 在紧致 Kähler 流形上给出 $\Delta_d = 2\Delta_{\bar{\partial}}$ 的证明.

下面 13—21 题是在附加了 $A^{(p,q)}(E)$ 为完备空间的假设下给出关于 Hodge 定理证明的基本思想, 需要说明这里的假设是不成立的, 但是这些习题仍然能够帮助读者理解在 Hodge 定理的证明中需要用到的一些基本工具.

13. 设 M 是紧复流形, E 是 M 上的全纯向量丛, M 的全纯切丛 $T_{(1,0)}(M)$ 和 E 上都给定了 Hermite 度量. 我们以 $A^{(p,q)}(E)$ 表示所有光滑的 E- 值 (p,q)- 形式构成的线性空间, 而以 $A_0^{(p,q)}(E)$ 表示其在本章第 2 节中定义的内积 $(\ ,\ )$ 所成的内积空间. 现在, 在 $A^{(p,q)}(E)$ 上另外定义一个新的内积 $(\ ,\ )_1$ 为: 对于任意 $f, g \in A^{(p,q)}(E)$, 令
$$(f,g)_1 = (f,g) + (\bar{\partial}f,\bar{\partial}g) + (\bar{\partial}^*f,\bar{\partial}^*g).$$
以 $A_1^{(p,q)}(E)$ 表示利用这一内积得到的内积空间. 定义一个映射 $I: A_1^{(p,q)}(E) \to A_0^{(p,q)}(E)$ 为 $I(f) = f$. 证明: I 是有界线性算子.

14. 条件与 13 题相同. 假定 $A_0^{(p,q)}(E)$ 和 $A_1^{(p,q)}(E)$ 都是完备空间, 即 Hilbert 空间. 试用 Ascoli 引理证明上一题定义的映射 $I: A_1^{(p,q)}(E) \to A_0^{(p,q)}(E)$ 是紧算子, 即 I 将 $A_1^{(p,q)}(E)$ 中的任意有界集映为 $A_0^{(p,q)}(E)$ 中闭包为紧集的集合.

15. 对于任意 $f \in A_0^{(p,q)}(E)$, 在 $A_1^{(p,q)}(E)$ 上定义一线性函数 L_f 为: 对于任意 $g \in A_1^{(p,q)}(E)$, 令 $L_f(g) = (g, f)_0$. 证明: $L_f : A_1^{(p,q)}(E) \to \mathbb{C}$ 是有界线性函数. 由此利用 Riese 表示定理, 得存在 $h \in A_1^{(p,q)}(E)$, 使得对于任意 $g \in A_1^{(p,q)}(E)$, $(g, f)_0 = (g, h)_1$. 将 h 记为 $h = T(f)$, 则得线性映射 $T : A_0^{(p,q)}(E) \to A_1^{(p,q)}(E), f \mapsto T(f)$. 证明: T 是有界线性算子, 且 $\|T\| \leqslant 1$.

16. 利用映射 $T : A_0^{(p,q)}(E) \to A_1^{(p,q)}(E)$ 和映射 $I : A_1^{(p,q)}(E) \to A_0^{(p,q)}(E)$, 我们得到映射 $I \circ T : A_0^{(p,q)}(E) \to A_0^{(p,q)}(E)$, 仍然记为 T. 证明: T 是一自对偶算子.

17. 利用 15 题证明: 映射 $T : A_0^{(p,q)}(E) \to A_0^{(p,q)}(E)$ 是 Hilbert 空间 $A_0^{(p,q)}(E)$ 上自对偶的紧算子. 由此利用 Hilbert 空间理论知 $A_0^{(p,q)}(E)$ 可分解为 T 的特征子空间的直和, 且如果 λ 是 T 的特征值, 满足 $\lambda \neq 0$, 则 T 关于特征值 λ 的特征子空间是有限维线性空间. 证明: 0 不是 T 的特征值.

18. 利用等式
$$(g, f)_0 = (g, T(f))_1 = (g, T(f))_0 + (\overline{\partial} g, \overline{\partial} T(f))_0 + (\overline{\partial}^* f, \overline{\partial}^* T(f))_0$$
$$= ((I + \Delta_{\overline{\partial}})g, T(f))_0,$$

证明: $T^{-1} = (I + \Delta_{\overline{\partial}})$. 由此进一步证明: $f \in A_0^{(p,q)}(E)$ 是 T 关于特征值 λ 的特征向量当且仅当 f 是 $\Delta_{\overline{\partial}}$ 对于特征值 $\dfrac{1-\lambda}{\lambda}$ 的特征向量. 利用此证明: 所有 $\Delta_{\overline{\partial}}$ 的 E- 值 (p,q)- 调和形式构成一有限维的线性空间, 从而得到 Hodge 定理中的 (2).

19. 利用 $A_0^{(p,q)}(E)$ 关于 T 的特征子空间的直和分解, 给出 $A_0^{(p,q)}(E)$ 关于 $\Delta_{\overline{\partial}}$ 的特征子空间的直和分解
$$A_0^{(p,q)}(E) = \oplus U_{t_i}^{(p,q)}(E),$$

其中 $U_{t_i}^{(p,q)}(E) = \{f \in A_0^{(p,q)}(E) \mid \Delta_{\overline{\partial}}(f) = t_i f\}$ 是 $\Delta_{\overline{\partial}}$ 关于特征值 t_i 的特征子空间. 证明: $\Delta_{\overline{\partial}}$ 的特征值 t_i 都满足 $t_i \geqslant 0$.

20. 利用上一题给出的正交直和分解 $A_0^{(p,q)}(E) = \oplus U_{t_i}^{(p,q)}(E)$. 定义映射 $P_H : A_0^{(p,q)}(E) \to U_0^{(p,q)}(E)$ 为正交投影, 而定义映射 $G : A_0^{(p,q)}(E)_0 \to$

$A_0^{(p,q)}(E)$ 为 G 在 $U_0^{(p,q)}(E)$ 上为零，而对于 $t_i \neq 0, f \in U_{t_i}^{(p,q)}(E)$，令 $G(f) = \frac{1}{t_i}f$. 证明：G 与 $\Delta_{\bar{\partial}}$ 可交换，且

$$I = P_H + \Delta_{\bar{\partial}}G.$$

21. 如果 $f \in A_0^{(p,q)}(E)$ 是 $\bar{\partial}$ 闭的微分形式，证明：$f - P_H(f)$ 是 $\bar{\partial}$ 正合的微分形式。而如果 $f_1, f_2 \in A_0^{(p,q)}(E)$ 都是 $\Delta_{\bar{\partial}}$ 的调和微分形式，满足 $f_1 - f_2$ 是正合的微分形式。证明：$f_1 \equiv f_2$，由此得到 Hodge 定理中的 (3).

下面习题将给出关于乘积空间同调群的 Künncth 公式.

22. 设 M_1, M_2 都是紧复流形，H_1, H_2 分别是 M_1, M_2 的全纯切丛上给定的 Hermite 度量，$H_1 \oplus H_2$ 是其在 $M_1 \times M_2$ 上诱导的 Hermite 度量。设 $\Delta_{\bar{\partial}}$ 和 $\Delta_{1\bar{\partial}}, \Delta_{2\bar{\partial}}$ 分别是上面度量在 $M_1 \times M_2$ 和 M_1, M_2 上确定的 Laplace 算子. 证明：对于任意 $f \in A^{(p_1,q_1)}(M_1), g \in A^{(p_2,q_2)}(M_2)$，

$$\Delta_{\bar{\partial}}(f \wedge g) = (\Delta_{1\bar{\partial}}(f)) \wedge g + f \wedge (\Delta_{2\bar{\partial}}(g)).$$

23. 假设与 22 题相同. 设 F 是 $M_1 \times M_2$ 上的函数，满足对于 M_1 上任意的函数 h 和 M_2 上任意的函数 g，恒有

$$\iint_{M_1 \times M_2} F \cdot h \cdot g = 0.$$

证明：$F \equiv 0$.

24. 利用 23 题证明：形式为 $h \wedge g$ 的微分形式构成了内积空间 $A_0^{(p,q)}(M_1 \times M_2)$ 中的稠子集，其中 $h \in A_0^{(p_1,q_1)}(M_1), g \in A_0^{(p_2,q_2)}(M_2)$，而 $p_1 + p_2 = p, q_1 + q_2 = q$. 利用此进一步证明：如果

$$A_0^{(p_1,q_1)}(M_1) = \oplus U_{t_i}^{(p_1,q_1)}(M_1)$$

和

$$A_0^{(p_2,q_2)}(M_2) = \oplus U_{s_j}^{(p_2,q_2)}(M_2)$$

分别是 $\Delta_{1\bar{\partial}}$ 和 $\Delta_{2\bar{\partial}}$ 关于其特征子空间的直和分解，则

$$A_0^{(p,q)}(M_1 \times M_2) = \bigoplus_{p_1+p_2=p, q_1+q_2=q} \oplus U_{t_i}^{(p_1,q_1)}(M_1) \wedge \oplus U_{s_j}^{(p_2,q_2)}(M_2)$$

是 $\Delta_{\bar{\partial}}$ 在 $M_1 \times M_2$ 上关于其特征子空间的直和分解.

25. 利用 24 题证明 Künncth 公式：如果 M_1 和 M_2 都是紧复流形，则
$$H^{(p,q)}(M_1\times M_2,\mathbb{C})=\bigoplus_{p_1+p_2=p,q_1+q_2=q}H^{(p_1,q_1)}(M_1,\mathbb{C})\otimes H^{(p_2,q_2)}(M_2,\mathbb{C}).$$

26. 对于 $*$ 算子，验证等式 $**(w)=(-1)^{p+q}w$，其中 w 是 E-值 (p,q)-形式，问如果 w_1 和 w_2 都是调和微分形式，$w_1\wedge w_2$ 是否仍是调和微分形式。

27. 在可定向的紧 Riemann 流形上对微分形式定义 $*$ 算子，并给出关于 $**$ 的等式。

28. 利用 Atiyah-Singer 指标定理证明：如果 M 是紧复曲面，$\pi:E\to M$ 是 M 上二维全纯向量丛，则
$$\dim H^0(M,E)-\dim H^1(M,E)+\dim H^2(M,E)$$
$$=\int_M\Big[\frac{1}{2}(c_1^2(E)-2c_2(E))+\frac{1}{2}c_1(E)c_1(T_{(1,0)}(M))$$
$$+\frac{1}{6}c_1^2(T_{(1,0)}(M))+\frac{1}{6}c_2(T_{(1,0)}(M))\Big].$$

29. 证明本章第 3 节中的等式 (5.3.2) 和 (5.3.3)。

30. 设 M 是紧复流形，E 是 M 上的全纯向量丛，M 的全纯切丛 $T_{(1,0)}(M)$ 和 E 上都给定了 Hermite 度量。对于由这些度量确定的 $*$ 算子，证明：如果 w 和 v 都是 E-值 (p,q)-形式，则 $(w,v)=(*w,*v)$，即 $*:K(M,T^{(p,q)}(E))\to K(M,T^{(m-p,m-q)}(E^*))$ 是 Hilbert 空间的等距同构。

第 6 章 层与层同调论 (Čech 同调)

层是上世纪 40 年代在代数几何研究中发展起来的一个工具, 在代数几何和复几何里被广泛应用. 通过层与层同调群, 我们往往可以将需要讨论的问题, 以及问题从局部解到整体解求解的阻碍表述得更加清楚、更加明确, 进而通过层同调论建立起来的一些基本方法和定理, 我们可以方便地对这些问题进行研究. 这一章我们将以复流形为例对层与层同调论作详细的讨论, 并给出它们的一些应用. 例如, 我们将给出上一章对全纯向量丛定义的 Dolbeault 同调群, 与在这一章对向量丛的全纯截影层定义的 Čech 同调群的同构关系; 给出紧 Riemann 曲面上 Riemann-Roch 定理的表示和证明; 讨论在 $\mathbb{C}^m$ 中的区域上如何求解 Cousin 问题 I 和 Cousin 问题 II; 给出紧 Riemann 曲面上全纯线丛的分类; 等等. 下一章我们还将以层同调群为工具讨论紧复流形到复投影空间的嵌入问题. 对于更一般的同调理论和同调群相互之间的关系, 有兴趣的读者可参阅文献 [12].

§6.1 层

在复流形以及复流形上向量丛的讨论中, 我们经常看到, 所讨论的对象局部都是欧氏空间中的开集或者欧氏空间中的开集与某一向量空间的乘积. 我们在流形上讨论的问题通常都需要先假定这一问题对于欧氏空间中的开集 (或者欧氏空间中某些性质比较好的开集) 是可解的. 换句话说, 我们在流形上讨论的问题通常都需要假设局部是可解的. 我们希望知道的是, 这一问题是否整体有解, 或者说在什么条件下能够通过局部解的存在得到整体解的存在. 下面以 Cousin 问题 I 为例进行说明.

在单复变函数中我们曾经讨论过这样的问题: 设 Ω 是复平面 $\mathbb{C}$ 中的区域, $\{z_n\}$ 是 Ω 中给定的点列, 在 Ω 内无极限点, 假定对于任意 n,

$$P_n(z) = \frac{c_{n1}}{z-z_n} + \cdots + \frac{c_{nk_n}}{(z-z_n)^{k_n}}, \quad c_{n1}, \cdots, c_{nk_n} \in \mathbb{C}$$

是一给定的、在 z_n 处 Laurent 展式的主部, 问是否存在 Ω 上的亚纯函数 f, 使得 f 仅以 $\{z_n\}$ 中的点为极点, 并且在 z_n 处 Laurent 展式的主部就是 $P_n(z)$? 这一问题在单复变函数中称为**Mittag-Leffler 问题**. 将这一问题推广到多复函数和复流形上, 则问题变为: 问在复流形 M 上是否存在亚纯函数, 使其具有某一种给定的、类似于局部 Laurent 展式这样的奇异性. 这里由于多元亚纯函数的极点都不是孤立的, 没有 Laurent 展式. 因而首先要明确什么是给定的奇异性, 怎样表示这种奇异性? 对此的处理方法是: 首先假定这样的奇异性问题局部是可解的, 即对于每一点 $P \in M$, 都存在 P 点的一个邻域 $U \subset M$, 使得在 U 上具有给定奇异性的亚纯函数是存在的; 再将这样的邻域换成 M 的开覆盖, 则我们的问题可以表述为: 设存在 M 的一个开覆盖 $\{U_\alpha\}$, 并且在每一个 U_α 上给定了一个亚纯函数 f_α, 满足当 $U_\alpha \cap U_\beta \neq \varnothing$ 时, $f_\alpha - f_\beta$ 是 $U_\alpha \cap U_\beta$ 上的解析函数, 问是否存在 M 上的亚纯函数 f, 使得在每一个 U_α 上, $f - f_\alpha$ 都是解析函数. 这一问题在多复分析中称为**Cousin 问题** I. 在这一问题中, f_α 是事先假定存在的问题的局部解, 而 f 是需要得到的问题的整体解. 怎样通过局部解得到整体解呢? 多复分析的方法是: 当 $U_\alpha \cap U_\beta \neq \varnothing$ 时, 在 $U_\alpha \cap U_\beta$ 上令 $h_{\alpha\beta} = f_\alpha - f_\beta$. 由假设, $h_{\alpha\beta}$ 是 $U_\alpha \cap U_\beta$ 上的解析函数, 满足

$$h_{\alpha\beta} + h_{\beta\alpha} = 0, \quad h_{\alpha\beta} + h_{\beta\gamma} + h_{\gamma\alpha} = 0.$$

这时, 如果对于任意 $U_\alpha \cap U_\beta \neq \varnothing$, 都有 $h_{\alpha\beta} \equiv 0$, 则只需定义函数 f 为, 令 $f|_{U_\alpha} = f_\alpha$, 则 f 就是问题的整体解. 如果 $h_{\alpha\beta} \neq 0$, 但对每一个 α, 存在 U_α 上的解析函数 h_α, 使得在 $U_\alpha \cap U_\beta$ 上 $h_{\alpha\beta} = h_\alpha - h_\beta$, 则只要在 U_α 上令 $f = f_\alpha - h_\alpha$, 我们也得到了问题的整体解. 因此集合 $\{h_{\alpha\beta}\}$ 就是我们通过局部解得到整体解的**阻碍** (obstruction). 我们的问题是怎样表示和研究这样的阻碍. 层与层同调论为描述这种从局部解到整体解的阻碍提供了一个十分有用的工具, 它将这样的阻碍 $\{h_{\alpha\beta}\}$ 表示为某一个同调群中的元素, 这一元素独立于开覆盖 $\{U_\alpha\}$ 和具体的

局部解 $\{f_\alpha\}$ 的选取,使得问题有整体解的充分必要条件是这个同调元素为零,因此问题的研究就化为对某些同调群的研究.而层同调论同时为这样的研究提供了相关的工具.在许多情况下,我们能够通过其他的方法证明这些阻碍所在的同调群为零 (称为**消没定理**,即阻碍消失),因而由局部解我们就能得到问题的整体解.在本章和下一章中我们将看到许多这样的例子.

从另外一个角度,对于我们希望研究的复流形 (或者其他空间),我们需要在其上建立一些结构 (例如,代数结构),用以表述流形的性质,刻画不同流形之间的差异.而层与层同调论为此提供了一个很好的语言和工具.我们可以通过流形上某些层同调群的性质来说明流形的性质,通过流形上某些同调类的描述来给出流形的特征.例如,在上一章中,我们通过 $\bar{\partial}$ 算子和 (p,q)- 形式定义了复流形上全纯向量丛的 Dolbeault 同调群,并给出了 Hodge 定理.然而,这些同调群的几何意义是什么?怎样应用相关的结果呢? 通过层与层同调论,我们将给出这些同调群的另一种形式,即这一章我们要讨论的全纯向量丛解析截影芽层的 Čech 同调群.而在许多情况下,我们往往可以将需要讨论的问题,以及问题从局部解到整体解的阻碍通过 Čech 同调群转换到 Dolbeault 同调群,再应用 Hodge 定理等得到相关的结论.例如,在下一章中,我们总是先将问题的整体解存在的阻碍化为某些 Čech 同调群的元素,再利用上面的同构关系转换为 Dolbeault 同调群的元素,最后利用 Hodge 定理给出在一定条件下这些同调群为零 (即消没定理),从而得到问题的解.总之,对于复流形、复几何和代数几何,层与层同调论是一个十分重要和经常用到的工具.

下面我们先讨论层理论的一个基本概念——**芽**(germ).上面我们说过希望通过描述从局部解到整体解的阻碍,以求得问题的整体解,因此首先要解决的是怎样表示局部解.这里我们说一个问题对于流形 M 是局部有解的,如果对于任意点 $P \in M$,总存在 P 点的一个邻域 U,使得问题在 U 上有解 T,显然这时只要 U 是包含 P 的开集即可,将这样的解表示为 (U,T). 由于问题的解可能不是唯一的 (如果唯一,则由局部解的存在性总能得到整体解的存在),不同的解定义域不同.

为了表示和比较问题在 P 点邻域的所有解,我们需要建立一个等价关系. 设 (V,S) 也是问题在 P 点邻域的解,如果存在 P 点的另一邻域 $O \subset U \cap V$, 使得 $T|_O = S|_O$, 则称 (U,T) 与 (V,S) 在 P 点给出了相同的局部解,或者称解 (U,T) 与 (V,S) 在 P 点等价,记为 $(U,T) \sim (V,S)$. 显然对于问题在 P 点邻域的所有解, $\sim$ 是一等价关系,关于 $\sim$ 的每一个等价类就是问题在 P 点邻域的一个局部解,称为问题的解在 P 点的一个**芽**. 芽的全体就是问题在 P 点的所有局部解.

以我们在第 1 章中讨论过的解析函数的芽环为例. 设 M 是一复流形, $P \in M$ 是任意给定的点, P 点邻域 U 上的解析函数 f 和 P 点邻域 V 上的解析函数 g 称为在 P 点等价,如果存在 P 点的另一邻域 $O \subset U \cap V$, 使得 $f|_O = g|_O$. 对于 P 点邻域的所有解析函数,这是一个等价关系,每一个等价类称为解析函数在 P 点的一个芽,芽的全体记为 θ_P. 另一方面, P 点邻域的所有解析函数利用函数的加和乘构成一个环 (当然,对于不同的函数,我们只能在其公共定义域上考虑加和乘的运算). 而上面关于芽的等价关系显然与加和乘可交换,因而我们可以在 θ_P 中定义加和乘,即 θ_P 中两个元素的加和乘就是其任意表示元素的加和乘的等价类. 利用这样的运算, θ_P 成为一个环,称为复流形 M 在 P 点的**解析函数的芽环**. 不难看出,如果 $(z^1, \cdots, z^m)$ 是 P 点邻域的局部坐标,满足 $z^i(P) = 0, i = 1, \cdots, m$, 则 θ_P 与所有关于 $z^1, \cdots, z^m$ 收敛的幂级数构成的环同构. 利用完全同样的方法,我们也可以定义 M 上连续函数在 P 点的芽环 C_P, 光滑函数在 P 点的芽环 C_P^∞ 和亚纯函数在 P 点的芽构成的域 M_P.

再看一个例子. 设 $\pi : E \to M$ 是复流形 M 上的全纯向量丛, $P \in M$ 是任意给定的点,我们考虑 E 在 P 点邻域的所有全纯截影. 按照上面同样的方法,我们定义这些全纯截影在 P 点的等价关系为: 设 s 和 t 分别是 E 在 P 点邻域 U 和 V 上的全纯截影,如果存在 P 的一个邻域 $O \subset U \cap V$, 使得 $s|_O = t|_O$, 则称 s 和 t 在 P 点等价. 由此得到的等价类称为 E 在 P 点的全纯截影的芽,所有芽的集合以 $\theta_P(E)$ 记之. 由于 E 是向量丛,利用 E 的截影之间的加法和截影与复数的乘法,我们得到 $\theta_P(E)$ 是一线性空间. 另一方面,由于 P 点邻域上的解析函

数与 E 在 P 点邻域的全纯截影的乘积仍然是 E 在 P 点邻域的全纯截影, 而这样的乘积运算在取芽的等价类时是不改变等价关系的. 利用此, 我们可以定义解析函数在 P 点的芽环 θ_P 中的元素与 E 的全纯截影在 P 点的芽构成的线性空间 $\theta_P(E)$ 中的元素的乘法. 在这个运算下, $\theta_P(E)$ 成为环 θ_P 上的模.

下面关于芽的一些例子在拓扑学中经常用到. 设 X 是一拓扑空间, G 是一给定的群 (或者环, 域), 例如, $G = \mathbb{Z}, \mathbb{Q}, \mathbb{R}, \mathbb{C}$ 分别是整数环, 有理数域, 实数域和复数域. 给 G 以离散拓扑 (即 G 中任意子集都是 G 的开集), 任取 $P \in X$, 考虑 P 点邻域到 G 的连续映射 (即局部为常值的映射) 的芽, 以 G_P 记所有这些芽的全体, 则不难看出 G_P 也是群 (或者环, 域), 并与 G 同构.

芽作为描述局部性质的一种工具, 我们最终希望的是通过它来表述一些整体性质, 因此我们需要建立不同点的芽之间的关系. 下面仍然以复流形 M 及 M 上解析函数的芽环 θ_P 为例. 令

$$\theta(M) = \bigcup_{P \in M} \theta_P,$$

定义投影 $\pi : \theta(M) \to M$ 为: 对于任意点 $P \in M, \pi^{-1}(P) = \theta_P$. 为了建立不同点的芽之间的连接关系, 我们需要在 $\theta(M)$ 上定义一个拓扑结构. 首先任取 $\tilde{f} \in \theta_P \subset \theta(M)$, 取 $\tilde{f}$ 的一个表示元素 f, 则 f 是定义在 P 点的某一个邻域 U 上的解析函数. 这时对于任意点 $Q \in U, f$ 同样是 Q 点邻域上的解析函数, 因而确定了解析函数在 Q 点的一个芽, 以 $f_Q \in \theta_Q$ 记之. 由此我们得到一个映射 $U \to \theta(M), Q \mapsto f_Q \in \theta_Q$. 以 $\tilde{U} = \{f_Q | Q \in U\}$ 表示映射的像集, 则映射 $Q \mapsto f_Q$ 是 U 到 $\tilde{U}$ 的一个一一对应. 现在将这一对应看做 M 中开集 U 到其像集 $\tilde{U}$ 的拓扑同胚, 即 $\tilde{U}$ 中一个子集是开集, 当且仅当其在 U 中对应的集合是 U 中的开集. 对于任意给定的 $\tilde{f} \in \theta(M)$, 将上面方法定义的 $\theta(M)$ 中的开集的集合作为 $\tilde{f}$ 的邻域基, 由芽的定义不难看出, 这一邻域基与表示元素 f 的选取无关. 对于 $\theta(M)$ 中的每一个元素, 我们按照上面方法得到了其邻域基. 然后利用所有这样的邻域基生成 $\theta(M)$ 中的开集, 进而 $\theta(M)$ 成为一拓扑空间, 而 $\pi : \theta(M) \to M$ 是局部同胚的连续映

射. 更进一步, 对于任意点 $P \in M$, 利用解析函数的加和乘运算不难看出, 解析函数芽环 θ_P 中元素的加和乘运算对于上面的拓扑是连续的, 即对于任意 $\tilde{f}, \tilde{g} \in \theta_P$, 存在 P 点的一个邻域 U 以及 $\tilde{f}$ 的邻域 $\tilde{U}_1$ 和 $\tilde{g}$ 的邻域 $\tilde{U}_2$, 使得 $\pi: \tilde{U}_1 \to U$ 和 $\pi: \tilde{U}_2 \to U$ 是同胚. 而对于任意点 $Q \in U$, $\pi^{-1}(Q)$ 在 $\tilde{U}_1$ 中的元素与 $\pi^{-1}(Q)$ 在 $\tilde{U}_2$ 中的元素的和与积分别落在 $\tilde{f} + \tilde{g}$ 与 $\tilde{f} \cdot \tilde{g}$ 的邻域中. $\theta(M)$ 按照上面方法定义了拓扑后就称为 M 上**解析函数的芽层**, 仍记为 $\theta(M)$.

利用与上面讨论同样的方法, 我们不难在微分流形上定义**光滑函数的芽层** $A(M)$, 在拓扑空间 X 上定义**连续函数的芽层** $C(X)$. 类似地, 设 $\pi: E \to M$ 是复流形 M 上的全纯向量丛, 利用 E 的全纯截影的芽 $\theta_P(E)$, 令

$$\theta(E) = \bigcup_{P \in M} \theta_P(E),$$

则以处理 $\theta(M)$ 同样的方法, $\theta(E)$ 成为一拓扑空间, 称为 E 的**全纯截影芽层**. 而对于层 $\theta(E)$, 更进一步, 上面我们已经说明了当 $P \in M$ 时, $\theta_P(E)$ 是解析函数芽环 θ_P 上的模, 而且乘积运算也是连续的, 即对于任意 $\tilde{s} \in \theta_P(E)$, $\tilde{f} \in \theta_P$, $\tilde{s}$ 与 $\tilde{f}$ 邻域中元素的乘积落在 $\tilde{f} \cdot \tilde{s}$ 的邻域中. 在这个意义下我们称层 $\theta(E)$ 为层 $\theta(M)$ 的**模层**.

以上面复流形 M 上解析函数芽层 $\theta(M)$ 为例, 我们现在给出层的一般定义.

定义 6.1.1 设 X 和 Y 都是拓扑空间, $\pi: Y \to X$ 是连续映射, 如果 $\pi: Y \to X$ 满足下面两个条件, 则称 Y 为 X 上的**层**:

(1) $\pi: Y \to X$ 是满射, 且 π 是局部同胚的映射, 即对于任意点 $P \in Y$, 存在 P 的邻域 U 和 $\pi(P)$ 的邻域 V, 使得 $\pi: U \to V$ 是拓扑同胚;

(2) 对于任意点 $P \in X$, 集合 $\pi^{-1}(P)$ 上有群 (或者环, 域) 的代数结构, 满足 $\pi^{-1}(P)$ 上的代数运算是连续的. 即对于任意元素 $s_1, s_2 \in \pi^{-1}(P)$, 分别存在 s_1 和 s_2 的邻域 U_1 和 U_2, 以及 P 的邻域 V, 使得 $\pi: U_1 \to V$ 和 $\pi: U_2 \to V$ 都是同胚, 而对于任意 $Q \in V$, $\pi^{-1}(Q) \cap U_1$ 中的元素与 $\pi^{-1}(Q) \cap U_2$ 中的元素的乘积落在 $s_1 \cdot s_2$ 的邻域内 (见

图 6.1.1).

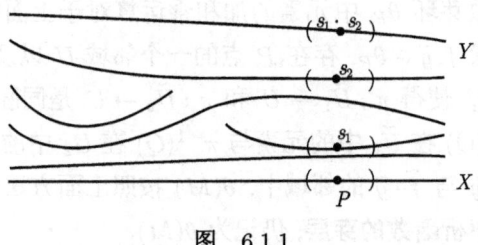

图 6.1.1

设 $\pi: Y \to X$ 是 X 上的层,对于任意点 $P \in X$, $\pi^{-1}(P) \subset Y$ 称为层 Y 在 P 点的**茎**,而 $\pi^{-1}(P)$ 中的元素则称为层 Y 在 P 点的**芽**.

如果层 $\pi: Y \to X$ 满足对于任意点 $P \in X$, $\pi^{-1}(P)$ 都是 Abel 群,则称 Y 为 **Abel 层**, Abel 层是层同调理论讨论的主要对象.

例 1 设 X 是拓扑空间, G 是 Abel 群, G 上给定了离散拓扑. 对于任意点 $P \in X$,上面我们定义了由 P 点邻域到 G 的连续映射的芽构成的群 G_P,令 $X(G) = \bigcup_{P \in X} G_P$,按照与层 $\theta(M)$ 的完全相同的处理方法,我们可在 $X(G)$ 上定义拓扑以及连续映射 $\pi: X(G) \to X$,使得 $X(G)$ 成为 X 上的层. $X(G)$ 称为拓扑空间 X 的 G **群层**.

例 2 设 X 是一拓扑空间, $GL(n)$ 表示由所有 n 阶实可逆矩阵构成的群,则 $GL(n)$ 可以看做是 $\mathbb{R}^{n \times n}$ 中的开集,我们可以定义 X 到 $GL(n)$ 连续映射的芽层. 当 $n > 1$ 时,由此得到的层不是 Abel 层.

我们在上面给出的关于层的几个例子都是通过某一类映射的芽来构造的,这一过程也可反过来. 首先我们给出下面的定义.

定义 6.1.2 设 $\pi: Y \to X$ 是 X 上的层, $U \subset X$ 是 X 中的开集,连续映射 $s: U \to Y$ 如果满足 $\pi \circ s = \mathrm{Id}$,即对于任意点 $P \in U$,恒有 $s(P) \in \pi^{-1}(P)$,则称 s 为层 Y 在 U 上的一个**截影**.

我们以 $\Gamma(U, Y)$ 记层 Y 在 U 上的截影全体,由于我们在层的定义中假定了 $\pi^{-1}(P)$ 上代数运算是连续的,因此,如果 Y 是 Abel 层,则利用芽相互之间的代数运算,对于任意 $s_1, s_2 \in \Gamma(U, Y)$, $P \in U$,令 $(s_1 + s_2)(P) = s_1(P) + s_2(P)$,则 $s_1 + s_2$ 也是层 Y 在 U 上的截影.

由此, $\Gamma(U,Y)$ 也是 Abel 群, 称为层 Y 在 U 上的**截影群**.

例 3 设 M 是复流形, $\theta(M)$ 是 M 上解析函数的芽层, 设 $U \subset M$ 是 M 中的开集, f 是 U 上的全纯函数, 则对于任意 $P \in U$, 令 f_P 为 f 在 P 点定义的芽, 则 $P \mapsto f_P$ 是层 $\theta(M)$ 在 U 上的一个截影. 反之, 设 s 是 $\theta(M)$ 在 U 上的一个截影, 则对于任意 $P \in U$, $s(P)$ 是一个全纯函数的芽, 由 s 的连续性, 这一函数在 P 点邻域唯一确定, 因此 s 必须是由一个全纯函数定义的截影. 这样, 我们得到 $\Gamma(U, \theta(M))$ 就是 U 上所有解析函数构成的环. 同理, 设 $\pi: E \to M$ 是 M 上的全纯向量丛, 则对于 E 的全纯截影的芽层 $\theta(E)$, 其在开集 U 上的截影空间 $\Gamma(U, \theta(E))$ 就是 E 在 U 上所有全纯截影构成的向量空间. 同时, $\Gamma(U, \theta(E))$ 也是环 $\Gamma(U, \theta(M))$ 的模.

设 $\pi: Y \to X$ 是 X 上的 Abel 层 (即对于任意点 $P \in X$, $\pi^{-1}(P)$ 都是 Abel 群), 取定 $P \in X$, 我们考虑层 Y 在 P 点邻域的截影全体. 按照上面构造芽的方法, 我们可以定义这些截影在 P 点的芽. 设 s_1, s_2 分别是 Y 在 P 点邻域 U 和 V 上的截影, 如果存在 P 的邻域 $O \subset U \cap V$, 使得 $s_1|_O = s_2|_O$, 则称 s_1 与 s_2 在 P 点等价, 记为 $s_1 \sim s_2$. $\sim$ 是一等价关系, 每一个等价类称为 Y 的截影在 P 点的一个芽. 我们以 Y_P 记层 Y 在 P 点的芽的全体, 则 Y_P 也是一 Abel 群, 称为 Y 在 P 点截影的芽群. 有趣的是, 通过 Y_P, 令

$$\widetilde{Y} = \bigcup_{P \in X} Y_P,$$

定义 $\widetilde{\pi}: \widetilde{Y} \to X$ 为投影, 则按照上面构造解析函数芽层同样的方法, 我们可以在 $\widetilde{Y}$ 上定义一个拓扑, 使其成为 X 上的层.

上面我们通过层 Y 在每一个开集 U 上的截影空间 $\Gamma(U, Y)$ 构造了一个新的层 $\widetilde{Y}$, 这一方法是构造层的另一个常用的方法. 这时对于 X 的每一个开集 U, 通过 Y 的截影我们得到一个 Abel 群 $\Gamma(U, Y)$, 而如果 $V \subset U$ 也是开集, 将 Y 在 U 上的截影限制到 V 上, 我们得到一个群同态映射 $P_{UV}: \Gamma(U, Y) \to \Gamma(V, Y), s \mapsto s|_V$. 正是利用了这一同态, 我们在每一点定义了一个芽群 Y_P, 并进一步构造了层 $\widetilde{Y} = \bigcup_{P \in X} Y_P$. 将

这一方法提炼出来,则我们有下面关于预层 (presheaf) 的定义.

定义 6.1.3 设 X 是一拓扑空间,如果对 X 的每一个开集 U, 给定了一个 Abel 群 $G(U)$, 并且对于任意开集 $V \subset U$, 给定了一个群同态 $P_{UV} : G(U) \to G(V)$, 满足对于任意的开集 U, $P_{UU} = \mathrm{Id}$, 而如果开集 $W \subset V \subset U$, 则
$$P_{UW} = P_{VW} \circ P_{UV},$$
则称集合 $\mathcal{W} = \{U, G(U), P_{UV}\}$ 为 X 上的一个 **Abel 预层**.

例如,如果 $\pi : Y \to X$ 是 X 上的 Abel 层,令 $G(U) = \Gamma(U, Y)$, P_{UV} 为限制映射,则 $\mathcal{W} = \{U, \Gamma(U,Y), P_{UV}\}$ 就是 X 上的一个预层.

设 $\mathcal{W} = \{U, G(U), P_{UV}\}$ 是 X 上的一个预层,任取点 $P \in X$, 我们在集合 $S = \{\cup G(U)|$ 其中 U 是包含 P 的开集$\}$ 上定义一个关系 $\sim$ 为: 设 $a \in G(U), b \in G(V)$, 如果存在 P 的邻域 O, 使得 $O \subset U \cap V$, 而在 $G(O)$ 中, $P_{UO}(a) = P_{VO}(b)$, 则称 $a \in G(U)$ 与 $b \in G(V)$ 在 P 点等价,记为 $a \sim b$.

利用预层定义中同态 P_{UV} 满足的条件 $P_{UW} = P_{VW} \circ P_{UV}$, 不难验证 $\sim$ 是集合 S 上的等价关系,其每一个等价类称为预层 $\mathcal{W}$ 在 P 点的一个芽. 我们以 $\mathcal{W}_P$ 记 P 点的芽的全体. 类似在解析函数的芽环讨论中定义的代数结构,我们可以在 $\mathcal{W}_P$ 中定义群结构为: 对于任意 $\tilde{a}, \tilde{b} \in \mathcal{W}_P$, 设 $a \in G(U), b \in G(V)$ 分别是 $\tilde{a}$ 和 $\tilde{b}$ 的任意表示元素,取一包含 P 的开集 O, 使得 $O \subset U \cap V$, 定义 $\tilde{a} + \tilde{b}$ 为 $G(O)$ 中元素 $P_{UO}(a) + P_{VO}(b)$ 在 $\mathcal{W}_P$ 中确定的等价类. 利用定义不难验证 $\tilde{a} + \tilde{b}$ 与表示元素 $a \in G(U), b \in G(V)$ 和开集 O 的选取都无关. 这样我们得到 $\mathcal{W}_P$ 上的一个加法运算, $\mathcal{W}_P$ 成为 Abel 群,称为预层 $\mathcal{W}$ 在 P 点的芽群. 再令
$$Y = \bigcup_{P \in X} \mathcal{W}_P,$$
$\pi : Y \to X$ 是将 $\mathcal{W}_P$ 映为 P 的投影. 在 Y 中定义拓扑结构为: 任取 $\tilde{a} \in \mathcal{W}_P \subset Y$, 设 $a \in G(U)$ 是 $\tilde{a}$ 的一个表示元素,利用 a, 对于任意点 $Q \in U$, 设 a_Q 是 a 在 $\mathcal{W}_Q$ 中确定的等价类,则映射 $Q \to a_Q$ 给出了 U 到其像集的一一一对应. 将这一对应看做 U 到其像集的拓扑

同胚，则其给出了 $\tilde{a}$ 的邻域基. 这一邻域基与表示元素 a 的选取无关. 由此 Y 成为拓扑空间，而 $\pi: Y \to X$ 是 X 上的层. 这样通过预层 $\mathcal{W}$ 我们就得到了一个层 Y. 当然，在上面的构造中，如果 $G(U)$ 是环或者域，相应地，我们可以构造代数结构为环或者域的层. 例如，设 M 是复流形，$U \subset M$ 是开集，令 $G(U)$ 为 U 上所有亚纯函数构成的域，P_{UV} 为限制映射，则 $\mathcal{W} = \{U, G(U), P_{UV}\}$ 是 M 上的预层，由这一预层得到的层 $\mathcal{M}(M)$ 称为 M 上**亚纯函数的芽层**.

另一方面，如果 $\mathcal{W} = \{U, G(U), P_{UV}\}$ 是 X 上的预层，Y 是由这一预层构造的层，对于 X 的任意开集 U，利用 Y 在 U 上的截影群 $\Gamma(U, Y)$ 和限制映射 $\tilde{P}_{UV}$，我们得到 X 上一个新的预层 $\widetilde{\mathcal{W}} = \{U, \Gamma(U, Y), \tilde{P}_{UV}\}$. 反过来，设 Y 是 X 上给定的层，利用其截影群 $\Gamma(U, Y)$ 和限制映射 P_{UV}，我们得到一个预层 $\widetilde{\mathcal{W}} = \{U, \Gamma(U, Y), P_{UV}\}$. 而通过预层 $\widetilde{\mathcal{W}} = \{U, \Gamma(U, Y), P_{UV}\}$，我们又可以构造一个新的层 $\tilde{Y}$. 对此一个自然的问题是：在上面层与预层的对应过程中，相互之间有什么关系？为了回答这一问题，我们先来讨论层之间的同态映射以及子层和商层等概念.

定义 6.1.4 设 $\pi_1: Y_1 \to X$ 和 $\pi_2: Y_2 \to X$ 都是拓扑空间 X 上的 Abel 层，$f: Y_1 \to Y_2$ 是连续映射，如果 f 满足

(1) $\pi_1 = \pi_2 \circ f$，即对于任意点 $P \in X$，$f(\pi_1^{-1}(P)) \subset \pi_2^{-1}(P)$；

(2) 对于任意点 $P \in X$，映射 $f: \pi_1^{-1}(P) \to \pi_2^{-1}(P)$ 是群同态，

则称 $f: Y_1 \to Y_2$ 为**层的同态映射**. 如果对层的同态映射 $f: Y_1 \to Y_2$，存在一个层同态 $g: Y_2 \to Y_1$，使得 $f \circ g = \mathrm{Id}, g \circ f = \mathrm{Id}$，则 f 称为**层的同构映射**，Y_1, Y_2 称为**同构的层**(见下图).

$$\begin{array}{ccc} Y_1 & \underset{g}{\overset{f}{\rightleftarrows}} & Y_2 \\ & \searrow{\pi_1} \quad \swarrow{\pi_2} & \\ & X & \end{array}$$

同样地，我们可以定义关于预层的同态映射.

定义 6.1.5 设 $\mathcal{W}_1 = \{U, G_1(U), P'_{UV}\}$ 和 $\mathcal{W}_2 = \{U, G_2(U), P''_{UV}\}$

都是 X 上的预层, 如果对 X 的每一个开集 $U \subset X$, 给定了一个群同态 $f_U : G_1(U) \to G_2(U)$, 满足对于任意开集 $V \subset U$,

$$f_V \circ P'_{UV} = P''_{UV} \circ f_U,$$

即下图是交换图, 则称 $F = \{f_U : G_1(U) \to G_2(U)\}$ 是 $\mathcal{W}_1$ 到 $\mathcal{W}_2$ 的一个**预层同态**.

$$\begin{array}{ccc} G_1(U) & \xrightarrow{f_U} & G_2(U) \\ P'_{UV} \downarrow & & \downarrow P''_{UV} \\ G_1(V) & \xrightarrow{f_V} & G_2(V). \end{array}$$

例如, 如果 $f : Y_1 \to Y_2$ 是层同态, 由于 f 是连续映射, 因此 f 一定将 Y_1 的截影映为 Y_2 的截影. 利用这一点, 对于任意开集 U, $f : \Gamma(U, Y_1) \to \Gamma(U, Y_2)$ 是群同态, 其显然与限制映射可交换, 因而我们由层同态 $f : Y_1 \to Y_2$ 得到相应的预层 $\mathcal{W}_1 = \{U, \Gamma(U, Y_1), P'_{UV}\}$ 到预层 $\mathcal{W}_2 = \{U, \Gamma(U, Y_2), P''_{UV}\}$ 的预层同态. 反过来, 设 $F = \{f_U : G_1(U) \to G_2(U)\}$ 是预层 $\mathcal{W}_1 = \{U, G_1(U), P'_{UV}\}$ 到预层 $\mathcal{W}_2 = \{U, G_2(U), P''_{UV}\}$ 的预层同态, 则条件 $f_V \circ P'_{UV} = P''_{UV} \circ f_U$ 保证了对于任意 $P \in X$, f_U 诱导了芽群 $\mathcal{W}_{1P}$ 到 $\mathcal{W}_{2P}$ 的群同态, 并进而诱导了由预层 $\mathcal{W}_1 = \{U, G_1(U), P'_{UV}\}$ 和 $\mathcal{W}_2 = \{U, G_2(U), P''_{UV}\}$ 分别构造的层 Y_1 和 Y_2 之间的层同态.

在抽象代数中我们知道: 如果 $f : G_1 \to G_2$ 是群 G_1 到 G_2 的同态映射, 则 $\mathrm{Im}(f)$ 是 G_2 的子群, 而 $\mathrm{Ker}(f)$ 是群 G_1 的正规子群, 我们有同构关系 $G_1/\mathrm{Ker}(f) \cong \mathrm{Im}(f)$. 这一同构使得我们能够将一个群分解为子群和商群, 用以简化群的表示. 相应的对于层的同态, 我们也希望得到类似的关系.

定义 6.1.6 设 $\pi : Y \to X$ 是 X 上的层, $Y_1 \subset Y$ 是 Y 的开子集, 如果 Y_1 满足: 对于任意点 $P \in X$, $Y_1 \cap \pi^{-1}(P)$ 都是 $\pi^{-1}(P)$ 的子群, 则称 Y_1 为 Y 的**子层**.

例如, 当 M 是复流形时, M 上解析函数的芽层是 M 上光滑函数芽层的子层, 而光滑函数的芽层是 M 上连续函数芽层的子层.

如果 $f: Y_1 \to Y_2$ 是层同态,则不难看出 $\mathrm{Im}(f)$ 是 Y_2 的子层,而如果令
$$\mathrm{Ker}(f) = \bigcup_{P \in X} \mathrm{Ker}\{f: Y_{1P} \to Y_{2P}\},$$
则 $\mathrm{Ker}(f)$ 是 Y_1 的子层 (证明留给读者).

定义 6.1.7 设 Y_1, Y_2, Y_3 是拓扑空间 X 上的层,$f: Y_1 \to Y_2$ 和 $g: Y_2 \to Y_3$ 都是层同态,如果 f 和 g 满足 $\mathrm{Im}(f) = \mathrm{Ker}(g)$,即对于任意点 $P \in X$, 恒有
$$\mathrm{Im}\{Y_{1P} \xrightarrow{f} Y_{2P}\} = \mathrm{Ker}\{Y_{2P} \xrightarrow{g} Y_{3P}\},$$
则称序列 $Y_1 \xrightarrow{f} Y_2 \xrightarrow{g} Y_3$ 是层同态的**正合序列**.

正合序列的概念是层理论中经常用到的概念.

例 4 我们通常以 0 表示由 $\widetilde{Y} = X \times \{0\}$ 得到的拓扑空间 X 上的层, 称为 X 的**零层**. 对于 X 上任意的层 Y, 我们用 $0 \to Y$ 和 $Y \to 0$ 表示平凡同态. 现设 Y 是 X 上的 Abel 层, Y_1 是 Y 的子层, 则 $0 \to Y_1 \to Y$ 是正合序列. 反之, 如果 $0 \to Y_1 \to Y$ 是正合序列, 则 Y_1 与 Y 的一个子层同构.

现设 Y_1 是 Abel 层 Y 的一个子层, 对于任意点 $P \in X$, 由于 Y_{1P} 是 Y_P 的子群, 令 $(Y/Y_1)_P = Y_P/Y_{1P}$,
$$Y/Y_1 = \bigcup_{P \in X}(Y/Y_1)_P,$$
而 $\pi: Y/Y_1 \to X$ 为投影, 定义 $h: Y \to Y/Y_1$ 为商映射 $h: Y_P \to (Y/Y_1)_P$. 利用这一映射, 在 Y/Y_1 上定义拓扑为: $U \subset Y/Y_1$ 为开集当且仅当 $h^{-1}(U)$ 是 Y 中的开集. 在这些定义的基础上, 不难得到 $\pi: Y/Y_1 \to X$ 也是 X 上的层. 为此只需证明 $\pi: Y/Y_1 \to X$ 是局部同胚, 而 Y/Y_1 中的群运算是连续的. 我们将这些证明留给读者作为练习. 层 $\pi: Y/Y_1 \to X$ 称为层 Y 关于其子层 Y_1 的**商层**.

对于商层我们有正合序列
$$Y \to Y/Y_1 \to 0.$$

反之, 如果我们有层同态的正合序列 $Y \to Y_2 \to 0$, 则层 Y_2 同构于商层 $Y/\mathrm{Ker}\{Y \to Y_2\}$.

利用上面这些讨论, 现在我们来研究预层与层的关系. 首先设 $\pi: Y \to X$ 是 X 上的层, 利用 Y 的截影群, 我们得到 X 上的预层 $\mathcal{W} = \{U, \Gamma(U,Y), P_{UV}\}$; 再利用这一预层的芽, 我们又能构造出 X 上一个新的层 $\widetilde{Y}$. 这时对于任意 $P \in X, y \in Y_P$, 由于 $\pi: Y \to X$ 是局部同胚, 因而总是存在 y 在 Y 中的一个邻域 U, 使得 π 限制在 U 上是同胚映射, 而 π 的逆映射是 $\pi(U)$ 上的截影, 这一截影在 P 点的值是 y. 如果我们以 $\widetilde{y}$ 表示这一截影对于预层 $\mathcal{W} = \{U, \Gamma(U,Y), P_{UV}\}$ 在 P 点确定的芽, 则 $\widetilde{y} \in \widetilde{Y}_P$ 由 y 唯一确定, 我们得到了一个映射 $y \mapsto \widetilde{y}$, 由此得映射 $Y \to \widetilde{Y}$. 不难验证这一映射是单射, 同时也是满射, 因而是层的同构映射. 这样当我们从层出发, 利用其截影构造预层, 然后再用预层的芽构造层时, 我们得到的仍然是原来的层, 即

$$Y \to \mathcal{W} = \{U, \Gamma(U,Y), P_{UV}\} \to \widetilde{Y}$$

是一同构过程.

反过来, 设 $\mathcal{W} = \{U, G(U), P_{UV}\}$ 是 X 上的一个预层, Y 是由 $\mathcal{W}$ 构造的层, $\widetilde{\mathcal{W}} = \{U, \Gamma(U,Y), P_{UV}\}$ 是由 Y 的截影定义的预层. 这时对于任意开集 $U \subset X$, 以及任意 $s \in G(U), P \in U$, 令 $s(P)$ 为 s 在 P 点定义的芽, 则映射 $P \mapsto s(P)$ 是层 Y 在 U 上的一个截影, 由此我们得到一个预层的同态映射

$$f_U : G(U) \to \Gamma(U,Y).$$

一般来说, $f_U: G(U) \to \Gamma(U,Y)$ 并不是同构映射. 我们关心的问题是: 在什么条件下, $\mathcal{W} = \{U, G(U), P_{UV}\}$ 与 $\widetilde{\mathcal{W}} = \{U, \Gamma(U,Y), P_{UV}\}$ 同构. 对此我们有下面的定义.

定义 6.1.8 拓扑空间 X 上的预层 $\mathcal{W} = \{U, G(U), P_{UV}\}$ 称为**完备预层**, 如果对于 X 的任意开集 U, 以及 U 的任意一个开覆盖 $\{V_\alpha\}_{\alpha \in A}$, 下面两个条件成立:

(1) 如果 $a, b \in G(U)$ 满足对于任意 $\alpha \in A$, 恒有 $P_{UV_\alpha}(a) = P_{UV_\alpha}(b)$, 则 $a = b$;

(2) 如果对每一个 $\alpha \in A$, 能够选取一个元素 $s_\alpha \in G(V_\alpha)$, 满足当 $V_\alpha \cap V_\beta \neq \varnothing$ 时,
$$P_{V_\alpha(V_\alpha \cap V_\beta)}(s_\alpha) = P_{V_\beta(V_\alpha \cap V_\beta)}(s_\beta),$$
则存在 $s \in G(U)$, 使得 $s_\alpha = P_{UV_\alpha}(s)$.

设 Y 是由预层 $W = \{U, G(U), P_{UV}\}$ 的截影构造的层, 利用 Y, 上面关于完备预层的定义可以作如下的几何解释: 定义中的第一个条件表示完备预层中的两个元素如果局部相等, 则必须整体相等, 因而映射 $G(U) \to \Gamma(U, Y)$ 是单射; 而定义中的第二个条件则表明局部给出的元素如果在公共部分相同, 则能够通过拼接得到一个整体的元素, 由此能够得到映射 $G(U) \to \Gamma(U, Y)$ 是满射. 例如, 由一个层 Y 的截影构造的预层 $W = \{U, \Gamma(U, Y), P_{UV}\}$ 都是完备预层. 利用完备预层的这些性质, 我们有下面定理.

定理 6.1.1 设 Y 是由预层 $W = \{U, G(U), P_{UV}\}$ 构造的层, $\widetilde{W} = \{U, \Gamma(U, Y), P_{UV}\}$ 是由 Y 的截影构造的预层, 则预层 W 与 $\widetilde{W}$ 同构的充分必要条件是预层 $W = \{U, G(U), P_{UV}\}$ 是完备预层.

定理 6.1.1 的证明留作练习, 以帮助读者进一步熟悉层的性质. 利用定理 6.1.1, 我们得到完备预层与层之间是一一对应的. 在下面的讨论中, 我们总是假定所有考虑的预层都是完备预层.

下面我们给出一些在后面讨论中经常用到的层的例子.

例 5 设 M 是复流形, 我们用 $\theta(M)$ 和 $a(M)$ 分别表示 M 上解析函数和光滑函数的芽层. 如果 $\pi: E \to M$ 是 M 上的全纯向量丛, 则我们用 $\theta(E)$ 和 $a(E)$ 分别表示 E 的全纯截影和光滑截影的芽层.

例 6 设 M 是复流形, 对于任意开集 $U \subset M$, 令 $G(U)$ 为由 U 上处处不为零的解析函数全体利用乘法运算构成的 Abel 群, P_{UV} 为限制映射, 则 $W = \{U, G(U), P_{UV}\}$ 是 X 上的预层, 由其定义的层表示为 $\theta^*(M)$, 称为 M 上的**处处不为零的解析函数的芽层**.

例 7 设 M 是复流形, $\pi: E \to M$ 是 M 上的全纯向量丛, 我们用 $a^{(p,q)}(M)$ 和 $a^{(p,q)}(E)$ 分别表示 M 上光滑的 (p, q)- 形式的芽层

和 M 上光滑的 E-值 (p,q)-形式的芽层,用 $\Omega^p(M)$ 和 $\Omega^p(E)$ 分别表示 M 上全纯的 $(p,0)$-形式和全纯的 E-值 $(p,0)$-形式的芽层.

例 8 设 G 是一 Abel 群,G 上给定了离散拓扑. 设 X 是一拓扑空间,对于 X 中的任意开集 U,令 $G(U)$ 为由 U 到 G 的所有连续映射构成的 Abel 群,而对于开集 $V \subset U$,令 P_{UV} 为限制映射,则 $\mathcal{W} = \{U, G(U), P_{UV}\}$ 是 X 上的预层,由这一预层定义的层称为 X 的 G 值连续函数的芽层.

例 9 设 G 是一 Abel 群,G 上给定了离散拓扑. 设 X 是一 Hausdorff 拓扑空间,$P_1, \cdots, P_n$ 是 X 中任意给定的点. 对于 X 的任意开集 U,如果存在 $i \in \{1, \cdots, n\}$,使得 $P_i \in U$,则令 $G(U) = G$,否则令 $G(U) = \{0\}$;如果开集 $V \subset U$,并且 $G(U) = G(V) = G$,令 P_{UV} 为恒等映射,其他情况都令 P_{UV} 为零映射. 这时 $\mathcal{W} = \{U, G(U), P_{UV}\}$ 是 X 上的预层. 由 $\mathcal{W}$ 定义的 X 上的层 Y 满足:$Y_{P_i} = G, i = 1, \cdots, n$;而如果点 $P \notin \{P_1, \cdots, P_n\}$,则 $Y_P = \{0\}$. 一般称如此定义的层为点 $P_1, \cdots, P_n$ 上的**摩天大厦层**(skyscraper sheaf). 不难看出,这个层不是 Hausdorff 拓扑空间 (见下图 6.1.2).

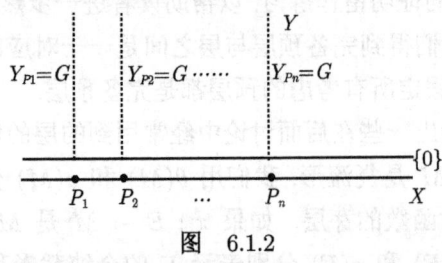

图 6.1.2

§6.2 层的同调理论 —— Čech 同调群

这一节我们将给出层同调群的定义. 下面如果没有特别说明,我们都假定所考虑的层是 Abel 层,即层的群运算是可交换的.

上面我们在引入层的概念时,特别说明了希望利用层来描述一个局部有解的问题在通过局部解来获得整体解时可能碰到的阻碍. 下面我们以复流形上的 Cousin 问题 II 为例来说明怎样定义层的同调群,

§6.2 层的同调理论 —— Čech 同调群

以及怎样将上面这种阻碍化为同调群中的元素.

Cousin 问题 II 设 M 是复流形, 问 M 上是否存在亚纯函数使之具有给定的零点和极点.

对于 Cousin 问题 II, 首先假定问题是局部有解的, 因而 Cousin 问题 II 可以表示为: 设存在复流形 M 的一个开覆盖 $\mathcal{U} = \{U_\alpha\}$, 并且在每一个 U_α 上给定了一个亚纯函数 f_α, 满足当 $U_\alpha \cap U_\beta \neq \emptyset$ 时, f_α / f_β 在 $U_\alpha \cap U_\beta$ 上是处处不为零的解析函数, 问是否存在 M 上的亚纯函数 f, 使得在每一个 U_α 上, f_α / f 都是处处不为零的解析函数.

集合 $\{U_\alpha, f_\alpha\}$ 就是 Cousin 问题 II 的局部解, 问题是怎样通过它得到整体解 f 呢? 对此, 我们需要考虑不同的局部解在公共部分上的差异. 因此当 $U_\alpha \cap U_\beta \neq \emptyset$ 时, 在 $U_\alpha \cap U_\beta$ 上, 令

$$h_{\alpha\beta} = \frac{f_\alpha}{f_\beta},$$

则与 f_α 的亚纯性不同, $h_{\alpha\beta}$ 是 $U_\alpha \cap U_\beta$ 上处处不为零的解析函数, 而集合 $\{h_{\alpha\beta}\}$ 就构成了从局部解到整体解的阻碍. 这时 $\{h_{\alpha\beta}\}$ 是对开覆盖 $\mathcal{U} = \{U_\alpha\}$ 中每一对交不为空集的元素 U_α 和 U_β, 在开集 $U_\alpha \cap U_\beta$ 上给定一个处处不为零的解析函数 $h_{\alpha\beta}$ 后, 由这些函数组成的集合, 其中的函数满足

$$h_{\alpha\beta} \cdot h_{\beta\alpha} = 1, \quad h_{\alpha\beta} \cdot h_{\beta\gamma} \cdot h_{\gamma\alpha} = 1. \tag{6.2.1}$$

现在我们希望用层与层同调论的语言来描述阻碍 $\{h_{\alpha\beta}\}$, 我们的目标是通过 $\{h_{\alpha\beta}\}$ 来确定某一个同调群 (层的同调群) 中的一个元素, 使得问题有整体解当且仅当这一元素为零, 这样我们的问题就转化为对某些同调群的研究了. 为此, 首先将每一个函数 $h_{\alpha\beta}$ 看成 M 上处处不为零的解析函数的芽层 $\theta^*(M)$ 在非空开集 $U_\alpha \cap U_\beta$ 上的一个截影, 则我们将满足上面条件 (6.2.1) 的截影的集合 $h = \{h_{\alpha\beta}\}$ 称为层 $\theta^*(M)$ 对于开覆盖 $\mathcal{U} = \{U_\alpha\}$ 的一个**一阶闭链**. 以 $Z^1(\mathcal{U}, \theta^*(M))$ 记层 $\theta^*(M)$ 关于给定开覆盖 $\mathcal{U}$ 的所有一阶闭链, 即

$Z^1(\mathcal{U}, \theta^*(M)) = \{\{h_{\alpha\beta}\} | \{h_{\alpha\beta}\}$ 是层 $\theta^*(M)$ 对于开覆盖 $\mathcal{U} = \{U_\alpha\}$ 中每一对满足 $U_\alpha \cap U_\beta \neq \emptyset$ 的开集 U_α 和 U_β, 在 $U_\alpha \cap$

U_β 上给定一个截影 $h_{\alpha\beta}$ 后, 由这些截影组成的集合, 这些截影满足关系式 (6.2.1)$\Big\}$.

利用层 $\theta^*(M)$ 上的乘法运算, 如果 $h' = \{h'_{\alpha\beta}\}$ 和 $h'' = \{h''_{\alpha\beta}\}$ 是两个一阶闭链, 定义 $h'h'' = \{h'_{\alpha\beta}h''_{\alpha\beta}\}$, 则 $h'h'' \in \mathrm{Z}^1(\mathcal{U}, \theta^*(M))$ 也是一阶闭链. 由此层 $\theta^*(M)$ 关于给定开覆盖 $\mathcal{U} = \{U_\alpha\}$ 的所有一阶闭链构成的集合 $\mathrm{Z}^1(\mathcal{U}, \theta^*(M))$ 是一个 Abel 群.

对于阻碍 $h = \{h_{\alpha\beta}\}$, 如果在每一个 U_α 上存在一处处不为零的解析函数 h_α, 使得对于开覆盖 $\mathcal{U} = \{U_\alpha\}$, 只要 $U_\alpha \cap U_\beta \neq \varnothing$, 在 $U_\alpha \cap U_\beta$ 上就成立 $h_{\alpha\beta} = h_\alpha/h_\beta$, 则只需在每一个 U_α 上令 $f = \dfrac{f_\alpha}{h_\alpha}$, f 的定义与 α 无关, 因而是 M 上的亚纯函数. 又由于 h_α 是 U_α 上处处不为零的解析函数, 因而 f 与 f_α 在 U_α 上有相同的极点和零点, 这样我们就得到了 Cousin 问题 II 的整体解 f. 在这种情况下, 我们说阻碍 $h = \{h_{\alpha\beta}\}$ 为零. 对比于此, 如果 $\mathrm{Z}^1(\mathcal{U}, \theta^*(M))$ 中的一个闭链 $h = \{h_{\alpha\beta}\}$ 能够表示为

$$h_{\alpha\beta} = \frac{h_\alpha}{h_\beta},$$

其中 h_α 是 U_α 上处处不为零的解析函数, U_α 和 U_β 是开覆盖 $\mathcal{U} = \{U_\alpha\}$ 中任意一对交不为空集的元素, 则我们称这一闭链为**一阶正合链**. 将 h_α 看做层 $\theta^*(M)$ 在 U_α 上的截影, 截影的集合 $\left\{h_{\alpha\beta} = \dfrac{h_\alpha}{h_\beta}\right\}$ 称为层 $\theta^*(M)$ 关于开覆盖 $\mathcal{U} = \{U_\alpha\}$ 的一个一阶正合链. 显然所有的一阶正合链也构成一个 Abel 群, 我们以 $\mathrm{B}^1(\mathcal{U}, \theta^*(M))$ 记之, 即

$$\mathrm{B}^1(\mathcal{U}, \theta^*(M)) = \Big\{\{h_\alpha/h_\beta\}\,\big|\,\{h_\alpha\}\text{是层}\theta^*(M)\text{对于开覆盖}\mathcal{U} = \{U_\alpha\}\text{在}$$
$$\text{每一个}U_\alpha\text{上给定一个截影}h_\alpha\text{后, 由}h_\alpha/h_\beta\text{组成的集合}\Big\},$$

$\mathrm{B}^1(\mathcal{U}, \theta^*(M))$ 称为层 $\theta^*(M)$ 关于开覆盖 $\mathcal{U} = \{U_\alpha\}$ 的**一阶正合链群**. 由定义我们得到 $\mathrm{B}^1(\mathcal{U}, \theta^*(M))$ 是 $\mathrm{Z}^1(\mathcal{U}, \theta^*(M))$ 的子群. 现在考虑商群

$$\mathrm{H}^1(\mathcal{U}, \theta^*(M)) = \frac{\mathrm{Z}^1(\mathcal{U}, \theta^*(M))}{\mathrm{B}^1(\mathcal{U}, \theta^*(M))}.$$

群 $\mathrm{H}^1(\mathcal{U},\theta^*(M))$ 就称为层 $\theta^*(M)$ 关于给定开覆盖 $\mathcal{U} = \{U_\alpha\}$ 的**一阶同调群**. 利用这一同调群, 设 $\{h_{\alpha\beta}\}$ 是由 Cousin 问题 II 给出的阻碍, 我们得到, 当 $\{h_{\alpha\beta}\}$ 在 $\mathrm{H}^1(\mathcal{U},\theta^*(M))$ 中确定的同调元素为零时, Cousin 问题 II 有整体解.

显然上面定义的同调群 $\mathrm{H}^1(\mathcal{U},\theta^*(M))$ 与开覆盖 $\mathcal{U} = \{U_\alpha\}$ 的选取有关. 因此一个自然的问题是: 怎样更好的定义出层的同调群, 使得其与开覆盖的选取无关. 例如, 在上面的 Cousin 问题 II 中, 由零点和极点确定的局部解 $\{f_\alpha\}$ 并不是唯一的, 不同方法可能得到不同的开覆盖和不同的局部解. 而当 $\{h_{\alpha\beta} = f_\alpha/f_\beta\}$ 在同调群 $\mathrm{H}^1(\mathcal{U},\theta^*(M))$ 中确定的元素不为零时, 从形式上看我们并不能得出 Cousin 问题 II 无整体解. 所以我们需要消除同调群对开覆盖的依赖性, 或者说消除问题整体解的存在对于局部解选取的依赖性. 为此我们需要考虑 M 的所有开覆盖, 比较由不同开覆盖定义的不同同调群之间的关系. 我们先给出下面定义.

定义 6.2.1 设 $\mathcal{U} = \{U_\alpha\}_{\alpha \in A}$ 和 $\mathcal{V} = \{V_\tau\}_{\tau \in B}$ 都是流形 M 的开覆盖, 其中 A, B 分别是覆盖元素的指标集, 如果存在指标集之间的映射 $i : B \to A$, 使得对于任意 $\tau \in B$, 恒有 $V_\tau \subset U_{i(\tau)}$, 则称覆盖 $\mathcal{V} = \{V_\tau\}_{\tau \in B}$ 为覆盖 $\mathcal{U} = \{U_\alpha\}_{\alpha \in A}$ 的**加细开覆盖**, 称满足上面条件的映射 $i : B \to A$ 为**加细映射**.

设 $\mathcal{V} = \{V_\tau\}_{\tau \in B}$ 是 $\mathcal{U} = \{U_\alpha\}_{\alpha \in A}$ 的加细开覆盖, $i : B \to A$ 是加细映射, 设 $h = \{h_{\alpha\beta}\} \in \mathrm{Z}^1(\mathcal{U},\theta^*(M))$ 是层 $\theta^*(M)$ 对于开覆盖 $\mathcal{U}$ 的一阶闭链, 则对于 $\mathcal{V}$ 中满足 $V_\tau \cap V_\sigma \neq \varnothing$ 的开集, 在 $V_\tau \cap V_\sigma$ 上令

$$i^*(h)_{\tau\sigma} = h_{i(\tau)i(\sigma)}\big|_{V_\tau \cap V_\sigma},$$

这里 $\big|_U$ 表示在集合 U 上的限制. $h_{i(\tau)i(\sigma)}\big|_{V_\tau \cap V_\sigma}$ 是将 $U_{i(\tau)} \cap U_{i(\sigma)}$ 上的截影 $h_{i(\tau)i(\sigma)}$ 限制在 $V_\tau \cap V_\sigma$ 上.

不难验证 $i^*(h) = \{i^*(h)_{\tau\sigma}\}$ 是层 $\theta^*(M)$ 对于开覆盖 $\mathcal{V}$ 的一阶闭链, 由此得映射

$$i^* : \mathrm{Z}^1(\mathcal{U},\theta^*(M)) \to \mathrm{Z}^1(\mathcal{V},\theta^*(M)), \quad h \mapsto i^*(h).$$

根据定义, i^* 是一个群的同态映射, 并且将正合链映为正合链, 即

$$i^*(\mathrm{B}^1(\mathcal{U}, \theta^*(M))) \subset \mathrm{B}^1(\mathcal{V}, \theta^*(M)).$$

由此 i^* 诱导了商群 $\mathrm{H}^1(\mathcal{U}, \theta^*(M))$ 到 $\mathrm{H}^1(\mathcal{V}, \theta^*(M))$ 的一个同态映射

$$i^* : \mathrm{H}^1(\mathcal{U}, \theta^*(M)) \to \mathrm{H}^1(\mathcal{V}, \theta^*(M)).$$

对于开覆盖之间的加细关系, 一般来说, 加细映射可以不是唯一的. 然而, 对于由加细映射 i 诱导的同调群之间的映射 i^*, 则是由覆盖的加细关系唯一确定的. 对此我们有下面一个关于层同调群定义的基本引理. 这里为了以后的讨论更方便、更一般, 下面在引理的证明中, 我们将用 + 和 − 分别代替层 $\theta^*(M)$ 中的 × 和 ÷ 的运算.

引理 6.2.1 符号同上, 由加细映射 $i : B \to A$ 诱导的同调群之间的同态映射 $i^* : \mathrm{H}^1(\mathcal{U}, \theta^*(M)) \to \mathrm{H}^1(\mathcal{V}, \theta^*(M))$ 与加细映射 i 本身的选取无关.

证明 设 $j : B \to A$ 也是开覆盖 $\mathcal{V}$ 关于 $\mathcal{U}$ 的加细映射, $h = \{h_{\alpha\beta}\} \in \mathrm{Z}^1(\mathcal{U}, \theta^*(M))$ 是层 $\theta^*(M)$ 关于开覆盖 $\mathcal{U} = \{U_\alpha\}_{\alpha \in A}$ 的一个一阶闭链. 利用 i, j, 对于开覆盖 $\mathcal{V} = \{V_\tau\}_{\tau \in B}$ 中任意元素 V_τ, 由于 $V_\tau \subset U_{i(\tau)}, V_\tau \subset U_{j(\tau)}$, 因此 $V_\tau \subset U_{i(\tau)} \cap U_{j(\tau)}$, 在 V_τ 上令

$$\widetilde{h}_\tau = h_{i(\tau)j(\tau)}\big|_{V_\tau}.$$

由于 $h = \{h_{\alpha\beta}\}$ 是闭链, 因而满足

$$h_{\alpha\beta} + h_{\beta\alpha} = 0, \quad h_{\alpha\beta} + h_{\beta\gamma} + h_{\gamma\alpha} = 0,$$

所以

$$(h_{i(\tau)j(\tau)} + h_{j(\tau)j(\sigma)} + h_{j(\sigma)i(\tau)}) - (h_{i(\sigma)j(\sigma)} + h_{j(\sigma)i(\tau)} + h_{i(\tau)i(\sigma)}) = 0.$$

消去其中的 $h_{j(\sigma)i(\tau)}$, 我们得到

$$h_{i(\tau)i(\sigma)} - h_{j(\tau)j(\sigma)} = h_{i(\tau)j(\tau)} - h_{i(\sigma)j(\sigma)} = \widetilde{h}_\tau - \widetilde{h}_\sigma.$$

因此,$\{h_{i(\tau)i(\sigma)} - h_{j(\tau)j(\sigma)}\}$ 是对于覆盖 $\mathcal{V}$ 的一阶正合链,由同调群的定义,其在 $\mathrm{H}^1(\mathcal{V}, \theta^*(M))$ 中为零,即 $i^*(h) = j^*(h)$. 映射 $i^* : \mathrm{H}^1(\mathcal{U}, \theta^*(M)) \to \mathrm{H}^1(\mathcal{V}, \theta^*(M))$ 与加细映射 i 的选取无关. 证毕.

利用这一引理,当 $\mathcal{V}$ 是 $\mathcal{U}$ 的加细开覆盖时,我们用 $P_{\mathcal{V}\mathcal{U}}$ 表示由 $\mathcal{V}$ 与 $\mathcal{U}$ 的加细关系得到的同调群之间的同态映射

$$P_{\mathcal{V}\mathcal{U}} : \mathrm{H}^1(\mathcal{U}, \theta^*(M)) \to \mathrm{H}^1(\mathcal{V}, \theta^*(M)).$$

由于 $P_{\mathcal{V}\mathcal{U}}$ 与加细映射的选取无关,因而如果进一步假定 $\mathcal{W}$ 是 $\mathcal{V}$ 的加细开覆盖,则 $\mathcal{W}$ 也是 $\mathcal{U}$ 的加细开覆盖,这时

$$P_{\mathcal{W}\mathcal{U}} = P_{\mathcal{W}\mathcal{V}} \circ P_{\mathcal{V}\mathcal{U}}.$$

有了上面这些结论以后,现在我们来定义层 $\theta^*(M)$ 的与开覆盖选取无关的同调群. 首先令

$$S = \left\{ h \mid 存在 M 的开覆盖 \mathcal{U}, 使得 h \in \mathrm{H}^1(\mathcal{U}, \theta^*(M)) \right\}.$$

我们在 S 上定义一个关系 $\sim$ 为:设 $h_1 \in \mathrm{H}^1(\mathcal{U}_1, \theta^*(M))$ 与 $h_2 \in \mathrm{H}^1(\mathcal{U}_2, \theta^*(M))$,如果存在开覆盖 $\mathcal{U}_1$ 和 $\mathcal{U}_2$ 共同的加细开覆盖 $\mathcal{V}$,使得

$$P_{\mathcal{V}\mathcal{U}_1}(h_1) = P_{\mathcal{V}\mathcal{U}_2}(h_2),$$

则称 h_1 与 h_2 有关系 $\sim$,记为 $h_1 \sim h_2$. 容易看出 $\sim$ 是 S 上的一个等价关系,我们以 $\mathrm{H}^1(M, \theta^*(M))$ 表示 S 关于等价关系 $\sim$ 的所有等价类.

在 $\mathrm{H}^1(M, \theta^*(M))$ 中我们定义加法运算为:对于 $\mathrm{H}^1(M, \theta^*(M))$ 中任意两个元素 $\tilde{h}_1$ 和 $\tilde{h}_2$,分别取 $\tilde{h}_1$ 和 $\tilde{h}_2$ 的表示元素 $h_1 \in \mathrm{H}^1(\mathcal{U}_1, \theta^*(M))$ 和 $h_2 \in \mathrm{H}^1(\mathcal{U}_2, \theta^*(M))$,再取开覆盖 $\mathcal{U}_1$ 和 $\mathcal{U}_2$ 的一个公共加细开覆盖 $\mathcal{V}$,定义 $\tilde{h}_1 + \tilde{h}_2$ 为由 $\mathrm{H}^1(\mathcal{V}, \theta^*(M))$ 中的元素 $P_{\mathcal{V}\mathcal{U}_1}(h_1) + P_{\mathcal{V}\mathcal{U}_2}(h_2)$ 在 $\mathrm{H}^1(M, \theta^*(M))$ 中确定的等价类. 不难验证,$\tilde{h}_1 + \tilde{h}_2$ 与表示元素 h_1 和 h_2 以及开覆盖 $\mathcal{V}$ 的选取都无关.

利用上面的加法,$\mathrm{H}^1(M, \theta^*(M))$ 成为一个 Abel 群,称为复流形 M 上层 $\theta^*(M)$ 的**一阶 Čech 同调群**. (注意:在这里我们都是用加法代

替层 $\theta^*(M)$ 中的乘法.)

现在我们回到 Cousin 问题 II, 看一看按照上面方式定义的同调群 $H^1(M, \theta^*(M))$ 是否足以描述从局部解到整体解的阻碍. 设 $\mathcal{U} = \{U_\alpha\}_{\alpha \in A}$ 是 M 的一个开覆盖, f_α 是 U_α 上具有给定极点和零点的亚纯函数, 设 $h_{\alpha\beta} = f_\alpha/f_\beta$, 则 $h = \{h_{\alpha\beta}\}$ 是从局部解到整体解的阻碍. h 是一个一阶闭链, 因而确定了 $H^1(\mathcal{U}, \theta^*(M))$ 中的一个元素 h, 并进而确定了同调群 $H^1(M, \theta^*(M))$ 中的一个元素 $\tilde{h}$. 如果 Cousin 问题 II 有整体解, 即存在 M 上具有给定极点和零点的亚纯函数 f, 则在 U_α 上令 $h_\alpha = f_\alpha/f$, 我们得到 h_α 是 U_α 上处处不为零的解析函数, 而在 $U_\alpha \cap U_\beta$ 上 $h_{\alpha\beta} = h_\alpha/h_\beta$ 是一阶正合链, 所以必须 $\tilde{h} = 0$. 反之, 设 $\tilde{h} = 0$, 由定义, 存在 $\mathcal{U} = \{U_\alpha\}_{\alpha \in A}$ 的一个加细开覆盖 $\mathcal{V} = \{V_\tau\}_{\tau \in B}$, 使得 $P_{\mathcal{V}\mathcal{U}}(h) = 0$. 设 $i: B \to A$ 是加细映射, 则对每一个 τ, 存在 V_τ 上处处不为零的解析函数 h_τ 使得在 $V_\tau \cap V_\sigma$ 上

$$h_{i(\tau)i(\sigma)} = \frac{h_\tau}{h_\sigma}.$$

因此, 只要在 V_τ 上令 $f = f_{i(\tau)}/h_\tau$, 则 f 是 Cousin 问题 II 的整体解. 这样我们得到 Cousin 问题 II 有整体解当且仅当同调元素 $\tilde{h} = 0$. 而这正是我们在本节开始时对求解 Cousin 问题 II 提出的期望.

作为同调群 $H^1(M, \theta^*(M))$ 的另一个应用, 下面我们从几何的角度对上面的定义做进一步的说明.

设 $\pi: L \to M$ 是复流形 M 上的一个全纯线丛, 由向量丛的定义我们知道, 对于任意点 $P \in M$, 存在 P 点的邻域 U, 使得在 U 上, L 是平凡的, 即 $\pi^{-1}(U) \cong U \times \mathbb{C}$. 我们的问题是: 在什么条件下能够由 L 的局部平凡得到整体平凡, 即 $L \cong M \times \mathbb{C}$. 首先由 L 的局部平凡知, 可选取 M 的一个开覆盖 $\mathcal{U} = \{U_\alpha\}$, 使得在每一个 U_α 上 L 是平凡的, 而当 $U_\alpha \cap U_\beta \neq \emptyset$ 时, L 由转移函数 $h_{\alpha\beta}$ 连接, 其中 $h_{\alpha\beta}$ 是 $U_\alpha \cap U_\beta$ 上处处不为零的解析函数, 满足条件 (6.2.1), 即

$$h_{\alpha\beta} \cdot h_{\beta\alpha} = 1, \quad h_{\alpha\beta} \cdot h_{\beta\gamma} \cdot h_{\gamma\alpha} = 1.$$

§6.2 层的同调理论 —— Čech 同调群

由定义, $h = \{h_{\alpha\beta}\}$ 是层 $\theta^*(M)$ 对于开覆盖 $\mathcal{U} = \{U_\alpha\}$ 的一个一阶闭链, 其在层 $\theta^*(M)$ 的一阶同调群中确定的同调元素 $\widetilde{h} \in \mathrm{H}^1(M, \theta^*(M))$ 就是 L 成为平凡线丛的阻碍, 即 L 是平凡线丛等价于 $\widetilde{h} = 0$.

反过来, 对于任意 $\widetilde{h} \in \mathrm{H}^1(M, \theta^*(M))$, 选取 $\widetilde{h}$ 的一个表示元素 $h = \{h_{\alpha\beta}\} \in \mathrm{H}^1(\mathcal{U}, \theta^*(M))$. 由于 h 是层 $\theta^*(M)$ 对于开覆盖 $\mathcal{U} = \{U_\alpha\}$ 的一个一阶闭链, 因而如果将 $h_{\alpha\beta}$ 作为 $U_\alpha \cap U_\beta$ 上线丛的转移函数, 我们得到 M 上一个全纯线丛. 读者不难验证, 如果 M 上两个全纯线丛 L_1 和 L_2 分别由 $\mathrm{H}^1(M, \theta^*(M))$ 中的同调元素 $\widetilde{h}_1$ 和 $\widetilde{h}_2$ 确定, 则 L_1 与 L_2 同构的充分必要条件是 $\widetilde{h}_1$ 和 $\widetilde{h}_2$ 在 $\mathrm{H}^1(M, \theta^*(M))$ 中相等, 而 $L_1 \otimes L_2$ 对应的同调元素与 $\widetilde{h}_1$ 和 $\widetilde{h}_2$ 在 $\mathrm{H}^1(M, \theta^*(M))$ 中的乘积相等. 由此我们得到, 同调群 $\mathrm{H}^1(M, \theta^*(M))$ 同构于由 M 上所有全纯线丛利用线丛的张量积构成的 Abel 群. 这时由于线丛 L_1 和 L_2 局部总是同构的, 所以 $\widetilde{h}_1 \widetilde{h}_2^{-1} \in \mathrm{H}^1(M, \theta^*(M))$ 表示的就是这种局部同构变为整体同构的阻碍.

以上面同调群 $\mathrm{H}^1(M, \theta^*(M))$ 的定义为例, 现在我们来给出一般拓扑空间上的层的 Čech 同调群的定义. 由于在这一过程中许多讨论都与 $\mathrm{H}^1(M, \theta^*(M))$ 的讨论基本相同, 所以下面我们将主要表述构造过程并给出公式, 而将证明细节留给读者.

设 $\pi: Y \to X$ 是拓扑空间 X 上的 Abel 层, $\mathcal{U} = \{U_\alpha\}$ 是 X 的一个给定的开覆盖, $p \in \mathbb{N}$ 是任意给定的自然数. 我们定义层 Y 关于开覆盖 $\mathcal{U}$ 的一个 p 阶链 h 为: 对于 $\mathcal{U} = \{U_\alpha\}$ 中的每一组 $p+1$ 个元素 $U_{\alpha_0}, U_{\alpha_1}, \cdots, U_{\alpha_p}$, 当这些元素满足

$$U_{\alpha_0 \alpha_1 \cdots \alpha_p} := U_{\alpha_0} \cap U_{\alpha_1} \cap \cdots \cap U_{\alpha_p} \neq \varnothing$$

时, 在开集 $U_{\alpha_0 \alpha_1 \cdots \alpha_p}$ 上给定了层 Y 的一个对于指标 $\alpha_0, \alpha_1, \cdots, \alpha_p$ 反对称的截影

$$h_{\alpha_0 \alpha_1 \cdots \alpha_p} \in \Gamma(U_{\alpha_0 \alpha_1 \cdots \alpha_p}, Y),$$

然后以这些截影为元素组成的集合 $h = \{h_{\alpha_0 \alpha_1 \cdots \alpha_p}\}$ 称为层 Y 关于开覆盖 $\mathcal{U}$ 的一个 p 阶链.

利用 Y 中截影的加法可以定义层 Y 关于开覆盖 $\mathcal{U}$ 的任意两个 p 阶链之间的加法: 如果 $h = \{h_{\alpha_0\alpha_1\cdots\alpha_p}\}$ 和 $f = \{f_{\alpha_0\alpha_1\cdots\alpha_p}\}$ 都是 Y 关于开覆盖 $\mathcal{U}$ 的 p 阶链, 则定义 $h+f$ 为

$$h+f = \{h_{\alpha_0\alpha_1\cdots\alpha_p} + f_{\alpha_0\alpha_1\cdots\alpha_p}\}.$$

利用此运算, 层 Y 关于开覆盖 $\mathcal{U}$ 的所有 p 阶链构成一个 Abel 群, 我们以 $C^p(\mathcal{U}, Y)$ 记之, $C^p(\mathcal{U}, Y)$ 称为 Y 对于开覆盖 $\mathcal{U}$ 的 p **阶链群**.

对 $C^p(\mathcal{U}, Y)$, 定义一个映射

$$\delta : C^p(\mathcal{U}, Y) \to C^{p+1}(\mathcal{U}, Y)$$

为: 设 $h = \{h_{\alpha_0\alpha_1\cdots\alpha_p}\} \in C^p(\mathcal{U}, Y)$, 对任意

$$U_{\alpha_0\alpha_1\cdots\alpha_{p+1}} := U_{\alpha_0} \cap U_{\alpha_1} \cap \cdots \cap U_{\alpha_{p+1}} \neq \varnothing,$$

在 $U_{\alpha_0\alpha_1\cdots\alpha_{p+1}}$ 上定义截影 $\delta(h)_{\alpha_0\alpha_1\cdots\alpha_p\alpha_{p+1}} \in \Gamma(U_{\alpha_0\alpha_1\cdots\alpha_{p+1}}, Y)$ 为

$$\delta(h)_{\alpha_0\alpha_1\cdots\alpha_p\alpha_{p+1}} = \sum_{i=0}^{p+1}(-1)^i(h_{\alpha_0\alpha_1\cdots\alpha_{i-1}\widehat{\alpha}_i\alpha_{i+1}\cdots\alpha_p\alpha_{p+1}})|_{U_{\alpha_0\alpha_1\cdots\alpha_p\alpha_{p+1}}},$$

这里 $\widehat{\alpha}_i$ 表示去掉这一指标. 不难看出, $\delta : C^p(\mathcal{U}, Y) \to C^{p+1}(\mathcal{U}, Y)$ 是一群同态, 并且满足下面引理.

引理 6.2.2 $\delta^2 = 0$.

证明 设 $h = \{h_{\alpha_0\alpha_1\cdots\alpha_p}\} \in C^p(\mathcal{U}, Y)$, 直接计算得

$$\delta^2(h)_{\alpha_0\alpha_1\cdots\alpha_{p+1}\alpha_{p+2}} = \sum_{k=0}^{p+2}(-1)^k(\delta(h)_{\alpha_0\cdots\alpha_{k-1}\widehat{\alpha}_k\alpha_{k+1}\cdots\alpha_{p+1}\alpha_{p+2}})$$

$$= \sum_{k=0}^{p+2}(-1)^k\bigg[\sum_{l<k}(-1)^l h_{\alpha_0\cdots\alpha_{l-1}\widehat{\alpha}_l\alpha_{l+1}\cdots\alpha_{k-1}\widehat{\alpha}_k\alpha_{k+1}\cdots\alpha_{p+1}\alpha_{p+2}}$$

$$+ \sum_{l>k}(-1)^{l-1} h_{\alpha_0\cdots\alpha_{k-1}\widehat{\alpha}_k\alpha_{k+1}\cdots\alpha_{l-1}\widehat{\alpha}_l\alpha_{l+1}\cdots\alpha_{p+1}\alpha_{p+2}}\bigg].$$

上面的和式中前面部分与后面部分差一负号, 因而和为零. 证毕.

δ 称为**边缘算子**. 利用引理 6.2.2, 如果我们令

$$Z^p(\mathcal{U},Y) = \mathrm{Ker}\Big\{C^p(\mathcal{U},Y) \xrightarrow{\delta} C^{p+1}(\mathcal{U},Y)\Big\},$$

$$B^p(\mathcal{U},Y) = \mathrm{Im}\Big\{C^{p-1}(\mathcal{U},Y) \xrightarrow{\delta} C^p(\mathcal{U},Y)\Big\},$$

则 $Z^p(\mathcal{U},Y)$ 是 $C^p(\mathcal{U},Y)$ 的子群, 而 $B^p(\mathcal{U},Y)$ 是 $Z^p(\mathcal{U},Y)$ 的子群. $Z^p(\mathcal{U},Y)$ 称为层 Y 关于开覆盖 $\mathcal{U}$ 的 p **阶闭链群**, $Z^p(\mathcal{U},Y)$ 中的元素称为层 Y 关于开覆盖 $\mathcal{U}$ 的 p **阶δ闭的元素**. 而 $B^p(\mathcal{U},Y)$ 称为层 Y 关于开覆盖 $\mathcal{U}$ 的 p **阶正合链群**, $B^p(\mathcal{U},Y)$ 中的元素称为层 Y 关于开覆盖 $\mathcal{U}$ 的 p **阶δ正合的元素**. 利用它们, 我们定义

$$H^p(\mathcal{U},Y) = \frac{Z^p(\mathcal{U},Y)}{B^p(\mathcal{U},Y)},$$

$H^p(\mathcal{U},Y)$ 称为层 Y 关于开覆盖 $\mathcal{U}$ 的 p **阶同调群**.

显然同调群 $H^p(\mathcal{U},Y)$ 依赖于开覆盖 $\mathcal{U}$ 的选取, 因而进一步的问题是通过 $H^p(\mathcal{U},Y)$ 定义出层 Y 与开覆盖选取无关的 p 阶同调群.

设 $\mathcal{V} = \{V_\tau\}_{\tau \in B}$ 是 $\mathcal{U} = \{U_\alpha\}_{\alpha \in A}$ 的加细开覆盖, $i : B \to A$ 是一加细映射, 我们定义映射

$$i^* : C^p(\mathcal{U},Y) \to C^p(\mathcal{V},Y)$$

为: 对于任意 $h = \{h_{\alpha_0\alpha_1\cdots\alpha_p}\} \in C^p(\mathcal{U},Y)$, 令

$$i^*(h)_{\tau_0\tau_1\cdots\tau_p} = h_{i(\tau_0)i(\tau_1)\cdots i(\tau_p)}\big|_{V_{\tau_0\tau_1\cdots\tau_p}}.$$

不难看出 $i^* : C^p(\mathcal{U},Y) \to C^p(\mathcal{V},Y)$ 是同态映射, 其显然与边缘算子 δ 可交换, 即

$$\delta i^* = i^*\delta.$$

因而 i^* 将闭链映为闭链, 将正合链映为正合链, 即

$$i^*(Z^p(\mathcal{U},Y)) \subset Z^p(\mathcal{V},Y), \quad i^*(B^p(\mathcal{U},Y)) \subset B^p(\mathcal{V},Y).$$

由此, i^* 诱导了同调群 $H^p(\mathcal{U},Y)$ 到 $H^p(\mathcal{V},Y)$ 的一个同态映射

$$i^* : H^p(\mathcal{U},Y) \to H^p(\mathcal{V},Y).$$

引理 6.2.3　符号同上, 由加细映射 $i: B \to A$ 诱导的同调群的同态映射 $i^*: \mathrm{H}^p(\mathcal{U}, Y) \to \mathrm{H}^p(\mathcal{V}, Y)$ 与加细映射 i 的具体选取无关.

证明　设 $j: B \to A$ 也是开覆盖 $\mathcal{V}$ 关于 $\mathcal{U}$ 的加细映射, 我们定义一个映射

$$\sigma: \mathrm{C}^p(\mathcal{U}, Y) \to \mathrm{C}^{p-1}(\mathcal{V}, Y)$$

为: 对于任意 $h = \{h_{\alpha_0 \alpha_1 \cdots \alpha_p}\} \in \mathrm{C}^p(\mathcal{U}, Y)$, 令

$$\sigma(h)_{\tau_0 \tau_1 \cdots \tau_{p-1}} = \sum_{k=0}^{p-1} (-1)^k h_{i(\tau_0) i(\tau_1) \cdots i(\tau_k) j(\tau_k) \cdots j(\tau_{p-1})},$$

则 $\sigma: \mathrm{C}^p(\mathcal{U}, Y) \to \mathrm{C}^{p-1}(\mathcal{V}, Y)$ 是群同态, 通过直接计算不难得到, 对于任意 $h = \{h_{\alpha_0 \alpha_1 \cdots \alpha_p}\} \in \mathrm{C}^p(\mathcal{U}, Y)$, σ 满足

$$(\sigma \delta + \delta \sigma)(h) = i^*(h) - j^*(h).$$

特别地, 如果 $h = \{h_{\alpha_0 \alpha_1 \cdots \alpha_p}\} \in \mathrm{B}^p(\mathcal{U}, Y)$ 是一个 p 阶闭链, 则

$$i^*(h) - j^*(h) = \delta(\sigma(h)),$$

其是一个 p 阶正合链, 因而 $i^*(h)$ 与 $j^*(h)$ 在 $\mathrm{H}^p(\mathcal{V}, Y)$ 中确定的同调元素相同. 证毕.

利用这一引理, 当 $\mathcal{V}$ 是 $\mathcal{U}$ 的加细开覆盖时, 我们用 $P_{\mathcal{V}\mathcal{U}}$ 表示由 $\mathcal{V}$ 对 $\mathcal{U}$ 的加细关系得到的同调群之间的同态映射

$$P_{\mathcal{V}\mathcal{U}}: \mathrm{H}^p(\mathcal{U}, Y) \to \mathrm{H}^p(\mathcal{V}, Y).$$

由于 $P_{\mathcal{V}\mathcal{U}}$ 与加细映射的选取无关, 因而如果进一步假定 $\mathcal{W}$ 是 $\mathcal{V}$ 的加细开覆盖, 则 $\mathcal{W}$ 也是 $\mathcal{U}$ 的加细开覆盖, 这时

$$P_{\mathcal{W}\mathcal{U}} = P_{\mathcal{W}\mathcal{V}} \circ P_{\mathcal{V}\mathcal{U}}.$$

现在我们来定义层 Y 与开覆盖选取无关的 p 阶同调群. 首先令

$$S = \left\{ h \big| 存在 M 的开覆盖 \mathcal{U}, 使得 h \in \mathrm{H}^p(\mathcal{U}, Y) \right\},$$

我们在 S 上定义一个关系 $\sim$ 为：设 $h_1 \in \mathrm{H}^p(\mathcal{U}_1, Y)$, $h_2 \in \mathrm{H}^p(\mathcal{U}_2, Y)$, 如果存在开覆盖 $\mathcal{U}_1$ 和 $\mathcal{U}_2$ 共同的加细开覆盖 $\mathcal{V}$, 使得在 $\mathrm{H}^p(\mathcal{V}, Y)$ 中

$$P_{\mathcal{V}\mathcal{U}_1}(h_1) = P_{\mathcal{V}\mathcal{U}_2}(h_2),$$

则称 h_1 与 h_2 有关系 $\sim$，记为 $h_1 \sim h_2$. 容易看出 $\sim$ 是 S 上的一个等价关系, 我们以 $\mathrm{H}^p(X, Y)$ 表示 S 关于 $\sim$ 的所有等价类.

在 $\mathrm{H}^p(X, Y)$ 中定义加法运算为: 任取 $\tilde{h}_1, \tilde{h}_2 \in \mathrm{H}^p(X, Y)$, 设 $h_1 \in \mathrm{H}^p(\mathcal{U}_1, Y)$ 和 $h_2 \in \mathrm{H}^p(\mathcal{U}_2, Y)$ 分别是 $\tilde{h}_1$ 和 $\tilde{h}_2$ 的表示元素, 取开覆盖 $\mathcal{U}_1$ 和 $\mathcal{U}_2$ 的一个公共加细开覆盖 $\mathcal{V}$, 定义 $\tilde{h}_1 + \tilde{h}_2$ 为由 $\mathrm{H}^p(\mathcal{V}, Y)$ 中的元素 $P_{\mathcal{V}U_1}(h_1) + P_{\mathcal{V}U_2}(h_2)$ 在 $\mathrm{H}^p(X, Y)$ 中确定的等价类. 不难验证 $\tilde{h}_1 + \tilde{h}_2$ 与表示元素 h_1, h_2 和开覆盖 $\mathcal{V}$ 的选取都无关.

利用上面的加法容易验证 $\mathrm{H}^p(X, Y)$ 成为一个 Abel 群, 称为**层 Y 的 p 阶Čech同调群**.

例 1 对于拓扑空间 X 上的任意 Abel 层 Y, 由定义不难得到 $\mathrm{H}^0(X, Y) = \Gamma(X, Y)$, 即层 Y 的 0 阶同调群就是由 Y 在 X 上的整体截影全体构成的群.

关于层的同调群, 有一点需要特别强调. 在上面的定义中, 我们是用层在一些开集上的截影定义了层对于一个开覆盖的 p 阶链. 而如果在空间 X 上仅仅是给定了一个预层 $\mathcal{W} = \{U, G(U), P_{UV}\}$, 对于 X 中的开集 U, 如果我们用 $G(U)$ 中的元素代替层在 U 上的截影, 用同态 P_{UV} 代替截影的限制映射, 则按照完全相同的方法, 我们可以定义预层 $\mathcal{W}$ 关于一个开覆盖的 p 阶链, 定义边缘算子, 更进一步, 定义 X 上预层 $\mathcal{W}$ 的同调群. 例如, 层 Y 的同调群可以看做预层 $\mathcal{W} = \{U, \Gamma(U, Y), P_{UV}\}$ 的同调群. 关于预层同调群的严格定义, 我们留给读者作为练习. 在下面的讨论中, 我们涉及的同调群可以是关于层的, 也可以是关于预层的. 如无特别说明, 我们对这两种情况不作区别. 当然在下面的定理 6.3.2 中我们将在空间 X 满足一定条件的前提下, 证明如果两个预层定义的层同构, 则这两个预层的同调群也同构, 即 Čech 同调群从本质讲仅仅依赖于层的结构.

设 Y_1, Y_2 都是拓扑空间 X 上的层, $F: Y_1 \to Y_2$ 是层同态. 设 $\mathcal{U} =$

$\{U_\alpha\}$ 是 X 的一个开覆盖, $h = \{h_{\alpha_0\alpha_1\cdots\alpha_p}\} \in C^p(\mathcal{U}, Y_1)$ 是 Y_1 对开覆盖 $\mathcal{U}$ 的一个 p 阶链. 由于 F 是连续映射, 因而 F 将 Y_1 的截影映为 Y_2 的截影. 这时如果令 $F(h) = \{F(h_{\alpha_0\alpha_1\cdots\alpha_p})\}$, 则 $F(h)$ 是层 Y_2 对于开覆盖 $\mathcal{U}$ 的一个 p 阶链. 显然当 h 是闭链时, $F(h)$ 也是闭链, 而当 h 是正合链时, $F(h)$ 也是正合链 (即映射 $F: C^p(\mathcal{U}, Y_1) \to C^p(\mathcal{U}, Y_1)$ 与边缘算子 δ 可交换), 因而 F 诱导了同调群 $H^p(\mathcal{U}, Y_1)$ 到 $H^p(\mathcal{U}, Y_2)$ 的一个同态映射

$$F^*: H^p(\mathcal{U}, Y_1) \to H^p(\mathcal{U}, Y_2).$$

如果 $\mathcal{V}$ 是开覆盖 $\mathcal{U}$ 的加细开覆盖, 则不难看出 F^* 与映射 $P_{\mathcal{V}\mathcal{U}} : H^p(\mathcal{U}, Y_1) \to H^p(\mathcal{V}, Y_1)$ 和 $P_{\mathcal{V}\mathcal{U}}: H^p(\mathcal{U}, Y_2) \to H^p(\mathcal{V}, Y_2)$ 都可交换, 因而层同态 $F: Y_1 \to Y_2$ 诱导了同调群 $H^p(X, Y_1)$ 到 $H^p(X, Y_2)$ 的同态映射

$$F^*: H^p(X, Y_1) \to H^p(X, Y_2).$$

我们在下一节将对这一映射作详细的研究.

例 2 上一节我们曾以 Cousin 问题 I 为例引入了层的定义. 我们的问题可以表述为: 设 M 是复流形, $\mathcal{U} = \{U_\alpha\}$ 是 M 的开覆盖, f_α 是 U_α 上给定的亚纯函数, 满足 $U_\alpha \cap U_\beta \neq \varnothing$ 时, $f_\alpha - f_\beta$ 是 $U_\alpha \cap U_\beta$ 上的解析函数. 问是否存在 M 上的亚纯函数 f, 使得在每一个 U_α 上, $f - f_\alpha$ 都是解析函数. 利用上面层的同调群的定义, 现在我们的问题可以表示为: 如果在 $U_\alpha \cap U_\beta$ 上令 $h_{\alpha\beta} = f_\alpha - f_\beta$, 则 $h = \{h_{\alpha\beta}\}$ 是 M 上解析函数的芽层 $\theta(M)$ 对于开覆盖 $\mathcal{U}$ 的一个一阶闭链, 因而其确定了同调群 $H^1(\mathcal{U}, \theta(M))$ 中一个同调元素, 并进而确定了同调群 $H^1(M, \theta(M))$ 中的一个同调元素 $\tilde{h}$. 这时 Cousin 问题 I 有整体解的充分必要条件是 $\tilde{h} = 0$. M 上解析函数芽层的一阶同调群 $H^1(M, \theta(M))$ 描述了 Cousin 问题 I 从局部解到整体解的阻碍.

这里应该特别说明的是, 上面层同调群的引入仅仅是将关于局部解到整体解的阻碍用一种同调元素的形式来表述, 并未给出问题的实质解答. 但是, 下面我们将利用层和层同调群的概念, 发展出一系列的定理和研究工具, 这些定理和工具将帮助我们正确理解问题的解所需

要的条件, 并在一些特殊的情况下给出问题的实质解. 例如, 下面我们将在 $\mathbb{C}^m$ 中的区域上给出 Cousin 问题 I 和 Cousin 问题 II 有整体解的条件.

还有一点需要说明, 上面我们讨论的层都假定是 Abel 层. 对于非 Abel 层, 我们也可按同样的方法定义其 0 阶同调群和 1 阶同调群. 例如, 设 M 是复流形, 我们考虑 M 中开集到复的 r 阶可逆矩阵全体构成的群 $GL(r,\mathbb{C})$ 的解析映射 (这里我们将所有复的 r 阶可逆矩阵构成的集合 $GL(r,\mathbb{C})$ 看做 $\mathbb{C}^{r\times r}$ 中的开集, 因而是复流形). 以 $\theta^*(r)$ 表示这些映射的芽层, 则当 $r>1$ 时, $\theta^*(r)$ 不是 Abel 层. 这时 $\theta^*(r)$ 的 0 阶同调群 $H^0(M,\theta^*(r)) = \Gamma(M,\theta^*(r))$ 就是层 $\theta^*(r)$ 在 M 上的截影全体. 而对 M 的一个给定的开覆盖 $\mathcal{U}=\{U_\alpha\}$, $\theta^*(r)$ 关于 $\mathcal{U}$ 的一个一阶闭链是 $\theta^*(r)$ 由在每一个非空开集 $U_\alpha \cap U_\beta$ 上给出的一个截影 $h_{\alpha\beta}$ 组成的集合 $h=\{h_{\alpha\beta}\}$, 满足

$$h_{\alpha\beta}\cdot h_{\beta\alpha} = I, \quad h_{\alpha\beta}\cdot h_{\beta\gamma}\cdot h_{\gamma\alpha} = I,$$

这里 I 表示 r 阶单位矩阵. 对于一阶闭链 $h=\{h_{\alpha\beta}\}$, 如果存在 $\theta^*(r)$ 对于覆盖 $\mathcal{U}$ 的 0 阶链 $u=\{u_\alpha\}$, 其中 u_α 是在 U_α 上给定的截影, 使得在非空开集 $U_\alpha \cap U_\beta$ 上 $h_{\alpha\beta} = u_\alpha u_\beta^{-1}$, 则称一阶闭链 $h=\{h_{\alpha\beta}\}$ 是正合链, 所有正合链组成的群是 1 阶闭链群的正规子群. 我们将闭链群关于正合链群的商群定义为层 $\theta^*(r)$ 对于开覆盖 $\mathcal{U}$ 的 1 阶同调群. 利用加细开覆盖, 与上面同样的方法, 我们可以定义 $\theta^*(r)$ 关于 M 的一阶同调群 $H^1(M,\theta^*(r))$. 这时与全纯线丛相同, $H^1(M,\theta^*(r))$ 实际表示的是 M 上所有 r 维全纯向量丛构成的集合.

§6.3 正合序列定理

在下面几节中, 我们将给出关于层同调群的三大基本定理: 正合序列定理, de Rham 定理和 Leray 定理. 作为这些定理的应用, 我们将讨论 Dolbeault 同调群与 Čech 同调群的关系; 证明紧 Riemann 曲面的 Riemann-Roch 定理; 给出 Cousin 问题 I 和 Cousin 问题 II 的解.

首先我们给出下面定义.

定义 6.3.1 设 X 是一拓扑空间,$\mathcal{U} = \{U_\alpha\}$ 是 X 的一个开覆盖,如果 $\mathcal{U}$ 满足, 对于任意点 $P \in X$, 都存在 P 的一个邻域 O, 使得 O 仅与开覆盖 $\mathcal{U}$ 中有限个元素的交不为空集, 则称 $\mathcal{U}$ 为**局部有限开覆盖**. 如果拓扑空间 X 满足: 对 X 的任意一个开覆盖 $\mathcal{U} = \{U_\alpha\}$, 都存在 $\mathcal{U}$ 的加细开覆盖 $\mathcal{V}$, 使得 $\mathcal{V}$ 是局部有限的, 则称 X 为**仿紧 (paracompact) 空间**.

在下面几节中我们将假定所有讨论的拓扑空间 X 都是仿紧空间. 例如, 我们知道微分流形是具有可数基, 且局部紧的 Hausdorff 空间, 因而可以将流形表示为可数多个紧集的并, 用归纳法容易证明微分流形都是仿紧空间. 另外, 下面我们将假定考虑的层都是 Abel 层. 我们用 0 表示空间 X 上的平凡层 $X \times \{0\}$, 而对于 X 上的任意层 Y, $0 \to Y$ 和 $Y \to 0$ 都表示平凡的层同态.

在抽象代数里关于群的讨论中, 我们有子群和商群的概念. 我们往往可以通过对一个群的子群和商群这些比较小的群的描述, 来讨论一个大的、复杂的群的性质和结构. 在上一节中, 我们定义了一个层的子层和商层. 对于层的同调群, 一个基本的问题是: 能否通过一个层的子层和商层这些相对比较小一点的层的同调群, 来给出层自身的同调群. 对于这一问题, 我们首先给出关于层同态的短正合序列的定义.

上一节我们定义了层同态正合序列的概念. 设 A, B, C 都是拓扑空间 X 上的层, $F: A \to B$ 和 $G: B \to C$ 是层同态. 我们称同态序列

$$A \xrightarrow{F} B \xrightarrow{G} C$$

是正合的, 如果

$$\mathrm{Im}\left\{A \xrightarrow{F} B\right\} = \mathrm{Ker}\left\{B \xrightarrow{G} C\right\}.$$

以此为基础, 我们有下面定义.

定义 6.3.2 设 A, B, C 都是拓扑空间 X 上的层,

$$0 \to A \xrightarrow{F} B \xrightarrow{G} C \to 0$$

是层的同态序列, 如果其中的序列 $0 \to A \xrightarrow{F} B$, $A \xrightarrow{F} B \xrightarrow{G} C$ 和 $B \xrightarrow{G} C \to 0$ 都是正合的, 或者说对于任意点 $P \in X$, 群同态 $F: A_P \to B_P$ 是单射, 而群同态 $G: B_P \to C_P$ 是满射, 并且

$$\text{Im}\left\{A_P \xrightarrow{F} B_P\right\} = \text{Ker}\left\{B_P \xrightarrow{G} C_P\right\},$$

则称这一层的同态序列为层同态的**短正合序列**.

如果 $0 \to A \xrightarrow{F} B \xrightarrow{G} C \to 0$ 是层的短正合序列, 则由 $0 \to A \xrightarrow{F} B$ 的正合性得 $F: A \to B$ 是单射, 即层 A 同构于层 B 的一个子层 (或者说 A 就是 B 的子层). 而 $A \xrightarrow{F} B \xrightarrow{G} C$ 和 $B \xrightarrow{G} C \to 0$ 的正合性则表明同态 $G: B \to C$ 是满射, 同时

$$A = \text{Ker}\left\{B \xrightarrow{G} C\right\},$$

因而 C 可以看做层 B 关于其子层 A 的商层. 所以层的短正合序列 $0 \to A \xrightarrow{F} B \xrightarrow{G} C \to 0$ 实际给出了层 B 对于子层 A 和商层 C 的分解. 对于这一分解, 我们的问题是: 层 B 的同调群与其子层 A 和商层 C 的同调群之间有什么关系? 层的低阶同调群与高阶同调群之间有什么关系? 下面的正合序列定理回答了这一问题.

定理 6.3.1(正合序列定理) 设 X 是一仿紧拓扑空间,

$$0 \to A \xrightarrow{F} B \xrightarrow{G} C \to 0$$

是 X 上层同态的短正合序列, 则对于 $p = 0, 1, \cdots$, 可定义同态映射 δ_p: $\text{H}^p(M, C) \to \text{H}^{p+1}(M, A)$, 使得下面序列

$$0 \to \text{H}^0(X, A) \xrightarrow{F^*} \text{H}^0(X, B) \xrightarrow{G^*} \text{H}^0(X, C) \xrightarrow{\delta_0} \text{H}^1(X, A) \xrightarrow{F^*}$$
$$\cdots \xrightarrow{G^*} \text{H}^p(X, C) \xrightarrow{\delta_p} \text{H}^{p+1}(X, A) \xrightarrow{F^*} \text{H}^{p+1}(X, B) \xrightarrow{G^*} \cdots$$

是同调群的正合序列.

这里我们称一个 Abel 群的同态序列

$$0 \to A_0 \to A_1 \to \cdots \to A_i \to A_{i+1} \to \cdots$$

是**正合序列**, 如果其满足 $A_0 \to A_1$ 是单射, 而对于 $i = 0, 1, \cdots$, 成立 $\mathrm{Ker}\{A_{i+1} \to A_{i+2}\} = \mathrm{Im}\{A_i \to A_{i+1}\}$.

正合序列定理表明: 由层的一个短正合序列 (即一个层关于其子层和商层的分解), 我们能够得到同调群的一个长正合序列, 或者说相应的层的同调群的一个分解.

定理 6.3.1 中同态映射 δ_p 的定义以及定理 6.3.1 的证明将通过下面两个引理给出.

引理 6.3.1 设 X 是仿紧拓扑空间, $0 \to A \xrightarrow{F} B \xrightarrow{G} C \to 0$ 是 X 上层的短正合序列, 如果对于 X 中的任意开集 U, 序列

$$0 \to \Gamma(U, A) \xrightarrow{F} \Gamma(U, B) \xrightarrow{G} \Gamma(U, C) \to 0$$

都是正合的, 则对于 $p = 0, 1, \cdots$, 可定义同态映射

$$\delta_p : \mathrm{H}^p(M, C) \to \mathrm{H}^{p+1}(M, A),$$

使得序列

$$0 \to \mathrm{H}^0(M, A) \xrightarrow{F^*} \mathrm{H}^0(M, B) \xrightarrow{G^*} \mathrm{H}^0(M, C) \xrightarrow{\delta_0} \mathrm{H}^1(M, A)$$

$$\xrightarrow{F^*} \cdots \xrightarrow{G^*} \mathrm{H}^p(M, C) \xrightarrow{\delta_p} \mathrm{H}^{p+1}(M, A) \xrightarrow{F^*} \mathrm{H}^{p+1}(X, B) \xrightarrow{G^*} \cdots$$

是同调群的正合序列.

证明 下面的证明方法在拓扑学中称为 "图上追猎法", 是拓扑学中关于同调群性质讨论的一个常用的方法, 同时引理的结论和证明在一般同调代数的书中都可以找到.

设 $\mathcal{U} = \{U_\alpha\}$ 是 X 的任意一个开覆盖, 我们以 → 和 ↓ 表示相关的群的同态映射, 则由引理的条件: 对于拓扑空间 X 中的任意开集 U, 序列 $0 \to \Gamma(U, A) \xrightarrow{F} \Gamma(U, B) \xrightarrow{G} \Gamma(U, C) \to 0$ 都是正合的, 容易得到下面的图是一个交换图, 并且其中的每一列都是 Abel 群同态的正合序列,

$$
\begin{array}{ccccccc}
0 & & 0 & & 0 & & 0 \\
\downarrow & & \downarrow & & \downarrow & & \downarrow \\
0 \to C^0(\mathcal{U},A) \to & \cdots & C^{p-1}(\mathcal{U},A) \to & C^p(\mathcal{U},A) \to & C^{p+1}(\mathcal{U},A) & \cdots \\
\downarrow & & \downarrow & & \downarrow & & \downarrow \\
0 \to C^0(\mathcal{U},B) \to & \cdots & C^{p-1}(\mathcal{U},B) \to & C^p(\mathcal{U},B) \to & C^{p+1}(\mathcal{U},B) & \cdots \\
\downarrow & & \downarrow & & \downarrow & & \downarrow \\
0 \to C^0(\mathcal{U},C) \to & \cdots & C^{p-1}(\mathcal{U},C) \to & C^p(\mathcal{U},C) \to & C^{p+1}(\mathcal{U},C) & \cdots \\
\downarrow & & \downarrow & & \downarrow & & \downarrow \\
0 & & 0 & & 0 & & 0
\end{array}
$$

现任取 $c \in Z^p(\mathcal{U}, C)$, 由上图中第 p 列的正合性, 存在 $b \in C^p(\mathcal{U}, B)$, 使得 $G^*(b) = c$. 而由上图的交换性得

$$G^*\delta(b) = \delta G^*(b) = \delta(c) = 0.$$

由第 $p+1$ 列的正合性, 我们知道存在 $a \in C^{p+1}(\mathcal{U}, A)$, 使得 $F^*(a) = \delta(b)$. 而由交换性得

$$F^*\delta(a) = \delta F^*(a) = \delta(\delta(b)) = 0.$$

但由上图中列的正合性, F^* 是单射, 因而必须 $\delta(a) = 0$, 即 a 是 $p+1$ 阶的闭链. 利用上图, 按照上面同样的方法不难看出 a 在 $H^{p+1}(\mathcal{U}, A)$ 中确定的同调类是由 c 唯一确定的, 并且如果 c 是正合链, 则 a 也是正合链. 这样, 利用 c 与 a 的对应, 我们得到一个同态映射

$$\delta_p : H^p(\mathcal{U}, C) \to H^{p+1}(\mathcal{U}, A).$$

由此我们得到一个 Abel 群的同态的长序列

$$0 \to H^0(\mathcal{U},A) \xrightarrow{F^*} H^0(\mathcal{U},B) \xrightarrow{G^*} H^0(\mathcal{U},C) \xrightarrow{\delta_0} H^1(\mathcal{U},A)$$
$$\xrightarrow{F^*} \cdots \xrightarrow{G^*} H^p(\mathcal{U},C) \xrightarrow{\delta_p} H^{p+1}(\mathcal{U},A) \xrightarrow{F^*} H^{p+1}(\mathcal{U},B) \xrightarrow{G^*} \cdots.$$

我们希望证明这是一个正合序列. 下面仅以

$$H^p(\mathcal{U},C) \xrightarrow{\delta_p} H^{p+1}(\mathcal{U},A) \xrightarrow{F^*} H^{p+1}(\mathcal{U},B)$$

的正合性为例, 其余的部分留给读者作为练习.

首先设 $\tilde{c} \in \mathrm{H}^p(\mathcal{U}, C)$ 是由 $c \in Z^p(\mathcal{U}, C)$ 确定的同调类, 由上面证明中给出的 δ_p 的定义, 取 $b \in \mathrm{C}^p(\mathcal{U}, B)$, 使得 $G^*(b) = c$, 取 $a \in \mathrm{C}^{p+1}(\mathcal{U}, A)$, 使得 $F^*(a) = \delta_p(b)$. 设 $\tilde{a} = \delta_p(\tilde{c})$ 是由 a 确定的同调类, 则 $F^*(a) = \delta_p(b)$ 表明 $F^*(\tilde{a}) = 0$. 因而

$$\mathrm{Im}\left\{\mathrm{H}^p(\mathcal{U}, C) \xrightarrow{\delta_p} \mathrm{H}^{p+1}(\mathcal{U}, A)\right\} \subset \mathrm{Ker}\left\{\mathrm{H}^{p+1}(\mathcal{U}, A) \xrightarrow{F^*} \mathrm{H}^{p+1}(\mathcal{U}, B)\right\}.$$

反过来, 设 $\tilde{a} \in \mathrm{H}^{p+1}(\mathcal{U}, A)$ 满足 $F^*(\tilde{a}) = 0$, $a \in \mathrm{C}^{p+1}(\mathcal{U}, A)$ 是 $\tilde{a}$ 的一个表示元素, 则存在 $b \in \mathrm{C}^p(\mathcal{U}, B)$, 使得 $\delta_p(b) = F^*(a)$. 令 $c = G^*(b)$, 则

$$\delta_p(c) = \delta_p(G^*(b)) = G^*(\delta_p(b)) = G^*(F^*(a)) = 0,$$

我们得到 $c \in Z^p(\mathcal{U}, C)$. 设 $\tilde{c}$ 是由 c 确定的同调类, 则 $\delta_p(\tilde{c}) = \tilde{a}$, 即 $\tilde{a} \in \mathrm{Im}\left\{\mathrm{H}^p(\mathcal{U}, C) \xrightarrow{\delta_p} \mathrm{H}^{p+1}(\mathcal{U}, A)\right\}$, 正合性得证.

现设 $\mathcal{V}$ 是 $\mathcal{U}$ 的一个加细开覆盖, $P_{\mathcal{V}\mathcal{U}}$ 是加细开覆盖诱导的同调群的映射, 则我们有下面的交换图

$$\begin{array}{ccccccccc}
0 \to & \mathrm{H}^0(\mathcal{U}, A) & \cdots \to & \mathrm{H}^p(\mathcal{U}, A) \to & \mathrm{H}^p(\mathcal{U}, B) \to & \mathrm{H}^p(\mathcal{U}, C) \to & \cdots \\
& P_{\mathcal{V}\mathcal{U}} \downarrow & \cdots & P_{\mathcal{V}\mathcal{U}} \downarrow & P_{\mathcal{V}\mathcal{U}} \downarrow & P_{\mathcal{V}\mathcal{U}} \downarrow & \cdots \\
0 \to & \mathrm{H}^0(\mathcal{V}, A) & \cdots \to & \mathrm{H}^p(\mathcal{V}, A) \to & \mathrm{H}^p(\mathcal{V}, B) \to & \mathrm{H}^p(\mathcal{V}, C) \to & \cdots
\end{array}$$

其中两个行序列是正合的. 考虑 X 的所有开覆盖, 容易看出, 在利用相关的等价类定义的同调群的序列

$$0 \to \mathrm{H}^0(M, A) \xrightarrow{F^*} \mathrm{H}^0(M, B) \xrightarrow{G^*} \mathrm{H}^0(M, C) \xrightarrow{\delta_0} \mathrm{H}^1(M, A)$$
$$\xrightarrow{F^*} \cdots \xrightarrow{G^*} \mathrm{H}^p(M, C) \xrightarrow{\delta_p} \mathrm{H}^{p+1}(M, A) \xrightarrow{F^*} \mathrm{H}^{p+1}(X, B) \xrightarrow{G^*} \cdots$$

也是正合的. 证毕.

在上面的引理中, 我们假定了对于空间 X 的任意开集 U, 序列

$$0 \to \Gamma(U, A) \xrightarrow{F} \Gamma(U, B) \xrightarrow{G} \Gamma(U, C) \to 0$$

都是正合的. 这一要求对于层的短正合序列 $0 \to A \xrightarrow{F} B \xrightarrow{G} C \to 0$ 一般是不成立的. 但是, 对于这样的短正合序列, 我们容易得到, 在任意

开集 U 上, 序列

$$0 \to \Gamma(U,A) \xrightarrow{F} \Gamma(U,B) \xrightarrow{G} \Gamma(U,C)$$

是正合的. 为了利用上面的引理, 对于 X 的任意开集 U, 我们令

$$\widetilde{\Gamma}(U,C) = \mathrm{Im}\left\{\Gamma(U,B) \xrightarrow{G} \Gamma(U,C)\right\},$$

则 $\widetilde{\Gamma}(U,C)$ 是 $\Gamma(U,C)$ 的一个子群, 而 $\widetilde{\mathcal{W}} = \{U, \widetilde{\Gamma}(U,C), P_{UV}\}$ 构成 X 上的一个预层, 其是预层 $\mathcal{W} = \{U, \Gamma(U,C), P_{UV}\}$ 的一个子预层. 如果我们以 $\widetilde{\mathrm{H}}^p(X,C)$ 表示取值在预层 $\widetilde{\mathcal{W}} = \{U, \widetilde{\Gamma}(U,C), P_{UV}\}$ 中的同调群 (即 $h = \{h_{\alpha_0\alpha_1\cdots\alpha_p}\}$ 是预层 $\widetilde{\mathcal{W}}$ 的一个 p 阶链, 如果恒有 $h_{\alpha_0\alpha_1\cdots\alpha_p} \in \widetilde{\Gamma}(U,C)$). 这时由于对于任意开集 U, 序列

$$0 \to \Gamma(U,A) \xrightarrow{F} \Gamma(U,B) \xrightarrow{G} \widetilde{\Gamma}(U,C) \to 0$$

是正合的, 由上面的引理我们得到序列

$$0 \to \mathrm{H}^0(M,A) \xrightarrow{F^*} \mathrm{H}^0(M,B) \xrightarrow{G^*} \widetilde{\mathrm{H}}^0(M,C) \xrightarrow{\delta_0} \mathrm{H}^1(M,A)$$
$$\xrightarrow{F^*} \cdots \xrightarrow{G^*} \widetilde{\mathrm{H}}^p(M,C) \xrightarrow{\delta_p} \mathrm{H}^{p+1}(M,A) \xrightarrow{F^*} \mathrm{H}^{p+1}(X,B) \xrightarrow{G^*} \cdots$$

也是正合的. 为了得到正合序列定理, 我们只需证明下面的引理.

引理 6.3.2 假设同引理 6.3.1, 由预层 $\widetilde{\mathcal{W}} = \{U, \widetilde{\Gamma}(U,C), P_{UV}\}$ 定义的同调群 $\widetilde{\mathrm{H}}^p(X,C)$ 与由预层 $\mathcal{W} = \{U, \Gamma(U,C), P_{UV}\}$ 定义的同调群 $\mathrm{H}^p(X,C)$ 对于任意 $p \in \mathbb{N}$ 都是同构的.

证明 设 $p \in \mathbb{N}$ 取定. 首先, 由于预层 $\widetilde{\mathcal{W}} = \{U, \widetilde{\Gamma}(U,C), P_{UV}\}$ 是预层 $\mathcal{W} = \{U, \Gamma(U,C), P_{UV}\}$ 的子预层, 因而对于 X 的任意开覆盖 $\mathcal{U}$, 都成立 $Z^p(\mathcal{U},\widetilde{W}) \subset Z^p(\mathcal{U},W)$, $B^p(\mathcal{U},\widetilde{W}) \subset B^p(\mathcal{U},W)$. 由此我们得到一个同态映射 $i_\mathcal{U}: \widetilde{\mathrm{H}}^p(\mathcal{U},C) \to \mathrm{H}^p(\mathcal{U},C)$, 而这一映射与由开覆盖的加细关系诱导的同调群的同态映射可交换, 利用此我们得到同态映射 $i: \widetilde{\mathrm{H}}^p(X,C) \to \mathrm{H}^p(X,C)$. 我们希望证明这一映射是同构.

首先证明映射 $i: \widetilde{\mathrm{H}}^p(X,C) \to \mathrm{H}^p(X,C)$ 是满射. 事实上, 任取 $\widetilde{h} \in \mathrm{H}^p(X,C)$, 设 $\mathcal{U} = \{U_\alpha\}$ 是 X 的一个开覆盖, $h = \{h_{\alpha_0\alpha_1\cdots\alpha_p}\} \in$

$Z^p(\mathcal{U},C)$ 是 $\tilde{h}$ 的一个表示. 由于 X 是仿紧空间, 不失一般性, 我们可以假设 $\mathcal{U}$ 是局部有限的开覆盖. 任取 $P\in X$, 由于

$$0\to A_P\to B_P\to C_P\to 0$$

是正合的, 而由层的同态映射, 我们知道, 对于任意 $c\in C_P$, 存在 P 的邻域 O 和 C 在 O 上的截影 s, 使得 $s(P)=c$, 而 $s\in\text{Im}\{\Gamma(O,B)\to\Gamma(O,C)\}=\tilde{\Gamma}(O,C)$. 由于 $\mathcal{U}$ 是局部有限的开覆盖, 因而 $h=\{h_{\alpha_0\alpha_1\cdots\alpha_p}\}$ 中仅有有限个元素 $h_{\alpha_0\alpha_1\cdots\alpha_p}$ 在 P 点邻域有定义. 因此我们可以取 P 的一个充分小的邻域 O, 使得当 O 包含在某一个 U_α 中时, $\{h_{\alpha_0\alpha_1\cdots\alpha_p}\}$ 中在 P 点有定义的元素限制在 O 上后都在 $\tilde{\Gamma}(O,C)$ 中. $P\in X$ 是任意的, 由此我们可得到 X 的一个开覆盖 $\mathcal{V}$, 使得 $\mathcal{V}$ 是 $\mathcal{U}$ 的加细开覆盖, 而 $h=\{h_{\alpha_0\alpha_1\cdots\alpha_p}\}$ 限制在 $\mathcal{V}$ 上后在 $\widetilde{Z}^p(\mathcal{V},C)$ 中, 由此得 $\tilde{h}$ 是 $P_{\mathcal{V}\mathcal{U}}(h)\in\widetilde{H}^p(\mathcal{V},C)$ 的像. $i:\widetilde{H}^p(X,C)\to H^p(X,C)$ 是满射.

下面来证映射 $i:\widetilde{H}^p(X,C)\to H^p(X,C)$ 是单射. 设 $\tilde{f}\in\widetilde{H}^p(X,C)$, $i(\tilde{f})=0$, 则存在 X 的一个开覆盖 $\mathcal{U}=\{U_\alpha\}$ 和 $\tilde{f}$ 的一个表示 $f=\{f_{\alpha_0\alpha_1\cdots\alpha_p}\}\in Z^p(\mathcal{U},C)$, 以及 $h=\{h_{\alpha_0\alpha_1\cdots\alpha_{p-1}}\}\in C^{p-1}(\mathcal{U},C)$, 使得 $\delta(h)=f$. 利用与上面讨论相同的方法, 我们可以找到 $\mathcal{U}$ 的一个加细开覆盖 $\mathcal{V}$, 使得 $P_{\mathcal{V}\mathcal{U}}(h)\in C^{p-1}(\mathcal{V},\widetilde{W})$, 这时 $P_{\mathcal{V}\mathcal{U}}(f)=\delta P_{\mathcal{V}\mathcal{U}}(h)$, 因而 $\tilde{f}=0$. $i:\widetilde{H}^p(X,C)\to H^p(X,C)$ 是单射. 证毕.

利用上面两个引理我们完成了正合序列定理的证明. 另外, 如果仔细考查引理 6.3.2 的证明, 不难看出, 预层 $\widetilde{W}=\{U,\tilde{\Gamma}(U,C),P_{UV}\}$ 与预层 $W=\{U,\Gamma(U,C),P_{UV}\}$ 定义的层相同, 都是 C. 而同调群 $\widetilde{H}^p(X,C)$ 与 $H^p(X,C)$ 的同构实际上正是由于上面两个预层定义的层同构. 利用这一证明, 作为引理 6.3.2 中证明方法的推论, 我们有下面的定理.

定理 6.3.2 在仿紧空间 X 上两个预层 $W=\{U,G(U),P_{UV}\}$ 和 $\widetilde{W}=\{U,\tilde{G}(U),P_{UV}\}$ 定义的层如果同构, 则这两个预层定义的同调群同构.

这一定理说明了利用预层定义的 Čech 同调群与利用层定义的 Čech 同调群之间的关系. 虽然在定义 Čech 同调群时, 只需要预层, 但本质上同调群还是由层的结构确定的.

§6.4 de Rham 定理

上面我们利用拓扑空间的开覆盖以及层关于开覆盖的闭链群和正合链群等定义了层的 Čech 同调群. 而在本书第 5 章微分流形和复流形的讨论中, 我们曾经利用微分形式、外微分 d 和 $\bar{\partial}$ 算子分别定义了流形上的 de Rham 同调群和 Dolbeault 同调群. 自然的问题是: Čech 同调群与这些同调群之间有什么关系? de Rham 同调群和 Dolbeault 同调群这种利用定义在整个空间上的微分形式来表示同调群的方式能否推广到一般的层上? 即能否利用一些整体截影来表示层的同调群? 另一方面, 由于 Čech 同调群的定义需要考虑拓扑空间的所有开覆盖, 因而显然是难以计算的, 所以我们需要借助其他方式给出 Čech 同调群的表示. 这一节我们希望给出的 de Rham 定理将回答这一问题. 首先我们给出下面定义.

定义 6.4.1 设 Y 是拓扑空间 X 上的层, 如果对任意 $p > 0$, 恒有 $H^p(X, Y) = 0$, 则称 Y 为**零调层**. X 上层的同态序列

$$0 \to Y \to Y_0 \to Y_1 \to \cdots \to Y_p \to \cdots$$

如果满足 $Y_0, Y_1, \cdots$ 都是零调层, 同时这一序列是正合的, 即 $Y \to Y_0$ 是单射, 而对于 $p = 0, 1, \cdots$, 恒有

$$\mathrm{Im}\{Y_p \to Y_{p+1}\} = \mathrm{Ker}\{Y_{p+1} \to Y_{p+2}\},$$

则称这一序列为层 Y 的一个**零调分解**.

如果序列 $0 \to Y \to Y_0 \to Y_1 \to \cdots$ 是层 Y 的零调分解, 则对于 X 的任意开集 U, 我们有下面关于 Abel 群的同态序列

$$0 \to \Gamma(U, Y) \to \Gamma(U, Y_0) \to \Gamma(U, Y_1) \to \cdots.$$

而由于层的同态序列是正合序列, 对于任意 $p = 0, 1, \cdots$, 上面 Abel 群的同态序列显然满足

$$\mathrm{Im}\{\Gamma(U, Y_{p-1}) \to \Gamma(U, Y_p)\} \subset \mathrm{Ker}\{\Gamma(U, Y_p) \to \Gamma(U, Y_{p+1})\}.$$

利用这一关系, 现在我们来给出 de Rham 定理.

定理 6.4.1(de Rham 定理) 设 X 是一仿紧拓扑空间, Y 是 X 上的 Abel 层, 设层同态序列

$$0 \to Y \to Y_0 \to Y_1 \to \cdots$$

是层 Y 的一个零调分解, 则对于 $p = 0, 1, \cdots$, 我们有群的同构关系

$$H^p(X, Y) \cong \frac{\operatorname{Ker}\{\Gamma(X, Y_P) \to \Gamma(X, Y_{p+1})\}}{\operatorname{Im}\{\Gamma(X, Y_{p-1}) \to \Gamma(X, Y_P)\}}.$$

证明 当 $p = 0$ 时,

$$H^0(X, Y) \cong \Gamma(X, Y) = \frac{\operatorname{Ker}\{\Gamma(X, Y) \to \Gamma(X, Y_0)\}}{\operatorname{Im}\{\Gamma(X, 0) \to \Gamma(X, Y)\}},$$

定理成立. 下面假设 $p > 0$. 对于 $i = 0, 1, \cdots$, 令 $K_i = \operatorname{Ker}\{Y_i \to Y_{i+1}\}$, 由于 $0 \to Y \to Y_0 \to Y_1 \to \cdots$ 是正合序列, 因而对于任意 i,

$$0 \to K_i \to Y_i \to K_{i+1} \to 0$$

都是层的短正合序列. 由正合序列定理, 我们得一长正合序列

$$0 \to H^0(X, K_i) \to H^0(X, Y_i) \to H^0(X, K_{i+1}) \to H^1(X, K_i)$$
$$\to H^1(X, Y_i) \to \cdots \to H^p(X, K_i) \to H^p(X, Y_i)$$
$$\to H^p(X, K_{i+1}) \to H^{p+1}(X, K_i) \to H^{p+1}(X, Y_i) \to \cdots.$$

但由假设其中的 Y_i 都是零调层, 即 $p > 0$ 时 $H^p(X, Y_i) = 0$. 因而由上面的正合序列, 我们得到当 $i > 0$ 时,

$$H^p(X, K_{i+1}) \cong H^{p+1}(X, K_i).$$

而另一方面, 由正合序列

$$0 \to Y \to Y_0 \to K_1 \to 0,$$

同样的讨论我们得到

$$H^p(X, Y) \cong H^{p-1}(X, K_1) \cong H^{p-2}(X, K_2) \cong \cdots \cong H^1(X, K_{p-1}).$$

而由正合序列

$$0 \to \mathrm{H}^0(X, K_{p-1}) \to \mathrm{H}^0(X, Y_P) \to \mathrm{H}^0(X, K_{p+1}) \to \mathrm{H}^1(X, K_{p-1}) \to 0,$$

我们得到

$$\mathrm{H}^1(X, K_{p-1}) \cong \frac{\mathrm{H}^0(X, K_p)}{\mathrm{Im}\{\mathrm{H}^0(X, Y_{p-1}) \to \mathrm{H}^0(X, K_p)\}}.$$

但 $\mathrm{H}^0(X, K_p) = \mathrm{Ker}\{\Gamma(X, Y_p) \to \Gamma(X, Y_{p+1})\}$, 由此我们得到

$$\mathrm{H}^p(X, Y) \cong \frac{\mathrm{Ker}\{\Gamma(X, Y_p) \to \Gamma(X, Y_{p+1})\}}{\mathrm{Im}\{\Gamma(X, Y_{p-1}) \to \Gamma(X, Y_p)\}}.$$

至此我们完成了 de Rham 定理的证明.

de Rham 定理使得我们能够用零调层的整体截影来表示一个层的 Čech 同调群, 这消除了同调群对于开覆盖的依赖. 有了 de Rham 定理以后, 进一步的问题是什么样的层是零调层. 而对于拓扑空间 X 上任意给定的层 Y, 是否一定存在 Y 的零调分解, 如果存在, 怎样得到 Y 的零调分解. 这里对于一般的拓扑空间 X, 我们先来证明 X 上的任意层都存在零调分解.

定义 6.4.2 设 Y 是拓扑空间 X 上的层, 如果对于 X 中的任意开集 U, 由限制映射得到的序列

$$\Gamma(X, Y) \to \Gamma(U, Y) \to 0$$

都是正合的, 则称 Y 为 X 上的**松软层**(flabby sheaf).

松软层的定义表明: 如果层 Y 是松软层, 则 Y 在任意开集 $U \subset X$ 上的连续截影都可连续地延拓为 Y 在整个 X 上的截影. 对于松软层我们有下面的定理.

定理 6.4.2 松软层都是零调层.

证明 设 Y 是 X 上的松软层, $\mathcal{U} = \{U_\alpha\}_{\alpha \in A}$ 是 X 的一个开覆盖, $h = \{h_{\alpha_0 \alpha_1 \cdots \alpha_p}\} \in \mathrm{Z}^p(\mathcal{U}, Y)$ 是一 p 阶闭链. 我们首先证明对于任意点 $P \in X$, 都存在 P 点的一个邻域 O, 使得如果令

$$O(\mathcal{U}) = \{O \cap U_\alpha | \alpha \in A\},$$

则 $O(\mathcal{U})$ 是 O 的开覆盖,如果以 $h|_{O(\mathcal{U})}$ 表示 h 在 $O(\mathcal{U})$ 上的限制,则 $h|_{O(\mathcal{U})}$ 是 p 阶正合链。事实上,设 $P \in U_\beta$,令 $O = U_\beta$,考虑 O 的开覆盖 $O(\mathcal{U}) = \{U_\beta \cap U_\alpha | \alpha \in A\}$。在 O 上定义 Y 对于开覆盖 $O(\mathcal{U})$ 的一个 $p-1$ 阶链 $f = \{f_{\alpha_0 \cdots \alpha_{p-1}}\}$ 为:在 $U_\beta \cap U_{\alpha_0} \cap \cdots \cap U_{\alpha_{p-1}}$ 上,令

$$f_{\alpha_0 \cdots \alpha_{p-1}} = h_{\beta \alpha_0 \cdots \alpha_{p-1}},$$

由于 h 是闭链,因而将 h 限制在 U_β 上,对于开覆盖 $O(\mathcal{U})$,我们有

$$0 = \delta(h)_{\beta_0 \alpha_0 \cdots \alpha_p} = h_{\alpha_0 \alpha_1 \cdots \alpha_p} - \sum_{i=1}^{p}(-1)^i h_{\beta_0 \alpha_0 \cdots \widehat{\alpha_i} \cdots \alpha_p}$$
$$= h_{\alpha_0 \alpha_1 \cdots \alpha_p} - \delta(f).$$

现设 V 是 M 中的另一开集,满足 $O \cap V \neq \varnothing$,且对 V 的开覆盖 $V(\mathcal{U})$,存在元素 $g \in C^{p-1}(V(\mathcal{U}), Y)$,使得 $\delta(g) = h|_{V(\mathcal{U})}$。我们希望证明对 $O \cup V$ 的开覆盖 $(O \cup V)(\mathcal{U})$,存在 $s \in C^{p-1}((O \cup V)(\mathcal{U}), Y)$,使得 $\delta(s) = h|_{(O \cup V)(\mathcal{U})}$。为此,我们分两种情况讨论.

如果 $p = 1$,设 $\alpha \in A$ 满足 $(O \cap V) \cap U_\alpha \neq \varnothing$,$f_\alpha - g_\alpha$ 是定义在 $(O \cap V) \cap U_\alpha$ 上的.但另一方面,由于 Y 是松软层,因而存在 Y 在 X 上的截影 t,使得在 $(O \cap V) \cap U_\alpha$ 上, $f_\alpha - g_\alpha = t$. 因此如果我们在 $(O \cup V) \cap U_\alpha$ 上,定义

$$s_\alpha(Q) = \begin{cases} f_\alpha(Q), & Q \in O \cap U_\alpha, \\ g_\alpha(Q) + t(Q), & Q \in V \cap U_\alpha. \end{cases}$$

考虑所有这样的 α,令 $s = \{s_\alpha\}$,则我们得到 $s \in C^0((O \cup V)(\mathcal{U}), Y)$,满足 $\delta(s) = h|_{(O \cup V)(\mathcal{U})}$.

如果 $p > 1$,由于在 $(O \cap V)(\mathcal{U})$ 上 $\delta(f) - \delta(g) = 0$,因而由上面的讨论,利用归纳法,可设存在 $\widetilde{g} \in C^{p-2}((O \cap V)(\mathcal{U}), Y)$,使得对于 $(O \cap V)(\mathcal{U})$, $\delta(\widetilde{g}) = f - g$. 与上面同样的方法,利用 Y 是松软层,我们可将 $\widetilde{g}$ 延拓为 $C^{p-2}(V(\mathcal{U}), Y)$ 中的元素.并将延拓后的 $\widetilde{g}$ 反对称化,对于任意 $(O \cup V) \cap U_{\alpha_0 \cdots \alpha_{p-1}} \neq \varnothing$,令

$$s_{\alpha_0 \cdots \alpha_{p-1}}(Q) = \begin{cases} f_{\alpha_0 \cdots \alpha_{p-1}}(Q), & Q \in O \cap U_{\alpha_0 \cdots \alpha_{p-1}}, \\ g_{\alpha_0 \cdots \alpha_{p-1}}(Q) + \delta(\widetilde{g})_{\alpha_0 \cdots \alpha_{p-1}}(q), & Q \in V \cap U_{\alpha_0 \cdots \alpha_{p-1}}, \end{cases}$$

则 $s = \{s_{\alpha_0\cdots\alpha_{p-1}}\} \in C^{p-1}((O \cup V)(\mathcal{U}), Y)$, 满足 $\delta(s) = h|_{(O\cup V)(\mathcal{U})}$.

为了将上面得到的 s 的定义域不断扩大, 使得其在整个空间 X 上都有意义, 我们需要引用 **Zorn 引理**.

Zorn 引理 设 $\{S, >\}$ 是一以 $>$ 为偏序的集合, 如果 S 中任意一个全序子集都有最大元素, 则 S 本身有最大元素.

关于 Zorn 引理的说明和意义, 有兴趣的读者可参阅文献 [13].

现令 $S = \{(V, g)\}$, 其中 V 是 X 的开集, $g \in C^{p-1}(V(\mathcal{U}), Y)$, 满足 $\delta(g) = h|_{V(\mathcal{U})}$. 在集合 S 中定义一个偏序 $>$ 为: 如果 (V_1, g_1) 和 (V_2, g_2) 都是 S 中的元素, 满足 $V_1 \supset V_2$, 且 $g_1|_{V_2(\mathcal{U})} = g_2$, 则称 $(V_1, g_1) > (V_2, g_2)$. 显然对于集合 S 上的这一偏序, 其任意全序子集有最大元素, 因而由 Zorn 引理, S 中有最大元素. 设 (V_1, g_1) 是 A 中的一个最大元素, 如果 $V_1 \neq X$, 则上面的讨论表明, 我们可以将 V_1 扩大, 得到 S 中大于 (V_1, g_1) 的元素. 这与 (V_1, g_1) 的选取矛盾, 因而必须 $V_1 = X$. 这时 $V_1(\mathcal{U}) = \mathcal{U}$, 我们得到, 存在 $g \in C^{p-1}(\mathcal{U}, Y)$, 使得 $\delta(g) = h$, 所以 $p > 0$ 时, $H^p(\mathcal{U}, Y) = 0$, 从而 $H^p(X, Y) = 0$. 我们得到 Y 是零调层. 证毕.

注 由上面的证明我们看到, 对于 X 上的松软层 Y, 当 $p > 0$ 时, 不仅有 $H^p(X, Y) = 0$, 而且对于 X 的任意开覆盖 $\mathcal{U}$, 实际成立

$$H^p(\mathcal{U}, Y) = 0.$$

利用松软层, 对于拓扑空间 X 上的任意层 $\pi : Y \to X$, 我们可以用下面方法得到其零调分解.

首先, 对于任意开集 $U \subset X$, 令 $a(U)$ 为由所有满足 $\pi \circ s = \mathrm{Id}$ 的映射 $s : U \to Y$ 构成的集合, 即 $a(U)$ 为所有 U 到 Y 的保茎映射构成的集合. 这里特别需要说明的是, 区别于 Y 在 U 上的截影, 我们不要求映射 $s : U \to Y$ 是连续映射, 因而有 $\Gamma(U, Y) \subset a(U)$. 利用层 Y 上的加法, $a(U)$ 是一个 Abel 群, 而如果令 P_{UV} 为限制映射, 则 $\mathcal{W} = \{U, a(U), P_{UV}\}$ 是 X 上的完备预层. 我们用 $\mathrm{d}Y$ 表示由预层 $\mathcal{W} = \{U, a(U), P_{UV}\}$ 定义的层, $\mathrm{d}Y$ 称为层 Y 的不连续截影的芽层. 对于任意 $s \in a(U)$, s 显然可以延拓为 X 上的截影 (例如, 将 s 在 U 以

外作 0 延拓),由此得到层 dY 是松软层. 利用关系 $\Gamma(U,Y) \subset a(U)$, 我们得到 Y 是 dY 的子层,因而有正合序列

$$0 \to Y \to dY.$$

现令

$$Y_1 = \frac{dY}{\operatorname{Im}\{Y \to dY\}},$$

即 Y_1 是 dY 关于其子层 Y 的商层. 令 $d^2(Y) = d(Y_1)$ 是层 Y_1 的不连续截影的芽层,则 $d^2(Y)$ 也是松软层,我们有正合序列

$$0 \to Y \to dY \to d^2 Y.$$

依此类推,我们得到正合序列

$$0 \to Y \to dY \to d^2Y \to \cdots \to d^p Y \to \cdots,$$

其中 $d^p Y$ 是层 $\dfrac{d^{p-1}Y}{\operatorname{Im}\{d^{p-2}Y \to d^{p-1}Y\}}$ 的不连续截影的芽层,因而是松软层,所以 $d^p Y$ 都是零调层. 而上面的正合序列是层 Y 的一个零调分解. 这种利用不连续截影的芽层得到的层 Y 的零调分解称为 Y 的**经典分解**(canonical resolution). 利用经典分解,对于拓扑空间 X 上的任意层 $\pi: Y \to X$,我们可以定义

$$H_{de}^p(X, Y) = \frac{\operatorname{Ker}\{\Gamma(X, d^p Y) \to \Gamma(X, d^{p+1}Y)\}}{\operatorname{Im}\{\Gamma(X, d^{p-1}Y) \to \Gamma(X, d^p Y)\}},$$

$H_{de}^p(X,Y)$ 称为层 Y 的 p **阶 de Rham 同调群**. 对于这样定义的同调群,de Rham 定理则表明:如果 X 是仿紧拓扑空间,则 X 上任意层的 de Rham 同调群与 Čech 同调群是同构的.

讨论零调层并利用某些零调层给出层的零调分解的另一种方法是利用强层 (fine sheaf). 下面我们以微分流形为例来说明这一方法.

在微分流形的讨论中我们知道流形上有重要的单位分解定理.

单位分解定理 设 M 是微分流形,$\mathcal{U} = \{U_\alpha\}_{\alpha \in A}$ 是 M 的一个局部有限的开覆盖,则存在 M 上的一族光滑函数 $\{f_\alpha\}_{\alpha \in A}$,满足

(1) $f_\alpha \geqslant 0$, (2) $\mathrm{Supp}(f_\alpha) \subset U_\alpha$, (3) $\sum_{\alpha \in A} f_\alpha \equiv 1$.

函数族 $\{f_\alpha\}_{\alpha \in A}$ 称为流形 M 附属于局部有限开覆盖 $\mathcal{U} = \{U_\alpha\}_{\alpha \in A}$ 的单位分解.

我们以 $a(M)$ 表示流形 M 上光滑函数的芽层, 则对于任意点 $P \in M$, 光滑函数在 P 点的芽的全体构成的集合 $a(M)_P$ 是一有单位元素的交换环, 因而 $a(M)$ 是一代数结构为环的层. 这时对于 M 中的任意开集 U, $\Gamma(U, a(M))$ 也是一有单位元的交换环. 利用 $a(M)$ 的环结构, 设 Y 是流形 M 上的层, 如果对于 M 中的任意开集 U, $\Gamma(U, Y)$ 都是环 $\Gamma(U, a(M))$ 的模, 即 Y 在 U 上的截影与 $a(M)$ 在 U 上的截影 (U 上的光滑函数) 可以相乘, 而乘积仍然是 Y 的截影, 我们称层 Y 为 $a(M)$ 的模层. 例如, M 上光滑向量函数的芽层、M 上向量丛光滑截影的芽层等等都是 $a(M)$ 的模层, 特别地, M 上所有微分形式的芽层都是 $a(M)$ 的模层.

利用单位分解定理, 对于微分流形 M 上光滑函数芽层 $a(M)$ 的模层, 我们有下面定理.

定理 6.4.3 微分流形 M 上任意 $a(M)$ 的模层都是零调层.

证明 设 Y 是 $a(M)$ 的模层. 由于 M 是仿紧拓扑空间, 因而对于 M 的任意开覆盖 $\mathcal{U}$, 都存在 $\mathcal{U}$ 的局部有限的加细开覆盖 $\mathcal{V}$. 所以在讨论 M 上层的同调群时, 只需考虑局部有限的开覆盖即可. 设 $\mathcal{U} = \{U_\alpha\}_{\alpha \in A}$ 是 M 的任意一个局部有限的开覆盖, $\{f_\alpha\}_{\alpha \in A}$ 是附属于 $\mathcal{U} = \{U_\alpha\}_{\alpha \in A}$ 的单位分解. $h = \{h_{\alpha_0 \alpha_1 \cdots \alpha_p}\} \in Z^p(\mathcal{U}, Y)$ 是层 Y 的一个 p 阶闭链, 其中 $p > 0$. 我们定义 Y 的一个 $p-1$ 阶链 $g = \{g_{\alpha_0 \alpha_1 \cdots \alpha_{p-1}}\}$ 为: 对于任意 $U_{\alpha_0} \cap U_{\alpha_1} \cap \cdots \cap U_{\alpha_{p-1}} \neq \varnothing$, 在 $U_{\alpha_0} \cap U_{\alpha_1} \cap \cdots \cap U_{\alpha_{p-1}}$ 上令

$$g_{\alpha_0 \alpha_1 \cdots \alpha_{p-1}} = \sum_{\alpha \in A} f_\alpha h_{\alpha \alpha_0 \alpha_1 \cdots \alpha_{p-1}}.$$

由于 Y 是 $a(M)$ 的模层, 因而 $g = \{g_{\alpha_0 \alpha_1 \cdots \alpha_{p-1}}\} \in \mathrm{C}^{p-1}(\mathcal{U}, Y)$. 而由 $h = \{h_{\alpha_0 \alpha_1 \cdots \alpha_p}\} \in Z^p(\mathcal{U}, Y)$ 是 Y 的一个 p 阶闭链, 因而

$$0 = (\delta(h))_{\alpha \alpha_0 \alpha_1 \cdots \alpha_p} = h_{\alpha_0 \alpha_1 \cdots \alpha_p} - \sum_{i=0}^{p}(-1)^i h_{\alpha \alpha_0 \alpha_1 \cdots \widehat{\alpha}_i \cdots \alpha_p}.$$

利用这一点以及 $\sum_{\alpha \in A} f_\alpha \equiv 1$,通过直接计算得

$$(\delta(g))_{\alpha_0 \alpha_1 \cdots \alpha_p}$$
$$= \sum_{i=0}^{p} (-1)^i g_{\alpha_0 \alpha_1 \cdots \widehat{\alpha_i} \cdots \alpha_p} = \sum_{i=0}^{p} (-1)^i \sum_{\alpha \in A} f_\alpha h_{\alpha \alpha_0 \alpha_1 \cdots \widehat{\alpha_i} \cdots \alpha_p}$$
$$= \sum_{\alpha \in A} f_\alpha \sum_{i=0}^{p} (-1)^i h_{\alpha \alpha_0 \alpha_1 \cdots \widehat{\alpha_i} \cdots \alpha_p} = \sum_{\alpha \in A} f_\alpha h_{\alpha_0 \alpha_1 \cdots \alpha_p} = h_{\alpha_0 \alpha_1 \cdots \alpha_p},$$

即 $\delta(g) = h$,我们得到 $\mathrm{H}^p(\mathcal{U}, M) = 0$. 而 $\mathcal{U}$ 是 M 的任意局部有限的开覆盖,因而 $\mathrm{H}^p(M, Y) = 0$,Y 是零调层. 证毕.

定理 6.4.3 也从另一角度展示了微分流形与复流形在讨论方法和对象上的一个重要差异. 在微分流形上由于单位分解的存在性,因而对于流形上光滑函数芽层 $a(M)$ 的模层,其一阶和一阶以上的同调群没有意义,或者说同调群都是平凡的,局部解总是可以通过单位分解,按照上面定理的证明方法粘接成整体解. 而复流形上对于需要重点讨论的解析函数芽层 $\theta(M)$ 的各种模层,由于解析函数没有单位分解,上面的定理对于复流形上 $\theta(M)$ 的各种模层是不成立的,或者说这些层的同调群一般不是平凡的. 因而层同调群成为多复分析和复流形研究中重要的讨论对象和基本工具.

利用定理 6.4.3,我们可以给出许多重要和常用的层的零调分解,以及利用整体截影给出相应的层的 Čech 同调群的表示. 例如,给出我们在上一章中利用流形上的微分形式分别定义的 de Rham 同调群和 Dolbeault 同调群,与这一章利用向量丛的截影层定义的 Čech 同调群的同构关系,关于这一问题我们将在本章第 6 节中做详细讨论. 这里仿照流形上的单位分解,对于一般的层,我们有下面定义.

定义 6.4.2 设 X 是一仿紧拓扑空间,Y 是 X 上的层,如果对 X 的任意局部有限的开覆盖 $\mathcal{U} = \{U_\alpha\}_{\alpha \in A}$,都存在层 Y 到自身的一族自同态 $\{f_\alpha\}_{\alpha \in A}$,满足

(1) 对于任意 $\alpha \in A$,同态映射 $f_\alpha : Y \to Y$ 在 U_α 以外恒为零(即 $\mathrm{Supp}(f_\alpha) \subset U_\alpha$);

(2) $\sum_{\alpha \in A} f_\alpha \equiv \mathrm{Id}$,

则称 Y 为 X 上的**强层**(fine sheaf).

例如, 微分流形上光滑函数芽层 $a(M)$ 的模层都是强层. 而按照定理 6.4.3 同样的证明, 我们不难得到强层都是零调层.

§6.5 Leray 定理

这一节我们将介绍层同调论的第三个基本定理 —— Leray 定理.

设 Y 是拓扑空间 X 上的层, 在上面层同调群的定义中, 对于 Y 的 Čech 同调群 $\mathrm{H}^p(X,Y)$, 我们需要考虑 X 的所有开覆盖 (或者说在具体问题的讨论时, 我们往往需要验证得到的结论与开覆盖的选取无关). 而对利用零调分解给出的层 Y 的 de Rham 同调群, 同调群的表示需要用到零调分解和整体截影, 因而当同调群被用来描述从局部解到整体解的阻碍这样具体的问题时, 使用起来并不方便. 对此, 一个自然的问题是: 能否在空间 X 上找到一些 "好" 的开覆盖 $\mathcal{U}$, 使得我们能够通过这样的开覆盖将层 Y 在 X 上的 Čech 同调群 $\mathrm{H}^p(X,Y)$ 与仅由开覆盖 $\mathcal{U}$ 定义的同调群 $\mathrm{H}^p(\mathcal{U},Y)$ 等同起来. Leray 定理就是针对这一问题提出来的.

定理 6.5.1(Leray 定理) 设 X 是一仿紧拓扑空间, Y 是 X 上的层, $\mathcal{U}=\{U_\alpha\}_{\alpha\in A}$ 是 X 的开覆盖, 如果这一覆盖满足, 对于任意 $U_{\alpha_1}\cap\cdots\cap U_{\alpha_n}\neq\varnothing$, 以及 $p>0$, 恒有

$$\mathrm{H}^p(U_{\alpha_1}\cap\cdots\cap U_{\alpha_n},Y|_{U_{\alpha_1}\cap\cdots\cap U_{\alpha_n}})=0,$$

则 $\mathrm{H}^p(X,Y)=\mathrm{H}^p(\mathcal{U},Y)$.

满足上面定理条件的开覆盖 $\mathcal{U}$ 称为层 Y 的 **Leray 覆盖**.

在给出定理 6.5.1 的证明之前, 我们先对同调代数中的一些基本概念 —— 复形和双复形作一点简单介绍. 设 $\{A_i\}_{i=0,1,\cdots}$ 都是 Abel 群, $f_i:A_i\to A_{i+1}$ 是群同态, 满足 $f_{i+1}\circ f_i=0$, 则下面群同态序列

$$(\mathrm{A}): 0\to A_0\xrightarrow{f_0} A_1\xrightarrow{f_1}\cdots\xrightarrow{f_{i-1}} A_i\xrightarrow{f_i} A_{i+1}\xrightarrow{f_{i+1}}\cdots$$

称为一个**复形**. 复形 (A) 称为**正合的**, 如果对于任意 i, 恒有

$$\mathrm{Im}\Big\{f_{i-1}:A_{i-1}\to A_i\Big\}=\mathrm{Ker}\Big\{f_i:A_i\to A_{i+1}\Big\}.$$

一般地, 令
$$H^i(A) = \frac{\text{Ker}\{f_i : A_i \to A_{i+1}\}}{\text{Im}\{f_{i-1} : A_{i-1} \to A_i\}},$$

$H^i(A)$ 称为复形 (A) 的 **i 阶同调群**.

同理设 $A_i, B_j, K_{ij}(i,j=0,1,\cdots)$ 都是 Abel 群, 以 $\to$ 表示群同态, 如果下面的图 6.5.1 是群同态的交换图, 并且其中每一行和每一列都是复形, 则称其为一个**双复形** (double complex).

引理 6.5.1 如果在双复形图 6.5.1 中除去第二行的复形

$$(A) : 0 \to A_0 \to A_1 \to \cdots$$

和第二列的复形

$$(B) : 0 \to B_0 \to B_1 \to \cdots$$

以外, 所有的行和列都是正合的复形, 则对 $p = 0, 1, \cdots$, 成立

$$H^p(A) = \frac{\text{Ker}\{f_p : A_p \to A_{p+1}\}}{\text{Im}\{f_{p-1} : A_{p-1} \to A_p\}} \cong H^p(B) = \frac{\text{Ker}\{f_p : B_p \to B_{p+1}\}}{\text{Im}\{f_{p-1} : B_{p-1} \to B_p\}}.$$

证明 我们仅证 $p = 2$ 的情况, 其余的可以类推. 证明中我们将采用拓扑学里的 "图上追猎法".

$$
\begin{array}{ccccccccc}
 & & 0 & & 0 & & 0 & & \\
 & & \downarrow & & \downarrow & & \downarrow & & \\
0 & \to & A_0 & \to & A_1 & \to & A_2 & \to & \cdots \\
 & & \downarrow & & \downarrow & & \downarrow & & \\
0 \to B_0 & \to & K_{00} & \to & K_{01} & \to & K_{02} & \to & \cdots \\
 & & \downarrow & & \downarrow & & \downarrow & & \\
0 \to B_1 & \to & K_{10} & \to & K_{11} & \to & K_{12} & \to & \cdots \\
 & & \downarrow & & \downarrow & & \downarrow & & \\
0 \to B_2 & \to & K_{20} & \to & K_{21} & \to & K_{22} & \to & \cdots \\
 & & \downarrow & & \downarrow & & \downarrow & & \\
 & & \vdots & & \vdots & & \vdots & &
\end{array}
$$

图 6.5.1

对于上面的双复形图 6.5.1, 我们用 δ 表示行的同态, d 表示列的同态. 任取 $b \in \mathrm{Ker}\{B_2 \xrightarrow{\mathrm{d}} B_3\}$, 由交换性得 $\mathrm{d}\delta(b) = 0$. 由第三列的正合性知存在 $b_{10} \in K_{10}$, 使得 $\mathrm{d}(b_{10}) = \delta(b)$. 同理, 由 $\mathrm{d}\delta(b_{10}) = 0$ 知存在 $b_{01} \in K_{01}$, 使得 $\mathrm{d}(b_{01}) = \delta(b_{10})$, 而 $\mathrm{d}\delta(b_{01}) = 0$. 我们得到, 存在 $a \in A_2$, 使得 $\mathrm{d}(a) = \delta(b_{01})$, 而 $\mathrm{d}\delta(a) = \delta\mathrm{d}(a) = \delta^2(b_{01}) = 0$, 所以必须 $a \in \mathrm{Ker}\{A_2 \xrightarrow{\delta} A_3\}$. a 并不是由 b 唯一确定的, 但如果 a' 也是 b 按照上面的方法确定的 $\mathrm{Ker}\{A_2 \xrightarrow{\delta} A_3\}$ 中的元素, 则容易看出, $a - a' \in \mathrm{Im}\{A_1 \xrightarrow{\delta} A_2\}$. 因此由上面的对应我们得到了映射 $P : \mathrm{Ker}\{B_2 \xrightarrow{\mathrm{d}} B_3\} \to \mathrm{H}^2(\mathrm{A})$. 用同样的方法不难看出, 如果 $b \in \mathrm{Im}\{B_1 \xrightarrow{\mathrm{d}} B_2\}$, 则 $a \in \mathrm{Im}\{A_1 \xrightarrow{\delta} A_2\}$, 因此上面的映射诱导了映射 $P : \mathrm{H}^2(\mathrm{B}) \to \mathrm{H}^2(\mathrm{A})$.

同理, 利用同样的方法, 我们得到映射 $P' : \mathrm{H}^2(\mathrm{A}) \to \mathrm{H}^2(\mathrm{B})$. 由于上面对应的可逆性, 我们得到 $PP' = P'P = \mathrm{Id}$, 所以 $P : \mathrm{H}^2(\mathrm{B}) \to \mathrm{H}^2(\mathrm{A})$ 是同构. 证毕.

定理 6.5.1 的证明　取层 Y 的一个零调分解

$$0 \to Y \to Y_0 \to Y_1 \to \cdots,$$

其中 $Y_i(i = 0, 1, \cdots)$ 都是松软层. 考虑双复形

$$\begin{array}{ccccccc}
 & & 0 & & 0 & & \\
 & & \downarrow & & \downarrow & & \\
0 & \to & \Gamma(X, Y_0) & \to & \Gamma(X, Y_1) & \to & \cdots \\
 & & \downarrow & & \downarrow & & \\
0 \to & \mathrm{C}^0(\mathcal{U}, Y) & \to & \mathrm{C}^0(\mathcal{U}, Y_0) & \to & \mathrm{C}^0(\mathcal{U}, Y_1) & \to \cdots \\
 & \downarrow & & \downarrow & & \downarrow & \\
0 \to & \mathrm{C}^1(\mathcal{U}, Y) & \to & \mathrm{C}^1(\mathcal{U}, Y_0) & \to & \mathrm{C}^1(\mathcal{U}, Y_1) & \to \cdots \\
 & \downarrow & & \downarrow & & \downarrow & \\
0 \to & \mathrm{C}^2(\mathcal{U}, Y) & \to & \mathrm{C}^2(\mathcal{U}, Y_0) & \to & \mathrm{C}^2(\mathcal{U}, Y_1) & \to \cdots \\
 & \downarrow & & \downarrow & & \downarrow & \\
 & \vdots & & \vdots & & \vdots & \\
\end{array}$$

其中第二行到第三行的映射 $\Gamma(X,Y_i) \to C^0(\mathcal{U},Y_i)$ 为 Y_i 的整体截影在覆盖 $\mathcal{U}$ 的每一个元素 U_α 上的限制, 其余各列之间的映射为本章第 2 节 Čech 同调群定义时给出的边缘算子 $\delta: C^p(\mathcal{U},Y_i) \to C^{p+1}(\mathcal{U},Y_i)$. 由于 Y_i 都是松软层, 因而 $H^p(\mathcal{U},Y_i) = 0$ 对 $p > 0, i = 0, 1, \cdots$ 成立, 所以除去第二列以外, 所有的列都是正合的. 而由假设, 对于 $p = 1, 2, \cdots$, $H^p(U_{\alpha_1} \cap \cdots \cap U_{\alpha_n}, Y) = 0$. 由 de Rham 定理, 对于开覆盖 $\mathcal{U} = \{U_\alpha\}$ 中满足 $U_{\alpha_1} \cap \cdots \cap U_{\alpha_n} \neq \varnothing$ 的开集 $U_{\alpha_1} \cap \cdots \cap U_{\alpha_n}$, 复形

$$0 \to \Gamma(U_{\alpha_1} \cap \cdots \cap U_{\alpha_n}, Y) \to \Gamma(U_{\alpha_1} \cap \cdots \cap U_{\alpha_n}, Y_0)$$
$$\to \Gamma(U_{\alpha_1} \cap \cdots \cap U_{\alpha_n}, Y_1) \to \Gamma(U_{\alpha_1} \cap \cdots \cap U_{\alpha_n}, Y_2) \to \cdots$$

是正合的. 不难将这一正合性推广为复形

$$0 \to C^i(U,Y) \to C^i(U,Y_0) \to C^i(U,Y_1) \to C^i(U,Y_2) \to \cdots$$

的正合性. 我们得到除去第二行以外, 所有的行都是正合的. 利用引理 6.5.1, 得

$$H^p(\mathcal{U},Y) = \frac{\operatorname{Ker}\{\Gamma(X,Y_p) \to \Gamma(X,Y_{p+1})\}}{\operatorname{Im}\{\Gamma(X,Y_{p-1}) \to \Gamma(X,Y_p)\}}.$$

但另一方面, 由 de Rham 定理, 我们知道

$$H^p(X,Y) = \frac{\operatorname{Ker}\{\Gamma(X,Y_p) \to \Gamma(X,Y_{p+1})\}}{\operatorname{Im}\{\Gamma(X,Y_{p-1}) \to \Gamma(X,Y_p)\}}.$$

因此我们得到 $H^p(\mathcal{U},Y) = H^p(X,Y)$. 证毕.

§6.6 层同调论的应用

这一节我们将给出层同调理论的一些比较直接和简单的应用, 下一章我们将利用层同调理论来讨论紧 Riemann 曲面和紧复流形的更一般的性质.

6.6.1 几种不同同调群之间的关系

上面我们证明了在微分流形 M 上所有光滑函数芽层 $a(M)$ 的模层都是强层, 因而是零调层. 特别地, 我们说明了在微分流形上所有光

滑微分形式的芽层都是零调层. 更进一步, 如果 $\pi: E \to M$ 是 M 上的光滑向量丛, 则 E 的光滑截影的芽层以及光滑的 E- 值微分形式的芽层都是零调层. 利用这些层, 一方面, 我们希望给出向量丛的其他一些截影层的零调分解, 因而可以利用 de Rham 定理, 用微分形式给出这些截影层的 Čech 同调群的表示. 而另一方面, 我们已经利用微分形式定义了相关的 de Rham 同调群和 Dolbeault 同调群, 这样, 我们就能够得到 de Rham 同调群和 Dolbeault 同调群与向量丛上一些截影层的 Čech 同调群之间的同构关系.

首先, 利用微分形式、外微分 d 和 $\bar{\partial}$ 算子, 我们在流形上给出几个常用的层的层同态序列, 我们将证明这些序列都是相关的层的零调分解.

设 M 是微分流形, 我们用 $\mathbb{R}$ 表示 M 上由局部为实常值的函数所定义的芽层, 即首先给实数域 $\mathbb{R}$ 以离散拓扑, 然后考虑 M 中开集到 $\mathbb{R}$ 的连续映射 (局部为实常值的映射) 所定义的芽层. 以 $a^r(M)$ 表示 M 上光滑的 r- 次微分形式的芽层, 将实常值函数看做光滑函数的一部分, 则实常值函数就是所有函数中在外微分 d 作用下恒为零的那些函数. 利用外微分 d, 我们有下面的层的同态序列

$$0 \to \mathbb{R} \hookrightarrow a^0(M) \xrightarrow{\mathrm{d}} a^1(M) \xrightarrow{\mathrm{d}} a^2(M) \xrightarrow{\mathrm{d}} \cdots.$$

在这一个序列中如果用复数代替实数, 用复值函数和复微分形式分别代替实值函数和实微分形式, 则我们有下面的层的同态序列

$$0 \to \mathbb{C} \hookrightarrow a^0(M) \xrightarrow{\mathrm{d}} a^1(M) \xrightarrow{\mathrm{d}} a^2(M) \xrightarrow{\mathrm{d}} \cdots.$$

这里为了符号简单, 我们仍然用 $a^r(M)$ 表示 M 上 r- 次复微分形式的芽层.

同样地, 如果 M 是复流形, $a^{(p,q)}(M)$ 表示 M 上光滑的 (p,q)- 形式的芽层, 将解析函数的芽层看做光滑函数芽层的子层, 则由 Cauchy-Riemann 方程, 解析函数就是在 $\bar{\partial}$ 算子的作用下恒为零的函数. 与上面外微分 d 相同, 利用 $\bar{\partial}$ 算子, 我们有下面的层的同态序列

$$0 \to \theta(M) \hookrightarrow a^{(0,0)}(M) \xrightarrow{\bar{\partial}} a^{(0,1)}(M) \xrightarrow{\bar{\partial}} \cdots$$
$$\xrightarrow{\bar{\partial}} a^{(0,q)}(M) \xrightarrow{\bar{\partial}} a^{(0,q+1)}(M) \xrightarrow{\bar{\partial}} \cdots.$$

更一般地, 设 E 是复流形 M 上的全纯向量丛, $\theta(E)$ 是 E 的全纯截影的芽层, 以 $a^{(p,q)}(E)$ 表示光滑 E- 值 (p,q)- 形式的芽层, 前面我们已经证明了 $\bar{\partial}$ 算子可以定义在光滑的 E- 值 (p,q)- 形式上, 同样利用 $\bar{\partial}$ 算子, 我们有下面的层的同态序列

$$0 \to \theta(E) \hookrightarrow a^{(0,0)}(E) \xrightarrow{\bar{\partial}} a^{(0,1)}(E) \xrightarrow{\bar{\partial}} \cdots$$
$$\xrightarrow{\bar{\partial}} a^{(0,q)}(E) \xrightarrow{\bar{\partial}} a^{(0,q+1)}(E) \xrightarrow{\bar{\partial}} \cdots.$$

特别地, $E \otimes \wedge^p T^*_{(1,0)}(M)$ 是 M 上的全纯向量丛, 如果以 $\Omega^p(E)$ 表示 $E \otimes \wedge^p T^*_{(1,0)}(M)$ 的全纯截影的芽层, 即全纯 E- 值 $(p,0)$- 形式的芽层, 同样利用 $\bar{\partial}$ 算子, 我们有下面的层的同态序列

$$0 \to \Omega^p(E) \hookrightarrow a^{(p,0)}(E) \xrightarrow{\bar{\partial}} a^{(p,1)}(E) \xrightarrow{\bar{\partial}} \cdots$$
$$\xrightarrow{\bar{\partial}} a^{(p,q)}(E) \xrightarrow{\bar{\partial}} a^{(p,q+1)}(E) \xrightarrow{\bar{\partial}} \cdots.$$

在上面的这些序列中, 由于 $a^r(M)$, $a^{(p,q)}(M)$ 和 $a^{(p,q)}(E)$ 都是光滑函数芽层 $a(M)$ 的模层, 因而都是零调层. 如果我们能证明上面这些序列都是正合序列, 我们就能得到层 $\mathbb{R}$, 层 $\mathbb{C}$, 层 $\theta(M)$, 层 $\theta(E)$ 和层 $\Omega^p(E)$ 的零调分解. 而利用 de Rham 定理, 这些零调分解将给出流形上对于层定义的 Čech 同调群与利用微分形式定义的 de Rham 同调群和 Dolbeault 同调群之间的同构关系.

对于上面这几个层的同态序列的正合性问题, 我们有下面两个著名的引理.

定理 6.6.1(Poincaré 引理) 设 M 是微分流形, w 是 M 上光滑的 r- 次微分形式, 满足 $dw = 0$, 则对于任意点 $P \in M$, 存在 P 的一个邻域 O 和 O 上光滑的 $(r-1)$- 次微分形式 u, 使得在 O 上

$$du = w|_O.$$

定理 6.6.2(Dolbeault 引理) 设 M 是复流形, w 是 M 上光滑的 (p,q)- 形式, 满足 $\bar{\partial}w = 0$, 则对于任意点 $P \in M$, 存在 P 的一个邻

域 O 和 O 上光滑的 $(p, q-1)$- 形式 u, 使得在 O 上

$$\bar{\partial} u = w|_O.$$

下面我们先来说明这两个定理的意义, 而将定理的证明放在后面.

我们知道要证明拓扑空间 X 上的一个层同态序列 $Y_1 \to Y_2 \to Y_3$ 是正合序列, 需要证明对于任意点 $P \in X$, 群的同态序列

$$Y_{1P} \to Y_{2P} \to Y_{3P}$$

都是正合序列. 而如果将 $Y_{iP}(i=1,2,3)$ 中的元素看做截影的芽, 则由 Poincaré 引理和 Dolbeault 引理, 我们有下面的推论.

推论 6.6.1 设 M 是微分流形, 则在 M 上层的同态序列

$$0 \to \mathbb{R} \hookrightarrow a^0(M) \xrightarrow{\mathrm{d}} a^1(M) \xrightarrow{\mathrm{d}} \cdots$$

是正合序列, 因而是层 $\mathbb{R}$ 的零调分解.

推论 6.6.2 设 M 是复流形, E 是 M 上的全纯向量丛, 则在 M 上层的同态序列

$$0 \to \theta(M) \hookrightarrow a^{(0,0)}(M) \xrightarrow{\bar{\partial}} a^{(0,1)}(M) \xrightarrow{\bar{\partial}} \cdots$$
$$\xrightarrow{\bar{\partial}} a^{(0,q)}(M) \xrightarrow{\bar{\partial}} a^{(0,q+1)}(M) \xrightarrow{\bar{\partial}} \cdots$$

和层的同态序列

$$0 \to \theta(E) \hookrightarrow a^{(0,0)}(E) \xrightarrow{\bar{\partial}} a^{(0,1)}(E) \xrightarrow{\bar{\partial}} \cdots$$
$$\xrightarrow{\bar{\partial}} a^{(0,q)}(E) \xrightarrow{\bar{\partial}} a^{(0,q+1)}(E) \xrightarrow{\bar{\partial}} \cdots,$$

以及层的同态序列

$$0 \to \Omega^p(E) \hookrightarrow a^{(p,0)}(E) \xrightarrow{\bar{\partial}} a^{(p,1)}(E) \xrightarrow{\bar{\partial}} \cdots$$
$$\xrightarrow{\bar{\partial}} a^{(p,q)}(E) \xrightarrow{\bar{\partial}} a^{(p,q+1)}(E) \xrightarrow{\bar{\partial}} \cdots$$

都是正合序列, 因而分别是层 $\theta(M)$, $\theta(E)$ 和 $\Omega^p(E)$ 的零调分解.

为了区别流形上利用微分形式和外微分 d 定义的 de Rham 同调群, 以及流形上常值函数芽层 $\mathbb{R}$ 和 $\mathbb{C}$ 的 Čech 同调群, 这里我们用 $H_{de}^r(M,\mathbb{R})$ 和 $H_{de}^r(M,\mathbb{C})$ 分别表示 M 上由实值和复值微分形式定义的 de Rham 同调群. 利用上面这些零调分解, 由 de Rham 定理, 我们有下面几个关于流形上不同同调群之间关系的重要定理.

定理 6.6.3(de Rham 定理) 设 M 是微分流形, $r \in \mathbb{N}$, 则在 M 上对于实常值函数定义的芽层 $\mathbb{R}$, 成立

$$H^r(M,\mathbb{R}) \cong \frac{\operatorname{Ker}\{A^r(M) \stackrel{d}{\to} A^{r+1}(M)\}}{\operatorname{Im}\{A^{r-1}(M) \stackrel{d}{\to} A^r(M)\}} = H_{de}^r(M,\mathbb{R}),$$

即在微分流形 M 上, 层 $\mathbb{R}$ 的 Čech 同调群与 M 上利用微分形式和外微分 d 定义的 de Rham 同调群同构.

定理 6.6.3'(de Rham 定理) 设 M 是微分流形, $r \in \mathbb{N}$, $\mathbb{C}$ 是 M 上复常值函数的芽层, $A^r(M)$ 为 M 上 r- 次复微分形式构成的线性空间, 则

$$H^r(M,\mathbb{C})) \cong \frac{\operatorname{Ker}\{A^r(M) \stackrel{d}{\to} A^{r+1}(M)\}}{\operatorname{Im}\{A^{r-1}(M) \stackrel{d}{\to} A^r(M)\}} = H_{de}^r(M,\mathbb{C}).$$

定理 6.6.4(Dolbeault 定理) 设 M 是复流形, E 是 M 上的全纯向量丛, $p,q \in \mathbb{N}$, 则在 M 上对于层 $\theta(M)$、层 $\theta(E)$ 和层 $\Omega^p(E)$ 的 Čech 同调群, 分别成立

$$H^q(M,\theta(M)) \cong \frac{\operatorname{Ker}\{A^{(0,q)}(M) \stackrel{\overline{\partial}}{\to} A^{(0,q+1)}(M)\}}{\operatorname{Im}\{A^{(0,q-1)}(M) \stackrel{\overline{\partial}}{\to} A^{(0,q)}(M)\}} = H^{(0,q)}(M),$$

$$H^q(M,\theta(E)) \cong \frac{\operatorname{Ker}\{A^{(0,q)}(M,E) \stackrel{\overline{\partial}}{\to} A^{(0,q+1)}(M,E)\}}{\operatorname{Im}\{A^{(0,q-1)}(M,E) \stackrel{\overline{\partial}}{\to} A^{(0,q)}(M,E)\}} = H^{(0,q)}(M,E),$$

$$H^q(M,\Omega^p(E)) \cong \frac{\operatorname{Ker}\{A^{(p,q)}(M,E) \stackrel{\overline{\partial}}{\to} A^{(p,q+1)}(M,E)\}}{\operatorname{Im}\{A^{(p,q-1)}(M,E) \stackrel{\overline{\partial}}{\to} A^{(p,q)}(M,E)\}}$$
$$= H^{(p,q)}(M,E),$$

即复流形 M 的 Dolbeault 同调群与相应的层的 Čech 同调群同构.

作为上面 de Rham 定理和 Dolbeault 定理的一个应用,假设 M 是紧流形,则由 Hodge 定理,我们知道 de Rham 同调群和 Dolbeault 同调群都是有限维的线性空间,由此我们得到下面推论.

推论 6.6.3 如果 M 是紧的微分流形,则对于 M 上的常值函数芽层 $\mathbb{R}$ 和 $\mathbb{C}$ 以及任意 $r \in \mathbb{N}$,Čech 同调群 $\mathrm{H}^r(M,\mathbb{R})$ 和 $\mathrm{H}^r(M,\mathbb{C})$ 都是有限维的线性空间; 特别地,如果 $r > \dim M$,则 $\mathrm{H}^r(M,\mathbb{R})$ 和 $\mathrm{H}^r(M,\mathbb{C})$ 都为零. 如果 M 是紧复流形,E 是 M 上的全纯向量丛,则对于任意 $p,q \in \mathbb{N}$,Čech 同调群 $\mathrm{H}^q(M,\theta(M))$,$\mathrm{H}^q(M,\theta(E))$ 和 $\mathrm{H}^q(M,\Omega^p(E))$ 都是有限维的线性空间; 特别地,如果其中 p 或者 q 大于 $\dim M$,则这些同调群都为零.

另外,作为上面同构定理的另一个直接应用,我们这里将上一章在紧致可定向流形上给出的关于 de Rham 同调群的 Poincaré 对偶定理,以及在紧复流形上给出的关于 Dolbeault 同调群的 Kodaira-Serre 对偶定理推广到流形上相关芽层的 Čech 同调群上. 下面以 Kodaira-Serre 对偶定理为例.

推论 6.6.4 (Kodaira-Serre 对偶定理) 设 M 是 m 维紧复流形,E 是 M 上的全纯向量丛,K 是 M 的典则线丛,则对于 $r = 0,1,\cdots,m$,成立
$$\dim \mathrm{H}^r(M,\theta(E)) = \dim \mathrm{H}^{m-r}(M,\theta(E^* \otimes K)).$$

现在我们回到 Poincaré 引理和 Dolbeault 引理的证明. 由于这两个引理的证明在本质上是一样的,下面将以 Dolbeault 引理的证明为例.

Dolbeault 引理的证明 我们首先在复平面上给出一个推广的 Cauchy 积分公式: 设 $f(z)$ 是闭单位圆盘 $\overline{D(0,1)} \subset \mathbb{C}$ 邻域上连续可微的函数,则对于任意 $z \in D(0,1)$,恒有
$$f(z) = \frac{1}{2\pi \mathrm{i}} \int_{|w|=1} \frac{f(w)}{w-z} \mathrm{d}w + \frac{1}{2\pi \mathrm{i}} \iint_{D(0,1)} \frac{\partial f(w)}{\partial \overline{w}} \frac{\mathrm{d}w \wedge \mathrm{d}\overline{w}}{w-z}.$$

事实上,对于给定的 z,取 $\varepsilon > 0$ 充分小,使得 $\overline{D(z,\varepsilon)} \subset D(0,1)$. 对区

域 $D(0,1) \setminus \overline{D(z,\varepsilon)}$ 应用 Stokes 公式得

$$\frac{1}{2\pi i} \int_{|w|=1} \frac{f(w)}{w-z} dw - \frac{1}{2\pi i} \int_{|w-z|=\varepsilon} \frac{f(w)}{w-z} dw$$
$$= \frac{1}{2\pi i} \iint_{D(0,1)\setminus \overline{D(z,\varepsilon)}} d\left(\frac{f(w)}{w-z} dw\right). \tag{6.6.1}$$

而 $d = \dfrac{\partial}{\partial w} dw + \dfrac{\partial}{\partial \overline{w}} d\overline{w}$, 因而

$$d\left(\frac{f(w)}{w-z} dw\right) = -\frac{\partial f(w)}{\partial \overline{w}} \frac{dw \wedge d\overline{w}}{w-z},$$

代入 (6.6.1) 式并令 $\varepsilon \to 0$, 由

$$\lim_{\varepsilon \to 0} \frac{1}{2\pi i} \int_{|w-z|=\varepsilon} \frac{f(w)}{w-z} dw = f(z),$$

我们得到了推广的 Cauchy 公式.

利用推广的 Cauchy 公式, 设 f 是 $\overline{D(0,1)}$ 邻域上给定的可微函数, 我们考虑 $\overline{\partial}$ 方程

$$\frac{\partial g}{\partial \overline{z}} = f(z),$$

则不难得到, 如果在单位圆盘上定义函数 $g(z)$ 为

$$g(z) = \frac{1}{2\pi i} \iint_{D(0,1)} \frac{f(w)}{w-z} dw \wedge d\overline{w},$$

则 $g(z)$ 是方程的一个解. 事实上, 对于任意 $z_0 \in D(0,1)$, 取一光滑函数 $\varphi(z)$, 使得 $\varphi(z)$ 在 z_0 邻域上恒为 1, 且 $\mathrm{Supp}(\varphi(z)) \subset D(0,1)$, 则

$$g(z) = \frac{1}{2\pi i} \iint_{D(0,1)} \frac{\varphi(w)f(w)}{w-z} dw \wedge d\overline{w}$$
$$+ \frac{1}{2\pi i} \iint_{D(0,1)} \frac{(1-\varphi(w))f(w)}{w-z} dw \wedge d\overline{w}.$$

§6.6 层同调的应用

由于 $\varphi(w)f(w)$ 是 $\mathbb{C}$ 上有紧支集的函数，因而可将积分

$$\frac{1}{2\pi i} \iint_{D(0,1)} \frac{\varphi(w)f(w)}{w-z} \mathrm{d}w \wedge \mathrm{d}\overline{w}$$

视为是在 $\mathbb{C}$ 上的积分，这时做变元代换，积分化为

$$\frac{1}{2\pi i} \iint_{\mathbb{C}} \frac{\varphi(w+z)f(w+z)}{w} \mathrm{d}w \wedge \mathrm{d}\overline{w}.$$

对此，在积分号下对 $\overline{z}$ 求导，换回原来的变元，并令 $z = z_0$，利用推广的 Cauchy 公式得

$$\frac{\partial}{\partial \overline{z}} \left[\frac{1}{2\pi i} \iint_{\mathbb{C}} \frac{\varphi(w+z)f(w+z)}{w} \mathrm{d}w \wedge \mathrm{d}\overline{w} \right]$$
$$= \frac{1}{2\pi i} \iint_{\mathbb{C}} \frac{\partial(\varphi(w+z)f(w+z))}{\partial \overline{w}} \frac{1}{w} \mathrm{d}w \wedge \mathrm{d}\overline{w}$$
$$= \frac{1}{2\pi i} \iint_{D(0,1)} \frac{\partial(\varphi(w)f(w))}{\partial \overline{w}} \frac{1}{w-z} \mathrm{d}w \wedge \mathrm{d}\overline{w} = \varphi(z_0)f(z_0),$$

而 $\varphi(z_0)f(z_0) = f(z_0)$. 另一方面，

$$\frac{1}{2\pi i} \iint_{D(0,1)} \frac{(1-\varphi(w))f(w)}{w-z} \mathrm{d}w \wedge \mathrm{d}\overline{w}$$

在 z_0 的邻域解析，因而在 $z = z_0$ 处，

$$\frac{\partial}{\partial \overline{z}} \left[\frac{1}{2\pi i} \iint_{D(0,1)} \frac{(1-\varphi(w))f(w)}{w-z} \mathrm{d}w \wedge \mathrm{d}\overline{w} \right] = 0,$$

所以 $\frac{\partial g}{\partial \overline{z}} = f(z)$ 成立.

上面方程 $\frac{\partial g}{\partial \overline{z}} = f(z)$ 的可解性可以表示为：对于 $\overline{\partial}$ 闭的微分形式 $f(z)\mathrm{d}\overline{z}$，存在单位圆盘上的光滑函数 g，满足 $\overline{\partial}g = f(z)\mathrm{d}\overline{z}$. 而另一方面，由于 Dolbeault 引理是局部存在的定理，因而我们只需在 $\mathbb{C}^m$ 中

原点的邻域上给出证明即可. 因此上面的结果则表明 Dolbeault 引理在 $m=1$ 时成立.

现归纳假设, 设 Dolbeault 引理在 $m-1$ 时成立, 设

$$D_m(0,1) = \left\{(z_1,\cdots,z_m)\big||z_i|<1, i=1,\cdots,m\right\}$$

是多圆盘. 不失一般性, 我们可以假设 w 是 $(0,q)$- 形式.

如果 $w = f\mathrm{d}\bar{z}_1 \wedge \cdots \wedge \mathrm{d}\bar{z}_q$ 满足 $\bar{\partial}w = 0$, 则函数 f 对变量 $z_{q+1},\cdots,z_m$ 解析, 因此如果令

$$g(z_1,\cdots,z_m) = \frac{1}{2\pi\mathrm{i}} \iint_{D(0,1)} \frac{f(w,z_2,\cdots,z_m)}{w-z_1} \mathrm{d}w \wedge \mathrm{d}\bar{w},$$

则 $g(z_1,\cdots,z_m)$ 对变量 $z_{q+1},\cdots,z_m$ 解析, 而

$$\frac{\partial g(z_1,\cdots,z_m)}{\partial \bar{z}_1} = f(z_1,\cdots,z_m).$$

因而如果令 $u = g\mathrm{d}\bar{z}_2 \wedge \cdots \wedge \mathrm{d}\bar{z}_q$, 则 $\bar{\partial}u = f\mathrm{d}\bar{z}_1 \wedge \cdots \wedge \mathrm{d}\bar{z}_q$.

利用此, 我们同样可以作归纳假设: 如果 w 中没有 $\mathrm{d}\bar{z}_m$ 的项, 则存在 u, 使得 $\bar{\partial}u = w$. 现设 w 是满足 $\bar{\partial}w = 0$ 的 $(0,q)$- 次微分形式, 将 w 表示为 $w = \mathrm{d}\bar{z}_m \wedge v + h$, 其中微分形式 v 和 h 中不含 $\mathrm{d}\bar{z}_m$. 设 $v = \sum f_{i_1\cdots i_{q-1}}\mathrm{d}\bar{z}_{i_1} \wedge \cdots \wedge \mathrm{d}\bar{z}_{i_{q-1}}$, 令

$$g_{i_1\cdots i_{q-1}}(z_1,\cdots,z_m) = \frac{1}{2\pi\mathrm{i}} \iint_{D(0,1)} \frac{f_{i_1\cdots i_{q-1}}(z_1,\cdots,z_{m-1},w)}{w-z_m} \mathrm{d}w \wedge \mathrm{d}\bar{w},$$

$$\tilde{u} = \sum g_{i_1\cdots i_{q-1}}(z_1,\cdots,z_m)\mathrm{d}\bar{z}_{i_1} \wedge \cdots \wedge \mathrm{d}\bar{z}_{i_{q-1}},$$

则 $w - \bar{\partial}\tilde{u}$ 中没有 $\mathrm{d}\bar{z}_m$, 因而由归纳假设, 存在 u_1, 使得 $\bar{\partial}u_1 = w - \bar{\partial}\tilde{u}$. 我们得到 $w = \bar{\partial}\tilde{u} + \bar{\partial}u_1$. 至此我们完成了 Dolbeault 引理的证明.

说明 上面给出的证明是一个构造性的证明, 如果直接引用本书第 2 章关于全纯域上 $\bar{\partial}$ 方程可解的结论, 只要取 P 点邻域为全纯域, 例如, 在 P 点对于局部坐标的球形邻域, 则 Dolbeault 引理是显然的.

6.6.2 Riemann-Roch 定理

一维紧复流形称为紧 Riemann 曲面. 下面我们先利用同调群定义紧 Riemann 曲面的一个最基本的拓扑不变量 —— 紧 Riemann 曲面的亏格, 然后以此为基础给出紧 Riemann 曲面理论的基本定理 —— Riemann-Roch 定理.

设 R 是一个紧 Riemann 曲面, $\mathbb{C}$ 是 R 上由局部为复常值函数定义的芽层. 如果两个紧 Riemann 曲面拓扑同胚, 则其上复常值函数的芽层 $\mathbb{C}$ 同构, 因而层 $\mathbb{C}$ 的 Čech 同调群同构. 所以作为描述曲面 R 拓扑性质的基本不变量, $H^r(R, \mathbb{C})$ 是 R 最重要的拓扑同调群. 我们先来考查这些同调群的维数. 首先, 由上一节对层 $\mathbb{C}$ 给出的零调分解, 利用 de Rham 定理, 我们知道

$$H^r(R, \mathbb{C}) = \frac{\operatorname{Ker}\left\{A^r(R) \xrightarrow{\mathrm{d}} A^{r+1}(R)\right\}}{\operatorname{Im}\left\{A^{r-1}(R) \xrightarrow{\mathrm{d}} A^r(R)\right\}}.$$

由于 R 的实维数为 2, 因而当 $r > 2$ 时, $H^r(R, \mathbb{C}) = 0$. 而

$$H^0(R, \mathbb{C}) = \left\{f \mid f \text{ 是 } R \text{ 上光滑复值函数}, \mathrm{d}f = 0\right\},$$

因此当 $f \in H^0(R, \mathbb{C})$ 时, f 在 R 上为常数, 或者说 $H^0(R, \mathbb{C}) = \mathbb{C}$, 而 $\dim H^0(R, \mathbb{C}) = 1$. 利用上一章给出的关于 de Rham 同调群的 Poincaré 对偶定理, 我们知道 $H^r(R, \mathbb{C})$ 与 $H^{2-r}(R, \mathbb{C})$ 互为对偶空间, 由此得到 $\dim H^2(R, \mathbb{C}) = \dim H^0(R, \mathbb{C}) = 1$. 另一方面, 同样利用上一章关于 Hodge 定理的讨论, 由于一维复流形显然都是 Kähler 流形, 因而在紧 Riemann 曲面上成立 Kähler 流形的 Hodge 分解

$$H^1(R, \mathbb{C}) \cong \bigoplus_{p+q=1} H^{(p,q)}(R),$$

并且 $H^{(p,q)}(R) = \overline{H^{(q,p)}(R)}$. 对此利用 Kodaira-Serre 对偶 $H^{(p,q)}(R) \cong H^{(1-p,1-q)}(R)$, 得

$$H^1(R, \mathbb{C}) \cong H^{(1,0)}(R) \oplus H^{(0,1)}(R) = H^{(1,0)}(R) \oplus \overline{H^{(1,0)}(R)},$$

我们得到 $\dim H^1(R,\mathbb{C}) = 2\dim H^{(1,0)}(R)$ 是一偶数. 将 $\dim H^1(R,\mathbb{C})$ 作为曲面 R 的基本拓扑不变量, 我们有下面定义.

定义 6.6.1 设 R 是紧 Riemann 曲面, $\dim H^1(R,\mathbb{C}) = 2g$, 则 g 称为曲面 R 的**亏格 (genus)**.

亏格 g 是紧 Riemann 曲面一个最基本的拓扑不变量. 当 $g = 0$ 时, $R = \mathbb{C}P^1 = \mathbb{C} \cup \{\infty\} = S^2$ 就是 Riemann 球. 而 $g = 1$ 时, R 是有一个洞的环面 (torus). 一般地, 亏格为 g 的紧 Riemann 曲面是有 g 个洞的闭曲面 (见下一节中的图 6.7.1). 由拓扑学中给出的关于可定向紧致曲面的分类, 我们知道, 两个紧 Riemann 曲面拓扑同胚的充分必要条件是曲面的亏格相等. 当然, 拓扑同胚不一定解析同胚. 在 $g > 0$ 时, 亏格为 g 的可定向紧致曲面上存在无穷多的互相不解析同胚的解析结构, 或者说可以定义出无穷多的不同的紧 Riemann 曲面.

现设 R 是一亏格为 g 的紧 Riemann 曲面, 对于 $i = 1, \cdots, s$, 任取 $P_i \in R, n_i \in \mathbb{Z}$, 则形式和

$$D = n_1 P_1 + \cdots + n_s P_s$$

是 R 上的除子, 由本书第 4 章第 2 节中的例 3, D 定义了 R 上一全纯线丛 $[D]$. 另一方面, 由上一章陈示性数的讨论, 我们知道

$$\deg(D) = n_1 + \cdots + n_s = C_1([D])$$

就是线丛 $[D]$ 的一阶陈示性数. 陈示性数仅与线丛有关, 与定义线丛的除子无关, 即如果 $\widetilde{D}$ 也是 R 上的除子, 满足 $[\widetilde{D}]$ 与 $[D]$ 同构, 则 $\deg(\widetilde{D}) = \deg(D)$. 当然这一点也可利用本书第 4 章第 2 节中例 7 的结论, $[\widetilde{D}]$ 与 $[D]$ 同构的充分必要条件是存在 R 上的亚纯函数 f, 使得 $\text{div}(f) = \widetilde{D} - D$. 而我们知道在紧 Riemann 曲面上任意亚纯函数的零点个数与极点个数相同 (例如, 参阅第 7 章第 1 节的讨论), 因此也得到 $\deg(\widetilde{D}) - \deg(D) = \deg(\text{div}(f)) = 0$. 现在我们的问题是: 对于 R 上一般的全纯线丛 L, 怎样表示 $C_1(L)$, 或者说对于 L, 是否一定存在 R 上的除子 D, 使得 $L = [D]$? 对于这一问题, 我们再次回顾一下利用除子 D 构造线丛 $[D]$ 的过程.

首先对于除子 D, 取 R 的一个开覆盖 $\mathcal{U} = \{U_\alpha\}$, 使得在每一个 U_α 上能够找到一个亚纯函数 f_α, 满足对于 $i = 1, \cdots, s$, 如果 $P_i \in U_\alpha$, 则 P_i 是 f_α 的 n_i 阶零点 $(n_i > 0)$, 或者 n_i 阶极点 $(n_i < 0)$, 而 f_α 没有其他的零点和极点. 函数族 $s = \{f_\alpha\}$ 就是除子 D 的定义函数. 当 $U_\alpha \cap U_\beta \neq \varnothing$ 时, 在 $U_\alpha \cap U_\beta$ 上令

$$h_\beta^\alpha = \frac{f_\alpha}{f_\beta},$$

则 $\{h_\beta^\alpha\}$ 是线丛 $[D]$ 的转移函数. 这时在 $U_\alpha \cap U_\beta$ 上, $s = \{f_\alpha\}$ 满足

$$f_\alpha = h_\beta^\alpha f_\beta.$$

如果特别地, 对于 $i = 1, \cdots, s$, 成立 $n_i > 0$ (我们称满足这一条件的除子 D 为**正除子**, 记为 $D > 0$), 则 f_α 是 U_α 上的解析函数, 因而 $s = \{f_\alpha\}$ 是线丛 $[D]$ 的一个全纯截影. 而当 D 不是正除子时, f_α 只是亚纯函数, 这时我们将 $s = \{f_\alpha\}$ 称为线丛 $[D]$ 的亚纯截影. 对于这两种情况, 我们都将 s 称为 $[D]$ 的**典则截影**. 现在反过来, 假定 L 是 R 上给定的全纯线丛, $\mathcal{U} = \{U_\alpha\}$ 是 R 的一个开覆盖, $\{h_\beta^\alpha\}$ 是线丛 L 对这一覆盖的转移函数. 如果对于线丛 L, 存在一个亚纯截影 $\widetilde{s} = \{\widetilde{f}_\alpha\}$, 则 $\widetilde{f}_\alpha$ 是 U_α 上的亚纯函数, 在 $U_\alpha \cap U_\beta$ 上满足

$$\widetilde{f}_\alpha = h_\beta^\alpha \widetilde{f}_\beta.$$

因此在 $U_\alpha \cap U_\beta$ 上, $\widetilde{f}_\alpha$ 与 $\widetilde{f}_\beta$ 的零点和极点相同. 这样利用 $\widetilde{s} = \{\widetilde{f}_\alpha\}$ 的零点和极点, 我们得到 R 上一个除子, 而 L 就是由这一除子定义的线丛. 通过上述讨论我们得到, 对于 R 上的一个全纯线丛 L, L 是由除子定义的线丛的充分必要条件是 L 在 R 上有不恒为零的亚纯截影. 同样的结论对于高维复流形上的全纯线丛也是成立的, 但下面的定理对于高维情况仅在代数流形上成立.

定理 6.6.5 如果 L 是紧 Riemann 曲面 R 上的全纯线丛, 则存在 R 上的除子 D, 使得 $L = [D]$, 即紧 Riemann 曲面上的任意全纯线丛都是由除子定义的线丛.

证明 任取一点 $P \in R$, 设 $n > 0$ 是自然数, s 是全纯线丛 $[nP]$ 的典则截影, 线丛 L 的截影的芽乘以 s 后成为线丛 $L \otimes [nP]$ 的截影的

芽, 将这一乘积表示为映射 $t \mapsto t \cdot s$, 其中 $t \in \theta(L)_P$, 而 P 是 R 中的任意点. 利用这一映射, 我们得到芽层之间的同态映射

$$\theta(L) \stackrel{\cdot s}{\to} \theta(L \otimes [nP]),$$

由此得层同态的短正合序列

$$0 \to \theta(L) \stackrel{\cdot s}{\to} \theta(L \otimes [nP]) \to \mathrm{Sk}(nP) \to 0,$$

其中 $\mathrm{Sk}(nP)$ 是层 $\theta(L \otimes [nP])$ 对于其子层 $\mathrm{Im}\{\theta(L) \stackrel{\cdot s}{\to} \theta(L \otimes [nP])\}$ 的商层.

对于任意的点 $Q \in R$, 如果 $Q \neq P$, 由于 $s(Q) \neq 0$, 因而映射 $\theta(L)_Q \stackrel{\cdot s(Q)}{\longrightarrow} \theta(L \otimes [nP])_Q$ 是同构, 即 $\mathrm{Sk}(nP)_Q = 0$; 如果 $Q = P$, 设 z 是 P 点邻域的局部坐标, 满足 $z(P) = 0$, 则 s 在 P 点邻域上可以表示为 z 的解析函数, 使得 $z = 0$ 是 s 的 n 阶零点. 这时 $\mathrm{Im}\{\theta(L)_P \stackrel{\cdot s(P)}{\longrightarrow} \theta(L \otimes [nP])_P\}$ 是由所有在 P 点邻域上解析, 且在 P 点的零点阶数大于等于 n 的解析函数全体组成, 因而

$$\mathrm{Sk}(nP)_P = \left\{ a_0 + a_1 z + \cdots + a_{n-1} z^{n-1} \,|\, a_i \in \mathbb{C}, i = 0, 1, \cdots, n-1 \right\},$$

我们得到 $\mathrm{Sk}(nP)$ 是一摩天大厦层.

对于摩天大厦层 $\mathrm{Sk}(nP)$, 如果取 R 的开覆盖 $\mathcal{U} = \{U_\alpha\}$, 使得点 P 不在其中任何两个开集的交之中, 则由层同调群的定义, 我们得到 $\mathrm{H}^1(\mathcal{U}, \mathrm{Sk}(nP)) = 0$, 因而 $\mathrm{H}^1(R, \mathrm{Sk}(nP)) = 0$.

对上面的短正合序列应用正合序列定理, 我们得到长正合序列

$$0 \to \mathrm{H}^0(R, \theta(L)) \to \mathrm{H}^0(R, \theta(L \otimes [nP])) \to \mathrm{H}^0(R, \mathrm{Sk}(nP))$$
$$\to \mathrm{H}^1(R, \theta(L)) \to \mathrm{H}^1(R, \theta(L \otimes [nP])) \to 0.$$

由推论 6.6.1, 序列中的线性空间都是有限维的, 而由正合性, 这一序列中线性空间维数的交错和必须为零, 因而

$$\dim \mathrm{H}^0(R, \theta(L)) - \dim \mathrm{H}^0(R, \theta(L \otimes [nP])) + \dim \mathrm{H}^0(R, \mathrm{Sk}(nP))$$
$$- \dim \mathrm{H}^1(R, \theta(L)) + \dim \mathrm{H}^1(R, \theta(L \otimes [nP])) = 0.$$

但容易看出 $\dim H^0(R, \mathrm{Sk}(nP)) = n$, 所以

$$\dim H^0(R, \theta(L \otimes [nP])) - \dim H^1(R, \theta(L \otimes [nP]))$$
$$= \dim H^0(R, \theta(L)) - \dim H^1(R, \theta(L)) + n.$$

当 n 充分大时, $\dim H^0(R, \theta(L \otimes [nP])) > 0$, 因而线丛 $L \otimes [nP]$ 有非零的全纯截影. 任取一个非零截影 $\tilde{s} \in H^0(R, \theta(L \otimes [nP]))$, 则容易看出 $\tilde{s}/s$ 是线丛 L 的亚纯截影. 如果 D 是由 $\tilde{s}/s$ 的零点和极点定义的除子, 则 $L = [D]$. 证毕.

利用这一定理, 对于 R 上任意全纯线丛 L, 取除子 D 满足 $L = [D]$, 定义 $\deg(L) := C_1(L) = \deg(D)$, 由上面的讨论我们知道 $\deg(L)$ 与 D 的选取无关. 我们将 $\deg(L)$ 称为**线丛 L 的阶**. 利用此, 现在我们来给出紧 Riemann 曲面的基本定理——Riemann-Roch 定理.

定理 6.6.6(Riemann-Roch 定理) 设 R 是亏格为 g 的紧 Riemann 曲面, L 是 R 上的全纯线丛, 则

$$\dim H^0(R, \theta(L)) - \dim H^1(R, \theta(L)) = \deg(L) - g + 1.$$

证明 首先设 $L = [D]$ 满足 $D > 0$, 即 D 是正除子, 设 s 是线丛 $[D]$ 的典则截影, 利用线丛 $[D]$ 的截影对 s 的乘积定义映射 $t \mapsto t \cdot s$, 则有短正合序列

$$0 \to \theta(I) \xrightarrow{\cdot s} \theta([D]) \to \mathrm{Sk}(D) \to 0,$$

其中 $I = R \times \mathbb{C}$ 是平凡线丛, $\mathrm{Sk}(D)$ 与定理 6.6.5 中的层 $\mathrm{Sk}(nP)$ 的定义相同, 是 D 上的摩天大厦层, 当 $D = n_1 P_1 + \cdots + n_s P_s$ 时,

$$\mathrm{Sk}(D) = \bigoplus_{i=1}^{s} \mathrm{Sk}(n_i P_i).$$

利用正合序列定理, 我们得到长正合序列

$$0 \to H^0(R, \theta(I)) \to H^0(R, \theta([D])) \to H^0(R, \mathrm{Sk}(D))$$
$$\to H^1(R, \theta(I)) \to H^1(R, \theta([D])) \to 0.$$

因而
$$\dim H^0(R, \theta(I)) - \dim H^0(R, \theta([D])) + \dim H^0(R, \text{Sk}(D))$$
$$- \dim H^1(R, \theta(I)) + \dim H^1(R, \theta([D])) = 0,$$

但其中 $\dim H^0(R, \text{Sk}(D)) = n_1 + \cdots + n_s = \deg(D)$. 我们得到

$$\dim H^0(R, \theta(L)) - \dim H^1(R, \theta(L))$$
$$= \dim H^0(R, \theta(I)) - \dim H^1(R, \theta(I)) + \dim H^1(R, \text{Sk}(D))$$
$$= \dim H^0(R, \theta(I)) - \dim H^1(R, \theta(I)) + \deg(D).$$

而 $\dim H^0(R, \theta(I)) = 1$, 由上一节给出的 $\theta(I)$ 的零调分解

$$0 \to \theta(I) \hookrightarrow a^{(0,0)}(R) \xrightarrow{\bar{\partial}} a^{(0,1)}(R) \to 0,$$

得 $\dim H^1(R, \theta(I)) = \dim H^{(0,1)}(R) = \frac{1}{2}\dim H^1(R, \mathbb{C}) = g$. 因而

$$\dim H^0(R, \theta(L)) - \dim H^1(R, \theta(L)) = \deg(D) - g + 1.$$

Riemann-Roch 定理对于正除子成立.

进一步假定 $L = [D]$, 而 $D = D_1 - D_2$, 其中 D_1, D_2 都是正除子, 设 s_2 是 $[D_2]$ 的典则截影, 则有短正合序列

$$0 \to \theta([D_1 - D_2]) \xrightarrow{\cdot s_2} \theta([D_1]) \to \text{Sk}(D_2) \to 0.$$

因而与上面的讨论相同, 我们得到

$$\dim H^0(R, \theta([D_1 - D_2])) - \dim H^1(R, \theta([D_1 - D_2]))$$
$$= \dim H^0(R, \theta([D_1])) - \dim H^1(R, \theta([D_1])) - \dim H^0(R, \text{Sk}(D_2))$$
$$= \deg(D_1) - g + 1 - \deg(D_2)$$
$$= \deg(D) - g + 1.$$

证毕.

在本书第 4 章第 2 节的例 10 中, 对于紧 Riemann 曲面 R 上给定的除子 D, 我们定义了线性空间

$$l(D) = \left\{ f \mid f \text{ 是 } R \text{ 上的亚纯函数, 满足 } \mathrm{div}(f) \geqslant -D \right\},$$

并且证明了 $l(D)$ 与线丛 $[D]$ 的 Dolbeault 同调群 $\mathrm{H}^{(0,0)}(R,[D])$ 线性同构. 同样地, 在本书第 5 章第 2 节的例 1 中, 对于除子 D, 我们定义了线性空间

$$i(D) = \left\{ u \mid u \text{ 是 } R \text{ 上的亚纯微分形式, 满足 } \mathrm{div}(u) \geqslant D \right\},$$

并且证明了 $i(D)$ 与线丛 $[D]$ 的 Dolbeault 同调群 $\mathrm{H}^{(0,1)}(R,[D])$ 线性同构. 利用 de Rham 定理, 将上面这些同调群等同于线丛 $[D]$ 全纯截影芽层的 Čech 同调群, 则 Riemann-Roch 定理可以表示为

定理 6.6.7(Riemann-Roch 定理) 设 R 是亏格为 g 的紧 Riemann 曲面, D 是 R 上的任意除子, 则

$$\mathrm{dim} l(D) - \mathrm{dim} i(D) = \deg(D) - g + 1.$$

这是 Riemann-Roch 定理的经典形式, Riemann-Roch 定理的进一步应用将在下一章讨论.

6.6.3 Cousin 问题 I 和 Cousin 问题 II 的解

在本书第 2 章全纯域的讨论中, 我们曾利用 $\bar{\partial}$ 方程给出了全纯域的特征: 区域 $D \subset \mathbb{C}^n$ 是全纯域的充分必要条件是在 D 上 $\bar{\partial}$ 方程有解. 而利用 Dolbeault 同调群, 这个结论可以表示为: 区域 D 是全纯域的充分必要条件是对于任意 $p > 0$ 或 $q > 0$, 恒有 $\mathrm{H}^{(p,q)}(D) = 0$. 但是由 de Rham 定理, 这些同调群与 D 上解析函数芽层 $\theta(D)$ 和全纯 p 次微分形式芽层 $\Omega^p(D)$ 的 Čech 同调群同构. 我们得到, D 是全纯域的充分必要条件是对于任意 $p > 0$ 或 $q > 0$, $\mathrm{H}^p(D, \Omega^q(D)) = 0$. 特别地, 在全纯域 D 上恒有 $\mathrm{H}^1(D, \theta(D)) = 0$. 同样的结论对于 Stein 流形也是成立的: 非紧复流形 M 是 Stein 流形的充分必要条件是对于任意 $p > 0$ 或 $q > 0$, Dolbeault 同调群 $\mathrm{H}^{(p,q)}(M, \theta(M)) = 0$.

另一方面, 我们在层的 Čech 同调群的定义中曾说明了复流形 M 上 Cousin 问题 I 从局部解到整体解的阻碍在解析函数芽层 $\theta(M)$ 的一阶 Čech 同调群 $\mathrm{H}^1(M, \theta(M))$ 中, 由此我们得到下面定理.

定理 6.6.7　在 $\mathbb{C}^n$ 中的全纯域上 Cousin 问题 I 总是可解的, 而对于复平面中的任意区域, Cousin 问题 I(即**Mittag-Leffler问题**) 总有解.

对于 Cousin 问题 II, 我们知道这一问题从局部解到整体解的阻碍在 Čech 同调群 $\mathrm{H}^1(D, \theta^*(D))$ 中, 这里 $\theta^*(D)$ 表示区域 $D \subset \mathbb{C}^n$ 上处处不为零的解析函数的芽层. 对于这一同调群的描述, 我们考虑下面的层的同态序列

$$0 \to \mathbb{Z} \to \theta(D) \xrightarrow{\mathrm{e}^{2\pi\mathrm{i}\cdot}} \theta^*(D) \to 0,$$

其中 $\mathbb{Z}$ 表示局部取整数的常值函数的芽层, $\theta(D) \xrightarrow{\mathrm{e}^{2\pi\mathrm{i}\cdot}} \theta^*(D)$ 表示由映射 $f \mapsto \mathrm{e}^{2\pi\mathrm{i}f}$ 定义的层的同态. 利用复变函数中的结论: 如果 h 是区域 Ω 上处处不为零的解析函数, 则对于任意点 $P \in \Omega$, 存在 P 的邻域 O, 使得在 O 上 $\ln h$ 有单值解析分支, 即存在 O 上的解析函数 f, 使得 $h = \mathrm{e}^{2\pi\mathrm{i}f}$. 我们得到层的同态序列 $\theta(D) \xrightarrow{\mathrm{e}^{2\pi\mathrm{i}\cdot}} \theta^*(D) \to 0$ 是正合的, 因而上面的层的同态序列是一短正合序列. 由此利用正合序列定理, 我们得一长正合序列

$$0 \to \mathrm{H}^0(D, \mathbb{Z}) \to \mathrm{H}^0(D, \theta(D)) \to \mathrm{H}^0(D, \theta^*(D)) \to \mathrm{H}^1(D, \mathbb{Z})$$
$$\to \mathrm{H}^1(D, \theta(D)) \to \mathrm{H}^1(D, \theta^*(D)) \to \mathrm{H}^2(D, \mathbb{Z}) \to \mathrm{H}^2(D, \theta(D)) \to \cdots.$$

现进一步假设 D 是全纯域, 因而 $\mathrm{H}^1(D, \theta(D)) = \mathrm{H}^2(D, \theta(D)) = 0$, 我们得到

$$\mathrm{H}^1(D, \theta^*(D)) \cong \mathrm{H}^2(D, \mathbb{Z}).$$

由此, 如果区域 D 满足拓扑条件 $\mathrm{H}^2(D, \mathbb{Z}) = 0$, 则 $\mathrm{H}^2(D, \theta^*(D)) = 0$, Cousin 问题 II 有解, 我们得到下面的定理.

定理 6.6.8　设 D 是 $\mathbb{C}^n$ 中的全纯域, 且 D 满足拓扑条件 $\mathrm{H}^2(D, \mathbb{Z}) = 0$, 则在 D 上, Cousin 问题 II 有解.

另一方面, 对于复平面中的任意区域 D, 首先 D 是全纯域, 而在 D 上, $H^2(D, \mathbb{Z}) = 0$ 总是成立的, 因此在复平面的任意区域上, Cousin 问题 II 总是有解的.

这里还要说明一点, 对于一般的复流形 M, 利用上面讨论中定义的层的短正合序列

$$0 \to \mathbb{Z} \to \theta(M) \stackrel{e^{2\pi i \cdot}}{\to} \theta^*(M) \to 0,$$

我们得到了一个映射

$$H^1(M, \theta^*(M)) \to H^2(M, \mathbb{Z}).$$

而我们知道 $H^1(M, \theta^*(M))$ 就是 M 上所有全纯线丛利用张量积构成的 Abel 群, 而 $H^2(M, \mathbb{Z})$ 是 M 的拓扑群. 映射 $H^1(M, \theta^*(M)) \to H^2(M, \mathbb{Z})$ 给出了 $H^1(M, \theta^*(M))$ 中的元素一个拓扑表示. 通常称映射 $H^1(M, \theta^*(M)) \to H^2(M, \mathbb{Z})$ 为**陈映射**, 表示为 $L \mapsto c(L)$. 这时利用映射 $\mathbb{Z} \hookrightarrow \mathbb{R}$, 得映射 $H^2(M, \mathbb{Z}) \to H^2(M, \mathbb{R})$, 将 $c(L)$ 看做 $H^2(M, \mathbb{R})$ 中的元素, 则 $c(L)$ 就是我们在前面关于线丛 L 定义的陈示性类. 这里特别要说明: 如果 M 是微分流形, 我们用 $a(M)$ 和 $a^*(M)$ 分别表示 M 上复值光滑函数和处处不为零的复值光滑函数的芽层, 则同样有层的短正合序列

$$0 \to \mathbb{Z} \to a(M) \stackrel{e^{2\pi i \cdot}}{\to} a^*(M) \to 0.$$

因此得同调群的长正合序列

$$0 \to H^0(M, \mathbb{Z}) \to H^0(M, a(M)) \to H^0(M, a^*(M))$$
$$\to H^1(M, \mathbb{Z}) \to H^1(M, a(M)) \to H^1(M, a^*(M))$$
$$\to H^2(M, \mathbb{Z}) \to H^2(M, a(M)) \to \cdots.$$

但我们知道, $a(M)$ 是强层, 因而也是零调层, 这时 $H^1(M, a(M)) = 0$, $H^2(M, a(M)) = 0$, 映射 $H^1(M, a^*(M)) \to H^2(M, \mathbb{Z})$ 是同构映射. 另一方面, 与全纯线丛的讨论相同, 同调群 $H^1(M, a^*(M))$ 同样可以表示为微分流形 M 上由所有光滑的复线丛构成的 Abel 群, 则同构映射

$H^1(M, a^*(M)) \to H^2(M, \mathbb{Z})$ 将光滑复线丛映射为线丛的陈示性类, 因此我们得到光滑复线丛由线丛的陈示性类唯一确定. 特别地, 在紧 Riemann 曲面上, 对于全纯线丛 L, 我们知道 $C_1(L) = \deg(L)$, 因此得到紧 Riemann 曲面上全纯线丛微分同胚的充分必要条件是线丛的阶相等. 当然微分同胚的全纯线丛不一定全纯同胚, 或者说陈示性类相同的全纯线丛不一定全纯同胚. 下一节我们将在紧 Riemann 曲面上给出所有有相同陈示性类的全纯线丛的分类, 即对于一个微分结构固定的复线丛, 给出其上所有互相不全纯同胚的复结构. 利用此, 我们容易得到紧 Riemann 曲面上所有全纯线丛的分类.

§6.7* 紧 Riemann 曲面上的 Abel 定理以及全纯线丛的分类

这一节作为向量丛的同调理论以及 Riemann-Roch 定理的应用, 我们将介绍关于紧 Riemann 曲面的另外一些重要定理: Abel 定理和 Jacobi 逆问题, 并利用这些定理来给出紧 Riemann 曲面上全纯线丛的分类. 这些内容是现代代数曲线理论的基础, 有兴趣的读者可参阅文献 [7]. 在这一节中我们首先需要考虑的问题是: 在紧 Riemann 曲面 R 上, 什么样的除子是由 R 上亚纯函数的零点和极点定义的除子? 即给定 R 上的一个除子 D, 问在什么条件下存在 R 上的亚纯函数 f, 使得 $\mathrm{div}(f) = D$. 如果曲面 R 的亏格 $g = 0$, 或者说 $R = \mathbb{C}P^1 = \mathbb{C} \cup \{\infty\}$ 为 Riemann 球, 则 R 上的亚纯函数就是变元 z 的有理函数, 其中 z 是复平面 $\mathbb{C}$ 的坐标. 由此容易看出, R 上的除子 D 是由亚纯函数的零点和极点定义的除子的充分必要条件是 $\deg(D) = 0$. 因此在下面讨论中, 我们将总是假定曲面 R 的亏格 $g > 0$. 对于这样的情况, Abel 定理将回答我们的问题. 而另一方面, 由上一节的讨论我们知道紧 Riemann 曲面 R 上任意全纯线丛都是由除子定义的线丛, 而 R 上由除子定义的两个线丛 $L_1 = [D_1]$ 和 $L_2 = [D_2]$ 全纯同胚的充分必要条件是: 存在 R 上一个亚纯函数 f, 使得两个线丛的定义除子之差 $D_1 - D_2$ 是由 f 的零点和极点定义的除子, 从而利用 Abel 定理的结论, 我们将能够得到 R 上所有全纯线丛的分类.

§6.7* 紧 Riemann 曲面上的 Abel 定理以及全纯线丛的分类

这一节我们将用到拓扑学中关于曲线同伦、基本群和紧致可定向曲面分类的一些结论, 对这些内容有兴趣的读者可参阅文献 [6].

首先由拓扑学中关于紧致可定向曲面的分类, 我们知道, 两个紧致可定向曲面拓扑同胚的充分必要条件是曲面的亏格相同. 而对于亏格为 g 的紧致可定向曲面 R, 我们可以取定 R 中一个点 P_0, 使得 R 上存在以 P_0 为起点的 $2g$ 条给定方向的闭曲线 $A_1, \cdots, A_g, B_1, \cdots, B_g$, 这些闭曲线构成了曲面 R 的**基本群** $\pi_1(R)$ 的生成元 (参见图 6.7.1).

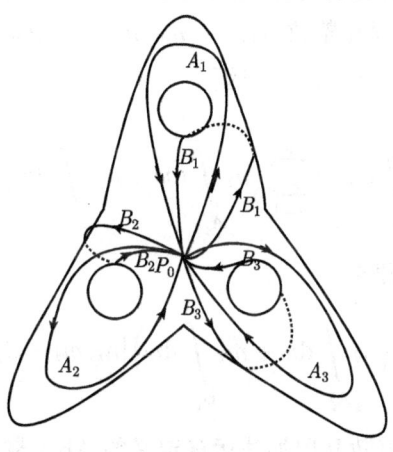

图 6.7.1

利用这些曲线, 对于曲面 R, 如果在 R 上按 $A_1, B_1, \cdots, A_g, B_g$ 的顺序, 将 R 沿这些曲线给定的方向剪开, 我们得到一个以给定方向的曲线

$$A_1^+ B_1^+ A_1^- B_1^- \cdots A_g^+ B_g^+ A_g^- B_g^-$$

为边界的多边形 R^* (参见图 6.7.2). 通常将多边形 R^* 称为曲面 R 的**典则分割**, 这时 R^* 可以看做是复平面中一个有分段光滑边界的单连通区域.

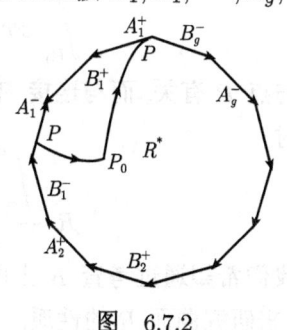

图 6.7.2

现设 dw 是 R 上一个给定的全纯微分形式, 利用 Stokes 公式我

们知道, 如果 R 中给定方向的两条闭曲线 L_1 与 L_2 同伦, 即存在 R 中的区域 D, 使得 $\partial D = L_1 \cup L_2^{-1}$, 则 $\int_{L_1} \mathrm{d}w = \int_{L_2} \mathrm{d}w$. 现令

$$V(\mathrm{d}w) = \left(\int_{A_1^+} \mathrm{d}w, \cdots, \int_{A_g^+} \mathrm{d}w, \int_{B_1^+} \mathrm{d}w, \cdots, \int_{B_g^+} \mathrm{d}w \right) \in \mathbb{C}^{2g},$$

$V(\mathrm{d}w)$ 称为 $\mathrm{d}w$ 的**周期向量**. 这时对于 R 中任意闭曲线 L, 由基本群的定义我们知道, 存在整数 $n_1, \cdots, n_g, m_1, \cdots, m_g$, 使得闭曲线 L 同伦于曲线 $\sum_{i=1}^{g} (n_i A_i^+ + m_i B_i^+)$, 因而

$$\int_L \mathrm{d}w = \sum_{i=1}^{g} \left(n_i \int_{A_i^+} \mathrm{d}w + m_i \int_{B_i^+} \mathrm{d}w \right).$$

利用这一关系, 如果令

$$L(\mathrm{d}w) = \left\{ \sum_{i=1}^{g} \left(n_i \int_{A_i^+} \mathrm{d}w + m_i \int_{B_i^+} \mathrm{d}w \right) \middle| n_i, m_i \in \mathbb{Z}, i = 1, \cdots, g \right\},$$

则 $L(\mathrm{d}w)$ 是全体复数利用加法运算定义的 Abel 群中的一个子群, 下面以 $\mathbb{C}/L(\mathrm{d}w)$ 表示商群. 这时选定 $P_0 \in R$, 对于任意点 $P \in R$, 路径积分

$$\int_{P_0}^{P} \mathrm{d}w \quad (\mathrm{mod}(L(\mathrm{d}w)))$$

就仅与点 P 有关, 而与连接 P_0 与 P 的路径的选取无关, 我们得到一个映射

$$R \xrightarrow{\int_{P_0}^{P} \mathrm{d}w} \mathbb{C}/L(\mathrm{d}w).$$

下面我们希望通过考查 R 上所有全纯微分形式以这样的方式定义的映射, 来研究曲面 R 的性质.

首先, 由 Riemann-Roch 定理我们知道 $\dim \mathrm{H}^0(R, \theta(K)) = g$, 即 R 上所有全纯微分形式构成一 g 维的线性空间. 现设 $\{\mathrm{d}w_1, \cdots, \mathrm{d}w_g\}$

§6.7* 紧 Riemann 曲面上的 Abel 定理以及全纯线丛的分类   347

是 $H^0(R,\theta(K))$ 的一组线性基, 令

$$\Omega = \begin{bmatrix} V(\mathrm{d}w_1) \\ \vdots \\ V(\mathrm{d}w_g) \end{bmatrix},$$

Ω 是一 $g \times 2g$ 的复矩阵, 称为 Riemann 曲面 R 关于 $\pi_1(R)$ 的生成元 $A_1,\cdots,A_g,B_1,\cdots,B_g$ 和 $H^0(R,\theta(K))$ 的线性基 $\{\mathrm{d}w_1,\cdots,\mathrm{d}w_g\}$ 的**周期矩阵**. 下面我们利用曲面 R 的典则分割 R^* 先来讨论周期矩阵 Ω 需要满足的一些条件.

首先将 R^* 看做复平面中以 $A_1^+ B_1^+ A_1^- B_1^- \cdots A_g^+ B_g^+ A_g^- B_g^-$ 为边界的多边形, R^* 是一单连通区域. 任取 R 上一全纯微分形式 $\mathrm{d}w$, 则 $\mathrm{d}w$ 在 R^* 上的路径积分仅与路径的起点和终点有关, 与路径本身的选取无关. 因此, 如果固定 R^* 上一个点 P_0, 对于 R^* 上任意点 P, 利用 $\mathrm{d}w$ 在 R^* 上以 P_0 为起点, P 为终点的路径积分 $\int_{P_0}^{P} \mathrm{d}w$, 我们得到 R^* 上一个全纯函数, 以 $w(P) = \int_{P_0}^{P} \mathrm{d}w$ 记之. 这时在 R^* 的边界上, 对于 $i = 1,\cdots,g$, 曲线 A_i^+ 和 A_i^- 上对应于 R 中的同一点 P, 以及 B_i^+ 和 B_i^- 上对应于 R 中的同一点 Q, 选择沿边界作路径积分 (见图 6.7.2), 则我们容易得到下面关系:

$$\begin{aligned} w(P)\big|_{A_i^+} - w(P)\big|_{A_i^-} &= -\int_{B_i^+} \mathrm{d}w, \\ w(Q)\big|_{B_i^+} - w(Q)\big|_{B_i^-} &= -\int_{A_i^-} \mathrm{d}w = \int_{A_i^+} \mathrm{d}w. \end{aligned} \quad (6.7.1)$$

利用这一关系式, 设 $\mathrm{d}v$ 是 R 上另一个全纯微分形式, 则我们得到

$$\int_{\partial R^*} w\mathrm{d}v = \sum_{i=1}^{g} \left(\int_{A_i^+} w\mathrm{d}v + \int_{A_i^-} w\mathrm{d}v + \int_{B_i^+} w\mathrm{d}v + \int_{B_i^-} w\mathrm{d}v \right)$$

$$= \sum_{i=1}^{g}\left[\int_{A_i^+}(w|_{A_i^+}-w|_{A_i^-})\mathrm{d}v+\int_{B_i^+}(w|_{B_i^+}-w|_{B_i^-})\mathrm{d}v\right]$$

$$= \sum_{i=1}^{g}\left(-\int_{B_i^+}\mathrm{d}w\cdot\int_{A_i^+}\mathrm{d}v+\int_{A_i^+}\mathrm{d}w\cdot\int_{B_i^+}\mathrm{d}v\right).$$

另一方面, 由 $\mathrm{d}(w\mathrm{d}v)=0$, 利用 Stokes 公式, 则有

$$\int_{\partial R^*}w\mathrm{d}v=\iint_{R^*}\mathrm{d}(w\mathrm{d}v)=0.$$

由此我们得到

$$\sum_{i=1}^{g}\left(-\int_{B_i^+}\mathrm{d}w\cdot\int_{A_i^+}\mathrm{d}v+\int_{A_i^+}\mathrm{d}w\cdot\int_{B_i^+}\mathrm{d}v\right)=0. \qquad (6.7.2)$$

利用同样的讨论, 并进一步假定 $\mathrm{d}w\neq 0$, 则由

$$\frac{\mathrm{i}}{2}\int_{\partial R^*}w\overline{\mathrm{d}w}=\frac{\mathrm{i}}{2}\iint_{R^*}\mathrm{d}w\wedge\overline{\mathrm{d}w}>0,$$

我们得到

$$\frac{\mathrm{i}}{2}\sum_{i=1}^{g}\left[-\int_{B_i^+}\mathrm{d}w\cdot\int_{A_i^+}\overline{\mathrm{d}w}+\int_{A_i^+}\mathrm{d}w\cdot\int_{B_i^+}\overline{\mathrm{d}w}\right]>0. \qquad (6.7.3)$$

在上面讨论中, 如果用 $\mathrm{H}^0(R,\theta(K))$ 的线性基 $\{\mathrm{d}w_1,\cdots,\mathrm{d}w_g\}$ 中的元素代替 $\mathrm{d}w$ 和 $\mathrm{d}v$, 则我们可以将这两个关系式应用到周期矩阵 Ω 上. 令

$$J=\begin{bmatrix} 0 & I_g \\ -I_g & 0 \end{bmatrix},$$

其中 I_g 表示 g 阶单位矩阵, 则关系式 (6.7.2) 和 (6.7.3) 可分别表示为

$$\Omega J\Omega^\mathrm{T}=0, \quad \frac{\mathrm{i}}{2}\Omega J\overline{\Omega}^\mathrm{T}>0,$$

这里 $\frac{\mathrm{i}}{2}\Omega J\overline{\Omega}^\mathrm{T}>0$ 表示矩阵 $\frac{\mathrm{i}}{2}\Omega J\overline{\Omega}^\mathrm{T}$ 是一个正定的 Hermite 矩阵. 上

面这些关系最早是由 Riemann 提出来的, 因而称为紧 Riemann 曲面上关于周期矩阵 Ω 的 **Riemann 双线性关系**. 这些关系给出了一个复的 $g \times 2g$ 矩阵能够成为某一个紧 Riemann 曲面的周期矩阵的一个必要条件. 如果在周期矩阵 Ω 中, 进一步令

$$A = \begin{bmatrix} \int_{A_1^+} \mathrm{d}w_1 & \cdots & \int_{A_g^+} \mathrm{d}w_1 \\ \vdots & & \vdots \\ \int_{A_1^+} \mathrm{d}w_g & \cdots & \int_{A_g^+} \mathrm{d}w_g \end{bmatrix}, \quad B = \begin{bmatrix} \int_{B_1^+} \mathrm{d}w_1 & \cdots & \int_{B_g^+} \mathrm{d}w_1 \\ \vdots & & \vdots \\ \int_{B_1^+} \mathrm{d}w_g & \cdots & \int_{B_g^+} \mathrm{d}w_g \end{bmatrix},$$

则 $\Omega = [A, B]$, 而 Riemann 双线性关系又可以表示为

$$AB^{\mathrm{T}} - BA^{\mathrm{T}} = 0, \quad \frac{\mathrm{i}}{2}[A\overline{B}^{\mathrm{T}} - B\overline{A}^{\mathrm{T}}] > 0,$$

其中 $\frac{\mathrm{i}}{2}[A\overline{B}^{\mathrm{T}} - B\overline{A}^{\mathrm{T}}] > 0$ 也表明 A 必须是满秩的矩阵. 因而不失一般性, 可选取 $\mathrm{H}^0(R, \theta(K))$ 的线性基 $\{\mathrm{d}w_1, \cdots, \mathrm{d}w_g\}$, 使得 $A = I_g$ 为单位矩阵. 这时由等式 (6.7.2) 得

$$\int_{A_i^+} \mathrm{d}w_j = \delta_{ij}, \quad \int_{B_i^+} \mathrm{d}w_j = \int_{B_j^+} \mathrm{d}w_i \quad (i, j = 1, \cdots, g). \tag{6.7.4}$$

下面引理给出了紧 Riemann 曲面的周期矩阵 Ω 需要满足的另外一个必要条件.

引理 6.7.1 如果以 $V_1, \cdots, V_{2g}$ 分别表示周期矩阵 Ω 中的 $2g$ 个列向量, 即 $\Omega = [V_1, \cdots, V_{2g}]$, 则 $V_1, \cdots, V_{2g}$ 实线性独立.

证明 假设引理不成立, 则存在不为零的实向量 $(r_1, \cdots, r_{2g}) \in \mathbb{R}^{2g}$, 使得对于 $i = 1, \cdots, g$,

$$\sum_{j=1}^g \left(r_j \int_{A_j^+} \mathrm{d}w_i + r_{g+j} \int_{B_j^+} \mathrm{d}w_i \right) = 0.$$

对上式取共轭, 得

$$\sum_{j=1}^{g}\left(r_j\int_{A_j^+}\overline{\mathrm{d}w_i} + r_{g+j}\int_{B_j^+}\overline{\mathrm{d}w_i}\right) = 0,$$

即

$$\left(V(\mathrm{d}w_1),\cdots,V(\mathrm{d}w_g),V(\overline{\mathrm{d}w_1}),\cdots,V(\overline{\mathrm{d}w_g})\right)^{\mathrm{T}} \cdot (r_1,\cdots,r_{2g})^{\mathrm{T}} = 0.$$

我们得到

$$\mathrm{rank}\left(V(\mathrm{d}w_1),\cdots,V(\mathrm{d}w_g),V(\overline{\mathrm{d}w_1}),\cdots,V(\overline{\mathrm{d}w_g})\right)^{\mathrm{T}} < 2g.$$

利用这些关系式, 存在不为零的复向量 $(c_1,\cdots,c_{2g}) \in \mathbb{C}^{2g}$, 使得

$$(c_1,\cdots,c_{2g})\left(V(\mathrm{d}w_1),\cdots,V(\mathrm{d}w_g),V(\overline{\mathrm{d}w_1}),\cdots,V(\overline{\mathrm{d}w_g})\right)^{\mathrm{T}} = 0.$$

因此如果令

$$V = \sum_{i=1}^{g}(c_i\mathrm{d}w_i + c_{g+i}\overline{\mathrm{d}w_i}),$$

则 V 是 R 上一个一次微分形式. 而对于 $j = 1,\cdots,g$, 上面关系式表明 $\int_{A_j^+} V = 0, \int_{B_j^+} V = 0$. 另一方面, 应用外微分容易得到 $\mathrm{d}V = 0$, 所以 V 在 R 中任意闭曲线上的积分为零, 或者说 V 在 R 上的路径积分仅与路径的起点和终点有关, 与路径的选取无关. 取定 $P_0 \in R$, 利用路径积分, 对于任意 $Q \in R$, 令 $f(Q) = \int_{P_0}^{Q} V$, 则 $f(Q)$ 是 R 上的光滑函数, 满足 $\mathrm{d}f = V$.

但另一方面, 紧 Riemann 曲面当然都是紧 Kähler 流形了, 利用紧致 Kähler 流形上的 Hodge 分解 $\mathrm{H}^r(M,\mathbb{C}) = \sum_{p+q=r}\mathrm{H}^{(p,q)}(M)$, 以及 $\mathrm{H}^{(p,q)}(M) = \overline{\mathrm{H}^{(q,p)}(M)}$, 我们得到, 在紧 Riemann 曲面 R 上

$$\begin{aligned}\mathrm{H}^1(R,\mathbb{C}) &= \mathrm{H}^{(1,0)}(R) \oplus \mathrm{H}^{(0,1)}(R) \\ &= \mathrm{H}^{(1,0)}(R) \oplus \overline{\mathrm{H}^{(1,0)}(R)} = \mathrm{H}^0(R,\theta(K)) \oplus \overline{\mathrm{H}^0(R,\theta(K))}.\end{aligned}$$

§6.7* 紧 Riemann 曲面上的 Abel 定理以及全纯线丛的分类 351

因此 $\{dw_1, \cdots, dw_g, \overline{dw_1}, \cdots, \overline{dw_g}\}$ 构成 $H^1(R, \mathbb{C})$ 的线性基, 而这与存在 R 上的光滑函数 f, 使得 $df = V = \sum_{i=1}^{g}(c_i dw_i + c_{g+i}\overline{dw_i}) \neq 0$ 矛盾. 证毕.

现设 du 是紧 Riemann 曲面 R 上的一个亚纯微分形式, 如果点 $P_1 \in R$ 是 du 的一个极点, 我们定义 du 在 P_1 的留数为

$$\mathrm{Res}(du)(P_1) = \frac{1}{2\pi i}\int_{\partial D} du,$$

其中 D 是一以光滑曲线 ∂D 为边界的单连通区域, $P_1 \in D$ 是 du 在 D 内唯一的极点. 另外, 如果点 $P_1 \in R$ 不是 du 的极点, 我们令 $\mathrm{Res}(du)(P_1) = 0$.

关于紧 Riemann 曲面上亚纯微分形式的留数, 成立下面引理.

引理 6.7.2 紧 Riemann 曲面上, 任意亚纯微分形式在曲面上所有点的留数和为零, 即如果 du 是紧 Riemann 曲面 R 上的亚纯微分形式, 则

$$\sum_{P \in R} \mathrm{Res}(du)(P) = 0.$$

引理的证明留给读者作为练习.

一般地, 利用在 Riemann 双周期关系讨论时用到的方法, 对于 R 上的亚纯微分形式, 我们有下面引理.

引理 6.7.3 设 $\{A_i, B_i\}_{i=1,\cdots,g}$ 的选取如上. dw 是 R 上全纯微分形式, du 是 R 上亚纯微分形式, 假定对于 $i = 1, \cdots, g$, du 的极点都不在曲线 $A_i^+ B_i^+$ 上. 设 w 是由 dw 在 R 的典则分割 R^* 上利用路径积分确定的全纯函数, 则

$$\int_{\partial R^*} w\,du = \sum_{i=1}^{g}\left(-\int_{B_i^+} dw \cdot \int_{A_i^+} du + \int_{A_i^+} dw \cdot \int_{B_i^+} du\right)$$
$$= 2\pi i \sum_{P \in R} \mathrm{Res}(w\,du)(P).$$

引理的证明与等式 (6.7.2) 的证明基本相同, 读者可作为练习.

下面我们来给出本节的基本定理——Abel 定理.

定理 6.7.1(Abel 定理) 设

$$D = P_1 + \cdots + P_n - Q_1 - \cdots - Q_n$$

是 R 上给定的一个阶为零的除子, 则 D 是由 R 上一个亚纯函数的零点和极点定义的除子的充分必要条件是: 存在 R 中一条闭曲线 L, 使得对于 R 上任意全纯微分形式 $\mathrm{d}w$, 恒有

$$\sum_{i=1}^n \int_{Q_i}^{P_i} \mathrm{d}w = \int_L \mathrm{d}w,$$

其中对于 $i = 1, \cdots, n$, $\int_{Q_i}^{P_i}$ 是 R 中沿连接 P_i 和 Q_i 的适当曲线的路径积分, 曲线的选取与 $\mathrm{d}w$ 无关.

证明 选取闭曲线 $\{A_i^+, B_i^+\}_{i=1,\cdots,g}$ 如上, 不失一般性, 我们假定点 $\{P_j, Q_j\}_{j=1,\cdots,n}$ 都不在曲线 $\{A_i^+, B_i^+\}_{i=1,\cdots,g}$ 上, 并且集合 $\{P_j\}_{j=1,\cdots,n}$ 与集合 $\{Q_j\}_{j=1,\cdots,n}$ 之间无公共点. 首先设存在 R 上亚纯函数 f, 使得 $\mathrm{div}(f) = D$. 令 $\mathrm{d}u = \mathrm{d}(\ln f) = \dfrac{\mathrm{d}f}{f}$, 则 $\mathrm{d}u$ 是 R 上亚纯微分形式, 而利用留数定理不难得到, 对于 R 中任意闭曲线 L, $\dfrac{1}{2\pi\mathrm{i}}\int_L \mathrm{d}u$ 都是整数. 特别地, 对于 $i = 1, \cdots, g$, 设

$$n_i = \frac{1}{2\pi\mathrm{i}} \int_{A_i^+} \mathrm{d}u, \quad m_i = \frac{1}{2\pi\mathrm{i}} \int_{B_i^+} \mathrm{d}u,$$

则 m_i, n_i 都是整数.

现令 $L = \sum\limits_{i=1}^g (m_i A_i^+ - n_i B_i^+)$, 则 L 是 R 中闭曲线. 设 $\mathrm{d}w$ 是 R 上任意全纯微分形式, w 是 $\mathrm{d}w$ 在 R 的典则分割 R^* 上利用路径积分得到的全纯函数, 利用引理 7.5.1, 我们得到

$$\frac{1}{2\pi\mathrm{i}} \int_{\partial R^*} w \mathrm{d}u = \sum_{i=1}^g \left(-\int_{B_i^+} \mathrm{d}w \cdot \frac{1}{2\pi\mathrm{i}} \int_{A_i^+} \mathrm{d}u + \int_{A_i^+} \mathrm{d}w \cdot \frac{1}{2\pi\mathrm{i}} \int_{B_i^+} \mathrm{d}u \right)$$

§6.7* 紧 Riemann 曲面上的 Abel 定理以及全纯线丛的分类

$$= \sum_{i=1}^{g} \left(-n_i \int_{B_i^+} \mathrm{d}w + m_i \int_{A_i^+} \mathrm{d}w \right) = \int_L \mathrm{d}w.$$

另一方面, 利用留数定理, 成立

$$\frac{1}{2\pi \mathrm{i}} \int_{\partial R^*} w \mathrm{d}u = \sum_{j=1}^{n} \left[\mathrm{Res}(w\mathrm{d}(\ln f))(P_j) - \mathrm{Res}(w\mathrm{d}(\ln f))(Q_j) \right]$$
$$= \sum_{j=1}^{n} \left[w(P_j) - w(Q_j) \right] = \sum_{j=1}^{n} \int_{Q_i}^{P_i} \mathrm{d}w,$$

其中 $\int_{Q_j}^{P_j}$ 是 R^* 上沿连接 P_j, Q_j 的曲线上的路径积分. 因此 Abel 定理中的等式成立.

现在反过来, 假定 Abel 定理中的等式成立. 首先, 对于 $j = 1, \cdots, n$, 定义除子 $D_j = -P_j - Q_j$, 设 $[D_j]$ 是由 D_j 定义的全纯线丛. 由 Riemann-Roch 定理我们得到

$$\dim \mathrm{H}^0(R, \theta([D_j])) - \dim \mathrm{H}^1(R, \theta([D_j])) = -2 - g + 1.$$

由于 $\deg(D_j) < 0$, 因而 $[D_j]$ 不能有非零的全纯截影, 否则 $[D_j]$ 是由这样截影的零点定义的线丛, 因而必须 $\deg([D_j]) \geqslant 0$. 由此得到

$$\dim \mathrm{H}^0(R, \theta([D_j])) = 0, \quad \dim \mathrm{H}^1(R, \theta([D_j])) = g + 1.$$

另一方面, 由 Kodaira-Serre 对偶,

$$\mathrm{H}^1(R, \theta([D_j])) \cong \mathrm{H}^0(R, \theta(K - [D_j])),$$

利用第 5 章第 2 节中的例 1, 我们知道, 其中的 $\mathrm{H}^0(R, \theta(K - [D_j]))$ 又线性同构于由 R 上一些亚纯微分形式组成的线性空间 $i(D_j)$, 即

$$\mathrm{H}^0(R, \theta(K - [D_j])) \cong i(D_j),$$

其中 $i(D_j) = \{\mathrm{d}u \mid \mathrm{d}u$ 是 R 上的亚纯微分形式, 满足 $\mathrm{div}(\mathrm{d}u) \geqslant D_j\}$.

另一方面，R 上所有全纯微分形式都可看做 $\mathrm{H}^0(R,\theta(K-[D_j]))$ 中的元素. 但 $\dim\mathrm{H}^0(R,\theta(K))=g$，而 $\dim\mathrm{H}^0(R,\theta(K-[D_j]))=g+1$，所以存在 $i(D_j)$ 中元素以 P_j,Q_j 为其一阶极点，即存在 R 上一个亚纯微分形式，以 P_j,Q_j 为其仅有的一阶极点，按照紧 Riemann 曲面理论传统的符号，我们以 $E(P_j,Q_j)$ 记这一亚纯微分形式. 进一步，我们可以假定 $\mathrm{Res}(E(P_j,Q_j))(P_j)=1$，这时，由引理 6.5.2，必须 $\mathrm{Res}(E(P_j,Q_j))(Q_j)=-1$.

现令 $\mathrm{d}u=\sum_{j=1}^{n}E(P_j,Q_j)$，$\mathrm{d}u$ 是 R 上的亚纯微分形式. 选取 R 上所有全纯微分形式所成线性空间的一组线性基 $\{\mathrm{d}w_1,\cdots,\mathrm{d}w_g\}$，满足对于 $i,j=1,\cdots,g$，$\int_{A_i^+}\mathrm{d}w_j=\delta_i^j$. 将 $\mathrm{d}w_1,\cdots,\mathrm{d}w_g$ 的适当线性组合加到亚纯微分形式 $\mathrm{d}u$ 上之后，我们可以假定 $\int_{A_i^+}\mathrm{d}u=0$，而 $\mathrm{d}u$ 在 $\{P_i,Q_i\}_{i=1,\cdots,n}$ 的奇异性以及在 $\{P_i,Q_i\}_{i=1,\cdots,n}$ 处的留数都不变.

对于 R 上任意全纯微分形式 $\mathrm{d}w$，如果以 w 表示利用 $\mathrm{d}w$ 的路径积分在 R^* 上确定的全纯函数，则

$$\frac{1}{2\pi\mathrm{i}}\int_{\partial R^*}w\mathrm{d}u=\sum_{j=1}^{n}\left[\mathrm{Res}(w\mathrm{d}u)(P_j)-\mathrm{Res}(w\mathrm{d}u)(Q_j)\right]$$

$$=\sum_{j=1}^{n}[w(P_j)-w(Q_j)]=\sum_{j=1}^{n}\int_{Q_j}^{P_j}\mathrm{d}w.$$

现令 $\mathrm{d}w=\mathrm{d}w_s$，其中 $s=1,\cdots,g$，按照 Riemann 双线性关系的讨论，上式左边为

$$\frac{1}{2\pi\mathrm{i}}\sum_{i=1}^{g}\left(-\int_{B_i^+}\mathrm{d}w_s\cdot\int_{A_i^+}\mathrm{d}u+\int_{A_i^+}\mathrm{d}w_s\cdot\int_{B_i^+}\mathrm{d}u\right)=\frac{1}{2\pi\mathrm{i}}\int_{B_s}\mathrm{d}u.$$

而由 Abel 定理的条件，若其中的闭曲线 L 同伦于曲线 $\sum_{i=1}^{g}(m_iA_i^+-n_iB_i^+)$，则上面等式的右边为

$$\int_L \mathrm{d}w_s = \sum_{i=1}^{g}\left(m_i \int_{A_i^+} \mathrm{d}w_s - n_i \int_{B_i^+} \mathrm{d}w_s\right).$$

我们得到, 对于 $s = 1, \cdots, g$,

$$\frac{1}{2\pi\mathrm{i}} \int_{B_s^+} \mathrm{d}u = \sum_{i=1}^{g}\left(m_i \int_{A_i^+} \mathrm{d}w_s - n_i \int_{B_i^+} \mathrm{d}w_s\right).$$

因此, 如果我们进一步令

$$\mathrm{d}u_1 = \frac{1}{2\pi\mathrm{i}}\mathrm{d}u + \sum_{i=1}^{g} n_i \mathrm{d}w_i,$$

则对于 $s = 1, \cdots, g$,

$$\int_{A_s^+} \mathrm{d}u_1 = n_s.$$

而利用关系式 (6.7.4) 中的等式 $\int_{B_i^+} \mathrm{d}w_j = \int_{B_j^+} \mathrm{d}w_i$, 得

$$\int_{B_s^+} \mathrm{d}u_1 = \frac{1}{2\pi\mathrm{i}} \int_{B_s^+} \mathrm{d}u + \sum_{i=1}^{g} n_i \int_{B_s^+} \mathrm{d}w_i$$

$$= \sum_{i=1}^{g}\left(m_i \int_{A_i^+} \mathrm{d}w_s - n_i \int_{B_i^+} \mathrm{d}w_s\right) + \sum_{s=1}^{g} n_i \int_{B_i^+} \mathrm{d}w_s = m_s.$$

由此得到亚纯微分形式 $\mathrm{d}u_1$ 沿 R 上任意闭曲线的积分都是整数. 利用这一点, 选定一点 $P_0 \in R$, 对于任意点 $P \in R$, 任取 R 中连接 P_0 与 P, 且不过 $\{P_i, Q_i \mid i = 1, \cdots, n\}$ 的曲线, 设 $\int_{P_0}^{P} \mathrm{d}u_1$ 为 $\mathrm{d}u_1$ 沿此曲线的积分. 令

$$f(P) = \mathrm{e}^{2\pi\mathrm{i} \int_{P_0}^{P} \mathrm{d}u_1},$$

则 $f(P)$ 的值与积分路径选取无关, 因而是 R 上亚纯函数, 并且以给定的点为其零点和极点. 至此我们完成了 Abel 定理的证明.

下面我们利用 Abel 定理来讨论紧 Riemann 曲面上全纯线丛的分类问题.

设 R 是一亏格为 g 的紧 Riemann 曲面, 其中 $g > 1$, $A_1, \cdots, A_g$, $B_1, \cdots, B_g$ 和 $\{dw_1, \cdots, dw_g\}$ 的选取如上. 设 $V(dw_1), \cdots, V(dw_g)$ 分别是 $dw_1, \cdots, dw_g$ 的周期向量, 而 Ω 是 R 的周期矩阵. 以 $V_1, \cdots, V_g$ 和 $V_{g+1}, \cdots, V_{2g}$ 分别表示 Ω 的 $2g$ 个列向量, 即

$$V_1 = \begin{bmatrix} \int_{A_1^+} dw_1 \\ \vdots \\ \int_{A_1^+} dw_g \end{bmatrix}, \cdots, V_g = \begin{bmatrix} \int_{A_g^+} dw_1 \\ \vdots \\ \int_{A_g^+} dw_g \end{bmatrix},$$

而

$$V_{g+1} = \begin{bmatrix} \int_{B_1^+} dw_1 \\ \vdots \\ \int_{B_1^+} dw_g \end{bmatrix}, \cdots, V_{2g} = \begin{bmatrix} \int_{B_g^+} dw_1 \\ \vdots \\ \int_{B_g^+} dw_g \end{bmatrix}.$$

令

$$L = \left\{ n_1 V_1^{\mathrm{T}} + \cdots + n_g V_g^{\mathrm{T}} + n_{g+1} V_{g+1}^{\mathrm{T}} + \cdots + n_{2g} V_{2g}^{\mathrm{T}} \in \mathbb{C}^g \,\middle|\, n_i \in \mathbb{Z} \right\},$$

L 称为 $\mathbb{C}^g$ 中由向量 $V_1^{\mathrm{T}}, \cdots, V_g^{\mathrm{T}}, V_{g+1}^{\mathrm{T}}, \cdots, V_{2g}^{\mathrm{T}}$ 生成的格 (lattic). 现在将 $\mathbb{C}^g$ 看做利用向量的加法运算定义的 Abel 群, 则 $L \subset \mathbb{C}^g$ 是 $\mathbb{C}^g$ 的子群. 令

$$J(R) = \mathbb{C}^g / L$$

为 $\mathbb{C}^g$ 对于 L 的商群, 利用商映射 $\pi : \mathbb{C}^g \to J(R)$, 在 $J(R)$ 上定义拓扑为: $O \subset J(R)$ 为开集, 如果 $\pi^{-1}(O)$ 为开集, 则不难看出 $J(R)$ 是一复流形. 另一方面, 由引理 7.5.1, 向量 $V_1^{\mathrm{T}}, \cdots, V_g^{\mathrm{T}}, V_{g+1}^{\mathrm{T}}, \cdots, V_{2g}^{\mathrm{T}}$ 在 $\mathbb{C}^g$ 中

§6.7* 紧 Riemann 曲面上的 Abel 定理以及全纯线丛的分类

是实线性独立的, 因而 $J(R)$ 拓扑同胚于 $2g$ 个单位圆周的乘积. 我们得到, $J(R)$ 是一 g 维的紧复流形, 同时也是一 Abel 群, 一般地, $J(R)$ 称为 g **维环面**, 是亏格为 1 的紧 Riemann 曲面在高维的推广.

利用 $J(R)$, 选定一点 $P_0 \in R$, 对于任意 $P \in R$, 任取 R 中连接 P_0 与 P 的曲线, 设 $\int_{P_0}^{P} \mathrm{d}w_s$ 为 $\mathrm{d}w_s$ 沿此曲线的积分, 我们得到映射

$$R \xrightarrow{\left(\int_{P_0}^{P} \mathrm{d}w_1, \cdots, \int_{P_0}^{P} \mathrm{d}w_g\right)} J(R)$$

与路径的选取无关, 因而是定义在 R 上的全纯映射. 更进一步, 我们以 $D_0(R)$ 表示 R 上所有阶为 0 的除子构成的集合, 利用除子的加法, $D_0(R)$ 构成一个 Abel 群. 而利用上面定义的映射, 我们定义映射 $F: D_0(R) \to J(R)$ 为: 对于任意 $D = P_1 + \cdots + P_n - Q_1 - \cdots - Q_n \in D_0(R)$, 令

$$\begin{aligned} F(D) &= \left(\sum_{i=1}^{n} \int_{P_0}^{P_i} \mathrm{d}w_1, \cdots, \sum_{i=1}^{n} \int_{P_0}^{P_i} \mathrm{d}w_g\right) \\ &\quad - \left(\sum_{i=1}^{n} \int_{P_0}^{Q_i} \mathrm{d}w_1, \cdots, \sum_{i=1}^{n} \int_{P_0}^{Q_i} \mathrm{d}w_g\right) \\ &= \left(\sum_{i=1}^{n} \int_{Q_i}^{P_i} \mathrm{d}w_1, \cdots, \sum_{i=1}^{n} \int_{Q_i}^{P_i} \mathrm{d}w_g\right) \in J(R), \end{aligned}$$

由于积分与路径选取无关, 上面映射是有意义的. 而由除子的加法运算不难看出, 映射 $F: D_0(R) \to J(R)$ 实际是一群同态. 利用这一群同态, Abel 定理可以表示为下面的形式.

定理 6.7.1′(Abel 定理) $D \in D_0(R)$ 是 R 上由亚纯函数定义的除子的充分必要条件是 $F(D) = 0$, 即对于群同态 $F: D_0(R) \to J(R)$,

$$\mathrm{Ker}(F) = \Big\{ D \in D_0(R) \,\Big|\, D \text{ 是 } R \text{ 上亚纯函数定义的除子} \Big\}.$$

以 $Z(R)$ 表示 R 上所有由亚纯函数的零点和极点定义的除子, $Z(R)$ 称为 R 的**主除子群**, 其是 $D_0(R)$ 的子群. 利用 Abel 定理, 我

们得到群的同态映射 $F: D_0(R)/Z(R) \to J(R)$. 我们希望证明, F 实际是满射, 因而是群的同构映射. 为此我们首先证明下面两个引理.

引理 6.7.4 设 $\widetilde{P}_1, \cdots, \widetilde{P}_g$ 是 R 中给定的 g 个点, 则对于任意 $D = P_1 + \cdots + P_g - Q_1 - \cdots - Q_g \in D_0(R)$, 总存在 R 中的 g 个点 $\widetilde{Q}_1, \cdots, \widetilde{Q}_g$, 使得如果令 $\widetilde{D} = \widetilde{P}_1 + \cdots + \widetilde{P}_g - \widetilde{Q}_1 - \cdots - \widetilde{Q}_g$, 则

$$F(D) = F(\widetilde{D}).$$

证明 令 $D_1 = \widetilde{P}_1 + \cdots + \widetilde{P}_g - D$, 则 $\deg(D_1) = g$, 利用 Riemann-Roch 定理得

$$\dim H^0(R, \theta([D_1])) - \dim H^1(R, \theta([D_1])) = g - g + 1 = 1.$$

因而 $\dim H^0(R, \theta([D_1])) \geqslant 1$, 所以 $H^0(R, \theta([D_1]))$ 中存在非零截影 s. 设 $\widetilde{Q}_1 + \cdots + \widetilde{Q}_g$ 是由 s 的零点定义的除子, 则 $D_1 - (\widetilde{Q}_1 + \cdots + \widetilde{Q}_g) = \widetilde{D} - D$ 是 R 上某一个亚纯函数的零点和极点定义的除子, 利用 Abel 定理我们得到 $F(\widetilde{D} - D) = 0$, 即 $F(D) = F(\widetilde{D})$. 证毕.

在上面引理中, 如果取定 R 中的点 P_0, 令 $P_0 = \widetilde{P}_1 = \cdots = \widetilde{P}_g$, 对于任意点 $(Q_1, \cdots, Q_g) \in \overbrace{R \times \cdots \times R}^{g \text{ 次}}$, 考虑全纯映射

$$F_1: \overbrace{R \times \cdots \times R}^{g \text{ 次}} \xrightarrow{\left(\sum_{i=1}^{g} \int_{P_0}^{Q_i} \mathrm{d}w_1, \cdots, \sum_{i=1}^{g} \int_{P_0}^{Q_i} \mathrm{d}w_g\right)} J(R),$$

$$F_1(Q_1, \cdots, Q_g) = \left(\sum_{i=1}^{g} \int_{P_0}^{Q_i} \mathrm{d}w_1, \cdots, \sum_{i=1}^{g} \int_{P_0}^{Q_i} \mathrm{d}w_g\right) \in J(R).$$

要得到 $F: D_0(R)/Z(R) \to J(R)$ 是满射, 我们仅需证明这一映射是满射.

引理 6.7.5 存在点 $(Q_1, \cdots, Q_g) \in \overbrace{R \times \cdots \times R}^{g \text{ 次}}$, 使得映射 F_1 在 $(Q_1, \cdots, Q_g)$ 处的 Jacobi 矩阵是满秩的.

证明 首先设 $\mathrm{d}w$ 是 R 上的全纯微分形式, $P \in R$ 是 R 上任意点, z 是 P 点邻域的局部坐标. 利用 z, $\mathrm{d}w$ 可表示为 $\mathrm{d}w = f(z)\mathrm{d}z$, 其

中 $f(z)$ 是 P 点邻域上的解析函数, 我们令 $dw/dz = f(z)$. 利用这一符号, 如果 $z_1, \cdots, z_g$ 分别是 $Q_1, \cdots, Q_g$ 邻域上的局部坐标, 则映射 F_1 在 $(Q_1, \cdots, Q_g)$ 处的 Jacobi 矩阵可表示为

$$\begin{bmatrix} \dfrac{dw_1}{dz_1} & \cdots & \dfrac{dw_g}{dz_1} \\ \vdots & & \vdots \\ \dfrac{dw_1}{dz_g} & \cdots & \dfrac{dw_g}{dz_g} \end{bmatrix}.$$

由于 dw_i 都只有有限个零点, 因而不难看出, 存在点 $Q_g \in R$, 使得 $\operatorname{rank}\left(\dfrac{dw_1}{dz_g}, \cdots, \dfrac{dw_g}{dz_g}\right) = 1$. 现归纳假设, 设存在 R 中的点 $Q_2, \cdots, Q_g$, 使得在点 $(Q_2, \cdots, Q_g)$ 处, 矩阵

$$\begin{bmatrix} \dfrac{dw_1}{dz_2} & \cdots & \dfrac{dw_g}{dz_2} \\ \vdots & & \vdots \\ \dfrac{dw_1}{dz_g} & \cdots & \dfrac{dw_g}{dz_g} \end{bmatrix}$$

的秩为 $g-1$. 取定这样的点 $Q_2, \cdots, Q_g$, 如果对于任意 $Q_1 \in R$, 映射 F_1 在 $(Q_1, Q_2, \cdots, Q_g)$ 的 Jacobi 行列式恒为零. 以 Q_1 作为 R 上的变量, 将 F_1 在 $(Q_1, Q_2, \cdots, Q_g)$ 的 Jacobi 行列式沿第一行展开, 并乘 dz_1, 我们得到, 存在不全为零的常数 $c_1, \cdots, c_g$, 使得对于任意 $Q_1 \in R$,

$$c_1 dw_1(Q_1) + \cdots + c_g dw_g(Q_1) \equiv 0.$$

但是我们知道 $dw_1, \cdots, dw_g$ 线性无关, 矛盾. 证毕.

下面我们来讨论映射 $F_1 : \overbrace{R \times \cdots \times R}^{g\ 次} \to J(R)$ 是否是满射的问题, 如果不计 R 中积分路径的选取, 我们的问题可以表示为: 对于任意向量 $V_0 \in \mathbb{C}^g$, 是否一定存在 $\overbrace{R \times \cdots \times R}^{g\ 次}$ 中的点 $(Q_1^0, \cdots, Q_g^0)$, 使得沿适当的路径积分后, 成立

$$\left(\sum_{i=1}^{g} \int_{P_0}^{Q_i^0} dw_1, \cdots, \sum_{i=1}^{g} \int_{P_0}^{Q_i^0} dw_g \right) = V_0.$$

这一问题称为 **Jacobi 逆问题**. 对此我们有下面定理.

定理 6.7.2(Jacobi 逆问题) 对于任意向量 $V_0 \in \mathbb{C}^g$, 总存在 $\overbrace{R \times \cdots \times R}^{g \text{ 次}}$ 中的点 $(Q_1^0, \cdots, Q_g^0)$, 以及 R 中适当的路径, 使得

$$\left(\sum_{i=1}^{g} \int_{P_0}^{Q_i^0} \mathrm{d}w_1, \cdots, \sum_{i=1}^{g} \int_{P_0}^{Q_i^0} \mathrm{d}w_g \right) = V_0.$$

证明 首先取定点 $(Q_1, \cdots, Q_g) \in \overbrace{R \times \cdots \times R}^{g \text{ 次}}$, 使得其满足引理 6.7.5. 利用我们在本书第 2 章给出的隐函数定理, 以及由其得到的逆变换定理, 我们知道, 存在点 $(Q_1, \cdots, Q_g) \in \overbrace{R \times \cdots \times R}^{g \text{ 次}}$ 的邻域 U 和点 $P_1(Q_1, \cdots, Q_g) \in \mathbb{C}^n$ 的邻域 V, 使得 $P_1: U \to V$ 是解析同胚. 特别地, $P_1(U) = V$ 是满射. 这时对于任意 $V_0 \in \mathbb{C}^g$, 可取充分大的自然数 n, 使 $\dfrac{1}{n} V_0 + P_1(Q_1, \cdots, Q_g) \in V$. 即存在 $(P_1, \cdots, P_g)$, 使得

$$\left(\sum_{i=1}^{g} \int_{P_0}^{P_i} \mathrm{d}w_1, \cdots, \sum_{i=1}^{g} \int_{P_0}^{P_i} \mathrm{d}w_g \right) - \left(\sum_{i=1}^{g} \int_{P_0}^{Q_i} \mathrm{d}w_1, \cdots, \sum_{i=1}^{g} \int_{P_0}^{Q_i} \mathrm{d}w_g \right)$$
$$= \left(\sum_{i=1}^{g} \int_{Q_i}^{P_i} \mathrm{d}w_1, \cdots, \sum_{i=1}^{g} \int_{Q_i}^{P_i} \mathrm{d}w_g \right) = \frac{1}{n} V_0.$$

这时, 由引理 6.7.5, 存在点 $(Q_1', \cdots, Q_g')$, 使得

$$\left(\sum_{i=1}^{g} \int_{P_0}^{Q_i'} \mathrm{d}w_1, \cdots, \sum_{i=1}^{g} \int_{P_0}^{Q_i'} \mathrm{d}w_g \right)$$
$$= \left(\sum_{i=1}^{g} \int_{Q_i}^{P_i} \mathrm{d}w_1, \cdots, \sum_{i=1}^{g} \int_{Q_i}^{P_i} \mathrm{d}w_g \right) = \frac{1}{n} V_0.$$

而对

$$n \left(\sum_{i=1}^{g} \int_{P_0}^{Q_i'} \mathrm{d}w_1, \cdots, \sum_{i=1}^{g} \int_{P_0}^{Q_i'} \mathrm{d}w_g \right)$$

再次应用引理 6.7.5, 我们得到, 存在点 $(Q_1^0, \cdots, Q_g^0)$, 使得

$$\left(\sum_{i=1}^g \int_{P_0}^{Q_i^0} \mathrm{d}w_1, \cdots, \sum_{i=1}^g \int_{P_0}^{Q_i^0} \mathrm{d}w_g \right)$$
$$= n \left(\sum_{i=1}^g \int_{P_0}^{Q_i'} \mathrm{d}w_1, \cdots, \sum_{i=1}^g \int_{P_0}^{Q_i'} \mathrm{d}w_g \right) = V_0.$$

证毕.

作为 Jacobi 逆问题的推论, 我们得到下面的群同构.

推论 6.7.1 群的同态映射

$$F: D_0(R)/Z(R) \to J(R)$$

是群 $D_0(R)/Z(R)$ 到 $J(R)$ 的同构映射.

下面我们从全纯线丛分类的角度来考查 Abel 定理和 Jacobi 逆问题. 我们知道紧 Riemann 曲面 R 上的全纯线丛都是由除子定义的线丛, 而两个全纯线丛全纯同胚的充分必要条件是两个线丛的定义除子线性等价, 即两个除子的差是由 R 上亚纯函数的零点和极点定义的除子. 因此群 $D_0(R)/Z(R)$ 与 R 上所有阶为零的全纯线丛以张量积作运算构成的群同构. 而推论 6.7.1 则表明 R 上阶为零的全纯线丛全体构成了 g 维的紧复流形 $J(R)$.

对于任意 $d \in \mathbb{Z}$, 如果我们以 $J_d(R)$ 表示 R 上所有阶为 d 的全纯线丛构成的集合, 其中全纯同胚的线丛看做同一个元素, 固定一个阶为 d 的线丛 L_d, 利用 $J_0(R)$ 中元素与 L_d 的张量积, 不难得到阶为零的线丛全体构成的集合 $J_0(R)$ 与阶为 d 的线丛全体构成的集合 $J_d(R)$ 之间的一个一一对应 $J_0(R) \xrightarrow{L_d} J_d(R)$. 利用这一对应, 则由推论 6.7.1, 我们就得到了 R 上所有全纯线丛的分类.

定理 6.7.3 R 上所有全纯线丛利用张量积构成的 Abel 群与群 $J(R) \times \mathbb{Z}$ 同构.

另一方面, 由上一节 Cousin 问题 II 的讨论我们知道, R 上两个全纯线丛 L_1 和 L_2 微分同胚的充分必要条件是这两个线丛的 Chern 示性类相同, 即 $C_1(L_1) = C_1(L_2)$, 或者说 $\deg(L_1) = \deg(L_2)$. 因此 $J(R)$

实际表示的是由 R 的一个可微的线丛上互不解析同胚的全纯线丛全体构成的集合,或者更进一步说,在曲面 R 的同一个可微线丛上,所有不同的复结构构成了一个 g 维复流形 $J(R)$. $J(R)$ 称为 R 上全纯线丛的**参模空间**(space of moduli),是复流形分类理论中关于参模空间的最基本和最成功的例子. 类比于紧 Riemann 曲面上全纯线丛的分类,对于一般复流形的分类,其中的参模空间问题可以表示为: 在由所有相互微分同胚,但不解析同胚的复流形构成的集合上,是否存在一种类似于复流形的结构,使得复流形的分类能够化为这个类似于复流形的空间的研究. 例如,所有亏格相同的紧 Riemann 曲面就构成这样的集合. 对于紧 Riemann 曲面的分类,也有相关的参模空间理论,或者更进一步,关于 Riemann 曲面的 Teichmüller 空间理论. 有兴趣的读者可以参阅其他文献.

习 题 六

1. 设 X 是拓扑空间,试构造 X 上连续函数的芽层 $\pi: Y \to X$. 问 Y 是否是 Housdorff 空间.

2. 设 $\pi: Y \to X$ 是 X 上的 Abel 层,定义映射 $s: X \to Y, s(P) = 0$,即 s 将任意点 P 映为 Y_P 中的零元素. 证明: s 是连续映射.

3. 问摩天大厦层是否是 Housdorff 空间.

4. 设 $\pi: Y \to X$ 是 X 上的 Abel 层,证明: Y 的截影的和仍然是 Y 的截影.

5. 设 R 是紧 Riemann 曲面,$D = n_1 p_1 + \cdots + n_t p_t > 0$ 是 R 上的正除子,$[D]$ 是由 D 定义的线丛,s 是线丛 $[D]$ 的典则截影,定义层同态 $\theta \stackrel{s}{\to} \theta[D]$ 为 $t \mapsto t \cdot s$. 证明: $\theta \stackrel{s}{\to} \theta[D]$ 是单射,并给出商层 $\dfrac{\theta[D]}{\mathrm{Im}\{\theta \stackrel{s}{\to} \theta[D]\}}$ 的描述.

6. 试给出 Cousin 问题 I 从局部解到整体解的阻碍的同调描述.

7. 设 $\pi: Y \to X$ 是拓扑空间 X 上的 Abel 层,$\mathcal{V} = \{V_\beta\}_{\beta \in B}$ 是 X 的开覆盖 $\mathcal{U} = \{U_\alpha\}_{\alpha \in A}$ 的加细开覆盖. 对于 $n = 2$,直接证明由加细关系诱导的层同调群的同态映射 $P_{\mathcal{V}\mathcal{U}}: \mathrm{H}^2(\mathcal{U}, Y) \to \mathrm{H}^2(\mathcal{V}, Y)$ 与加细映射的选取无关.

8. 设 R 是紧 Riemann 曲面,Y 是 R 上在第 5 题中给出的商层

$\dfrac{\theta[D]}{\mathrm{Im}\{\theta \stackrel{\cdot s}{\to} \theta[D]\}}$. 证明: 对于任意 $p > 0$, $\mathrm{H}^p(R,Y) = 0$, 并给出 $\mathrm{H}^0(R,Y)$ 的描述.

9. 设 $\{S, >\}$ 是一半序集, 且对于任意 $s_1, s_2 \in S$, 都存在 $s \in S$, 使得 $s_1 > s, s_2 > s$. 假定对于每一个 $s \in S$, 给定了一个 Abel 群 G_s, 而对于任意有关系 $s_1 > s_2$ 的元素对 $\{s_1, s_2\}$, 给定了群同态 $T_{s_2 s_1}: G_{s_1} \to G_{s_2}$, 满足: 如果 $s_1 > s_2 > s_3$, 则 $T_{s_3 s_1} = T_{s_3 s_2} T_{s_2 s_1}$. 现在, 在集合 $\bigcup_{s \in S} G_s$ 上定义关系 $\sim$ 为: $a \in G_{s_1}$ 与 $b \in G_{s_2}$ 有关系 $\sim$, 如果存在 $s \in S, s_1 > s, s_2 > s$, 而 $T_{s s_1}(a) = T_{s s_2}(b)$. 证明: $\sim$ 是一等价关系, 并在集合 $G = \bigcup_{s \in S} G_s / \sim$ 上定义一个加法, 使其成为 Abel 群, 而 $T_s: G_s \to G$, T 将 $a \in G_s$ 映射到 a 所在的等价类是群同态.

10. 在上题中, 群 G 称为 $\{G_s\}_{s \in S}$ 的**直接极限**. 试利用直接极限的语言给出层在一点的芽以及层的同调群的定义.

11. 证明: 如果仿紧 Hausdorff 空间 X 上的两个预层 Y_1, Y_2 定义的层同构, 则这两个预层定义的同调群同构. 问对于 X 的任意开覆盖 $\mathcal{U} = \{U_\alpha\}$, $\mathrm{H}^p(\mathcal{U}, Y_1)$ 与 $\mathrm{H}^p(\mathcal{U}, Y_2)$ 是否同构.

12. 设 $A = \{U, A(U)\}, B = \{U, B(U)\}, C = \{U, C(U)\}$ 都是仿紧 Hausdorff 空间 X 上的预层, 预层同态 $F: A \to B, G: B \to C$ 满足对于任意开集 U, 序列 $0 \to A(U) \xrightarrow{F} B(U) \xrightarrow{G} C(U) \to 0$ 都是正合序列, 试表述并证明由预层 A, B, C 定义的同调群的正合序列定理.

13. 试构造两个预层, 其不同构, 但其定义的同调群同构.

14. 问对于一个给定的层, 其零调分解是否唯一.

15. 设 M 是复流形, 试描述 M 上连续函数芽层的不连续截影层, 问其与解析函数芽层的不连续截影层有何不同.

16. 设 F 是拓扑空间 X 上的松软层, 试用直接构造的办法来证明
$$\mathrm{H}^1(X, F) = 0.$$

17. 在平面上试用 Green 公式给出 Poincaré 引理的证明.

18. 利用 Poincaré 引理证明下面序列
$$0 \to \mathbb{R} \to a^0(M) \xrightarrow{\mathrm{d}} a^1(M) \xrightarrow{\mathrm{d}} \cdots$$
是微分流形 M 上局部为常值函数芽层的零调分解, 并给出其 de Rham 定理.

19. 设 M 是一个紧复流形,$\pi: E \to M$ 是 M 上的全纯向量丛. 试证明:$\dim \mathrm{H}^p(\mathcal{U}, \theta(E)) < +\infty$,而 $\mathrm{H}^p(\mathcal{U}, \theta(E)) = 0$,如果 $p > \dim M$.

20. 设 M 是紧复流形,$\mathcal{U} = \{U_\alpha\}$ 是 M 的对于解析函数芽层 $\theta(M)$ 满足 Leray 条件的开覆盖. 又设 $\{U_\alpha, f_\alpha\}$ 是 M 上关于 Cousin 问题 I 的一个局部解,f 是由这一局部解在 $\mathrm{H}^1(M, \theta(M))$ 中确定的同调元素. 证明:Cousin 问题 I 对于 $\{U_\alpha, f_\alpha\}$ 可解当且仅当 $f = 0$.

21. (a) 证明:$\mathbb{C}^n$ 中两个全纯域的交仍然是全纯域 (提示:设 Ω_1, Ω_2 都是全纯域,f_1, f_2 分别是 Ω_1, Ω_2 上的全纯函数,满足对于 $i = 1, 2$,f_i 在 Ω_i 的任意边界点的任意阶导数的极限为零 (见定理 2.1.3),则 $f_1 \cdot f_2$ 是 $\Omega_1 \cap \Omega_2$ 上的解析函数,并且不能解析延拓到更大的区域上.

(b) 设 M 是复流形,$\pi: E \to M$ 是 M 上的全纯向量丛,取 M 的坐标覆盖 $\mathcal{U} = \{U_\alpha\}$ 使得每一个 U_α 都同胚于 $\mathbb{C}^n$ 中的全纯域,且 E 限制在 U_α 上是平凡的. 证明:对于 E 的全纯截影芽层 $\theta(E)$,$\mathcal{U} = \{U_\alpha\}$ 是满足 Leray 条件的开覆盖.

22. 已知对于复平面中的任意区域 Ω,$\mathrm{H}^2(\Omega, \mathbb{Z}) = 0$. 在复平面的区域 Ω 上表述 Cousin 问题 II,并证明 Cousin 问题 II 在 Ω 上有解.

23. 证明:在任意紧 Riemann 曲面上存在非常值的亚纯函数.

24. 设 R 是紧 Riemann 曲面,$D = n_1 p_1 + \cdots + n_t p_t$ 是 R 上给定的除子. 证明:

$$\mathrm{H}^0(R, \theta([D])) \cong \{f \mid f \text{ 是 } R \text{ 上亚纯函数}, \mathrm{div}(f) + D > 0\}.$$

25. 设 R 是紧 Riemann 曲面,$D = n_1 p_1 + \cdots + n_t p_t$ 是 R 上给定的除子. 利用 Kodaira-Serre 对偶证明:

$$\mathrm{H}^1(R, \theta([D])) \cong \{w \mid w \text{ 是 } R \text{ 上的亚纯形式}, \mathrm{div}(w) - D > 0\}.$$

26. 设 R 是紧 Riemann 曲面,f_1, f_2 是 R 上的亚纯函数. 证明:存在 R 上全纯线丛 L 以及 L 的三个全纯截影 s_0, s_1, s_2,使得 $f_1 = s_1/s_0$,$f_2 = s_2/s_0$.

27. 设 $\Omega \subset \mathbb{C}^n$ 是全纯域,试利用 $\overline{\partial}$ 方程和单位分解直接证明 Ω 上 Cousin 问题 I 可解.

28. 利用 Cousin 问题 I 证明:全纯域上任意亚纯函数可以表示为两个全纯函数的商.

29. 证明:$\mathbb{C}P^n$ 上全纯线丛由其 Chern 示性类唯一确定.

30. 证明：对于复流形上的线丛，利用线丛的曲率形式和利用正合序列 $0 \to \mathbb{Z} \to \theta \to \theta^* \to 0$ 定义的线丛的 Chern 示性类是相同的.

31. 以 M^* 表示 M 上亚纯函数利用乘法定义的层，利用正合序列 $0 \to \theta^* \to M^* \to \theta/M^* \to 0$. 证明：$H^0(M, \theta^*/M^*) = \text{div}(M)$，其中 $\text{div}(M)$ 表示 M 的除子群.

32. 利用全纯域的结论来证明 Dolbeault 引理.

33. 表述并证明关于流形上局部为常值函数的芽层 $\mathbb{C}$ 的 Čech 同调群的 Poincaré 对偶定理.

34. 证明等式 (6.7.1).

第 7 章 紧复流形

这一章我们将讨论紧复流形,我们的基本问题是什么样的紧复流形能够成为复投影空间的子流形? 我们知道,紧复流形 M 到复投影空间 $\mathbb{C}P^n$ 的解析映射都可以利用流形 M 上的 n 个亚纯函数给出,因而,如果这样的映射是嵌入映射,即紧复流形 M 如果能够成为复投影空间的子流形,则 M 上必须有许许多多非常值的亚纯函数. 为说明这一点,我们将首先讨论紧 Riemann 曲面上的亚纯函数域,利用抽象代数中域扩张的语言,以及 Riemann-Roch 定理来证明紧 Riemann 曲面的亚纯函数域可由复数域经一次超越扩张和一次代数扩张得到,并且两个紧 Riemann 曲面全纯同胚的充分必要条件是曲面的亚纯函数域在复数域上同构. 以紧 Riemann 曲面为例,我们将进一步讨论一般紧复流形上的亚纯函数域,证明紧复流形的亚纯函数域作为复数域的域扩张,其扩张的超越次数小于或等于流形的维数. 然后我们将再次回到紧 Riemann 曲面,给出紧 Riemann 曲面上关于线丛同调群的消没定理,并利用这一定理来证明任意紧 Riemann 曲面都是复投影空间的子流形. 以这些定理为模型,我们将给出关于一般紧复流形在什么条件下能够成为复投影空间子流形的 Kodaira 消没定理和 Kodaira 嵌入定理. 这一章中第 1 节和第 4 节的内容可参阅文献 [4],其余部分的内容可参阅文献 [9].

§7.1 紧 Riemann 曲面上的亚纯函数域

设 M 是一紧复流形,我们知道 M 上一个函数 f 称为**亚纯函数**,如果对于任意点 $P \in M$,存在 P 的一个邻域 U 以及 U 上的两个全纯函数 g 和 h,满足 h 不恒为零,而在 U 上 $f = g/h$. 我们以 $m(M)$ 表示由 M 上所有亚纯函数组成的集合,利用函数的加法和乘法不难看出, $m(M)$ 是一个域, 称为 M 的**亚纯函数域**. 两个紧复流形如果全纯同胚, 则它们的亚纯函数域在复数域上显然同构. 因而要讨论紧复流形 M 的性质, 我们需要先从域扩张的角度对 $m(M)$ 进行研究.

在抽象代数中我们知道, 如果一个域 Y_1 是另一个域 Y_2 的**子域**, 则 Y_2 称为 Y_1 的**域扩张**. 这时对于任意元素 $t \in Y_2 \setminus Y_1$, t 对于 Y_1 分两种情况: (1) 不存在以 Y_1 中元素为系数的非零多项式 $P(x)$, 使得 $P(t)=0$, 这时 t 称为域 Y_1 上的**超越元素**; (2) 存在以 Y_1 中元素为系数的非零多项式 $P(x)$, 使得 $P(t)=0$, 这时 t 称为域 Y_1 上的**代数元素**. 如果我们以 $Y_1(t)$ 表示 Y_2 中包含 Y_1 和 t 的最小域, 则 $Y_1(t)$ 称为**域 Y_1 对于元素 t 的域扩张**.

当 t 是域 Y_1 上的超越元素时, 域 $Y_1(t)$ 与以 Y_1 中元素为系数、x 为不定元的所有有理函数构成的 Y_1 上的有理函数域同构, 即

$$Y_1(t) \cong \left\{ \frac{a_1 x^m + \cdots + a_{m+1}}{b_1 x^n + \cdots + b_{n+1}} \Big| a_i, b_j \in Y_1, i=1,\cdots,m+1, j=1,\cdots,n+1 \right\}.$$

而当 t 是域 Y_1 上的代数元素时, 设 $P(x)$ 是满足 $P(t)=0$ 的一个不可约多项式, 以 $(P(x))$ 表示多项式 $P(x)$ 在 $Y_1[x]$ 中生成的理想, 这里 $Y_1[x]$ 表示以 Y_1 中元素为系数、x 为不定元的所有多项式构成的多项式环, 则 $Y_1(t) \cong Y_1[x]/(P(x))$, 即 $Y_1(t)$ 是环 $Y_1[x]$ 关于理想 $(P(x))$ 的商域. 这时如果假定 $\deg(P(x))=n$, 则 n 称为域 $Y_1(t)$ 关于 Y_1 的**扩张次数**, 记为 $n=[Y_1(t), Y_1]$, 而域 $Y_1(t)$ 中的元素可唯一表示为

$$Y_1(t) = \{ a_1 t^{n-1} + \cdots + a_n \mid a_i \in Y_1, i=1,\cdots,n \}.$$

由于这一表示, 为了区别代数扩张与超越扩张, 下面当 t 是 Y_1 上的代数元素时, 我们也用 $Y_1[t]$ 表示 Y_1 对于 t 的代数扩张.

现在我们希望利用上面这些关于域扩张的语言来描述紧复流形 M 上的亚纯函数域 $m(M)$. 首先 M 上的复常值函数显然是亚纯函数, 而 M 上所有复常值函数构成的集合就是复数域 $\mathbb{C}$, 因而 $\mathbb{C} \subset m(M)$, 即亚纯函数域 $m(M)$ 是复数域 $\mathbb{C}$ 的域扩张. 设存在非常值的亚纯函数 $g \in m(M)$, 由于 g 在其极点以外局部是开映射, 所以 g 的值域含无

穷多个点, 而以复数为系数的非零多项式仅有有限个零点. 我们得到, 不存在以复数为系数的非零多项式 $P(Z)$, 使得 $P(g) \equiv 0$, 或者说 g 不是复数域 $\mathbb{C}$ 上的代数元素. 因而 $m(M)$ 中包含 $\mathbb{C}$ 和 g 的最小域 $\mathbb{C}(g)$ 是复数域 $\mathbb{C}$ 的一个超越扩张, 其同构于 $\mathbb{C}$ 的有理函数域. 这时 $m(M)$ 又是 $\mathbb{C}(g)$ 的域扩张. 取 $f \in m(M) \backslash \mathbb{C}(g)$, 如果 f 是 $\mathbb{C}(g)$ 上的代数元素, 则 f 与函数 g 满足一个以复数为系数的多项式方程 $P(Z, W) = 0$, 而 $\mathbb{C}(g)$ 对 f 的域扩张 $\mathbb{C}(g)[f]$ 中的元素可以用以 g 的有理函数为系数的 f 的多项式来表示. 如果 f 是 $\mathbb{C}(g)$ 上的超越元素, 则我们称 f 和 g 在 $\mathbb{C}$ 上**代数独立**. 这时 $m(M)$ 中包含 $\mathbb{C}$、f 和 g 的最小域称为 $\mathbb{C}$ 对于 f 和 g 的域扩张, 记为 $\mathbb{C}(f,g)$, 其同构于 $\mathbb{C}$ 上两个不定元的有理函数域, 即

$$\mathbb{C}(f,g) \cong \mathbb{C}(X,Y) = \left\{ \frac{P(X,Y)}{Q(X,Y)} \;\middle|\; P(X,Y), Q(X,Y) \in \mathbb{C}[X,Y] \right.$$

都是以复数为系数的二元多项式, $Q(X,Y) \neq 0 \Big\}$.

$\mathbb{C}(f,g)$ 是 $m(M)$ 的子域, 因而 $m(M)$ 是 $\mathbb{C}(f,g)$ 的域扩张, 我们又可以作同样的讨论. 对于一个紧复流形 M, 现在的问题是能否通过有限步上面这样的讨论, 由复数域 $\mathbb{C}$ 逐步扩张得到 M 的亚纯函数域 $m(M)$. 换句话说, 我们希望能在 $m(M)$ 中找到有限个亚纯函数, 使得 M 上的任意亚纯函数都可通过这有限个亚纯函数的有理函数表示出来. 下面我们将证明这样的愿望是可以实现的, 我们将首先以紧 Riemann 曲面为例来说明我们可能得到的结论, 然后以这一结论为基础在下一节讨论一般紧复流形上的亚纯函数域.

首先, 我们知道 Riemann 球 $\mathbb{C}P^1 = \mathbb{C} \cup \{\infty\}$ 上的任意亚纯函数都是以复数为系数、复平面的坐标 z 为变元的有理函数, 即 $m(\mathbb{C}P^1) = \mathbb{C}(z)$ 就是复数域 $\mathbb{C}$ 经过对变元 z 的一次超越扩张得到的有理函数域. 我们希望将这一结论推广到一般的紧 Riemann 曲面.

现设 R 是一亏格为 g 的紧 Riemann 曲面, L 是 R 上的全纯线丛, 由 Riemann-Roch 定理, 我们知道

$$\dim H^0(R, \theta(L)) - \dim H^1(R, \theta(L)) = \deg(L) - g + 1.$$

因此只要 $\deg(L) > g$, 则 $\dim H^0(R, \theta(L)) \geqslant 2$. 而 $H^0(R, \theta(L))$ 中任意两个线性无关截影的商都是 R 上非常值的亚纯函数, 由此利用 Riemann-Roch 定理我们得到下面的定理.

定理 7.1.1 任意紧 Riemann 曲面 R 上都存在非常值的亚纯函数.

现任意取定 R 上一个非常值的亚纯函数 f, 则 f 是复数域 $\mathbb{C} \subset m(R)$ 上的超越元素, 因而 $m(R)$ 中包含 $\mathbb{C}$ 和 f 的最小域 $\mathbb{C}(f)$ 同构于 $\mathbb{C}$ 的有理函数域. 下面我们希望证明 R 上的任意亚纯函数 $g \in m(R)\backslash\mathbb{C}(f)$ 都是域 $\mathbb{C}(f)$ 上的代数元素.

首先对于 f, 选取点 $P \in R$, 使 f 在 P 点的一个邻域 U 上解析且无零点. 设 z 是 U 的局部坐标, 满足 $z(P) = 0$, 则当 $\varepsilon > 0$ 充分小时,

$$\frac{1}{2\pi i} \int\limits_{|z|=\varepsilon} \frac{f'(z)}{f(z)} dz = 0.$$

另一方面, 利用 Stokes 公式和单复变函数中的幅角原理 (参阅文献 [3]), 不难得到上面积分就是 f 在 R 上的零点与极点个数 (按重数记) 之差. 我们得到 f 在 R 上的零点与极点个数相同. 而对于任意 $c \in \mathbb{C}$, 如果用 $f - c$ 代替 f, 则极点没有改变, 而零点变为 $f = c$ 的解. 由此得到 $f = c$ 的解的个数与 f 的极点个数相同.

现将 f 看做一全纯映射 $f: R \to \mathbb{C}P^1$, 则对于任意点 $P \in \mathbb{C}P^1$, $f^{-1}(P)$ 中点的个数 (按重数记) 与 f 的极点个数相同, 是一常数 n. 现假设 $P_1, \cdots, P_k$ 是 R 中所有满足 $df(P) = 0$ 的点, 而 $Q_1, \cdots, Q_s$ 是这些点在 $\mathbb{C}P^1$ 中的像, 则映射

$$f: R \backslash \{f^{-1}(Q_1), \cdots, f^{-1}(Q_s), f^{-1}(\infty)\} \to \mathbb{C}P^1 \backslash \{Q_1, \cdots, Q_s, \infty\}$$

处处满足 $df \neq 0$, 因而是局部同胚的映射, 或者说是一覆盖映射. 即对于任意点 $Q \in \mathbb{C}P^1 \backslash \{Q_1, \cdots, Q_s, \infty\}$, 存在 Q 点的邻域 U, 使得 $f^{-1}(U) = \bigcup\limits_{i=1}^{n} U_i$, 满足当 $i \neq j$ 时, $U_i \cap U_j = \varnothing$, 而对 $i = 1, \cdots, n$, $f: U_i \to U$ 都是解析同胚. 利用这一点, 在 $\mathbb{C}P^1$ 上做连接 ∞ 与 $Q_1, \cdots, Q_s$ 的互

不相交的连线 $L_1, \cdots, L_s$,将 $\mathbb{C}P^1$ 沿 $L_1, \cdots, L_s$ 剪开 (参见下图 7.1.1),则所得区域

$$\Omega = \mathbb{C}P^1 \backslash \{L_1, \cdots, L_s\}$$

是复平面中以线段 $L_1^+ L_1^- L_2^+ L_2^- \cdots L_s^+ L_s^-$ 为边界的单连通区域,而

$$f: R \backslash \{f^{-1}(L_1), \cdots, f^{-1}(L_s)\} \to \mathbb{C}P^1 \backslash \{L_1, \cdots, L_s\} = \Omega$$

是 $R \backslash \{f^{-1}(L_1), \cdots, f^{-1}(L_s)\}$ 到 Ω 的覆盖映射.

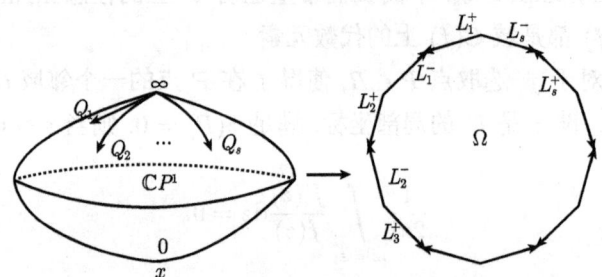

图 7.1.1

但另一方面,Ω 是单连通的,而由拓扑学中的结论: 如果道路连通且局部道路连通的拓扑空间 X 和 Y 之间的映射 $F: X \to Y$ 是覆盖映射,且 Y 是单连通的,则必须 $F: X \to Y$ 是拓扑同胚,或者表示为 $X = Y$(参阅文献 [6]). 我们得到

$$R \backslash \{f^{-1}(L_1), \cdots, f^{-1}(L_s)\} = \Omega_1 \cup \cdots \cup \Omega_n,$$

其中 $\Omega_1, \cdots, \Omega_n$ 之间互不相交,而对于 $i = 1, \cdots, n$, $f: \Omega_i \to \Omega$ 都是解析同胚. 这时 R 是通过粘接区域 $\Omega_1, \cdots, \Omega_n$ 的边界曲线 $\{f^{-1}(L_1), \cdots, f^{-1}(L_s)\} = L_1^+ L_1^- L_2^+ L_2^- \cdots L_s^+ L_s^-$ 的不同侧后得到的曲面.

现设 g 是 R 上另一个亚纯函数,令 $g_i = g|_{\Omega_i}$,则 $g_1, \cdots, g_n$ 可分别看做 Ω 上的亚纯函数,每一个 g_i 在 Ω 的边界曲线 $L_1, \cdots, L_s$ 的两侧都有定义,但可能不相等. 然而 $g_1, \cdots, g_n$ 的对称函数在 $L_1, \cdots, L_s$ 的两侧都是一样的,因此 $g_1, \cdots, g_n$ 的对称函数是 $\mathbb{C}P^1$ 上的亚纯函数. 另一方面,我们知道,如果将 $\mathbb{C}P^1$ 看做扩充复平面 $\mathbb{C} \cup \{\infty\}$,$z$ 是 $\mathbb{C}$ 的

坐标, 则 $\mathbb{C}P^1$ 上的任意亚纯函数都是 z 的有理函数. 我们得到, 如果将 $g_1, \cdots, g_n$ 都看做 $\mathbb{C} \cup \{\infty\} \backslash \{L_1, \cdots, L_s\}$ 上 z 的函数, 则 $g_1, \cdots, g_n$ 的对称函数都是 z 的有理函数. 利用 $g_1, \cdots, g_n$, 我们定义一个多项式 $P(z, w)$ 为

$$P(z, w) = \prod_{i=1}^n (w - g_i(z)) = w^n + a_1(z)w^{n-1} + \cdots + a_n(z),$$

则其中 $a_1(z), \cdots, a_n(z)$ 都是 $g_1, \cdots, g_n$ 的对称函数, 因而是 z 的有理函数.

现回到 Riemann 曲面 R, 首先利用 $\mathbb{C}$ 的坐标 z 将映射

$$f : R \backslash \{f^{-1}(Q_1), \cdots, f^{-1}(Q_s), f^{-1}(\infty)\}$$
$$\to \mathbb{C}P^1 \backslash \{Q_1, \cdots, Q_s, \infty\} = \mathbb{C} \cup \{\infty\} \backslash \{Q_1, \cdots, Q_s, \infty\}$$

表示为 $z = f$, 则对于上面定义的多项式 $P(z, w)$, 在 Ω_i 上 $P(f, g) \equiv 0$, 因而在 R 上, $P(f, g) \equiv 0$. 这一结果表明, 如果我们以 $\mathbb{C}(f)$ 表示复数域 $\mathbb{C}$ 对于 f 的超越扩张, 则 $a_i(f) \in \mathbb{C}(f)$, 而亚纯函数 g 是 $\mathbb{C}(f)$ 上的代数元素. 由此我们证明了 $m(R)$ 中任意元素都是 $\mathbb{C}(f)$ 上的代数元素.

在上面证明中我们实际得到的是: $m(R)$ 中任意元素对于 $\mathbb{C}(f)$ 的代数扩张的次数都小于或等于 n. 因而利用抽象代数中关于代数扩张的本原元素定理 (参阅文献 [11]), 我们得到, 存在 $g \in m(R)$, 使得

$$m(R) = \mathbb{C}(f)[g].$$

由此我们证明了任意紧 Riemann 曲面的亚纯函数域都能够通过复数域经一次超越扩张加一次代数扩张得到. 下面我们希望证明这一结论的逆也是成立的, 即有理函数域 $\mathbb{C}(z)$ 经任意一次代数扩张后所得的域一定是某一个紧 Riemann 曲面的亚纯函数域.

首先我们对 $m(R) = \mathbb{C}(f)[g]$ 的表示做一点说明. 设函数 g 在域 $\mathbb{C}(f)$ 上的扩张次数为 k, 则 R 上任意亚纯函数可唯一表示为

$$Q_1(f)g^{k-1} + \cdots + Q_k(f)$$

的形式, 其中 $Q_1(f), \cdots, Q_k(f)$ 是 f 的有理函数.

现设函数 g 在域 $\mathbb{C}(f)$ 上满足的最小多项式是

$$P(z, w) = w^k + a_1(z)w^{k-1} + \cdots + a_k(z),$$

其中 $a_1(z), \cdots, a_k(z)$ 都是 z 的有理函数, 则由域扩张的理论得

$$m(R) = \mathbb{C}(f)[g] \cong \mathbb{C}(z)[w]/(P(z, w)).$$

对于多项式 $P(z,w)$, 在上面等式两边同乘 $a_1(z), \cdots, a_k(z)$ 的最小公分母, 得一以 z 和 w 为变元的多项式 $\widetilde{P}(z,w)$. 不难看出 $\widetilde{P}(z,w)$ 也是 z 和 w 的不可约多项式, 设次数为 l. 如果令 $z = \frac{z_1}{z_0}, w = \frac{z_2}{z_0}$, 令

$$F(z_0, z_1, z_2) = z_0^l \widetilde{P}\left(\frac{z_1}{z_0}, \frac{z_2}{z_0}\right),$$

则 $F(z_0, z_1, z_2)$ 是 z_0, z_1, z_2 的 l 次不可约齐次多项式. 在二维复投影空间 $\mathbb{C}P^2$ 中令

$$Z(F(z_0, z_1, z_2)) = \left\{[z_0, z_1, z_2] \in \mathbb{C}P^2 \mid F(z_0, z_1, z_2) = 0\right\},$$

$Z(F(z_0, z_1, z_2))$ 称为由齐次多项式 $F(z_0, z_1, z_2)$ 定义的**代数曲线**. 这时利用隐函数定理不难验证 $Z(F(z_0, z_1, z_2))$ 中除去有限个点外都是光滑的, 即 $Z(F(z_0, z_1, z_2))$ 除去有限个点外是 Riemann 曲面. 而利用 R 上的亚纯函数 f 和 g, 我们定义一个解析映射

$$G: R \to \mathbb{C}P^2, \quad P \mapsto [1, f(P), g(P)].$$

由于 $P(f,g) \equiv 0$, 因此 $\mathrm{Im}(G) \subset Z(F(z_0, z_1, z_2))$, 映射

$$G: R \to Z(F(z_0, z_1, z_2))$$

除有限个点外是解析同胚. R 称为代数曲线 $Z(F(z_0, z_1, z_2))$ 的**正则化曲面**, 也称为 $Z(F(z_0, z_1, z_2))$ 的**非奇异化曲面**. 在解析同胚的意义下, R 由 $Z(F(z_0, z_1, z_2))$ 唯一确定.

现在反过来，设 $P(z,w)$ 是一给定的变量 z 和 w 的 l 次不可约多项式，其确定了有理函数域 $\mathbb{C}(z)$ 的一个代数扩张 $\mathbb{C}(z)[w]/(P(z,w))$。我们希望构造一个紧 Riemann 曲面 R，使得

$$m(R) \cong \mathbb{C}(z)[w]/(P(z,w)).$$

如果换一个角度，令 $F(z_0, z_1, z_2) = z_0^l P\left(\dfrac{z_1}{z_0}, \dfrac{z_2}{z_0}\right)$，$Z(F(z_0, z_1, z_2))$ 是由齐次多项式 $F(z_0, z_1, z_2)$ 在 $\mathbb{C}P^2$ 中定义的代数曲线，则我们希望构造一个紧 Riemann 曲面 R，使得 R 是代数曲线 $Z(F(z_0, z_1, z_2))$ 的正则化曲面，或者说 R 是由二元多项式方程 $P(z,w) = 0$ 的所有解定义的紧 Riemann 曲面。

为了构造 R，首先将 $P(z,w)$ 表示为

$$P(z,w) = p_0(z)w^n + p_1(z)w^{n-1} + \cdots + p_n(z),$$

其中 $p_0(z), p_1(z), \cdots, p_n(z)$ 都是 z 的多项式，$p_0(z)$ 不恒为零，$P(z,w)$ 对 z 和 w 都是解析的。我们以 $\dfrac{\partial P}{\partial z}$ 和 $\dfrac{\partial P}{\partial w}$ 分别记 $P(z,w)$ 对 z 和 w 的偏导数。

在构造由方程 $P(z,w) = 0$ 定义的紧 Riemann 曲面之前，我们先回顾一下关于一元多项式的判别式的一些基本概念。我们知道，对于一个 n 次多项式 $p(z) = a_0 z^n + \cdots + a_n$，如果 $z_1, \cdots, z_n$ 是方程 $p(z) = 0$ 的根，则

$$\triangle = a_0^{2n-1} \prod_{1 \leqslant i < j \leqslant n} (z_i - z_j)^2$$

称为多项式 $p(z)$ 的**判别式**。由 $\triangle$ 的定义得方程 $p(z) = 0$ 有重根的充分必要条件是 $\triangle = 0$。另一方面，$p(z) = 0$ 有重根的充分必要条件是 $p(z)$ 与 $\dfrac{\mathrm{d}p(z)}{\mathrm{d}z}$ 有公因子。因此 $\triangle = 0$ 也是 $p(z)$ 与 $\dfrac{\mathrm{d}p(z)}{\mathrm{d}z}$ 有公因子的充分必要条件。而 $\triangle$ 是 $z_1, \cdots, z_n$ 的对称多项式，因而利用代数学中关于对称多项式的定理，$\triangle$ 可表示为下面基本对称多项式

$$e_1 = z_1 + \cdots + z_n = -\frac{a_1}{a_0},$$
$$e_2 = z_1 z_2 + \cdots + z_{n-1} z_n = \frac{a_2}{a_0},$$
$$\cdots\cdots\cdots\cdots\cdots\cdots\cdots\cdots$$
$$e_n = z_1 z_2 \cdots z_n = (-1)^n \frac{a_n}{a_0}$$

的多项式. 即 $p(z)$ 的判别式 $\triangle$ 可以表示为 $p(z)$ 的系数 $a_0, \cdots, a_n$ 的多项式. 下面我们直接用这一表示来定义判别式.

对于二元多项式 $P(z,w)$. 首先用 z 的有理函数域 $\mathbb{C}(z)$ 代替复数域 $\mathbb{C}$, 将 $P(z,w)$ 看做以 z 的有理函数为系数、w 为变元的一元多项式. 则与上面相同的讨论可得 $P(z,w)$ 关于 w 的判别式 $\triangle$ 是 $P(z,w)$ 的系数多项式 $p_0(z), p_1(z), \cdots, p_n(z)$ 的多项式, 因而 $\triangle$ 是 z 的多项式. 由于我们假设了 $P(z,w)$ 是 z 和 w 的不可约多项式, 所以 $P(z,w)$ 与 $\frac{\partial P}{\partial w}$ 无公因子. 利用此我们得到, $P(z,w)$ 判别式 $\triangle$ 是 z 的不为零的多项式.

现设 $z_1, \cdots, z_k$ 是判别式方程 $\triangle = 0$ 的解, 而 $z_{k+1}, \cdots, z_l$ 是方程 $p_0(z) = 0$ 的解, 其中 $p_0(z)$ 是 $P(z,w)$ 中 w^n 的系数. 这时对于任意取定的点 $z \in \mathbb{C} \backslash \{z_1, \cdots, z_k, z_{k+1}, \cdots, z_l\}$, w 的方程 $P(z,w) = 0$ 有且仅有 n 个互不相等的解 $w_1, \cdots, w_n$, 并且对 $i = 1, 2, \cdots, n$, $\frac{\partial P}{\partial w}(z, w_i) \neq 0$. 因此由解析函数的隐函数定理知, 存在 z 的邻域 $D(z,r)$, 使得方程 $P(z,w) = 0$ 在 $D(z,r)$ 上确定了 n 个解析函数 $w_i = w_i(z)(i = 1, \cdots, n)$. 由于 z 是任意的, 而这些解析函数的值都是互不相等的, 并且是由 $P(z,w) = 0$ 唯一确定, 因而这些解析函数可沿 $\mathbb{C} \backslash \{z_1, \cdots, z_k, z_{k+1}, \cdots, z_l\}$ 中任意曲线作解析延拓. 但由于 $\mathbb{C} \backslash \{z_1, \cdots, z_k, z_{k+1}, \cdots, z_l\}$ 不是单连通的, 这些延拓一般与延拓的路径有关.

现在我们希望构造一个紧 Riemann 曲面 R 来表示二元多项式方程 $P(z,w) = 0$ 的解空间, 并使得 $m(R) = \mathbb{C}(z)[w]/(P(z,w))$. 为此以 $\mathbb{C}P^1$ 代替 $\mathbb{C}$, 对 $i = 1, \cdots, l$, 做 z_i 到 ∞ 的互不相交的射线 L_i. 将 $\mathbb{C}P^1 \backslash \{z_1, \cdots, z_k, z_{k+1}, \cdots, z_l, \infty\}$ 沿射线 L_i 剪开, 剪开的两侧分别

§7.1 紧 Riemann 曲面上的亚纯函数域

记为 L_i^+ 和 L_i^- (参见上图 7.1.1).

以 Ω 记剪开后的区域, 则 Ω 是单连通的. 利用复变函数中关于解析延拓的单值性定理得, $P(z,w) = 0$ 的 n 个解 $w_1(z), \cdots, w_n(z)$ 都可延拓为 Ω 上的解析函数. 取 n 块曲面 $\Omega_i = \Omega (i = 1, \cdots, n)$, 并将 $w_i(z)$ 看做 Ω_i 上的函数. 由于对每条射线 L_j 上给定的点 z, $P(z,w) = 0$ 的 n 个解 $w_1(z), \cdots, w_n(z)$ 互不相等, 因此 $w_i(z)$ 可连续的延拓到 L_j^+ 和 L_j^- 上, 但 $w_i(z)|_{L_j^+}$ 与 $w_i(z)|_{L_j^-}$ 可能不相等. 由于 $\{w_1(z), \cdots, w_n(z)\}$ 是方程 $P(z,w) = 0$ 在 z 固定时的所有解, 因此对每一个 $w_i(z)$, 必存在 $w_t(z)$ 使得 $w_i(z)|_{L_j^+} = w_t(z)|_{L_j^-}$. 这时将 Ω_i 的 L_j^+ 与 Ω_t 的 L_j^- 粘接. 做所有这样的粘接, 则我们得到一个曲面 $\widetilde{R}$ 以及 $\widetilde{R}$ 上的两个函数 z 和 $w(z)$, 其中 z 是将 $\Omega_i = \Omega$ 视为 $\mathbb{C}$ 中区域时, Ω_i 中的点在 $\mathbb{C}$ 中的坐标, 而 $w(z)|_{\Omega_i} = w_i(z)$. 在不考虑方程 $P(z,w) = 0$ 的重根的情况下, $\{\widetilde{R}, z, w(z)\}$ 构成了方程 $P(z,w) = 0$ 的解空间. 每一个点 $P \in \widetilde{R}$ 代表一个解, 而解析函数对 $(z, w(z))$ 是这一解的数值表示. 利用 $P(z,w)$ 的不可约性不难得到 $\widetilde{R}$ 是连通的.

现在我们来考虑怎样将点 $\{z_1, \cdots, z_k, z_{k+1}, \cdots, z_l\}$ 和 ∞ 加到曲面 $\widetilde{R}$ 上使之成为一紧 Riemann 曲面. 以 $z = z_1$ 为例, 不失一般性, 不妨设 $z_1 = 0$. 首先设 Ω_1 中曲线 L_1^+ 与 Ω_{i_1} 中的 L_1^- 在 $\widetilde{R}$ 相接, 而 Ω_{i_1} 中的 L_1^+ 与 Ω_{i_2} 中的 L_1^- 在 $\widetilde{R}$ 相接, $\cdots\cdots$, Ω_{i_s} 中的 L_1^+ 与 Ω_1 中的 L_1^- 在 $\widetilde{R}$ 相接. 对此, 取 $\varepsilon > 0$ 充分小, 考虑 w 平面中去心圆盘 $\{w \mid 0 < |w| < \varepsilon\}$ 到这些粘接后的曲面的映射 $z = w^s$, 则其是解析同胚, 因而可将 w 作为局部坐标, 在此基础上将 $w = 0$ 补充到曲面上. 这样我们就在 $\widetilde{R}$ 上加进了新的点, w 是这一点邻域的局部坐标. 另一方面, 函数 z 可解析延拓到新加的点上, 并且这一点是 z 的 s 阶零点. 而如果在上面讨论中, $z_1 = z_{k+1}$ 是 $P(z,w)$ 中 w^n 的系数 $p_0(z)$ 的零点, 或者 $z_1 = \infty$ 是无穷远点, 则按照同样的方法在 $\widetilde{R}$ 上加入 z_1 后, 不难看出函数 $w(z)$ 在新加点的邻域上或者有界, 或者趋于 ∞, 因而 $w(z)$ 总可亚纯延拓到新的点上. 因此当我们将其他的点都补充到 $\widetilde{R}$ 上, 就得到一个紧 Riemann 曲面 R 及 R 上的两个亚纯函数 $z, w(z)$. 这时, 按照前面讨论同样的证明不难得到 $[m(R), \mathbb{C}(z)] \leqslant n$. 但 $w(z)$ 对于 $\mathbb{C}(z)$

的扩张次数已经是 n 了,我们得到 $m(R) = \mathbb{C}(z)[w]/(P(z,w))$,即 R 上任意亚纯函数都可表示为以 z 的有理函数为系数的 $w(z)$ 的 n 次多项式.

由此我们证明了有理函数域 $\mathbb{C}(z)$ 的任意有限次代数扩张一定是一个紧 Riemann 曲面的亚纯函数域.

另一方面,设紧 Riemann 曲面 R_1 与 R_2 解析同胚,$F: R_1 \to R_2$ 是同胚映射,则映射

$$F^*: m(R_2) \to m(R_1), \quad g \mapsto g \circ F$$

是域 $m(R_2)$ 到 $m(R_1)$ 的同构映射,其将常值函数映为同值的常值函数. 反过来,如果有一个映射 $F^*: m(R_2) \to m(R_1)$ 是域 $m(R_2)$ 到 $m(R_1)$ 的同构映射,将常值函数映为同值的常值函数,则 $m(R_2)$ 和 $m(R_1)$ 作为复数域的扩张是相同的. 因而将 $m(R_2)$ 表示为商域

$$m(R_2) = \mathbb{C}(z)[w]/(P(z,w))$$

的形式时,$m(R_1) \cong \mathbb{C}(z)[w]/(P(z,w))$ 也是由同一不可约多项式得到的域扩张. 如果令 $F(z_0, z_1, z_2) = z_0^l P\left(\dfrac{z_1}{z_0}, \dfrac{z_2}{z_0}\right)$ 是 $P(z,w)$ 的齐次化的多项式,则 R_1 和 R_2 都是代数曲线 $Z(F(z_0, z_1, z_2))$ 的正则化曲面. 而这样的正则化曲面是唯一的,我们得到 R_1 与 R_2 解析同胚. 由此得到两个紧 Riemann 曲面 R_1 与 R_2 解析同胚的充分必要条件是: 存在 $m(R_2)$ 到 $m(R_1)$ 的同构映射 F, F 将常值函数映为同值的常值函数. 如果我们将 $m(R_2)$ 和 $m(R_1)$ 都看做复数域 $\mathbb{C}$ 上的扩张,则将常值函数映为同值常值函数的同构称为域 $m(R_2)$ 到 $m(R_1)$ 相对于 $\mathbb{C}$ 的同构映射. 上面讨论表明: 两个紧 Riemann 曲面解析同胚的充分必要条件是其亚纯函数域相对于 $\mathbb{C}$ 是同构的. 即所有紧 Riemann 曲面与所有 $\mathbb{C}$ 的有理函数域 $\mathbb{C}(z)$ 经有限次代数扩张得到的域一一对应.

§7.2 紧复流形上的亚纯函数域

以上面紧 Riemann 曲面上亚纯函数域的讨论为例,我们现在的问

题是一般紧复流形的亚纯函数域是否可通过复数域经有限次超越扩张和代数扩张得到, 即对于紧复流形 M, 是否存在 M 上的有限个亚纯函数 $f_1, \cdots, f_s$ 和 f, 使得 M 上其他亚纯函数都可以表示为以 $f_1, \cdots, f_s$ 的有理函数为系数的 f 的多项式. 如果可以, 还需要知道其中的 s 与 $\dim M$ 的关系. 为此, 我们首先给出下面定义.

定义 7.2.1 设域 Y_2 是域 Y_1 的扩张, $t_1, \cdots, t_s$ 是域 Y_2 中的元素, 如果不存在以 Y_1 中元素为系数的非零多元多项式 $P(X_1, \cdots, X_s)$, 使得
$$Y_1(t_1, \cdots, t_s) = 0,$$
则称域 Y_2 中的元素 $t_1, \cdots, t_s$ 在域 Y_1 上**代数独立**.

如果 $t_1, \cdots, t_s \in Y_2$ 在 Y_1 上代数独立, 对于 $i = 1, \cdots, s-1$, 以 $Y_1(t_1, \cdots, t_i)$ 表示域 Y_1 对于 $t_1, \cdots, t_i$ 的域扩张, 则 t_{i+1} 是域 $Y_1(t_1, \cdots, t_i)$ 上的超越元素, 因而 $Y_1(t_1, \cdots, t_i, t_{i+1})$ 与 $Y_1(t_1, \cdots, t_i)$ 上的有理函数域同构. 我们得到域 $Y_1(t_1, \cdots, t_s)$ 与以 Y_1 中元素为系数、以 $x_1, \cdots, x_s$ 为不定元的有理函数域 $Y_1(x_1, \cdots, x_s)$ 同构.

定义 7.2.2 设域 Y_2 是域 Y_1 的域扩张, 并且存在 $t_1, \cdots, t_s \in Y_2$, 使得 $t_1, \cdots, t_s$ 在 Y_1 上代数独立, 而以 $Y_1(t_1, \cdots, t_s)$ 表示 Y_1 对于 $t_1, \cdots, t_s$ 的域扩张时, 域 Y_2 中的任意元素都是域 $Y_1(t_1, \cdots, t_s)$ 上的代数元素, 则称域 Y_2 关于域 Y_1 域扩张的**超越次数**为 s, 记为
$$\mathrm{Trdeg}(Y_2, Y_1) = s.$$

现在我们来给出本节的基本定理 ——Thimm 定理.

定理 7.2.1(Thimm 定理) 设 M 是 m 维紧复流形, 则 M 的亚纯函数域 $m(M)$ 对于复数域 $\mathbb{C}$ 的域扩张的超越次数小于或等于 m, 即
$$\mathrm{Trdeg}(m(M), \mathbb{C}) \leqslant \dim M.$$
并且如果 $s = \mathrm{Trdeg}(m(M), \mathbb{C})$, $f_1, \cdots, f_s$ 是 $m(M)$ 中对复数域 $\mathbb{C}$ 代数独立的元素, 则
$$[m(M), \mathbb{C}(f_1, \cdots, f_s)] < +\infty.$$

由于 $m(M)$ 是域 $\mathbb{C}(f_1,\cdots,f_s)$ 的有限次代数扩张, 因而应用抽象代数学中的本原元素定理, 我们知道, 存在 $f \in m(M)$, 使得 $m(M) = \mathbb{C}(f_1,\cdots,f_s)[f]$. 由此我们得到下面的推论.

推论 7.2.1 设 M 是 m 维紧复流形, 则存在 M 上有限个亚纯函数 $f_1,\cdots,f_s$ 和 f, 满足 $s \leqslant m$, 而 M 上任意亚纯函数都可以表示为以 $f_1,\cdots,f_s$ 的有理函数为系数的 f 的多项式.

Thimm 定理的证明 这里我们仅证明定理的前一部分

$$\operatorname{Trdeg}(m(M),\mathbb{C}) \leqslant m = \dim M.$$

为此需要证明对于 M 上任意给定的 $m+1$ 个亚纯函数 $f_1,\cdots,f_{m+1}$, 存在一个以复数为系数、以 $X_1,\cdots,X_{m+1}$ 为不定元的非零多项式 $P(X_1,\cdots,X_{m+1})$, 使得

$$P(f_1,\cdots,f_{m+1}) \equiv 0.$$

为了避免由多元亚纯函数极点的非孤立性对于讨论带来的困难, 按多元复分析通常的做法, 我们用线丛的全纯截影代替亚纯函数. 首先利用解析函数芽环 θ_m 的唯一分解性, 我们知道, 存在 M 上的除子 $D = \{U_\alpha, f_\alpha\}$, 使得 f_α 是 U_α 上的解析函数, 满足对于 $i = 1,\cdots,m+1$, $f_\alpha f_i$ 都是 U_α 上的解析函数, 并且如果 M 上的另一除子 $\widetilde{D} = \{U_\alpha, \widetilde{f}_\alpha\}$ 也满足上面性质, 则 $\widetilde{f}_\alpha/f_\alpha$ 是 U_α 上的解析函数. 这时, 我们称 D 是由亚纯函数 $f_1,\cdots,f_{m+1}$ 的极点定义的除子. 现设 $[D]$ 是由 D 定义的线丛, $s_D = \{f_\alpha\}$ 是 D 的典则截影, 则由定义, $s_D|_{U_\alpha} = f_\alpha$, 因而 $s_D f_1,\cdots,s_D f_{m+1}$ 都是线丛 $[D]$ 的全纯截影. 更进一步, 如果 $P(X_1,\cdots,X_{m+1})$ 是一给定的关于变元 $X_1,\cdots,X_{m+1}$ 的 n 次多项式, 则

$$s_D^n P(f_1,\cdots,f_{m+1})$$

是 $s_D f_1,\cdots,s_D f_{m+1}$ 和 s_D 的 n 次齐次多项式, 因而是线丛 $n[D]$ 在流形 M 上的一个全纯截影. 利用此, 我们只需证明当 n 充分大时, 存在变元 $X_1,\cdots,X_{m+1}, X_{m+2}$ 的一个非零的 n 次齐次多项式 $P(X_1,\cdots,$

$X_{m+1}, X_{m+2})$, 使得

$$P(s_D^n f_1, \cdots, s_D^n f_{m+1}, s_D^n) \equiv 0.$$

现给定线丛 $[D]$ 一个 Hermite 度量 h, 并选取 M 的一个坐标覆盖 $\{(B_1, Z^1), \cdots, (B_p, Z^p)\}$, 使得对于 $\alpha = 1, 2, \cdots, p$, $B_\alpha = \{Z^\alpha | \, |Z^\alpha| < 1\}$ 都是 $\mathbb{C}^m$ 中的单位球, 而线丛 $[D]$ 限制在 B_α 上是平凡的, 即 $[D]|_{B_\alpha} = B_\alpha \times \mathbb{C}$. 我们进一步假定存在常数 ρ, 满足 $0 < \rho < 1$, 使得对于 $\alpha = 1, 2, \cdots, p$, 如果令 $\widetilde{B}_\alpha = \{Z^\alpha | \, |Z^\alpha| < \rho\}$, 则 $\{\widetilde{B}_1, \cdots, \widetilde{B}_p\}$ 也是 M 的开覆盖.

设对 $\alpha = 1, 2, \cdots, p$, $a_\alpha \in M$ 是单位球 B_α 的球心, 而对 $i = 1, \cdots, m$, $s_D f_i|_{B_\alpha} = f_i^\alpha$ 都是 B_α 上的解析函数, 且 Hermite 度量 h 在 B_α 上可由光滑函数 $h_\alpha > 0$ 给出, 这时 $h^n = \{h_\alpha^n\}$ 是线丛 $n[D]$ 的 Hermite 度量.

下面我们希望通过对多项式系数的选取来证明: 当 n 充分大时, 存在一个非零的 n 次齐次多项式 $P(X_1, \cdots, X_{m+1}, X_{m+2})$, 使得

$$P(s_D f_1, \cdots, s_D f_{m+1}, s_D) \equiv 0.$$

设 $P(X_1, \cdots, X_{m+2})$ 是一 $m+2$ 个变元的 n 次齐次多项式, 其中次数 n 和多项式的系数都是待定的. 这时对 $P(X_1, \cdots, X_{m+2})$, 其待定系数的个数是

$$\binom{m+2+n-1}{m+1} \approx n^{m+1}.$$

说明 s 个变元的 t 次齐次多项式中系数的个数可以表示为集合

$$S = \left\{ (i_1, \cdots, i_s) \mid i_j \in \mathbb{N}, 满足 0 \leqslant i_j \leqslant t, j = 1, \cdots, s, i_1 + \cdots + i_s = t \right\}$$

中元素的个数. 而如果令 $\widetilde{i}_j = i_j + 1$, 令

$$\widetilde{S} = \left\{ (\widetilde{i}_1, \cdots, \widetilde{i}_s) \mid \widetilde{i}_j \in \mathbb{N}, 满足 1 \leqslant \widetilde{i}_j \leqslant t+1, j = 1, \cdots, s, \right.$$
$$\left. \widetilde{i}_1 + \cdots + \widetilde{i}_s = t+s \right\},$$

则集合 S 中元素的个数与集合 $\widetilde{S}$ 中元素的个数相同, 而集合 $\widetilde{S}$ 中元素的个数可以看做将 $s+t$ 个 1 排成一行, 然后插入 $s-1$ 个竖线将其分为 s 个非空组的不同分法的个数. 而 $s+t$ 个 1 排成一行共有 $s+t-1$ 个空格, 因而共有

$$\binom{s+t-1}{s-1}$$

个不同的插法.

设 k 是一待定的自然数, 使得我们可以选取 $P(X_1,\cdots,X_{m+2})$ 的待定系数, 满足对于 $\alpha = 1,\cdots,p$, 以及任意多重自然数指标 $s = (s_1,\cdots,s_m)$, 只要 $|s| = s_1 + \cdots + s_m < k$, 就成立

$$\frac{\partial^{|s|} P(s_D f_1, \cdots, s_D f_{m+1}, s_D)}{\partial (z_\alpha^1)^{s_1} \cdots \partial (z_\alpha^m)^{s_m}}(a_\alpha) = 0. \tag{7.2.1}$$

利用函数的 Taylor 展开, 不难看出在点 a_α 处, 上面等式中的方程个数与 $m+1$ 个变元的 $k-1$ 次齐次多项式的系数个数相同, 因而为

$$\binom{m+1+k-1-1}{m} = \binom{m+k-1}{m}.$$

所以对于 $\alpha = 1,\cdots,p$, 所有方程的个数是

$$p\binom{m+k-1}{m}.$$

这样只要我们选取 n 充分大, 使得 n 与 k 之间满足

$$p\binom{m+k-1}{m} < \binom{n+m+1}{m+1},$$

则满足方程 (7.2.1) 的非零齐次多项式 $P(X_1,\cdots,X_{m+2})$ 总是存在的.

现假定我们已取定了一个这样的多项式 $P(X_1,\cdots,X_{m+2})$, 设

$$P(s_D f_1, \cdots, s_D f_{m+1}, s_D)\big|_{B_\alpha} = u_\alpha(z_\alpha^1, \cdots, z_\alpha^m),$$

则 $u_\alpha(z_\alpha^1,\cdots,z_\alpha^m)$ 是 B_α 上的解析函数, 满足对于任意的多重指标 $s = (s_1,\cdots,s_m)$, 只要 $|s| = s_1 + \cdots + s_m < k$, 就成立

$$\frac{\partial^{|s|} u_\alpha(z_\alpha^1, \cdots, z_\alpha^m)}{\partial (z_\alpha^1)^{s_1} \cdots \partial (z_\alpha^m)^{s_m}}(a_\alpha) = 0.$$

因而在单位球 B_α 上对 $u_\alpha(z_1,\cdots,z_m)$ 关于 $(z_1,\cdots,z_m) \in \widetilde{B}_\alpha$ 应用本书第 1 章中定理 1.1.12 给出的 Schwarz 引理, 我们得到, 对于任意点 $Z_\alpha \in \widetilde{B}_\alpha$, 恒有

$$|u_\alpha(Z_\alpha)| \leqslant |Z_\alpha|^k \max_{Z_\alpha \in B_\alpha} |u_\alpha(Z_\alpha)|,$$

或者表示为在球 $\widetilde{B}_\alpha = \{Z^\alpha | |Z^\alpha| < \rho\}$ 上

$$\max_{Z_\alpha \in \widetilde{B}_\alpha} |u_\alpha(Z_\alpha)| \leqslant \rho^k \max_{Z_\alpha \in B_\alpha} |u_\alpha(Z_\alpha)|.$$

注意, 这里不等式两端所用的球的半径是不同的.

下面我们希望用线丛 $[D]$ 的 Hermite 度量 h 将这一不等式推广到整个 M 上. 以 $|P(s_D f_1, \cdots, s_D f_{m+1}, s_D)|$ 表示线丛 $n[D]$ 的截影 $P(s_D f_1, \cdots, s_D f_{m+1}, s_D)$ 对于度量 h^n 的长度, 则在 $\widetilde{B}_\alpha$ 上

$$|P(s_D f_1, \cdots, s_D f_{m+1}, s_D)| = \sqrt{u_\alpha h_\alpha^n \overline{u}_\alpha}.$$

应用在 Schwarz 引理中给出的不等式, 我们得到在 $\widetilde{B}_\alpha$ 上

$$\max_{Z \in \widetilde{B}_\alpha} |P(s_D f_1, \cdots, s_D f_{m+1}, s_D)|$$
$$= \max_{Z \in \widetilde{B}_\alpha} (|u_\alpha| \sqrt{h_\alpha^n}) \leqslant \rho^k \max_{Z \in B_\alpha} |u_\alpha| \max_{Z \in B_\alpha} \sqrt{h_\alpha^n}.$$

假设 $\max\limits_{Z \in \widetilde{B}_\alpha} |u_\alpha|$ 在点 $P_0 \in \widetilde{B}_\alpha$ 取到, 则

$$\max_{Z \in \widetilde{B}_\alpha} |u_\alpha| = \frac{|u_\alpha(p_0)| \sqrt{h_\alpha^n(p_0)}}{\sqrt{h_\alpha^n(p_0)}} = \frac{|P(s_D f_1, \cdots, s_D f_{m+1}, s_D)|(p_0)}{\sqrt{h_\alpha^n(p_0)}}$$
$$\leqslant \frac{\max\limits_{Z \in \widetilde{B}_\alpha} |P(s_D f_1, \cdots, s_D f_{m+1}, s_D)|}{\sqrt{h_\alpha^n(p_0)}}.$$

如果令

$$C_\alpha = \frac{\max\limits_{Z \in B_\alpha} \sqrt{h_\alpha}}{\min\limits_{Z \in B_\alpha} \sqrt{h_\alpha}}, \quad C = \max\{C_1, \cdots, C_P\},$$

则由 Schwarz 引理给出的不等式, 我们得到

$$\max_{Z \in \widetilde{B}_\alpha} |P(s_D f_1, \cdots, s_D f_{m+1}, s_D)|$$
$$\leqslant \rho^k C^n \max_{Z \in B_\alpha} |P(s_D f_1, \cdots, s_D f_{m+1}, s_D)|.$$

由于上式对于 $\alpha = 1, \cdots, p$ 都成立, 而 $\{\widetilde{B}_\alpha\}$ 也构成 M 的开覆盖, 因而我们得到, 在 M 上

$$\max_{Z \in M} |P(s_D f_1, \cdots, s_D f_{m+1}, s_D)|$$
$$\leqslant \rho^k C^n \max_{Z \in M} |P(s_D f_1, \cdots, s_D f_{m+1}, s_D)|.$$

如果我们能够适当地选取充分大的 n 和 k, 使得 $\rho^k C^n < 1$, 则上式表示 $P(s_D f_1, \cdots, s_D f_{m+1}, s_D) \equiv 0$, $f_1, \cdots, f_{m+1}$ 代数相关, 我们就得到了 Thimm 定理的证明.

现在我们来证明可以选取 n 和 k, 使得 $\rho^k C^n < 1$. 首先我们知道 k 与 n 之间的关系由不等式

$$p \binom{m+k-1}{m} < \binom{m+n+1}{m+1}$$

确定. 而

$$\binom{m+2+n-1}{m+1} \approx n^{m+1}, \qquad p \binom{m+k-1}{m} \approx p k^m.$$

所以只需适当选取 k 和 n 使得

$$n \approx p^{\frac{1}{m+1}} \cdot k^{\frac{m}{m+1}},$$

则

$$\rho^k C^n \approx \rho^k C^{p^{\frac{1}{m+1}} \cdot k^{\frac{m}{m+1}}} \approx \left[\left((C)^{p^{\frac{1}{m+1}}}\right)^{k^{\frac{-1}{m+1}}} \cdot \rho\right]^k.$$

而当 $n \to +\infty, k \to +\infty$ 时,

$$\left[(C)^{p^{\frac{1}{m+1}}}\right]^{k^{\frac{-1}{m+1}}} \to 1.$$

而由假设 $\rho < 1$, 因而 n 和 k 都充分大后 $\rho^k C^n < 1$. 至此, 我们完成了 Thimm 定理的证明.

利用 Thimm 定理, 我们有下面定义.

定义 7.2.3 设 M 是紧复流形, 令

$$a(M) := \operatorname{Trdeg}(m(M), \mathbb{C}),$$

即 $a(M)$ 是 M 的亚纯函数域 $m(M)$ 对于复数域关于域扩张的超越次数, 则 $a(M)$ 称为流形 M 的**代数维数**.

代数维数 $a(M)$ 是紧复流形对于全纯同胚的一个基本不变量. Thimm 定理表明 $0 \leqslant a(M) \leqslant \dim M$. 而如果 M 是复投影空间的子流形, 设 M 到投影空间的嵌入映射由 M 上的亚纯函数 $f_1, \cdots, f_N$ 给出, 则由 $f_1, \cdots, f_N$ 定义的映射在 M 上的 Jacobi 矩阵的秩处处为 $m = \dim M$. 由数学分析中隐函数定理给出的函数相关性理论 (参阅文献 [2]), 我们知道, 对于任意 $P \in M$, 存在 P 的邻域 U, 使得 $f_1, \cdots, f_N$ 中有 m 个函数在 U 上是函数独立的, 或者说存在 $\{f_{i_1}, \cdots, f_{i_m}\} \subset \{f_1, \cdots, f_N\}$, 使得不存在可微函数 $G(x_1, \cdots, x_m)$, 满足 $\mathrm{d}G \not\equiv 0$, 而 $G(f_{i_1}, \cdots, f_{i_m}) \equiv 0$. 特别地, 不存在非零多项式 $P(x_1, \cdots, x_m)$, 使得 $P(f_{i_1}, \cdots, f_{i_m}) \equiv 0$, 亚纯函数 $f_{i_1}, \cdots, f_{i_m}$ 在复数域 $\mathbb{C}$ 上代数独立. 我们得到: 如果 M 是复投影空间的子流形, 则必须 $a(M) = \dim M$. 等式 $a(M) = \dim M$ 是紧复流形 M 成为代数流形的一个必要条件. 当 $\dim M = 1$, 即 M 是紧 Riemann 曲面时, 上一节我们已经证明了 $a(M) = 1$, 而在本章第 4 节中我们将证明 M 一定是复投影空间的子流形. 对于维数大于 1 的紧复流形 M, $a(M)$ 从 0 到 $\dim M$ 之间的各种可能都可以出现. 而紧复流形的亚纯函数域之间的代数同构并不能得到流形之间的全纯同胚. 这时如果 $\dim M = 2$, Kodaira 和 Chow 证明了 M 是复投影空间的子流形当且仅当 $a(M) = \dim M = 2$. 但是当 $\dim M > 2$ 时, 同样的结论不再成立. 关于这一点, 在本章的第 6 节中我们将用另外的不变量给出复投影空间中子流形的特征.

§7.3 复投影空间上的正线丛

上一节我们说明了紧复流形的代数维数与流形维数相等是紧复流形为代数流形的一个必要条件,而当流形的维数小于或等于 2 时,这一条件同时也是充分条件,但是当紧复流形的维数大于 2 时,同样的结论不再成立. 因此,为了解决什么样的紧复流形是代数流形的问题,在代数维数的基础上,我们需要寻求其他的判别方法. 为此,我们首先来看一看复投影空间 $\mathbb{C}P^n$ 上有些什么特殊的结构,并且希望这些特殊结构对于 $\mathbb{C}P^n$ 的子复流形也是成立的. 这样反过来, 将这些结构的存在作为条件, 我们可以讨论这些结构是否足以给出代数流形的特征.

设 $Z = [z^0, z^1, \cdots, z^n]$ 是复投影空间 $\mathbb{C}P^n$ 的齐次坐标,

$$L(Z) = a_0 z^0 + a_1 z^1 + \cdots + a_n z^n$$

是 $z^0, z^1, \cdots, z^n$ 的一个非零的 1 次齐次多项式, 我们将 $L(Z)$ 在 $\mathbb{C}P^n$ 中的零点全体记为 $Z(L(Z))$, 则 $Z(L(Z))$ 称为 $\mathbb{C}P^n$ 的一个**超平面**.

对于 $i = 0, 1, \cdots, n$, 设

$$U_i = \left\{ [z^0, z^1, \cdots, z^n] \in \mathbb{C}P^n \mid z^i \neq 0 \right\},$$

则

$$\left(z_i^0 = \frac{z^0}{z^i}, z_i^1 = \frac{z^1}{z^i}, \cdots, \widehat{z_i^i} = \frac{z^i}{z^i}, \cdots, z_i^n = \frac{z^n}{z^i} \right)$$

是 U_i 上的非齐次坐标, 而 $\{U_0, U_1, \cdots, U_n\}$ 是 $\mathbb{C}P^n$ 的坐标覆盖. 对这一覆盖, 在 U_i 上令

$$f_i = \frac{L(Z)}{z_i} = a_0 z_i^0 + a_1 z_i^1 + \cdots + a_i + \cdots + a_n z_i^n,$$

则 $\{f_i\}$ 是 U_i 上的解析函数, 而

$$U_i \cap Z(L(Z)) = Z(f_i) = \{P \in U_i \mid f_i(P) = 0\}.$$

我们得到 $Z(L(Z))$ 是 $\mathbb{C}P^n$ 的一个除子, 而 $\{U_i, f_i\}$ 是这一除子的定义函数. 我们用 H 表示由 $Z(L(Z))$ 定义的全纯线丛, H 称为复投影空

间 $\mathbb{C}P^n$ 上的**超平面线丛**. 由于 f_i 是除子 $Z(L(Z))$ 在 U_i 上的定义函数, 因此线丛 H 在 $U_i \cap U_j$ 上的转移函数为

$$h^i_j = \frac{f_i}{f_j} = \frac{L(Z)/z^i}{L(Z)/z^j} = \frac{z^j}{z^i}.$$

利用上面给出的线丛 H 的转移函数, 我们来看一看 H 上存在什么样的 Hermite 度量. 首先对于 $i = 0, 1, \cdots, n$, 如果在 U_i 上令

$$h_i = \frac{|z^i|^2}{|z^0|^2 + |z^1|^2 + \cdots + |z^n|^2},$$

则 h_i 是 U_i 上的光滑函数, 满足 $h_i > 0$, 而在 $U_i \cap U_j$ 上

$$h_j = |h^i_j|^2 h_i,$$

因此 $h = \{h_i\}$ 是线丛 H 的一个 Hermite 度量. 利用我们在本书第 4 章中给出的关于度量的曲率形式, 我们得到 $\mathbb{C}P^n$ 上的 (1,1)- 形式

$$\Omega = -\partial\bar{\partial}\ln\frac{|z^i|^2}{|z^0|^2 + |z^1|^2 + \cdots + |z^n|^2}$$

$$= \partial\bar{\partial}\ln\frac{|z^0|^2 + |z^1|^2 + \cdots + |z^n|^2}{|z_i|^2}$$

是度量 h 所诱导的复联络的曲率形式, 而

$$\frac{\mathrm{i}}{2\pi}\Omega = \frac{\mathrm{i}}{2\pi}\partial\bar{\partial}\ln\frac{|z^0|^2 + |z^1|^2 + \cdots + |z^n|^2}{|z^i|^2}$$

是由这一曲率形式确定的一个 d 闭的实 (1,1)- 形式, 这一微分形式在 $H^2(\mathbb{C}P^n, \mathbb{R})$ 中确定的同调类就是线丛 H 的陈示性类.

在 U_i 上, 对于非齐次坐标 $(z^0_i, z^1_i, \cdots, \widehat{z^i_i}, \cdots, z^n_i)$,

$$\frac{\mathrm{i}}{2\pi}\Omega = \frac{\mathrm{i}}{2\pi}\partial\bar{\partial}\ln\left(|z^0_i|^2 + |z^1_i|^2 + \cdots + |\frac{z^i}{z^i}|^2 + \cdots + |z^n_i|^2\right).$$

这是一个正定的实 (1,1)- 形式, 按照我们第 4 章的讨论, 这一 (1,1)- 形式诱导了 $\mathbb{C}P^n$ 全纯切丛上的一个 Hermite 度量. 另一方面, 由上面

的表达式得 $\frac{i}{2\pi}\Omega$ 是 d 闭的微分形式, 我们得到 $\frac{i}{2\pi}\Omega$ 是 $\mathbb{C}P^n$ 上的一个 Kähler 度量, 复投影空间是 Kähler 流形. 复投影空间 $\mathbb{C}P^n$ 的这一特殊度量称为 **Fubini-Study 度量**. 由于这一度量是由线丛 H 的曲率形式得到的, 以 H 为模式, 我们有下面定义.

定义 7.3.1 设 M 是复流形, L 是 M 上的全纯线丛, 如果存在 L 的一个 Hermite 度量 h, 使得由 h 诱导的复联络的曲率形式 Ω 满足: Ω 在 M 上确定的实的 (1,1)- 形式

$$\frac{i}{2\pi}\Omega = -\frac{i}{2\pi}\partial\overline{\partial}\ln h$$

是 M 上处处正定的 (1,1)- 形式, 则称 L 为 M 上的**正线丛**.

复流形 M 上如果存在正线丛, 则线丛的曲率形式确定了 M 上一个处处正定的实 (1,1)- 形式, 因而诱导了流形 M 的一个 Hermite 度量. 另一方面, 由于这一 (1,1)- 形式可表示为 $-\frac{i}{2\pi}\partial\overline{\partial}\ln h$, 因而是 d 闭的微分形式, 所以 M 必须是 Kähler 流形. 当然并不是任意 Kähler 流形上都有正线丛. 而上面的讨论说明 H 是 $\mathbb{C}P^n$ 上的正线丛, 即复投影空间上是存在正线丛的. 利用 H, 如果 M 是代数流形, $M \to \mathbb{C}P^n$ 是嵌入映射, 则由定义不难看出将 H 限制在 M 上后必也是一个正线丛. 因此由 $\mathbb{C}P^n$ 上存在正线丛, 我们得到所有代数流形上都有正线丛. 紧复流形上存在正线丛是紧复流形为代数流形的一个必要条件. 当然, 进一步的问题是反过来, 紧复流形上如果存在正线丛, 是否足以保证流形是代数流形. 对此, 我们有下面关于紧复流形的基本定理.

定理 7.3.1(Kodaira 嵌入定理) 设 M 是紧复流形, L 是 M 上的正线丛, 则存在充分大的 $k \in \mathbb{N}$, 使得如果 $s_0, s_1, \cdots, s_n$ 是线丛 L^k 的截影空间 $H^0(M, \theta(L^k))$ 的线性基, 则映射

$$F: M \to \mathbb{C}P^n, \quad P \mapsto [s_0(P), s_1(P), \cdots, s_n(P)]$$

是 M 到 $\mathbb{C}P^n$ 的嵌入映射.

利用 Kodaira 嵌入定理, 我们得到紧复流形 M 为代数流形的充分必要条件是 M 上存在正线丛.

Kodaira 嵌入定理的证明将通过下面几节的讨论来给出.

§7.4 紧 Riemann 曲面到复投影空间的嵌入映射

在给出 Kodaira 嵌入定理的证明之前, 我们先以紧 Riemann 曲面到复投影空间的嵌入问题的讨论为例, 看一看我们需要什么样的条件才能得到紧复流形到复投影空间的嵌入映射.

设 R 是一亏格为 g 的紧 Riemann 曲面, L 是 R 上的全纯线丛, 下面为了符号简单, 我们用 L 同时表示 L 的全纯截影层 $\theta(L)$. 设 $\{s_0, s_1, \cdots, s_n\}$ 是 $H^0(R, L)$ 的一组线性基. 要利用 $s_0, s_1, \cdots, s_n$ 得到曲面 R 到复投影空间 $\mathbb{C}P^n$ 的嵌入映射

$$F: R \to \mathbb{C}P^n, \quad P \mapsto [s_0(P), s_1(P), \cdots, s_n(P)] \in \mathbb{C}P^n,$$

$s_0, s_1, \cdots, s_n$ 首先需要满足对于任意点 $P \in R$, P 不是全纯截影 $s_0, s_1, \cdots, s_n$ 的公共零点. 为此设 s_P 是由除子 $D = P$ 定义的线丛 $[D] = [P]$ 的典则截影. 利用由截影的乘积定义的映射, 我们有下面层的短正合序列

$$0 \to L \otimes [-P] \stackrel{\cdot s_P}{\to} L \to L|_P \to 0,$$

这里 $L|_P$ 表示线丛 L 的截影在 P 点定义的摩天大厦层. 利用这样的正合序列, 我们有同调群的长正合序列

$$0 \to H^0(R, L \otimes [-P]) \stackrel{\cdot s_P}{\to} H^0(R, L)$$
$$\to H^0(R, L|_P) \to H^1(R, L \otimes [-P]) \to \cdots.$$

如果其中 $H^1(R, L \otimes [-P]) = 0$, 则限制映射 $H^0(R, L) \to H^0(R, L|_P)$ 是满映射. 但 $H^0(R, L|_P) = \mathbb{C}$, 因而 P 不是线丛 L 的截影空间 $H^0(R, L)$ 中所有截影的公共零点.

同理, 首先设线丛 L 的截影 $s_0, s_1, \cdots, s_n$ 在 R 上没有公共零点, 我们得到定义在 R 上的一个全纯映射

$$F: R \to \mathbb{C}P^n, \quad P \mapsto [s_0(P), s_1(P), \cdots, s_n(P)].$$

这时对于 R 中的任意两点 $P \neq Q$, 要使得 F 满足 $F(P) \neq F(Q)$, 必须存在 $s \in \mathrm{H}^0(R, L)$, 使得 $s(P) = 0$, 而 $s(Q) \neq 0$. 为此, 令 $\tilde{s}$ 为线丛 $[P+Q]$ 的典则截影, 同样利用截影乘积考虑下面的短正合序列

$$0 \to L \otimes [-P-Q] \xrightarrow{\tilde{s}} L \to L\big|_{P+Q} \to 0.$$

利用这一序列, 我们得到长正合序列

$$0 \to \mathrm{H}^0(R, L \otimes [-P-Q]) \xrightarrow{\tilde{s}} \mathrm{H}^0(R, L)$$
$$\to \mathrm{H}^0(R, L\big|_{P+Q}) \to \mathrm{H}^1(R, L \otimes [-P-Q]) \to \cdots.$$

同样地, 如果其中 $\mathrm{H}^1(R, L \otimes [-P-Q]) = 0$, 则限制映射 $\mathrm{H}^0(R, L) \to \mathrm{H}^0(R, L\big|_{P+Q})$ 是满射. 但对于摩天大厦层 $L\big|_{P+Q}$, 我们知道

$$\mathrm{H}^0(R, L\big|_{P+Q}) = \mathbb{C}_P \oplus \mathbb{C}_Q = \mathbb{C} \oplus \mathbb{C}.$$

因而存在 $s \in \mathrm{H}^0(R, L)$, 使得 $s(P) = 0$, 但 $s(Q) \neq 0$. 由此得

$$[s_0(P), s_1(P), \cdots, s_n(P)] \neq [s_0(Q), s_1(Q), \cdots, s_n(Q)].$$

所以我们在 $\mathrm{H}^1(R, L \otimes [-P-Q]) = 0$ 对于 R 中任意两点 $P \neq Q$ 都成立的条件下得到了 F 是单射.

而要证明 F 是嵌入映射, 我们还需证明对于任意点 $P \in R$, 存在 $s \in \mathrm{H}^0(R, L)$, 满足 $s(P) = 0$, 而 $\mathrm{d}s(P) \neq 0$. 为此我们令 $\tilde{s}$ 为线丛 $[2P]$ 的典则截影, 考虑正合序列

$$0 \to L \otimes [-2P] \xrightarrow{\tilde{s}} L \to L\big|_{2P} \to 0.$$

利用这一序列, 我们得到长正合序列

$$0 \to \mathrm{H}^0(R, L \otimes [-2P]) \xrightarrow{\tilde{s}} \mathrm{H}^0(R, L)$$
$$\to \mathrm{H}^0(R, L\big|_{2P}) \to \mathrm{H}^1(R, L \otimes [-2P]) \to \cdots.$$

同样地, 如果在上面的正合序列中 $\mathrm{H}^1(R, L \otimes [-2P]) = 0$, 则我们得到 $\mathrm{H}^0(R, L) \to \mathrm{H}^0(R, L\big|_{2P})$ 是满射. 但如果 z 是 P 点邻域的局部坐

标, 满足 $z(P) = 0$, 则
$$\mathrm{H}^0(R, L|_{2P}) = \{a + bz \mid a, b \in \mathbb{C}\}.$$
而如果将 $\mathrm{H}^0(R, L)$ 中的截影 s 在 P 点展开成 z 的幂级数, 则限制映射 $\mathrm{H}^0(R, L) \to \mathrm{H}^0(R, L|_{2P})$ 可表示为 $s \mapsto s(\bmod(z^2))$. 因而存在 $s \in \mathrm{H}^0(R, L)$, 使得 $s(P) = 0$, 而 $\mathrm{d}s(P) \neq 0$, 由此得到映射
$$F: P \mapsto [s_0(P), s_1(P), \cdots, s_n(P)]$$
在 P 点是满秩的.

通过上面的讨论, 我们看到, 如果线丛 L 满足对于 R 中任意两点 $P \neq Q$, 恒有 $\mathrm{H}^1(R, L \otimes [-P]) = 0$, $\mathrm{H}^1(R, L \otimes [-P - Q]) = 0$ 和 $\mathrm{H}^1(R, L \otimes [-2P]) = 0$, 则 $\mathrm{H}^0(R, L)$ 的线性基给出了紧 Riemann 曲面 R 到复投影空间的嵌入映射. 因此我们的问题现在转化为: 在什么条件下, 上面这些一阶同调群为零. 这里如同我们在定义层的同调群时曾一再说明的, 关于一阶或者更高阶同调群为零的定理一般称为消没定理, 即如果我们认为一阶或者高阶同调群描述的是一个问题从局部解到整体解的阻碍, 则这些同调群为零表示阻碍不存在, 或者说消失了.

怎样得到紧 Riemann 曲面上全纯线丛的消没定理呢? 设 L 是亏格为 g 的紧 Riemann 曲面 R 上的全纯线丛, 如果 $\mathrm{H}^0(R, L) \neq 0$, 取 R 的一个开覆盖 $\mathcal{U} = \{U_\alpha\}$, 设 L 对于 $\mathcal{U} = \{U_\alpha\}$ 的转移函数为 $\{h_\beta^\alpha\}$, 任取 $s \in \mathrm{H}^0(R, L), s \neq 0$, 则在 U_α 上 s 是一解析函数 f_α, f_α 的零点就是 s 的零点. 设 D 是由这些零点定义的除子, 由于 f_α 都是解析函数, 因而 D 是非负的除子, 我们得到 $\deg(D) \geqslant 0$. 但另一方面, 我们知道 $L = [D]$, 由此得 $\deg(L) = \deg(D) \geqslant 0$. 这样我们得到, 如果一个全纯线丛 L 有不为零的全纯截影, 则必须 $\deg(L) \geqslant 0$, 或者表示为: 如果线丛 L 满足 $\deg(L) < 0$, 则 $\mathrm{H}^0(R, L) = 0$.

而由上面的讨论, 我们需要的是一些关于一阶同调群为零的消没定理. 对此通常的做法是首先利用 de Rham 定理, 将向量丛全纯截影芽层的 Čech 同调群等同于利用 $\bar{\partial}$ 算子定义的 Dolbeault 同调群,

然后利用关于 Dolbeault 同调群的 Hodge 定理, 以及由 Hodge 定理给出的 Kodaira-Serre 对偶, 将我们需要的结论化为相关的 Dolbeault 同调群的性质, 并给出相应的条件. 下面我们用 $\mathrm{H}^{(p,q)}(R,L)$ 表示线丛 L 的 Dolbeault 同调群, 由 de Rham 定理, 我们知道 $\mathrm{H}^{(0,1)}(R,L) \cong \mathrm{H}^1(R,L)$, $\mathrm{H}^{(0,0)}(R,L) \cong \mathrm{H}^0(R,L)$. 利用这些等式, 为了符号简单, 我们这一节直接用 $\mathrm{H}^0(R,L)$ 和 $\mathrm{H}^1(R,L)$ 同时表示相关的 Dolbeault 同调群和 Čech 同调群. 利用本书第 5 章中 Hodge 定理的推论给出的 Kodaira-Serre 对偶, 我们知道, 对于全纯线丛 L, 成立 $\mathrm{H}^1(R,L) \cong \mathrm{H}^0(R,L^*\otimes K)$, 其中 K 是 R 的典则线丛. 而这时成立

$$\deg(L^* \otimes K) = \deg(L^*) + \deg(K) = -\deg(L) + \deg(K).$$

因此要利用 $\deg(L) < 0$ 时 $\mathrm{H}^0(R,L) = 0$ 的结论, 来得到关于一阶同调群的消没定理, 我们需要计算 $\deg(K)$. 对于这一点, 首先由 Riemann-Roch 定理, 对于 R 上的平凡线丛 I,

$$\dim \mathrm{H}^0(R,I) - \dim \mathrm{H}^1(R,I) = -g + 1,$$

其中 $\mathrm{H}^0(R,I) = \mathbb{C}$, 因而 $\dim \mathrm{H}^1(R,I) = g$. 另一方面, 利用 Kodaira-Serre 对偶, 我们得到

$$\mathrm{H}^0(R,I) \cong \mathrm{H}^1(R,K), \quad \mathrm{H}^1(R,I) \cong \mathrm{H}^0(R,K).$$

因此同样由 Riemann-Roch 定理得

$$g - 1 = \dim \mathrm{H}^0(R,K) - \dim \mathrm{H}^1(R,K) = \deg(K) - g + 1.$$

我们得到 $\deg(K) = 2g - 2$. 利用这一点, 对于紧 Riemann 曲面, 我们有下面的消没定理.

定理 7.4.1(紧 Riemann 曲面的消没定理) 设 L 是亏格为 g 的紧 Riemann 曲面 R 上的全纯线丛, 如果 $\deg(L) > 2g - 2$, 则

$$\mathrm{H}^1(R,L) = 0.$$

证明 由 $\deg(L) > 2g-2$, $\deg(K) = 2g-2$, 得

$$\deg(L^* \otimes K) = \deg(L^*) + \deg(K) = -\deg(L) + \deg(K) < 0,$$

因而 $\mathrm{H}^0(R, L^* \otimes K) = 0$. 而由 Kodaira-Serre 对偶定理 $\mathrm{H}^1(R, L) \cong \mathrm{H}^0(R, L^* \otimes K)$, 得 $\mathrm{H}^1(R, L) = 0$. 证毕.

利用消没定理, 结合在本节开始时的讨论, 我们得到下面关于紧 Riemann 曲面到复投影空间的嵌入定理.

定理 7.4.2(紧 Riemann 曲面的嵌入定理) 设 R 是亏格为 g 的紧 Riemann 曲面, R 上的全纯线丛 L 如果满足 $\deg(L) > 2g$, 则 $\mathrm{H}^0(R, L)$ 的线性基给出了紧 Riemann 曲面 R 到复投影空间 $\mathbb{C}P^n$ 的嵌入映射, 这里 $n = \dim \mathrm{H}^0(R, L) - 1$.

证明 由于 $\deg(L) > 2g$, 因而对于 R 中任意两个不同点 P 和 Q, 成立 $\deg(L \otimes [-P]) > 2g-2$, $\deg(L \otimes [-P-Q]) > 2g-2$ 及 $\deg(L \otimes [-2P]) > 2g-2$. 由消没定理得

$$\mathrm{H}^1(R, L \otimes [-P]) = \mathrm{H}^1(R, L \otimes [-P-Q]) = \mathrm{H}^1(R, L \otimes [-2P]) = 0.$$

利用上面的讨论我们得到, 由 $\mathrm{H}^0(R, L)$ 的线性基给出的 R 到复投影空间 $\mathbb{C}P^n$ 的映射是嵌入映射. 证毕.

定理 7.4.2 表明任意紧 Riemann 曲面都是代数流形, 而通常将一维的代数流形称为**光滑代数曲线**. 因此上面定理也可表示为紧 Riemann 曲面都是光滑代数曲线.

§7.5 Kodaira 消没定理

以上面关于紧 Riemann 曲面到复投影空间嵌入映射的讨论为例, 现在我们来考虑有正线丛的高维紧复流形到复投影空间的嵌入问题. 设 M 是一紧复流形, L 是 M 上的正线丛, 按照上面的讨论, 我们希望利用 L 的全纯截影给出 M 到复投影空间的嵌入映射. 为此, 我们首先需要得到一些关于线丛 L 的全纯截影层 $\theta(L)$ 的 Čech 同调群的消没定理. 对于这一点, 同样类比于紧 Riemann 曲面上的消没定理, 我们的基本做法是: 首先利用 de Rham 定理, 我们可以将层 $\theta(L)$ 的 Čech

同调群同构于利用 L- 值 (p,q)- 形式和 $\bar{\partial}$ 算子定义的 Dolbeault 同调群；然后利用第 5 章中的 Hodge 定理，将 Dolbeault 同调群中的元素用 L- 值 (p,q)- 调和形式来表示；再利用正线丛 L 的曲率形式诱导了流形 M 的一个 Kähler 度量这一关系来证明，在一定的条件下，上面这些调和形式必须为零，从而得到相关的同调群为零的消没定理. 为此，我们首先回忆一下在本书第 5 章中关于 Kähler 流形上 Hodge 分解的证明里用到的一些基本恒等式，然后将这些恒等式推广到一般的全纯向量丛上.

在本书第 5 章紧 Kähler 流形上 Hodge 分解的讨论中，我们证明了对于紧复流形的 Kähler 度量，成立下面两个基本恒等式：

基本恒等式 I $\qquad\qquad [\Lambda, \bar{\partial}] = -\mathrm{i}\partial^*,$

基本恒等式 II $\qquad\qquad [\Lambda, L]\big|_{A^{(p,q)}(M)} = (n-p-q)\mathrm{Id}.$

将 Kähler 度量看做复流形 M 上全纯切丛这一特殊向量丛的 Hermite 度量，一个自然的问题是：在 Kähler 流形上对于其他全纯向量丛 E，上面这两个基本恒等式是否可推广到 E 的 Hermite 度量上，如果可以，推广后的恒等式又能够给我们一些什么样的结论？下面我们先来讨论这一问题. 这里为了区别流形上给定的正线丛 L 与基本恒等式 II 中用到的算子 L，在本节中我们将用符号 U 代替基本恒等式 II 中用到的 L，用 U^* 代替 L 的对偶算子 Λ，其他符号与第 5 章中 Kähler 流形上 Hodge 分解定理讨论时用到的符号相同.

设 M 是一紧致的 Kähler 流形，W 是由 M 的 Kähler 度量确定的 (1,1)- 形式. 设 E 是 M 上的全纯向量丛，h 是 E 的一个给定的 Hermite 度量，$D = D^{(1,0)} + \bar{\partial}$ 是 h 在 E 上诱导的复联络以及这一联络关于全纯和反全纯方向的分解. 设 $A^{(p,q)}(E)$ 是由 M 上所有光滑的 E- 值 (p,q)- 形式构成的线性空间. 利用 M 和 E 的 Hermite 度量，我们在第 5 章中说明了 $A^{(p,q)}(E)$ 是一内积空间. 而利用以局部平方可积函数为系数的 E- 值 (p,q)- 形式来扩充 $A^{(p,q)}(E)$，我们可以将内积空间 $A^{(p,q)}(E)$ 完备化，使之成为一 Hilbert 空间 $K^{(p,q)}(E)$. 这时与第 5 章中 Hodge 分解的证明相同，利用 Kähler 度量确定的 (1,1)- 形式 W 与 E- 值 (p,q)- 形式做外积，我们可以定义一个映射 U 为

$$U: \mathrm{K}^{(p,q)}(E) \to \mathrm{K}^{(p+1,q+1)}(E), \quad U(u) = u \wedge W.$$

设
$$U^*: \mathrm{K}^{(p+1,q+1)}(E) \to \mathrm{K}^{(p,q)}(E)$$

是 U 的对偶算子, 而 $\overline{\partial}^*$ 是在 $\mathrm{K}^{(p,q)}(E)$ 中一个稠子集上定义的映射

$$\overline{\partial}: \mathrm{K}^{(p,q)}(E) \to \mathrm{K}^{(p,q+1)}(E)$$

的对偶算子, $D^{(1,0)*}$ 是在 $\mathrm{K}^{(p,q)}(E)$ 中一个稠子集上定义的映射

$$D^{(1,0)}: \mathrm{K}^{(p,q)}(E) \to \mathrm{K}^{(p+1,q)}(E)$$

的对偶算子. 利用这些映射, 现在我们可以将关于 Kähler 度量的两个基本恒等式推广到全纯向量丛 E 上.

定理 7.5.1 假设和符号如上, 对于上面在 $\mathrm{K}^{(p,q)}(E)$ 上定义的映射, 我们有下面两个基本恒等式:

基本恒等式 I $\qquad\qquad\qquad [U^*, \overline{\partial}] = -\mathrm{i} D^{(1,0)*},$

基本恒等式 II $\qquad\qquad\quad [U^*, U]\big|_{\mathrm{A}^{(p,q)}(E)} = (n-p-q)\mathrm{Id},$

其中 $[U^*, \overline{\partial}] = U^*\overline{\partial} - \overline{\partial}U^*$, $[U^*, U] = U^*U - UU^*$.

证明 设 $\{e_1, \cdots, e_r\}$ 是向量丛 E 的一个光滑的局部标架, $W_D = W^{(1,0)} + W^{(0,1)}$ 是 E 由度量 h 诱导的复联络 $D = D^{(1,0)} + \overline{\partial}$ 对于局部标架 $\{e_1, \cdots, e_r\}$ 的联络矩阵. 设 $f \in \mathrm{A}^{(p,q)}(E)$, 对于局部标架 $\{e_1, \cdots, e_r\}$, $f = \sum_{\alpha=1}^{r} f_\alpha \otimes e_\alpha$, 其中 f_α 都是 (p,q)- 形式. 由联络的定义得

$$\overline{\partial}f = \sum_{\alpha=1}^{r} \overline{\partial}(f_\alpha) \otimes e_\alpha + (-1)^{p+q} \sum_{\alpha,\beta=1}^{r} f_\alpha \wedge [W^{(0,1)}]_\alpha^\beta \otimes e_\beta,$$

而

$$U(f) = \sum_{\alpha=1}^{r} W \wedge f_\alpha \otimes e_\alpha.$$

因此

$$U^*(f) = \sum_{\alpha=1}^{r} U^*(f_\alpha) \otimes e_\alpha,$$

我们得到

$$[U^*,\overline{\partial}]f = \sum_{\alpha=1}^{r}[U^*,\overline{\partial}]f_\alpha \otimes e_\alpha + [U^*,W^{(0,1)}]f.$$

而利用我们在第 5 章对 Kähler 度量 ds^2 关于微分形式建立的相应的基本恒等式 I, 上式为

$$[U^*,\overline{\partial}]f = -\mathrm{i}\partial^*f + [U^*,W^{(0,1)}]f. \tag{7.5.1}$$

同样地, 我们有

$$D^{(1,0)*}(f) = \sum_{\alpha=1}^{r}\partial^*(f_\alpha) \otimes e_\alpha + W^{(0,1)*}(f). \tag{7.5.2}$$

将 (7.5.2) 式乘 i 后与 (7.5.1) 式做和, 我们得到

$$[U^*,\overline{\partial}] + \mathrm{i}D^{(1,0)*} = \mathrm{i}W^{(0,1)*} + [U^*,W^{(0,1)}].$$

而另一方面, 对于任意点 $P \in M$, 由联络矩阵的变换关系知道, 我们总可以选取 E 的一个可微的局部标架使得其对应的联络矩阵 $W = W^{(1,0)} + W^{(0,1)}$ 在 P 点为零. 因此在 P 点对于利用这样的标架表示的 E- 值 (p,q)- 形式 f, 成立等式

$$[U^*,\overline{\partial}]f = -\mathrm{i}D^{(1,0)*}(f).$$

然而 $[U^*,\overline{\partial}]$ 和 $\mathrm{i}D^{(1,0)*}$ 都是与局部标架选取无关的算子, 因而上面的等式在 P 点成立与否与标架选取无关. 而 $P \in M$ 是任意点, 我们得到上面等式在 M 上处处成立. 这样我们就证明了**基本恒等式** I 对 E- 值 (p,q)- 形式成立.

对于**基本恒等式** II, 只要注意到

$$[U^*,U]f = \sum_{\alpha=1}^{r}[U^*,U](f_\alpha) \otimes e_\alpha,$$

对 $[U^*,U](f_\alpha)$ 应用我们在第 5 章中关于微分形式得到的相应的基本恒等式 II, 我们就得到 $[U^*,U](f_\alpha) = (n-p-q)f_\alpha$, 这样基本恒等式 II 对于 E- 值 (p,q)- 形式也成立. 证毕.

现在我们假定紧复流形 M 上存在一个正线丛 L, 设 h 是 L 的 Hermite 度量, D 是由 h 在 L 上诱导的复联络, Ω 是 D 的曲率形式, $W = \frac{\mathrm{i}}{2\pi}\Omega$ 是由 Ω 确定的实 (1,1)- 形式, 下面我们直接称 W 是由 h 确定的 (1,1)- 形式. 这时 W 可以表示为

$$W = \frac{\mathrm{i}}{2\pi}\Omega = \frac{\mathrm{i}}{2\pi}\partial\overline{\partial}\ln h.$$

由假设 L 是正线丛, 因而可设 W 是 M 上正定的 (1,1)- 形式, 由此 W 在 M 的全纯切丛上诱导了一个 Hermite 度量. 而由上面 W 的表达式, 这一度量显然满足 $\mathrm{d}W = 0$, 因而是 Kähler 度量. 下面对于存在正线丛的紧复流形, 我们都假定流形的全纯切丛上的度量是这一由正线丛的曲率形式诱导的度量. 这时对于线丛 L 的 L- 值 (p,q)- 形式 f, $U(f) = W \wedge f = \frac{2\pi}{\mathrm{i}}\Omega \wedge f$. 对于由 h 诱导的复联络 D, 按照曲率形式的定义我们知道 $\Omega = D^2$, 即对于任意 L 值 -(p,q)- 形式 f, $D^2(f) = \Omega \wedge f$. 我们得到下面等式

$$U(f) = W \wedge f = \frac{2\pi}{\mathrm{i}}D^2 f.$$

利用这一点以及上面两个基本恒等式, 现在我们以正线丛 L 及 L 上的度量 h 为基础, 来给出关于同调群为零的消没定理.

定理 7.5.2 (Kodaira 消没定理 I) 设 M 是一 m 维的紧复流形, L 是 M 上的正线丛, 则对于任意满足 $p+q > m$ 的自然数对 (p,q), 成立

$$\mathrm{H}^{(p,q)}(M,L) = 0.$$

证明 由于 L 是 M 上的正线丛, 从而存在 L 的 Hermite 度量 h, 使得其曲率形式诱导了 M 的一个 Kähler 度量. 设 W 是这一度量确定的 (1,1)- 形式, 则 $D^2 = \frac{2\pi}{\mathrm{i}}W$ 是 L 关于 h 的曲率形式. 由于 W 是 (1,1)- 形式, 因而如果设 $D = D^{(1,0)} + \overline{\partial}$ 是度量 h 在 L 上确定的复联络, 则由 $D^2(f) = \frac{2\pi}{\mathrm{i}}W \wedge f$ 是 E- 值 $(p+1,q+1)$- 形式, 而

$$D^2 f = (D^{(1,0)})^2 f + (D^{(1,0)}\overline{\partial} + \overline{\partial}D^{(1,0)})f + (\overline{\partial})^2 f,$$

其中 $(D^{(1,0)})^2 f$ 是 E- 值 $(p+2,q)$- 形式, $(\overline{\partial})^2 f$ 是 E- 值 $(p,q+2)$- 形式, 得 $(D^{(1,0)})^2 = 0, (\overline{\partial})^2 = 0, D^2 = D^{(1,0)}\overline{\partial} + \overline{\partial} D^{(1,0)}$.

另一方面, 由 Hodge 定理, 我们知道同调群 $\mathrm{H}^{(p,q)}(M, L)$ 同构于由所有 L- 值 (p,q)- 调和形式构成的空间, 即同构于由所有满足方程 $\Delta_{\overline{\partial}} f = 0$ 的 L- 值 (p,q)- 形式 f 构成的空间, 其中 $\Delta_{\overline{\partial}}$ 是由 L 的 Hermite 度量 h 和 M 的 Kähler 度量 W 确定的 Laplace 算子. 利用等式

$$(\Delta_{\overline{\partial}} f, f) = ((\overline{\partial}^* \overline{\partial} + \overline{\partial}\, \overline{\partial}^*)f, f) = (\overline{\partial} f, \overline{\partial} f) + (\overline{\partial}^* f, \overline{\partial}^* f),$$

我们知道方程 $\Delta_{\overline{\partial}} f = 0$ 等价于方程组

$$\overline{\partial} f = 0, \quad \overline{\partial}^* f = 0.$$

要得到当 $p + q > m$ 时, $\mathrm{H}^{(p,q)}(M, L) = 0$, 只需证明当 $p + q > m$ 时, 任意同时满足 $\overline{\partial} f = 0$ 和 $\overline{\partial}^* f = 0$ 的 L- 值 (p,q)- 形式 f 都为零.

设 $p + q > m$, f 是一 L 值 $-(p,q)$- 调和形式, 以 (,) 表示 L 的度量 h 以及 h 的曲率形式在 M 上诱导的 Kähler 度量对 L- 值 (p,q)- 形式定义的内积, 则由 $\overline{\partial}(f) = 0, D^2 = D^{(1,0)}\overline{\partial} + \overline{\partial} D^{(1,0)}$, 得

$$D^2(f) = \frac{2\pi}{\mathrm{i}} W \wedge f = \frac{2\pi}{\mathrm{i}} U(f) = \overline{\partial} D^{(0,1)}(f).$$

因而由

$$2\pi([U^*, U](f), f) = 2\pi(U^*U(f), f) - 2\pi(UU^*(f), f),$$

其中

$$2\pi(U^*U(f), f) = \mathrm{i}(U^*\overline{\partial} D^{(0,1)}(f), f).$$

而由基本恒等式 I, 并利用对偶算子的关系, 上式为

$$\mathrm{i}(((\overline{\partial} U^* - \mathrm{i} D^{(0,1)*}) D^{(0,1)})(f), f)$$
$$= \mathrm{i}(U^* D^{(0,1)}(f), \overline{\partial}^* f) + (D^{(0,1)}(f), D^{(0,1)}(f)).$$

但 f 是调和形式, 因而 $\overline{\partial}^* f = 0$, 从而得到

$$2\pi(U^*U(f),f) = (D^{(0,1)}(f),D^{(0,1)}(f)) \geqslant 0.$$

另一方面, 同样利用 $\bar{\partial}^* f = 0$, 我们有

$$2\pi(UU^*(f),f) = i(D^2U^*(f),f) = i((D^{(1,0)}\bar{\partial} + \bar{\partial}D^{(1,0)})U^*(f),f)$$
$$= i(D^{(1,0)}\bar{\partial}U^*(f),f) = i((U^*\bar{\partial} + iD^{(0,1)*})(f),D^{(0,1)*}(f))$$
$$= -(D^{(0,1)*}(f),D^{(0,1)*}(f)) \leqslant 0.$$

将上面两式合并, 我们得到

$$2\pi([U^*,U]f,f) \geqslant 0.$$

而由基本恒等式 II 得

$$2\pi([U^*,U](f),f) = 2\pi(m-p-q)(f,f),$$

因此如果 $m < p+q$, 不等式成立必须 $(f,f) = 0$, 因而 $f = 0$. 证毕.

在上面的 Kodaira 消没定理中, 如果令 $p = m = \dim M$, 则

$$\Omega^m(M) = \wedge^m(T^*_{(1,0)}(M)) = \det(T^*_{(1,0)}(M)) = K_M,$$

其中 K_M 是 M 的典则线丛, 而 $\Omega^m(L) = K_M \otimes L$. 由 de Rham 定理, 如果我们以 $a^{(m,q)}(L)$ 表示 M 上光滑的 L- 值 (m,q)- 形式的芽层, 则利用上一章给出的层 $\theta(K_M \otimes L) = \theta(\Omega^m(L))$ 的零调分解

$$0 \to \theta(\Omega^m(L)) \hookrightarrow a^{(m,0)}(L) \xrightarrow{\bar{\partial}} a^{(m,1)}(L)$$
$$\xrightarrow{\bar{\partial}} \cdots \xrightarrow{\bar{\partial}} a^{(m,q)}(L) \xrightarrow{\bar{\partial}} a^{(m,q+1)}(L) \xrightarrow{\bar{\partial}} \cdots.$$

将层 $\theta(K_M \otimes L)$ 的 Čech 同调群 $H^q(M, \theta(K_M \otimes L))$ 化为 L- 值 (p,q)- 形式的 Dolbeault 同调群 $H^{(m,q)}(M,L)$, 则 Kodaira 消没定理可表示为下面一个关于 Čech 同调群的消没定理的形式.

定理 7.5.3(Kodaira 消没定理 I') 设 L 是 m 维紧复流形 M 上的正线丛, 则对于任意 $q > 0$, 恒有

$$H^q(M, \theta(K_M \otimes L)) = 0.$$

如果以 Čech 同调群表示由局部解过渡到整体解的阻碍, 则定理 7.5.3 就给出了这样的阻碍为零的条件. 下一节我们将以这一定理为基础, 利用正线丛的全纯截影来给出紧复流形到复投影空间的嵌入映射.

在上面的消没定理中, 如果用一般的全纯向量丛 E 代替其中 $(p,0)$-形式的全纯向量丛 $\Omega^p(M) = \wedge^p T^*_{(1,0)}(M)$, 则有下面的消没定理.

定理 7.5.4 (Kodaira 消没定理 II) 设 M 是一有正线丛的紧复流形, L 是 M 上的给定的正线丛, 则对 M 上任意给定的全纯向量丛 E, 存在 $k_0 \in \mathbb{N}$, 使得对于任意 $k > k_0$ 和 $q > 0$, 恒有

$$\mathrm{H}^q(M, \theta(L^k \otimes E)) = 0.$$

证明 利用 de Rham 定理将层 $\theta(L^k \otimes E)$ 的 Čech 同调群转换为 Dolbeault 同调群, 我们需要证明 $\mathrm{H}^{(0,q)}(M, L^k \otimes E) = 0$.

设 $\dim M = m$, 利用 Kodaira-Serre 对偶, 我们知道

$$\mathrm{H}^{(0,q)}(M, L^k \otimes E) \cong \mathrm{H}^{(m,m-q)}(M, L^{-k} \otimes E^*)$$
$$\cong \mathrm{H}^{(0,m-q)}(M, L^{-k} \otimes E^* \otimes K_M).$$

由于 E 的任意性, 因此我们只需证明: 对于任意全纯向量丛 E, 存在 k_0, 使得对于任意 $k > k_0$, $q > 0$, 恒有

$$\mathrm{H}^{(0,m-q)}(M, L^{-k} \otimes E) = 0.$$

对此与定理 7.5.2 的证明相同, 利用 Hodge 定理, 我们只需证明 k 充分大时, 任意 $L^{-k} \otimes E$- 值 $(0, m-q)$- 调和形式都为零.

L 是 M 上的正线丛, 选取 L 的一个 Hermite 度量 $h = \{h_\alpha\}$, 使得其曲率形式诱导了 M 的一个 Kähler 度量. 设 W 是 h 确定的 $(1,1)$-形式, 则 $D^2 = \Omega = \dfrac{2\pi}{i} W$ 是 L 关于这一度量的曲率形式.

取 E 的一个 Hermite 度量 $\widetilde{h} = \{[h^\alpha_{ij}]\}$, 则 $h^{-k}\widetilde{h} = \{h^{-k}_\alpha [h^\alpha_{ij}]\}$ 是向量丛 $L^{-k} \otimes E$ 的 Hermite 度量. 如果假定上面的度量矩阵都是对于局部全纯标架给出的, 则由复几何基本定理, 上面度量在 $L^{-k} \otimes E$ 上

诱导的复联络 $D = D^{(1,0)} + \overline{\partial}$ 的联络形式为

$$W(L^{-k} \otimes E) = \partial\big(h_\alpha^{-k}[h_{ij}^\alpha]\big)h_\alpha^k[h_{ij}^\alpha]^{-1} = -kW(L) \cdot I_r + W(E),$$

这里 $W(L)$ 和 $W(E)$ 分别是度量 h 和 $\widetilde{h} = \{[h_{ij}^\alpha]\}$ 在 L 和 E 上诱导的复联络的联络形式, I_r 是 r 阶单位矩阵, r 是 E 的维数. 与此同理, 如果以 $\Omega = \Omega(L^{-k} \otimes E), \Omega(L)$ 和 $\Omega(E)$ 分别表示上面联络对于 $L^{-k} \otimes E, L$ 和 E 的曲率形式, 则有

$$\Omega = \Omega(L^{-k} \otimes E) = -k\Omega(L) \cdot I_r + \Omega(E).$$

设 $f \in A^{(0,m-q)}(L^{-k} \otimes E)$ 是一调和形式, 由

$$D^2 = D^{(1,0)}\overline{\partial} + \overline{\partial}D^{(1,0)},$$

而 $\overline{\partial}f = 0$, 因此

$$\Omega \wedge f = D^2(f) = \overline{\partial}D^{(1,0)}(f).$$

再由基本恒等式 I: $[U^*, \overline{\partial}] = -iD^{(1,0)*}$, 得

$$i(U^*\Omega \wedge f, f) = i((U^*\overline{\partial}D^{(1,0)})(f), f) = i((\overline{\partial}U^* - iD^{(1,0)*})D^{(1,0)}(f), f).$$

注意到 f 是调和形式, 因而 $\overline{\partial}^* f = 0$, 上式为

$$(D^{(1,0)}(f), D^{(1,0)}(f)) \geqslant 0.$$

而同样由 $\overline{\partial}^* f = 0$, 得对于任意 $L^{-k} \otimes E$ 值-微分形式 g, 恒有

$$(D^2(g), f) = ((D^{(1,0)}\overline{\partial} + \overline{\partial}D^{(1,0)})(g), f)$$
$$= (D^{(1,0)}\overline{\partial}(g), f) + (D^{(1,0)}(g), \overline{\partial}^* f) = (D^{(1,0)}\overline{\partial}(g), f).$$

令 $g = U^*(f)$, 代入上式得

$$i(\Omega U^*(f), f) = i(D^2 U^*(f), f) = i(D^{(1,0)}\overline{\partial}U^*(f), f)$$
$$= i((U^*\overline{\partial} + iD^{(1,0)*})(f), D^{(1,0)*}(f)).$$

而 $\bar{\partial}f = 0$, 因而上式为

$$-(D^{(1,0)^*}(f), D^{(1,0)^*}(f)) \leqslant 0.$$

综合上面两式, 我们得到

$$\mathrm{i}([U^*, \Omega](f), f) \geqslant 0.$$

但另一方面, 对于 $L^{-k} \otimes E$ 的曲率形式, 我们有关系式

$$\Omega = \Omega(L^{-k} \otimes E) = -\frac{2\pi}{\mathrm{i}} kW(L) \cdot I_r + \Omega(E).$$

因此将上式代入并利用基本恒等式 II:

$$[U^*, W(L)](f) = [U^*, U](f) = (m - (m-q))(f) = q \cdot f,$$

得

$$\begin{aligned}
\mathrm{i}([U^*, \Omega](f), f) &= \mathrm{i}([U^*, \Omega(E)](f), f) - 2\pi k([U^*, W(L)](f), f) \\
&= \mathrm{i}([U^*, \Omega(E)](f), f) - 2\pi k([U^*, L](f), f) \\
&= \mathrm{i}([U^*, \Omega(E)](f), f) - 2\pi k q(f, f).
\end{aligned}$$

但由于 M 是紧复流形, 而所有 $L^{-k} \otimes E$- 值 $(0, m-q)$- 调和形式构成的集合是一有限维的线性空间. 因而容易看出, 存在常数 C, 使得对于所有 $L^{-k} \otimes E$ 值 $-(0, m-q)$- 调和形式 f, 恒有

$$\left| \mathrm{i}([U^*, \Omega(E)](f), f) \right| \leqslant C(f, f).$$

所以 k 充分大时, 上式对于所有 $L^{-k} \otimes E$- 值 $(0, m-q)$- 调和形式 f 都小于等于零. 我们得到, 这时必须 $f = 0$, 即 $H^{(m-q)}(M, \theta(L^{-k} \otimes E)) = 0$. 证毕.

§7.6 Kodaira 嵌入定理

有了上一节关于同调群的消没定理之后, 类比于紧 Riemann 曲面嵌入问题的讨论, 我们希望利用紧复流形 M 上的正线丛 L 证明: 当 k

充分大时，L^k 全纯截影空间 $\mathrm{H}^0(M, \theta(L^k))$ 的线性基 $\{s_0, s_1, \cdots, s_n\}$ 给出了 M 到投影空间 $\mathbb{C}P^n$ 的嵌入映射

$$F: M \to \mathbb{C}P^n, \quad P \mapsto [s_0(P), s_1(P), \cdots, s_n(P)].$$

而按照关于紧 Riemann 曲面的讨论，要使得映射 F 是嵌入映射，我们需要利用消没定理来证明下面三点：

(1) 对于任意点 $P \in M$，存在 $s \in \mathrm{H}^0(M, \theta(L^k))$，使得 $s(P) \neq 0$；

(2) 对于 M 中任意两个点 $P \neq Q$，存在 $s \in \mathrm{H}^0(M, \theta(L^k))$，使得 $s(P) \neq 0$，而 $s(Q) = 0$；

(3) 对于任意点 $P \in M$，映射 F 的 Jacobi 矩阵在 P 点的秩为 $m = \dim M$。

然而当 $\dim M = m > 1$ 时，与紧 Riemann 曲面不同，这里我们首先碰到的困难是 M 中的点 P 并不构成 M 上的除子，因而没有紧 Riemann 曲面讨论时用到的关于线丛截影层的正合序列，不能直接利用上一节的消没定理。为了克服这一困难，下面我们先介绍复流形讨论中的另一基本工具——**blow up**(也称为**二次变换**(quadratic transformation))。我们希望利用这一变换构造出流形上的一些除子用以代替在紧 Riemann 曲面讨论时用到的除子 $D = P$ 和线丛 $[P]$。利用 blow up，我们可以将紧 Riemann 曲面讨论时用到的正合序列推广到高维复流形上，然后利用上节的消没定理来得到嵌入映射。

设 M 是一 m 维的复流形，$P \in M$ 是给定的点，$(z^1, \cdots, z^m)$ 是 P 点邻域 U_P 上的局部坐标，满足 $z^1(P) = \cdots = z^m(P) = 0$。利用这一局部坐标，我们定义一个映射 $F: U_P \backslash \{P\} \to \mathbb{C}P^{m-1}$ 为对于任意点 $Q \in U_P \backslash \{P\}$，令

$$F(Q) = [z^1(Q), \cdots, z^m(Q)] \in \mathbb{C}P^{m-1},$$

这里我们用 $[w^1, \cdots, w^m]$ 表示投影空间 $\mathbb{C}P^{m-1}$ 的齐次坐标。现令

$$G(F) = \Big\{ \big((z^1(Q), \cdots, z^m(Q)), [z^1(Q), \cdots, z^m(Q)]\big) \\ \in U_P \times \mathbb{C}P^{m-1}, \text{其中 } Q \in U_P \backslash \{P\} \Big\},$$

$G(F)$ 称为映射 F 的图像. 令
$$U = \overline{G(F)} \subset U_P \times \mathbb{C}P^{m-1}$$
为 $G(F)$ 在 $U_P \times \mathbb{C}P^{m-1}$ 中的闭包. 利用 U_P 的局部坐标 $(z^1, \cdots, z^m)$ 和 $\mathbb{C}P^{m-1}$ 的齐次坐标 $[w^1, \cdots, w^m]$, 由定义不难看出 U 中的点可以用下面的关系式来描述:
$$U = \Big\{ \big((z^1, \cdots, z^m), [w^1, \cdots, w^m]\big) \\ \in U_P \times \mathbb{C}P^{m-1} \,\big|\, z^i w^j = z^j w^i, i,j = 1, 2, \cdots, m \Big\}.$$
利用这一关系式则有下面引理.

引理 7.6.1 U 是一复流形.

证明 对于 $i = 1, \cdots, m$, 令
$$U_i = \Big\{ \big((z^1, \cdots, z^m), [w^1, \cdots, w^m]\big) \in U \subset U_P \times \mathbb{C}P^{m-1} \,\big|\, w^i \neq 0 \Big\},$$
则 $\{U_i\}$ 是 U 的开覆盖. 而在 U_i 上, 方程 $z^i w^j = z^j w^i$ 可表为对于 $j = 1, \cdots, m, z^j = z^i \dfrac{w^j}{w^i}$, 因而不难看出映射
$$F_i : \big((z^1, \cdots, z^m), [w^1, \cdots, w^m]\big) \\ \mapsto \left(\frac{w^1}{w^i}, \frac{w^2}{w^i}, \cdots, \frac{w^{i-1}}{w^i}, z^i, \frac{w^{i+1}}{w^i}, \cdots, \frac{w^m}{w^i} \right)$$
给出了 U_i 到 $\mathbb{C}^m$ 中一个开集的同胚映射. 利用此, 如果将
$$\left(\frac{w^1}{w^i}, \frac{w^2}{w^i}, \cdots, \frac{w^{i-1}}{w^i}, z^i, \frac{w^{i+1}}{w^i}, \cdots, \frac{w^m}{w^i} \right)$$
看做 U_i 的局部坐标, 则在 $U_i \cap U_j$ 上, 坐标变换为
$$\frac{w^k}{w^i} \mapsto \frac{w^k}{w^j} \frac{w^j}{w^i}, k \neq i, j; \quad \frac{w^j}{w^i} \mapsto z^j = \frac{w^j}{w^i} z^i; \quad z^i \mapsto \frac{w^i}{w^j},$$
其是全纯变换, 所以 $\{U_i\}$ 是 U 的坐标覆盖, U 是复流形. 证毕.

现在我们希望用 U 代替 U_P 放回流形 $M \setminus \{P\}$ 中, 从而得到一个新的流形. 为此考虑投影映射
$$\pi : U \to U_P, \quad \big((z^1, \cdots, z^m), [w^1, \cdots, w^m]\big) \mapsto (z^1, \cdots, z^m),$$

对这一映射我们有下面引理.

引理 7.6.2 映射 $\pi: U \to U_P$ 满足 $\pi: U\backslash\{\pi^{-1}(P)\} \to U_P\backslash\{P\}$ 是解析同胚, 而 $\pi^{-1}(P) = \mathbb{C}P^{m-1}$.

证明 在上面关于 U 的方程中令 $z^1(P) = \cdots = z^m(P) = 0$, 得 $\pi^{-1}(P) = \mathbb{C}P^{m-1}$. 而对 U 的开覆盖 $\{U_i\}$, 在 $U_i\backslash\pi^{-1}(P)$ 上, $z^i \neq 0$, 映射

$$(z^1,\cdots,z^m) \mapsto \left((z^1,\cdots,z^m), \left[\frac{z^1}{z^i},\frac{z^2}{z^i},\cdots,\frac{z^{i-1}}{z^i},1,\frac{z^{i+1}}{z^i},\cdots,\frac{z^m}{z^i}\right]\right)$$

是映射 π 的逆映射, 因而在 $U\backslash\{\pi^{-1}(P)\}$ 上 π 是解析同胚. 证毕.

利用解析同胚 $\pi: U\backslash\{\pi^{-1}(P)\} \to U_P\backslash\{P\}$, 如果我们在流形 M 中用 U 代替 U_P, 则得到一个新的流形 M_P 以及解析映射

$$\pi: M_P \to M.$$

这一映射限制在 $M_P\backslash\{\pi^{-1}(P)\} = M_P\backslash\{\mathbb{C}P^{m-1}\}$ 上时是到复流形 $M\backslash\{P\}$ 的恒等映射, 而将 $\mathbb{C}P^{m-1}$ 映射到 P 点. 或者换一种说法, 流形 M_P 是在流形 M 的基础上, 用 $m-1$ 维投影空间 $\mathbb{C}P^{m-1}$ 代替 P 点后得到的新流形. 这样做的几何意义可以解释为: 设 U_P 中的点 $Q = (z^1,\cdots,z^m) \neq P$, 将 Q 看做一个不为零的 m 维复向量, 则其确定了 $\mathbb{C}^m$ 中一个过原点的复平面 $\{\tau(z^1,\cdots,z^m) \mid \tau \in \mathbb{C}\}$. 如果以 L_Q 表示这一复平面, 则 $\mathbb{C}P^{m-1}$ 就是将所有这些复平面作为元素 (每一个复平面看做一个点) 构成的集合, 而在

$$U = \Big\{((z^1,\cdots,z^m),[w^1,\cdots,w^m])$$
$$\in U_P \times \mathbb{C}P^{m-1} \mid z^i w^j = z^j w^i, i,j = 1,2,\cdots,m\Big\}$$

中, 当 $|\tau|$ 充分小时, 复平面 L_Q 的一部分 $\tau(z^1,\cdots,z^m) \subset U$ 与 $\mathbb{C}P^{m-1} \subset U$ 的交点就是复平面 $\{\tau(z_1,\cdots,z_m)\}$ 在 $\mathbb{C}P^{m-1}$ 中化作齐次坐标时确定的点 $[z^1,\cdots,z^m]$. 由此我们得到, M_P 是 $M\backslash\{P\}$ 将过 P 点的每一个复方向 $(z^1,\cdots,z^m) \neq 0$ 接到 $\mathbb{C}P^{m-1}$ 中对应的点 $[z^1,\cdots,z^m]$ 上之后形成的新的流形. 另一方面, 我们知道 $M\backslash\{P\}$ 中所有过 P 点

的形式为 $\{\tau(z^1,\cdots,z^m) \mid \tau \in \mathbb{C}\}$ 的复方向给出了 P 点的全纯切空间 $T_{(1,0)}(P)$，因此 M_P 也可解释为将 M 在 P 点的全纯切空间经投影化后，得到了复投影空间 $P(T_{(1,0)}(P)) = \mathbb{C}P^{m-1}$，然后用之代替 P 点产生的新流形. 而 $\mathbb{C}P^{m-1}$ 中的不同点代表 M 中过 P 点的不同的复方向，或者说 M_P 是 M 将过 P 点的不同复方向用不同的点代替后产生的新流形. 这样做当然有许多好处了，例如，M 中过 P 点但切向量不同的两条曲线利用映射 π 提升到 M_P 后，变为过不同点的曲线，曲线因为在 P 点相交产生的奇异性在 M_P 中就消失了. 又例如，在下面讨论中我们将用 $\mathbb{C}P^{m-1}$ 中不同的点代替 M 在 P 点不同的切向量来讨论一个映射在 P 点的 Jacobi 矩阵的秩.

应该说明的是上面我们利用了局部坐标 $(z^1,\cdots,z^m)$ 来构造 M_P. 而如果将 M_P 看做是将流形 M 在 P 点的全纯切空间 $T_{(1,0)}(P)$ 经投影化后得到复投影空间 $\mathbb{C}P^{m-1}$，然后用 $\mathbb{C}P^{m-1}$ 代替 M 的 P 点后所形成的流形，则不难验证 M_P 与 P 点局部坐标的选取无关. M_P 称为复流形 M 在 P 点的 **blow up**. 当然我们也可以对一个流形多次应用 blow up 产生更多的流形. blow up 有许多应用，例如，可以用来消除解析子簇的奇异性. 这一节对于紧复流形到复投影空间嵌入映射的讨论，我们主要是利用 blow up 来构造除子，用以代替紧 Riemann 曲面讨论时，我们所用的由曲面上的点定义的除子 $D = P$.

引理 7.6.3 $\pi^{-1}(P) = \mathbb{C}P^{m-1}$ 是 M_P 中的除子.

证明 符号同上. 在 M_P 中的开集

$$U = ((z^1,\cdots,z^m),[w^1,\cdots,w^m])$$

上, 令

$$U_i = \left\{((z^1,\cdots,z^m),[w^1,\cdots,w^m]) \mid w^i \neq 0\right\},$$

则 $\{U_1,\cdots,U_m\}$ 构成 U 的开覆盖，而令 $U_0 = M_P \backslash \{\mathbb{C}P^{m-1}\}$，则 $\{U_0, U_1,\cdots,U_m\}$ 构成了 M_P 的开覆盖.

在 U_0 上令 $f_0 = 1$，而对于 $i = 1,\cdots,m$，在 U_i 上令 $f_i = z^i$. 这时，由于在 U_i 上，$w^i \neq 0$，因而由 U 的定义方程 $z^i w^j = z^j w^i (i = 1,\cdots,m)$，

得当 $z^i = 0$ 时, 必须 $z^j = 0$ 对 $j = 1, 2, \cdots, m$ 成立, 即 z^i 在 U_i 上的零点就是 $\pi^{-1}(P) = \mathbb{C}P^{m-1}$. 我们得到 $\{U_i, f_i\}_{i=0,1\cdots,m}$ 定义了 M_P 上的一个除子, 而 $\pi^{-1}(P) = \mathbb{C}P^{m-1}$ 是这一除子的零点. 证毕.

下面我们用 $[\mathbb{C}P^{m-1}]$ 记除子 $\mathbb{C}P^{m-1}$ 在 M_P 上定义的线丛, 则 $[\mathbb{C}P^{m-1}]$ 在 $M_P \backslash \{\mathbb{C}P^{m-1}\}$ 上是平凡线丛, 而对于 U 的开覆盖 $\{U_1, \cdots, U_m\}$, 线丛 $[\mathbb{C}P^{m-1}]$ 在 $U_i \cap U_j$ 上的转移函数为

$$g^i_j = \frac{z^i}{z^j} = \frac{w^i}{w^j},$$

这里 $[w^1, \cdots, w^m]$ 是 $\mathbb{C}P^{m-1}$ 的齐次坐标. 比较本章第 3 节中我们在复投影空间上定义的超平面线丛 H, 我们知道对于 $\mathbb{C}P^{m-1}$ 的齐次坐标 $[w^1, \cdots, w^m]$, H 的转移函数为 $\frac{w^j}{w^i}$, 我们得到 M_P 上的线丛 $[\mathbb{C}P^{m-1}]$ 在 $\mathbb{C}P^{m-1} \subset M_P$ 上的限制就是 H^{-1}, 即

$$[\mathbb{C}P^{m-1}]\big|_{\mathbb{C}P^{m-1}} = H^{-1}.$$

利用此, 类比于我们在本章第 3 节中对于超平面线丛 H 定义的 Fubini-Study 度量, 如果在 U_i 上令

$$h_i = \frac{|w^i|^2}{|w^1|^2 + \cdots + |w^m|^2} = \frac{1}{|w^1|^2/|w^i|^2 + \cdots + |w^m|^2/|w^i|^2}.$$

显然 $h_i = |g^i_j|^{-2} h_j$, 因而 $h = \{h_i\}$ 构成线丛 $\left[\mathbb{C}P^{m-1}\right]^{-1}\big|_U$ 的一个 Hermite 度量, 而由这一度量的曲率确定的 (1,1)- 形式为

$$-\frac{i}{2\pi} \partial \bar{\partial} \ln h_i = -\frac{i}{2\pi} \partial \bar{\partial} \ln \frac{1}{|w^1|^2/|w^i|^2 + \cdots + |w^m|^2/|w^i|^2}$$
$$= \frac{i}{2\pi} \partial \bar{\partial} \ln \left(|w^1|^2/|w^i|^2 + \cdots + |w^m|^2/|w^i|^2 \right).$$

对于 U_i 上的局部坐标

$$\left(\frac{w^1}{w^i}, \frac{w^2}{w^i}, \cdots, \frac{w^{i-1}}{w^i}, z_i, \frac{w^{i+1}}{w^i}, \cdots, \frac{w^m}{w^i} \right),$$

这一形式除去 $\frac{\partial}{\partial z_i}$ 方向外, 是正定的 (1,1)- 形式. 如果将 $\frac{\partial}{\partial z_i}$ 看

做 $\mathbb{C}P^{m-1} \subset M_P$ 的法方向, 则上面的度量确定的 (1,1)- 形式在 $\mathbb{C}P^{m-1} \subset M_P$ 的全纯切空间上是处处正定的.

另一方面, 由于 $[\mathbb{C}P^{m-1}]^{-1}$ 在 $\pi^{-1}(P) = \mathbb{C}P^{m-1}$ 的任意邻域以外是平凡线丛, 因而可取 $[\mathbb{C}P^{m-1}]^{-1}$ 的一个 Hermite 度量, 使得其在 $\pi^{-1}(P) = \mathbb{C}P^{m-1}$ 的一个邻域以外是常数 1. 现取一个光滑函数 ρ, 满足 $0 \leqslant \rho \leqslant 1$, 使得 ρ 在 $\pi^{-1}(P) = \mathbb{C}P^{m-1}$ 的邻域上恒为 1, 而在 U 以外恒为零, 则 $(1-\rho)+\rho h$ 是线丛 $[\mathbb{C}P^{m-1}]^{-1}$ 的一个 Hermite 度量, 由度量的曲率确定的 (1,1)- 形式在 U 以外恒为零, 在 $\pi^{-1}(P) = \mathbb{C}P^{m-1}$ 的邻域上是半正定的, 而限制在 $\pi^{-1}(P) = \mathbb{C}P^{m-1}$ 上后, 在其全纯切空间上是正定的, 我们以 W_P 记这一形式.

回到复流形 M. 假定 M 上存在正线丛, 设 L 是 M 上一给定的正线丛. 选取 M 的一个开覆盖 $\{U_\alpha\}$, 使得 L 在每一个 U_α 上都是平凡的, 而 P 点不在任意的交集 $U_\alpha \cap U_\beta$ 中. 设 l_β^α 是 L 对于 $\{U_\alpha\}$ 的转移函数, 而 $h' = \{h_\alpha'\}$ 是 L 的一个 Hermite 度量, 满足如果 D 是由 h' 诱导的复联络, 而 W_L 是由 D 的曲率确定的 (1,1)- 形式, 则 W_L 是正定的.

利用解析映射 $\pi : M_P \to M$, $\{\pi^{-1}(U_\alpha)\}$ 是 M_P 的开覆盖, 而 $\{l_\beta^\alpha \circ \pi\}$ 是 M_P 上一个全纯线丛对这一覆盖的转移函数, 我们将这一全纯线丛记为 $\pi^{-1*}(L)$. 这时 $\{h_\alpha' \circ \pi\}$ 是 $\pi^{-1*}(L)$ 的一个 Hermite 度量, 由这一度量确定的 (1,1)- 形式 $\pi^{-1*}(W_L)$ 在 M_P 上除去 $\pi^{-1}(P) = \mathbb{C}P^{m-1} \subset M_P$ 的全纯切空间的向量外是处处正定的, 而在 $\pi^{-1}(P) = \mathbb{C}P^{m-1} \subset M_P$ 的全纯切空间上为零.

比较线丛 $\pi^{-1*}(L)$ 和 $[\mathbb{C}P^{m-1}]^{-1}$ 的曲率形式, 我们看到, 存在 $k_0 \in \mathbb{N}$, 使得只要 $k > k_0$, 则线丛 $\pi^{-1*}(L^k) \otimes [\mathbb{C}P^{m-1}]^{-1}$ 是 M_P 上的正线丛. 事实上, 只要注意到 $h'^k \cdot h$ 是线丛 $\pi^{-1*}(L^k) \otimes [\mathbb{C}P^{m-1}]^{-1}$ 的度量, 而 $k\pi^{-1*}(W_L) + W_P$ 是由这一度量所确定的 (1,1)- 形式. 而在 $\pi^{-1}(P) = \mathbb{C}P^{m-1}$ 的邻域上, $\pi^{-1*}(W_L)$ 和 W_P 都是半正定的, 并且 $\pi^{-1*}(W_L) + W_P$ 在各个方向正定. 因此只需考虑由函数 ρ 的微分对 W_P 产生的不正定的集合, 但由于这一集合是紧集, 所以满足要求

的 k_0 总是存在的. 这样我们得到, 如果复流形 M 上存在正线丛 L, 则 M 经 blow up 后所得的流形 M_P 上也有正线丛, 而当 $k \in \mathbb{N}$ 充分大时, $\pi^{-1*}(L^k) \otimes [\mathbb{C}P^{m-1}]^{-1}$ 就是 M_P 上的正线丛. 我们得到下面引理.

引理 7.6.4 如果 L 是 M 上的正线丛, 则存在 $k_0 \in \mathbb{N}$, 使得对于任意 $k > k_0$, $\pi^{-1*}(L^k) \otimes [\mathbb{C}P^{m-1}]^{-1}$ 都是 M_P 上的正线丛.

除了上面的讨论之外, 为了利用 Kodaira 消没定理 (定理 7.5.3), 我们还需要比较流形 M 与流形 M_P 的典则线丛. 与上面讨论相同, 我们以 $\pi^{-1*}(K_M)$ 表示 M 的典则线丛 K_M 在 M_P 上确定的线丛, 以 K_{M_P} 表示 M_P 自身的典则线丛, 则对于 $\pi^{-1*}(K_M)$ 与 K_{M_P}, 我们有下面关系式.

引理 7.6.5 $K_{M_P} = \pi^{-1*}(K_M) \otimes [\mathbb{C}P^{m-1}]^{m-1}$.

证明 由于坐标变换的 Jacobi 行列式是典则线丛的转移函数, 因此需要比较 M 和 M_P 的坐标变换.

设 $U = \{(\widetilde{U}_\alpha; (z_\alpha^1, \cdots, z_\alpha^m))\}$ 是 M 的一个坐标覆盖, 而 $P \in \widetilde{U}_{\alpha_0}$ 满足 $z_{\alpha_0}^1(P) = \cdots = z_{\alpha_0}^m(P) = 0$. 设 P 不属于坐标覆盖 U 中的其他开集. 在 M_P 中设

$$U_i = \left\{((z_{\alpha_0}^1, \cdots, z_{\alpha_0}^m), [w^1, \cdots, w^m]) \mid w^i \neq 0\right\}_{i=1,\cdots,m},$$

则 $\{\widetilde{U}_\alpha, U_1, \cdots, U_m\}$ 是 M_P 的坐标覆盖.

在 $\widetilde{U}_\alpha \cap \widetilde{U}_\beta$ 上, $[\mathbb{C}P^{m-1}]$ 是平凡的, 而 $\pi^{-1*}(K_M)$ 与 K_{M_P} 相同. 在 $\widetilde{U}_\alpha \cap U_i$ 上,

$$\mathrm{d}z_\alpha^1 \wedge \cdots \wedge \mathrm{d}z_\alpha^m = \det\left[\frac{\partial z_\alpha^i}{\partial z_{\alpha_0}^j}\right] \mathrm{d}z_{\alpha_0}^1 \wedge \cdots \wedge \mathrm{d}z_{\alpha_0}^m.$$

而对于 U_i 的局部坐标 $\left(\frac{w^1}{w^i}, \cdots, z_{\alpha_0}^i, \cdots, \frac{w^m}{w^i}\right)$, 我们知道

$$z_{\alpha_0}^k = z_{\alpha_0}^i \frac{w^k}{w^i}, \quad k \neq i, \quad z_{\alpha_0}^i = z_{\alpha_0}^i.$$

因此

$$\mathrm{d}z_{\alpha_0}^k = \mathrm{d}z_{\alpha_0}^i \frac{w^k}{w^i} + z_{\alpha_0}^i \mathrm{d}\left(\frac{w^k}{w^i}\right), k \neq i, \quad \mathrm{d}z_{\alpha_0}^i = \mathrm{d}z_{\alpha_0}^i.$$

由此我们得到

$$\mathrm{d}z_{\alpha_0}^1 \wedge \cdots \wedge \mathrm{d}z_{\alpha_0}^m = (z_{\alpha_0}^i)^{m-1} \mathrm{d}\left(\frac{w^1}{w^i}\right) \wedge \cdots \wedge \mathrm{d}z_{\alpha_0}^i \wedge \cdots \wedge \mathrm{d}\left(\frac{w^m}{w^i}\right),$$

即在 $\widetilde{U}_\alpha \cap U_i$ 上,

$$\begin{aligned}\mathrm{d}z_\alpha^1 &\wedge \cdots \wedge \mathrm{d}z_\alpha^m \\ &= \det\left[\frac{\partial z_\alpha^i}{\partial z_{\alpha_0}^j}\right](z_{\alpha_0}^i)^{m-1} \mathrm{d}\left(\frac{w^1}{w^i}\right) \wedge \cdots \wedge \mathrm{d}z_{\alpha_0}^i \wedge \cdots \wedge \mathrm{d}\left(\frac{w^m}{w^i}\right).\end{aligned}$$

在 $U_i \cap U_j$ 上 $\pi^{-1*}(K_M)$ 是平凡的, 而由坐标变换

$$\frac{w^k}{w^j} = \frac{w^k}{w^i}\frac{w^i}{w^j}, k \neq i, j, \quad z_{\alpha_0}^j = z_{\alpha_0}^i \frac{w^i}{w^j},$$

我们得到

$$\begin{aligned}\mathrm{d}&\left(\frac{w^1}{w^j}\right) \wedge \cdots \wedge \mathrm{d}z_{\alpha_0}^j \wedge \cdots \wedge \mathrm{d}\left(\frac{w^m}{w^j}\right) \\ &= \left(\frac{w^i}{w^j}\right)^{m-1} \mathrm{d}\left(\frac{w^1}{w^i}\right) \wedge \cdots \wedge \mathrm{d}z_{\alpha_0}^i \wedge \cdots \wedge \mathrm{d}\left(\frac{w^m}{w^i}\right),\end{aligned}$$

即 K_{M_P} 在 $U_i \cap U_j$ 上的转移函数为 $\left(\frac{w^i}{w^j}\right)^{m-1}$. 比较线丛 $\pi^{-1*}(K_M) \otimes [\mathbb{C}P^{m-1}]^{m-1}$ 的转移函数, 我们得到

$$K_{M_P} = \pi^{-1*}(K_M) \otimes [\mathbb{C}P^{m-1}]^{m-1}.$$

证毕.

利用引理 7.6.4 和引理 7.6.5 就不难得到下面引理.

引理 7.6.6 如果 L 是 M 上的正线丛, 则存在 $k_0 \in \mathbb{N}$, 使得对于任意 $k > k_0$, 线丛 $\pi^{-1*}(L^k) \otimes K_{M_P}^{-1} \otimes [\mathbb{C}P^{m-1}]^{-1}$ 和线丛 $\pi^{-1*}(L^k) \otimes K_{M_P}^{-1} \otimes [\mathbb{C}P^{m-1}]^{-2}$ 都是 M_P 上的正线丛.

证明 利用引理 7.6.5,

$$\begin{aligned}\pi^{-1*}&(L^k) \otimes K_{M_P}^{-1} \otimes [\mathbb{C}P^{m-1}]^{-1} \\ &= \pi^{-1*}(L^k) \otimes \pi^{-1*}(K_M)^{-1} \otimes [\mathbb{C}P^{m-1}]^{1-m} \otimes [\mathbb{C}P^{m-1}]^{-1} \\ &= \pi^{-1*}(L^{k_1}) \otimes \pi^{-1*}(K_M)^{-1} \otimes \pi^{-1*}(L^{k_2}) \otimes [\mathbb{C}P^{m-1}]^{-m},\end{aligned}$$

其中 $k = k_1 + k_2$. 首先, 由于 M 是紧复流形, 因而存在 k', 使得对于任意 $k_1 > k'$, $L^{k_1} \otimes (K_M)^{-1}$ 是 M 上的正线丛. 因而 $(\pi^{-1*}(L^{k_1}) \otimes \pi^{-1*}(K_M)^{-1})$ 除去 $\mathbb{C}P^{m-1}$ 的全纯切空间外是正线丛. 由引理 7.6.2, 则存在 k'', 使得对于任意 $k_2 > k''$, 线丛 $\pi^{-1*}(L^{k_2}) \otimes [\mathbb{C}P^{m-1}]^{-m}$ 是正线丛. 令 $k_0 = k' + k''$, 则 k_0 满足条件. 证毕.

有了上面这些准备以后, 现在我们来给出 Kodaira 嵌入定理.

定理 7.6.1(Kodaira 嵌入定理) 设 M 是一紧复流形, $\dim M = m > 1$. 如果在 M 上存在正线丛 L, 则存在 $k_0 \in \mathbb{N}$, 使得对于任意 $k > k_0$, 线丛 L 的全纯截影空间 $\mathrm{H}^0(M, \theta(L^k))$ 的线性基 $\{s_0, s_1, \cdots, s_n\}$ 给出了 M 到复投影空间 $\mathbb{C}P^n$ 的嵌入映射

$$F : M \to \mathbb{C}P^n, \quad P \mapsto F(P) = [s_0(P), s_1(P), \cdots, s_n(P)].$$

证明 证明的思路与本章第 4 节中紧 Riemann 曲面嵌入映射的讨论基本相同, 只是这里我们需要利用 blow up 以及 Kodaira 消没定理来代替紧 Riemann 曲面讨论时用到的除子和相应的消没定理.

为了证明当 k 充分大时, 利用 $\mathrm{H}^0(M, \theta(L^k))$ 的线性基 $\{s_0, \cdots, s_n\}$ 定义的映射

$$F : M \to \mathbb{C}P^n, \quad P \mapsto F(P) = [s_0(P), s_1(P), \cdots, s_n(P)]$$

是嵌入映射, 我们需要证明下面三点:

(1) 对于任意点 $P \in M$, 存在 $s \in \mathrm{H}^0(M, \theta(L^k))$, 使得 $s(P) \neq 0$, 即映射 F 在 M 上是处处有定义的;

(2) 对于 M 中任意两个点 $P \neq Q$, 存在 $s \in \mathrm{H}^0(M, \theta(L^k))$, 使得 $s(P) \neq 0$, 而 $s(Q) = 0$, 即映射 F 是单射. 容易看出这一条件等价于 $\mathrm{H}^0(M, \theta(L^k))$ 中的截影在 P 点和 Q 点的限制映射

$$\mathrm{H}^0(M, \theta(L^k)) \to L^k|_P \oplus L^k|_Q, \quad s \mapsto (s(P), s(Q))$$

是满射;

(3) 映射 $F(P) = [s_0(P), s_1(P), \cdots, s_n(P)]$ 在 M 上是处处满秩的. 这一条件等价于对于任意点 $P \in M$ 以及任意 $t \in T^*_{(1,0)}(P)$, 存

在 $s', s'' \in \mathrm{H}^0(M, \theta(L^k))$, 使得 $s''(P) \neq 0$, 而 $\mathrm{d}\left(\dfrac{s'}{s''}\right)(P) = t$. 如果在上式中假设 $s'(P) = 0$, 则可将条件改为, 对任意点 $P \in M, t \in T^*_{(1,0)}(P)$, 存在 $s \in \mathrm{H}^0(M, \theta(L^k))$, 满足 $s(P) = 0$, 而 $\mathrm{d}s(P) = t$.

显然上面条件中的 (2) 包含了 (1), 因此我们只需证明 (2) 和 (3).

(2) 的证明 设 $M_{P,Q} = (M_P)_Q$ 为 M 在 P 点和 Q 点的 blow up, $\pi: M_{P,Q} \to M$ 为投影映射. 如果截影 $s \in \mathrm{H}^0(M_{P,Q}, \theta(\pi^{-1*}(L^k)))$, 则 $s|_{M_{P,Q} \setminus \{\pi^{-1}(P) \cup \pi^{-1}(Q)\}}$ 是 L^k 在 $M \setminus \{P, Q\}$ 上的截影. 而这一截影在 P 点和 Q 点的邻域上可以表示为 P 和 Q 点以外的解析函数. 根据 Hartogs 定理, 这一函数可以解析延拓到 P 点和 Q 点上, 即 s 是 $\mathrm{H}^0(M, \theta(L^k))$ 的截影. 这样利用 π 我们得到同构映射

$$\pi^*: \mathrm{H}^0(M, \theta(L^k)) \to \mathrm{H}^0(M_{P,Q}, \theta(\pi^{-1*}(L^k))).$$

另一方面, 线丛 $\pi^{-1*}(L^k)$ 限制在 $\pi^{-1}(P) \cup \pi^{-1}(Q) \subset M_{P,Q}$ 上是平凡的, 因此

$$\mathrm{H}^0(\pi^{-1}(P) \cup \pi^{-1}(Q), \pi^{-1*}(L^k)) = L^k|_P \oplus L^k|_Q.$$

利用此不难看出下面的图是交换的

$$\begin{array}{ccc} \mathrm{H}^0(M_{P,Q}, \theta(\pi^{-1*}(L^k))) & \to & \mathrm{H}^0(\pi^{-1}(P) \cup \pi^{-1}(Q), \pi^{-1*}(L^k)) \\ \uparrow & & \| \\ \mathrm{H}^0(M, \theta(L^k)) & \to & L^k|_P \oplus L^k|_Q. \end{array}$$

由此为了证明 (2), 我们只需证明限制映射

$$\mathrm{H}^0(M_{P,Q}, \theta(\pi^{-1*}(L^k))) \to \mathrm{H}^0(\pi^{-1}(P) \cup \pi^{-1}(Q), \pi^{-1*}(L^k))$$

是满射即可. 对此与紧 Riemann 曲面相同, 考虑短正合序列

$$0 \to \theta(\pi^{-1*}(L^k)) \otimes [\pi^{-1}(P)]^{-1} \otimes [\pi^{-1}(Q)]^{-1}$$
$$\xrightarrow{\cdot s_{P,Q}} \theta(\pi^{-1*}(L^k)) \xrightarrow{R_{P,Q}} \pi^{-1*}(L^k)|_{\pi^{-1}(P) \cup \pi^{-1}(Q)} \to 0.$$

§7.6 Kodaira 嵌入定理 411

在上面序列中, $s_{P,Q}$ 表示 $M_{P,Q}$ 上由除子 $\pi^{-1}(P)$ 和 $\pi^{-1}(Q)$ 定义的线丛 $[\pi^{-1}(P)] \otimes [\pi^{-1}(Q)]$ 的典则截影, $R_{P,Q}$ 表示 $\theta(\pi^{-1*}(L^k))$ 的截影在 $\pi^{-1}(P) \cup \pi^{-1}(Q)$ 上的限制映射.

由正合序列定理, 通过上面的短正合序列, 我们得到同调群的长正合序列

$$0 \to \mathrm{H}^0(M_{P,Q}, \theta(\pi^*(L^k) \otimes [\pi^{-1}(P)]^{-1} \otimes [\pi^{-1}(Q)]^{-1}))$$
$$\xrightarrow{\cdot s_{P,Q}} \mathrm{H}^0(M_{P,Q}, \theta(\pi^*(L^k)))$$
$$\xrightarrow{R_{P,Q}} \mathrm{H}^0(\pi^{-1}(P) \cup \pi^{-1}(Q), \theta(\pi^*(L^k)|_{\pi^{-1}(P) \cup \pi^{-1}(Q)}))$$
$$\to \mathrm{H}^1(M_{P,Q}, \theta(\pi^*(L^k) \otimes [\pi^{-1}(P)]^{-1} \otimes [\pi^{-1}(Q)]^{-1})) \to \cdots.$$

由引理 7.6.6, 我们知道, 存在 k_0, 使得当 $k > k_0$ 时, 线丛

$$\pi^*(L^k) \otimes [\pi^{-1}(P)]^{-1} \otimes [\pi^{-1}(Q)]^{-1} \otimes K_{M_{P,Q}}^{-1}$$

是正线丛. 因而利用 Kodaira 消没定理 (定理 7.5.3), 我们得到

$$\mathrm{H}^1(M_{P,Q}, \theta(\pi^*(L^k) \otimes [\pi^{-1}(P)]^{-1} \otimes [\pi^{-1}(Q)]^{-1}))$$
$$= \mathrm{H}^1(M_{P,Q}, \theta(\pi^*(L^k) \otimes [\pi^{-1}(P)]^{-1} \otimes [\pi^{-1}(Q)]^{-1} \otimes K_{M_{P,Q}}^{-1} \otimes K_{M_{P,Q}}))$$
$$= 0,$$

因此映射

$$\mathrm{H}^0(M_{P,Q}, \theta(\pi^*(L^k)))$$
$$\xrightarrow{R_{P,Q}} \mathrm{H}^0(\pi^{-1}(P) \cup \pi^{-1}(Q), \theta(\pi^*(L^k)|_{\pi^{-1}(P) \cup \pi^{-1}(Q)}))$$

是满映射.

另一方面, 对于 M 中任意给定的两个点 P 和 Q, 如果限制映射 $\mathrm{H}^0(M, \theta(L^k)) \to L^k|_P \oplus L^k|_Q$ 是满映射, 则不难看出, 存在 P 点和 Q 点的邻域, 使得同样的映射对于 P 和 Q 的邻域中的任意点都是满映射. 而 M 是紧流形, 因而我们总可以选取 k_0, 使得对于任意 $k > k_0$, 上面的限制映射对于 M 中任意两点 P 和 Q 都是满映射. 至此我们完成了 (2) 的证明.

(3) 的证明 为了证明 (3), 对于任意点 $P \in M$, 首先令
$$V(P) = \left\{ s \in \mathrm{H}^0(M, \theta(L^k)) \mid s(P) = 0 \right\},$$
则 $V(P)$ 是 $\mathrm{H}^0(M, \theta(L^k))$ 的线性子空间. 这时如果 U 和 V 都是 M 的开集, 满足 $P \in U \cap V$, 设 L 限制在 U 和 V 上后都是平凡的, 而 g_U^V 是线丛 L^k 对于 $U \cap V$ 的转移函数, 则对于任意 $s \in V(P)$, 设 $s_U = s|_U$ 和 $s_V = s|_V$ 分别是 s 在 U 和 V 上的表示, 则 s_U 和 s_V 分别是 U 和 V 上的函数, 满足 $s_U(P) = s_V(P) = 0$. 由此利用在 $U \cap V$ 上的等式 $s_U = g_U^V s_V$, 两边微分得
$$\mathrm{d}s_U = \mathrm{d}g_U^V s_V + g_U^V \mathrm{d}s_V.$$
因此限制在 P 点后成立
$$\mathrm{d}s_U(P) = g_U^V \mathrm{d}s_V(P),$$
即在 P 点, 如果将 $\mathrm{d}s_U(P)$ 作为 s 在 $L^k|_P \otimes T_{(1,0)}^*(P)$ 中确定的元素, 则 $\mathrm{d}s_U(P)$ 与 L^k 局部平凡化的选取无关. 利用这一点我们得到一个映射
$$\mathrm{d} : V(P) \to L^k|_P \otimes T_{(1,0)}^*(P), \quad s \mapsto \mathrm{d}s_U(P).$$
要证明映射 F 在 P 点是满秩的, 只需证明这一映射是满映射. 对此, 与 (2) 的证明相同, 设 $P \in M$ 给定, M_P 表示 M 在 P 点的 blow up, s_P 表示线丛 $[\pi^{-1}(P)]$ 的典则截影, k 固定后, 令
$$V_k(P) = \left\{ s \in \mathrm{H}^0(M, \theta(L^k)) \big| s(P) = 0 \right\},$$
设 $s \in V_k(P)$, 则 $s \circ \pi$ 在 $\pi^{-1}(P)$ 上恒为零, 因而 $\dfrac{s \circ \pi}{s_P}$ 是 M_P 上线丛 $\pi^*(L^k) \otimes [\pi^{-1}(P)]^{-1}$ 在 M_P 上的截影, 即
$$\frac{s \circ \pi}{s_P} \in \mathrm{H}^0(M_P, \theta(\pi^*(L^k) \otimes [\pi^{-1}(P)]^{-1})).$$
反之, 对于任意截影 $\tilde{s} \in \mathrm{H}^0(M_P, \theta(\pi^*(L^k) \otimes [\pi^{-1}(P)]^{-1}))$, $s_P \cdot \tilde{s}$ 是 $\mathrm{H}^0(M_P, \pi^*(L^k))$ 中的截影, 并且 $s_P \cdot \tilde{s}$ 在 $\pi^{-1}(P)$ 上恒为零, 因而是 M

上线丛 L^k 在 P 点为零的截影在 M_P 上的提升. 由此我们得到同构映射

$$V(P) \xrightarrow{\cdot s_P^{-1}} \mathrm{H}^0(M_P, \theta(\pi^*(L^k) \otimes [\pi^{-1}(P)]^{-1})).$$

另外, $\pi^*(L^k)|_{\pi^{-1}(P)}$ 是平凡线丛, 而 $[\pi^{-1}(P)]^{-1}|_{\pi^{-1}(P)} = H$ 是复投影空间的超平面线丛. 利用超平面线丛的定义, 如果 $[w^0, w^1, \cdots, w^{m-1}]$ 是 $\pi^{-1}(P) = \mathbb{C}P^{m-1}$ 的齐次坐标, 则容易看出 $w^0, w^1, \cdots, w^{m-1}$ 的线性函数 $a_0 w^0 + a_1 w^1 + \cdots + a_{m-1} w^{m-1}$ 都是 H 的全纯截影. 而如果将 $(w^0, w^1, \cdots, w^{m-1})$ 看做 $\mathbb{C}^m$ 的坐标, 则 $w^0, w^1, \cdots, w^{m-1}$ 的线性函数是 $\mathbb{C}^m$ 对偶空间 $(\mathbb{C}^m)^*$ 中的元素, 因此我们得到一个单射

$$(\mathbb{C}^m)^* \to \mathrm{H}^0(\mathbb{C}P^{m-1}, \theta(H)),$$

即 $(\mathbb{C}^m)^*$ 同构于 $\mathrm{H}^0(\mathbb{C}P^{m-1}, \theta(H))$ 的一个子线性空间 (实际是同构于 $\mathrm{H}^0(\mathbb{C}P^{m-1}, \theta(H))$).

另一方面, 利用前面对 blow up 的几何解释, 我们知道 $\pi^{-1}(P) = \mathbb{C}P^{m-1}$ 是将 $T_{(1,0)}(P)$ 投影化后得到的复投影空间. 因此利用上面的讨论, 我们得到 $T_{(1,0)}(P)$ 的对偶空间 $T^*_{(1,0)}(P)$ 到 $\pi^{-1}(P) = \mathbb{C}P^{m-1}$ 上超平面线丛截影空间的一个单射

$$T^*_{(1,0)}(P) \to \mathrm{H}^0(\pi^{-1}(P), \theta([\pi^{-1}(P)]^{-1}|_{\pi^{-1}(P)})).$$

利用这一映射, 我们有下面的单射:

$$L^k_P \otimes T^*_{(1,0)}(P) \to \mathrm{H}^0(\pi^{-1}(P), \theta(\pi^{-1*}(L^k) \otimes [\pi^{-1}(P)]^{-1}|_{\pi^{-1}(P)})).$$

而由这些映射关系, 如果令 $A = \mathrm{H}^0(M_P, \theta(\pi^{-1*}(L^k) \otimes [\pi^{-1}(P)]^{-1}))$, $B = \mathrm{H}^0(\pi^{-1}(P), \theta(\pi^{-1*}(L^k) \otimes [\pi^{-1}(P)]^{-1}))$, 则下面的图是交换的

$$\begin{array}{ccc} A & \xrightarrow{R} & B \\ \uparrow \cdot s_P^{-1} & & \uparrow \\ V(P) & \xrightarrow{\mathrm{d}} & L^k|_P \otimes T^*_{(1,0)}(P), \end{array}$$

其中 R 表示限制映射. 由此要证明 $\mathrm{d}: V(P) \to L^k|_P \otimes T^*_{(1,0)}(P)$ 是满

射, 我们只需证明映射 $A \xrightarrow{R} B$, 即映射

$$\mathrm{H}^0(M_P, \theta(\pi^{-1*}(L^k) \otimes [\pi^{-1}(P)]^{-1}))$$
$$\xrightarrow{R} \mathrm{H}^0(\pi^{-1}(P), \theta(\pi^{-1*}(L^k) \otimes [\pi^{-1}(P)]^{-1}))$$

是满射即可. 为此考虑短正合序列

$$0 \to \theta(\pi^{-1*}(L^k) \otimes [\pi^{-1}(P)]^{-2}) \xrightarrow{\cdot s_P} \theta(\pi^{-1*}(L^k) \otimes [\pi^{-1}(P)]^{-1})$$
$$\xrightarrow{R} \theta(\pi^{-1*}(L^k) \otimes [\pi^{-1}(P)]^{-2}|_{\pi^{-1}(P)}) \to 0.$$

而由正合序列定理, 通过上面的短正合序列, 我们得到同调群的长正合序列

$$0 \to \mathrm{H}^0(M_P, \theta(\pi^{-1*}(L^k) \otimes [\pi^{-1}(P)]^{-2}))$$
$$\xrightarrow{\cdot s_P} \mathrm{H}^0(M_{P,Q}, \theta(\pi^{-1*}(L^k) \otimes [\pi^{-1}(P)]^{-1}))$$
$$\xrightarrow{R} \mathrm{H}^0(\pi^{-1}(P), \theta(\pi^{-1*}(L^k) \otimes [\pi^{-1}(P)]^{-1}))$$
$$\to \mathrm{H}^1(M_P, \theta(\pi^{-1*}(L^k) \otimes [\pi^{-1}(P)]^{-1})) \to \cdots.$$

利用引理 7.6.6, 我们知道, 存在 k_0, 使得对于任意 $k > k_0$, 线丛

$$\pi^{-1*}(L^k) \otimes [\pi^{-1}(P)]^{-2} \otimes K_{M_{P,Q}}^{-1}$$

是正线丛. 因而由 Kodaira 消没定理 (定理 7.5.3) 得

$$\mathrm{H}^1(M_P, \theta(\pi^{-1*}(L^k) \otimes [\pi^{-1}(P)]^{-2}))$$
$$= \mathrm{H}^1(M_P, \theta(\pi^{-1*}(L^k) \otimes [\pi^{-1}(P)]^{-2} \otimes K_{M_{P,Q}}^{-1} \otimes K_{M_{P,Q}})) = 0.$$

我们得到映射

$$\mathrm{H}^0(M_P, \theta(\pi^{-1*}(L^k) \otimes [\pi^{-1}(P)]^{-1}))$$
$$\xrightarrow{R} \mathrm{H}^0(\pi^{-1}(P), \theta(\pi^{-1*}(L^k) \otimes [\pi^{-1}(P)]^{-1}))$$

是满映射, (3) 在 P 点成立.

另一方面, 如果映射

$$F: M \to \mathbb{C}P^n, \quad P \mapsto F(P) = [s_0(P), s_1(P), \cdots, s_n(P)]$$

在 P 点是满秩的映射, 则在这点的充分小邻域上也是满秩的映射. 而 M 是紧复流形, 利用开覆盖定理, 我们总可以找到充分大的 k_0, 使得当 $k > k_0$ 时, F 在 M 上是处处满秩的映射. 至此我们完成了 Kodaira 嵌入定理的证明.

利用 Kodaira 嵌入定理, 我们得到了关于代数流形的一个基本特征.

定理 7.6.2 紧复流形 M 为代数流形的充分必要条件是 M 上存在正线丛.

上面定理也可以用同调类的形式给出.

定理 7.6.3 紧复流形 M 是代数流形的充分必要条件是存在同调群 $H^2(M, \mathbb{Z})$ 中的一个元素 a, 使得 a 可以表示为正定的实 (1,1)- 形式.

定理 7.6.3 的证明由本章的习题 20 和 22 给出, 留给读者作为练习.

习 题 七

1. 证明: 紧 Riemann 曲面上任意两个亚纯函数在复数域 $\mathbb{C}$ 上代数相关.

2. 证明: 任意两个紧 Riemann 曲面全纯同胚的充分必要条件是其亚纯函数域在复数域上同构.

3. 证明: $\lim\limits_{n \to +\infty} H^0(\mathbb{C}P^1, K^n) = 0$; 如果紧 Riemann 曲面 R 的亏格为 1(即 R 是 Torus), 则 $\lim\limits_{n \to +\infty} H^0(R, K^n) = 1$; 如果紧 Riemann 曲面 R 的亏格大于 1, 则 $\lim\limits_{n \to +\infty} H^0(R, K^n) = +\infty$.

4. 设 R 是紧 Riemann 曲面, g 是 R 上有 n 个零点的亚纯函数. 证明: 对于 R 上任意亚纯函数 f, f 对于域 $\mathbb{C}(g)$ 的代数次数小于或等于 n.

5. 设 $P(z, w)$ 是变元 z 和 w 的一个不可约的 n 次多项式, 又设 $\widetilde{P}(z_0, z_1, z_3)$

$$= z_0^n P\left(\frac{z_1}{z_0}, \frac{z_2}{z_0}\right)$$ 是其齐次化后得到的齐次多项式, 令

$$Z(\widetilde{P}) = \left\{(z_0, z_1, z_3) \in \mathbb{C}P^2 \mid \widetilde{P}(z_0, z_1, z_3) = 0\right\}$$

是 $\widetilde{P}$ 的零点集. 证明: 存在紧 Riemann 曲面 R 以及全纯映射 $F: R \to \mathbb{C}P^2$, 使得 $F(R) = Z(\widetilde{P})$, 且除去有限个点外, F 是全纯同胚. 并求 R 的亚纯函数域.

6. 设 R 是亏格为 g 的紧 Riemann 曲面, L 是 R 上的全纯线丛, 满足 $\deg(L) > 2g$. 证明: 对于任意 $P \in R$, 存在 $s \in H^0(R, L)$, 满足 $s(P) = 0$, $ds(P) \neq 0$.

7. 设 $s_1, \cdots, s_n$ 是复流形 M 上全纯线丛 L 的 n 个全纯截影, 而 $P(x_1, \cdots, x_n)$ 是变量 $x_1, \cdots, x_n$ 的一个 k 次齐次多项式. 证明: $P(s_1, \cdots, s_n)$ 是线丛 L^k 的截影.

8. 设 L 是紧复流形 M 上的全纯线丛, 在集合 $\bigoplus\limits_{k=0}^{+\infty} H^0(M, L^k)$ 上定义一个乘积使其成为一个环.

9. 证明: 如果紧复流形 M 上存在非常值的亚纯函数, 则

$$\mathrm{Trdeg}(m(M), \mathbb{C}) \geqslant 1.$$

10. 问在 Stein 流形上是否存在正线丛.

11. 设 L 是紧复流形 M 上的正线丛, 证明: 对于任意 M 上的全纯线丛 L_0, 存在 k_0, 使得对于任意 $k > k_0$, $L^k \otimes L_0$ 是 M 上的正线丛.

12. 如果复流形 M_1, M_2 上都有正线丛, 证明: $M_1 \times M_2$ 上存在正线丛.

13. 证明: 任意紧 Riemann 曲面上有正线丛.

14. 设 M 是紧复流形, L_1, L_2 是 M 上的全纯线丛, 且分别存在 L_1, L_2 的 Hermite 度量 h_1, h_2, 使得其曲率形式 Ω_1, Ω_2 满足 $\frac{i}{2\pi}\Omega_1, \frac{i}{2\pi}\Omega_2$ 在 M 上半正定, 在集合 S_1, S_2 上正定, 且 $S_1 \cup S_2 = M$. 证明: M 上存在正线丛.

15. 问全纯域或者 Stein 流形上任意亚纯函数能否表示为两个全纯函数的商.

16. 以 H 表示 $\mathbb{C}P^n$ 的超平面线丛, 证明: $K = -(n+1)H$, 这里 K 表示 $\mathbb{C}P^n$ 的典则线丛.

17. 设 M 是一代数流形, 证明: 对于 M 上的任意全纯线丛 L, 存在 M 的除子 D, 使得 $L = [D]$, 即代数流形上任意全纯线丛都是由除子定义的线丛.

18. 对于任意 $P \in \mathbb{C}P^n$,将 P 看做 $\mathbb{C}^{n+1}$ 中的复平面 L_P,令 $L = \sum_{P \in \mathbb{C}P^n} L_P$, $\pi : L \to \mathbb{C}P^n$ 为投影. 证明:L 是 $\mathbb{C}P^n$ 上全纯线丛,且 $L^{-1} = H$.

19. 设 M 是复流形,$P \in M$, $Z = (z_1, \cdots, z_n), W = (w_1, \cdots, w_n)$ 都是 P 点的局部坐标,满足对于 $i = 1, \cdots n, z_i(P) = w_i(P) = 0$. 试利用 Z 到 W 的坐标变换给出分别利用 Z 和利用 W 给出的 P 点的 Blow up 之间的同胚.

20. 试证明:如果 W 是复流形 M 上一个 d 闭的 (1,1)- 形式,则对于任意 $P \in M$,存在 P 点邻域 U 和 U 上函数 f,使得 $W = \bar{\partial}\partial f$.

21. 试证明:在紧复流形 M 上如果一个 d 闭的实 (1,1)- 形式 W 是整的微分形式,即 W 定义的 de Rham 同调类在映射 $\mathrm{H}^2(M, \mathbb{Z}) \to \mathrm{H}^2(M, \mathbb{R})$ 的像中,则存在 M 上的全纯线丛 L 和 L 的 Hermite 度量 h,使得 W 是 h 的曲率形式.

22. 证明:紧复流形 M 是代数流形的充分必要条件是存在 M 的拓扑同调群 $\mathrm{H}^2(M, \mathbb{Z})$ 中的一个元素 a, a 可以表示为正定的实 (1,1)- 形式.

附录 A 部分习题的参考解答或提示

习 题 一

1. $D_1 = \{(x,y) \mid |x| < 1, |y| < 1\}$, $D_2 = \{(x,y) \mid |x| + |y| < 1\}$.

2. (1) 先证结论对于正项级数成立，一般的级数化为两个正项级数的差; (2) 参阅文献 [2].

3. 与 Abel 定理的证明相同.

4. 利用多圆盘的 Cauchy 积分公式.

5. $|F(Z)| \leqslant \dfrac{R_2}{R_1}|Z|$.

9. 参阅第 2 章 §2.1.

15. 利用 Weierstrass 预备定理.

16. 设 f 不可约，利用 Weierstrass 除法定理.

17. 参阅 21 题.

19. 利用 Weierstrass 除法定理.

20. 设 $(z^1, \cdots, z^{n-1})$ 是 r 的零点，但不存在 z^n, 使得 $(z^1, \cdots, z^{n-1}, z^n)$ 同时是 f 和 g 的零点. 对于表达式 $r = hf + \ell g$, 设 $h = ug + r_1$, 其中 r_1 关于 z^n 的次数小于 g 关于 z^n 的次数. 则由 $r = (ug + r_1)f + \ell g = r_1 f + (uf + \ell)g$, 得当 $(z^1, \cdots, z^{n-1})$ 固定时，r_1 与 g 关于 z^n 的零点个数相同，矛盾.

21. 设 F 和 G 在原点邻域关于 z_n 方向正则，$h(z^1, \cdots, z^{n-1}) = fF + gG$, 如果 $F(z^1, \cdots, z^n) = 0$ 时，$G(z^1, \cdots, z^n) = 0$, 则必须 $h \equiv 0$. 因而存在序列 $p_n \to 0$, 使得 $G(p_n) \neq 0$, 而 $F(p_n) = 0$, 结论对于 $a = 0$ 成立. 一般的情况用 $F - aG$ 代替 F.

22. 23. 直接应用 Weierstrass 预备定理和除法定理的证明.

24. 利用 22,23 题

25. 对球上的 Bochner-Martinelli 积分表示应用 Stokes 公式.

26. 利用 25 题的结论.

27. 如果 $\{f_n\}$ 是 $H^2(D)$ 中的 Cauchy 列，则由 26 题 $\{f_n\}$ 在 D 上内闭一致收敛.

30. 对于任意 $f \in H^2(D), Z \in D, f(Z) = \sum\limits_{n=1}^{+\infty}(f, U_n)U_n(Z)$.

习 题 二

6. 参阅全纯凸域是全纯域的证明.

7. 同上.

12. 13. 利用定义直接验证.

14. 利用全纯域等价于拟凸域和多次调和函数的性质.

15. 利用条件验证 Ω 上存在多次调和穷竭函数.

16. 利用 15 题和 Levi 猜想.

17. u 沿单位圆周的闭路积分不为零.

18. 利用 Stokes 公式.

19. 利用第 18 题中的公式.

20. 积分号下求导再利用 $\overline{\partial}W = 0$ 的条件.

21. 取一在 $\mathbb{C}^n$ 上有紧支集的函数 h, 使得 $\mathrm{Supp}(h) = \overline{\{Z \mid h(Z) \neq 0\}} \subset \Omega$, 且 h 在 K 上恒为 1. 对于 $\Omega\backslash K$ 上的任意解析函数 f, 令 $W = \overline{\partial}[(1-h)f]$, 设 u 是 12 题中给出的满足 $\overline{\partial}u = W$ 的函数, 验证 $(1-h)f - u$ 满足条件.

22. 证明 T 和 T^* 在 $H_1 \times H_2$ 中的图像的正交子空间是另一映射的图像.

习 题 三

4. 利用 Zorn 引理.

5. 令
$$U_{ij} = \Big\{ A = (z^1, \cdots, z^n) \in \mathbb{C}^n; B(w^1, \cdots, w^n) \in \mathbb{C}^n \mid (z^i, z^j),$$
$$(w^i, w^j) \text{线性无关} \Big\}.$$
证明 $\{U_{ij}\}$ 上坐标覆盖.

11. 利用 $\mathbb{C}P^1$ 的全纯自同胚群同构于分式线性变换群.

13. 利用任意两个变元 $(z^0, z^1, \cdots, z^n)$ 的相同次数齐次多项式的商是 $\mathbb{C}P^n$ 上的亚纯函数.

14. 设嵌入映射 $M \hookrightarrow \mathbb{C}P^n$ 由亚纯函数 $g_1, \cdots, g_n$ 给出, 证明 $g_1, \cdots, g_n$ 中有 m 个函数代数独立.

15. 首先 g 不能在 f 的所有零点上为零, 因而结论对于 $a = 0$ 成立, 一般的情况用 $f - ag$ 代替 f.

18. 利用本章第 5 题同样的方法.

19. 不妨设 $\{U_\alpha\}$ 是坐标覆盖,证明 $\{U_\alpha \times \mathbb{C}\}$ 也是坐标覆盖.

26. 取 M 中一列紧集 K_n,使得 $\widetilde{K_n} = K_n$, $K_n \subset K_{n+1}$, $P_n \in K_{n+1}$, 但 $P_n \notin K_n$,再取 M 上解析函数列 f_n,使得 $Max\{|f_n(P)|P \in K_n\} < 1/2^n$, 而 $f_n(P_n) = n$,则 $\sum\limits_{n=1}^{+\infty} f_n$ 满足条件.

27. 证明关于解析函数正规族的 Montel 定理.

习 题 四

3. 由 M 上亚纯函数定义的除子.

7. 题中的线丛是 14 题中定义的线丛的对偶丛.

9. 参阅 14 题.

10. 利用局部标架给出同态映射 F 的表示.

11. 联络形式和曲率张量都恒为零.

13. 直接验证 $\partial h h^{-1}$ 满足联络形式在标架变换下的条件.

14. $D(a \otimes b) = D_1(a) \otimes b + a \otimes D_2(b)$.

17. 参阅有关 Riemann 几何的书.

19. 证明曲率形式是一 d- 闭的,正定的 (1,1) 形式.

23. 反证,如果存在,利用 Stokes 公式,则必须 $\int_M W^n = 0$, 与 $\frac{1}{n!} W^n$ 是 M 的体积微元矛盾.

24. 单位分解定理.

25. 不成立.

27. 利用 Montel 定理.

习 题 五

1. 紧复流形上不存在非常数的全纯函数.

5. 利用 Stokes 公式.

6. 证明利用任意给定的 $[W_2] \in H^{n-p,n-q}(M)$ 得到的线性函数 $[W_1] \to ([W_1],[W_2])$ 就是 $H^{p,q}(M)$ 上的所有线性函数.

8. 利用 $H^1(R,\mathbb{R})$ 的 Hodge 分解.

9. (1) 设 V 是 M 上一 $(p,0)$- 全纯形式,$\{e_1,\cdots,e_n\}$ 是余切丛的一个

局部全纯的正交标架, 满足 $\|e_i\| = 2$. 则 V 可表示为 $V = \sum_I C_I e^I$, 其中 $I = (i_1, \cdots, i_p)$ 满足 $1 \leqslant i_1 < \cdots < i_p \leqslant n$, 而由 Kähler 度量确定的 (1,1)- 形式可表为 $W = \frac{i}{2} \sum_{i=1}^n e_i \wedge \bar{e}_i$. 利用此, $V \wedge \overline{V} \wedge W^{n-p}$ 可表为 $C \sum_I \|C_I\|^2 W^n$, 其中 $C \neq 0$ 是常数. 由此得到 $\int_M V \wedge \overline{V} \wedge W^{n-p} \neq 0$. 但如果 V 是 d 正合的, 则由 Stokes 公式, 积分必须为零. (2) 是 (1) 的推论, (3) 是 (1) 和 (2) 的推论.

10. 利用 Hodge 分解.

11. 全纯微分形式 w 显然满足 $\bar{\partial} w = 0$, $\bar{\partial}^* w = 0$, 因而是 $\Delta_{\bar{\partial}}$ 的调和形式, 特别的, 在紧 Kähler 流形上也是 Δ_d 的调和形式.

习 题 六

1. 试比较实轴上的函数 $f(x) \equiv 0$ 与函数

$$g(x) = \begin{cases} 0, & x \leqslant 0, \\ e^{\frac{1}{x}}, & x > 0 \end{cases}$$

在 $x = 0$ 处定义的芽.

2. 证明对于 Able 层, 零元素领域中的元素都是零元素.

5. 由除子定义的摩天大厦层.

8. 考虑 R 的开覆盖 $\{U_\alpha\}$, 使得除子中的点 p_i 都不在 $U_\alpha \cap U_\beta$ 内.

11. 利用与正合序列定理证明同样的方法.

13. 参阅正合序列定理的证明.

14. 不是唯一的, 例如, 微分流形上常数层利用外微分和光滑微分形式给出的零调分解 (参阅 18 题).

15. 后一个是前一个的真子层.

19. 利用 de Rham 定理和 Hodge 定理.

21. (b) 利用第 3 章中全纯域上 $\bar{\partial}$- 方程可解的条件.

23. 利用 Riemann-Roch 定理.

24. 设 s_D 是 D 的典则截影, 对于任意 $s \in H^0(R, \theta([D]))$, s/s_D 是 R 上满足条件的亚纯函数.

29. 参阅第 5 章习题 10.

习 题 七

1. 参阅本章第一节的讨论.

2. 与上题相同.

6. 利用消没定理.

10. 以 $\mathbb{C}^n$ 为例.

11. 如果 A 是正定矩阵, B 是一对称矩阵, 则存在常数 c, 使得 $cA+B$ 是正定矩阵.

15. Cousin 问题 II 是否有解.

16. 计算 K 的转移函数.

17. 设 H 是 M 上的正线丛, 则存在自然数 k, 使得 $kH+L$ 是正线丛, 利用 Kodaira 嵌入定理的证明得 k 充分大时, kH 和 $kH+L$ 都有非零的全纯截影, 因而 L 有非零的亚纯截影.

20. 首先对于任意 $p \in M$, 由 $dW=0$, 存在 P 点邻域 U 和 U 上一次微分形式 V, 使得 $dV=W$. 设 $V = V^{(1,0)} + V^{(0,1)}$ 是 V 对 $(1,0)$ 和 $(0,1)$- 形式的分解, 则由 W 是 $(1,1)$- 形式, 必须 $\partial V^{(1,0)}=0, \overline{\partial}V^{(0,1)}=0$, 由此存在函数 f_1, f_2, 使得 $\partial f_1 = V^{(1,0)}, \overline{\partial} f_2 = V^{(0,1)}, W = \overline{\partial}\partial(f_1 - f_2)$.

21. 利用 20 题, 可选取 M 的一个开覆盖 $\{U_\alpha\}$, 使得 U_α 都是单连通的, 在每一个 U_α 上存在函数 f_α, 满足 $W|_{U_\alpha} = \overline{\partial}\partial f_\alpha$. 而由 W 是实的微分形式, 可设 f_α 是实部为零的函数, 因而在 $U_\alpha \cap U_\beta$ 上, $f_{\alpha\beta} := f_\alpha - f_\beta$ 是调和函数. 取 $U_\alpha \cap U_\beta$ 上的解析函数 $h_{\alpha\beta}$ 使得 $h_{\alpha\beta} = h_{\beta\alpha}$, 而 $f_\alpha - f_\beta = \mathrm{i}\,\mathrm{Im}(h_{\alpha\beta})$. 这时在 $U_\alpha \cap U_\beta \cap U_\gamma$ 上, 令 $c_{\alpha\beta\gamma} =: h_{\alpha\beta} + h_{\beta\gamma} + h_{\gamma\alpha}$, 则 $c_{\alpha\beta\gamma}$ 是常数, 而 $\{c_{\alpha\beta\gamma}\}$ 就是由 W 定义的 $\mathrm{H}^2(M, \mathbb{Z})$ 中的 Čech 同调类. 因而对于任意 $U_\alpha \cap U_\beta \neq \emptyset$, 存在实常数 $b_{\alpha\beta}$, 使得 $c_{\alpha\beta\gamma} - b_{\alpha\beta} + b_{\beta\gamma} + b_{\gamma\alpha} \in \mathbb{Z}$. 利用此, 以 $\{e^{2\pi\mathrm{i}(h_{\alpha\beta} - b_{\alpha\beta})}\}$ 作为转移函数, 其定义了 M 上一个全纯线丛. $\{e^{2\pi\mathrm{i}(f_\alpha)}\}$ 是这一线丛的一个 Hermite 度量, 而 W 就是这一度量给出的 Chern 示性类的表示.

22. 21 题的推论.

符 号 集

$\mathbb{C}$	复数域
$\mathbb{C}^n$	n 维复向量空间
$B(Z_0, r)$	Z_0 为球心，r 为半径的球
$D_n(Z_0, R)$	Z_0 为心，R 为半径的 n 维多圆盘区域
$\dfrac{\partial}{\partial z_i} = \dfrac{1}{2}\left[\dfrac{\partial}{\partial x_i} - \mathrm{i}\dfrac{\partial}{\partial y_i}\right]$	关于复变量 z_i 的偏导数
$\dfrac{\partial}{\partial \bar{z}_i} = \dfrac{1}{2}\left[\dfrac{\partial}{\partial x_i} + \mathrm{i}\dfrac{\partial}{\partial y_i}\right]$	关于复变量 $\bar{z}_i$ 的偏导数
$\tilde{\partial} D_n(Z_0, r)$	多圆盘特征边界
$\mathbb{C}[z_1, \cdots, z_n]$	复数域上 $z_1, \cdots, z_n$ 的多项式环
$\theta_n(p)$	n 元解析函数在 P 点的芽环
$\mathrm{Rad}(I)$	理想 I 的根理想
$\wedge$	外积
∂	全纯方向的微分
$\bar{\partial}$	反全纯方向的微分
$H(Z, W)$	Bochner-Martinelli 核函数
$\tilde{K}$	集合 K 的线性 (全纯) 凸包
$\left[F_{z_i \bar{z}_j}\right]$	函数 F 的复 Hessien 矩阵
T_{Z_0}	Z_0 点的全纯切空间
$\mathbb{C}P^n$	n- 维复投影空间
$H(M)$	复流形 M 上解析函数全体
$d_N(F, G)$	$H^N(M)$ 上的距离函数
$T(P)$	P 点的切空间
$T_{(1,0)}(P)$	P 点的全纯切空间
$T_{(0,1)}(P)$	P 点的反全纯切空间
$T^*(P)$	P 点的余切空间
$\mathrm{H}^r(M, \mathbb{C})$	流形 M 的复值 r 阶 de Rham 同调群
$c_k(E)$	复向量丛 E 的 k 阶陈示性类

$\theta(M)$	流形 M 的解析函数芽层
$\mathcal{M}(M)$	流形 M 的亚纯函数芽层
$\theta^*(M)$	流形 M 的处处不为零的解析函数芽层
$a^{(p,q)}(M), a^{(p,q)}(E)$	流形 M 上光滑的 (p,q)- 形式和光滑的 E- 值 (p,q)- 形式的芽层
$\Omega^p(M), \Omega^p(E)$	流形 M 上全纯的 $(p,0)$- 形式和全纯的 E- 值 $(p,0)$- 形式的芽层
$H^p(X,Y)$	空间 X 上层 Y 的 p 阶 Čech 同调群
$m(M)$	复流形 M 上亚纯函数域
$\text{Trdeg}(Y_2, Y_1)$	域 Y_2 对域 Y_1 域扩张的超越次数
$a(M) = \text{Trdeg}(m(M), \mathbb{C})$	紧复流形 M 的代数维数
M_P	复流形 M 在 P 点的 blow up
$T^*_{(1,0)}(P)$	P 点的全纯余切空间
$T^*_{(0,1)}(P)$	P 点的反全纯余切空间
F_*	映射 F 的切映射
F^*	映射 F 的拉回映射
$\otimes$	张量积
$\wedge^r V$	V 的 r 重外积
$T_{(1,0)}(M)$	M 的全纯切丛
$T^*_{(1,0)}(M)$	M 的全纯余切丛
$K = K_M = \wedge^m T^*_{(1,0)}(M)$	m 维复流形 M 的典则线丛
$\Gamma(U, E)$	向量丛 E 在 U 上的截影空间
$T^{(p,q)}(E)$ $= E \otimes [\wedge^p T^*_{(1,0)}(M)]$ $\wedge [\wedge^q T^*_{(0,1)}(M)]$	E- 值 (p,q)- 形式向量丛
$\Gamma^i_{j,\alpha}$	联络符号
$D_i(W)$	截影 W 对于联络 D 沿 i 方向的导数
$\Omega = [\Omega^i_j]$	曲率形式
$D = D^{(1,0)} + D^{(0,1)}$	联络 D 对于全纯和反全纯方向的分解
$W = \dfrac{i}{2} \sum\limits_{i,j=1}^{m} g_{i\bar{j}} \mathrm{d}z^i \wedge \mathrm{d}\bar{z}^j$	Hermite 度量 $\sum\limits_{i,j=1}^{m} g_{i\bar{j}} \mathrm{d}z^i \otimes \mathrm{d}\bar{z}^j$ 确定的 $(1,1)$- 形式
$H^r(M, \mathbb{R})$	流形 M 的 r 阶 de Rham 同调群

$b_r = \dim \mathrm{H}^r(M, \mathbb{R})$	流形 M 的 r 阶 Betti 数
$\mathrm{H}^{(p,q)}(M, E)$	全纯向量丛 E 的 (p,q)- 阶 Dolbeault 同调群
$\Delta_{\bar{\partial}}$	$\bar{\partial}$ 对于给定度量的 Laplace 算子
$\mathrm{TH}(M, T^{(p,q)}(E))$	E- 值 (p,q)- 调和形式全体
$*$ 算子	对偶算子 (星算子)
Δ_{d}	d 对于给定度量的 Laplace 算子
$\mathrm{TH}^r(M, \mathbb{R})$	r 次调和形式全体

参考文献

[1] 龚升编著. 简明复分析. 北京: 北京大学出版社, 1996
[2] 彭立中, 谭小江. 数学分析 I,II,III. 北京: 高等教育出版社, 2006
[3] 谭小江, 伍胜健. 复变函数简明教程. 北京: 北京大学出版社, 2006
[4] 伍鸿熙, 吕以輦, 陈志华. 紧黎曼曲面引论. 北京: 科学出版社, 1983
[5] 许以超编著. 代数学引论. 上海: 上海科学技术出版社, 1965
[6] 尤乘业. 基础拓扑学讲义. 北京: 北京大学出版社, 1998
[7] E.Arbarello, M.Cornalba, P. Griffiths, J. Harris. Geometry of Algebraic Curves, Volume I, II. New York: Springer-Verlag, 1984
[8] L Hörmander. An Introduction to Complex Analysis in Several Variables, Third Edition. North Holland, 1988
[9] P. Griffiths, J. Harris. Principles of Algebraic Geometry. John Wiley& Sons, 1978
[10] R.C.Gunning, H. Rossi. Analytic Functions of Several Complex Variables, N.Y. Prentice-Hall, 1965
[11] S.Lang. Algebra, 2nd edition Addison-Wesley, 1984
[12] F.W.Warmer. Foundation of Differentiable Manifords and Lie Groups, New York: Springer-Verlag, 1983
[13] Yosida K. Functional Analysis. 5th edition. New York: Springer-Verlag, 1978(有中译本)

索　引

A

Abel 定理	11, 352
Abel 层	286
Atiyah-Singer 指标定理	273

B

不可约解析子簇	37
Bochner-Martinelli 核函数	48
Bochner-Martinelli 公式	50
Bergman 核函数	53
闭算子	94
Betti 数	228
Bianchi 恒等式	265
边缘算子 δ	303
闭链群	303
Blow-Up	401

C

Cauchy-Riemann 方程	12
Cauchy 不等式	16
Cauchy 核函数	40
次调和函数	69
稠定算子	92
除子	177
除子的阶	178
陈示性类 (Chern class) $c_k(E)$	269
Cousin 问题 I	281
层	285

层的截影	286
层的同态映射	289
处处不为零的解析函数芽层	293
Cousin 问题 II	295
层同调群	303
Čech 同调群	305
陈映射	343
超越元素	367
超越次数	377
超平面线丛	385

D

多圆盘	3
多重级数	5
多元幂级数	8
多元解析函数	12
多圆盘上的 Cauchy 公式	14
多元多项式环	27
多圆盘距离	61
多次调和函数	76, 134
对偶算子	93, 241
代数子簇	123
代数流形	123
第一纲集	140
第二纲集	140
多重线性映射	169
对偶丛	179
典则线丛	180

度量与联络相容	206	复几何基本定理	207
de Rham 同调群	227	仿紧空间	308
Dolbeault 同调群	230	Fubini-Study 度量	386
短正合序列	309		
de Rham 定理	316, 330	**G**	
单位分解定理	320	根理想	38
Dolbeault 引理	328	广义 Cauchy-Riemann 方程	86
Dolbeault 定理	330	纲定理	141
典则分割	345	光滑向量丛	176
代数元素	367	G 群层	286
代数独立	368, 377		
代数维数	383	**H**	
		Hartogs 定理	17
E		Hilbert 基定理	32
		Hilbert 零点定理	39
E- 值 (p,q)- 形式	189	Hartogs 现象	56
E- 值 (p,q)- 调和形式	240	Hessian 矩阵	64
		行列式线丛	179
F		Hermite 度量	205
反全纯方向 $((1,0)$ 方向$)$	47	Hermite 向量丛	206
复 Hessian 矩阵	66	Hermite 流形	210
复流形	114	Hodge 定理	240, 250
非齐次坐标	120	Hodge 分解定理	254
复投影空间	121		
复子流形	124	**J**	
复切向量	158	解析函数的芽	28
复切空间	159	解析函数的芽环	28
复余切空间	161	解析子簇	35
反解析函数	159	解析子簇的芽	36
反全纯切向量	159	均值不等式	73
非负除子	187	解析映射	113
复联络	204	紧复流形	114

局部坐标	114
解析同胚	114
浸入子流形	125
解析多圆盘	147
局部平凡化	178
截影空间	183
局部标架	184
基本恒等式 I,II	257, 258, 261, 393
解析函数的芽层	285
截影群	287
加细开覆盖	297
加细映射	297
局部有限开覆盖	308
Jacobi 逆问题	361
紧 Riemann 曲面的消没定理	390
紧 Riemann 曲面的嵌入定理	391

K

Kähler 度量	217
Kähler 流形	217
Kodaira-Serre 对偶定理	246, 247, 248
亏格	336
Kodaira 消没定理 I	395
Kodaira 消没定理 II	398
Kodaira 嵌入定理	409

L

拉回映射	45, 165
Laplace 算子 Δ	69, 240, 250
Levi 猜想	84
L^2 估计	97
联络形式	194
联络矩阵	194
联络	196
联络符号	196
联络与度量相容	206
零层	291
零调层	315
零调分解	315
Leray 定理	323

M

Montel 定理	51
满秩映射	125
Mittag-Leffler 问题	281
模层	285
摩天大厦层	294

N

n-维复向量空间	1
内闭一致收敛	10
Neother 环	32
拟凸域	67, 83
逆变换定理	118
逆紧映射	126

O

欧氏凸域	57

P

(p,q)-形式	44, 173
平凡向量丛	177
平移 (沿曲线)	198
Poincaré 对偶	250
p 阶链	301

Poincaré 引理	328
判别式	373

Q

全纯方向 ((1,0) 方向)	47
全纯域	56
全纯凸包	59
全纯凸域	59
全纯切空间	66
强拟凸域	67
强多次调和函数	77
穷竭函数	83
齐次坐标	119
嵌入映射	125
全纯切向量	159
全纯余切向量	161
切映射	165
全纯切向量丛	175
全纯余切向量丛	175
全纯向量丛	176
全纯线丛	177
全纯 (可微) 截影	183
曲率形式	200
曲率张量	202
强层	323

R

Riemann 延拓定理	21
Riesz 表示定理	96
Riemann 球	122
Riemann 曲面	131
挠率张量	216
Ricci 曲率	203
Riemann 几何基本定理	216
Riemann-Roch 定理	339, 341
Riemann 双线性关系	349

S

Schwarz 引理	18
素理想	37
Stokes 公式	47
上半连续函数	69
Sard 定理	90
Stein 流形	132
双线性函数	166
双线性映射	168
正定的实 (1, 1)- 形式	214
商层	291
松软层	317

T

特征边界	15
体积微元	212
调和形式	240
Thimm 定理	377

W

唯一性定理	17
Weierstrass 多项式	19
Weierstrass 预备定理	23
Weierstrass 除法定理	26
唯一分解环	30
微分形式	41, 172
外微分 d	46, 226
Whitney 嵌入定理	126

外积	171
Wirtinger 定理	214
无挠联络	216
完备预层	292

X

线性凸包	58
相对拓扑	124
向量丛直和	178
向量丛张量积	179
向量丛外积	179
向量丛同态 (同构) 映射	181
线性等价	182
向量丛截影	183
星算子 ($*$ 算子)	241
线丛 L 的阶 ($\deg(L)$)	339

Y

(1, 0) 方向的微分	
((0, 1) 方向的微分	5
一致收敛	7
芽, 芽环	28, 282
隐函数定理	115, 117
亚纯函数	128
亚纯函数域	367
预层	288
亚纯函数芽层	289
预层同态	290

Z

最大模原理	18
z^n 方向 k 阶正则	20
准素理想	37
Zariski 拓扑	36
自然定义域	59
自然边界	59
坐标覆盖	114
坐标变换	114
周纬良定理	123
正则嵌入	125
正则子流形	125
张量积	167
张量	172
转移矩阵	176
除子 D 的阶 $\deg(D)$	178
子层	290
正合序列	291
正合链群	303
正合序列定理	309
周期向量	346
周期矩阵	347
正线丛	386